体育心理学教与学指导

季 浏 主编
殷恒婵 颜 军 副主编

高等教育出版社·北京

图书在版编目(CIP)数据

体育心理学教与学指导 / 季浏主编. —北京：高等教育出版社, 2006.11（2020.2 重印）

ISBN 7–04–020306–5

Ⅰ. 体⋯　Ⅱ. 季⋯　Ⅲ. 体育心理学 – 高等学校 – 教学参考资料　Ⅳ. G804.8

中国版本图书馆 CIP 数据核字（2006）第 091932 号

策划编辑	傅雪林	责任编辑	傅雪林	封面设计	刘晓翔
版式设计	王艳红	责任校对	姜国萍	责任印制	尤　静

出版发行	高等教育出版社	购书热线	010–58581118	
社　　址	北京市西城区德外大街 4 号	免费咨询	800–810–0598	
邮政编码	100120	网　　址	http://www.hep.edu.cn	
总　　机	010–58581000		http://www.hep.com.cn	
		网上订购	http://www.landraco.com	
经　　销	蓝色畅想图书发行有限公司		http://www.landraco.com.cn	
印　　刷	北京新华印刷有限公司	畅想教育	http://www.widedu.com	
开　　本	787mm×960mm　1/16	版　　次	2006 年 11 月第 1 版	
印　　张	30.25	印　　次	2020 年 2 月第 2 次印刷	
字　　数	570 000	定　　价	37.40 元	

本书如有缺页、倒页、脱页等质量问题，请到所购图书销售部门联系调换。

版权所有　侵权必究

物 料 号　20306–00

前　言

本教材是普通高等教育"十五"国家级规划教材《体育心理学》的配套教材。编写本教材的主要目的在于使学生拓宽体育心理学的知识面,进一步了解体育心理学的理论、方法以及最新发展。同时,也是为了提高本门课程授课教师的教学能力和教学质量。因此,本教材既可以作为学生进一步学习体育心理学的教材,也可以作为教师教学的参考资料。

由于本教材是《体育心理学》的配套教材,因此,体系与其完全一致,但体例不同,由教学目标、教学内容框架、知识拓展与深化、教学重点和难点、教学指导建议、参考文献等六个部分组成,且内容比《体育心理学》更全面、更深入,这有助于学生更好地学习,教师更有效地教学。

本教材在继承优良传统的基础上,努力体现与时俱进、开拓创新的精神,在编写的指导思想、体系、内容和呈现形式等方面大胆创新,努力体现国内外体育心理学课程教材建设和发展的最新成果,努力体现现代教育思想和体育教育理念。

本教材由季浏设计和规划,经编写成员的多次讨论而定,参加编写的成员有:华东师范大学季浏(第一章和第二十章)、汪晓赞(第二章和第三章)、唐征宇(第六章和第十七章)、王树明(第十八章),首都体育学院李京诚(第四章),北京师范大学殷恒婵(第五章和第十四章),南京师范大学蔡理(第七章),扬州大学颜军(第八章和第十九章),武汉体育学院徐霞(第九章和第十五章),福建师范大学陈作松(第十章),苏州大学蔡庚(第十一章),山西大学石岩(第十二章和第十三章),广州大学王润平(第十六章)。翟一飞博士生参加了第二十章部分内容的撰写。本套教材由季浏总统稿,殷恒婵和颜军参与统稿。汪晓赞老师以及部分博士生和硕士生参与了文字的修改工作。

由于时间仓促和编者的水平有限,本教材中定会存在许多不足之处,敬请专家和读者批评指正。同时,真诚感谢本教材中被直接引用和间接引用资料的所有专家和学者,没有你们的成果,本教材肯定难以完成。最后,衷心感谢高等教育出版社的领导和编辑们的辛勤劳动和大力支持。

编　者

2006 年 3 月

目 录

第一章　体育心理学概述 ··· 1
第二章　体育学习的心理学基础 ·· 24
第三章　运动兴趣 ·· 44
第四章　运动动机 ·· 61
第五章　体育活动中的目标定向与目标设置 ······························· 80
第六章　运动归因 ·· 102
第七章　体育锻炼与心理健康 ··· 114
第八章　运动损伤的心理致因与康复 ······································ 143
第九章　注意与运动表现 ··· 169
第十章　心境状态与运动表现 ··· 186
第十一章　应激、唤醒、焦虑与运动表现 ································ 194
第十二章　心理技能训练概述 ··· 223
第十三章　运动中的行为干预方法 ··· 253
第十四章　运动中的认知干预方法 ··· 288
第十五章　体育运动中的团体凝聚力 ······································ 317
第十六章　体育运动中的领导行为 ··· 341
第十七章　运动中的攻击性行为 ·· 364
第十八章　运动技能的学习 ·· 378
第十九章　提高体育教学效果的心理学方法 ····························· 422
第二十章　体育教学中学生的个体差异 ···································· 457

第一章

体育心理学概述

一、教学目标

通过本章教学，使学生能够：
(1) 了解体育心理学与运动心理学、锻炼心理学的关系。
(2) 知道体育心理学的多维性。
(3) 理解学习体育心理学的意义。
(4) 了解国外体育心理学的发展历史。
(5) 了解国内体育心理学的发展历史。
(6) 了解体育心理学的发展方向。

二、教学内容框架（图1-1）

三、知识拓展与深化

（一）何谓体育心理学

在定义体育心理学之前，理解体育心理学与运动心理学、锻炼心理学的关系很有必要。

1. 体育心理学与运动心理学、锻炼心理学的关系

随着体育运动事业的不断发展，体育运动的分化日益突出。就目前而言，体育运动大致分为三个领域，即体育教育教学领域、竞技运动领域和大众健身运动

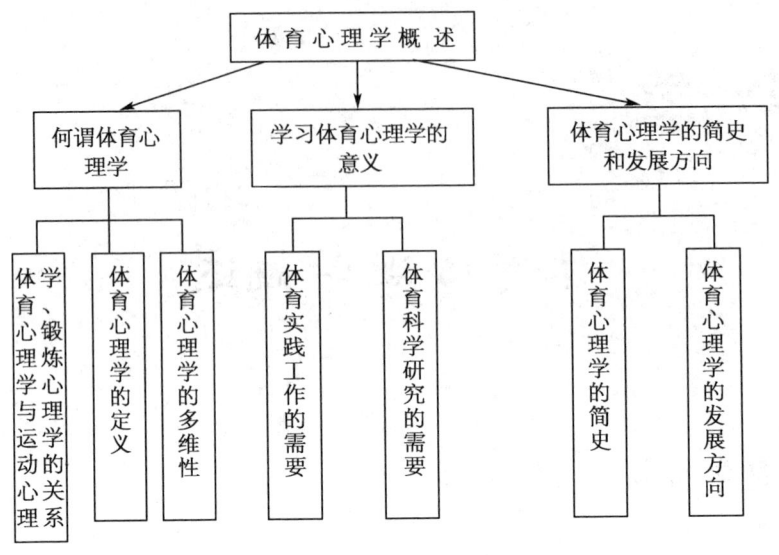

图1-1 体育心理学概述的教学内容框架图

领域。这三个领域的蓬勃发展,促进了运动心理学的不断分化。自20世纪80年代中期以来,传统的运动心理学已经在运动表现之外拓展了其研究领域,最值得注意的研究领域包括生理心理学和锻炼心理学。而且,在运动心理学的文献中,锻炼心理学受到越来越多的关注(Anshel,2003)。体育教育心理学的研究则更早一些。例如,苏联的丘奇马疗夫在20世纪20年代就研究了学校体育课对学生智力和自我控制能力的影响。

目前,体育心理学、运动心理学和锻炼心理学三个研究领域齐头并进,向前发展,都显示了各自的地位和作用。那么,三者究竟呈现怎样的关系呢?

体育心理学、运动心理学和锻炼心理学三者在研究对象、研究内容和研究方法上有联系,主要源于体育教育教学、竞技运动和大众健身运动之间的相互联系。如果将体育看成是广义的体育,体育就应该包括体育教育教学、竞技运动和大众健身运动三个领域。不管哪一个领域,实际上都是围绕人参与身体练习活动这一中心主题展开研究和讨论的。由此可见,体育心理学、运动心理学和锻炼心理学是围绕人从事身体练习活动中发生的心理现象展开研究和讨论的,具体来说,三者研究的共同点在于:第一,研究的对象都是参与身体练习活动的人;第二,研究的内容涉及从事身体练习活动中人的心理现象,如认知、情感、动机、个性等;第三,研究方法相同。

三者研究的不同点则在于:第一,研究的主要目的不同,体育心理学的主要研究目的是如何提高教与学的效果;运动心理学的主要研究目的是如何提高训练效果和比赛成绩;锻炼心理学的主要研究目的是弄清参与体育锻炼的前因和心理效应。第二,研究的具体对象不同,如体育心理学的主要研究对象是学生,也包括教师;运动心理学的主要研究对象是运动员,也包括教练;锻炼心理学的主要研究对象是大众。第三,研究的侧重点不同,体育心理学虽然也研究学生在参与体育学习时以及活动条件下所有的心理现象,但更侧重于研究如何通过心理学的手段和方法激发学生参与体育学习的动机,提高学生的学习效果,完善学生的个性,促进学生的身心健康发展;运动心理学则侧重于研究与运动表现和成绩有关的心理学问题,即研究如何通过心理学的手段和方法提高运动员的运动表现和成绩等;锻炼心理学则侧重研究影响个体参与体育锻炼的自身因素和环境因素、体育锻炼对锻炼者的情绪体验和心理健康的影响等,而并非着重关心与运动表现和成绩有关的心理学问题。

张力为、任未多(2000)曾对体育心理学、运动心理学和锻炼心理学在研究重点上的差异进行了分析,进而指出,即便是相同的心理学主题,三者的研究侧重点也有所不同(表1-1)。

表1-1 体育心理学、运动心理学和锻炼心理学部分研究内容的侧重点

领域	运动心理学	体育心理学	锻炼心理学
动机	运动员成就动机	学生参与体育学习的动机	大众参与体育锻炼的动机
	目标设置的成效	目标设置的成效	锻炼的坚持性
情绪	竞赛焦虑对成绩的影响	体育活动对情绪的影响	锻炼活动对焦虑和抑郁的影响
	赛前、赛中的应激控制		锻炼产生的积极愉快感受
人格	运动员人格对运动成绩的影响	体育教育教学对人格的影响	体育锻炼对人格的影响
	运动训练对运动员人格的影响		
技能学习	高水平技能学习	中、低水平技能学习	
归因	运动员的归因特点	学生的归因特点	
	归因对运动训练的影响	归因对体育学习的影响	
自我观念	整体自我概念	身体能力自我概念	身体能力自我概念
	独立自我与互联自我	外观体貌自我观念	外观体貌自我概念
群体凝聚力	群体凝聚力与运动成绩的关系	师生的交往与合作	

(改编自张力为、任未多,2000)

从已出版的教材和著作来看,体育心理学、运动心理学和锻炼心理学的研究体系和内容有所区别,各有特点。如 Anshel(2003)所著的《运动心理学:从理论到实践》的内容体系为:① 科学的运动心理学;② 成功运动员的特征;③ 运动员的运动动机;④ 归因:对运动表现和比赛结果的原因的解释;⑤ 应激、焦虑和唤醒的调控;⑥ 运动中的攻击行为;⑦ 运动队凝聚力和群体动力学;⑧ 运动中的领导;⑨ 交流与咨询技术;⑩ 教年轻人运动:一个特别的考虑;⑪ 应用锻炼心理学:运动心理学领域出现的一个新的研究方向;⑫ 运动员的自我谈话;⑬ 思考和未来的方向。从该著作内容体系来看,除第十一章是锻炼心理学的内容外,其他章节都是典型的运动心理学内容。

再如,Seraganian(1993)所著的《锻炼心理学:体育锻炼对心理过程的影响》的内容体系包括:① 锻炼心理学的历史和理论基础;② 有氧体能及其对心理应激的反应;③ 有氧体能与身体活动的理论描述和定量研究;④ 急性有氧练习对情感的益处;⑤ 锻炼心理学的 Meta-Analytic;⑥ 人类对急性心理应激源的 Sympathetic 反应;⑦ 实验与观察研究方法;⑧ 老年人的锻炼心理效应;⑨ 增强体能的社会心理因素;⑩ 发展锻炼心理学;⑪ 体育锻炼降低应激的认知观点;⑫ 有氧练习在预防和治疗方面的作用;⑬ 锻炼心理学的现状与未来方向。由此可见,锻炼心理学已形成了自己独特的体系。

体育心理学与运动心理学的分离越来越明显,这一现象在东欧、日本等比较突出,如日本松井三雄所著的《体育心理学》被学者们认为是一门比较"正宗"的体育心理学教材(季浏,1994)。其内容体系包括:① 体育与体育心理学;② 大肌肉活动的心理学性质;③ 从体育角度看儿童的发展;④ 体育的学习;⑤ 从体育角度看个人差异(松井三雄,1985)。

总体而言,美国更突出运动心理学的研究。虽然在运动心理学的教材或著作中也包含锻炼心理学的内容,但已强调运动心理学与锻炼心理学的分离,然而,运动心理学与体育心理学的分离并不明显。就中国而言,已逐步显现出运动心理学与体育心理学和锻炼心理学的分离。这从以下三本书中可以窥见一斑:

例如,季浏、符明秋(1994)所著的《当代运动心理学》的内容体系,包括:① 运动心理学的历史与发展;② 运动个性;③ 运动注意;④ 运动唤醒;⑤ 运动焦虑;⑥ 运动焦虑的调节;⑦ 运动动机;⑧ 目标设置;⑨ 运动归因;⑩ 心理社会因素与运动损伤;⑪ 身体活动与心理健康;⑫ 运动员的攻击性行为;⑬ 教练员的领导心理和行为;⑭ 运动队的群体心理。

再如,颜军(2001)所著的《体育心理论稿》的内容体系,包括:① 我国体育心理学的发展与反思;② 体育教育与心理发展;③ 体育学习心理指导;④ 体育学习策略;⑤ 体育学习中的焦虑;⑥ 运动技能学习心理;⑦ 体育教学交往心理;⑧ 体育教学环境心理;⑨ 体育教学方法的心理机制。

又如，季浏等(2006)所著的《体育锻炼与心理健康》的内容体系，包括：① 锻炼心理学研究概述；② 体能与体育锻炼；③ 体育锻炼与认知和情绪；④ 体育锻炼与人格；⑤ 体育锻炼与心理疾病的防治；⑥ 体育锻炼的消极心理效应；⑦ 增进心理健康的运动处方；⑧ 青少年儿童锻炼心理效应；⑨ 老年人锻炼心理效应；⑩ 体育锻炼产生良好心理效应的生理机制；⑪ 体育锻炼增进心理健康的心理机制；⑫ 体育锻炼与心理健康研究的展望。

2. 体育心理学的定义

考虑到我国高等学校体育教育专业的实际情况，即不可能在教学时同时使用体育心理学、运动心理学和锻炼心理学三本教材，也考虑到体育教育专业毕业生未来的工作虽主要是体育教学，同时也须兼顾学校运动队的训练和比赛以及指导学生进行体育锻炼，因此，本书虽然取名为"体育心理学"，实际上内容既包括体育教育教学又包括运动训练和比赛以及体育锻炼过程中的心理学问题。就目前而言，在同一个领域里，相似和相异共存。过分强调某一个方面而忽略另一个方面，都不利于学科的发展(马启伟，1996)。

关于体育心理学的定义，不同时期有着不同观点。在体育心理学的初创阶段，体育心理学被简单理解成是一门体育加心理学的学科，人们往往用普通心理学或教育心理学原理来解释体育中的有关问题。近些年来，体育心理学进入了发展的起步阶段，越来越多的研究体育心理学的学者认识到，作为教育心理学分支学科的体育心理学应该有自己的理论和方法，并应尽快建立起自身的理论体系。由此，季浏(2001)认为，体育心理学就是一门研究体育活动中人的心理现象及其发生发展规律的科学。该定义更多地强调体育心理学应研究体育教育教学中的心理学问题。

祝蓓里等人(2000)指出，体育心理学作为心理学的一个分支，是一门研究人们从事体育活动(包括体育教学活动、课外体育活动和体育竞赛活动)的专门条件下的心理现象及其发生、发展规律的科学。从这一定义可以看出，体育心理学被理解成是研究学校体育教学活动和竞赛活动中心理学问题的学科。

总之，本书所指的"体育心理学"是一门研究体育教育教学、运动训练和竞赛以及体育锻炼等情境中人的认知、情感和行为的学科。本书内容体系的设计完全是为学生未来更好的从事学校体育工作考虑的。

3. 体育心理学的研究对象

关于体育心理学的研究对象，不同的学者提出了各自的观点。祝蓓里等人(2000)认为，体育活动中的注意状态、情绪状态、知觉特点、记忆特点、思维特点、动机强度、意志品质和个性心理特征，以及它们形成和发展的规律，从事体育活动者在心理发展水平上的个别差异，动作技能的获得与发展，青少年学生参加体育竞赛时的各种心理现象，体育活动与心理健康之间的关系等，都是体育心理学研究的对象。

马启伟(1996)指出,人的心理活动包括心理过程和个性心理特征两大方面,体育心理学也是从这两方面进行研究的。

为了加强体育心理学自身内容体系的建设,体现体育心理学的最新研究成果,突出体育心理学的应用价值,使选择的内容对学生今后的工作能有很大帮助,本教材所指的体育心理学研究对象主要包括参与运动的动力特征、体育锻炼心理、心理状态与运动表现、提高运动成绩的心理学方法、运动中的社会心理、体育教学心理等。

4. 体育心理学的多维性

体育心理学的形成是心理科学发展的结果。换言之,体育心理学的发展需要借助心理科学的不同分支学科的理论和方法。普通心理学是心理科学的基础,作为基础学科,它提供本学科的一般知识和原理,进行基本领域内的研究。随着整个心理学的不断发展和研究的进一步深入,在"主干"上生成了许多"分支"。心理学的分支学科很多,中国心理学会下属的专业委员会就有10个,美国心理学会下属的专业委员会刚有50多个。这种研究领域专门化的发展,是各个学科领域共同发展的趋势,是科学发展的需要和必然结果(马启伟,1996)。

心理学的许多"分支"学科的理论和方法对体育心理学的研究都具有启发和借鉴意义。创造性地移植与移植中的创造已成为当代科学研究的重要方法,也是所有学科发展的必经之路。采用"拿来主义",借鉴、移植母学科及相关学科的成熟方法和先进方法于本学科领域,具有速度快、效益高等许多优点(张力为等,1996)。对于目前依然尚不成熟的体育心理学而言,借鉴、移植心理学这一母学科的许多"分支"理论和方法,对于发展体育心理学的理论和方法显得尤为重要。例如,体育社会心理学的许多研究成果,就是借鉴社会心理学中的领导、团体凝聚力、团体动力学、攻击性等理论和方法而产生的。并且,在社会心理学的影响下,体育社会心理学已逐步成为一门具有自己独特体系的学科。如 Carron(1988)和季浏等(1995)都曾分别主编了《运动中的团体动力学》和《体育社会心理学》等著作。

本教材中涉及体育社会心理学、发展运动心理学、认知运动心理学、教育运动心理学、临床运动心理学、个性运动心理学、运动心理生理学以及锻炼心理学和运动损伤心理学等有关问题,作为一名任课教师,要了解心理学相关"分支"的理论和方法,同时,也要指导学生在课外阅读有关的书籍和文章。

(二) 学习体育心理学的意义

学生用书中"学习体育心理学的意义"这一节的内容主要是针对学生而言的,教师在教学时除了讲授学习体育心理学对学生未来的学习和工作的作用以外,还应该让学生主动思考学习体育心理学对于他们未来从事体育教学、学校运动队的训练和比赛以及体育科学研究方面的作用；应通过多种教学方式激发学生学习体育心理学的兴趣，提高学生对学习体育心理学重要性的认识。

（三）体育心理学的简史与发展方向

体育心理学相对来说是一门比较年轻的学科，起源于20世纪初，第二次世界大战前，这门学科基本上没什么发展。二战结束后，人们才开始真正重视对这门学科的研究。到20世纪70年代后期，这门学科开始繁荣。现在，体育心理学已成为体育科学中影响最大的学科之一。

1. 动作心理学时期

动作心理学始于19世纪中期左右，主要研究动作以及与动作有关的因素，包括反应时间、动觉等，这些研究的目的主要是试图揭示人脑的活动方式，而不是说明人是如何活动的或活动本身的性质。然而，动作心理学对后来体育心理学的形成和发展具有积极影响。

早在1796年，天文学家就发现在反应时方面存在着个体差异。当时，英国格林尼治天文台台长Maskelyne解雇了他的助手，原因是助手所观测的星体通过子午线的时间比自己所测得的常常迟约一秒钟，这一事件引起了德国柯尼斯堡的天文学家Bessel的注意，它比较了自己和其他经验丰富的天文学家观测同一星体的通过时间，也发现了不同观测者所得数据之间有明显差异。这一发现引起了天文学家们浓烈的兴趣，他们确定了不同观察者之间的人差方程（实际上指视觉反应时的差异）及校正方法。到19世纪60—70年代，在天文学上关于人差方程的种种发现已对心理学提出了研究反应时间的问题。这一时期，心理学家们不仅测量到反应时上的个体差异，而且也测量到了其他心理和生理活动特征的个性不同。

对反应时研究得比较早和比较多的要数Wundt及其学生。1879年，Wundt在德国莱比锡大学创建了第一个心理学实验室，他和学生们对简单和复杂反应时进行了一系列实验研究工作。

1885年，Galton在伦敦建立了一个"人体测量实验室"，并使用专门仪器测定人们的动觉感以及对声和光的反应时，他的目的是发展所谓的心理测试，即通过测量动作能力（包括拉和握力、动作速度和发声力的测定）和反应时来预测或判断人的神经系统和智能水平。Galton也是第一批使用统计学方法来分析人的动作能力和反应时的心理学家之一。后来，他的学生还建立了确定测量信度和效度、相关、因素分析等数学公式。

在这一时期，美国的一些学者也认识到对人的特质和能力进行客观评价的重要性。例如，1890年，Cattle前往欧洲在温德特的实验室进行学习和研究。在三年之中，他发表了一篇经典性论文《心与脑》，在论文中，反应时只是作为评价人的智力和知觉间的个体差异的测试工具。后来，Cattle又对人的知觉作了精确的测量，并于1892年发表了又一篇经典性论文《关于知觉的微小差异》。到20世纪20年代后期，Cattle已成为美国权威的心理学家。

19世纪末和20世纪初，在欧洲，许多学者十分重视游戏的心理作用。例如，德国的Muths指出，游戏是一个儿童的生活准备。捷克的Conenius和瑞士的Pestalozzi都认为，游戏能够促使儿童情绪和智力的发展。1898—1901年，Gross写了两本书，即《动物游戏》和《人类游戏》，他十分强调游戏与人发展的密切关系。

James是19世纪美国心理学领域的杰出人物，他倾向于从情绪方面来解释动作。1884—1885年，他和学生Lange提出情绪的詹姆士-兰格理论，这一理论的核心内容是：由环境激起的内脏活动实际上导致了我们所认为的情绪。例如，按James的观点，当我们面临着公开行动时，我们先发抖、哆嗦和口吃，而后对这种身体变化的感觉使我们感到焦虑。这一理论尽管引起了心理学家们的长期争议，但它促进了当代理论和大量研究的产生。特别是这一理论为后来人们研究一般身体模式和面部表情奠定了基础。

到19世纪末，一些独立的心理学分支出现，如教育心理学、生理心理学，学习和记忆研究以及临床心理学等，然而，很少有人将心理学应用于运动中。在当时，关于运动的许多文章都是哲学方面的。

大多数早期的实验心理学家虽然都曾研究过动作，但并未获得对动作学习和动作活动的深刻理解，他们都集中于寻找客观的研究头脑、感觉和情绪的方法。

1898年，美国的Triplett曾研究了观众效应这一问题，他研究了竞赛和非竞赛条件下自行车比赛的情况，结果发现，定速的比赛比非定速的比赛成绩要好得多。以后，他又使用比较严格的实验室研究来证实自己的现场研究结果。其实验室研究发现，当有人在场观看时，被试的绕线活动水平提高。同时他也发现了绕线活动水平的个体差异，他看到有1/4的儿童受到竞赛情境的消极影响，因为这些儿童在比赛的紧要关头需要"安静"。

Triplett的研究被称为是第一个关于体育心理学的科学研究。不过，在那时，他并未考虑到要进行体育心理学的研究，而似乎只是对社会促动现象感兴趣。但就研究方法而言，可以说Triplett的研究方法（即将现场研究和严格的实验室结合起来）即使在今天也是非常具有现实意义的。

2. 运动心理学的萌芽时期

20世纪初至第二次世界大战前是运动心理学的初创或萌芽时期。20世纪前20年里，已出现一些零散的运动心理学文章，但文章的哲学味道较浓。例如，1903年，美国的Patrick写了一篇"观众的社会心理学"文章；德国的Jusserand于1901年写了一本《足球心理学》的教材。

在欧洲，影响最大的要数现代奥林匹克创始人法国的Coubertin于1913年所著的《运动心理学试论》,在书中,他指出运动是一种美的表达和使人能情绪平衡的更好的教育手段。1912年,德国人Baoth也写了一本书,题为《身体练习对意志和个性形成的影响》。

20世纪20年代,在美国和其他国家出现了一些比较有组织的运动心理学教学和研究计划。德国和苏联在那个时代的许多计划对后来的,甚至今天的研究工作产生了积极的推动作用。然而,美国的运动心理学研究工作在第一次世界大战期间基本停止。

从20世纪20年代早期到30年代,在德国出现了一些运动心理学教材,这些教材涉及从心理学的哲学问题到实践等较为广泛的内容。Schulte在1921年所著的《在练习、比赛和运动活动中提高成绩》一书是阐述优秀运动员心理准备的最早的著作之一。Klemm也撰写了两本书,即《身体练习心理学》和《动作学习》。

而在苏联,十月革命前别说运动心理学,就连心理科学也不存在。十月革命胜利后运动心理学才获得新生。特别要强调的是,世界上第一个体育教育体系的创始人列斯加夫特的关于体育心理学的思想即使到现在仍有意义,这种思想不仅在他的著作《学龄儿童体育教育指南》(内有专门章节"运动的心理学")中有所体现,而且在《理论解剖学基础》和《家庭教育》及其他著作中都有论述。后来列斯加夫特讲习班改为国立体育教育学院,同时成立中央体育学院,并且在这两个学院中都设立了心理教研组,这些都为以后进行体育运动心理学的科学研究奠定了基础。

苏联运动心理学加扎姆加罗夫等人指出,第一批科学著作面世的日子就是体育与运动心理学世纪诞生之时。这第一批著作包括被称为苏联运动心理学之父的莫斯科体育学院教研组领导人鲁吉克教授所写的《肌肉工作对反射过程的影响》及尼基金所写的《在体育教育工作中提示和模仿的意义》。然而,最重要的是体育学院所做的一系列研究引起了人们对体育和运动心理学问题的兴趣。例如,普尼所做的关于乒乓球、滑雪及其他运动对运动员心理影响以及丘奇马疗夫关于学校体育课对学生智力以及自我控制能力的影响等研究。此外,1927年和1930年期间涅恰耶夫所著的《体育心理学》两次被出版发行。从1930年起,列宁格勒体育学院心理教研组开始研究体育与运动心理学问题。而且,自20世纪30年代中期,在莫斯科和列宁格勒体育学院,运动心理学已作为心理学课的内容给学生讲授,同时,"运动心理学"作为专门课程的第一个大纲也得以制定。

在苏联卫国战争时期(1941—1945年),所有心理学家,包括运动心理学都将注意力集中在苏联军队如何与德国法西斯侵略者斗争的问题上,主要研究恢复中枢和外周神经系统功能、恢复运动器官和恢复高级心理功能(思维、语言等)等科学途径。

1945年以后,许多体育学院心理和教育学教研组都开始对体育和运动心理学问题进行研究,且研究课题的内容范围也扩大了。

在美国,被称为美国运动心理学之父的Griffith自1918年开始研究影响篮球和橄榄球运动员的一些重要心理因素。1925年,他和Huff建立了美国第一个运动研究实验室,以后几年中,主要从事运动意识的学习、技能活动和个性的研究,他们还设计了一些用来评定反应时、心理警觉、稳定性、肌肉协调能力和动觉等仪器。他们在研究时也常常将实验室研究与现场谈话结合使用。

Griffith还于1926年和1928年相继出版了两本书,即《训练心理学》和《运动心理学》。他也给大学生上运动心理学课,还帮助研究生从事运动心理学的研究。除上述两本书外,Griffith还发表了40多篇论文。总的来说,在美国,20世纪20年代期间,真正对运动心理学研究有兴趣的人不多。

进入20世纪30年代后,有几个实验室在美国相继成立,学者们主要研究动作学习问题,例如,Lawther和Ragsdale开始研究动作学习的概念问题。这一期间美国健康娱乐和体育协会还创办了一份杂志《研究季刊》。Miles1931年也研究了橄榄球运动员的反应时间。然而,在第二次世界大战前的几年里,运动心理学和动作学习的研究未能坚持下去。

20世纪20年代,日本国家体育研究所成立了应用心理学研究分部,后来也产生了一些运动和身体活动心理学方面的论文。

3. 运动心理学的兴起和发展

第二次世界大战结束到20世纪70年代,由于知识的大量增加,许多国家都开始对运动心理学研究发生兴趣。在美国,人们继续研究动作学习问题,并开始招收和培养主要以动作学习研究为主的博士生。同时,也开始出现了一些研究竞技运动心理学方面的论文,如Johnson比较了橄榄球和摔跤运动员的情绪反应。

还有一些学者研究了运动和身体活动期间的应激反应。在美国,20世纪60年代后期出现了一些研究动作学习和运动心理学方面的专著。然而,要注意的是,在50年代的美国,动作心理学(或叫动作学习)与运动心理学被看成是两门学科。在欧洲,运动心理学也受到人们进一步的研究,例如,在苏联,以普尼和鲁吉克为代表的一些运动心理学家重点研究运动员的意志和唤醒的调节。1952年出现苏联心理学史上第一篇"运动心理学"的博士论文。以后几年中,一些运动心理学专著相继出版。1958年出版了鲁吉克写的第一本体育学院用的心理学教科书,其中有运动心理学的专门章节。同时,1956年苏联在列宁格勒召开第一次全国性运动心理学会议。

到了20世纪60年代初,由于运动员在重大比赛时常受到心理因素的影响而成绩下降的问题日益突出,苏联体育科学研究所开始重视运动心理学的理论和应用研究,并于1963年组建了运动心理学实验室,这个实验室的学者们做了大量的研究工作,在当时可以说研究水平是相当高的,研究内容也比较广泛,包括意志的培养、个人项目的思维特点、心理调整方法、个性特征、心理状态与活动的有效性关系以及运动员的感知觉特点等。

1961年,民主德国的Kunath在莱比锡的德国体育学院组织成立了运动心理学研究所,他和同事们主要研究以下三个问题:① 运动对个性发展的影响;② 运动群体对运动员心理发展的作用;③ 运动心理学的研究方法。相比较而言,联邦德国当时运动心理学研究的影响很小,只是对运动员的个性进行了一些研究,其中,Newman于1952年撰写了《运动与人生》一书。

日本在二次大战后,一些体育工作者继续研究有关体育、身体活动和运动中的心理学问题。1952年,Matsui撰写了一本《体育心理学》,以后,他和其他的一些学者还在体育课中开设运动心理学这门课程。1960年,在日本体育基础学会中还成立体育心理学分会,同时,日本开始对优秀运动员进行赛前心理准备的系统研究,最初的研究是对150名全日本各个项目达到国家级水平的运动员进行研究,采用综合方法调查了运动员参加比赛的态度、情绪激动状态以及对自己心理和思想的评价等。另外,还研究Schulte的"自律训练"对手枪运动员的作用,这两项研究推动了日本学者后来对运动员心理准备的进一步研究。

20世纪60年代,运动心理学研究兴起和发展的一个最显著的特征是1965年在意大利罗马召开的第一次国际运动心理学大会。这个大会的召开主要是由意大利的Antonelli、法国的Bouet以及西班牙的Hombravella等人共同发起的。在这一年,国际运动心理学学会也开始成立,主席是Antonelli。

参加第一次国际运动心理学大会的代表来自16个国家,绝大多数是东欧和西欧等国家的运动心理学工作者。美国的代表共34名,但大多数是体育工作者,只有两名是有心理学学位的。日本的Matsude和Ohata是亚洲的代表,非洲无人参加。在这次会议中,共有一百多篇论文参与了交流,其中,美国的论文主要集中于弗洛伊德和新弗洛伊德学派的思想以及动作学习等方面;而欧洲国家的论文主要研究运动员心理品质的发展等问题。

这次会议对世界许多国家开始或进一步从事运动心理学的研究起到了巨大的推动作用,一些国家相继成立了国家性的运动心理学组织。美国于1966年成立了隶属于美国健康、娱乐和体育协会的北美运动和身体活动心理协会(简称NASPSPA),并于1967年在拉斯维加斯与美国健康、娱乐和体育协会一起召开了北美运动和身体活动心理学大会。直到1973年,这个协会才独立召开会议。值得一提的是,1968年北美运动和身体活动心理学协会在美国华盛顿组织召开了第二次国际运动心理学会议,并于1979年创办了影响很大的《运动心理学杂志》(现改为《运动和锻炼心理学杂志》)。

加拿大于1969年在Willberg的组织和领导下成立了动作心理学习和运动

协会。60年代后期，其他国家如法国、捷克斯洛伐克、西班牙、美国、北欧日耳曼语系的国家、罗马尼亚、保加利亚、波兰和匈牙利等都相继成立了自己的国家性运动心理学组织。

20世纪70年代以来，运动心理学无论是在理论研究还是应用研究方面都有了更大的发展。1970年，国际运动心理学会正式出版了一本影响很大的学术性刊物《国际运动心理学杂志》，涉及的内容较为广泛。据美国运动心理学家Grove等人对这本杂志的前7卷67篇正式论文和428篇专题文章的内容做的调查结果表明，其中个性和竞赛心理方面最多，其他则包括体育社会心理、运动员心理的测量和观察手段以及赛前运动员心理准备等，这一情况在1978年之前变化不大。

1977年10月在捷克布拉格举行了第四届国际运动心理学大会，会议代表来自26个国家，共40名专家和学者。会上交流了270篇论文，内容包括学校体育中的心理学问题、运动对心理上的要求、运动员的个性、心理训练方法和竞赛心理等。以后，每隔四年召开一次这样的会议，且一次比一次的规模更大，内容更丰富。

美国在20世纪70年代主要研究以下几个方面的问题：① 运动员的个性；② 运动焦虑或唤醒；③ 运动队的社会心理学；④ 心理调整方法；⑤ 优秀运动员的心理模式。同时，美国运动心理学界还研究了许多与运动员有关的心理测量方法。在大学体育系的教学方面，美国在这一时期将运动心理学和动作心理学作为两门课程开设，并出现许多运动心理学的教材。

20世纪70年代期间，苏联运动心理学研究部开始重点研究运动员的心理诊断问题，并于1978年在调查和研究的基础上确定了判断优秀运动员的心理指标，这些指标包括成就动机、个人意志表现力、情绪稳定性、心理机能-意识运动、注意力、随机应变的思维能力、自我监督和自我调整等。在此基础上，还研究了不同项目优秀运动的心理模式指标。同年，运动心理学研究部与其他部门合作研制出轻便性心理诊断仪。除此之外，苏联学者们还对运动能力的概念和发展问题、运动员动作的心理学调节问题和个性问题等进行了不少的研究。

欧洲的许多国家这一时期也进行了大量的运动心理学研究。原民主德国主要研究主体验对运动成绩的影响、体育教学心理学以及运用测验方法揭示运动中起作用的心理学因素。原联邦德国的工作重点有以下几个方面：① 运动与个性；② 方法学与心理诊断学；③ 体育运动中的学习；④ 运动中的社会心理学因素；⑤ 运动员的心理咨询等。意大利在1978年所做的三件重要事情推动了该国运动心理学的研究进入新的发展阶段，这三件事情是：① 在许多城市建立了运动心理学专业咨询中心，特别是罗马，还成立了"运动心理学研究中心"；② 由国际运动心理学协会创始人Antonelli等人所著的《运动心理学》引起学术界的普遍关注；③ 意大利中央体育学院开办了《心理准备中心》，该中心的目的是直接为运动员提供心理服务。

1979年9月在保加利亚的瓦尔纳召开的第五届欧洲运动心理学代表大会标志着欧洲在20世纪70年代发展的趋势,大会共有150篇论文报告,主要内容包括:① 运动员的个性;② 比赛前的心理准备;③ 青年学生体育教育的心理学问题;④ 体育社会心理学;⑤ 提高训练量的心理学问题;⑥ 体育教师、教练员、裁判的心理学问题;⑦ 培养运动员过程中的心理学问题。会议还讨论了取得优异成绩中的动机问题、对运动员进行心理状态的调节和恢复手段问题(包括自我调节和恢复)、心理学的教学原则、运动心理学历史和发展前景等。以上这些问题,各国虽有所侧重,但中心问题是运动员的个性和运动员的心理准备问题。

日本在20世纪70年代的研究重点分为两类:一类是研究体育教学中的心理学问题,另一类是研究运动员的心理学问题。日本在前一类问题的研究上较有特色,如他们研究了身体机能活动感知觉的发展,运动活动对学生学习或心理品质发展的影响,学生的运动动机。这一特色从1977年召开的全日本第四届运动心理学大会上所交流的论文中可以反映出来(季浏、符明秋,1994)。

4. 运动心理学的现状与未来方向

近十几年来,在运动心理学领域出现了两种趋势:一是在理论和实验研究方面向着更广、更深的方向发展;二是更加重视实践应用,即运动心理学家直接为运动队或运动员服务。

(1) 现状

① 新分支学科的出现。根据Cratty(1989)的观点,运动心理学本身可分为三个分支学科,即实验运动心理学、教育运动心理学和临床运动心理学,每一个分支学科又有不同的目的和内容(图1-2)。由图可见,教育运动心理学家的主要任务是传授知识给教练员、运动员和运动队的行政人员(注:实际上也应包括体育系学生在内),同时也要帮助心理健康的运动员或学生挖掘潜力和提高运动水平;临床运动心理学家的主要任务是预防和矫治运动队和运动员个人的情绪和行为问题,实验运动心理学家的主要任务是在运动现场和实验室中研究一些基础理论问题,如唤醒水平与运动成绩究竟是怎样的关系等。

在美国,20世纪80年代以前,真正的临床心理学家很少,80年代后日益增多。在东欧国家,临床运动心理学家出现的早,且人数多,这说明,东欧的一些国家更早地重视为运动员提供心理服务这一问题。

在美国,教育运动心理学早期都是在体育系里开设,近10年来,这门课也开始在心理学系开设。然而在中国,这门课程仅仅在体育系开设。另外,在美国的大学或学院中,从事实验运动心理学的人实际上也是教育运动心理学家。

除Cratty的观点之外,Duda在1987年希望建立一门"发展运动心理学"学科。事实上,近十几年来,关于儿童的运动心理学问题也得到了较多的研究。

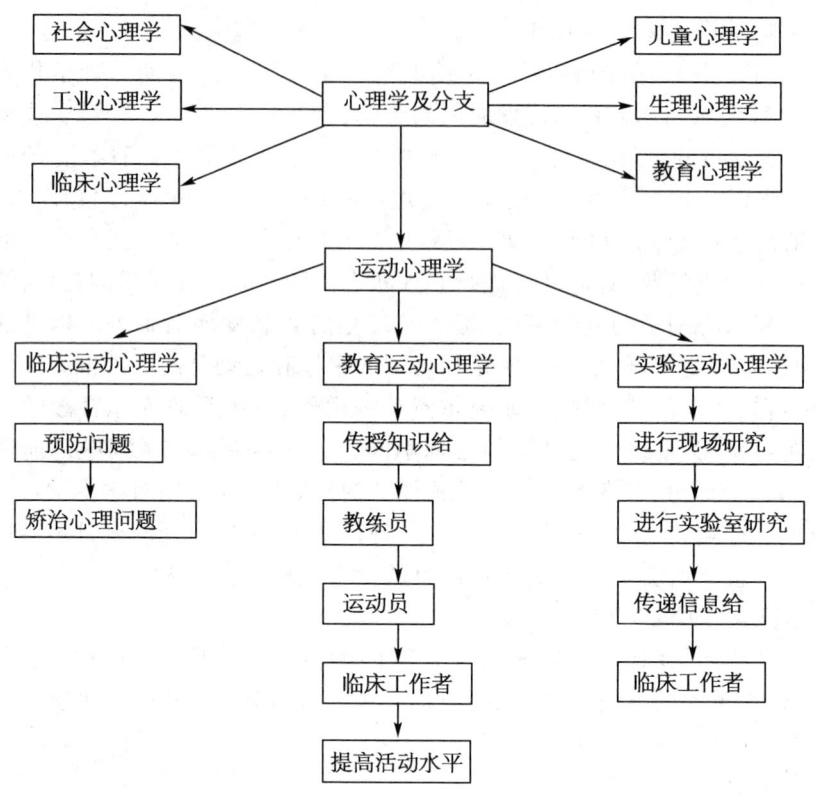

图 1-2 运动心理学的分支学科

此外,"体育心理学"和"运动心理学"的分离也越来越明显,这一现象在东欧、日本以及中国等尤为突出,如日本松井三雄所著的《体育心理学》被学者们认为是一门比较"正宗"的体育心理学专著。然而,在美国,体育心理学的研究不太受到重视。

② 新的理论研究出现。20 世纪 80 年代以来,运动心理学家们在依靠一般心理学理论的基础上,紧密联系运动实践,发展了一些真正的运动心理学理论,例如,关于唤醒与运动成绩的关系,过去人们都用从动物实验中得出的"倒 U"型理论来解释,而 80 年代以后人们越来越认识到唤醒与运动成绩的关系并非一种简单的"倒 U"型关系,两者的关系受项目特征和个人因素的影响。除此以外,关于唤醒与运动成绩的关系还出现了诸如阈限论、旋转论、最适宜唤醒等"正宗"的运动心理学理论。再如,过去人们都是用一般社会心理学中的领导理论来解释教练员的行为,然而,现在一个"教练员的多维度领导模式"也已建立起来。

③ 新的研究方法出现。过去,运动心理学家们大多直接借用其他心理学的测量方法来研究运动员的心理问题,如研究运动员的焦虑问题,主要借用 Spielberger 从对学生考试焦虑研究中发展起来的状态-特质焦虑量表,而学生考试情境毕竟和竞赛运动情境差异较大。现在,运动心理学家们大都采用 Martens 编制的竞赛状态和竞赛特质焦虑量表。不但如此,一些紧密联系某一运动项目的焦虑量表也已出现。再如,20 世纪 80 年代以来,对运动员攻击行为的评定不但有了专门的与运动有关的量表,而且还有了专门评定这一行为的仪器。

另外,在研究方法上还有一个趋势,对运动员心理的评定不仅依靠量表测试,而且也采用了许多心理生理学的方法(如脑电、肌电、心率等);不仅采用实验室的研究,同时也进行现场调查。

④ 研究范围扩大。20 世纪 80 年代以前,研究的内容主要集中在运动员的个性、焦虑或唤醒、注意力、运动队的社会心理学和心理调整等方面。20 世纪 80 年代后,特别是近几年来,除仍对上述内容进行研究之外,运动心理学家们似乎又对身体活动对增进心理健康或消除心理疾病的影响、认知与情绪或活动、运动损伤的心理学、退役心理学、目标定向和自我效能等问题进行了研究。另外,从 1993 年 6 月 22—27 日在西班牙里斯本召开的第八届国际运动心理学大会提交的论文可以看出世界运动心理学发展的整体趋势,论文的主要内容包括:认知与决策,能力识别与发展,社会心理过程,测量和方法学问题,动作活动与技能获得,计算机应用,训练与心理学,健康、幸福与心理学、运动中的问题,运动心理学的跨文化研究等,其他内容则涉及高水平运动员、学校体育、娱乐体育和特殊人群等心理学问题。此外,大会还邀请了一些著名的运动心理学家做主题报告,内容包括:练习和运动中的参与性动机、运动领域中的专家特征、学校体育中的心理学效果、运动心理学的测量和方法学问题、意义性目标理论和运动动机、健康与幸福心理学、运动中的认知和决策、对网球运动员的认知-行为综合干预策略、国际运动心理学会的发展、体育运动中的群体动力学以及从社会-文化观看性别的发展等。

我国有学者描述了当代运动心理学研究的热点问题,这些热点问题包括与运动动机有关的研究、运动中的焦虑和唤醒以及心理技能训练在运动心理学中的运用以及体育活动与心理健康等(唐征宇,2004)。

我国还有学者分析了国际运动心理学研究的现状,对 1990—1999 年间《国际运动心理学杂志》发表的 275 篇学术论文的研究内容进行了统计,发现研究内容主要集中在心理技能训练,体育社会心理,体育锻炼与心理健康,运动焦虑、唤醒和情绪,运动技能,运动动机方面。其中,应用性最强的领域,如心理技能训练占 28.7%;体育社会心理、体育锻炼与心理健康成了运动心理学研究的热点;传统的运动心理学的研究领域,如个性等问题备受冷落(陈作松等,2002)。

⑤ 实践应用加强。20 世纪 80 年代以来,各国日益重视运动心理学的实践和应用问题,1987 年诞生的又一本国际性杂志《运动心理学家》是最好的例证,

这是一本主要刊登运动心理学应用性文章的杂志。此外,许多运动心理学工作者都直接下队为运动员进行心理技能训练。然而,各国之间是有很大差别的。在原苏联和东欧一些国家,已发展了一套较完整的运动员心理技能训练计划;但在美国,整天直接与运动队联系的人并不多。例如,据 Salmela 1981 年统计,在东欧,有 80% 多的运动心理学家从事实践活动,相反,在北美,少于 38% 的人从事实践活动。此外,他还比较了东欧和美国在给高水平运动员传授运动心理学知识和方法的时间。在东欧,对运动员传授知识和方法的时间超过 30 个小时,但在北美,这一计划并不存在。Salmela 1984 年的统计还表明,东欧国家数十年来一直精心地为参加奥林匹克运动会的运动员进行心理准备。而在美国,据 Suinn 1985 年报道,甚至在 1984 年奥运会前,对运动员的心理技能训练仍旧是草率和仓促的。但近几年来,情况有所转变,特别是美国应用运动心理学会(简称 AAASP)的成立大大促使其成员既重视理论研究,也重视实践应用。

⑥ 学会的宗旨:是扩大北美运动和体育活动心理学会(简称 NASPSPA)等组织的服务,为人们提供论坛,专述运动心理学应用方面的问题,促进应用研究等问题,提高有关职业道德的问题(如职业道德标准、获得运动心理学家的资格等)。最近几年,美国出版了一系列运动心理学的应用书籍,如 Martens 和 Bump 合编的《心理技能训练指南》、William 编的《应用运动心理学》以及 Tutko 等人编的《实用运动训练心理学》等(季浏、符明秋,1994)。

(2) 未来方向

要对体育心理学未来发展方向做一个明确的回答似乎比较困难,但根据一些资料和专家的观点,还是可以对该领域的未来做一个大体的描述。

1985 年,著名的运动心理学家、原国际运动心理学会主席 Singer 对运动心理学的未来方向的观点颇富有见识,他确定了 11 项现已被研究,但今后仍然会受到更大关注的主要研究领域,包括:① 儿童与运动学习;② 专项运动心理测试;③ 运动成绩的预测;④ 运动员的认知;⑤ 自我控制技术;⑥ 适宜心理过程的训练与发展;⑦ 动机;⑧ 运动员的全面训练计划;⑨ 运动员的追踪研究;⑩ 强体力活动训练计划造成的后果;⑪ 对运动员的跨文化心理学比较研究。

Singer 还认为,有几个问题运动心理学家们现在会,将来也会特别感兴趣,即哪一种降低焦虑的训练计划最有效,这种计划对于哪一种问题、哪一类人最有效?训练选择性注意和集中注意最好的方法是什么?最佳心理训练计划的内容是什么?

事实上,运动心理学理论和应用中的许多问题多半还会被继续研究下去,这是因为这门学科目前还不太成熟的缘故。

我国有学者预测了国际运动心理学的发展趋势,指出:第一,研究对象不断扩展、研究体系不断完善,即研究对象包括竞技运动、体育教育、大众健身领域,研究体系包括教育运动心理、临床运动心理和实验运动心理等。第二,研究重心多元化,即从研究领域看,传统运动心理学研究重心将由竞技运动领域转向竞技运动领域和与健康相关的学校体育和大众健身领域;从研究领域看,北美在运动心理学研究领域中仍处于领先地位,但近年来澳大利亚、日本以及许多欧洲国家的运动心理学发展很快,从人才培养看,通过博士水平的应用课程的形成,运动心理学研究生课程将变成多元学科化,许多咨询系和心理学系将开始提供运动心理学的专业课程。第三,运动心理学工作者的资格认证制度化,即运动心理学专业化通过认证将得到正式的承认和保护,从事运动心理学的个人资格认定等工作模式将会被普遍采用。第四,研究方法生态化,即运动心理学正从传统的经验式设计及大量数据来指导个案研究、单组设计和数据处理,向包括实验设计和大量数据的交替性的更大使用范围转变,同时要求实验尽量在真实的自然条件下安排,应用心理的、精神的、物理的、认知的和生物化学的理论来研究,以求对运动行为进行更有说服力的解释(改编自陈作松等,2002)。

我国一些学者根据《运动与锻炼心理学》、《应用运动心理学》、《国际运动心理学》和《运动心理学家》等四本国际性杂志2000—2003年发表的文章,分析了国际运动心理学的发展动态与趋势,指出从研究领域来看,竞技运动领域的心理学研究依然是主流,而且竞技运动领域里的体育社会心理学研究逐渐庞大,而对体育教育领域的研究相对薄弱;从研究热点来看,运动动机、运动情绪、心理技能、自我效能、运动认知等一直是国际运动心理学界研究的主要内容,流畅状态和心理疲劳也将受到更多的关注;从研究方法来看,实验法依然是研究方法的首选,量表问卷方法势头不减;从研究的功能来看,干预性和控制性研究受到重视;从研究所涉及的对象和项目来看,国际运动心理学界的研究视野开阔,涉及面较广(李佑发等,2005)。

我国也有学者分析了国际运动心理学未来的发展方向,指出:① 研究课题趋向复杂、多样。如Singer预测了21世纪运动心理学研究涉及的领域将包括下列众多方面,即学习、操作、技能,青少年体育锻炼中的问题,心理技能与程序,心理咨询,运动团体动力学,运动心理的测量与评价,与身心健康有关的问题。最近,兴奋剂的心理问题、运动性心理耗竭、运动性心理疲劳的诊断与恢复、特殊人群参加体育锻炼的心理问题等方面的研究也渐渐引起运动心理学界的重视。② 研究方法更趋丰富和完善。近年来在心理学界备受重视的认知心理学的理论和方法已经渗透到运动心理学的研究中,并取得了显著的效果。然而,对认知方法在运动心理学界的广泛应用,也有学者持有异议,他们认为认知心理学的研究方法过多地依赖于孤立的认知过程,人为因素过多,不能说明人类行为和状态的无规律性和不可预测性。现在有些运动心理学家开始利用生态学、混乱(chaos)、非线性力学、自我组织、知觉-动作理论和模式来解释人类的行为,提出要在真实生活这样一个更大的背景下审视人类的行为。此外,多年以来,传统的实验设计和定量方法指导着运动心理学的研究,然而,这种方法在研究过程中也显示出一些不足之处,近年来定性研究方法越来越多地引起了运动心理学工作者的重视。其中,个案研究方法作为对实验研究方法的一种有效补充在国外运动心理学研究中得到了足够的重视。值得一提的是:结合运动实践利用现场研究方法进行的研究所占的比例将会越来越多,人们将更多地从简单的实验和无意义的概括中解放出来(改编自唐征宇,2004)。

另一个在运动心理学领域将面临的问题是谁来为运动员提供心理服务?目前在国际上特别是在美国存在这样的争议,一方面,临床心理学家认为这一任务应由他们来承担,他们指责毕业于体育专业的运动心理学工作者基础薄弱,对现代心理学的知识也缺乏了解;而运动心理学工作者则认为临床心理学家没有运动经验,对运动现象缺乏认识,而且,临床心理学家只知道治疗,不知道如何通过心理手段来提高运动成绩,因而,他们认为对运动员的心理干预应由自己来担当。著名的运动心理学家 Williams 指出,这一问题在不久的将来会受到关注和解决。Williams 还认为,对于临床运动心理学家、教育运动心理学家和实验运动心理学家,将来可能有不同的训练指导方针(季浏、符明秋,1994)。

Wann(1997)对临床运动心理学家、教育运动心理学家和实验运动心理学家的教育背景和训练作了明确的说明:临床运动心理学家特指受过训练来处理运动员多样的情绪问题和人格问题的专业人士,他们通常受过临床心理学的训练并拥有博士学位,有资格帮助运动员处理心理方面的问题;教育运动心理学家是指理解运动心理学原理,并努力将这些信息传达给运动员和教练员的专业人士,或者帮助运动员获得运动中达到最佳状态所需要的心理技能,但他们没有资格去给运动员的情绪和人格问题做咨询;实验运动心理学家的主要兴趣在于进一步研究和理解运动心理学的知识,研究的对象主要有两类人,一类是运动员和其他参与竞争的人,另一类是运动迷和观众。

5. 我国运动心理学的历史与现状简介

清末民初乃至 1937 年以前这段历史时期,中国师范教育的高校体育专业一般设心理学或教育学、儿童心理学、心理卫生等课程,没有设体育心理学和运动心理学课程。但一些有识之士已开始注意到体育运动与心理学的关系问题。毛泽东同志在《体育之研究》一文中就曾指出:"勤体育则强筋骨……又足以增知识……又足以调感情……又足以强意志。"中国著名的体育家马约翰曾在《体育的迁移价值》一文中提出运动场是培养学生的极好场所,"可以批评错误,鼓励高尚,陶冶性情,激励品质"。刻苦锻炼可以"培养青年的勇敢精神,坚强的意志,自信心、进取心和争取胜利的决心"。他还认为"这种运动场上表现出来的道德品格能够迁移"(季浏、符明秋,1994)。

1942 年国立体育专科学校的吴文忠、肖忠国先生编译了《体育心理学》,他们以日本国立体育研究所心理学部部长松井三雄编著的《体育心理学》为蓝本,做了必要的增补。该书分总论、理想的体育、体育运动的发现、运动的分析和运动的影响等五篇,成为我国第一部体育心理书籍。

体育运动心理学正式列入体育专业的课程设置是1949年以后的事了。我国体育运动心理学的历史可以分为以下三个阶段:

第一阶段(1949—1957年):是全面学习苏联的普通心理学,为在我国建立体育运动心理学的准备阶段。20世纪50年代初期,苏联专家相继来华讲授教育学、心理学、体育理论等,各级师范学校中的体育系科中心理学已列为必修课程,但心理学教材的内容和体系都与其他系科没有区别,仅增加一些体育运动的例子。我国体育运动心理学的诞生正处在酝酿之中。

第二阶段(1957—1966年):是我国体育运动心理学诞生和初步发展阶段。一方面,我国心理学工作者已在体育运动心理学方面积累了一些资料。尤其是1964年武汉体院和上海体院合编的一本《运动心理学》,这是我国自己编写的体育院系专用的第一部心理学教材,这在我国运动心理学史上是一件有重要意义的事;另一方面,苏联鲁吉克教授编著的《心理学》第16~20章也被译成汉语,并以《运动心理学》为书名出版。文化大革命期间,我国的心理学研究基本停顿,体育运动心理学的研究遭到摧残。从此,拉大了与国外运动心理学发展的差距。

第三阶段(1977—现在):是我国体育运动心理学蓬勃发展的时期。这一时期体育运动心理学经短期恢复后,进入了一个新的发展阶段。

(1) 学会成立与学术活动:1978年中国心理学会杭州会议时,哈尔滨师范大学刘慎年、河北师大李健周等拟发起组织体育运动心理专业委员会。1979年12月正式成立了中国心理学会体育运动心理学专业委员会。1980年12月又成立了中国体育科学学会运动心理学会,从此,我国运动心理学工作者有了自己的组织。在学会的统一领导下,开始有计划、有步骤地开展科研工作,进行学术交流和人才培养。

1979—1993年,中国运动心理学共召开了15次全国性学术会议。第1次:1979年11月于天津;第2次:1980年12月于北京;第3次:1981年12月于北京;第4次:1983年8月于云南昆明;第5次:1984年12月于北京;第6次:1985年10月于四川成都;第7次:1987年9月于浙江杭州;第8次:1987年11月河北石家庄;第9次:1989年10月于山东蓬莱;第10次:1992年12月于山东潍坊;第11次:1993年10月于北京;第12次:1993年12月于广东广州,第13次:1996年于河南郑州;第14次:1998年于云南昆明;第15次于北京。前九次会议总共发表论文450篇,研究内容分布如下:基本理论占30%;认知心理占8.60%;情感占5.3%;人格占10.2%;体育教学占14.3%;运动训练占8.3%;运动比赛占3.8%;心理训练占17.3%;选材占4.5%;心理咨询占3.0%;教练员和教师心理特征占2.3%;体操占1.9%;田径占0.4%;球类占6.4%;游泳和射击占1.9%;其他占9.0%。

1990年中国成功地举办了亚洲运动会科学大会,国际运动心理学会主席辛格应邀在大会上做了主题报告,运动心理学组的美国、印尼、韩国代表以及中国运动心理学者50余人在会上报告和交流了学术论文(季浏、符明秋,1994)。

(2)科研成果与进展:张鸽等人研究表明:1949—1987年共发表译文、论文、文章等计1830篇。而1977—1987年就发表了1763篇(译文501篇、论文711篇、文章491篇)。据不完全统计,译文主要来自苏联、美国等18个国家。发表论文、译文的内容覆盖了田径、篮球、体操等25个大项。

张鸽、邱宜均等人的研究表明:1977—1987年中国运动心理学领域发表的1000多篇论文中,心理训练与竞赛心理的研究在中国运动心理学的研究中居首位。这与1986—1989年《国际运动心理学杂志》发表的论文以及第24届奥林匹克科学大会发表的运动心理学方面的论文统计结果是相吻合的,即竞赛心理与心理训练的研究居首位。这表明中国运动心理学研究的总趋势与国际运动心理学的研究发展趋势是一致的(季浏、符明秋,1994)。

据不完全统计,1985—1993年,我国运动心理学(含综合研究)获国家体委科技进步奖、攻关服务奖的科研成果有:① 优秀青少年运动员科学选材研究;② 人脑功能量表——80.8神经类型测试表;③ 关于我国优秀跳水运动员心理训练的研究;④ 优秀运动员个性特征研究;⑤ 心理测试专用计算机;⑥ 功法调治与心理诱导放松训练对运动员消除疲劳的研究;⑦ 研究优秀射手的心理素质——制定"80.8表"和"PSG-6仪"射击运动员选材标准;⑧ 运动员心理能力测验的编制与研究;⑨ 对我国优秀运动员心理咨询和心理品质的调查研究;⑩ 我国优秀羽毛球运动员竞技能力心理结构及选材对策的研究;⑪ 中国学生大脑技能及神经类型的研究;⑫ 心理调节下放慢呼吸脑电图功率能量变化;⑬ 优秀青少年运动员科学训练综合研究;⑭ 第十一届亚运会中国击剑队心理咨询与心理训练的研究;⑮ 7—10岁儿童乒乓球运动员表象训练可接受性的实验研究;⑯ 高级射手比赛发挥的心理研究。1993年获国家体委第25届奥运会中国体育代表团科研攻关与科技服务的项目:① 系统心理咨询与训练促进射手比赛发挥的研究;② 1992年奥运会中国击剑队心理咨询与心理训练;③ 我国优秀羽毛球女子双打运动员的最佳心理配合和心理训练的研究等。

21世纪以来,我国的体育运动心理学又有了新的发展,研究的内容更加广泛。从竞技运动心理学来看,根据2000年第6届全国体育科学大会运动心理学专题会场、2001年第9届全国心理学大会运动学会场和2002年第7届全国运动心理学大会收录的论文表明,竞技运动心理学研究分别占总数的69.1%、60%和46.4%。这说明竞技运动心理学占据我国运动心理学研究的主导地位。

研究主题主要包括运动心理学基础理论和方法、运动员人格、运动心理能力的测评、运动技能学习心理、运动与唤醒和焦虑、心理生理学指标的测评、自信心和运动动机、注意及竞赛情绪等内容。从体育心理学来看,根据上述 3 次会议的论文,有关研究的收录量分别占 18.2％、20％和 23.8％。研究的主题包括：体育心理学基础理论和方法、体育学习的心理动力、体育教育与心理发展、体育学习指导心理、运动技能学习、体育教育与心理、体育与心理健康、学校体育团体心理等。从锻炼心理学来看,根据上述 3 次会议的论文,有关研究的收录量分别占 12.7％、15％和 29.8％。研究主要涉及身体锻炼行为的心理因素、身体锻炼期间的心理过程和身体锻炼的心理效应方面,研究的主题有人口统计学指标与身体锻炼的动机、态度和动机与身体锻炼、身体锻炼与心境、身体锻炼与自尊、身体锻炼与认知功能等(姚家新、徐霞,2004)。

四、教学重点与难点

（一）教学重点

(1) 体育心理学与运动心理学、锻炼心理学的关系。
(2) 体育心理学的多维性。
(3) 学习体育心理学的意义。
(4) 国内外体育心理学的发展历史。
(5) 体育心理学的发展方向。

（二）教学难点

(1) 如何指导学生真正理解体育心理学的涵义。
(2) 如何帮助学生真正理解学习体育心理学对他们未来学习和工作的意义。
(3) 如何引导学生真正了解国内外体育心理学的发展方向。

五、教学指导建议

（一）教学指导

(1) 教师在教学中要克服传统的"满堂灌"的教学方式,要将讲授方法与课堂讨论、指导学生课外阅读有关文章等方法结合起来。

(2) 教师要使用多媒体的教学技术进行教学,要通过多媒体技术呈现丰富多彩的体育心理学的历史事件和代表性人物。

(3) 教师在讲课前除了解体育心理学学生用书、教学用书中的有关体育心理学的定义、现状和发展方向等知识外,应充分查阅有关文献资料。

(4) 教师教学时要重点突出,兼顾其他。

(二) 学习指导

(1) 要求学生上课认真听讲,勤记笔记,积极参与课堂讨论。

(2) 要求学生课外阅读有关的文献资料,并思考有关的问题。

(3) 要求学生采用合作学习的方式,几人一个小组,课外讨论某一专题。

(三) 教与学的案例

(1) 方式:参与式讨论。

(2) 目标:在讨论和交流中理解学习体育心理学的意义。

(3) 内容:学习体育心理学的重要性究竟有多大。

(4) 时间:45分钟。

(5) 步骤:

① 教师讲述本次教学活动的任务、目的和要求。

② 教师将学生分成若干组。

③ 每一个组推荐一位小组长、一位发言人、一位记录员、一位噪音控制员(控制本组成员的说话音量,避免影响其他组的讨论),并共同商讨小组的名称,如"先锋组"等。

④ 各组针对"学习体育心理学的意义"这一主题进行讨论,记录员记录本组的讨论结果。

⑤ 各组由发言人将本组的讨论结果向全班汇报。在各组发言人陈述过程中,教师应鼓励倾听者提问、置疑,创设对话、争论甚至观点交锋的机会,避免"汇报"式的发言。

⑥ 教师与学生结合"学习要点"进行简短小结。

⑦ 教师应根据学生基础、分组情况,灵活掌握活动的步骤和时间,适当进行提示。

六、参考文献

[1] 季浏,符明秋.当代运动心理学[M].重庆:西南师范大学出版社,1994.

[2] 季浏.体育心理学[M].北京:高等教育出版社,2001.

[3] 季浏,朱学雷.体育社会心理学[M].上海:华东理工大学出版社,1995.

[4] 季浏,汪晓赞,蔡理.体育锻炼与心理健康[M].上海:华东师范大学出版社,2006.

[5] 马启伟.体育心理学[M].北京:高等教育出版社,1996.

[6] 松井三雄著.杨宗义等译.体育心理学[M].北京:人民体育出版社,1985.

[7] 张力为,褚跃德,毛志雄.运动心理学——借鉴、移植与发展[M].北京:北京体育大学出版社,1996.

[8] 张力为,任未多.体育运动心理学研究进展[M].北京:高等教育出版社,2000.

[9] 姚家新,徐霞.中国运动心理学的研究现状和展望[J].体育科学,2004.

[10] 唐征宇.当代运动心理学发展述评[J].华东师范大学学报(教育科学版),2004(2).

[11] 颜军.体育心理论稿[M].南京:河海大学出版社,2001.

[12] 陈作松,陈宏.国际运动心理学的研究现状及发展趋势[J].成都体育学院学报,2002.

[13] 李佑发,魏高峡,陈谷.国际运动心理学发展动态透视[J].解放军体育学院学报,2005(2).

[14] Anshel, M. H.. Sport Psychology: From Theory to Practice (4nd ed.). Pearson Education, Inc., 2003.

[15] Cratty, B. J.. Psychology in Contemporary Sport(3 Edition),1989.

[16] Carron, A. V.. Group dynamics in sport: Theoretical and practical issues. Spodym Publishers, London, Ontario. 1988.

[17] Seraganian, P.. Exercise Psychology: The Influence of Physical Exercise on Psychology Processes. Wiley Interscience,1993.

第二章

体育学习的心理学基础

一、教学目标

通过本章教学,使学生能够:
(1) 了解行为主义心理学、认知心理学、建构主义心理学、人本主义心理学理论的主要观点及其对体育学习的影响。
(2) 认识行为主义心理学、认知心理学、建构主义心理学、人本主义心理学理论的主要区别与联系。
(3) 发现行为主义心理学、认知心理学、建构主义心理学、人本主义心理学理论各自存在的问题与不足。

二、教学内容框架(图 2-1)

三、知识的拓展与深化

学习是个体在生活过程中,由经验而获得知识、改变行为以完满人格的过程。广义的体育学习是指学生在生活过程中通过体育练习获得个体行为的过程。狭义的体育学习则是指学生在体育教师的指导下,有目的、有计划、有组织、有系统地进行的特殊学习。不同的心理学理论对学习的实质有着不同的认识,同时对体育学习也产生了不同的影响,对学校更好地开展学校体育,促进体育的"教"与"学"起着重要的作用。

学习理论着重于揭示人们学习活动的本质和规律、解释和说明学习过程的

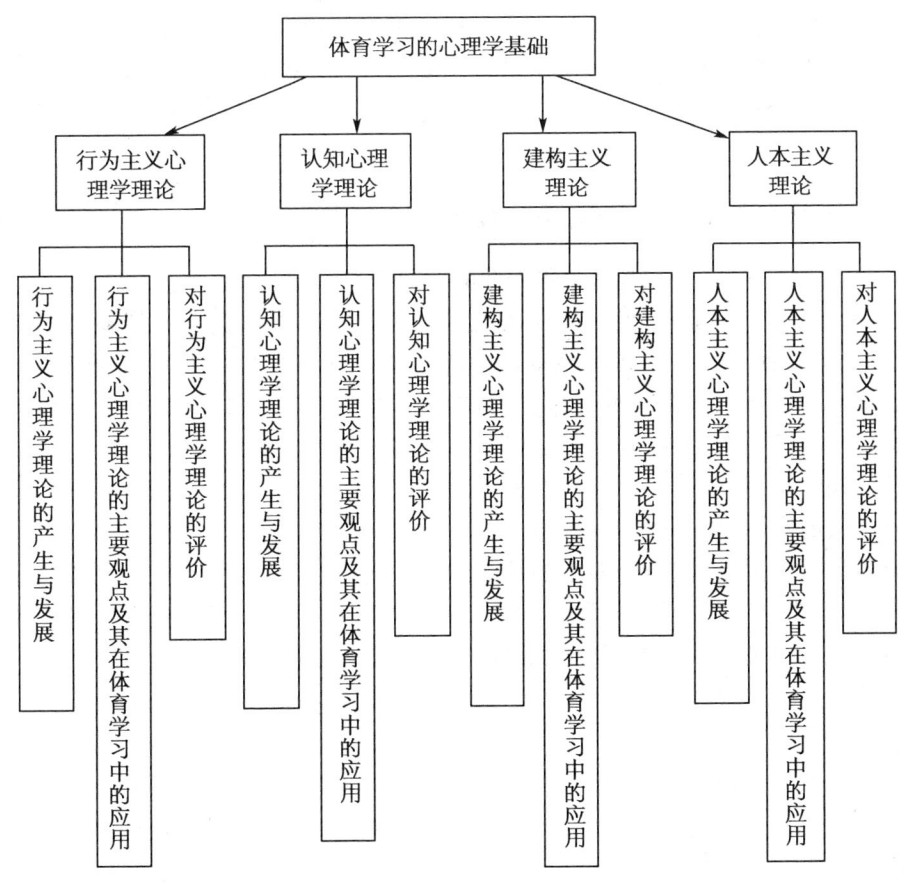

图 2-1 体育学习的心理学基础教学内容框架图

心理机制，以指导人们的学习。最早问世的学习理论以美国心理学家 Edward Lee Thorndike 于 1898 年提出的联结说为代表。学习理论是 20 世纪心理学界的重点研究领域之一，并一直成为教育心理学的理论基础和核心内容。在一个多世纪里，心理学家们做了大量的实验研究和理论探讨，提出了许多不同观点的学习理论或学说。这些理论或学说从不同的角度、层次和侧面揭示了学习过程的一些本质特征和基本规律，提出了一些有应用价值的学习方法和教学方法。

  本章所谈的体育学习的心理学基础主要指的是对体育学习具有较大影响的学习理论。只有把握了学生体育学习的特点和规律，才能有效地进行体育教学活动。Bower 和 Emest R. Hilgard 在其力作《学习论》一书中，将西方各种学习理论归结为两大派系：行为的-联想主义理论、认知的-组织的理论。D. L. Hintzman 在《学习与记忆心理学》一书中也将学习与记忆心理学这一领域的历史变迁用两条线加以贯彻，一条是认知主义，一条是行为主义。台湾著名学者张春兴先生在《教育心理学》一书中指出,关于动物和人类学习的性质、历程和影响学习因素的理论有三大类:一是行为学习论,二是认知学习论,三是人本学习论。因此,本章主要对行为主义、认知主义和人本主义学习理论进行阐述与分析。

(一) 行为主义心理学理论与体育学习

1. 行为主义心理学理论的发展及其主要观点

行为主义产生于20世纪初期的美国。行为主义不但是一种不要灵魂的心理学,也是一种不要心灵和不要意识的心理学。行为主义的先驱John Broadus Watson认为,心理学的研究对象是人和动物的行为,应该排除那些处于朦胧状态的心理现象。在John Broadus Watson提出"行为主义"这个概念的50年之后,Skinner. Burrbus Frederick在其1963年发表的《行为主义五十年》一文中,把研究人的意识和内部结构的心理学派称为心理主义,把人本主义和精神分析学都归于心理主义的范畴,并激烈地批判了心理主义和心理学的主观性和片面性,提出行为主义是指导心理学的哲学。由此可见,行为主义以研究人类及动物机体的行为为主导,摒弃一切主观经验,竭力反对研究人的意识,反对研究人的内部结构。该理论将学习定义为"个体在活动中受外在因素影响或向别人模仿而使其行为改变的历程。"

行为主义以John Broadus Watson在1913年发表的《行为主义者眼光中的心理学》为诞生标志,大致经历了旧行为主义、新行为主义、新的新行为主义三个阶段。

(1) 旧行为主义学习理论:旧行为主义以John Broadus Watson为主要代表。该理论以机械唯物论和实在论为哲学基础,以生物进化论和动物行为研究为自然科学基础,以机能主义和条件反射学说为心理学基础。旧行为主义是在Ivan P. Pavlov的古典条件反射基础上发展起来的。

旧行为主义学习理论提出学习是行为产生的原因,强调外在强化和外显行为反应。John Broadus Watson认为婴儿具有无所不能的训练力量,从而使人们对婴儿循规蹈矩、诚实可靠、独立生活、依靠自己等习惯的培养采用严格的强化形式。他甚而要求父母严格地对待儿童:"有一种对待儿童的明智方法。要把儿童当作年轻的成人那样去对待,你的行为要永远客观又和蔼坚定,永远不要拥抱他们和吻他们,永远不要让他们坐在你的膝上。如果你一定要吻他们,就只在他们向你道晚安时吻他们的前额,早晨要和他们握握手。如果他们把一件困难任务完成得特别好,就轻轻拍一拍他们的头。试试看,只要一个星期的时间,你就会感到要对你的孩子完全客观同时又和蔼是多么容易,你会完全对你以前对待孩子的那种感情脆弱、易动情感的方式感到惭愧。"可想而知,如果父母都按照

John Broadus Watson 的指导去做,儿童就会变成一个个小机器人,不懂情感,完全屈服于权威,而父母和子女的关系也会变得冷冰冰。

另外,旧行为主义还提倡环境决定论和教育万能论,排斥遗传的作用,反对行为的遗传和本能的存在,认为遗传与本能无法控制,除了某些基本情感是通过遗传获得的,各种行为模式都是通过经验习得的。John Broadus Watson 只承认"构造上的遗传",不承认"机能上的遗传"。他指出:"关于心灵特质的遗传,我们实在没有可靠的论据。我非常相信,历代为骗子、为凶手、为窃贼、为娼妓的人们所生的婴孩,只要是身体强健没有缺点,我们都可以将他们教养为善良的人。""给我一打健康的婴儿,我可以按自己的愿望培养,我保证把他们培养成我选择的任何特定的类型——医生、律师、艺术家、商人、领袖,甚至乞丐和小偷,而不管他的天分、爱好、倾向、才能和他父母的职业和种族如何。"这是典型的教育万能论观点,出发点是因果决定论。John Broadus Watson 这种否认道德的劣根性是正确的,但他却从这个本是真理的论断走向了谬误:否认了儿童的主动性、能动性和创造性,否认了人的主观世界、遗传因素,否认了儿童具有拒绝他的特殊训练的可能性,片面强调环境决定论。

总的来说,在对待学习问题上,旧行为主义理论认为人类和动物的行为都是受同一原理支配的,因而断言应像研究动物行为那样研究人的行为;坚决摈弃以主观内省法作为心理学的主要研究方法,代之以客观观察法,极力贬低和否认内部心理活动的作用,主张学习乃是简单的选择与联结;坚持可被观察原则、客观性原则和经验主义原则,认为学习的进程是缓慢而多错的。

(2)新行为主义学习理论:由于旧行为主义忽视对有机体内部过程的研究,企图将复杂的心理过程简单化,将心理学研究范围缩小化,招致了许多心理学家的强烈反对。20 世纪 30 年代末,在行为主义内部,以 Clark Leonard Hull、Edward Chase Tolman 和 Burrhus Frederick Skinner 为主要代表,采取了一种既发展客观实验,又发展客观的心理学理论的路子,这种改良后的行为主义成为新行为主义。

新行为主义是以操作性条件反射为基础的。Burrhus Frederick Skinner 则继承了 Edward Lee Thorndike 的工具性学习原理,并对 Ivan P. Pavlov 的经典条件反射进行研究,提出了与之相对的操作性条件反射模式,并设计了一个特别的装置——斯金纳箱,供动物在其中自由探索。此外,他还提出了条件反射的原则,如强化和消退、及时强化、分化刺激、泛化、塑造、行为链、强化时间表、惩罚等。Burrhus Frederick Skinner 提出的操作性条件反射在实际运用中颇受人们的欢迎,糖果、口香糖、香烟或一句关怀的话,替代了通常采用的对待行为不端的儿童和青年的机械方式,如说教、责骂和处罚等,且起到了较好的效果。

Burrhus Frederick Skinner 在遗传和环境训练的关系问题上,相信人类的行为能够借助于积极强化的适当使用而加以控制、指导、改变和形成,只要发现了决定行为的条件,就能够预测和在某种程度上决定人的活动;Burrhus Frederick Skinner 是一个比较合理的环境决定论者,他比 John Broadus Watson 更注重被试学习的主动性。Burrhus Frederick Skinner 认为内部心理与外部行为具有同样的物理维度,行为主义之所以排除对感觉、意识、思维过程的考虑,并不是因为它们不存在,而是因为科学方法对此无能为力。而与 Burrhus Frederick Skinner 同时代的新行为主义者,由于强调某种"内在的决定因素"(Edward C. Tolman)或某种"原始的内驱力"(Clark L. Hull),已不再是 John Broadus Watson 的环境决定论的拥护者和继承者。

总的来说,新行为主义者主张将意识还原为行为操作,注重外在的强化作用,主张学习的过程是渐进的,着力研究外显行为;强调外部环境对学习者的决定作用,忽视人的内在心理状态,极力反对将行为的改变归因于任何内在因素的作用;认为人没有自由意志,也没有自发的行为能力,自然和环境支配着人的行为倾向,从而把学习者看成受环境摆布,无所作为的被动体。另外,Edward C. Tolman 作为一位认知(目的性)行为主义者,其观点开始带有认知的倾向,他创建了行为主义阵营中带有认知倾向的学习理论,并明确指出:"作为整体性的行为,它确实具有目的性,确实具有认知性,目的和认知是行为的血和肉,是行为的直接特征。"

(3)新的新行为主义学习理论:到了 20 世纪 50 年代,行为主义严格的环境决定论和人与动物不分的观点遭到了越来越多的反对。随着现代认知心理学的迅速崛起,意识、思维、记忆、注意等内容再次受到心理学家的关注,Albert Bandura、Mitchell 等在行为主义环境中成长起来的心理学家试图在行为主义与认知心理学之间走一条折中的道路,大胆吸收认知心理学的观点和成果,成为既带有行为主义躯壳,又拥有认知心理学血肉的混血儿——新的新行为主义者。

新的新行为主义学习理论真正实现了由动物研究向人的研究过渡,主要以人为研究对象,突出人的主体地位,强调人的主观能动性,认为人的内部心理过程和内在经验会调节和影响人的行为;重视社会因素和认知结构对人的行为的影响,强调人的行为是内部过程和外部影响相互作用的产物;主张学习过程具有飞跃性,而行为反应则具有内隐性;能辨证对待先天遗传与后天习得的关系,指出"生物的因素在习得过程中发挥作用,遗传与荷尔蒙影响生理的发展,而生理的发展会影响行为的可能性";注重自我调节、认知等作用,强调学习者可用内部的行为表象来指导和调控自己的行为。新的新行为主义学习理论尽管仍然崇尚环境决定论,但是强调了人类在社会中的学习,强调了可以用替代学习或替代强化来代替直接的刺激反应。

综上所述,行为主义心理学理论在不断发展。旧行为主义把动物的行为仅仅看作是外界条件作用的结果,是被动的;新的行为主义所倡导的操作性条件反射则给予有机体自由活动的机会,并提出其行为受自己动作结果的控制;新的新行为主义则摆脱了旧行为主义所推崇的只注重行为的操作因素的观点,而把人、环境和行为三者之间的关系看作是一种互动的关系,开始注重行为获得过程中人的因素、内部活动和认知因素的重要作用,认为许多行为模式都是通过观察别人的行为及其后果而学来的。

2. 基于行为主义心理学理论的学习观与教学观

行为主义者认为,通过对外界环境的"操作"和对某些行为的"积极强化",教师可以发现学生行为形成的规律,弄清行为与行为结果之间普遍存在的关系,并能够随时设计、塑造和改变学生的任何行为。Burrhus Frederick Skinner 提倡程序教学,并精心设计了程序化的教学机器。他认为,在学习过程中,对学生最积极的强化条件就是依靠教学机器的帮助,进行程序的控制和有效的强化,"因为一个微小的强化,如果使用得好,在控制行为上可能产生极大的效果"。在 Burrhus Frederick Skinner 的经典直线式程序教学模式中,就是先把学习材料分成一系列连续的小步子,学生严格按机器规定的顺序进行学习。

(1) 基于行为主义心理学理论的体育学习观:行为主义者对传统内省法进行了无情的批判,他们通过动物实验等客观研究的方法,奠定了其在学习理论领域的长期"霸主"地位。根据行为主义理论,体育学习是刺激与反应的联结,是不断失误的过程,是外部强化的结果;体育学习是在大量的、重复的机械练习中形成习惯。行为主义理论在很大程度上受到 Edward Thorndike 提出的"准备律"、"练习律"和"效果律"三大学习定律的影响。主要表现在以下几个方面:

① 学习前要重视预习和准备工作。Edward Thorndike 的"准备律"主要涵盖了三层意思,即"在行动单元准备行动时,则该行动会产生满意的结果";"在行动单元准备行动时,不让其行动,将会产生烦恼的结果";"在行动单元不准备行动时,却强迫其行动,将会产生烦恼的结果"。由此可见,行为主义强调学习者唯有在学习前具有观念和行动的准备,方能收到良好的学习效果。否则,即使有外界的学习压力,也仍然无法达到预期的目的。

② 学习过程中重视强化理论的运用。行为主义者普遍强调在学习过程中通过不断练习、不断反复等途径来促进学习效果的强化。Edward Thorndike 在"练习律"中提出的"作用律"和"废律"都是强化理论的表现。只不过"作用律"强调的是正强化,"废律"强调的是负强化。Ivan P. Pavlov 的条件反射理论认为强化是通过不断反复的"无条件刺激"而实现的,只有不断强化练习才能避免刺激的消退效应的出现。Burrhus Frederick Skinner 明确了正强化与负强化的概念,区分了一级强化与二级强化的本质差别,并且提出固定间隔强化、可变间隔强化、固定比例强化和可变比例强化四种模式。Burrhus Frederick Skinner 的

强化理论进一步阐释了强化在学习过程中的重要意义,有助于人们在学习过程中加强练习和反复学习,促进教学效果的提高。

③ 学习后要重视复习的功效。Ivan P. PavIvan 的条件反射理论中提到的"消退"和"抑制"理论充分说明了复习在学习过程中的重要意义。Albert Bandura 把观察学习分为注意过程、保持过程、运动再生过程和动机过程四个阶段。在保持过程阶段,Albert Bandura 提出的"复述"概念其实也就是一种练习与复习的过程,它有助于提高保持水平,进而付诸外部行动。

(2) 基于行为主义心理学理论的教学观

① 教师是知识的传授者,学生是知识的接受者。根据行为主义的观点,现实独立存在于学习者之外,知识仅仅是通过感官来获得的现实的印象,学习的目的是学习前人所建立起来的知识和技能体系,学习如同一个中转站,当一个人把现实的普遍特性传授给另一个人时便发生了。因此,在体育教学中,体育教师的主要作用在于将运动知识和技能分解,并由少到多,从部分到整体、有组织地加以呈现。在行为主义理论中,教师主要是作为知识的传授者而出现的。行为主义非常强调教学过程中教师的主导地位、权威地位,教师操纵整个教学过程,为学生提供刺激,一般不允许学生有自主发挥想象的余地。如果说在程序教学中还能够让学生"自定步调"的话,那么,最后的归宿还是不能离开教师所控制的教学目标。

② 教学内容往往要化整为零,从局部学习累积到整体,强调由简至繁的积累:在投篮技术的教学中,要求将投篮技术分成小步子,两个步子之间的难度相差很小,前一步的学习为后一步学习做铺垫。

③ 强调行为目标和操作性练习。强调基本技能的训练,主张采用各种媒体进行个别教学,提倡教学设计或系统设计的模式,主张开发各种教学技术,赞同教学绩效、成本-效应分析和目标管理等做法。

④ 教学评价以行为变化的观测为依据。主要表现为:注重形成性评价与终结性评价相结合;评价围绕教学的分类目标展开,逐项观察学生的行为变化;往往用行为动词去表述行为水平,例如"掌握"、"学会"等;选择能够明确地表示反映结果的题目进行测验,强调测题标准、答案唯一。行为主义体育学习评价观在形成性评价中,强调检测学生的阶段学习效果;在终结性评价中,关注每一位学生在掌握教学内容方面是否有正常的进展,每一位学生是否以适宜的速度掌握了教学内容,学习材料是否能满足不同学生的需求,教学是否适合学生的学习风格等。

3. 对行为主义心理学理论的评价

(1) 行为主义心理学理论对心理学研究的贡献:行为主义作为一个极富影响力和魅力的心理学流派,促进了心理学理论研究的发展与实际应用。美国实验心理学的巨大进步就主要受行为主义的影响,正如我国著名学者张厚粲先生所说:"行为主义要求预测和控制行为,必须通过客观的实验观察,通过对观察到的事实进行积累,然后形成概括性假设,再付诸实验印证或实际应用。为了预测精确,控制有效,行为主义者总是力图将实验中发现的心理事实及其条件加以数量化和操作化。总之,与冯特时代的心理学相比,行为主义巩固了实验心理学的方法学基础";行为主义在应用心理学上也做出了较大的贡献,我国心理学者高觉敷曾这样评价:"虽然从事心理学应用研究工作的并不单行为主义一家,但从其意图倡导与所处地位产生的影响来说,行为主义学派在这方面的长期努力,不能不说是具有重要影响并做出了重大贡献的"。

行为主义研究的是最广义的学习,即个体在活动中获得行为经验的历程,偏重于行为习惯的习得与养成及不良行为的矫正等。这一学习理论为我们更清楚地把握学习的本质、条件和进程,具有很大的启发作用和理论价值。

① 行为主义认为学习要承上启下,由易到难,循序渐进。这有利于学生在学习中获得更多的成功体验,达到事半功倍的效果,提高学生的学习兴趣。同时,在容易的环节先打好基础,也可以为以后更难的学习创造条件。

② 行为主义强调学习要多训练,多给学生锻炼的机会。如果教师仅传授知识和技能,学生只是被动地接受,而不进行练习,那么所学的知识和技能也是死知识、死技能,没有什么价值。只有经过反复的、经常的练习,才能学以致用。

③ 行为主义强调归纳学习,强调类比推理、替换练习。通过归纳学习,将类似的知识和技能放在一起学习,使学生更好地理解和总结所学的知识和技能。同时,教师把类似的知识和技能放在一起,比较它们之间的区别,既能使学生更好地理解与掌握,也可节省教师的时间,一举两得。

④ 行为主义强调及时给学生反馈,对学生的反应给予表扬与批评。学生通过教师的及时反馈,能够知道自己学习中存在的问题,及时地改进学习方法,少走弯路。另外,多给表扬,少给批评,提高学生的学习兴趣,充分调动学生的学习积极性,对学生的学习很有帮助。

(2) 行为主义心理学理论存在的问题

① 行为主义强调外部环境控制的作用,忽视人的主观能动性,认为学习就是通过外部刺激做出反应,从而形成习惯。而实际上学习远非仅仅像习惯形成那样简单。例如,学生对运动技能掌握的好坏取决于很多因素,如本身的天赋、教育背景等,把运动技能的学习仅仅当作是一个习惯过程,这是站不住脚的。

② 行为主义强调学习主要是对所学内容结构框架的掌握,这是第一位的,内容、意义并不重要,可以不予考虑。实际上,内容和意义才是学习中最主要的,只有在理解意义和内容的基础上,才能更好地学习内容的结构框架。

③ 行为主义认为课堂教学中,学生应该尽量避免犯错误,不然就会形成坏

习惯,以后就很难纠正过来。但是,错误是学习中不可避免的,有时错误的出现并不完全是一件坏事。通过对错误的分析,可以进一步了解学生对所学知识和技能的掌握程度,了解学生在何处存在问题,何处需要加强练习。因此,教师应该对不同类型的错误给予不同的对待。

④ 体育学习不能仅建立在大量的机械练习之上。通过反复的练习,可以建立刺激与反应之间的联结。但是,如果不理解规则,所建立的联结只是一种机械练习,当问题情境稍微发生变化时,学习者便不能建立新的刺激-反应的联结。即使是经过大量练习建立起来的联结,也难以迁移到新的问题情境中去。因而,体育学习应建立在理解的基础之上,而不是依赖于单纯的练习和重复训练。

⑤ 忽视意识、情感的作用,强调教师是一切课堂教学活动的中心,学生则是接受者,是被动地学习。行为主义学习理论将学习视为刺激与反应的联结,认为离开刺激人们就不能学习,这就完全忽视了人的主观能动性,把学习解释为一种被动的接受过程。这会大大影响学生的学习情绪,不能充分调动学生的主动性和积极性。学习中思维的复杂程度远非简单的刺激与反应就能做出解释的,如果人们缺乏能动的学习意向,不主动地建构知识,那么学习目标是无法达成的。

⑥ 体育学习评价应当是教与学的完整统一。行为主义体育学习评价观关注的是作为客体的运动知识和技能,而不是教学主体本身。运动知识和技能成为衡量教学的主要尺度。当教学主体与知识的传承产生矛盾时,教学评价就会成为一种制裁、惩戒的手段。这种割裂教与学的完整统一性,忽视教学活动的双主体性的观点,导致教师与学生在教学评价过程中处于被动地位,从而使评价失去了应有的教育功能。

总之,行为主义心理学只是在研究对象和研究方法问题上反映出具有实用主义的倾向。事实上,行为主义心理学在心理学研究中强调实用、注重效用,对当时纠正传统心理学研究中的某些不成熟偏向是有效的。而它的错误主要体现在思想方法上的片面性和极端化,只强调对行为的客观研究,而完全否认对主观现象进行研究的必要性。这种极端化的做法确实给心理学的健康发展设置了许多不利因素。总而言之,要对"实用主义"进行辩证的分析,对行为主义进行合理的扬弃。

(二)认知心理学理论与体育学习

1. 认知心理学理论的发展及其主要观点

认知心理学的正式诞生,以 U. Neisser 1967 年出版的《认知心理学》一书为标志,因此,U. Neisser 被称之为"认知心理学之父"。

认知心理学是以人类心理现象中的认知过程为主要研究对象的一门科学,是广义的认知科学(包括计算机科学、语言学、逻辑学、人类学等)的一个分支。

认知心理学有广义和狭义两种。广义的认知心理学包括结构主义心理学、心理主义和信息加工心理学。它们的共同特点是强调研究意识、研究认识等高级的心理过程。狭义的认知心理学是指信息加工心理学，是用信息加工的观点来研究人的复杂认知过程，其代表人物是人工智能的创始人 H. Simon。信息加工心理学把人和计算机进行类比。计算机从周围环境接受输入的信息，经过加工并储存起来，然后产生有计划的输出。人的系统和计算机一样，人对知识的获得也是人对信息的输入、转换、存储和提高的过程。

现在，一般所称的认知心理学就是狭义的认知心理学，即信息加工心理学。认知心理学的基本观点主要有以下几点：

（1）认知心理学承认人的意识和其他内部活动，但它把意识和行为并重，并保留行为主义心理学的一些基本理论观点。

（2）认知心理学强调人已有的知识和知识结构对于其心理活动和行为的决定作用。它通过与计算机之间进行类此，强调人也是一种信息加工系统，应当用信息加工的观点和术语来证明人的心理活动。

（3）认知心理学在具体的研究中强调实验室实验，而在具体做法上多采用自我观察法，实验中要求被试在执行认知任务、表现实际操作的同时报告他们的心理活动情况。

2. 基于认知主义心理学理论的学习观与教学观

（1）基于认知主义心理学理论的学习观：借助于计算机的发展，认知主义心理学家阐明了学习者先前的知识（储存于图式中的）对新知识的学习不仅起到过滤器的作用，而且在经验的过程中还修正着感觉活动，由此而引发了一场学习心理学的革命。人们对知识本质的认识也随之发生了变化：知识是普遍的、客观的，但受先前经验的影响。

认知派学习理论把研究的视角从传统的关注学习过程内部规律转移到更加关注学习主体——学生以及师生关系等方面，对学习本质的认识发生了重大转变。他们认为学习不是引起学习主体的"行为改变"，而是引起学习主体"内在能力和倾向的变化"。这种观念的转变主要表现在以下三个方面：

① 重视学习主体的主观能动性。作为认知心理学理论基础的格式塔教育心理学代表人物 K. Kohler 认为，学习过程包括尝试错误和顿悟两个阶段。在这两个阶段，学习主体的主观能动性至关重要，它是实现顿悟的必备条件。也就是说，如果不能充分发挥学习主体的主观能动性，实现学习目标就成了一句空话。Robert Gagne 认为，学习主体的变化并非仅仅由外部刺激引起的，而是学习主体和外部环境相互作用的结果，是后天习得的结果。学习主体主要通过调动自身主观能动性，对外界输入的信号进行再加工和处理，从而产生反应效果。由此可见，主观能动性在学习中有着举足轻重的意义。布鲁纳倡导的启发式教

学也强调要丰富学习者的想象能力,在学习过程中应鼓励学生积极主动地学习,激发学生的兴趣,充分发挥学习主体的主观能动性。

②重视结构在学习中的作用。Jerome Bruner作为结构主义教学论的创立者曾提出,学校应当致力于教一门学科的总的性质即结构,而不是教一门学科的全部细节和事实。他把学科的基本结构放在课程和编写教材的中心地位,成为教学的中心。布鲁纳认为,重视学科结构有助于学生更容易地理解整个学科的具体内容,有助于记忆学科知识,有助于促进学习迁移,有助于提高学习兴趣,有助于大、中、小学不同阶段学习内容的衔接。

David Ausubel的有意义学习理论也提出,认知结构是指"学习者所获得的知识结构"。他认为"知识和信息的高效学习与保持主要依赖于认知结构的适当性"。也就是说,学习者自身的知识结构对其将来知识的获得起着决定性作用。因为它决定着新知识构建过程中的可利用性、分化程度和稳定性、清晰性。唯有新的知识结构与原来的知识结构存在着内在的、本质性的联系时,才能实现旧知识结构的改造和新知识的获得。

③重视学习的层次性和阶段性。Robert Gagne打破了传统的"某一学习理论可以解释一切学习现象"的错误观念,提出了对各种学习进行分类的累积学习模式。Robert Gagne认为,学习过程极其复杂,学习也有许多不同类型。根据由简到繁、由低级到高级的顺序原则,他把学习水平分成信号学习、刺激-反应学习、连锁学习、言语学习、辨别学习、概念学习、原则学习、问题解决等八个层次。Robert Gagne认为,这八个学习层次前后存在递进和依赖关系。这种"积木型"的学习层次论有助于我们在教学实践中遵循学习规律,循序前进。

早在20世纪30—40年代,Jean Piaget就一反行为主义的传统,创立了著名的认知发展阶段论,他把认知发展分为四个阶段:感觉运算阶段、前运算阶段、具体运算阶段、形式运算阶段。Jerome S. Bruner把学生的认知发展划分为三个阶段:动作表征阶段、映象表征阶段、符号表征阶段。D. P. Ausubel则把智力的发展过程也划分为三个阶段:前运算阶段、具体运算阶段、抽象运算阶段。认知发展的阶段性理论告诉我们,在学生不同的认知发展水平阶段,必须实施不同的教学任务,采取不同的教学方法,实现不同的教学目标。

(2)基于认知主义心理学理论的教学观:鉴于预先存在的记忆结构影响着学习者与刺激的相互作用,教学的重要功能之一便成为帮助学生意识到他们先前的知识与观念,然后向他们提供更为专业化的应付信息丰富的环境的方法。根据认知主义的这一观点,体育教师的身份主要是学生学习的管理者。体育教师通过示范,鼓励学生运用先行组织者及概念图建立联系,最终帮助学生掌握控制思维过程的技巧,促进元认知。从管理者的角色出发,体育教学的活动从本质上来讲是帮助学生对运动知识和技能进行加工。与此相应,体育学习活动则主要包括:进行思考和记忆的练习活动,形成图式并使技能自动化,实施自我调节的策略。由此可知,体育教师主要通过营造一种环境,使学生运用信息并对其质疑,从而获得经验,帮助学生形成独立评价运动知识与技能的能力。

3. 对认知心理学理论的评价

(1) 认知心理学理论对心理学研究的重大贡献:认知心理学凭借实验研究的现代化技术手段和实验计划的精明图式,对心理学的许多领域都进行了卓有成效的研究,建立了一些颇有价值的理论,为心理学的长足发展积累了丰富的经验。

① 认知心理学的出现彻底结束了心理学忽视高级心理过程研究的历史,把高级心理过程(主要是认知过程)作为自己的主要研究对象,强调研究认识的高级过程,并注意各种认知活动的内在联系。这在理论和实践上均具有重要的意义。

② 认知心理学同以往的心理学比较起来有着十分明显的特点,即它承认人的主观能动性,承认人的意识的能动作用。认知心理学考虑到人的信息的获得和加工与已有经验的联系,强调了策略因素,认为在与环境的相互作用中,人总是利用了过去的经验,使用了一定的策略来获得和加工信息。这体现了人类智慧的重要特征——主观能动性。

③ 认知心理学应用新的方法对从感知到思维的过渡环节——表象,进行了较有说服力的探索,是一个重要的突破。它使人们更为具体地看到了心理现象是客观现实的反映,证明了心理学不仅应该而且可以对不能直接观察到的心理现象进行研究。

④ 在研究方法上,认知心理学把自我观察、实验室实验和计算机模拟有机地结合起来,开辟了心理学研究的新途径。

(2) 认知心理学理论存在的问题:认知心理学即使具有以上种种进步意义,但最终由于理论观点和方法论的局限性,在具体研究过程中还是存在一些问题。

① 认知心理学把研究主要局限于人的"认知"过程,而对于包括情绪、情感在内的意向活动,对于个性心理特征的研究则显得无能为力。从这个意义上来说,它把心理学的研究范围大大地缩小了,缺乏体系性。因此,认知心理学理论所提出的观点,取得的研究成果难以构成完整的心理学体系。

② 现代认知心理学研究认知活动的时候,没有重视对意识这个重要理论问题的研究,忽视了心理学的一项重大任务。

③ 较之于传统的意识心理学把人的意识经验割裂成片断进行研究的做法,现代心理学强调从整体上研究人的认知过程是有其进步意义的。可是,一味强调整体性,就有导致认知过程之间界限不清,把知觉等同于思维甚至把知觉等同

于全部认知过程的危险。这样,对于科学的分析是有害的,因为实际情况常常不是这样,而这恰恰是现代认知心理学的一个主要倾向。

(三)建构主义理论与体育学习

1. 建构主义心理学理论的发展及其主要观点

(1)认知建构主义:在认知建构主义理论中最有影响的人物是 Jean Piaget。认知建构主义理论认为,虽然一个独立的、真实的世界可能存在于学习者之外,但人们获得它的途径有限,而知识是个体建构的,其客观程度取决于认识者的智力发展,学习的重点是人们如何把新的信息同化到头脑里已有的图式中,以及当信息相互矛盾以至无法同化时如何重建图式。

(2)社会建构主义:社会建构主义中最有影响的人物是 Ler Semenorich Vygotsky,他接受了 Jean Piaget 关于个体如何通过与他人一道解决问题而建立个人对现实理解的看法,并进一步解释了社会文化情境如何影响公众对事物、事件的理解。在他看来,现实不是客观的,知识则是个体之间通过诸如图片、课文、谈话及手势等文化产品相互作用时切实共建并分享的。

2. 基于建构主义心理学理论的学习观与教学观

建构主义认为,教学旨在引导学生从不同角度看待问题并在学科领域内外鉴别多种观点,使其形成对问题及其发生、发展过程的深入理解和坚定不移的信仰。当学生对其掌握的有待评论的事实形成自己的解释时,知识便形成了。根据建构主义的观点,学生是缺乏经验的"科学家"、"学徒",教师则是学生学习的"促进者"与"合作者"。

(1)基于建构主义心理学学习理论的学习观:建构主义的学习观主张以学生的主动学习替代以教师为中心、强调知识传授、把学生当作知识灌输对象的传统课堂教学下的被动学习,因为知识是学生的内部构成物,教学的关键在于创设有利于建构的学习环境。学生是主动的、相互交流信息的研究者、问题解决者和战略家。学习活动的性质便是同化信息并形成新的图式和(智力)操作去应付新的经验对物质的、社会的和智力上的发现并进行反思。

建构主义认为,知识的建构是个性和情境化的,用简化的教学场景将知识和学习活动从自然的情境中抽离出来,放入所谓具有典型代表性的教学场景,会造成两种缺陷:一是信息背景要素的缺失,二是学习活动社会情境的缺失。社会情境在建构学习中起着重要作用,因此要重视学习者的平等协商,要构建"具有一定复杂度和真实度"的学习情境,并且要经常给学生提供机会,让他们在不同情境下应用所学的知识。

(2)基于建构主义心理学学习理论的教学观:认知建构主义把教师看作是学生学习的促进者。认知建构主义认为,作为促进者的教师,其教学活动的性质是通过以相互矛盾的事物引起学生认知的不平衡,引导他们完成解决问题的活动,监测他们发现后的反思。在认知建构主义者看来,当认知的稳定性面临挑战时便获得了知识。作为促进者的教师的基本作用就是提出有一定张力,以至打破智力平衡的问题(引起不安),至此,教师给学生提供机会去研究问题,一道解决问题(行动),并在这一过程中去思考和讨论新发现的"现实"的特性(反思性的抽象)。

社会建构主义把教师看作是学生学习的合作者。社会建构主义认为,教师作为学生建构知识的合作者,应引发并适应学生的观念(包括错误观念),参与学生开放性的探究,引导学生掌握真正的研究方法和步骤,即参与学生对现实的建构。在社会建构主义者看来,认知的发展是"社会共同参与的活动向内化(思想)过程的转换"。因此,教师作为合作者的基本作用则在于监测课堂学习并积极参与这一转化过程。Jeffrey Shulman 从社会建构主义出发就教学方面提出以下两点建议:首先,传统上教师所认为的学生思考中的错误应被视为一种误解,事实上,它既标志着学生学习的准备性,又为教师给学生的学习提供支架(专业上的支持)确定了起点;其次,学生应有频繁的机会与同伴和更有经验的人(包括教师)相互作用,教师应成为创造意义的另一合作者。

根据上述建构主义理论的观点,对于促进者或合作者角色的体育教师来说,在进行运动技能的教学中应注意提供给学生创造与思考的机会,促进其更好地获得运动技能。在建构主义学习观和教学观的指导下,体育学习呈现出一些新的特点,可简单概括为:① 学习进度从统一到分层,充分体现学生的个别差异,实现因材施教;② 学习内容的组织从封闭到开放,从单一到多元,丰富个别化学习的内容;③ 学习方法的选择从被动到主动,从单向到交互,从独立到协商,培养学生个别化学习的能力;④ 学习指导和评价从只重结果到重视过程,从只重视学习效果的评价到重视对学习兴趣、学习能力的评价,倡导多元化的学习评价模式,从而提高个别化学习的效果。因此,强调学生学习进度的自主性、学习活动的建构性、学习过程的交互性、学习资源的开放性、学习评价的多元性,正是建构主义学习观指导下的体育学习的新特点。

3. 对建构主义心理学理论的评价

值得一提的是,建构主义并非是解决所有问题的万灵药,其理论本身以及在实践中的运用都存在着不少问题。其中最显而易见的是,建构主义在评价中存在过分的相对主义。建构主义注重个人经验及建构的个人意义,美国研究建构主义的专家 Jeffrey Shulman 就曾指出,与任何教育改革一样,为避免在可接受标准上的过度相对主义,必须有一个标准和尺度来衡量什么是学生合理的建构。与语文、数学、外语等其他学科一样,在体育学科中也存在着权威性的知识。

尽管建构主义的许多观点令人耳目一新,但其无选择地追求"个人意义",仍然使我们心存疑虑。当摒弃一种理论范式而采取另一种理论范式时,即使后者让学生积极参与学科知识的建构,但教师决定学生学什么的道德义务并没有消失。此外,青少年在建构知识方面的发展限度是什么?这一过程应投入多少时间?应在多大程度上以牺牲知识的广度来换取知识的深度?学生在什么样的基础上使"个人意义"言之成理?教师如何做到与学生共同产生意义的同时又作为质量的评价者?这些问题都有待于进一步探讨。

(四)人本主义理论与体育学习

1. 人本主义的发展及其主要观点

人本主义心理学源于 20 世纪 50 年代的美国,其创始人为 Abraham H. Maslow 和 Rogers Carl Ransom,由于其兴起是在行为主义心理学和精神分析心理学之后,故又称为现代心理学的第三势力,但第三势力的称谓并不妨碍它成为当今最有市场的心理学流派之一。

二战后美国的经济迅速腾飞,人民物质生活水平也有很大的提高。但是,随着资本主义竞争的日益激烈,诸如失业、青少年犯罪、道德观念的丧失等问题日益严重。在这种条件下,人本主义心理学找到了自己存在和发展的环境。人本主义心理学家认为,之所以会产生这些不安的因素,其根源就在于人们对人的内在价值缺乏科学的认识,而且,这种状态比任何时候都更为严重。在这种社会历史条件下,人本主义心理学家们提出要关心、重视人的尊严和价值,很快为社会各界所接受,并促进了人本主义心理学理论观点的传播与发展。

人本主义心理学重新恢复了意识经验在心理学研究中的地位,提倡性善论和自我实现论。人本主义心理学的基本观点是"以人为核心",强调人的尊严和自由,关注人的内在潜能和发展的无限性,主张心理学应从人的主观意识出发,从整体上理解并充分重视人的意识、动机、人格的主观性和主动性,研究人的创造性,发挥人的潜能,促进人的自我实现。

2. 基于人本主义心理学理论的学习观和教学观

(1) 基于人本主义心理学理论的学习观:人本主义心理学理论认为,应发挥每个学生的学习主体地位,自由充分地发挥他们的潜能,使他们积极愉快地汲取知识,形成健全人格;学习的过程应该全心投入、自发主动、全面渗透、自我评价。该理论强调学生在探究学习中应学会交流与合作,提出与别人不同的见解,勇于放弃或修正自己的错误观点,培养良好的态度、情绪、意识和理智,并与教师建立良好的人际关系,创造一种情感融洽的学习环境。同时,不仅要学习某一固定运动知识与技能,更重要的是掌握学习的方法,学会学习。

(2) 基于人本主义心理学理论的教学观

① 改变教学方法,强调学生的主体地位。人本主义理论强调:在教学中教

师应尊重学生,相信学生的本性是积极向上的,学生能够自己教育自己,发挥自己的潜能。教师应引导学生参与制定具体的教学目标,选择学习方法,使学生掌握科学锻炼身体的方法;教师和学生的关系应该是平等的,教师的责任是关心、认可、信任和移情;教师还应该帮助学生增加对环境和自身的理解,增加学生在学习过程中的愉快体验,避免用惩罚、强迫和种种要求作为促进学生学习的方法,教师应通过组织课外兴趣小组等多种形式来满足不同学生的需要。

② 提倡自由探索,充分发挥学生的独立性。根据人本主义理论,教师要注意充分发挥学生的独立性和能动性,给学生足够自主的空间和足够练习的机会;鼓励学生自主设置学习目标,进行自我监控和评价,使学生在自主学习过程中获得积极的、深层次的体验;教师应通过确定主题,创设有助于学生探索的情境,引导学生去发现问题和解决问题,培养学生的探究意识和创新精神。同时,教师还要多给学生创设表现的机会,及时鼓励、指导和督促学生的学习。

③ 注重对学生情感、态度和价值观的培养。人本主义理论反对"唯智论",认为学习的过程是人的全面发展的过程,不仅让学生学到了一定的知识、技能,同时对学生的态度、情感、价值观的培养也非常重要。为了让学生形成科学合理的情感、态度、价值观,教师必须注意全面了解学生,设身处地地为学生着想,洞察学生的情感及其变化,并充分信任他们能够发挥自己的潜能;教师本人要表里如一,以真诚的态度对待学生,重视他们的情感、看法和意愿;教师还要以身作则,与学生建立良好的人际关系,创造一种情感融洽的教学环境,让学生在一种积极和谐的气氛里全面、健康地成长。

3. 对人本主义心理学理论的评价

人本主义心理学反对心理学中的简化论,认为要按意识本身来看待意识体验,重视人性和人的潜能。Carl R. Rogers 的人本主义思想建立在对人的整体的、个体的、能动的认识之上,以其人格理论为基础对咨询领域和教育领域中的诸多问题提出相应的理论,使其人格理论进一步发展。Carl R. Rogers 的教育思想中对教育目标的认识已经远远地超出了传统的认知教育目标,人本主义意义学习的含义很广泛,不仅包括了认知内容,更重要的是对人的价值和潜能的开发,即认识自我、发现自我和了解自我,尊重和发展自己的需要,这是传统教育所忽视的。

人本主义心理学自身所存在的局限性表现在:① 理论体系不够严谨,范围不明确,缺乏对基本观点的明确表述和充分论证;② 过分地强调自我实现和自我选择,认为这是一种与生俱来的自然倾向,忽视社会环境和后天教育对人成长的影响和制约;③ 人本主义对人格问题的研究方法有其积极意义,但作为一种方法论体系还存在一些不可忽视的缺陷。

四、教学重点与难点

（一）教学重点

行为主义心理学、认知心理学、建构主义心理学、人本主义心理学理论的主要观点及其对体育学习的影响。

（二）教学难点

（1）理解行为主义心理学、认知心理学、建构主义心理学、人本主义心理学理论的区别与联系。

（2）正确评价行为主义心理学、认知心理学、建构主义心理学、人本主义心理学理论。

五、教学指导建议

（一）教学指导

（1）本章内容对学生而言，在理解上有一定的难度和深度，教师可以指导学生在课外查阅一些相关的资料，以便学生对各种心理学理论有更深的了解。

（2）采取比较教学法，将行为主义心理学理论、认知心理学理论、建构主义心理学理论和人本主义心理学理论的主要观点及其对体育学习的影响等进行比较分析，使学生对各种心理学理论形成更加正确的评价，以便于今后能够灵活地将各种心理学理论运用于工作实践中。

（3）进行案例教学。教师可以将事先收集的运用各种心理学理论的体育学习案例呈现给学生，让学生分析这些案例体现了什么心理学理论及观点，并阐述其合理性。

（4）进行主题式辩论或讨论。在学习了各种心理学理论的主要观点之后，可以组织学生对"体育学习中的新型师生关系"、"体育学习中的学习主体"等问题进行辩论和讨论。

（二）学习指导

（1）要求学生主动查阅相关资料，以了解各种心理学理论对体育教学的主要影响。

(2) 要求学生在课外收集体现各种心理学理论主要观点的教学案例,并对这些案例进行比较与分析。

(3) 要求学生积极参与课堂讨论,认真分析各种心理学理论的优点与不足,并提出自己的观点与看法。

(4) 要求学生以某一体育项目的教学为例,尝试运用某一心理学理论设计一个教学案例。

(三) 教与学的案例

教学案例1:"最佳心理学理论"PK辩论赛。

(1) 方式:举行一个小型辩论赛。

(2) 目标:让学生通过辩论活动充分了解各种心理学理论的优点与不足。

(3) 内容:对各种心理学理论进行评价。

(4) 时间:90分钟。

(5) 步骤:

① 在上次课结束之前,将学生分成五组,其中四组分别拥护行为主义心理学理论、认知心理学理论、建构主义心理学理论和人本主义心理学理论,剩余一组与老师一起作为大众评委。

② 在同学中推选一名"主席"主持此次PK辩论赛,并讨论和制订辩论赛的有关规则。

③ 四组同学分别推选两名代表作为本方的一辩、二辩参赛。其余成员为各自的"亲友团",可以在自由辩论时间向对方提问,也可在辩论过程中有秩序地为本方队员提供观点支持(应服从"主席"指挥,避免无谓的争吵)。

④ 各组一辩按次序陈述本组所"拥护"理论的优势,然后由二辩指出其余三种理论的不足,以进一步凸显本组所"拥护"理论的存在价值,最后"亲友团"可向非本方队员进行提问。

⑤ 四组抽签决定"擂主"以及打擂顺序,抽到的第一组与"擂主"PK,由主席主持,各位大众评委向各组投票,票数最高者将成为获胜方。

⑥ 获胜方与抽到的第二组PK,然后获胜的一方再与第三组PK,直至产生最终的获胜队。

⑦ 教师对各组同学的辩论进行点评,并对辩论过程中关于各种心理学理论的陈述进行总结与补充。同时,还要强调无论哪种心理学理论都存在自身的优点和不足,获胜方虽然获取辩论胜利,但并不代表其所"拥护"的心理学理论就十全十美,举行辩论赛是为了让同学们在轻松活泼的氛围中正确地认识各个心理学理论的观点。

教学案例2:体育教学中心理学理论基础分析
(1) 方式:播放体育课教学录像并讨论。
(2) 目标:让学生通过课例分析进一步了解体育学习的心理学基础。
(3) 内容:体育学习的心理学基础。
(4) 时间:90分钟。
(5) 步骤:
① 教师讲述本节课的任务、目的和要求。
② 播放课堂教学录像。
③ 要求学生认真分析录像体现了何种心理学理论的何种观点。
④ 教师对学生的发言进行总结并予以补充。

六、参考文献

[1] 高峡,康健,丛立新,高洪源主编.活动课程的理论与实践[M].上海:上海科技教育出版社,1997.

[2] 施良方.课程理论[M].北京:教育科学出版社,1996.

[3] 韩雪.课程整合的理论基础与模式述评[J].比较教育研究,2002(4).

[4] 文可义.构建九年义务教育活动课程的理论基础[J].广西教育学院学报,1998(4).

[5] 刘复兴.后现代教育思维的特征与启示.山东师范大学学报(人文社会科学版)[J],2001(4).

[6] 张树德.论进步主义教育价值体系对素质教育的影响[J].柳州师专学报,1998(1).

[7] 黄志成.全纳教育:21世纪全球教育研究新课题.全球教育展望[J],2001(1).

[8] 臧羽青.从传统教育、现代教育看后现代教育思想对我们的启示.辽宁师专学报(社会科学版)[J],2002(2).

[9] 杜雪兴.论人本主义教育观对我国基础教育改革的启示.苏州教育学院学报[J],2002(2).

[10] 杨丽娟.进步主义与要素主义教育理论之比较——兼论其对我国教育改革的启示.中外教育新探[J],1997(6).

[11] 刘啸霆.评后现代教育.高等师范教育研究[J],1998(6).

[12] 孙承文,王正然.论体育的人类生态学基础[J].北京林业大学学报(社会科学版),2002(12).

[13] 刘文.现代生物学理论和社会生态学理论述评[J].大连理工大学学报(社会科学版),2001(1).

[14] 陈清硕.教育人类生态学刍议[J].南京农专学报,2000(1).

[15] 程焉平.论竞技体育的行为生物学属性[J].松辽学刊(自然科学版),2000(3).

[16] 陈少华,郑雪.论个体心理差异的行为遗传学取向[J].华南师范大学学报(自然科学版),2001(2).

[17] 高峰强.行为主义学习理论进展的内在轨迹.外国教育研究,1997(3).

[18] 张春兴.教育心理学[M].台北:台湾华东书局,1996.

[19] 转引自[美]R. M. Liebert等著.刘范登译.北京:人民教育出版社,1983,5.

[20] 转引自杨清.现代西方心理学主要派别.沈阳:辽宁人民出版社,1980,12.

[21] 黎黑.心理学史[M].上海:上海译文出版社,1990.

[22] 章益辑译.新行为主义学习论.济南:山东教育出版社,1983.

[23] Albert Bandura.社会学习心理学[M].长春:吉林教育出版社,1988.

[24] 转引自刘昕.Burrhus Frederick Skinner的新行为主义教育思想.中国学校体育[J],1999(4).

[25] 傅维利,王维荣.关于行为主义与建构主义教学观及师生角色观的比较与评价[J],比较教育研究,2000(6).

[26] 张厚粲.行为主义心理学[M].台北:台湾东华书局,1997.

[27] 高觉敷主编.西方近代心理学史[M].北京:人民教育出版社,1982.

[28] Watson, J. B.. Behaviorism, New York: W. W. Norton & Co., Inc.,1970.

第三章

运 动 兴 趣

一、教学目标

通过本章教学,使学生能够:
(1) 理解运动兴趣的定义。
(2) 了解运动兴趣的品质和分类。
(3) 懂得运动兴趣的重要性。
(4) 知道影响运动兴趣形成的因素。
(5) 掌握激发和培养学生运动兴趣的方法。

二、教学内容框架(图 3-1)

三、知识拓展与深化

近几年来,两次大规模的群众体育调查结果不容乐观:在 1996 年的调查中,16 岁以上居民中有 66.74% 的人不参加任何体育活动;而在 2001 年的调查中,这种现象不但依然存在,而且出现了逐渐加剧的趋势,如在中断体育活动的人口中,20 岁以下者占 68.7%,30 岁以下者占 90.5%;与 1996 年相比,分别增加了 18.0% 和 11.7%。这就是说:经过十多年的努力,仍然有 2/3 的中学生离开中学校园以后在两年内(即 20 岁前)就中断了体育活动;而在离开中学 10 年之后中断体育活动的人更是达到了 90%。这样的现实与在传统体育教学中大部分学生"喜欢体育而不喜欢体育课"的现象一样,揭示了同样的问题:中小学体育教

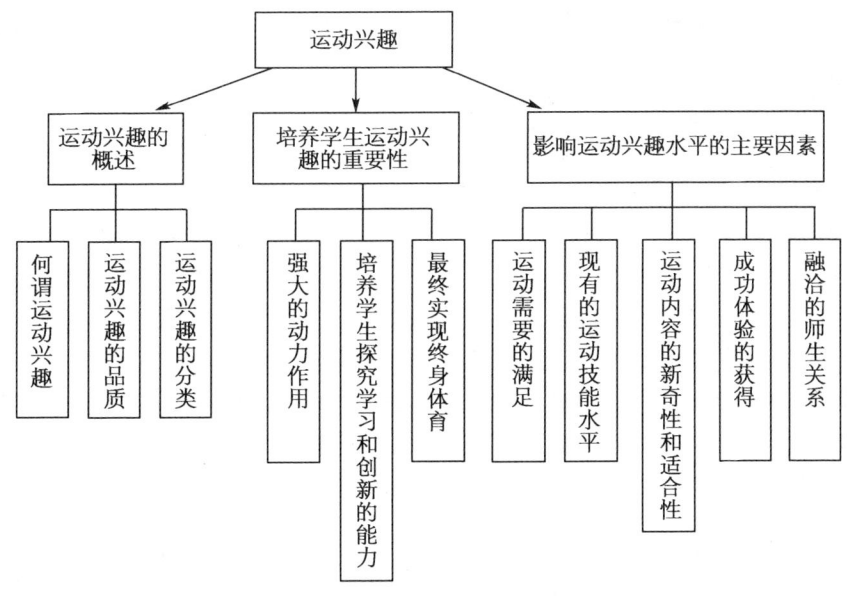

图 3-1 运动兴趣教学内容框架图

学没有有效地激发和培养学生的运动兴趣。

学生是学习的主体,也是运动兴趣发展的主体。不同阶段、不同环境、不同体能水平和技能水平的学生,具有不同的心理状态,形成运动兴趣的兴奋点也不同。我国宋朝教育家朱熹说过:"教人未见兴趣,心不乐学。"托尔斯泰也提出:"成功的教学所需要的不是强制,而是激发学生的兴趣。"美国心理学家布鲁纳曾指出:"学习的最好刺激是对所学学科的兴趣"。体育学习内容本身含有无限魅力,有着情、理、趣等要素,关键在于教师在课堂中对潜在因素的挖掘。

古人云:"学海无涯苦作舟",体育教师是否能做好一个导游,使学生在体育学习中"乐作舟"呢?这就需要体育教师巧妙地利用学生的学习心理,来激发和培养学生的体育学习兴趣。

(一)明确参与体育运动的目的和意义,激发学生的运动动机

学生在体育学习中是否能进入积极活动的状态,在很大程度上取决于学生的运动需要,以及因此而产生的满意感和学习兴趣。从心理学的角度来讲,兴趣的产生与认识有着密切的联系。浓厚的兴趣往往来自对活动意义的清楚认识。青少年易接受新事物,一旦认识到掌握运动知识和技能的重要性,就会经常参与运动。正如一位学生所说:"我从小就对体育感兴趣。在我看来,能具有一副强健的体魄,充满朝气与活力,表明我的生活很有质量,很快乐。"于是他常常用课堂上所学到的运动知识和技能在课外参与体育运动。由此可见,当学生对体育

运动的目的和意义有了某种认识的时候,就会对体育学习产生一定的兴趣,从而把体育课的学习和锻炼视为自身需要,并心情愉快地参加学习和锻炼。

俗话说:"有志定有趣,有趣必有志,趣从志生,志能生趣。"这里的"志"指的就是明确的目标。同样,明确体育学习目的是培养学生运动兴趣的先决条件。斯大林曾经说过:"伟大的目的产生伟大的毅力。"只有确立正确的体育学习目的,设定明确的体育学习目标,使之成为体育学习的驱动力,才能由"要我学"变为"我要学",由被动学习变为主动积极地学习,从而大大提高学习效率。布鲁纳曾说过:"使学生对一个学科有兴趣的最好办法是使之知道这个学科值得学习。"学生对用有所学、学有其用的知识学得最为带劲。因此,体育教师在体育教学中,应通过运动知识和技能的传授、体育文化知识和健康知识的讲解,加强学生对体育的认识,使学生清楚地了解体育运动对个人健康生活的重要性,明确参与体育运动的目的和意义,增强学生对体育的需要,以激发学生求知的欲望和对体育学习的兴趣。

(二) 选择有吸引力的运动项目和内容,保证体育学习内容的诱惑力

学生的运动兴趣并不总是从意识到有需要才开始产生的,有时可能是在参与之后获得了愉快的体验,或者是被某些体育活动项目和内容所吸引,而产生了初步的兴趣。运动兴趣的形成和发展,一般要经历一个"有趣—乐趣—志趣"的递进过程。首先由外部刺激的新颖引起好奇心,产生直接兴趣,激发学生"想参与"。这个过程即为"有趣"。在有趣的基础上,通过运动参与产生了再次体验这种情感的需要,进一步增强提高运动知识和技能的欲望。此时好奇心转变为求知欲,表现为动中有乐、乐中爱动,产生一种求知兴趣,使学生达到"学会"的程度。这个过程即为"乐趣"。学生在乐学、好学的基础上,通过刻苦练习,形成了巩固的动力定型和一定的技能水平,进一步加深了对体育运动的认识,特别是对体育运动的价值和社会意义有了切身感受以后,促使其求知欲转化为创新欲与成就感,使兴趣与志向结合。这种运动兴趣即为"志趣",逐步发展成稳定的运动习惯,达到爱好的高度,便开始进入"会学"的阶段。由此可见,兴趣是对事物和活动本身产生的情感体验,是一种最活跃的带有强烈感情色彩的内部动机源。

从运动兴趣的这种变化进程,不难发现运动兴趣的高低受到好奇心和求知欲的影响。好奇心是人类的天性和本能,是人们对新奇事物积极探究的一种心理倾向;求知欲则是一种好学精神,是渴望获得新知识和技能的情感。心理学的研究表明,新异事物容易引起学生的探究。因此,体育教师在教学过程中要注意通过一定的手段和渠道来激发学生的好奇心和求知欲,培养和激发学生的学习兴趣(案例1)。如果体育教师每天上课时仅组织学生讲解一些重复操练的内容,易使学生生厌,而每天教给学生一定的新东西则能引起他们的好奇心和求知欲。比如,在体育课上经常补充一些和所学内容有关的新知识,补充一些学生想

掌握但课本上没有的、且需要学生经过一定努力才能学会的技能等,都是激发学生好奇心和求知欲的行之有效的方法。由此可见,知识和技能应常学常新,如果学生从小学到中学都重复学习同样的内容,当然很难激发学生的学习兴趣。因此,体育教师应选择能满足学生好奇心和求知欲的教学内容,力争达到知识性、趣味性和实用性的统一,并且应随着科学技术的不断进步,及时淘汰陈旧的学习内容,以增强体育教学内容的诱惑力。

传统的体育教学以传授运动技术为核心,往往是面向一小部分"尖子生",而忽视了多数学生的实际需要,因此很难全面激发学生的积极性。而一些发达国家如美国、日本等十分重视体育课的内容设置,他们在每个体育教学单位时间都有几十种体育项目供学生选择,依据学生的身体技能水平、兴趣爱好来设置简单易学、娱乐性较强的教学内容和健美操、体育舞蹈、攀岩、轮滑等健身项目,既激发了学生的竞争意识,锻炼了学生的基本活动能力,又充分提高了学生的运动兴趣,为学生实现终身体育目标打下了坚实的基础。

案例 1

模仿动物走

这是水平一阶段学生学习的内容。传统体育课程进行"模仿动物走"的教学基本上采用这样的方法,即"请你跟我这样做",此时,教师的每一个动作都将成为学生模仿的样板,当学生模仿得很像教师的动作时,也是教师感觉最好之时。

新体育课程在教"模仿动物走"的内容时将采用与上述不同的教学方法,例如:第一位教师选择的教学内容是"小动物找家庭"。教师布置了一个任务,就是要求所有的"小动物"要用自己的行走方式回到自己的"家园"。于是,学生们各自选择了自己最熟悉的动物的行走方式走向自己的"家园",而"家园"在哪里?操场上并没有画出"小动物"们的"家"。聪明的"小动物"们凭着自己丰富的想象力,开始寻找自己的"家园"。结果是很令人满意的:"小兔子"找到了"山洞","小猴子"爬上了"大树","小鸟"飞进了温暖的"巢穴","老虎"走到了"山顶"……第二位教师选择的教学内容是"森林运动会"。教师布置的任务是要求每个小学生模仿一种自己最熟悉的动物,用动物的行走方式来参加一次别开生面的"森林运动会",该活动不是比谁走得最快,而是比谁模仿得最像。结果也是非常令人满意的:"小动物"们不仅走得像,感情也非常投入,观众们不断鼓掌,运动会开得很成功。

（三）培养学生自主学习和探究学习的能力

我国教育改革家魏书生曾经说过："兴趣像柴，可以点燃，也可以捣毁，兴趣因此在学生脑子里存在着。区别不在于学生有没有兴趣，而在于有的教师能点燃兴趣，有的教师却只能捣毁兴趣。"只有点燃学生探究知识的欲望，教学才能达到事半功倍的效果。体育教师在教学过程中要给予学生一定的空间，鼓励学生自己去解决问题，使其在已知的基础上提出新的问题。这好比是交给学生一把钥匙，让他们自己去打开体育与健康知识宝库的大门，使学生在独立探求知识的过程中产生更强的好奇心和求知欲。例如：学生在学了短跑中的"跑"之后，再在练习篮球运球过程中的"跑"时，体育教师不必急于讲它们的区别，而应让学生自己去体验二者之间的差别，并要求学生说出差异所在，最后由教师加以归纳，看他们是否真正掌握并会正确运用。

求知犹如进食，无味则如同嚼蜡，味美则食欲大增。教师在教学中若能"添味加料，适当点缀"，以趣引思，以趣启智，学生则会兴致勃勃，胃口大开。新颖有趣的教学内容，丰富多样、生动活泼的教学方法和多变的形式均可以不断地引起学生进行探究活动，从而激发其更高水平的求知欲。在体育教学中，体育教师还要注意运动知识的传授和情绪的感染性，体育教师在教学中应时刻以"健康第一"为教学指导思想，以幽默风趣的语言、完美标准的动作示范、灵活多样的教学方式进行体育教学，使学生跃跃欲试，以积极快乐的情感去学习新的运动知识和技能，帮助学生变被动学习为主动学习和参与学习（案例2），并且采用一些如师生共同参与、小组竞赛、设置情境扮演角色等方式，以学生为中心，让学生在轻松和活泼的教学气氛中，形成自主学习的心理愿望。在这种愿望的驱使下，学生将更易接受和消化所学的体育与健康知识，更勇于表现自己的各种运动技能，展示自己的风采。这样有助于学生消除内心的恐惧和焦虑情绪，并在已有知识和技能的基础上进行探究和创新学习。

案例 2

老师，我们跳绳的花样准让你看得眼花缭乱

一次上跳绳课时，我正在向学生说明跳绳子的好处及跳绳子的方法与形式时，有一个学生对我说："老师，您别规定跳绳子的方式，让我们自由练习，好吗？"话音刚落，就有很多同学附和："对，让我们自由组合，自由

创编跳绳子的方法吧。""让我们以小组的形式开展比赛,看哪一组跳绳子的花样多。""我们练习的花样肯定让你看得眼花缭乱。"看着大家那跃跃欲试、迫不及待的心情,我露出了发自内心的微笑:"好,就听大家的,我倒是要看大家跳绳子的花样有几种?看哪一组花样多?"说罢,大家纷纷离去,接着有两人组合、三人组合或多人组合进行讨论、练习。不多久,各种各样的跳绳方法出来了:单人单摇跳绳、原地单人双摇跳绳、原地双人单摇跳绳、原地三人跳绳、原地双摇跳绳、原地单人编花跳绳、原地四人跳绳、多人8字摇跳、原地单人大小绳同跳、原地双人大小绳同跳、原地双绳三人跳、原地双人三绳同跳、单人跳绳跑、跳绳跑接力、双人摇绳跑、双人摇绳单人跳跑……形式之多,花样之新,令人看得眼花缭乱、目不暇接,完全出乎我的意料,让我深感振奋。这种学习方式,激发了学生学习的兴趣,调动了学生学习的积极性与主动性,培养了学生的创新能力。

(四)注意教法手段的多样化,尽量多地给学生提供运动实践机会

从生理学的角度来看,长时间的单一刺激容易引起超限抑制,单调、枯燥的练习容易使学生感到厌倦和乏味。因此,在体育教学中,应注重通过多样化的教法手段和练习形式,提高学生的学习兴趣(案例3)。例如,根据青少年大都具有好胜、上进以及荣誉感强等心理特征,在练习中适当运用带有竞赛性的组织教法,可以提高学生的练习兴趣。

案例3

运用暗示调节的方法学习篮球运动的技能

学习目标:提高在篮球比赛中投篮技术的运用能力,学会运用暗示调节的方法稳定自己在篮球比赛中的情绪状态,增强自尊与自信。

学习内容:篮球投篮技术动作的教学

学习步骤:

(1)让学生复习已学过的投篮技术动作(运球急停跳投和运球上篮)。

(2)将学生分成实力相当的若干小组进行篮球教学比赛。

(3)针对在篮球比赛中只知道传球,而始终不敢运用已学过的投篮

技术动作主动投篮的同学，了解他们不敢自己投篮的原因(如害怕同伴的埋怨、没有信心能够投篮得分等)。

(4)指导这些学生运用暗示调节的方法(如鼓励自己"我一定能投中"、"不用怕，我的技术动作很熟练，一定可以突破对方的防守上篮成功"等)来稳定自己在篮球比赛中获球时的情绪状态，增强自尊和自信，以便在处于有利环境时能够成功地运用投篮技术动作。

(5)由这些学生陈述暗示调节方法对自己稳定情绪状态的作用。

(6)教师及时总结并要求学生能在日常学习和生活中学会运用情绪调节的方法。

根据现代教育理论，学生是教学中的主体，教师是主导，整个教学过程不只是教师教的过程，更是学生学的过程，教学活动应是师生的"双边活动"。教育家卢梭曾说过："教育的艺术是使学生喜欢你教的东西。"怎样使学生喜欢体育学习，喜欢参与体育运动，成为体育教师在教学中应必须掌握的艺术。第一，体育教师应设法通过形式多样的体育实践活动与比赛，为学生掌握复杂运动知识和技能提供充分的感性认识，从而使学生对体育学习产生兴趣。苏霍姆林斯基曾指出："当学生体验到一种亲身参与掌握知识的情感，乃是唤起少年特有的对知识的兴趣的重要条件。"根据体育学习的特点，运动知识与技能很多是在运动实践中得以丰富与加深的。要想使学生情绪高昂、兴趣盎然地投入到体育学习中，体育教师应尽量多地创设情境，提供给学生运动实践的机会。第二，体育教师要注意发挥体育游戏的作用，让学生在轻松愉快的活动中掌握复杂或生疏的运动知识与技能。第三，体育教师应组织丰富多彩的课外体育活动，在活动中发展学生的运动兴趣。第四，体育教师应创设一定的任务条件，使学生在完成任务的运动实践过程中进一步体会到运动知识和技能的实践意义，不断地培养其求知欲，产生新的体育学习需要。第五，发挥信息多媒体的优势，运用多媒体教学工具和手段来呈现教学内容。一般来说，学生对于直观、形象、感染力强的客观事物的兴趣比较浓，且乐于接受。多媒体教学作为一种立体式教学方法，画面的变换、声音效果的叠加、动画效果的处理，不仅能够诱导学生把注意力高度集中在教学内容上，还可以使学生在边看边听的过程中充分调动视听器官，启发思维的积极开展，大大加强运动知识和技能的直观性，其效果远远超出了单纯由体育教师讲解与示范的教学，从而有利于弥补中小学生理性思维和学习持久力不强等弱点，有助于激发与培养学生运动的兴趣。

（五）创造生动、活泼、和谐的课堂学习气氛

苏霍姆林斯基曾提出："任何一个优秀的教师，他必须是一个善于激发学生对自己课程的兴趣，确立自己课程吸引力的教师。"在众多教学经验中，"寓教于乐"是一条成功的经验。由于中小学生的感情丰富，所以一切新奇的刺激都容易引起他们的兴趣，又由于他们意志力薄弱，不可能像成人那样会为了某种目的主动参与一些枯燥无味的活动，因而体育教师要努力创造一种生动、活泼、和谐的课堂教学气氛，调动学生的体育学习兴趣，使学生全身心投入，创造最佳的课堂效果。孔子说："知之者不如好之者，好之者不如乐之者。"孔子这里所指的"乐"就强调教师要注意创造轻松愉快的课堂教学氛围，让学生变"苦学"为"乐学"。教师要使学生以学为乐，必须寓教于乐，在教学中创造乐学情境。

要创造生动、活泼、和谐的课堂教学气氛，生动的语言不可缺少。苏霍姆林斯基曾经深刻地指出："如果你想使知识不变成僵死的静止的学问，就要把语言变成一种最重要的创造工具。"严谨、简洁、精炼、抑扬顿挫的语言容易拨动学生的心弦，促进学生思维的活跃、想象的丰富，对培养学生的运动兴趣，提高课堂的实效也有着积极的作用。另外，在体育教学中，体育教师还要注意运用体态语言，带领学生在轻松活泼的气氛中掌握所学的运动知识和技能，从而培养学生的运动兴趣。

（六）创设问题情境，保持学生强烈的好奇心和求知欲

学贵有疑。朱熹曾说过："读书无疑者需有疑，有疑者却要无疑，到这里方是长进"。学起于思，思源于疑。"疑"是探求知识的起点，教师要培养学生分析问题和解决问题的能力，就要根据学生的学习内容巧设疑问，以疑促思，以疑激趣。创设"问题情境"是引起认知矛盾的常用方法，是将学生引入到问题之中，通过"设疑"使学习者对要学习的内容产生疑问，出现心理的不和谐状态。教师在课堂上有意识地创设"问题情境"，则是引导学生积极思维的好办法。课堂教学的过程实质上就是教师依据教学大纲，有计划、有步骤地启发和引导学生提出问题、分析问题、解决问题的持续循环过程。在这一过程中，如果学生始终处于教师精心设置的"问题情境"之中，就会情绪激奋、跃跃欲试，产生解决问题的冲动，求知欲倍增。心理学实验证明，在求知欲很强的情况下，人的注意力最集中，精神振奋，观察、记忆、思维都达到最佳状态。

所谓问题情境是指不能直接用已有的知识与技能处理，但可以间接用已有知识与技能处理的情境。问题的难度是构成问题情境的一个重要因素。瑞士心理学家皮亚杰等人的研究表明，当感性输入的信息与人现有的认知结构之间具有中等程度的不符合时，人的兴趣最大。中小学生的思维发展已完成由形象思

维向抽象思维的过渡,开始形成辩证思维,他们喜欢探索事物的根源,喜欢怀疑、争论,因而思维活动比学习内容本身更能激发学生深层次的兴趣。首先,体育教师应呈现给学生的是与他们已有的运动知识和技能相矛盾的信息,并提出一些启发性的问题,以引起学生的好奇心和求知欲,使他们的运动兴趣始终处于激发的状态。其次,举反例引起学生的认知对比,如做一些错误动作,让学生分辨正确动作与错误动作之间的区别。

创设问题情境的原则是:问题要小而具体,问题要新而有趣,要有适当的难度,要富有启发性(案例4)。运动兴趣高低与学生掌握运动知识和技能的程度有关,只有那些学生想掌握而又未掌握的运动知识与技能才能激起学生的兴趣。因此体育课堂教学内容应由易到难、由浅入深、由简到繁,循序渐进地安排。体育教师不仅要精心创设"问题情境",更要善于帮助学生解决所面临的问题,使学生得到成功的情绪体验,使之"好之"、"乐之",并产生进一步的心理需要。

案例4

如何获得七分钟耐力

在一节以发展耐力为主要目标的体育课上,教师提出了"如何获得七分钟耐力"的问题。一部分学生马上走上操场的跑道,准备用七分钟来实现耐久跑这个目标。此时,有一个学生向教师提出:"我是否可以用跳绳七分钟来完成目标?"教师让所有的学生发表自己的看法。有人认为,跳绳也是一种发展耐力的运动项目,用跳绳来实现目标是可以的。但也有人提出不同意见,认为用跳绳来实现耐久跑目标有投机取巧之嫌。经过几分钟的讨论,大家一致认为,教师今天提出的目标是指一般耐久活动的能力,因此,用跳绳的办法来实现目标是可行的。此时,又有学生提出:"我如果不停地在篮球场上做往返运球上篮,可以吗?""当然可以!"这时,大家的看法就一致了。这节课上学生采用的方法和手段不少,所有的学生由于采用了各自喜欢的实现目标的手段和方法,都非常高兴。更重要的是,他们通过语言表达了自己的看法,并且得到了他人的尊重,使每一个学生都感到自己真正地成了体育课的主人,从而提高了课堂学习的有效性。

(七) 充分利用已有运动兴趣的迁移

迁移是指已获得的知识、技能、学习方法或学习态度,对学习新知识、新技能和解决新问题所产生的一种影响。在体育教学中,学习迁移现象所涉及的范围是相当广泛的,除了运动知识与技能的迁移以外,运动动机、运动兴趣、体育学习态度以及体育学习行为方式等,都可以产生迁移。运动兴趣的迁移是体育学习迁移的一个方面。所谓运动兴趣迁移,主要是指把对课外活动的兴趣迁移到体育学习上来,或者把对这一项目的兴趣迁移到另一项目的学习之中。如有的学生对体育课堂上学习的内容缺乏兴趣,但热衷于参加体育游戏。那么,体育教师可以设计与学习内容有关的游戏活动,把学生对体育游戏的兴趣迁移到相应的学习上来。

(八) 针对运动兴趣的品质,培养运动兴趣

兴趣不是天生的,是在一定条件的影响下发展变化的。苏霍姆林斯基曾经说过:"自然界的万物,它们的关系和相互联系,运动和变化,人的思想以及人所创造的一切——这些都是兴趣的取之不竭的源泉。但是,在一些情况下,这个源泉像潺潺的小溪,就在我们的眼前,你只要走近去看,在你面前就会展示一幅令人惊异的大自然的秘密图画;而另一些情况下,兴趣的源泉则藏在深处,你得去攀登、挖掘,才能发现它;而很常见的情况是这个'攀登'、'挖掘'自然万物实质及其因果关系的过程本身,就是兴趣的重要源泉。"在体育教学中,体育教师应注意激发和培养学生具有健康的倾向、广泛而又有中心、稳定持久并能发挥效能的运动兴趣。

针对运动兴趣的各种品质,在体育教学中,首先应培养稳定持久的兴趣,着力发展学生高层次的需要。中小学生对体育活动的兴趣,多为直接兴趣和暂时的、不稳定兴趣,主要是由好奇心和好动的天性激发的兴趣,容易消失或转移。如果学生的运动兴趣被激发了以后,很快与其高层次的需要(如强健的体魄、健康的生活)联系起来,就会有难以满足的好奇心和探索精神,就可以形成稳定持久的兴趣。其次,培养间接兴趣,加深对活动未来结果的了解。当人们对自己的活动结果感到需要时,即便活动本身较枯燥、单调,大都也能坚持并在活动中寻找到乐趣。因此,在进行体育活动之前,一定要了解活动的未来结果,知道自己为什么要从事该项活动。

(九) 培养师生感情

师生感情不仅是师生交往的基础,而且也是培养学生对学习内容发生兴趣的关键。瑞安斯(D. G. Ryans)的研究表明,有激励作用、生动活泼、富于想象并

热衷于自己学科的教师,其教学工作较为成功,学生的行为更富于建设性。调查材料表明,学生对某门课感兴趣的主要原因之一是教师精湛的教学技巧。有的体育教师一上课就通过情境的创设,唤起学生的好奇心,造成学生的期待心理,而后及时导入新的内容。教师可以在讲课之前向学生提出问题,让学生带着问题进行体育学习,主动去探索问题的解决办法。总的来说,教学卓有成效、对学生体贴关怀的教师总会赢得学生的尊敬,而教师也往往会从这些积极的反应中获得自身的价值,增强做好工作的信心。

教师热爱学生,应包括教师要了解学生,因材施教;要尊重学生,爱护学生的自尊心;要信任学生,想方设法增强学生的自信心;要关心学生,严格要求学生(案例5)。例如,当学生在学习上取得进步,获得成功的时候,教师应该对他们的成绩给予正确的评价,及时表扬、鼓励,这样学生就能产生愉快的体验。一般来说,使人获得愉快体验的那些事物和活动,其本身也将变成有趣味的了。体育教师要适应体育新课程的要求,就必须成为学生体育学习的"组织者、参与者、帮助者、引导者、促进者",成为课程的"研究者、开发者、决策者",在新的体育课程教学中与学生共同进步。因此,体育教师应关注学生的体育学习,对其点滴进步都表示赏识,使学生在体育学习中获得愉快的体验,从而激发其学习兴趣。对于学生在体育学习上的失败,应帮助他们分析原因,勉励他们不断努力,增强自信。当然,适当的批评也是必要的,但要注意场合,主要是使他们认识到自己的缺点,不要挫伤他们的积极性。这将有利于激发和培养学生的运动兴趣。

案例5

他终于跑了

一位体育教师接手一个新班级,在第一节体育课上,教师想检测一下所有学生的体育基础状况。教师采用了让学生跑50米的检测方法。这时有一个学生向教师提出自己身体不好,今天不跑。教师同意了他的要求。想不到的是,第二次课时,这位学生仍然不愿意跑。教师听到了一位同学说:"他不会跑,他是南极企鹅!"(曾经有教师说他跑步的姿势像"南极企鹅"),于是这位学生就得到了一个"南极企鹅"的绰号。课后,这位教师走访了该学生的前任体育教师,访问了他的家长,知道了缘由:这位学生在初一年级参加50米跑时,由于他的跑步姿势很难看,遭到了上课教师的嘲笑。而跑步姿势差的原因是由于医疗事故导致了该学生小时候就

> 形成了臀大肌肌腱粘连,影响了他的动作幅度。教师再次走访了医院,医生告诉他,这种现象可以在发育前通过手术治疗来解决。这位教师又慎重地说服了该学生的家长,该学生最终接受了手术治疗。几个月后,这个学生终于又出现在体育课上了。同学们不再笑他是"南极企鹅"了。虽然他的跑步姿势还不算很好,但是他已经可以像别的学生一样跑了!虽然他跑的速度还是跟不上别的同学,可是,他再也不怕跑了!看到他能和同学们一起参加各种活动,教师心里别提有多高兴了。

(十) 重视信息反馈,构建促进学生发展的体育学习评价体系

体育新课程强调建立评价内容多元、评价方法多样的评价体系,强调通过合理的评价让学生看到自己的进步和收获。正确合理的体育学习评价是稳定和发展学生兴趣、爱好的关键。首先,可以通过自评和互评,让学生逐渐学会实践反思,正确认识和评价自己与他人,提高体育学习的自信心。其次,在评价中关注学生的个体差异,让不同体质、不同能力的学生都能看到通过自己的努力所得到的进步与发展,体会到成功的乐趣,从而逐渐提高运动兴趣。中小学生都渴望成功,期待赞扬。正如苏霍姆林斯基所说:"学习获得成功而产生的兴趣和爱好,往往是由于取得了某些进步或成功而受到表扬并获得愉快的体验而形成的。"第三,及时将评价的反馈信息提供给学生,帮助学生改进体育学习,这样更有利于激发学生坚持运动的兴趣。例如,在进行运球上篮教学时,给学生提出具体的目标,要求学生通过一个阶段的练习而达到这一目标。在阶段学习结束后,教师及时对学生的成绩进行检测,了解学生的目标达成情况,哪怕是微小的进步也要及时给予表扬和鼓励,营造一种"比、学、赶、帮、超"的良好竞争氛围,从而推动全体学生共同进步。一般来说,不适当的批评、简单粗暴的斥责或者讽刺挖苦都会伤害学生的自尊心,导致其对体育学习失去兴趣。中国有条古训:"数子十过,不如奖子一长"。由此可见,体育教师在对学生的体育学习进行评价时要注意"以肯定为主,表扬为主,鼓励为主"的原则(案例6)。

另外,多种评价方法灵活运用,不仅能提高体育教师的教学水平,而且能给学生提供更多的实践操作机会,有利于培养学生的实践能力和解决问题的能力,激发学生的体育学习自信心和积极性,也使得"教师的教"真正服务于"学生的学"。

案例6

孩子们,你们真了不起

今天一直时断时续地下着雨,看来只好在教室里上课了。我准备组织同学针对昨天仰卧起坐的练习情况进行一次小组互评,并要求各组介绍自己的评价方式,强调要准确地反应练习过程中的真实情况。

孩子们的创造力真的出乎我的意料。其中有一个小组的组长不仅如数家珍地介绍了本组每一位同学的练习情况,而且还算出本组每位同学的平均成绩,用来评价他们的练习成绩。还有一个小组将本组分为蓝队和红队进行对抗,用对抗的胜负来给双方成员进行评价。这可是小学四年级的学生!看来我不能小看他们。

接下来我让各组组员评价各自的组长。由于平时都是组长对组员进行评价,组员也没有什么机会评价组长,因而孩子们很开心。令我担心的是有的孩子会乘机"报仇"。然而,结果仍出乎我的意料。各组成员更多的是表扬组长的组织能力很强,工作很认真,看得出来组员们还是很佩服组长平时的行为和表现的。当然,也有人提出具体意见,譬如组长在带准备活动时动作不到位和记错动作,组长的态度不太好,喜欢吼他们,希望组长们的态度和方法能够改进等。

孩子们参与评价的那种诚实与认真深深地打动了我。我不再担心学生会互相拉关系而进行虚假评价,也不再担心学生会利用评价来打击报复。我禁不住想对他们真心地说一句:"孩子们,你们真了不起!"

(十一)因人而异合理设置目标,获得成功体验并增强自信心

美国心理学家 Burgerski 说过:"兴趣和注意来自成功,一事成功,事事顺利。"兴趣有赖于成功,成功能使人产生喜悦、激情和热情。学生喜不喜欢体育运动,归根结底在于能否在体育学习中获得运动的乐趣和成功的情感体验。成功后的积极情绪体验有助于巩固学生的运动兴趣,对运动知识和技能的顺利掌握在一定条件下会促进学生进一步努力学习,从而提高学习的自信心,渴求在学习上有新的突破。反之,屡次的失败情绪体验会对学生产生累积性影响,出现焦虑、自卑、兴趣低落,丧失信心,甚至逃避学习的现象。正如苏霍姆林斯基所说:"成功的欢乐,是一种巨大的情绪力量,它可以促进学生的学习愿望,请你注意,

无论如何不要使这种内在力量消失。缺少这种力量,教育上的任何巧妙措施都无济于事。"

体育学习中处处充溢着成功,体育教师应注意在学生原有知识水平和技能的基础上适当提高体育学习内容的难度,挖掘学生的"潜在水平",让每一个学生在摘取"果子"时都有"跳一跳"的感觉,做到难而有趣。当学生遇到困难时,体育教师应适时地、恰到好处地给以指点,使学生能够顺利完成任务,并应及时对学生给予表扬。对于基础差的学生来说,主要不是要求他们要达到什么标准,而是帮助他们实现自我超越,关注他们的点滴进步,并给予相应的表扬和鼓励。这种因人而异的教学,有利于每一个学生都因取得成功而受到教师的表扬和鼓励(案例7)。

案例7

独立进行学习

在一节体育课上,教师给学生提出了一个学习目标:发展弹跳力。对于这个学习目标,教师是这样解释的:要发展弹跳力,首先要知道自己弹跳力的现状,最简单的办法就是测量一下原地纵跳摸高的成绩,经过一段时间的锻炼,这个成绩有了显著的提高,就说明弹跳力提高了。于是学生们非常高兴地进行了原地纵跳摸高的原始成绩测试。接下来就是用什么方法和用多少时间来提高自己的弹跳力了。教师给了学生两周的时间,用什么方法由学生自己决定,这次课上也要求学生用自己决定的方法练习,教师可以给学生提供咨询。绝大多数学生选择了跳绳,因为跳绳是最通常、最熟悉的练习方法,有一位学生选择了负重深蹲跳,另一位学生选择了负杠铃(15 kg重)站立连续跳,还有一位学生选择了背沙袋连续跳,可是,这样的弹跳力练习只能坚持几分钟就做不动了。教师告诉大家,发展弹跳力不是一朝一夕的事情,而且方法有很多,每个人都可以经常变换练习方法,这样做的目的一是保持新鲜感,二是方法之间可以起到相互调节和补充的作用。此外,教师还要求学生要持之以恒,天天练,但不过量。最后,教师鼓励大家:"今天同学们的练习方法很多,都是行之有效的好方法,相信大家每天都会抽出一些时间练习,两个星期后的今天,是大家展示自己进步的时候,大家有没有信心?""有!"学生的回答是响亮的。

四、教学重点与难点

（一）教学重点

(1) 运动兴趣的定义、品质和分类。
(2) 影响运动兴趣形成的因素。
(3) 运动兴趣对于提高体育学习效果的重要性。

（二）教学难点

(1) 掌握激发和培养学生运动兴趣的方法。
(2) 如何测量运动兴趣的水平。

五、教学指导建议

（一）教学指导

(1) 整个教学过程不一定局限于仅由教师授课的形式，对于部分相对简单的内容可以主要让学生来讲。这样一方面有利于学生在课前的自学过程中掌握简单的教学内容，还可以使学生通过课前的备课学会更多的、教材中没有呈现的知识，从而改变了"就教材教教材"的做法，有助于对学生自主学习、探究学习与合作学习能力的培养。另一方面也促使即将上台讲课的学生在课前准备以及教学过程中去主动思考如何激发听课同学学习本节内容的兴趣，从而达到理论学习与实践应用相结合的目的。

(2) 强调案例教学法，除了教材中呈现的案例以外，尽可能多地提供一些案例，以启发学生对运动兴趣的认识与理解。

(3) 采用主题教学和参与式讨论的形式。对于"掌握激发和培养学生运动兴趣的方法"方面的内容，可以设置一个体育教学主题内容（如耐久跑的教学），让学生分组讨论如何通过耐久跑的教学来提高学生对于跑的兴趣。

（二）学习指导

(1) 要求学生在课外收集一些能激发学生运动兴趣的优质课案例，并学会分析这些案例中的任课教师在教学时主要是从哪些方面来激发与培养学生的运动兴趣的。

（2）要求学生积极参与课堂讨论，勇于提出自己的观点与看法。

（3）要求学生在学习中注意与自身的实践结合起来，认真领会运动兴趣的各个品质及不同分类。

（三）教与学的案例

教学案例："兵"教"兵"、"兵"教"官"、"官"教"兵"式教学

（1）方式：学生参与教的过程。

（2）目标：让学生通过课前准备和课上教学的过程充分理解运动兴趣的品质。

（3）内容：运动兴趣的倾向性、广泛性、稳定性和效能品质。

（4）时间：45分钟。

（5）步骤：

① 在讲述运动兴趣的定义、品质和分类等内容之前，先将学生分成三个学习小组，分别承担运动兴趣的定义、运动兴趣的品质和运动兴趣的分类三个内容的教学。

② 在上节课结束之前，教师强调本节课的主要内容是运动兴趣的品质，要求第二组的同学认真准备，并推选一名同学上台讲课，讲课时间为20分钟。

③ 被小组推选出来上课的同学根据本组同学课前合作备课的框架和内容对全班同学讲授相关的内容。

④ 教师纠正并补充该同学所讲授的相关学习内容。

⑤ 教师问学生：该同学的教学是否关注到同学们的学习兴趣？如果关注到了，主要表现在哪些方面？如果没有关注到，你认为怎样做更好？这样，可把激发学生学习"运动兴趣"这一章内容的兴趣与学生今后到工作岗位上通过体育教学激发中小学生的运动兴趣结合起来。

⑥ 教师对该同学的教学给予总结式的点评，并强调自己在听该同学讲课的过程中也学习到了许多东西，从而鼓励学生的学习自信心并激发学生进一步学习的兴趣。

六、参考文献

[1] 吕瑞红.促进语文学习兴趣，提高语文教学效果[J].科学教育论坛，2005(4).

[2] 王丕主编.学校教育心理学[M].郑州：河南大学出版社，1988.

[3] 华罗庚.华罗庚科普著作选集[M].上海:上海教育出版社,1996.

[4] 阴国恩,李洪玉,李幼穗.非智力因素及其培养[M].杭州:浙江人民出版社,1998,3.

[5] 季浏主编.走进课堂——体育与健康新课程案例与评析[M].北京:高等教育出版社,2005,1.

[6] 王玉珠.试论运动兴趣是实施终身体育的关键基础[J].山东体育科技,1994(2).

[7] 孙耀鹏.体育兴趣的培养与体育课教学改革——为"专项课"立论[J].北京体育大学学报,1994(2).

[8] 潘国斌.大学生体育活动兴趣与健身效应探讨.武汉体育学院学报[J],2003(1).

[9] 陈淑奇.《体育与健康课程标准》与激发学生运动兴趣的探讨[J].科学教育论坛,2005(10).

[10] 卢真金,徐锦生.非智力因素培养的理论与实践[M].杭州:杭州大学出版社,1997.

[11] 杜慧芳.兴趣是学习的催化剂[M].上海:上海教育出版社,1983.

[12] 燕国材.非智力因素与学校教育[M].西安:陕西人民出版社,1992.

[13] 张大均主编.教育心理学[M].北京:人民教育出版社,1999.

[14] 苏霍姆林斯基.给教师的建议[M].北京:教育科学出版社,1980.

[15] 梁国仓.激发学习兴趣的途径[J].教学与管理,2004(1).

[16] 沃建中主编.中学生心理导向[M].北京:科学出版社,1992.

[17] 马爱莲.需要层次理论与激发学习兴趣[J].浙江师大学报(社会科学版),1998(3).

[18] 曾红卒.论高校体育队大学生兴趣和能力的培养[J].体育与科学,2001.

[19] 张忠尧.发挥课堂导向作用,激发学生学习兴趣[J].语文教学研究,2005(5).

[20] 范子臣,沈立,李冬梅.兴趣是初中生学习的突出动力[J].赤峰学院学报,2005(1).

[21] 张立君.利用多种心理,激发乐学好思[J].景德镇高专学报,2004(6).

[22] 唐宗宁.激发学习兴趣,注重教学效果[J].成都教育学院学报,2004(8).

[23] 孙晋冀.激发学生兴趣,调动学习积极性[J].承德民族师专学报,2003(4).

[24] 杨彩莲.英语学习兴趣的培养[J].广西教育学院学报,2005(6).

第四章

运 动 动 机

一、教学目标

通过本章教学,使学生能够:

(1) 掌握运动动机的定义、功能和种类,理解不同运动动机对学生运动行为的影响作用。

(2) 了解不同动机理论的代表人物与主要观点,理解动机理论在体育运动中的应用。

(3) 掌握运动动机培养与激发的基本理论,初步具备运用运动心理学的理论进行运动动机的培养和激发的能力。

二、教学内容框架(图 4-1)

三、知识拓展与深化

(一) 运动动机概述

1. 运动动机的定义及产生条件

运动动机的定义:运动动机是指推动学生参与运动学习与身体锻炼活动的内部心理动因。

运动动机的产生条件:运动动机是在学生参与运动学习、身体锻炼活动的内在需要和参与体育运动的环境诱因的相互影响下产生的。

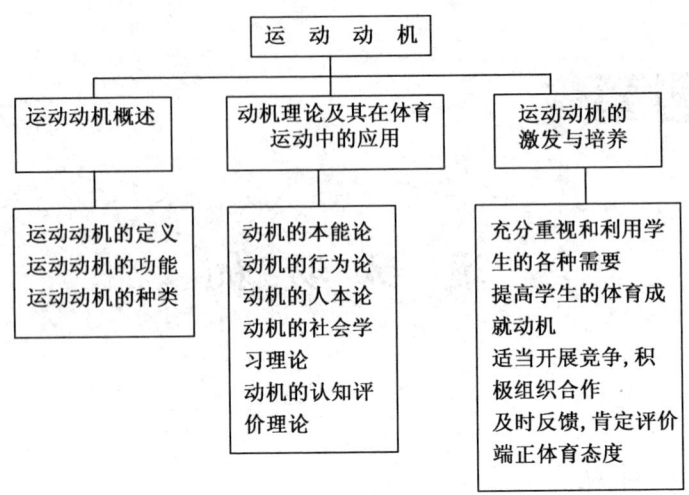

图 4-1 运动动机教学内容框架图

强身健体、提高技能、社会交往、情绪宣泄、追求成功、表现自我等需要都可能是学生参与运动的诱因。良好的场地、设备、器械,优美的身体锻炼环境,学校、教师、同学的积极影响,丰富多彩的体育锻炼活动,都可以成为对学生参与身体运动有吸引作用的环境因素。

学生有了从事体育活动的需要,就会产生满足运动活动需要的想法。当这种要求与运动环境及条件诱因相适应时,将成为一种推动学生参与体育活动的驱动力(专栏4-1)。

专栏 4-1

驱动力(drive)和诱因(incentive)是动机的两个重要概念,心理学家在考虑动机问题时,这两个概念长期占据着统治地位(Bourne、Ekstrand,1985)。驱动力指驱使有机体进入活动,与身体的生理需要相联系的内部激起状态,是从"身后"对行为的推动。实际上,它就是上面谈到的内部需要;诱因指引起个体动机,满足个体需求的外在刺激,是从"身前"对行为的拉动。实际上,它就是上面谈到的环境因素。尽管这两个概念看起来比较抽象,但仍可在实验条件下给予定量化的说明,比如在实验室中,可采取某种强迫的方法让受过训练的老鼠在笔直的小径上直奔存有食物的目标箱。当然,老鼠知道在终点处有食物,为使老鼠跑得更快,可以通过以下方式激发其动机:

第一,可以增加它们对食物的需求程度,驱使老鼠获取食物,如增加不给食物的时间。24小时没进食的老鼠比刚吃过食物的老鼠跑得要快。这就是运用饥饿增加驱动力的方法。驱动力是老鼠获取食物的内在动力,增加驱动力就是增加老鼠的内部动机,驱动力越大,动机越强,老鼠就跑得越快。注意,需要导致驱动力,但绝不等于驱动力。假如让老鼠长时间挨饿,它对食物的需求会变得很高,但当它虚弱得不能行动时,驱动力就会逐渐减少。

第二,也可以通过增加外部奖励的办法,诱使老鼠获取食物。如可以提高目标箱中食物的数量和质量。数量大、品种好的食物更具吸引力,老鼠跑得也就更快。这就是增加诱因的方法。诱因是老鼠获取食物的外在动力,在一定范围内增加诱因,有可能增加老鼠的外部动机,使其相应的行为表现得更加明显。

动机就是驱动力和诱因、推动和拉动两种作用相结合的产物。

(张力为,毛志雄,2003)

运动动机的外在表现与观察:学生内部微弱的运动动机难以从外部观察出来,但当它在学生头脑中达到一定强度时,就会促使他们在心理、生理和行为上发生变化。

学生在体育教学和身体锻炼过程中表现出的行为努力和坚持性就是他们运动动机的外在表现,体育教师可从学生在体育学习和身体锻炼中的行为表现上(如体育课出勤率、课后锻炼率,课中练习的次数、时间、速度、距离、高度、远度、难度、重量等)观察、推测出他们的体育学习动机。

2. 运动动机的功能

运动动机的功能:个体的行为动机好比汽车的发动机和方向盘,既给人以活动的动力,同时又把握着活动的方向。运动动机对学生的运动和锻炼行为起着动力和定向的作用,具体讲有发动、选择、强化和维持的功能,并对运动活动效果产生重要影响。

运动动机与运动行为的关系:良好的运动动机对学生的运动行为具有积极的推动作用,因此应当培养和激发学生正确的体育动机,使其促进作用得到充分发挥。同时,还应当认识到运动动机对学生运动行为的影响是多样的,只有正确的动机及其适宜的强度才能对学生的运动行为起到积极的促进作用,而过弱或过强的动机对学生运动学习和身体锻炼行为的影响则是消极的。

运动动机与运动效果的关系:运动动机与效果之间存在着相辅相成的关系,即运动动机对体育活动结果有促进作用。同时,良好的运动学习与锻炼效果也可以增强学生的运动动机。学生在运动活动中实现了预期的目标,满足了心理需要,产生了积极的情绪体验,其原有的运动动机就可以得到加强。

3. 运动动机的种类及其对学生运动行为的影响

(1)生物性动机和社会性动机:根据学生参与运动学习和锻炼活动的心理动因是以生物性需要还是社会性需要为基础,可将运动动机分为生物性动机和社会性动机。

为了获得刺激、眩晕、运动欣快感觉和宣泄身心能量,满足个体的生理性需要,而参加体育活动的动机,属于生物性动机或原发性动机,虽然它是相对低级的、个体化的动机,但对学生体育参与活动中的心理和行为影响较大。学生对参与运动活动拥有较大的娱乐、兴奋和宣泄期待,如不能得到满足,会使他们产生心理烦躁、行为不安、注意与情绪难以被控制的状态。因此,体育教学应安排得生动、多样、活泼,以适当满足学生的生物性需要。

为了在体育活动中与同伴接近、交往,得到认同、发展友谊、追求完美、施展才能、获得成功、赢得荣誉,满足个体的社会性需要,而参加体育活动的动机,属于社会性动机或继发性动机。它是既重交往,又重声誉的运动动机,是在后天通过学习获得的继发性动机,具有相对持久的特征,对学生在运动学习和身体锻炼中的人际互动与相互学习,对学生在学习体育知识、掌握运动技能、提高身体能力等方面获得成功都具有较大的推动作用。因此,体育教学也应注重团结互助、人际交往、展示才能、合作与竞争等内容的安排,以满足学生的社会性需要。

(2)内部动机和外部动机

根据学生运动学习和参与锻炼活动的心理动因主要由自身内在需要转化而来,还是由外界条件诱发而来,可以将运动动机划分为内部动机和外部动机。

来自学生自身好动、好奇或好胜的心理,如渴望从体育活动中获得身体上的快感、乐趣、刺激,以及希望满足自尊心、上进心、荣誉感、义务感、归属感和自我实现等心理需要的动机,属于内部动机;由学生自身之外的诱因转化而来的动机,如教师的表扬、同学的赏识、竞争获胜的奖励、荣誉,或因为迫于压力、避免惩罚与升学考试等原因而参加体育运动的动机,则为外部动机。

一般而言,内部动机对学生参与体育活动的推动力量较大,持续作用的时间也较长。因为由内在需要所引发的活动本身就可以使学生得到某种满足,如运动乐趣的获得、竞争的参与、运动效能感的提高等,无需外力的作用。因此,内部动机的"内滋奖励"是既经济又富有积极推动作用的心理动力。而外部动机对学生参与体育的推动力量相对较小,持续作用的时间也较短。"外附奖励"一旦消失,外部动机的动力作用也会很快减弱。但外部动机并非一无是处,对于那些年龄较小或尚欠缺运动动机的学生来说,利用外部动机引发运动行为还是十分必要和有效的(专栏4-2)。

专栏4-2

外部动机对内部动机的影响既可以是积极的,也可以是消极的;既可能加强

内部动机,也可能削弱内部动机。这主要取决于外部奖励的方式以及运动员对内部奖励和外部奖励重要程度的认识。如果奖惩得当,则外部奖励甚至小范围内的惩罚都可激发运动员的正确行为,并促进外部动机向内部动机的转化。反之,则有可能破坏内部动机,产生相反的效果。

关于内部动机和外部动机的关系,美国心理学家德西(E. L. Deci)做过一系列的实验(刘淑慧等,1993)。他将被试分为三组,让他们去完成一些十分有意思的题目。甲组被试在开始解题之前就被告知每解出一道题就付给多少酬金,乙组被试是在完成规定的解题任务之后宣布解出一题的酬金,丙组被试不给任何报酬。在规定的解题时间结束之后,三组被试留在各自的房间里,所有房间里放有杂志和另外一些同样类型的问题。他们可以在房间内随意从事任何活动,没有其他人在场,也不对他们提出任何要求。实验的假设是此时仍去解题的人,是纯粹由于兴趣即内部动机所驱使。

实验结果表明,相对于实验前就被告知给予报酬的甲组来说,在不给任何报酬的丙组和实验后才给报酬的乙组中,有更多的人在实验后自由活动的时间里用更多的时间去继续解题。因此,德西得出这样的结论:奖励会产生使内在动机削弱的效应。这种效应以后就被称为"德西效应"。

随着研究的进一步深入,学者们认为将动机分为内部动机和外部动机不足以揭示行为激发和调节的本质特征,而真正影响行为自我激发和调节的是人们对行为的自主性或控制性意识。自主性是指自主选择行为和承担行为责任的程度;控制性是指在某种压力下做出特定行为的程度。奖励是一种社会控制手段,限制了人的自主性。德西认为:事先就被告知将给予奖励的被试,在完成工作任务的过程中,会把当前做的事归于因为将为此得到报酬,也会考虑将给予的奖励相对于所要完成的任务来说是否合理;而在完成解题任务后给予奖励的被试的内部动机未被削弱,这一点或许正是考虑奖励时机的依据。

不过,"德西效应"仅指单独给予奖励所产生的结果。如果在奖励的同时伴以对能力加以肯定的正反馈,效应就复杂了。这种情况既可能引起内部动机的下降,也可能提高或维持内部动机水平。这与个体的需要水平和自我意识等因素有关。这里所说的正反馈是指在给予奖励的同时,用语言或其他形式表明奖励是对受奖人能力和贡献的一种积极性肯定(刘淑慧等,1993)。

(张力为,毛志雄,2003)

---

(3) 直接动机和间接动机

根据学生参与运动学习和锻炼活动的心理动因是指向体育活动过程,还是指向体育活动的结果,可以将运动动机分为直接动机和间接动机。

指向运动学习和锻炼活动的内容、方法或组织形式等当前、直接特征的动机,是直接动机;而指向运动活动可能带来的生理、心理和社会的延迟、间接结果的动机,是间接动机。

直接动机与运动学习和身体锻炼活动本身相联系,动机内容相对具体,行为的直接动力作用较大,不失为推动学生参与运动的有效力量。但当体育活动内容具有一定难度,需花较大、较长时间的努力才能学会和掌握时,或学生对某一练习方法、形式产生单调感、枯燥感时,直接动机的局限性就将表现出来,其作用的影响范围和持续时间也就减小。而间接动机虽然相对遥远,与当前运动活动的直接联系较少,但它与长时间活动后产生的最终结果和社会意义相联系,其影响持续的时间较长,能使学生更自觉、持久地参与体育活动。因此,直接动机和间接动机具有相互联系、相互补充的作用。

(二) 关于动机的理论

1. 动机的本能论

本能是指有机体由遗传获得的、与生俱有的、不学而能的行为方式,对有机体的生存与延续有重要意义。James、McDougall 等认为人类与动物的行为动因之间有很大的相似性,即人类与动物的行为都是由本能引起的(专栏 4-3)。

专栏 4-3

所谓本能是指有机体在进化过程中形成并由遗传获得,不学就会的行为倾向和行为模式。在早期的哲学体系中,为了维护人类的崇高地位,否认动物心灵的存在,本能的概念只限于解释动物的智慧行为(Beach,1955)。18 世纪末及 19 世纪初,人们普遍开始用本能来解释人的某些行为,部分原因来自由 Darwin 和 Wallace 各自创立的自然选择理论。进化论更加强调人类与动物之间的相似性而不是差异性。如果动物的行为是由本能推动的而人类与动物在各系发展上是连续的,那么人类的行为也必然是受本能控制的。美国心理学家 James 就十分相信本能是人类行为的基础。1890 年,他根据大量的人类行为列出 14 种人类本能:清洁、建设、好奇、恐惧、饥饿、嫉妒、谦逊、慈爱、幽默、忠诚、秘密、害羞、合群和同情。1908 年,英国心理学家 Mc Dougall 在《社会心理学导论》一书中列举了 10 种本能,后来又扩展到 18 种,并认为人类的一切言行都根源于本能,有人(Atkinson,1964)指出,到 20 世纪 20 年代为止,大约有 14 000 种本能被用于解释几乎所有的人类行为。

(李洪玉,何一粟,1999)

尽管本能论在解释人类行为方面存在一定的缺陷,但在分析儿童少年的运动活动原因上还是有较大应用价值的。好动、好玩、好奇、好胜是儿童少年的"本能"、"天性",这与小动物的好玩、爱"闹"的行为是一致的。

人出生以后,看待任何事物都是新奇的,任何活动都能引起他们的兴奋。他们要生存、要成长,就要不断地认识周围世界和自我,而人与动物在幼龄阶段的认识过程主要是通过身体活动实现的。在抬头、翻身、抓握、爬行、走路和跑步的过程中,他们的活动范围越来越大,观察、接触、认识的新鲜事物越来越多,生活经验也越来越丰富,"天性"在活动中得到发挥,"本能"在活动中获得满足,认知能力也从中得到良好发展。

体育运动中一定要充分利用儿童少年爱活动的"本能"动力,不要限制、压抑了他们的这种"天性",要适当满足他们的需要和兴趣,内容要安排得丰富多彩,形式要多种多样,要"精讲多练",注重让学生"动"起来,使他们的本能能量得到充分释放。

2. 动机的行为论

行为主义认为,强化促使了某种行为动机的产生,换句话说,学习动机是学习行为受到外部强化的结果。在学习过程中,受到强化的学生(如得到好的分数,教师和家长的夸奖)将会进一步增强学习动机;相反,未受到强化的学生(教师和家长对学生的学习漠不关心)就会减弱学习动机。

新行为主义代表人物之一 B. F. Skinner 提出,低级需要(如生理需要和安全需要)是先天遗传的,而高级需要则是后天通过"操作性条件作用"发展的。在有机体的操作性条件作用中,强化对行为起着增强动机的作用。

所谓强化是指使有机体增加某种行为反应重复出现的可能性的力量。当个体表现出良好行为,并得到了他们期望的奖励,将使他们高兴、快活,乐于再次表现同样的行为。这属于积极强化。由于个体表现出良好行为,而撤销原本加在他们身上的不愉快刺激(如体罚),也可使个体高兴、快活,乐于再次表现同样的行为。这也是强化,但属于消极强化。当个体表现出不良行为,且被给予了不期望的惩罚,或取消了使他们愉快的刺激,将会使他们难过、悲伤,该行为发生的次数就会产生减少的趋势。这属于惩罚。

起强化作用的刺激物有很多。与生物性需要有关的,如食物、水等,属于初级强化物;后天习得的,标示着"成功"迹象的,如奖杯、金钱、分数、受到关注等,属于二级强化物。

强化可以在固定的时间间隔或行为反应次数之后给予,也可以在无固定时间间隔或行为反应次数中给予。强化时机和手段的不同,对行为反应发生的促进作用也不同(专栏4-4)。

专栏 4-4

  关于有效运用二级强化物的一些想法(Krumboltz,1972)：① 在初学时立即予以强化；② 行为一旦习得,为了类似真实的生活条件,可以延迟强化；③ 当行为无改进时,就取消强化；④ 必须选择充分有效的强化物。首先,能强化某人的事件未必能强化另一人；其次,在某个时间里有强化作用的事物,未必能在另一时间里也起强化作用；⑤ 为了鼓励广泛的行为,可以把几个强化物合并起来施用；⑥ 任何二级强化物的经常使用都会降低强化作用；⑦ 施以强化物的人或与强化物有关的人也许跟强化物同样重要。对一般的儿童来说,没有任何强化物比父母更起作用——母亲一次微笑的价值将远远胜过所有的奖牌和绶带。受一位值得尊敬的教师的表扬,往往成为学生们最看重的强化物。我们不止一次地听到学生这样说："我要做得好,只因为不能让您失望"。一个热爱艺术的学生更重视艺术指导教师对他的评语,而不大重视生物学教师对他的同样评语；⑧ 即使最适当的奖赏,也只有在合适的时候给予,才会产生效果,给予或接受强化的最佳时间是紧接在反应之后。研究发现,最大量的学习发生在适当的反应之后并给予强化的一瞬间(约 0.5 秒),随着反应与强化之间的时间间隔加长,学习量会骤然减少,但是必须注意到所期望的行为实际上要发生在强化之前,否则,我们将会强化其他行为或强化不良的行为。例如,如果母亲对她不听话的孩子说,他父亲回家后就要揍他一顿。结果孩子在拥抱并吻其父亲时便挨了打,这个孩子很快便学会不应该有这样的爱。

（李洪玉,何一粟,1999）

  动机的行为理论在体育教学或身体锻炼活动中得到了广泛的应用,体育教师经常运用表扬和批评的手段,激励学生的运动行为,或阻止不利于体育活动开展和学生身体健康的行为。受到表扬夸奖的学生,运动动机得到强化,良好的行为表现就会增加,运动学习和锻炼的效果也会提高。反过来,遭到批评的学生,某个不良行为表现的动机将会减弱,此种行为表现也会随之减少。

  行为强化的理论与实验研究表明,对于初学某个技能或刚刚参加体育活动的参与者来说,在表现出正确行为后,立即给予正强化,效果较佳。对他们给予连续强化,可使他们快速、有效地建立起良好的行为习惯。因此,应多表扬和鼓励初学者、初练者。

  但连续强化具有"不经济"的特点,且一旦取消强化,行为会很快消失。因此,在一定体育教学或练习阶段,可采用只对一部分正确反应给予强化的方法,只要适时、适度,同样可以达到与连续强化相同的激励效果。

对已经形成一定行为习惯或已具备一定技能水平的运动参与者,可采用不定期、不定时的强化方式,即有时在短时期强化,有时则间隔较长时间给予强化。由于运动参与者知道强化肯定出现,但又不知道在什么时间出现,他们表现出准确行为反应的次数是比较稳定的,且不会很快消退。简而言之,在长期或重复从事的运动活动中,采用非规律性的间歇强化将会对参与者产生更大的促进作用。

3. 动机的人本论

这一理论以 Maslow 和 Rogers 等学者的需要论、潜能论和自我实现理论为基础。该理论认为人是一个一体化、有组织的整体,其行为动机与社会文化因素之间有着本质的联系;不仅应关注人的生理需要,还应重视更高层次的需要,即便是人的基本需要,也不是某种单纯的生理需要,而是这个"人"的需要(专栏 4-5)。

专栏 4-5

美国心理学家 Maslow 通过对各种人物的观察和对人物传记的研究,把人类行为的动机从理论上加以系统整理,提出了需要层次说。在他看来,动机和需要是一回事。他认为人们的行为是由一定的需要所驱使的。人类的基本需要包括生理需要、安全需要、归属和爱的需要、尊重需要、认知需要、审美需要和自我实现需要,其中最高级的需要是"自我实现"。以上 7 种基本需要是从低级到高级有层次地排列着的(图 4-2)。只有较低级的需要得到满足以后,人们才会产生较高一级的需要。若低层次需要没有获得满足,人们便会做出一切努力去满足它。他还进一步指出,较高层次的需要得不到适当的满足,就有可能导致人的精神失常。因此,一个理想的社会除了满足人的生理需要以外,还应使大部分人的较高层次需要得到满足,并且应鼓励每一个人去追求自我实现。

Maslow 指出,个人的动机结构并非在每一低级需要完全得到满足后,较高一级的需要才出现。它具有波浪式演进的性质,不同需要之间的优势是由一级渐进到另一级的。也就是说,早期的基本需要的高峰过去之后,较高一级的需要才能开始起优势作用。Maslow 虽然一再强调需要满足的顺序性,但他仍指出有例外的情况。如有的科学家冒着生命危险从事研究工作,即忽略安全需要直接追求自我实现;有的人虽然满足了安全的需要,但对交友、权力、创造仍不感兴趣。

Maslow 理论中一个关键的概念,是缺失需要与生长需要之间的区别。缺失需要(包括生理需要、安全感、爱和尊重)是指对生理和心理的健康极为重要的那些需要,这些需要必须得到满足。可是,它们一旦得到满足后,这方面需要的动机也就消失了。与此相反,生长需要(包括认知的需要、审美的需要和自我实现的需要)则是绝不可能完全得到满足的。事实上,一个人越是能够满足认知的

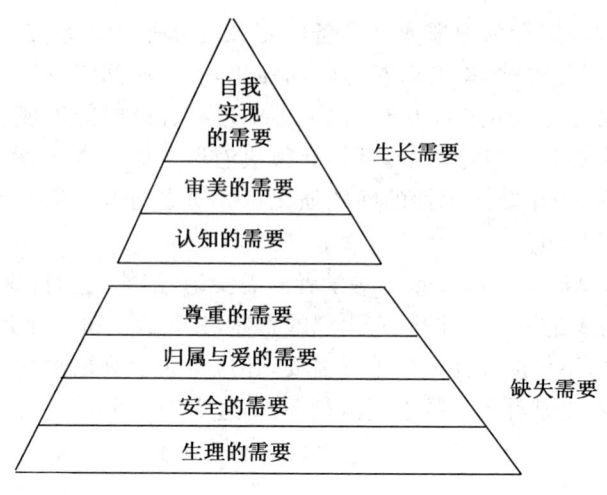

图4-2 Maslow的需要层次结构

需要,越是有更强的动机去学习更多的东西。

Maslow理论对教育的重要性,在于缺失需要与生长需要之间的关系。学生如果处于饥饿、困乏的状态,显然不可能把精力用于学习。但一般说来,学校里最重要的缺失需要是爱和尊重。如果学生没有感觉到被爱或被尊重,他们就不可能有强烈的动机去实现较高的目标,那些搞不清自己是否惹人(特别是教师)喜欢或自己能力水平的学生,往往会做出较为"安全"的选择:随大溜;为测验而学习,而不是对学习本身感兴趣。能够使学生感到很自在、被理解和尊重的教师,更可能使学生变得渴望学习,并愿意为创造性和开放性的新观点承担些风险。所以,在Maslow看来,要使学生具有创造性,首先要使学生感到,教师会始终如一地做出公正的反应,不会因学生出差错而嘲笑或惩罚他们。

(李洪玉,何一粟,1999)

在体育教学和运动锻炼中,有许多团队的练习、游戏、比赛活动,要求参与者之间相互帮助、关心、交往和支持,这为满足学生的归属、爱与被爱、获得尊重等需要提供了大量的机会。学生是团队的一分子,在团队活动中承担一份责任、献出一份力量、发挥一份作用。大家在一个运动团队中,有共同的目标、利益,必须同舟共济,互相关注、尊重和鼓励,他们的社会性需要得到了满足,参与体育学习和锻炼的积极性也会得到充分的发挥。

如果学生们在体育运动活动中感受到了同伴的认可和关爱,认识到了别人对自己的需要和自我存在的价值,自豪感、荣誉感便得到加强,他们会更有可能产生强烈的动机去实现更高的运动目标,并在体育活动参与中表现出更多的主动性和创造性。

4. 动机的社会学习理论

Bandura 提出,有关动机的论述包括观察学习和自我效能等主要观点。他认为人类可以通过认知过程,主动地学习榜样行为。个体除了通过直接学习获得直接经验外,更多的时候是通过对他人行为及其获得的积极强化结果的观察来获得间接经验(专栏 4-6)。

专栏 4-6

美国著名社会心理学家 Bandura 是观察学习理论的创始人,他认为个人的行为是通过观察别人而习得的,并特别强调社会模仿在形成新习惯和破除旧习惯中的作用。

观察学习的学习者可以不必直接做出反应,也无需亲自体验强化,而只要通过观察他人(榜样)在一定环境中的行为,就能学会某种行为。研究表明,行为的表现是由强化和强化所引起的动机控制的,学习者是否模仿通过观察所习得的动作,必须看他受到的是什么性质的强化。如果强化物是奖赏,那么他就会去模仿;如果是惩罚,那他就不会去模仿。Bandura 认为强化有三种形式:① 外在直接强化,即通过外界因素对学习者本身的行为给予直接强化。例如,某人看到他人吸烟,自己也学会了吸烟。如果该吸烟者受到他人的认同或鼓励,那么他就会不断地模仿他人吸烟;如果他吸烟受到别人的责骂或惩罚,他在模仿时就会犹豫不决,或干脆放弃模仿;② 替代性强化,即学习者如果看到他人的成功行为或受赞扬的行为,就会增强产生同样行为的倾向性;如果看到别人失败的行为或受惩罚的行为,就会削弱或抑制发生同样行为的倾向性;③ 自我强化,即行为"达到自己设定的标准时,以自己能支配的报酬来增强、维持自己行为的过程"。Bandura 指出,当人经过社会化以后,就能够依靠自己内部的标准评价自己的行为,并对自己的行为给予奖赏或惩罚。在社会化过程中,成人对儿童达到为其提供的标准时表示喜悦,而对未达到标准的行为表示失望,这样儿童就逐渐形成了自我评价的标准;获得了自我评价的能力,从而对示范行为发挥自我调整的作用。

(李洪玉,何一粟,1999)

观察学习理论提示体育教育工作者,学生在体育活动中的观察是随时随地都可能发生的,因而体育运动中的榜样作用要随时随地体现出来。

自我效能理论认为,个体在目标追求过程中面临某项特殊任务时,对完成该项任务的动机的强弱,将取决于个体对自我效能的评估。自我效能是个体对自己能够完成某一行为、任务的实际能力的推测,也可以说是个体对自己行为能力的主观评价。

在体育学习和锻炼活动中,学生能否主动、自信地尝试和完成某个技术动作和身体锻炼任务,敢于迎接挑战、战胜困难,与他们对自己能否完成不同活动任务的能力判断有直接关系。当学生面对一个个技术动作和一次次困难情境时,他们拥有的能完成任务的自我效能感就是推动、调节他们行为的动力,将直接决定他们在体育参与过程中的行为水平、努力程度和坚持性。

自我效能感是学生身体能力、技术水平与行为表现的一个中介因素,学生的身体能力、技术水平与行为表现是否一致受自我效能感的影响(图4-3)。有些身体能力好、技术水平高的学生可能自我效能感也高,同时在体育活动中表现出相应的进取行为;但有些身体能力好、技术水平高的学生在体育活动情境中却表现出犹豫甚至退缩的行为,那是由他们的自我效能感不高造成的。有些身体能力较差、技术水平较低的学生在体育活动情境中能够表现出积极进取的行为,也是由于他们的自我效能感较高促使的。

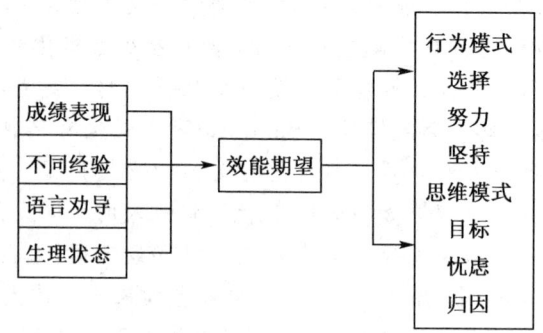

图4-3 效能信息、效能期望、行为以及思维
模式的主要来源及其相互关系
(引自 Feltz,1988)

习得性无助感是与自我效能感相反的心理表现。它是在个体多次经历了无法挽回的失败和挫折后再次面对同一任务时产生的无能为力的心理状态。它对个体未来行为的动机、认知和情绪会产生不良影响,甚至会导致退避性行为。但习得性无助感和自我效能感都不是稳定的个性特征,它们具有随情况变化的特点。

5. 动机的认知评价理论

认知理论认为,动机是建立在选择目标、决策、计划以及对成败可能性分析等认知过程的基础之上的。认知失调理论、期望理论、归因理论等均属于动机的认知理论。本章仅介绍信息不确定性理论和内外因动机认知评价理论,其他理论将在其他章节中论述。

信息不确定性理论认为,当人们遇到陌生的新事物时,就会产生复杂的不确定性,并引起中枢神经系统的激活,心跳、呼吸频率和瞳孔的直径等都可能有所变化。这种面临着某种不确定性情境而产生的激活状态被称之为好奇心。好奇心将驱动个体产生消除不确定性的定向探索行为,并通过探索行为来降低由于好奇而引起的激活水平。

好奇心可分为感性好奇和理性好奇心。感性好奇心主要是由新颖、强烈的刺激引起的。例如,一个巨大的响声会引起人们向发出响声的方向观望。而理性好奇心是由某种与惯常不同的态度、观点和想法引起的。如教师在篮球比赛中采用"背后运球"的方法过人,与学生拥有的只能"正面过人"的想法有差异,会使学生们感到很新鲜。

以上两种好奇心在激发学生学习积极性方面都能起到一定作用。但那些新颖性、不确定性较强,包含更多观念冲突、思维冲突的事物和情境,更易引起学生的好奇心,激发他们的探索行为,强化解决冲突的积极性(专栏4-7)。

专栏4-7

寻求刺激是任何动物共同的需要

Butler(1954)发现,如果按压杠杆可以打开窗户,使猴子能在短时间内看到电动火车的话,那么猴子能学会按压杠杆。在实验中,巴特勒从不用食物、饮料或其他与已知的胜利需要有关的东西来奖赏猴子,猴子同样学会了按压杠杆的反应。在一项有关的研究中,Butler和Harlow(1954)提供的情境可以做到,当猴子学会了按压杠杆的行为后,他们就得到一次观看电动火车30秒的机会。猴子似乎受到了高度刺激,它们可以连续20小时按压杠杆而兴趣不减,这就是动机。

Kinsch(1955)发现,为了能使灯光熄灭一会儿,小鼠能学会按压杠杆。人们或许会说,小鼠害怕灯光。因此,Kinsch变动了实验情境,他使小鼠按压杠杆时,灯光亮一会儿。小鼠同样学会了按压杠杆的行为。小鼠关心的不是灯光亮还是不亮。不论某种事件发生还是变化,小鼠都能学会去控制。

Harlow和Mayo(1950)的研究发现,猴子为了打开一个闭锁机,可以连续工作数小时。如果猴子打开了闭锁机,它们再也得不到任何奖赏,对于它们来说也无所谓,因为猴子关心的只是闭锁机本身,并且一再地试图打开它。

一系列研究表明,复杂、新异、不断变化的刺激的新奇性、操作性和奖赏性的特征普遍存在。

(T. P. Houston,孟继群、候积良译,1999)

引自张力为,毛志雄.运动心理学.上海:华东师范大学出版社体育教学中充满了丰富多彩的、新颖的教学内容、方法、手段、器材和设备，体育教师要充分地利用，并加以变化。同时，应当设法在运动概念的掌握，技能学习、练习和游戏、竞赛中，运用"出人意料"的方法、手段、观念和想法，激起学生的好奇心和求知欲，提高他们对体育学习和练习的积极性与效果。

近年来，社会认知理论成为体育运动动机研究的一个新方向。社会认知理论将人在社会情境中的认知过程作为行为动机产生的决定因素，认为人对完成某种活动的价值期望、目标设置、能力判断与控制感觉等，对人是否选择、产生和坚持某种行为活动有着重要的影响作用。认知评价理论是动机的社会认知理论的主要内容之一。

Deci 和 Ryan 认为，认知评价是人们对内在需要和外部奖励事件的一种认知整合。个体开始参与某种活动往往是出自内部的兴趣，即使没有任何奖励也能长时间兴致盎然地从事该活动；但当外部奖励出现后，人们参与某种活动的内部动机就会有一部分让位于外部奖励，之后就会为了奖励去从事该活动。当奖励撤销时，他们参与某种活动的动机强度也将下降，甚至消失。

认知评价理论对体育运动动机培养的影响越来越大。学生参与体育运动往往是为了追求乐趣和内在需要的满足。在没有任何奖励的情况下，他们可以长时间地参与自己喜爱的运动活动。因此，教师和家长应当首先关注学生体育运动参与的内部动机，鼓励孩子们出于自己的需要、兴趣去从事身体锻炼活动，教育他们不为外部奖励所影响。

如果教师或家长将物质或金钱作为激励学生参加体育运动的方法，如许诺给孩子 10 元钱作为运动锻炼的奖励，可能就会使孩子们为了得到外部奖励而运动。当他们感到运动锻炼的原因是为了物质或金钱时，有钱就"练"得欢，没钱就偷懒，原先参与运动锻炼的内在乐趣逐渐降低，自我选择和决策的需要得不到满足，受奖励控制、支配的感觉越来越强烈。当外部奖励取消时，内部动机已达不到支持他们参与运动活动的动力强度了。

如果教师和家长想通过奖励激励学生，应当针对他们在体育活动中的进步和努力给予奖励，要在奖励的同时提供给学生进步或做出异常努力的信息，如将"提高奖"、"贡献奖"等字样印在衬衫或遮阳帽上，奖励给学生，对他们的表现给予鼓励，这样既肯定了成绩，又没有使他们觉得受到他人的支配。他们会为自己的选择而高兴，为自己的努力和能力表现感到骄傲，其内在的运动参与动机将会更加强烈。

（三）运动动机的培养与激发

1. 运动动机培养与激发的定义

运动动机的培养是指促使学生从没有活动动机到形成活动动机的过程，而运动动机的激发是指将学生已经形成的潜在动机充分调动起来的过程。培养是激发的前提，激发又可进一步加强已有的动机。

2. 运动动机培养和激发的措施

（1）充分重视和利用学生的各种需要

① 提高学生的内部动机。

a. 增加运动的趣味性；

b. 启发学生的好奇心；

c. 满足学生的归属需要；

d. 增强学生的自主要求；

② 激发学生的外部动机。

（2）提高学生的体育成就动机

① 成就动机定义。成就动机是一种较高级的社会性动机，是指个体积极主动地从事自认为重要或有价值的活动，并力求达到完美、取得优异成绩的心理倾向。它是在成就需要的基础上产生的、在社会交往中习得的内在推动力量。

② 体育成就动机的培养。通过与学生的谈话、讨论，使他们对与运动学习成就动机有关的自我行为产生"意识化"；通过游戏、竞赛或其他相关活动安排，使学生认识到设置目标、采用实现目标的行为策略与成败的关系，以及成败对情感体验的影响，产生成功与失败经历的"体验化"；通过对与成就动机有关的"运动目标"、"心理定向"、"成功标准"等概念的讲授与理解，使这些观念在学生头脑中"概念化"；通过变"常模参照"为"自我参照"，即多强调学生自己运动学习和锻炼前、后的比较，使他们获得更多的"成功机会"；

让学生将学到的成功标准和行为策略应用到某一运动学习和身体锻炼内容之中，自己选择活动目标、策略和评价标准，对动机水平、行为表现和情感反应作出自我分析与评价。

（3）适当展开竞争，积极组织合作：根据课堂教学目标、组织形式、奖励对象以及学生与学生之间的关系的不同，可以将目标结构分成竞争、合作和个体化等形式。体育教师通过强调不同的教学目标（如竞争获胜、合作学习，还是个人提高）、反馈（如赞许获胜者、互动者或进步者）、制定成功标准（如战胜对手、小组成功，或超越自我）等可以在教学中制造出不同的课堂教学气氛。

① 适当展开竞争。竞争可分为个体间、团体间和自我三种形式，每种形式都有其特点。为保证竞争对体育学习动机的培养和激发产生积极作用，避免不良后果，应注意：

a. 竞争的内容和形式多样化，以使每个学生都有展现自己才能的机会；

b. 以团体间竞争为主；

　　c. 进行个体间竞争时，应当按照能力分为高、中、低三组；

　　d. 竞争活动要适量；

　　e. 提醒学生注意在竞争中发挥和展示能力，相互鼓励、团结互助，胜不骄、败不馁，防止骄傲情绪和自卑心理的出现。

　　② 积极组织合作。合作性学习是以学习小组为基本组织形式，以团体成绩为评价标准，利用师生尤其是学生之间的相互作用来促进学习，共同达成教学目标的教学活动。尽管合作学习的方法与形式有很多，但它们具有共同的特征：

　　a. 小组目标、计分与奖励；

　　b. 个人责任；

　　c. 成功机会均等；

　　d. 组间竞争；

　　e. 交往技能；

　　f. 注重个人需要。

　　在体育教学中，若要取得竞争与合作的最佳效果，还应特别强调教学内容的内在价值和教学活动的最终目的，不能因为合作或竞争方法的采用而忽略了对教学内容的掌握与运用。同时，还应注意合作与竞争方法的相互补充与合理运用。在小组合作活动基础之上展开中等程度的竞争活动，即适量和适度的小组合作与竞争方法的结合，才会发挥个体与小组间的广泛互动作用来调动学生的学习积极性和创造性。

　　(4) 给予及时反馈和肯定性评价：体育教学中反馈的形式：社会性评价（教师当着全班同学的面表扬某个学生）、象征性评价（教师在成绩单上给某个同学画了个小红旗）、客观性评价（教师根据学生的技术或能力表现给予的分数）和标准性评价（教师以排名次的方法给学生打分）。应用时可根据学生年龄进行选择。

　　在对学生的体育学习和锻炼活动提供反馈和评价时，教师往往要根据学生的进步或退步情况给予一定的表扬或批评。

　　表扬和批评都是以促进学生的努力和进步为目的的。在多鼓励、严要求和适当、适度批评时，要力争做到表扬每个学生的每一点进步，强化每一次努力；要针对不同年龄、性别和能力的学生给予表扬和批评；要"对事不对人"，尤其要将表扬和批评的重点放在学生是否努力上，放在行为表现上，放在是否有所提高上；要树立学生的评价标准，使他们逐步学会自我表扬和自我批评；要了解学生对教师表扬、批评的理解与评价；要公开表扬，私下批评，理智、慎重地使用惩罚措施。

(5) 端正体育态度

① 态度与体育态度的定义。态度是个体对待外界对象(包括人和事物)较为稳固的,由认知、情感、行为意向三种成分构成的内在心理倾向。

体育态度是学生对体育学习和身体锻炼活动所持有的认知评价、情感体验和行为意向的综合表现。它不是学生实际的体育行为反应,而是学生头脑中存在的一种"内部状态",是运动行为反应的倾向性或准备状态,它可增加学生参与体育运动的可能性。

② 体育态度的认知基础。体育价值观是体育态度的认知基础。体育价值是个体拥有的对体育活动功能和意义的认识。个体对体育活动价值的认识不同就会产生不同的体育态度。Cain 经过研究,提出体育活动具有六个价值,即健康和健身、社会交往、感官刺激、美感体验、情绪宣泄和磨炼意志。

③ 体育态度的端正。

a. 体育态度的形成。体育态度的形成实际上是学生通过观察和模仿等社会学习方法获得体育价值观和相应行为方式的社会化过程。

体育态度的观察学习是指学生以旁观者的身份观看他人的行为表现,从他人的经验中获得新经验的过程,而模仿则是仿照别人的态度和行为举止采取行动,使自己的态度和行为与榜样一致。

体育态度的模仿学习包括三种类型:直接模仿、象征性模仿和创造性模仿。

根据 Bandura 的社会学习理论,学生的观察和模仿学习还受到强化的作用与影响。强化为学生对体育学习和身体锻炼的认知提供了反馈信息,其种类包括外部直接强化、替代性强化和自我强化。

在学生体育态度形成的过程中,体育教师、班主任及家长,甚至学校运动队的队员,都应当为学生树立良好的榜样,利用各种机会和渠道向学生灌输体育活动的意义、价值,并带头从事运动锻炼,对学生表现出的良好体育态度与行为给予积极强化。

b. 体育态度的转变。体育态度的转变包括方向和强度两个方面。体育态度从消极转向积极,这是方向上的转变;从较积极转向很积极,这是强度上的转变。方向上的转变与强度上的转变密切相关。从一个极端转变到另一个极端,既是方向上的转变,又是强度上的转变,而且表明强度上的变化很大。

根据 Kelmen 态度改变三阶段理论,不良体育态度的转变过程应包括:服从阶段、认同阶段、内化阶段。

体育态度转变所依赖的主要条件是:劝说与劝说者的态度、逐步提高要求、学生的体育活动实践、必要的体育活动规章制度和严格的要求。

四、教学重点和难点

（一）教学重点

（1）运动动机的定义。
（2）运动动机的功能。
（3）运动动机的种类。
（4）动机的理论。
（5）运动动机的培养和激发。

（二）教学难点

（1）运动动机与运动行为效果的关系。
（2）内部动机与外部动机的相互影响。
（3）各种动机理论在体育运动中的应用。
（4）在体育教学中如何培养学生的运动动机。

五、教学指导建议

（1）读书指导法：教师指导学生阅读教材，并由学生将各种动机理论的主要观点提炼出来。

（2）讲授法：教师讲授"运动动机的定义、功能及种类"，"运动动机培养和激发的定义与措施"等理论内容，学生阅读、听讲、记笔记。

（3）提问法：结合教学内容的讲授，教师提出"运动动机的产生条件"，"运动动机的外在表现"，"体育教师如何观察与判断学生的运动动机"，"各种动机理论的代表人物和主要观点是什么"，"学生内在的运动需要有哪些"，"如何处理学生参与运动的内部动机与外部动机的关系"，"体育成就动机对学生参与运动的影响"，"如何组织体育教学中的竞争与合作"，"体育教学中如何运用表扬与批评"，"怎样转变学生的体育态度"等问题，让学生思考并做出回答。

（4）讨论法：教师组织学生讨论"运动动机与运动行为及其效果的关系"，"不同种类的动机对学生的运动行为有哪些影响"，"如何处理不同种类动机影响作用的关系"，"各种动机理论在体育运动中的应用"等问题。可将学生分成小组展开讨论，由小组长负责组织，专人记录；小组讨论后由小组代表在全班发言。

(5)案例讨论:有一名退休的老人,习惯于睡午觉。可有一群孩子在他家附近玩耍,吵闹声音很大,使老人无法入睡。老人试了几种方法,都没能将孩子们轰开。最后,他想出了一个新办法。他把孩子们召集起来,许诺付给第二天来玩的孩子25美分。第二天,孩子们来玩时,得到老人25美分的奖励。老人又许诺,次日来玩的孩子得到20美分的奖励。次日,孩子们来玩,拿到20美分后,老人说第二天只能给孩子们15美分了,而且以后的奖励越来越少,最后将取消奖励。来玩的孩子们一天比一天少,最后就都不来玩了。

讨论:老人采用什么方法使孩子们的动机发生了什么变化?其心理学理论依据是什么?

六、参考文献

[1] 张力为,毛志雄.动机概述.运动心理学[M].上海:华东师范大学出版社,2003.

[2] 孙延林.体育课中学生的内部动机[J].天津体育学院学报,1997(2).

[3] 张力为,毛志雄.运动动机的培养与激发[M].运动心理学(全国应用心理学专业系列教材),上海:华东师范大学出版社.

[4] 李洪玉,何一粟.学习动力[M].武汉:湖北教育出版社,1999.

[5] 蔡赓,季浏,汪晓赞.竞争性体育活动对中小学生体育运动动机的影响[J].上海体育学院学报,2003,27(4).

[6] 蒋丰,杨黎芳.体育教学中发展性评价与奖惩性评价的思辨[J].成都体育学院学报,2003,29(6).

[7] 金健秋.关于中学生体育需要的社会心理学分析[J].南京体育学院学报.1999,13(3).

[8] 刘红兵.在体育教学中运用自我效能动机理论的思考[J].成都体育学院学报,2004,30(3).

第五章

体育活动中的目标定向与目标设置

一、教学目标

通过本章教学,使学生能够:
(1) 初步了解目标定向理论,理解并掌握目标定向的概念。
(2) 掌握目标定向的分类,以及不同的目标定向对于学生参与体育活动的行为和认知方面有哪些影响。
(3) 学会培养学生形成恰当的目标定向的方法。
(4) 了解目标设置的理论,掌握目标设置的概念及恰当的目标设置的作用。
(5) 掌握目标设置的原则及方法,并能将这些原则、方法应用到教学及运动实践中。
(6) 掌握团队目标的概念、特点及作用。
(7) 掌握团队目标的设置方法,并能够结合运用到运动实践中设置目标。

二、教学内容框架(图 5-1)

三、知识拓展与深化

(一) 运动中的目标定向

1. 成就目标定向理论的源起与发展

成就目标定向理论作为一种成就动机理论,其基本的理论渊源有两个:早期

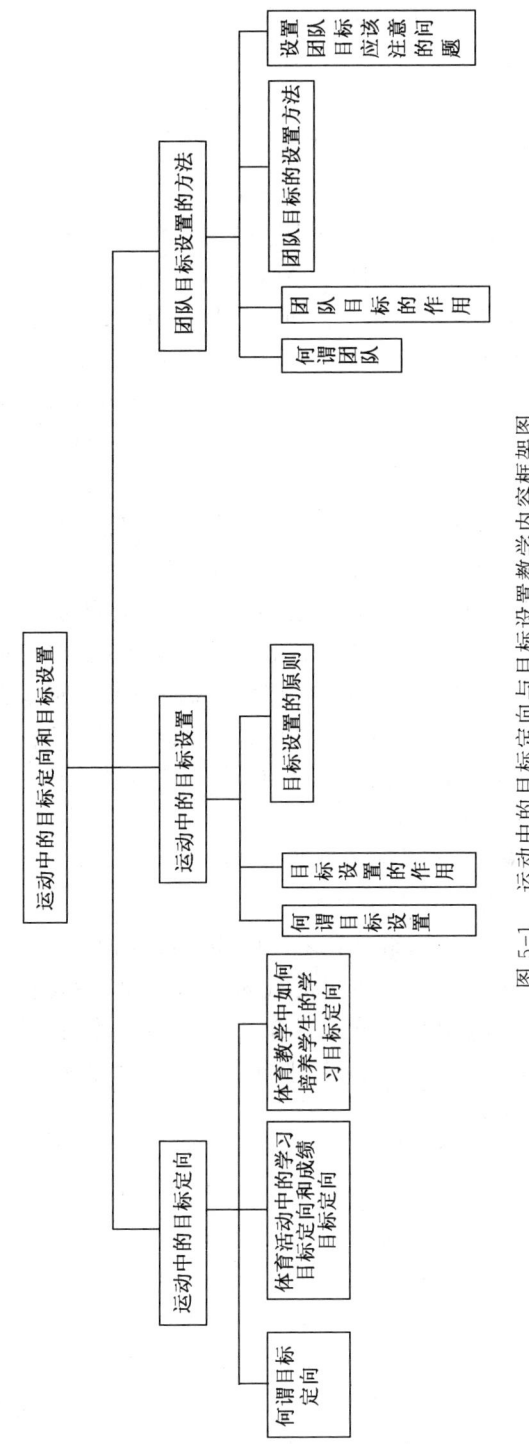

图 5-1 运动中的目标定向与目标设置教学内容框架图

的成就动机论和新近的社会认知理论。

早期成就动机理论最早可以追溯到 Murray(1938),20世纪50年代 McClelland 等人才正式开展了对于成就动机的系统研究。Lewin 等人根据"期待×价值"理论首先提出两个独立的动机纬度,即对于成功的期待和对于失败的回避。随后 McClelland 以 Lewin 的理论为框架,构建了最初的成就动机理论,他认为"至少存在两种成就动机,一种围绕着躲避失败,另一种围绕着达到成功"。作为 McClelland 的学生和助手,Atkinson(1964)更为明确地将成就动机分为两种:一种是追求或希望成功的意向,表现出趋向目标的行动;一种是害怕失败的意向,想方设法逃脱成就活动或情境,避免预料到的失败。每个人的成就行为都受到这两种动机相互制衡和消长的影响。Nicholls(1984)提出了能力知觉理论,该理论是"成就目标理论最直接的渊源"。Nicholls 指出能力是了解成就动机的关键因素,能力的差异感觉和无差异感觉会影响一个人在成就情境中对任务难度的选择。能力的差异感觉就是指个体面对成就情境时,对自己能力水平形成的一种高或低的判断,有此感觉的个体在面对成就情境时会采取"自我参与"的态度。他会把追求高能力表现作为自己行为的目标,完成任务只是作为表现能力的一种手段。能力的无差异感觉就是指个体面对成就情境时,将完成任务或学习作为他们行为的目标,能力只是完成任务的一种手段。有此感觉的人们对于成就情境会采取"参与任务"的态度,考虑的是如何完成任务,而不受客观环境的影响。Nicholls 提出的能力知觉理论可以说是动机的社会认知理论的核心,也是目标定向理论的基础。

20世纪60年代末、70年代初,心理学领域出现了"认知革命",动机研究也深受其影响。Bandura 倡导的社会认知理论认为个体因素(包括认知、情感和生理等方面)、环境因素和行为因素三者之间因相互影响而产生了三重交互决定作用。社会认知理论将重点放在个体所具有的信念方面,主要包括他们对自己能力的信心以及在成就情境中对背景因素知觉的信心。社会认知理论认为,人类的成就动机并非来源于客观现实,而是来自人们对它的解释,人们的成就行为受到社会认知因素的影响。

Dweck 和同事在20世纪80年代对青少年进行了一项研究,在这一研究中,刚开始给青少年一些他们能够成功解决的问题,然后再给这些青少年一些他们难以解决的问题。在孩子们遭遇失败后,研究者观察到青少年出现两种截然不同的反应模式,一部分孩子表现出无助的(不适应的)反应模式,这些孩子很快就变得沮丧并对所从事的活动失去了兴趣,对于他们的能力失去了信心,并且感到非常痛苦。他们解决问题的策略也变得非常随意,甚至出现反向的行为。与此形成对照的是另外一部分学生,他们展现出更多的建设性的(适应性的)反应模式,这些青少年表现出非常乐于接受挑战,继续对他们最终都无法解决的问题保持兴趣,并非常努力地寻找解决问题的策略。为什么这两部分学生在第一次解决问题时表现出相同的成就动机水平,而当他们面对更多的困难时却表现出如此不同的反应模式？在进行了进一步的研究后,Dweck发现青少年趋向使用不同的目标。那些体现无助反应模式的孩子关注的目标是表现得更好以及从他人那里获得关于他们能力的有利的赞赏,在活动中的失败破坏了他们看起来比别人好的目标,并把他们置于一个无助的反应模式中。那些体现适应性反应模式的青少年关注的目标是学习一些新的东西,发展自己的能力,这些孩子把他们面对的错误和困难看成是学习过程中很自然的部分。总的来说,Dweck发现,孩子们会使用两种不同的目标来从事活动,即发展能力和显示能力。面对挑战,这两种目标会对个体的行为和表现产生深刻的影响。在这样的一个认识下,Dweck提出了目标定向理论,并提出了两个基本的目标定向:学习目标定向和成绩目标定向。学习目标定向是指通过学习新的技能、控制新的环境来发展自己的能力；成绩目标定向是指通过寻求有利的评价和避免负面的评价来显示和证明自己的能力。

2. 有关目标定向的概念界定

随后,目标定向理论吸引了越来越多的研究者的注意,很多研究者都从各自的角度对目标定向给予界定。

Dweck等人(1988)认为目标定向是一种有计划的认知过程,它具有认知、情感和行为的特征。

Ames(1992)提出,目标定向就是个体对工作、学习、学业成就和成功意义的知觉,是能力信念(belief)、成败归因(attribute)和情感(affect)三者的整合模式。在此,能力信念即对自己能力的评价；情感即对成就活动的不同方式的接近、参与和反应,并促进了行为意图的产生；成败归因即对成功和失败的原因所作的解释。

Urdan和Maehr(1995)认为,目标定向是个体从事各种成就活动的理由和知觉。

Wandewalle(1999)认为,目标定向是个体努力展示自己的能力,并使自己的行为更为有效的内在特质。

Pintrich(2000)认为,目标定向是关于个体追求成功任务的理由和对目标任务的表征,它反应了个体对成就任务的一种内在认知取向,是一个关于目标、胜任、成功、能力、努力、错误和标准的有组织的结构系统。

我国学者将目标定向界定为,成就目标定向是一种重要的动机变量,它是指个体参与某一活动时所依据的成就目标取向。它不是具体要达到的行为的数量标准,而是个体心目中追求的成就取向。

总的来说,成就目标具有以下几个特点:① 目标定向本质上是一种社会认知表征;② 成就目标的表征内容涉及学习活动的原因、意义和目的,又涉及个人评判自己成功与否的参照系;③ 区分成就目标的关键在于个体定义胜任力的评价标准或参照系;④ 成就目标表现在对胜任力具有挑战性的成就情境中。

3. 成就目标定向的分类及其特点

目前,从文献上看,关于成就目标定向的分类有很多分歧。不同的研究者有不同的分类(表 5-1)。虽然分类不同,但是所分出的目标意义是相似的,故本书倾向于用学习目标定向和成绩目标定向来统称不同的目标。

表 5-1 目标定向的分类

代表学者	目标定向的分类	目标的意义
Dweck(1988, 1991, 1999)	学习目标定向(learning goal orientation)	学习的目标在于获得知识,经过努力可以提升自己的能力
	成绩目标定向(performance goal orientation)	学习是要获得正向的评价,学习的目的是要展现自己的能力
	规避目标定向(avoidance goal orientation)	学习者对于学习是高自我效能判断,为不想让别人认为他们愚笨或无能力,所以他们会规避表现,避免学习
Bembenutly(1999);Skaalvik(1997);Middletion & Midgley(1997)	任务定向(task orientation)	任务定向的学习者倾向于精熟学习,想要增加自己的学习能力和学习过程
	成绩趋向(performance approach)	成绩趋向的学习者注重他们的能力和自我价值,参照别的学生来决定他们的能力,接受别人因他们的优秀表现而所给的表彰
Kaplan & Midgley(1997)	学习目标(learning goal)	学习目标的学习者注重学习能力的增加和新技能的获得
	成绩目标(performance goal)	成绩目标的学习者期望获得外在的奖励与赞美来证实自己的能力
Elliot & Church(1997);Elliot & Harackiewicz(1996)	精熟目标(mastery goal)	精熟目标的学习者倾向于发展新技能,试着了解他们的工作、增加能力或达到自我参照标准的精熟

续表

代表学者	目标定向的分类	目标的意义
Elliot & Church (1997); Elliot & Harackiewicz(1996)	成绩目标(performance goal)	成绩目标学习者重视各种可以表现能力的机会,想要赢过别人以显示自己的聪明睿智
Midgley, Arunkumar & Urdan(1996)	学习定向(learning orientation)	学习定向的学生学习目标是增进自己的能力与技能,希望从努力学习中获得成就感
	自我定向(ego orientation)	自我定向的学生在乎与他人的比较,希望能展现出比别人聪明并获得奖赏
Shih & Alexander (2000); Skaalvik (1997)	任务定向(task orientation)	任务定向的学生注重能力方面的学习而不是外在的奖励,他们会靠努力来精熟学业
	自我定向(ego orientation)	自我定向的学生将能力视为常模参照,以赢过别人取得优胜来肯定自己的能力

(陈硕林,2003)

Adenman 和 Maehr(1994)总结了学习目标定向和成绩目标定向各自的特点,具体内容如表 5-2 所示:

表 5-2 学习目标和成就目标的特点

与成就有关的认知	学习目标	成绩目标
成功	提高、进步、掌握、创新	高成绩、比他人表现好、在标准化测验中取得相当的成就、不惜一切代价去取胜
有价值	努力,挑战困难的任务	避免失败
满足感的产生	进步和学习	成为最好的、低努力的成功
喜欢的工作环境	有助于个人潜能成长、学习	能建立不同成绩等级
努力的理由	内在与活动的、对个人有意义的	证明个人的价值
评价依据	绝对标准,进步的证据	常模、社会比较
错误	成长过程中的一部分,具有信息功能	失败、缺乏能力和价值的证据
能力	通过努力发展	天生的、固有的

(刘惠军,2003)

4. 不同的性别、运动项目、运动水平的运动员目标定向的差异

（1）目标定向的性别差异：不同性别的个体在成就目标定向上可能会存在差异，这种差异会影响其在特定情境中的目标定向（Nicholls, 1989）。目前，对成就目标定向的性别差异的研究还有些混乱。一些研究（Middleton and Mideley, 1997; Christophe Gernigon, 2000）表明不存在性别差异。而大多数调查研究（Gill, 1986; Duda, 1992; Marsh, 1994; White & Duda, 1994; Kavussanu and Roberts, 1996）结果表明，男性中存在更多的是成绩定向，女性中存在更多的是学习定向，即男性更多的认为体育运动中的成功是由能力和外部因素决定的，女性更多的认为成功的获得主要是努力的结果。这表明男性比女性有更高的能力知觉。一般来说，男性更关心行为的结果，女性更关心行为的质量；男性倾向于期望成功能导致外部的奖赏，而女性则期望行为的成功能带来自我满足、内在愉快。孙延林（2001）经研究发现在任务定向上不存在性别差异，在自我定向上存在显著差异，男生存在更多的自我定向。

（2）在不同运动项目中目标定向的差异：White 和 Duda（1994）研究表明个体在从事有竞争性的运动项目比无竞争性的项目存在更多的自我定向。Christophe Gernigon（2000）通过对合气道项目（无竞争性项目）和柔道项目（竞争性项目）参加者的成就目标定向的研究也证明了这一点。

（3）不同运动水平的目标定向差异：Duda（1988）研究发现任务定向与从事运动练习的时间存在正相关。Christophe Gernigon（2000）的研究发现合气道项目的有经验者比初学者有更少的任务定向和自我定向，而柔道项目的有经验者比初学者有更多的自我定向，结果的不同可能是因为项目的有无竞争性的交叉影响。Paul（1997）对半职业和业余足球运动员的研究发现，半职业足球运动员比业余足球运动员有更多的自我定向和更少的任务定向。

5. 学生的目标定向发展的四个阶段

按照 Nicholls 的观点，学生们的目标定向经历了四个发展阶段。

第一阶段：学生们在这一阶段把努力、能力以及成果看作是相同的事物，在这一阶段，学生们被认为是不区分目标定向的，对于他们来说，努力、能力或获得成功都是一样的。而且他们对于运气能力的差异，以及一项任务比另一项任务更难等情况都没有概念。

第二阶段：在这一阶段，学生们开始意识到努力和能力是有所不同的，但是他们仍相信努力付出是获得成功的主要决定因素，只要努力了，就会获得成功。

第三阶段：这一阶段是一个过渡期，学生们在这一阶段开始区分能力和努力，有时候他们也会回到能力和努力没什么区别的状态。

第四阶段：在这一阶段，12 岁左右，学生们就可以清楚地区分能力、努力、运气以及成果的概念。他们也理解了任务难度的概念，并意识到一些任务将比另

一些任务更有难度。学生们了解到不怎么努力但表现很好可能就是因为能力很强的缘故。

Fry(2000)和Fry & Duda(1997)的研究支持了Nicholls关于体育运动训练领域的成就动机的发展理论。事实上学生们确实经历了这四个阶段。第一阶段的学生显示出学习目标定向,这并不是处于选择,只是他们不能区分努力和能力,因此只能从付出努力方面想问题。处于第四阶段的学生和成人一样,对于努力和能力的概念有了成熟的理解,可以针对环境形成学习目标定向和成绩目标定向。

6. 目标定向和动机气氛之间的相互作用

根据目标定向理论,人们假设目标定向和动机气氛之间最好的结合就是既有学习目标定向又有成绩目标定向,同时伴有学习目标定向的动机气氛。这种结合会产生最高水平的实际表现。另外一种结合就是高学习目标定向、低成绩目标定向以及伴有学习目标定向的气氛。最不好的结合是两种目标定向都低,且处于一个成绩目标定向的气氛中。

Treasure(1997)测量了一些小学生对于动机气氛的认识并把这些认识同他们对于能力、满足感、态度以及乏味等认识联系起来,竞争激烈且学习目标定向程度不高的气氛会让学生产生不努力、高能力以及乏味的感觉。而竞争适当激烈、学习目标定向很高的气氛则会让学生产生很强的满足感,使学生相信能力和努力对于成功来说都很重要,且相信自己的能力很强。特里日得出结论,为了提高学生的动机和自信心,应该促进学习目标定向气氛的形成,而不强调成绩目标定向气氛。

Treasure & Roberts(1998)测量了青春期少女的知觉动机气氛以及目标定向。他们指出,很强的学习目标定向气氛会让学生产生努力对于成功非常重要的感觉,而成绩目标定向的气氛则让学生认为能力和诡计对于成功是最重要的。

Bar-Eli et al.(1997)把一些高中生按照低学习定向-低成绩定向、低学习定向-高成绩定向、高学习定向-低成绩定向以及高学习定向和高成绩定向几个类别进行分类。然后,让每一个类别中的学生参加4次1 600米比赛,并控制了学习目标定向气氛和成绩目标定向气氛。这项研究发现,与学习目标定向相比,最好的比赛成绩出现在成绩目标定向的气氛中。

Newton & Duda(1999)对女子排球运动员进行了研究,他们检验了这样的一个假设,即内部动机以及成功的最好的结果将出现在动机气氛和目标定向相匹配的环境中。也就是说,他们假设最好的成绩出现在高学习目标定向和高学习目标定向气氛相匹配的环境中以及高成绩目标定向和高成绩目标定向气氛相匹配的环境中。但是研究结果却并没有支持这样一个假设,然而研究者确实发现学习定向和学习定向目标气氛中的内部动机要比成绩目标定向和成绩目标定向气氛中的内部动机气氛强。

(二) 运动中的目标设置

1. 目标设置理论的起源和发展

目标是动机心理学中一个古老而常新的问题,心理学界一直就把动机所激发的行为称作目标指向行为(Goal-directed behavior)。而对于目标这一概念的界定,却是众说纷纭。在目标设置理论中,目标被界定为"个体在任务情境中努力要达到的具体的成绩标准或结果"。在体育活动中,目标是指一个人想要在某一特定的时间内达到某一特定的行为标准。

从 20 世纪 30 年代开始,心理学家就开始了对目标的研究。英国的研究者 Mace(1935)或许是研究不同类型目标对任务绩效的影响的第一人,但他的研究在很大程度上被忽视了。只有 Ryan 和 Smith 在其工业心理学教材《Principles of industrial psychology》(1954)中引用了 Mace 的研究。Ryan(1970)指出,这似乎是一个简单的事实,人类的行为是受有意识的目的、计划、目标、任务等影响的,Ryan 称它为最初的解释性概念。

1964 年,Ediwin A. Locke 受到 T. A. Ryan、C. A. Mace 以及其他人研究的启发,在他的博士论文中探讨了目标的难度和特征与任务表现的关系。他发现那些明确并有一定难度的目标与那些容易或含混不清的目标(如做得不好的目标)相比,更能导致良好的任务表现。Locke 的这篇博士论文成了当代目标设置理论的开端。

Ediwin A. Locke 进一步对目标设置进行了研究,发现外来的刺激,如奖励、反馈、监督等都是通过目标来影响动机的。目标能够引导活动指向与目标有关的行为,使人们根据难度的大小来调整努力的程度,并影响努力的持久性。依据 Ryan 的假设,即有意识的目标影响人的行为。Ediwin A. Locke 于 1968 年正式提出目标设置理论。目标设置理论认为:目标本身具有激励作用,目标能把人的需要转化成动机,使人们的行为朝一个方向努力,并将自己行为的结果与既定的目标相对照,及时加以调整和修正,从而能实现目标。

在工业、组织和教育领域,目标设置理论对改善任务表现提供了大量的有效例证。(Locke et al.,1981;Locke & Latham,1990)。研究支持的目标设置理论大量运用到工作环境中,如应用到打字、写作、计算、管理、玩具装配等工作中。Ediwin A. Locke 和 Gary P. Latham(1985)发现,在组织/实验条件下,有超过 100 项关于目标设置对任务表现的效力的研究和体育当中的活动很相似。事实上,他们也相信,目标设置也能在体育活动中发挥效力,因为在体育活动中个体的行为表现比在组织/实验条件下的行为表现更易测量。因此,Ediwin A. Locke 和 Gary P. Latham 开始向体育活动研究者提出挑战,在一些理论假设下开始对目标设置理论进行检查。他们假设目标设置在体育运动中对于任务表现和结果会起到和在组织中一样好的效果。在 Ediwin A. Locke 和 Gary P. Latham(1985)假设了目标设置和运动表现之间的关系能够使运动员表现得更好之后,运动和体育活动领域大量的研究才开始出现。

2. 在体育活动中有关目标设置的研究

(1) 设置明确、具体、可测量且容易观察的目标的相关研究:Locke & Henne(1985)认为,进行适当的目标设置,可以指导人们的注意,促进人们寻求实现目标的适宜方法,并促使人们加强和保持努力;目标被设置得越具体,它的积极效果就越大。许多实验研究也支持了 Locke 的这一观点。Katz(1949)年研究发现,被试者在被告知跑的精确距离后,他们跑的速度显著加快。Barnett 等人 1979 年的研究显示,设置明确目标后,射箭运动员的成绩显著提高。Latham 等人 1986 年在回顾了 60 个研究报告后指出,设置明确目标比设置一般或不设置目标更有助于活动水平的提高。Burton(1989)的研究表明,对于简单任务,设置明确的目标比设置一般目标要更有效,取得的成绩更好。对于复杂任务,则没有这种效应。

(2) 设置既有困难又有可实现性目标的相关研究:如果目标太容易完成,学生就体验不到挑战性,该目标就无法激发学生学习和锻炼的动机,学生将不会认真对待它们。高难目标可能有助于达到个人的最佳成绩,实现个人的最大潜力,但如果未达到所设置的目标,也可能造成失败感,使自信心和兴趣受到损害,使其动机水平降低,甚至放弃努力,得出自己失败的结论,且还会对自我价值产生威胁。Rob Kirkby、季浏(1994)经过大量文献研究后指出:无论是实验室还是现场的研究都表明,困难的、具有挑战性的目标比适中或容易的目标更能促使运动员努力、更好地完成活动任务。然而目标又不能太困难,如果运动员反复努力后仍达不到这一目标,他们就不会认真对待该目标,内部动机水平也会随之下降(Rob Kirkby,1994)。

Bandura 等人分别以解决算术问题和降低体重为活动任务,结果发现,轻度困难目标比高度困难目标效果更显著,这是因为轻度困难目标能为个体的进步及时提供反馈信息,能够激发个体的努力程度。Hall 等研究发现,适度困难目标组的成绩显著好于"尽力做好"组,但高度困难目标组与"尽力做好"组无显著性差异。吕晓昌和李学强(2003)进行了目标设置难度与罚定位球成绩的实验研究,结果发现,适度困难组的被试者罚定位球成绩提高最大,其次是高度困难目标组的被试者和轻度困难目标组的被试者,最后是"尽力做好"组的被试者。马忠(2004)进行了困难目标和容易目标对篮球投篮成绩和努力程度的影响的实验研究,结果显示:中等难度的目标是最好的,不现实目标组和容易目标组都不理想。

实际上,在目标设置研究领域中,目标的难易对活动成绩的影响这一问题一直受到关注和研究。Locke 指出,目标应具有一定的难度,特别的目标比"尽力做好"目标更易导致高水平的活动,这是因为这些特别的目标是困难的,而不是容易的。他坚信只有困难的目标才能产生高水平的活动。然而,Locke的这一观点也遭到一些运动心理学家的反对。例如,温伯格等人进行的目标难度与运动活动之间的关系的实验。实验的结果并未反映出容易的目标、中等难度的目标或很难的目标,对活动效果有什么不同的影响;也未显示出很难的目标、不可能达到的目标以及"尽力做好"的目标之间有什么不同的效果(Wenberg,1987)。

（3）设置长期目标与短期目标紧密结合目标的相关研究:长期目标设置是对练习者练习过程的总体规划。许多人只知道设置长期目标,而不知道设置短期目标。实际上,短期目标比长期目标效果优越,主要体现在短期目标的四个方面的作用上:① 当活动开始后,短期目标比长期目标能使人形成更积极的期望;② 在活动期间,人们认为短期目标是可以达到的;③ 长期目标损害了活动的乐趣;④ 短期目标有助于人们对自己的能力有一个准确的评价。

Bandura等人1977年研究表明,在减少体重方面每日的目标要比每周的目标设置效果好。Bandura等人又在1981年对儿童解决算术问题做了研究,结果表明,短期目标既可提高儿童的自我效能和内部动机水平,又可使儿童算术成绩迅速进步。冯燕(2004)将57名幼儿随机给两个教练带领学习。A教练:长期目标组,无目标组;B教练:短期目标组,无目标组。实验时间为4周。研究结果显示:实验1:A教练指导的长期目标组和无目标组仰泳腿学习成绩、兴趣和情绪无显著性差异。实验2:B教练指导的短期目标组和无目标组仰泳腿学习成绩、兴趣和情绪有极显著差异,短期目标组好于无目标组。研究结果表明,短期目标设置不仅对幼儿游泳技能学习成绩有积极影响,而且对其学习兴趣和情绪也有积极影响。

Locke等人研究认为,短期和长期目标相结合的方法比仅采用长期目标更能导致活动成绩的提高。美国心理学家Hogue(1980)和Gree(1980)研究认为,长期目标应同短期目标相结合,所设定的目标不应直接指向终极目标,相反,长期目标应该分解成短期的子目标,当子目标一一被实现后,就自然加大了实现长期目标的可能性。

季浏、倪刚、孙晓英、汪晓赞(1998)将87名华东师范大学体育系本科生(其中男生56名,女生31名,平均年龄20岁)随机分配到四个组:

A. 短期目标组:在被试者每次投篮前,告知短期目标,即要求进球数比上次递增1个,但不告知长期目标。

B. 长期目标组:在被试者每次投篮前,告知长期目标,即实验结束时进球数要净增5个,但不告知短期目标。

C. 结合目标组:既告知长期目标,又告知短期目标。

D. 尽力做好组:每次投篮前,要求尽力发挥水平,但不提出明确的目标。

实验时间为7周。

实验结果显示:结合目标组提高幅度最大,其次是短期目标组和长期目标组,最后是尽力发挥组(图5-2)。王乃虎、白素丽(2004)对体育系武术普修课的4个班的学生进行了分组实验。结果表明,长短期结合目标设置组和短期目标设置组学生学习成绩优于长期目标组和"尽力做好"组。

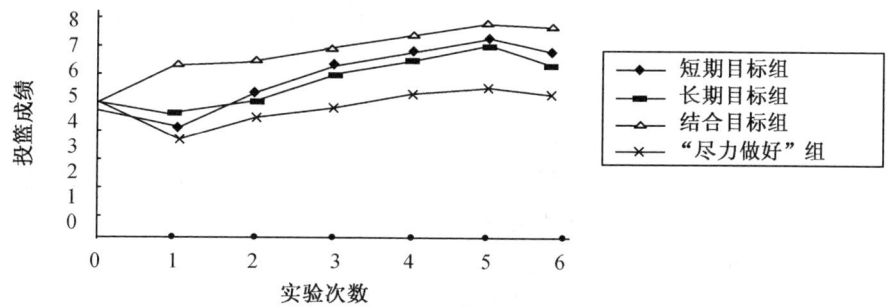

图5-2 四个目标组的投篮成绩随实验次数变化的趋势

然而在运动心理学的目标设置研究领域中,也有一些研究结果与"短期和长期目标相结合的方法比仅采用长期目标更能导致活动成绩的提高"这一观点不符。例如,温伯格(Weinberg,1985)等人在实验时将3分钟的仰卧起坐作为活动任务,结果显示,短期目标组、长期目标组、短期和长期目标结合组及其"尽力做好"组之间在活动成绩无显著性差异;后来,三个重复性实验结果表明,尽管三个明确的目标设置组的活动成绩无显著性差异,但均显著地比"尽力做好"组的成绩好(Tenenbaum,1991;Boyce,1992;Weinberg,1988)。

梁添祥(2001)指出,虽然研究结果不尽相同,但是,许多实践经验告诉我们,只设置短期目标,就无法实现活动本身的最终价值;只设置长期目标,就会使活动失去乐趣、降低动机水平;两者都不利于最终目标的实现。只有将短期目标和长期目标结合起来的设置方式才是比较理想的。

(4)尽量设置技术动作完成目标,而不是结果目标的相关研究:许多优秀的运动员都不以胜负,而是以是否尽了最大努力来评价自己,所谓"重要的不是胜负,而是如何进行比赛"。优秀的短跑运动员卡尔·刘易斯认为:我不属于对胜负焦虑的那一类运动员。我只对是否达到我能够达到的技术水平焦虑。除非我的技术完成能达到一定的水平,否则我是不走上跑道的……我进行准备性比赛,处理准备性比赛中的问题。我很清楚我想要怎么去做,我以自己的方式去完成技术,我不在乎胜负,只要我赛出自己的水平,胜负也是顺理成章的事。陶璐娜在拿到奥运会射击冠军之后,说:"我在比赛的时候并没有想要赢得比赛,脑中想的是怎样把一枪一枪打好,把平时练习时候的技术动作做到位。"

我们在目标设置过程中,也应该设置技术动作完成目标,而不是结果目标。技术动作完成目标可以帮助学生把注意力集中在需练习的任务上,并可以促进自我调节策略的使用,帮助学生提高运动技能。相反的,结果目标会使学生把注意力集中在完成任务上,这会削弱学生的学习。Ellis(1995)认为,初学者在获得专业知识前,会笨拙地进行自我调节,对练习复杂任务的生手来说,对完成任务结果的监测,需要额外的认知资源,初学者的这些资源是有限的。而把目标集中在技术动作完成目标上,初学者可以战胜练习中的困惑,可以强化与标准的一致性,因此,技术动作完成目标不仅可以加强练习技巧的获得,而且也会提高对进步的自我知觉、自我效能感和内部兴趣。

史元春、曹凯(2001)将六年级一、二、三班(各班男生自然分组均是两组),各男生组中随机抽取 5 名学生作为被试,分别参加各小组的 400 米考核。行为目标组:告知在本次考核中要把自己的最高成绩缩短 3 秒;结果目标组:告知在本考核中要把自己在上节课 400 米模拟测验中的小组名次提前 1 名。实验结果:行为目标组的 15 名被试者有 13 名达到目标,400 米成绩平均提高 3.4 秒,并有 14 人感到很愉快、很满足;而结果目标组的 15 名被试者只有 6 人达到目标,平均成绩只提高 1.8 秒,有 8 人感到很愉快、很满足(史元春,2001)。Zimmerman(1996)研究发现,在投镖任务中,技术动作完成目标组比结果目标组有更好的投镖技巧、积极的自我反应和自我效能感。

Zimmerman(1997)的研究中,又加入了一种新的目标形式——转换目标。所谓转换目标,即在练习的前一阶段给予技术动作完成目标,后一阶段给予结果目标。结果是,在飞镖任务中,转换目标组要比技术动作完成目标组的成绩要好,而技术动作完成目标组的成绩要比结果目标组好。因为,在转换目标组,学生首先将注意力集中在技术动作完成上,在技术动作熟练后,便将注意转至结果上,这样不会浪费太多的认知资源,进而会提高其学业成绩。

(5)教师与学生携手制定目标的相关研究:学生参与设置目标的益处:① 目标是客观的,并为自己所接受;② 可以发展学生的认知能力,由于目标是自己参与设置的,他就会主动积极地寻求达到目标的最佳策略。Hall 等人 1988 年指出,让个体自由地选择自己的目标要比他人给其设置目标效果好。Kyllo & Landers(1995)指出,在体育运动中最好是让练习者自己设定目标或者参与设置目标。

(6)有效的目标设置应该清楚地确定时间限制的相关研究:如果制定了具体的目标而没有具体的实现该目标的时间限制,那么这样的目标往往收效甚微。例如,一个网球练习者给自己制定了一个发球成功率要达到 50% 这样的目标。但是没有说明要在什么时间达到这样的目标,是在网球课结束的时候?还是在本学期末?还是在一个学年的结尾?这样的目标就不是一个有效的目标。有一项关于人们完成仰卧起坐既定目标的研究(Tenenbaum, Bar-Eli & Yaaron,

1999),将被试分为用4、6、8个星期分别完成目标三个组,结果发现用8个星期来完成目标的组成绩不是很好。因此,在制定目标的时候要合理规定完成目标的时间限制,如果限制时间太松,学生也许会拖延目标完成的时间,如果时间太紧,学生也许会觉得难以实现目标。

(7) 把目标写下来并定期检查目标的进展情况的相关研究:一个有效的目标应该被写下来,还要定期检查进展情况。有效的目标既不是那种想到然后又把它忘记的目标,也不是那种写下目标一年后才去检查自己是否实现的目标。如果没有日常检查,学生就不可能看到自己朝向目标的持续进步。

Wanlin, Hrycaiku, Martin & Mahon(1997)对4个年轻的速滑选手进行了一个赛季的观察实验,他们运用了多重基线设计,每个运动员在12周的时间内接受了目标设置的训练和监控。每一个运动员都在12周不同的时间点上开始目标设置训练,有一个运动员处于控制之下,一直没有接受目标设置训练,其他人则分别在4周、5周、6周时开始目标设置训练。这样除了这个运动员,其他人都有一个基线,能够与他们受干预后的表现相对比。研究人员分别监控了训练中速滑圈数的频率、训练中出勤的百分比、在12周的研究中竞技比赛的次数以及运动员在任务外的行为。结果显示,运动员在引入目标设置训练后,积极的训练行为增加了,而消极的训练行为减少了。结果表明,接受目标设置训练的3个滑冰运动员全部都有了小的进步。

(8) 既设置竞赛时的目标,也要设置平时训练目标的相关研究:Weinberg, Burke & Jackson(1997)对240名青年网球运动员的目标设置观念以及他们的训练进行了抽样检查,发现这些运动员都认为设置平时训练目标对提高网球成绩是非常有效的。运动员或运动队在比赛中的表现直接和他们平时的训练表现有联系。如一个篮球运动员制定了在比赛中投篮命中率要达到45%这样的目标,那么他在平时训练中也要制定同样的目标,如果在训练中没有任何目标却希望实现竞赛时的目标将是没有任何意义的。

(三) 团队目标的设置方法

1. 关于团队的定义

在有关团队理论的文献中,不同的学者试着从不同的角度去对团队下定义:

Lewis(1993)认为,团队是由一群认同并致力于去达成一个共同目标的人组成的,这一群人相处愉快并乐于在一起工作,共同为达成高品质的结果而努力。在Lewis的定义中强调了三个重点:共同目标(common goals)、工作相处愉快(work together well)和高品质的结果(high-quality results)。

Salas(1992)等人认为一个团队是由两个以上具有不同背景及特色的人所组成的,他们被赋予特定的角色与功能,表现不同的功能,在有限的期间内紧密地在一起互动,相互依存,机动式的完成一个共同的目标或一个具有特别价值的任务。Salas 等人的定义除了再度提到共同目标外,还提到了团队队员的相互依存性(interdependence)。

Katezenbach & Smith(1993)对团队的定义是目前在团队的文献中最常被采用的。他们认为一个团队是由少数具有"技能互补"(complemetary skills)的人所组成的,他们认同于一个共同目标和一个能使他们彼此担负责任的程序。从这个定义中我们可以发觉,Katezenbach & Smith 也提到了共同目标,并提及了技能互补和担负责任的观点。

另一方面,Sundstrom(1990)等人强调相互依存性和责任分享(share responsibility)的观念,将团队定义为一小群具有相互依存性的个人,共同为团队的结果一起向组织负责。Shonk(1992)则从协调(coordination)和共同目标的角度,将团队定义成两个以上的个人,一起协调他们的活动来完成共同的目标。Shonk 强调,由于共同的目标和协调活动使这群人成为团队。

Stephen. Robbins(1994)则认为,团队是指一种为了实现某一目标而由相互协作的个体所组成的正式群体。这一定义强调团队与群体不同,所有的团队都是群体,但只有正式群体才能是团队。他对团队的理解主要是团队的协作效应。Mckinsey 的顾问 Katezenbach 则是从团队的任务角度提出团队的含义:"团队就是由少数有互补技能、愿意为了共同的目的、业绩目标而相互承担责任的人们组成的群体。"他对团队的理解则是侧重于团队的构成要素,他认为,只有具备这五个要素才能构成一个团队,否则只是一个伪团队或工作群体而已。

2. 团队的特点

团队具有以下几个特点:

(1)成员之间相互依存:团队中每个队员均具有不同的特长、知识或经验,每个队员也会对团队有着不同的贡献。因此,每一个团队成员都有其重要性。缺少任何一名成员,团队的目标都无法顺利实现。

(2)成员之间相互协调:协调是在团队合作过程中不可缺少的活动。因为,团队中的队员通常来自不同的地区或不同的运动队,为了达成团队的目标必须加强沟通协调,有针对性地解决合作中遇到的问题。这样才能出色地完成团队的目标。

(3)团队以实现共同目标为主要任务:任务或目的的存在是团队建立和存在的理由,完成任务或实现目标则成为团队的主要任务。

(4)团队成员对团队的成败负有责任:当任务完成、目标实现时,整个团队成员都可以分享这一成果,当任务失败、没有达成目标时,责任也是由整个团队成员承担,而并不是只有团队的领导者或管理者来承担。

在体育活动中,经常会看到一些人自发地组织起来一起活动,这样的一个组织只能称之为群体,群体中的互动主要在于成员可以通过信息共享,做出有利于个人的决策,更好地承担自己的责任。而团队则强调分享领导权、共同的使命感及群体责任。群体和团队的具体区别如表5-3所示:

表5-3 群体和团队的具体区别

群体	团体
成员为同一目标工作	全体成员都为他们承担的共同目标和任务做出承诺
成员只对管理者负责	成员之间彼此负责
成员缺乏稳定而明确的文化	成员彼此信赖,团队有一种合作文化
冲突经常发生	冲突常常是建设性的
领导把任务安排给个人	全体成员参与领导
成员可以完成目标	成员产生合作效应:1+1>2

3. 团队目标确定

在这一环节中,教练、教师和学生运动员进行目标对话可分为6个步骤:

第一步,必须要充分地了解双方的一些期望。团队领导者对于今天的目标有什么样宏观的设想,不一定是具体的数字。团队成员对于今天或今年实现的目标是如何考虑的。双方都各自谈谈期望值到底是多少,叫知己知彼。

第二步,分析实现目标所需的资源和条件以及队员的能力。

第三步,寻求解决问题的途径、方法和策略。

第四步,寻求共同点。无论是团队的成员还是团队的领导者,必须能够正视彼此出现的分歧。这种分歧是非常正常的现象。关键是怎么化解这种异议,达成一致。团队领导者和团队成员(运动员)都有各自所长的一面,必须要在这方面实现互动。领导者要听听运动员对具体情况的了解,而运动员要寻求团队领导在他力所能及的范围内给予其更大的支持。

第五步,要以积极的态度去讨论目标,这种态度是一种肯定的做法。如果运动员和团队领导都以一种积极的态度来正视这个目标,当目标实现的时候,也会获得更多的提升。

第六步,运动员的自我改善。运动员结合个人以及团队的总结,重新分析自己的优势和不足,使自己的目标和整个团队的目标相一致,使自己在以后的训练和比赛中有明确的方向感。

4. 团队目标设置中的SMART原则

对团队目标进行分解的过程就是按照SMART原则制定团队目标的过程。SMART原则是英文当中五个英文的第一个字母,我们把它组合在一起称为SMART原则。

下面分别说明:

"S"表示 Specific,即明确性。这是团队目标最主要的特征,所谓明确就是用具体的语言,清楚地说明要在哪些方面达成什么样的行为标准。例如,足球队的目标就是要打乱对方的比赛节奏。打乱对方的比赛节奏有很多具体的做法:① 要减少对手的控球机会和时间,那么就要要求球员减少传球的失误,也就是说原来传球有40％的失误率,现在就要把传球的失误率降低到25％;在丢球后就地反抢,原来需要在2分钟内才能抢到球,现在规定在全体球员协同配合下,在1分钟15秒内抢到球。② 要提高本队的传接球速度,要求队员一脚传球,不做调整。③ 采用一些对于对手有针对性的进攻阵形发起攻击,一传给谁,给什么位置,二传给谁,给什么位置,射门给谁,给什么位置,都能形成比较流畅的进攻路线。

"M"表示 Measurable,即可衡量性,作为团队的目标来说,应该有明确的数据作为是否达成目标的依据。这个目标定下来以后,在目标结束的时候究竟要按照什么方式来衡量目标的达成情况呢?所以团队要有一些可衡量的数字来对目标的达成情况进行定量的评估。并不是所有的目标都可以去衡量,有一些例外情况存在。比如,在定大方向的目标时就难以衡量。经常会听说要把运动队在几年之内变成一流的运动队之类的目标,那么一流的运动队究竟具备什么特征,怎么去衡量呢?是本市的标准,还是本地区的标准;每年参加的省里、市里比赛有多少次、取得什么样的成绩,等等。都是有衡量的标准和数据的。但是就团队本身的目标而言,要做到可衡量性是非常重要的。比如,面对一系列的比赛,需要使所有的团队运动员进一步熟悉情况。对于这样的目标我们会有什么样的感觉呢?"进一步"是一个既不明确也不太好衡量的概念。"进一步"指的是什么,是不是只要安排一些训练或活动,也不管这些训练和活动是好是坏,都叫进一步呢?其实,它涉及如下几方面的指标:第一,按什么标准来衡量,最终参加的人数是多少是一个衡量的指标。第二,训练的主题是什么,这些训练和活动是不是能够真的解决问题。第三,运动员最后的满意度是不是能够达到85分以上。有这样三个目标,基本上就是符合可衡量性这个标准的。

"A"表示 Acceptable,即可接受性。在团队的发展过程中,我们在定一些目标的时候总是希望这个目标定的越高越好。但是,我们制定的目标必须能够被执行这个目标的人(即运动员)所接受。如果只利用一些行政手段、权利的影响力等把制定的目标强加给运动员,可能会在运动员的心理和行为上造成一定的抗拒。运动员或许可以接受这样的目标,但是否能完成这个目标,有没有最终的把握就不一定了。一旦有一天这个目标不能完成,运动员可能会有100个理由推卸责任。他们可能会说,这不是我的错误,这个目标定得太高。

有三种制定目标的途径可以避免以上问题的出现。第一种办法就是自上而下,由上面定目标,然后由下面接受;第二种办法是自下而上,由下面定目标,之后由上级领导批准;第三种方式是双方在一起共同讨论制定。无论是哪种方法都必须通过沟通来达成一种共识。没有这个过程就谈不上可接受性。

在任何自上而下或者自下而上沟通的时候,如果团队领导者心里已经有了一个自己所希望的目标,而是象征性地征求下面的意见,都不算是参与。团队领导应该让更多的执行该目标的人来参与这个目标制定的过程,让团队的所有运动员一起对这个目标达成共识。

"R"表示 Realistic,即实际性。目标的实际性是指在现实的条件下目标是否可行、是否具有可操作性。不实际的目标有两个方面的问题:一是高估当前的形势,定了一个高不可攀的目标;二是花费大量的人力物力去实现一个毫无意义的目标。因此,团队目标的实际性要从两个方面来看:一是是否高不可攀;二是是否解决了实际问题。

"T"表示 Time,即时限性。一个没有时间限制的目标,基本上是无法考核的。例如,我们说要将传接球的成功率从 50% 提高到 60%,那么在什么时间来衡量这个目标是否达到呢?因此,在制定完一个目标后,必须指出什么时间来实现这个目标。

四、教学重点与难点

(一)教学重点

(1)如何引导学生形成恰当的目标定向。
(2)有效目标设置的原则、方法。
(3)团队目标的作用及设置方法。
(4)目标定向的分类及其对于学生认知和行为的影响。

(二)教学难点

(1)让学生更好地在运动实践中合理运用目标设置的原则和方法。
(2)让学生掌握团队目标设置的方法、步骤并运用到运动实践中。

五、对教学指导的建议

(一)教法指导

1. 运动中的目标定向部分

（1）本节内容涉及目标定向的概念、理论和分类比较目标定向差异。主要是让学生明白在体育学习中目标定向不同时，其认知和行为会有一定的不同，因此，要注意培养学生良好的目标定向。在讲述的时候，注意从概念上区分学习目标定向和成绩目标定向，并结合学生学习体育的实际表现让学生理解概念，从现象入手，进一步归纳学习目标定向者和成绩目标定向者的表现。

（2）在教学过程中，采用课堂提问的形式，发挥学生的主观能动性，让学生参与到教学中，多让学生列举身边的例子。教师对例子进行分析、总结和归纳。

（3）在培养学生正确的目标定向时，可以采用小组讨论的形式，让学生针对一个问题展开讨论。讨论结束后，各小组派代表发言，总结出可以用哪些具体的操作方法来使学生形成良好的目标定向。

2．运动中的目标设置部分

（1）从体育学习中目标设置的概念入手，通过举例来使学生对这一概念有进一步的理解。

（2）通过提问的方式让学生阐述恰当的目标设置会产生何种作用，不恰当的目标又会对学生的体育学习产生哪些影响等问题。积极引导学生进行恰当的目标设置。

（3）在讲授目标设置的每一项原则时，注意结合运动中的实际例子；在谈目标设置应注意的问题时，提出一项原则，让学生根据自己不同的专项说明应如何应用这个目标设置原则。

（4）布置作业，让学生根据自己的专项特点，按照所学的目标设置原则，为自己设置锻炼、比赛目标。

3．团队目标的设置方法部分

（1）团队目标和个人目标设置既有相同的地方，也有不同的地方。首先，通过讲授团队的概念，使学生对团队有正确的认识。

（2）采用提问的方式，让学生归纳、总结出一个好团队的特征，并让学生举例加以说明。

（3）采用讲授、提问、分组讨论的方式，让学生针对一个团队项目的目标设置进行发言，由教师总结归纳。

（4）布置作业，每一个学生都针对一项团队项目进行目标设置。

4．教学案例

教学目标：使学生理解长期目标和短期目标相结合的目标设置原则。

教学内容：目标设置的作用、有效目标设置的原则。

教学步骤：

（1）举例说明目标设置的作用。

例子：哈佛大学有一个非常著名的关于目标对人生影响的跟踪调查。对象是一群智力、学历、环境等条件都差不多的年轻人,调查结果如下:3％的人有清晰且长期的目标;10％的人有清晰且短期的目标;60％的人有比较模糊的目标;27％的人没有目标。25年后发现,有清晰和长期目标的人25年来几乎都不曾更改过自己的人生目标。他们都朝着同一个方向不懈地努力。现在,他们几乎都成了社会各界的顶尖成功人士,他们中不乏白手创业者、行业领袖、社会精英。有清晰和短期的目标的人大都生活在社会的中上层。他们的共同特点是,那些短期目标不断被达成,生活状态稳步上升,成为各行各业的不可或缺的专业人士。如医生、律师、工程师、高级主管等。有比较模糊的目标的人几乎都生活在社会的中下层面,他们能安稳地生活与工作,但都没有什么特别的成绩。没有目标的人几乎都生活在社会的最底层,他们的生活都过得很不如意,常常失业。靠社会救济,并且常常都在抱怨他人,抱怨社会,抱怨世界。

可见,一个清晰、明确的目标对人的重要作用。

(2) 让学生结合自己在体育学习中的实际情况,写出自己设置的目标有哪些。

(3) 让学生分组讨论,每组以某个学生为例,根据该生目前的体育学习状况为其制定长期和短期目标。教师对每组学生制定的目标进行总结,使学生对长期目标、短期目标以及两者如何结合有更深的理解,并学会设置自己体育学习中的短期目标和长期目标。

(4) 教师对于讨论结果进行分析、总结。

(5) 布置作业,根据自身项目特点,谈谈如何实现长期目标和知期目标的结合。

(二) 学法指导

1. 运动中的目标定向部分

(1) 上课认真听讲,记好笔记。

(2) 理解并掌握目标定向的概念,能够区分学习目标定向和成绩目标定向的不同特点。

(3) 能够利用学到的知识,分析自己或周围同学在体育活动中哪些表现是学习目标定向,哪些表现是成绩目标定向。

(4) 假设自己是一名体育教师,如何引导自己的学生形成恰当的目标定向。请写出自己的措施和方法。

2. 运动中的目标设置部分

(1) 上课认真听讲,积极参与课堂讨论。

(2) 理解并掌握目标设置的概念,以及恰当的目标设置有哪些作用。运用身边体育学习中的事例来说明目标设置的作用。

（3）根据自己运动项目的特点,为自己设定恰当的目标,并和周围的同学讨论,找出目标设置中存在的问题,并提出改进意见。

3. 团队目标的设置方法部分

（1）上课认真听讲,记好笔记,积极参与课堂讨论。

（2）重点理解团队的概念,要注意团队和其他的组织形式有什么不同。

（3）以某个团队项目为例,假设你就是该团队的教练,训练自己为该团队设定目标,并与同学讨论,最后为该团队确定出合适的目标。

六、参考文献

[1] 殷恒婵,李卫东,龚河华.激发与维持青少年运动员运动动机的手段——目标设置的策略与模式[J].中国体育科技,2002,38(7).

[2] 刘惠军.成就目标定向对工作记忆广度和控制性提取影响的研究.中国优秀博硕士学位论文全文数库,2003.

[3] 王雁飞.企业员工成就目标定向研究.中国优秀博硕士学位论文全文数据库,2002.

[4] 祝蓓里,季浏主编.体育心理学[M].北京:高等教育出版社,2000.

[5] 陈坚.体育教学中应用目标定向理论的思考[J].体育科学研究,1999,3(1).

[6] 张力为,任未多主编.体育运动心理学研究进展[M].北京:高等教育出版社,2000.

[7] 邓淑红.课堂教学中学生成就目标定向的培养[J].当代教育科学,2003,(5).

[8] 陈坚.体育教学中应用目标定向理论的思考[J].体育科学研究,1999,3(1).

[9] 理查德·考克斯著.张力为,张禹,牛曼漪等译.运动心理学——概念与应用[M].北京:清华大学出版社,2003.

[10] 杨秀君.学习成功感研究.中国优秀博硕士学位论文全文数据库,2004.

[11] 张美兰,车宏生.目标设置理论及其新进展[J].心理学动态,1999,7(2).

[12] 马启伟,张力为.体育运动心理学[M].杭州:浙江教育出版社,1998.

[13] 戴骏.以团队为核心的绩效管理模型的设计与应用——PA公司的绩效管理体系的方案设计.中国优秀博硕士学位论文全文数库,2004.

[14] 彭聃龄主编.普通心理学[M].北京:北京师范大学出版社,2001.

[15] 王雁飞,凌文辁,朱瑜.成就目标定向、自我效能与反馈寻求行为的关系[M].心理科学,2004,27(1).

[16] 李燕平,郭德俊.目标理论评述[J].应用心理学,1999,5(2).

[17] 方平,张咏梅,郭春彦.成就目标理论的研究进展[J].心理学动态,1999,7(1).

[18] 王雁飞,方俐洛,凌文辁.成就目标定向与社会认知的关系[J].心理学动态,2001,9(3).

[19] 朱晓娜.体育运动中成就目标定向的理论结构及其相关研究.中国优秀博硕士学位论文全文数据库,2004.

[20] 李燕平.成就目标形成机制及动机行为模式的研究[J].中国优秀博硕士学位论文全文数据库,2001.

[21] 张美兰,车宏生.目标设置理论及其新进展[J].心理学动态,1999,7(2).

[22] Gerard H. Seijts, Gary P. Latham, Kevin Tasa, Brandon W. latham. Goal setting and goal orientation: an integration of two different yet related literatures. Academy of Management Journal. 2004, Vol. 47, No. 2.

[23] Don Vandewalle. Goal Orientation: Why Wanting to Look Successful Doesn't Always Lead to Success. Organizational Dynamics, Vol. 30, No. 2, pp. 162–171, 2001.

[24] Ediwin A. Locke, Gary P. Latham. Building a Practically Useful Theory of Goal Setting and Task Motivation. American Psychologist, 2002 Vol. 57, No. 9.

[25] Ediwin A. Locke, Gary P. Latham. Goal setting theory. Current contents, 1992. (32).

[26] Don Vandewalle. Goal Orientation: Why Wanting to Look Successful Doesn't Always Lead to Success. Organizational Dynamics, Vol. 30, No. 2, pp. 162–171, 2001.

第六章

运 动 归 因

一、教学目标

通过本章教学,使学生能够:
(1) 陈述几种归因理论的要点。
(2) 利用 Weiner 的归因理论对运动情境中的胜败结果进行有效地分析。
(3) 陈述影响运动归因的主要因素。
(4) 利用归因训练的方法帮助青少年克服运动中的习得性无助感,提高运动中的自信心。

二、教学内容框架(图 6-1)

三、知识拓展与深化

(一) Taylor 和 Crocker 的社会认知归因理论

Taylor 和 Crocker(1980)认为,个体对于社会事物如何运转操作都有不同的看法,这就是所谓的社会图式。这些先入为主的观点,往往决定了人们对于所面临的环境的不同解释,即影响人们的归因。社会图式可以分为三大类:有关社会事件的图式、有关社会人物的图式、有关角色的图式。

社会图式是过去经验的积累,这些图式帮助人们组合所遇到的社会刺激。根据社会图式,人们对于社会事件、社会人物可以建立一个整合的看法,许多缺

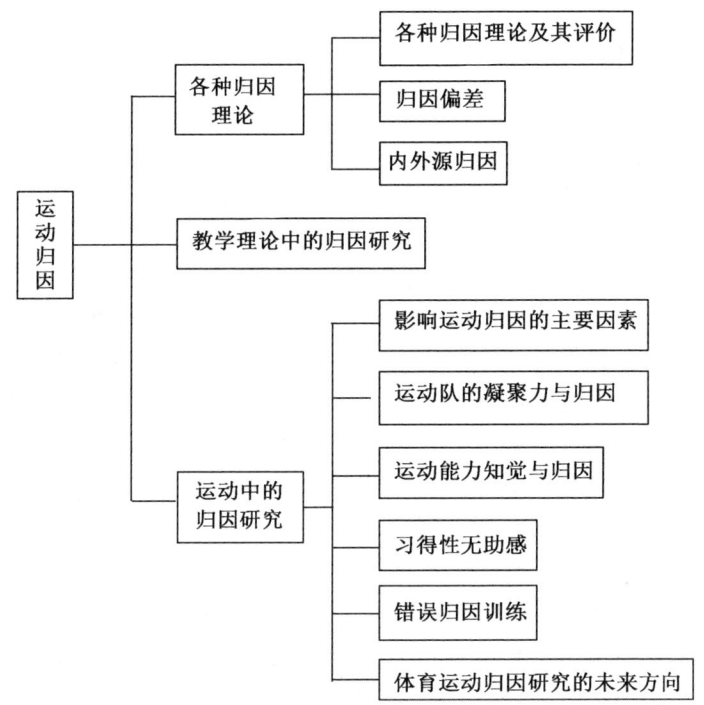

图 6-1 运动归因教学内容框架图

失的信息也可以根据社会图式来加以补充。虽然人们并不一定对某一个人有深入的认识,但根据其所属的行业和角色,把他归入"这种人"或"那种人",人们并不难做适当的归因(章志光、金盛华,1996)。

(二) Weiner 的三维归因模式的另一种表述(图 6-2)

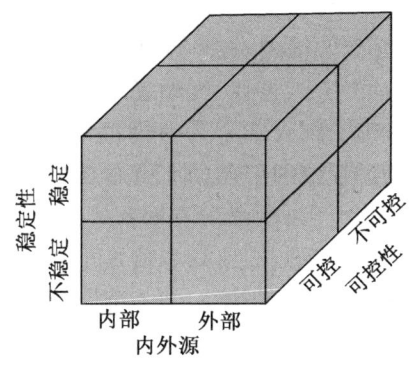

图 6-2 Weiner 的三维归因模式
(引自[美]Richard H. Cox 著,张力为等译,2003)

103

(三) 各种归因理论的评价

Jones 和 Davis 的相应推断理论、Kelley 的三度理论和 Weiner 的成败归因理论都是对 Heider 归因理论的扩充和发展,它们具有一个共同的特点,即以观察他人的外显行为为开端,以探求导致这一行为的原因为目的。但是,相应推断理论主要探求行为者的内在个性是否与其行为相吻合,而且只针对在某一特定时间和场合里所发生的行为,对于其他时间和场合所发生的行为并不加以考虑,而这些正是 Kelley 和 Weiner 的归因理论中的重要因素,现在行为与过去行为的比较也为观察者提供了稳定与否的主要信息。可见,Kelley 和 Weiner 的归因理论所考虑的信息更为全面。由于 Weiner 特别强调个人所处的文化背景以及不同社会观念、个人技巧、人际关系等因素对归因的影响,因此,Weiner 的归因理论成为当今归因研究中最有影响的理论(章志光、金盛华,1996)。

(四) 归因偏差

归因理论所描述的基本上是一种合理的、有逻辑的过程。它假定人们是用合理性的方法处理信息资料的,而且在估计信息资料并加以综合做出结论的过程中是相当客观的。但是,人们在对他人或自己的行为进行归因时,并不总是既合逻辑又合情理的,因此会出现归因偏差。

1. 认知性偏差

(1) 行动者与观察者:行动者对自身原因的分析与旁观者对同一行为的归因分析是不相同的,行动者倾向于强调情境的作用,做出情境归因;而观察者倾向于强调行动者特质的作用,做出内部归因。这种差异是导致归因偏差的最重要的因素。例如,某学生考试成绩不好,就学生本人(行动者)来说,可能以试题太难、范围太广等外在因素来解释考试失败的行为;但就教师(旁观者)而言,往往以学生不用功、没有做充分的准备,或者素质太差等内在因素来解释这种考试失败的行为。换句话说,对于考试失败,行动者本人所做的归因分析大都是外在的、情境的因素,而一般人对于别人的行为所做的归因分析大都是内在的、个人的因素。导致行动者与观察者归因偏差的原因主要有两种解释。

第一种解释认为,行动者与观察者的着眼点不同。行动者对于自身的行为很难做直接深入的观察,于是,他们的注意力偏重于外在的情境因素;相反,观察者把注意力集中于行动者及其内在因素。第二种解释认为,行动者与观察者的信息来源不同。行动者对自己过去的行为比较了解,他们的反应会因不同的情境而有所差别,这种信息是观察者难以获得的。旁观者由于对行动者过去的行为方式了解较少,于是,他们往往假定行动者当前的行为方式与过去的行为方式是一致的,于是归因于行动者的内在因素(章志光、金盛华,1996)。

（2）显著性与获得性：显著性主要指刺激引起注意的特点。例如，一只火烈鸟在一群乌鸦中是显著的。显著性的影响有助于解释行动者与观察者的归因偏差。对于行动者来说，情境是显著的；而对于观察者来说，行动者是显著的。什么东西显著，什么东西就被认为是主要原因（章志光、金盛华，1996）。

2. 动机性偏差

（1）归因中的利己主义倾向：归因中的协变性原则被认为是一种符合逻辑模式的归因。但是，有大量的研究表明，人们在对自己的行为进行归因时并不总是按照逻辑来归因，其不符合逻辑的归因表现为利用自我满足的策略来归因。自我满足的策略又由自我夸张和自我保护两种策略组成。在前一种策略下，人们把成功全部归于内部的原因；在后一种策略下，人们把失败全部归于外部的原因。人们自我满足的倾向往往随自我卷入（ego involvement）的深浅而不同，自我卷入愈深，自我满足的程度也愈高。人们为什么有自我满足的倾向？Bradley（1978）认为，人们对自己成功或失败的真正原因虽有正确认识，但为了使别人对自己产生一个良好的印象，他们只好"往自己脸上贴金"，推卸自己的责任。

归因中的自我保护倾向还表现为自我设阻。例如，运动员在参加重大比赛前，对自己是否能取胜没有充分的把握，怕万一比赛失利，遭受他人的耻笑和轻视。为了避免面对这种不愉快的后果，有些运动员可能采取自我设阻的技巧，如赛前故意受伤、故意与队友、家属和教练发生矛盾、冲突，故意忘记带自己习惯用的运动器械（如球拍等）登场，或是制造其他身心不舒适的症状等。这样做的目的是为将来万一比赛失利留一条后路，可以将失利归罪于这些因素，从而减少个人对行为后果所应负的责任。如果有这么多困难存在的情况下，依然能获得好的比赛名次，那么就更能显示个人"功力"的不凡。采取这种自我保护策略的人虽然可以不必面对自己缺乏某种优良特质的难题，但却会减少成功的可能性。

人们在归因时具有自我满足倾向的假设是由 Miller 和 Ross 于 1975 年提出来的。但是，研究结果表明，体验到成功的人会把成功归因于诸如努力和能力的内部因素；体验到失败的人在归因时常有自我保护的倾向，会把失败归因于某些情境的因素。研究还表明，在客观地确定成功或失败的条件下，被试倾向于用自我满足的策略来选择归因，但在主观地确定成功或失败的条件下，即被试根据自己所理解的"目标实现的情况"来进行归因时，则会把失败同时归于内部的原因和外部的原因，认为一方面是由于自己努力不够，另一方面是裁判不公。只是具有自我满足倾向的人更倾向于把失败归于这两种原因中的外部原因，即认为他们自己没有做出极大的努力是由于某些外部的原因（如裁判不公）所造成的。当被试对自己所理解的成功或失败进行归因时，一般是合乎逻辑地归因的，而不是采用自我满足的策略。

Gill 在 1980 年的一项研究中，要求男女篮球队员在赢了或输了之后说明，成功或失败主要是他们自己运动队的责任,还是他们对手的责任。结果表明,运动员把成功归因于自己的运动队,把失败归于别的队,支持了自我满足倾向的假设。但是,要求运动员说明成功或失败主要在于他们自己(内部的原因),还是在于他们的队友(外部原因)时,结果表明赢队的队员认为,主要责任在于自己的队友,而输队的队员认为主要责任在于他们自己。Gill 的研究没有支持自我满足倾向的假设。

对上述不同的研究结果,Bradley 曾进行过总结:归因过程不可能单纯是合乎逻辑的,或者是不合乎逻辑的。在某种程度上,每个人都会运用自我满足倾向的策略,差别只在于用得多还是少的问题。归因时,究竟是否采用符合逻辑或不符合逻辑的归因方式,这与个体的自尊心高低不同有关(祝蓓里编,1992;章志光、金盛华,1996)。

(2) 社会比较:社会比较指的是个体就自己的信念、态度、意见等与其他人的信念、态度、意见等做比较。在社会比较的过程中,适当的背景因素是不可缺少的,因为,只有当有关的背景因素相当时,比较出来的结果才有意义。然而,人们出于自尊往往会选择背景不同的人作比较,以得出合乎己意而有偏差的结论(章志光、金盛华,1996)。

(五) 与内外源归因有关的研究

1. 运动中的有关研究

美国运动心理学者 Duke 等人 1977 年在 8 周的运动健康野营活动中,对 6～14 岁的 109 名孩子进行内外源的指导,结果发现经过指导后,他们明显地转向内源性归因。Scheer 等人观察到,体操教练把体操运动员的成绩按照最差到最好的顺序排列出来,目的是为了使运动员的运动成绩都能达到最高水平,同时,为了确定队里的体操运动员在多大程度上受到女评判员的影响。结果发现,倾向于外源性归因的运动员受到成绩排列次序的影响,而倾向于内源性归因的运动员则不受到成绩排列次序的影响。

Chalip 1980 年的研究表明,倾向于内源性归因的人比倾向于外源性归因的人在应激的情境下成绩下降得更少,使自己的行为以任务为中心的能力也更强。Anshel 1979 年的研究发现,在完成跟踪旋转任务时,如果给予积极的反馈,倾向于内源性归因的人比倾向于外源性归因的人成绩更好。但是,在给予消极反馈的条件下,则倾向于内源性归因的人可能比倾向于外源性归因的人成绩更差。关于内外源对运动成绩影响方面的研究还很少,但是,现有研究得到的总的结论是,倾向于内源性归因的人比倾向于外源性归因的人成绩更好(祝蓓里,1992)。

2. 内外源与人格特征

归因研究发现,人们对决定自己的活动与命运力量的稳定看法将成为他们的人格特征。心理学已区分出内部控制与外部控制两种不同的人格特征。具有内控特征的人认为,自己从事的活动和活动的结果是由自身具有的因素(如能力或努力)所决定的。具有外控特征的人则认为自己的活动及其结果受命运、机遇和他人的摆布。在现实生活中,极端的内控者和外控者是不多的。一般来说,内控者具有较高的成就动机,外控者的成就动机相对要低些。不论活动的结果如何,内控者都会促使自己投入更多的精力,显示出更高的学习积极性;相反,外控者的反应都是消极的,他们对自己的能力和努力都失去信心,对学习缺乏兴趣,不愿投入更多的精力和做出更多的努力。可见,要改变一个人的稳定的归因看法涉及改变一个人的人格特征,通过改变人格特征来影响其行为动机(皮连生,2004)。

(六)教学过程中的归因研究

1. 学生的归因

有研究表明,有些学生不会运用自我保护的策略,把自己的学习成绩不良归因于自己缺乏能力,常常避开以成就定向的活动,或者在这种活动中不愿努力。有一项研究分析了自小学五年级到高中三年级 743 名被试的归因模式,结果表明,学生的归因模式能有效地预测他们将是否选择要求技能、努力或运气的任务。除了把失败归因于内部原因之外,还有一些学生把成功归因于外部原因,如考试容易或运气好等,他们在成功之后找不到进一步努力的方向。这两种归因模式都是消极的,在成绩不良的学生、残疾儿童以及某些女生中有较普遍的表现。

2. 教师的归因

根据心理学家的分析,在评论学生的测验时,教师常常把学生的成功归因于学生的家庭条件好、努力、兴趣和教师好的教学技能。但当学生考得不好时,教师常指责学生准备不充分、能力低、家庭条件差和考题难。也就是说,教师倾向于与学生共享考试成功的荣誉,但容易把失败的责任归因于外部(非教师)的原因。这虽然可以用自我保护机制来解释,但它不是一种良好的敬业精神。教师越愿意为学生的失败承担个人的责任,他们将更加努力地为避免学生的失败做出奉献。

3. 教师情感与学生的归因

一系列研究表明,教师的情感影响学生的归因。例如,如果学生测验成绩不良,老师生气,那么,这意味着教师相信学生未做充分努力。同样,如果教师对学生的不良成绩表示同情,那么,这意味着他相信学生缺乏能力。如果教师把学生失败归因于学生缺乏努力且表示愤怒,那么,这会造成学生内疚感。这种内疚感常常是一种积极的激励力量。把失败归因于低能并表示同情,会造成学生的羞愧感,而羞愧感不是一种积极的激励力量,反而会导致学生退缩、回避。此外,对完成容易的任务的表扬，对未完成这种任务不给批评，以及过多不必要的帮助，也会像教师的同情一样，导致事与愿违的结果。教师和家长都必须恰如其分地对儿童进行批评、表扬、表示同情和给予帮助（皮连生，2004）。

（七）运动中典型的归因

Gill 等人 1982 年的研究谈到了运动员对成功和失败的一般归因。他们从女子排球运动员和男女运动系学生那里收集了 352 份关于赢和输的开放式归因问卷。排球运动员的归因是在排球比赛之后获得的，运动系学生的归因是在完成运动迷宫之后获得的。每个人的归因都按照内外源、稳定性和可控制性这三个维度加以分类，也按照对自己、队友、整个队或者其他因素来加以分类。结果表明：① 无论什么结果（成功或失败），典型的归因模式是内部的、不稳定的和可控制的；② 赢队的队员比输的队员更多地归于可控制的原因，而不是归于不可控制的原因；③ 一般倾向于对整个队的输赢进行归因；④ 对成功或失败进行归因时，使用的频率最高的是合作得好不好。

Gill 等人 1982 年的研究，其主要缺点是研究者不能正确地把开放式归因归入到各个维度之中去。而采用 Russel 1982 年编制的归因维度量表就可克服这一缺点。有关研究指出，当要求被试（乒乓球运动员）对 21 分的比赛结果进行开放式的归因，结果表明赢的队员比输的队员更倾向于内部的、稳定的和可控制的归因；赢的队员与输的队员合并分析，得出的也是倾向于内部的、稳定的和可控制的归因。

因此，运动中基本的归因类型应当是内部的、稳定的和可控制的原因。赢的队员比输的队员更倾向于做内部的、稳定的和可控制的归因。即使是对一个团体进行归因，赢者比输者归于稳定的原因的分数也要高得多。可控制性是赢者的一个重要的归因，相互合作则通常是运动队的一种重要的归因（祝蓓里，1992）。

（八）运动队的凝聚力与归因

一些研究表明，运动队的凝聚力也影响着队员对成功和失败的归因方式。凝聚力高的篮球队，其队员之间的归因方式非常相似，当失败时，队员们更可能将失败归因于外部和不稳定因素（如运气、对手令人意外的高度发挥等），而不是归因于内部和不可控制的因素；相反，凝聚力低的队员在失败时可能谴责整个队，而不是考虑个人的责任（季浏、符明秋，1994）。

（九）运动能力知觉与归因

王树明、张静利用 Rusell 的归因维度量表等问卷对大学生的运动能力知觉、归因和坚持性进行了实验研究。结果表明：体育优差生无论在运动能力知觉还是在以后的坚持性方面都存在着显著性差异;高运动能力知觉的大学生更倾向于内部的稳定的和自我可控性归因,锻炼更具坚持性;运动能力知觉和对运动结果的归因与运动坚持性有显著性相关(王树明、张静,1998)。

(十)习得性无助感

20世纪70年代末,Dweek等人曾对儿童习得性无助行为作了一系列的研究,他们发现具有同等能力的儿童在失败情境或挑战任务面前有两种不同的反应倾向。一种是习得性无助倾向,表现为低估自己的能力,对任务反感,并有退避倾向;另一种是自主性倾向,表现得相当自信。Dweek认为,这截然不同的行为表现,主要是与他们的目标定向以及他们对"智能"的不同理解有关。习得性无助儿童认为自己智能是固定、不可控制的,他们追寻的是表现目标,相信成功或失败是判断一个人有无能力的依据;所以他们采用尽可能获得成功和避免失败的策略来提高和维系自尊。而自主性儿童认为自身能力可以在学习活动中得到发展,他们寻求的是学习目标,相信挫折和失败可以帮助自己获得新的学习技能;所以他们选择挑战性的目标,在学习目标下体验和获得自尊。

Dweek(1975)提出并测试了一个治疗的策略。他将一些"习得性无助"的孩子分成两组,一组的环境是没有失败,另一组是归因重新训练的环境。在第一组中,通过计划好了的成功不断促进学生们的信心。在归因重新训练组中,孩子在经历失败后得到指导,要把失败归因于像努力这样的不稳定原因。结果显示在训练结束的时候,同样面对预先设计好的失败,归因重新训练组的孩子要比只有成功的那组孩子的承受力好得多。因此,帮助孩子们改变他们的归因,也许比单纯地创造成功更有益。但这并不是说经历成功不重要,它也是重要的。但是,通过帮助孩子们进行建立信心或者是保护信心的归因,也能够提高表现和自我效能(马勇琼,2004)。

(十一)错误归因训练

错误归因训练理论基础是Schachter和Singer(1962)的情绪二因素论。他们认为,个体对情境的评价可以引起生理唤醒和"情绪性"认知。个体在生理唤醒和认知过程相互作用下经历着特定的情绪状态,生理唤醒处于积极状态时能够增强愉快的情感,而处于消极状态时能够增强愤怒的情感。他们将这一设想应用于临床工作,通过由不同生理唤醒状态下的认知解释,引起所期望的情绪归因,从而改变患者的消极情绪,达到治疗的目的。

错误归因训练主要用于焦虑、失眠、口吃、忍受疼痛、吸毒、抑郁等方面的治疗。从有关的实践结果来看,这种方法虽已取得了一定成效,但尚未得到广泛的实验支持,因而在应用上受到一定的限制(章志光、金盛华,1996)。

(十二) 国内再归因训练研究

魏运华(1990)在研究中,将归因训练程序分为三个步骤:第一,让各实验班被试分组观看电视录像,然后分班就录像的主题内容和电视行为(电视画面中各角色所表现出的行为)进行归因分析。主试也参与讨论,并且在对电视角色的行为原因从内部和外部两方面分析时,有意识地强调角色自身内部原因的重要性。第二,各实验班组织两次主题班会,让全体被试结合自己日常的道德行为举若干典型事例进行归因分析。当被试从自身内部寻找原因时,主试给予积极肯定的评价;当被试从外部去寻找原因时,主试给予消极否定的评价,并引导被试尽量更多地从内部寻找原因。第三,主试邀请自己的研究同事以"专家"的身份就"如何分析和理解道德行为"给各实验班被试做专题演讲。演讲的主要内容由主试提供,旨在教导被试在分析和理解他人和自己的具体道德行为时强调内部原因的重要性,并要求被试平时也经常这样去分析和理解。结果发现,归因训练使得实验班被试的归因风格由外控向内控发生了偏移(章志光、金盛华,1996)。

(十三) 体育运动归因研究的未来方向(姒刚彦,2000)

1. 跨文化研究

目前,归因理论都是由西方学者提出的。事实上,归因理论受民族传统文化的影响非常深。在一种文化背景下适合的理论不一定能解释另一种文化背景下的社会心理现象。因此,进一步的跨文化研究是未来归因研究及体育归因研究的方向之一。Bond(1983)曾指出,归因领域的跨文化研究涉及下面四个基本问题:

(1) 人们是否经常进行自发性的归因。

(2) 人们使用何种标准分类。在不同的文化中,成功与失败也许有着不同的含义。所以,对成功与失败的归因也可能随着文化的不同而有所不同。

(3) 归因在公共场合与个人单独进行时可能存在差别。既然已经发现在不同的文化中人们的归因活动有差别,那么就需要解释这些差别是如何产生的。

(4) 文化如何影响归因。

2. 归因方式

归因方式是指跨越不同情境与时间而表现出来的特定归因倾向。在体育运动中,运动者的特质性归因方式可能是存在的,了解这些心理活动方式对于调整运动者的心理状态,达到更佳的运动效果来说是有价值的。而在当今的体育归因研究中,对归因方式的性质与范围都还未能确定。

3. 归因中的行动者—观察者差异

当前体育归因研究中,研究重心都是在自我归因上,而绝少涉及观察者的归因。在其他的归因研究领域,对这种"他人"的归因已有很多研究报道,但在运动心理学领域,尚缺乏这一类研究。

在体育运动领域中,研究行动者—观察者的归因差异有重要的实际意义。例如,对于同样一种失败情境,运动员与教练员可能会有完全不同的归因。而这种归因冲突可能会引起破坏性的结果,所以需要得到解决。此外,体育运动领域还存在其他归因的行动者—观察者差异。在这一方面,尽管已经有一些探索,但众多的问题与假设仍有待探索与检验。总之,在体育领域重要的人际关系问题上,归因的相关研究有着极其重要的现实意义。

4. 体育运动中的习得性无助感

在体育运动中,习得性无助感的发展、强化、持续过程中,归因起了重要的作用。当失败被感知为不可控的并且被归因为由内部的、稳定的、整体的因素引起时,习得无助感的效应达到最大。在体育运动领域,这是一个非常困难的研究领域。例如,如果习得性无助感真的被体验到了,根据定义,将会有许多被试退出体育活动,这就使得研究者陷入困境。

5. 与年龄有关的研究

目前,运动归因研究中,以儿童为对象的研究较多,以老年人为对象的研究则很少。随着对身体锻炼和终生运动的重视,对不同年龄组的运动归因研究,将是未来运动心理学领域内的一个重要研究课题。

6. 锻炼与健康的归因

人们为什么坚持或放弃体育锻炼,从归因的角度看,个体如何感知其参与与放弃的理由,将影响他们对未来维护健康行为的尝试。有研究指出,坚持锻炼者的坚持性与自己的努力及任务的相对容易有关;而放弃锻炼者中断的原因,主要是由于运气不好,而与任务难度或他们自己的能力和努力无关。已有研究发现,成人参与体育锻炼与他们的归因考虑以及相关的情绪体验有关。总之,在大众体育锻炼领域,归因研究将对深入了解锻炼行为的心理原因与心理效益起到相当重要的作用。

四、教学重点与难点

(一) 教学重点

(1) 对各种归因理论的理解。
(2) 对内外源(控制点)和可控性两个维度的区分。
(3) 对 Weiner 成败归因理论三个维度的理解,以及如何将维纳的归因理论应用于运动情境中。

(4) 运动中习得性无助感的成因以及克服的方法。

(5) 体育运动中的归因训练的具体方法。

(二) 教学难点

(1) 如何帮助学生正确理解多种归因理论。

(2) 如何指导学生学会正确归因。

五、教学指导建议

(一) 教学建议

(1) 归因理论有多种,但目前为止,在体育运动心理学的研究中,影响最大的是 Weiner 的成败归因理论。故本章要突出对 Weiner 归因理论三个维度的分析,并能将其应用于运动情境中。

(2) 影响运动归因的因素既有内部因素,又有外部因素。相对而言,内部因素中的性别与年龄因素对归因的影响更大一些。故在教学中应对这两个因素的影响进行重点分析。

(3) 习得性无助感对运动自信心的建立危害极大。体育运动领域习得性无助感的实证性研究较少。因此,在教学中,可借鉴心理学其他领域的一些成果。

(4) 归因训练的目的是帮助学生或运动员对自己在体育运动中的成败结果进行正确归因,以便他们能建立良好的运动自信心,投入到未来的活动中。故在教学过程中,教师或教练员除给学生介绍一些有效的归因训练方法外,还要鼓励他们自己提出一些好的归因方法来。

(二) 教学活动设计

(1) 运动员小明最近训练成绩一直徘徊不前,教练和他自己都非常焦急。这种状况如果再持续下去,对小明有什么不良影响? 有什么好的办法能帮助小明克服目前的窘境? 请组织班级学生讨论这个问题。

(2) 小王和小张平时训练时的成绩不相上下,但在最近的一场重要比赛中,小王取得了很好的成绩,而小张则一败涂地。组织班级学生讨论,利用什么样的归因方法才可以保证他俩在以后的训练与比赛中都有良好的心态?

六、参考文献

[1] 皮连生.教育心理学(第三版)[M].上海:上海教育出版社,2004.

[2] 章志光,金盛华.社会心理学[M].北京:人民教育出版社,1996.

[3] 祝蓓里编著.运动心理学原理与应用[M].上海:华东化工学院出版社,1992.

[4] 姒刚彦.训练竞赛的归因.见张力为,任未多主编.体育运动心理学研究进展[M].北京:高等教育出版社,2000.

[5] 祝蓓里,季浏.体育心理学[M].北京:高等教育出版社,2000.

[6] 马勇琼."习得性无助"学生的心理特征及其教育措施[J].江西社会科学,2004.

[7] 谭先明,许永刚,陈小敏.射击运动员归因倾向性的研究[J].广州体育学院学报,1998,18(2).

[8] 田宝.我国健将级女子篮球运动员归因倾向的差异性研究[J].体育科学,1997,17(1).

[9] 徐慧明,蒋代新.对运动员归因研究的审视[J].沈阳体育学院学报,2004,23(1).

[10] 季浏,符明秋.当代运动心理学[M].重庆:西南师范大学出版社,1994.

[11] 马启伟,张力为.体育心理学[M].杭州:浙江教育出版社,1998.

[12] [美]Richard H.Cox著,张力为等译.运动心理学——概念与应用[M].北京:清华大学出版社,2003.

[13] 王树明,张静.成就情境中的运动能力知觉、坚持性和归因研究[J].安庆师范学院学报(自然科学版),1998,4(2).

第七章

体育锻炼与心理健康

一、教学目标

通过本章教学,使学生能够:
(1) 清楚体育锻炼带来的心理益处。
(2) 了解健康体能是提高生活质量,调节社会应激的重要变量。
(3) 阐明体育锻炼影响心理健康的生理和心理机制。
(4) 了解各种锻炼行为理论,并且对体育锻炼行为的预测因子有一定的认识。
(5) 描述影响体育锻炼坚持性的因素。
(6) 对体育锻炼的消极影响有初步的认识。
(7) 灵活运用所学知识,将提高锻炼坚持性的原则和策略应用到指导大众健身的实践中去。

二、教学内容框架(图7-1)

三、知识拓展与深化

(一) 体育锻炼与心理健康研究的背景

从19世纪末到20世纪60年代,体育锻炼与心理健康的研究进展比较缓慢。这一方面与人们对体育锻炼的态度有关,另一方面,也受到生物医学领域大

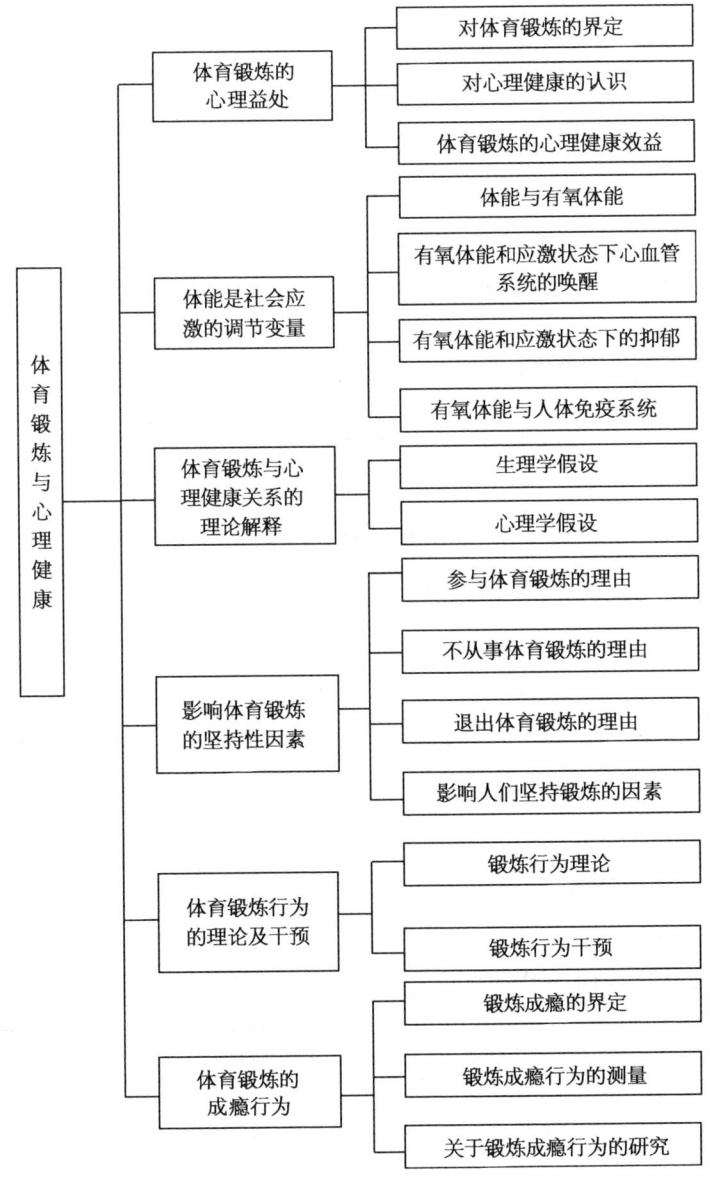

图 7-1 体育锻炼与心理健康的教学内容框架图

脑-机体二元论观点的影响,该观点认为,身体和心理相互分割,所有的疾病和身体不适都与解剖结构的变化和生理过程的紊乱有关,与大脑无任何关系。因此,这种身心分割的观念也在一定程度上阻碍了体育锻炼与心理健康研究的进展。进入 20 世纪 70 年代之后,社会环境的变化使得运动心理学家们开始将注意力从研究运动员的心理状态转移到研究普通人参与体育锻炼的心理状态,锻炼心理学因此迅速地发展起来,成了大家共同关注的重要研究领域。

1. 都市环境的变化以及工业化国家疾病率与死亡率的改变

20世纪70年代,一些与生活方式有关的慢性疾病、不适或损伤变成了死亡的主要原因,而此前,一些传染性疾病如流行性感冒、肺炎、胃肠炎等则是死亡的主要原因。从对"现代文明病"的研究分析(图7-2)中可以清楚地看到它的社会背景和机理。因此,人们开始关注疾病的预防以及健康生活方式的养成,并且越来越多的人意识到作为健康行为之一的体育锻炼有着积极的身心效应,因此,体育锻炼与心理健康研究受到了广泛的注意。

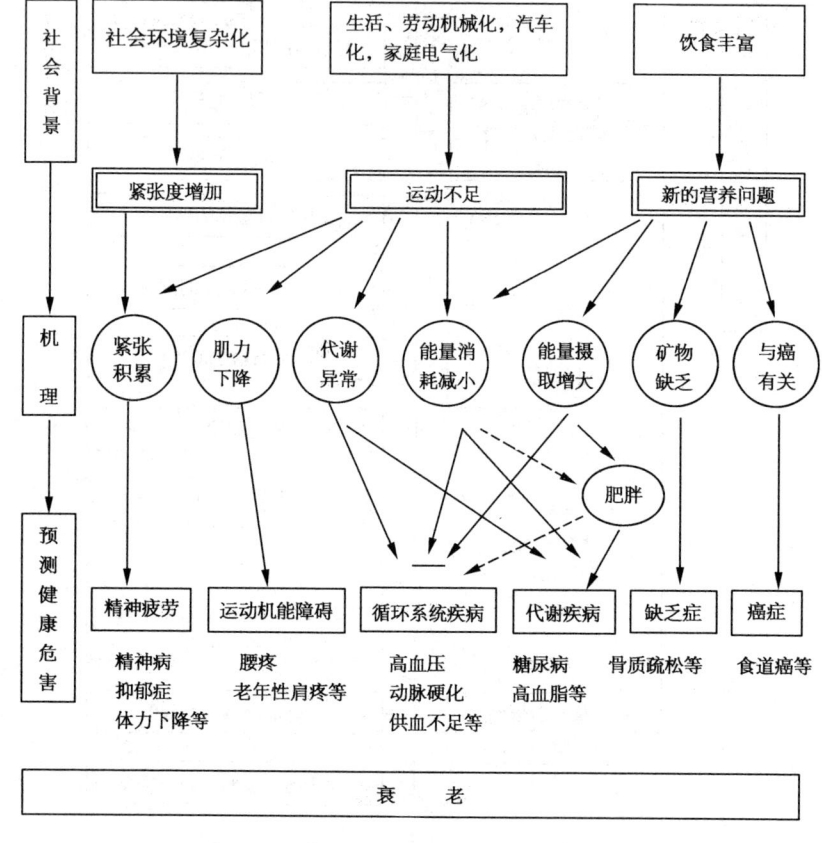

图7-2 "现代文明病"的生活背景及机理
(《身体活动の科学》,1995)

2. 医疗费用上升、余暇时间增多、传统治疗手段有限等因素的出现

这是体育锻炼与心理健康研究得到发展的另一个原因。很明显,体育锻炼是一种非常经济、划算的健康行为,因而,体育锻炼开始受到人们的欢迎,各种形

式的体育锻炼和身体活动纷纷涌现出来,而锻炼心理学也因此重又寻回其存在的社会价值。

3. 身心分割的观念发生了变化

这是促进锻炼心理学发展的最重要的原因。人们对健康和疾病有了全新的理解,健康不再被看作仅仅是没有疾病,而是被看作一种良好状态的存在。越来越多的学者认为,生物、心理和社会因素三者之间是相互依存、相互联系的,健康和疾病是生物、心理、社会相互作用的结果。这为体育锻炼与心理健康研究的进一步发展打下了良好的理论基础。

20世纪80年代末至90年代初,出现了大量关于锻炼的心理疗效的研究,其中很多涉及心理疾病或障碍的锻炼疗法,如抑郁症、焦虑症、精神分裂症、酒精或药物依赖等。据统计,1983—1990年间,对抑郁群体的研究增加了约40%,有23项研究是针对锻炼的抗抑郁效能,有42项研究是针对焦虑、心境和其他自评症状,另外还有一些研究是对抑郁、焦虑以及自我概念等所进行的元分析。此后,研究者又对锻炼运动处方、锻炼动机、锻炼人群、锻炼干预等进行了更加深入的探讨。

(二) 体育锻炼的心理益处

1. 体育锻炼对认知功能的影响

(1) 体育锻炼对儿童认知功能的影响:儿童时期的体育锻炼更多的是以体育课、课外体育活动的形式来进行的。对体育教学与儿童认知活动的关系,目前比较一致的看法是:

第一,体育教学能提高学生的认知加工速度。这是因为体育运动可能对大脑的氧供应、氧利用、神经递质的功能和大脑本身的结构产生积极的影响。经常参加体育锻炼能提高大脑皮层的兴奋和抑制的协调作用,使神经系统的兴奋和抑制的交替转移过程得到加强,从而提高脑细胞工作的耐受能力、改善大脑皮层神经系统的均衡性和准确性、使得大脑的灵活性、协调性、反应速度等得以改善和提高。

第二,体育锻炼能够促进学生感知能力的发展。体育锻炼的过程是个体综合运用多种感知觉的过程。在完成动作的过程中,学生不仅要通过视觉、听觉来获得动作的感知觉信息,而且要通过触觉和本体运动感知觉来感知动作的要领、肌肉用力的程度,以及动作的时空关系等。因此,经常参加体育锻炼,能使他们的时间、空间和运动感知等方面的能力得以提高,使本体感觉、重力觉、触觉、速度觉、距离觉等更为准确。

第三,体育锻炼可以使学生的注意力和意识得到有效的调整。体育教学是一种积极、主动的活动过程,在此过程中,学生必须调整好自己的注意力,从而使中枢神经系统的活动进入更为合理有序的状态。

大量的研究发现,体育锻炼与认知功能发展的密切关系在儿童身上有着直接的体现。例如,智力发展落后的婴儿,在身体活动发展上,也表现出明显的滞后。有研究者以幼儿园大班的学生和小学二年级学生为被试进行过实验研究(傅正军,2001),结果表明,左右侧肢体运动技能发展的均衡程度与幼儿心理潜能有关,运动技能的提高可以促进智商的相应改善,使幼儿的智力潜能得以充分的开发。综合历来的研究可以发现,受试对象越小,或运动任务越复杂,或小肌肉运动越多,运动与智力之间的相关程度就越高。随着年龄的增长,智力的发展与身体活动能力的发展逐渐分化开来,它们之间的关系也就变得不那么密切。

(2) 体育锻炼对中老年人认知功能的影响：进入中老年期,人的认知功能开始逐步衰退,主要表现在信息加工的速度和信息加工的容量下降,反应速度减慢,记忆力下降,注意功能衰减等方面。因此,研究体育锻炼对中老年人认知功能的影响具有非常重要的意义。

研究者指出：体育锻炼可以延缓中老年人简单反应速度、复杂反应速度及数字广度等信息加工能力的衰减,其中,锻炼者简单反应速度的衰减只与年龄增长有关,与锻炼项目、运动负荷及坚持年限无关；复杂反应速度除受年龄影响外,还与锻炼项目有密切关系；而数字广度则主要受锻炼方式与坚持年限的交互作用。研究还发现,太极拳和太极剑比慢跑更能有效地延缓被试认知功能（复杂反应和注意广度）的衰减(毛志雄,1996)。

对老年人与有精神疾病的患者而言,体育锻炼能改善其认知功能(Folkins,1981),缩短老年人的简单反应时和平均反应时,增强记忆搜索能力。有氧锻炼可以提高老年人在韦氏成人智力量表测验中"数学操作"这一项测验的得分。一些研究还指出,体能好的人比体能差的人更少体验到认知衰退(Bandura,1997)。

1993—1995年间,上海市体协、上海市体科所对体育锻炼与认知功能的关系进行研究,结果发现：不参加体育锻炼者其认知功能的损害人数在增加；参加体育锻炼者比不参加体育锻炼者的认知功能损害得少,无论男女,通过短期或长期的体育锻炼都能改善认知功能(杨剑,2002)。

对此,张力为等人进行了总结：测验任务的难度越大,体育锻炼对反应时及其他认知功能的影响就越明显。经常参与体育锻炼的老年人,其认知功能下降的幅度比不经常参与体育锻炼的老年人小。即使是年龄很大才开始进行体育锻炼,同样也可以提高信息加工的速度(张力为,2003)。

当然,由于研究的方法与具体领域的不同,研究所得到的结论也就有所差异。一些研究表明体育锻炼对认知只有微弱的积极影响。这些研究提示我们,在认知功能的改善方面,体育锻炼有一定的影响,但目前,该领域的实证研究尚不够充分,还需要更强有力的论据加以证实。

2. 体育锻炼对情绪的影响

在心理学研究领域,情绪一直被视为是影响人类行为的重要因素,是人类行动产生的主要根源,它在人际交往、态度改变、工作表现、乃至学习和记忆的效果方面都起着重要的作用。情绪是主观因素和客观因素之间的一整套复杂的交互作用,受内分泌系统的调节,可以:① 增强情感体验(如唤醒、愉快/不愉快);② 激活认知过程(如与情绪有关的知觉、评价、体验等过程);③ 诱发对唤醒状况进行广泛的生理调节;④ 产生表现性的、目标指向的和具有适应性的行为。也就是说,凡是在个体与环境的交互作用过程中发生的、具有情感体验、认知评价、生理唤醒与行为表现四种特征的心理现象,都与情绪有关。

据统计,在 PsychINFO 上,1983—1990 年间有 65 篇有关锻炼与情绪关系的文献。在这些文献中,约 40% 是关注抑郁失调的,25% 的研究对象是女性,57% 的研究进行了性别差异的比较(李京诚,1999)。出于不同的研究目的和实验设计的需要,一般将情绪效益的研究分为两种类型:一类是研究一次性锻炼后的即刻效应;另一类是考察较长时间的体育锻炼后的情绪效应。

(1) 体育锻炼的短期情绪效应:体育锻炼的短期情绪效应是指一次性体育锻炼后即刻的情绪变化。研究表明,体育锻炼的短期情绪效应主要表现在心境状态的改变、焦虑水平的下降、应激水平的降低等方面。这类研究在实验设计上多选择慢跑、游泳、功率自行车、跑台或者专门设计的锻炼活动计划作为自变量,锻炼强度多以最大吸氧量或每分钟心率为标准,从低强度到高强度不等。

目前的大多数研究发现,体育锻炼具有显著的短期情绪效应。一次体育锻炼可以使紧张、困惑、疲劳、焦虑、抑郁和愤怒等不良情绪状态显著改善以及精力感和愉快程度显著提高。有研究表明,仅一次功率自行车练习就使大学生焦虑程度下降(Weinberg Robert S.,1988)。甚至还有研究发现,即使 5 分钟的步行也有助于提高心境状态(Mcinman,1993)。研究发现,对锻炼后的被试即刻进行测量,发现他们的状态焦虑、抑郁、紧张和心理紊乱等水平有了显著降低,而精力和愉快程度则显著提高。但同时,研究也指出,锻炼后情绪的即刻变化可能与个体的健康状况、锻炼形式、锻炼强度以及锻炼与情绪测量之间的时间间隔有关(Mcinman,1999)。

Berger 等人的研究(Berger,1988)表明,许多体育活动如慢跑、游泳、有氧体操、健美训练、瑜伽、帆船、放松训练等运动形式均有改善情绪的作用。此外,有规律地从事中等强度(最大吸氧量的 60%～75%)的锻炼,每次活动 20～60 分钟也有助于情绪的改善(Berger,1993)。

当然,也有少数研究显示了相反的结果。例如,King 等人 1989 年的研究指出,被试紧接着体育锻炼后的焦虑、紧张和抑郁情绪没有任何显著的变化

(King,1989)。但有人认为,这些没有发现体育锻炼具有短期情绪效应的研究可能存在着方法学上的缺陷(Plante,1993)。

(2) 体育锻炼的长期情绪效应:体育锻炼的长期情绪效应是指长期有规律地进行体育锻炼,并且每次锻炼持续一定时间所产生的情绪变化。与体育锻炼的短期情绪效应的研究相比,体育锻炼的长期情绪效应方面的研究较少,且有限的一些研究结果也不尽相同。这是因为大多数研究在实验设计上多选择较长的锻炼周期,通常为8～10周(每周2～4次的体育锻炼),有时也会进行更长时间的追踪研究,因而难以对实验过程进行严格的控制。

(3) 情绪研究面临的问题:回顾以往有关体育锻炼对情绪影响的研究,可以发现这些研究还存在着如下问题:

① 研究设计水平的局限。在情绪领域的研究中,有大约50％的研究是采用准实验设计。由于在实验设计上的问题,大多数对长期效应的实验研究不能提供关于锻炼变量的足够信息,因而,研究结果的不一致程度也比较高。此外,在实验情境中引起的情绪带有明显的人为性质,难以提供正确的依据。

② 测量工具的问题。由于测量工具的不足,在现实的体育锻炼情境中,对锻炼者的情绪体验只能进行笼统的描述,难以进行定量分析。因而,定性研究还占据较大的比例。目前,该领域的研究迫切想解决的问题之一是:如何选择适当的测量工具来明确个体在锻炼中和锻炼后的情绪。

③ 对锻炼产生情绪效应的内在机制研究不够深入。目前,关于体育锻炼如何影响情绪状态的研究数量很有限。大多数研究只反映了体育锻炼能否对情绪产生影响,却不能很好地回答体育锻炼为什么会影响情绪,它是怎样影响情绪的。因此,随着锻炼心理学研究的不断深入,今后研究的重点将要从强调锻炼对情绪的表面影响转向锻炼对情绪影响的内在机制上来。

④ 缺乏系统的、可操作的理论模型。在情绪领域,有很多学者致力于从不同的角度和观点来进行研究,每一个角度和观点都有着各自不同的理论假设和基础,都反映了体育锻炼与情绪的不同维度之间的联系。但是这些研究还存在着一定的缺陷,很多研究侧重于体育锻炼的自然生物属性,忽略了它的社会属性,单纯地将锻炼强度、时间、频率、内容等作为自变量来研究体育锻炼对情绪的影响,因而,结果往往难以令人信服。

因此,有必要建立起一个生物心理社会的系统模型,以与体育锻炼有关的生物、认知、社会等因素为自变量,以体育锻炼作为干预手段,以情绪状态的变化为因变量,通过实验的手段来获得结论。事实上,生物模型、认知模型等与系统模型之间并不发生冲突和竞争,生物亚系统有责任保持情绪的生理稳定,但是却与认知系统有交互作用,而认知系统是主要的自我参照控制系统,它监控着来自其他系统的信号和信息加工过程,应该说,每一个模型都在各自的范围内发挥着调节功能,并保持一定的平衡或稳定状态。

3. 体育锻炼对人格的影响

人格是心理学中最难下定义的概念之一,据统计,人格的定义有50种之多。我国心理学界认为人格是个人内在的动力组织及其相应的行为模式的统一体。这个界定包含三层含义:第一,人格通常是指一个人外在的行为模式;第二,人格是一个人内在的动力组织,包括稳定的动机、习惯性的情感体验方式和思维方式、稳定的态度、信念和价值观等。第三,人格是由一定特质构成的蕴蓄于中、形诸于外的统一体。

(1) 人格的结构:人格的结构即人格特质,也就是说,人格是由哪些因素构成的,应该从哪些维度去分析人格。按照这种观点,每个人的人格都可以从同样的维度去分析,只是不同的人在维度上所处的位置不同罢了。特质理论试图了解一个人在多大程度上具有某一特质。但是不同的特质理论家所找到的特质各不相同,因而也就有了不同的特质理论。

Allport 的理论将人格特质分为共同特质和个人特质。共同特质是人所共有的,个体之间的差异只在于不同的人具备这种特质的多寡与强弱不同而已;个人特质是个人所特有的,代表个人独特的行为倾向。Allport 将个人特质分为:① 首要特质,指最能代表一个人特点的人格特质,它在个人特质结构中处于主导性的地位,影响着一个人行为的各个方面;② 中心特质,指能代表一个人性格的核心成分;③ 次要特质,指一个人具体的偏好或反应倾向。人们一般用中心特质来说明一个人的性格,而大多数特质心理学家则更关注 Allport 所说的共同特质,因为这些特质适合于定量分析,并可用于个体之间的相互比较。

人格心理学家将人格特质分为表面特质和根源特质。表面特质是指从外部行为能直接观察到的特质,它会随环境的改变而改变。根源特质则是内在的、决定表面特质的最基本的人格特质,根源特质必须通过严格的科学方法才能获得。

英国心理学家 Eysenck 在 Cttell 的研究基础上对人格特质进行了进一步的统计分析,找到了更稳定的特质,即内—外向和神经质。这两种特质在不同的人身上可能形成四种典型的组合:外倾—稳定、内倾—稳定、外倾—不稳定、内倾—不稳定。后来他又提出了第三种特质:精神质(或精神病倾向),在此特质上得分高的人倾向于自我中心、攻击性、冷漠、缺乏同情心、不关心他人,在此特质上得分低的人则具有相反的特点,如温柔、体谅等。

之后,一些研究者从各自的研究中得出了大体相似的结论,即人格是由5个基本维度构成的,心理学家们称这5个维度为"大五因素模型"(简称FFM):神经质性、外向性、开放性、意识性、尽责性。

(2) 体育锻炼与人格"大五因素模型"的关系:有研究显示,人格并不能单独、完全地解释锻炼行为。神经质与体育锻炼行为、坚持性的关系呈负相关,即长期坚持锻炼的人很少有神经质倾向,而且锻炼者和不锻炼者之间的神经质得分也有所不同(Szabo,1992)。外向性与锻炼行为方式和锻炼坚持性成正相关关系。但是,外向性不能一直区分坚持锻炼组和中断锻炼组;开放性和中等强度的体育锻炼之间成正相关关系;意识性和被试自我报告的中等强度、大强度和小强度以及锻炼坚持性成正相关关系;尽责性与自我报告的锻炼行为和锻炼坚持性之间的相关关系不显著。

总的来说,虽然人格研究在 20 世纪 70 年代一度成为体育运动心理学领域的主流,但是,综观这些研究,有代表性的结论并不多。

(3) 人格研究存在的问题

① 研究方法上的问题。目前不少研究采用的是横向研究,这往往会受到方法学上的限制,因为这种研究方法只能简单阐明两者之间的关系,难以解释两者之间的因果关系。而纵向追踪研究时间太短,不足以使人格特征在短期内发生变化。

② 研究结果解释上的问题。由于在研究过程中的变量控制问题得不到有效地解决,因此,也就无法确定人格特征的变化是否是由锻炼引起的。

③ 操作性定义的问题。考察目前已有的支持运动员与非运动员在许多人格特质上有差异的证据,可以发现,有不少研究在概念的界定上还存在一些问题。比如说,在如何定义运动员的问题上这些研究还存在着一定的分歧:运动员是参加校队的人?是一个有相当运动技术水平的人?每天跑步的人?还是参加校内运动的人?还是以运动为职业的人?这些研究缺少一个可行的、大家普遍接受的标准来界定运动员,因此,运动员与非运动员在许多人格特质上有差异这一结论仍然缺乏说服力。

总之,这一领域的研究一直以来被测量与定义的问题困扰着,因此,在解释数据时必须谨慎。一些研究者认为,目前的研究结果不能支持体育锻炼可以改变人格整体结构这样的观点(季浏,1997)。

(三) 体能是社会应激的调节变量

1. 关于应激

生理学家 Cannon 第一个将应激这个术语引入了社会领域,他认为有机体在面临压力时会试图保持平衡。在目前的科学文献中,应激这个概念至少有三个不同的含义:① 应激是指那些使人感到紧张的事件或环境刺激;② 应激是一种主观的反映,是人体内部出现的解释性的、情感性的、防御性的应对过程;③ 应激也可能是人体对需要或伤害侵入的一种生理反应。

社会应激理论提出,社会在某种程度上在强制自己的成员去遵守社会准则。而社会变化的现实、环境变化的现实、生活变迁的现实给人们造成了众多的冲突和矛盾,应激由此而产生。个体不能与之抗争,只能去适应。

根据应激的系统模型,应激影响健康的途径有三种:生物维度使用的是生理倾向因素、身体因素;个体维度考虑的是认知、态度、人格因素;环境维度则包括社会支持系统、生活变迁、外部期望等因素。

2. 体能与应激反应的研究

(1) 20 世纪 50 年代的研究:关于体育锻炼对心理应激反应影响的研究早在 20 世纪 50 年代就已经开始了。1957 年,Michael 发表了一篇题为《通过体育锻炼调节应激反应》的论文(复印书),他从一些间接的证据中总结出:"有规律的体育锻炼会促进肾上腺的活动,引起类固醇储备的增加,从而能够抵抗应激。"

(2) 20 世纪 80 年代的研究:20 世纪 80 年代,Folkins 和 Sime(1981)在《美国心理学家》杂志上对 1980 年以前的相关研究进行了全面而系统的回顾,他们认为体育锻炼可以通过提高体能来改善心态、自我概念和工作能力(如降低缺勤率、降低错误率、提高生产率等)。他们提出,体育锻炼是一个自我调节的过程,体能对心理健康的影响是通过认知评价这一中间变量来实现的。这一观点可以帮助我们理解体能的提高为什么会产生心理效应,为什么同样程度的体能提高,对不同的个体会产生不同的心理效应。

这之后的很多研究包括:Long(1984)要求一些高应激反应的成年人参加散步或慢跑训练,或接受预防应激训练。结果发现,接受其中任何一种训练的被试都比控制组(未接受任何方法训练的被试)处理应激情境的能力强;与沉思技术和音乐欣赏相比,一般性体育锻炼加快了个体在强烈的应激情境中降低皮肤电反应的速度。Cobasa(1985)在一项对 137 名男性商业总裁的研究中,将心理坚强和体育锻炼作为抗病的缓冲器。她发现生活中的压力事件会提高患病的可能性,但心理坚强和体育锻炼可以降低这种可能性。而且,压力越大,体育锻炼和心理坚强性作为缓冲器的作用越明显(Phillipl. Rice,1998)。同样,在一项对律师进行的研究中也发现了这种积极的缓冲效果。Crews 等人(1987)回顾了 34 篇研究论文后,发表了题为《关于有氧体能和心理社会刺激反应的元分析》的论文,文章指出,与惯于久坐的人相比,经常从事体育锻炼的人更少产生生理上的应激反应,即使有应激反应也能很快恢复。他指出,当时的大部分研究是以心率、血压作为测量指标的,多数研究结果支持有氧体能的提高会增强个体抵抗心理社会应激的能力。

(3) 20 世纪 90 年代以来的研究:20 世纪 90 年代以来的研究又提出了一些新的观点。McDonald 和 Hodgdon(1991)对有关体能与自我概念关系的文献进行了分析,他们提出,运用各种生理和心理测量手段可以证明体能的增强能够提高个体的自我概念,其中老年人的自我效能与体能的相关程度最高。这一证据支持心脏康复方面的研究结果:肌肉力量的增强可以大大提高患者的身体接受度和对力量的自信,从而促进心理健康和身体康复。

这一时期,国内一些研究者开始关注体能与心理健康之间的关系。季浏(1997)提出,体育锻炼能改善特殊人群(孕妇)的知觉状况和身体不适感,减少分娩时的应激和痛苦;吴秀琴(1997)认为,有氧素质的高低影响着人们对心理应激的应答,与心血管疾病、抑郁有着密切的关系,通过有氧运动可以提高有氧素质,从而减少应激的影响。颜军等人(1999)从神经心理免疫的角度研究了体育锻炼对应激和紧张的改善。樊兆华等人(2001)通过研究部分优秀运动员和非运动员在应激条件下生理指标变化情况的差异,提出了运动员应激反应的特点。

3. 对体能影响应激反应研究的评价

(1)无关变量的控制不严:随着科研设备的完善,研究者能够随时监测到生理指标的变化情况,追踪体能练习对日常应激反应的影响。但是,如果无法确定被试在测试前3~4小时是否进行了剧烈的体育锻炼,那么研究所获得的重要发现或许就不是由于锻炼引起的,因此在研究过程中对无关条件的控制至关重要。

(2)理论模型的选择有局限:目前,生物模型在应激研究中还占据着重要的位置,一些研究者仅仅凭借某些生理指标的变化来解释体育锻炼对各种应激反应的积极影响,这在某种程度上导致了研究方法上的缺陷。必须认识到,应激是个体与环境相互作用的过程,要解决目前存在的问题,仅凭生物模型是不够的,必须要构建更为广泛的生物心理社会模型。

一些实验研究凭借生物学指标设置了应激情境,研究者们认为由他们创设的客观刺激可以将被试置于受威胁和挑战的情境中,然而,被试面对这些刺激时产生的应激反应是否就与面对真实威胁和挑战情境时所产生的认知相类似?刺激的其他特征又是怎样产生影响的?这些都是值得思考的问题。因此,要得到比较明确的因果关系,就有必要在理论模型中包括社会、心理和生物等各方面的内容。Lazarus的认知交互作用理论认为,应该将体育锻炼放在次要评价的位置上,也就是说,个体一旦意识到挑战和伤害带来的威胁,那么,他对完成任务所需要的技能和资源所作的认知评价就会成为引起生理反应的决定性因素,如果个体认为体育锻炼是有益的,体育锻炼可以增强人的意志力,那么这种认知可能就会成为体能对应激影响的重要的中介变量。

(四)影响体育锻炼坚持性的因素

要形成积极的锻炼生活方式,关键是什么?什么原因会促使人们参加并坚持锻炼?诸如此类的问题引起了研究者极大的关注。1968年,Kenyon提出人们参与体育锻炼的理由是为了增加社会交往、促进身体健康、寻求刺激、寻找发泄、增加审美情趣等。然而,除了Kenyon所做的研究之外,这方面的研究工作直到20世纪70年代末80年代初才全面开展起来。该领域颇具代表性的结论是：影响体育锻炼的因素是多方面的、动态的，贯穿于体育锻炼的始终。而且，不同年龄段的人参加并坚持锻炼的原因各不相同，女性比男性更可能为了控制体重和保持体形而去锻炼等。

1. 该领域的研究成果

1981年，Dishman等人提出，自我动机强度是衡量锻炼坚持性的个体因素。1985年，Melready的研究显示，将参加体育锻炼看成是降低应激和紧张的手段的人，其体育锻炼参与率很高。1989年，Dzewaltowski从自我效能理论出发进行了相关研究。研究指出，对体育锻炼的坚持性与那些感知到的障碍密切相关，如锻炼时的身体负荷、锻炼所需要的时间等。

20世纪80年代，Dishman和他的同事(1981)进行了一系列研究，并对有关的锻炼动机的文献进行了元分析，做了如下总结：

(1)"蓝领工人、吸烟者、肥胖者进行自发或非自发性锻炼的可能性相对较小。

(2)高自我动机很可能会产生坚持性，不会导致半途而废，因此高自我驱动的人很有可能在没有监督的情况下也能坚持锻炼。

(3)感到不方便和没有时间锻炼通常与中途退出的行为有关，但是有的锻炼者尽管碰到同样的问题，但他们还是坚持锻炼。

(4)对经常锻炼的人来说，来自健康或锻炼方面的专家、同伴、家庭、健康感等方面的促动可能要比对健康益处的信念来得更加重要，尽管这样的信念也能影响锻炼行为。

(5)锻炼行为的采纳与锻炼的目的和对锻炼能力的评价有关，但不能由此而预测锻炼的坚持性。

(6)一些人中途退出锻炼的原因可能是由于锻炼处方是根据锻炼者锻炼前的体能水平制定的，因此不能满足他们后来的需求。"

此后，有关锻炼参与和坚持性影响因素的研究不断涌现，其研究重点主要集中在以下四个方面：

(1)对影响锻炼参与和坚持性的个体差异进行研究：Silberstein等人(1989)的研究表明，男性总是希望能够变得强壮，而女人却不希望这样。类似的研究也发现，性别不同、年龄不同，锻炼动机也就有所不同，对锻炼结果的期待也就有差别。Cass等人1992年对127名年龄在55～90岁之间的老年人参与锻炼的动机进行了调查，研究结果表明，老年人参与锻炼的主要动机依次是"增进健康"、"喜欢锻炼"、"身体感觉好"、"喜欢交往"等。为了调查不同年龄的老年人参加体育锻炼的动机，他们又将被试分为3个年龄组，即55～64岁组、65～74岁组和75岁以上组。结果显示，三个年龄组之间的主要差别是75岁以上组最主要的动机是"我喜欢社会活动",可能这一年龄段的老人将参加体育锻炼视为消除孤独的一种重要手段。

（2）研究社会评价对运动参与的影响：体育锻炼是与社会支持密切联系的健康行为。有研究证据表明,不同形式的社会支持对锻炼动机有很大的作用(King,1988)。亲友的支持有助于激发锻炼的愿望及启动锻炼行为(Sallis J. F. ,1990);而且,长期参加锻炼或保持自我指导的锻炼可能更多取决于实际的工具性支持而不是感知和信息支持(Fucht,2000)。

（3）重视认知行为干预的价值：1992年,McAuley对自我效能的研究进行了回顾,他指出,可以运用自我效能这个机制来解释目标设置、社会支持等过程的影响,他认为运用理论模型来进行解释是一个正确的方向。研究还发现,社会支持可以改善自我效能,并间接地影响锻炼行为,因此,自我效能可能是这一过程中一个重要的调节因素。

（4）采用多维系统研究的观念：1992年,Weiss根据影响锻炼动机的信息源进行分析,认为锻炼动机的形成和发展受个人、目标和环境三方面综合因素的影响。根据已有的研究,与参加和坚持锻炼密切相关的因素有：个人因素,包括人口统计学变量、个体生理状况、个人行为以及个人的心理特征和状态等；环境因素,包括社会环境、物理环境、身体锻炼本身的特征等。

2. 锻炼参与和坚持性影响因素研究中的误区

回顾过去的研究可以发现,锻炼坚持性的研究在一定程度上有些混乱,还存在一些问题。例如,Dishman(1981)的元分析曾经总结到："对体育锻炼的态度不会决定个体是坚持锻炼还是中途放弃。"如果我们对那些研究进行检查,就会发现这些研究对"态度"所下的操作性定义很不一致,对测量过程的描述也不很清晰。因此,简单地认为态度与体育锻炼的开始和继续有关是不成熟的。此外,Dishman还提到："高自我动机很可能会产生锻炼坚持性。"但是,实际上,在过去并不是所有的研究都支持自我动机的作用是积极的这一结论。目前对这个问题的研究结论很简单：自我动机可能只是很多重要的心理结构中的一个。

心理学的发展告诉我们,对行为的预测既不能完全依赖于心理结构的总体水平,也不能依赖于某个单一的心理结构。这就使得我们要对自我效能的研究进行重新检验,例如,参加锻炼的个体感觉进行锻炼没有什么障碍,这有可能会产生高水平的自我效能,但是,如果个体没有将这种评价与锻炼联系起来,那么这种认知是不可能导致个体坚持锻炼的。因此,必须注意的是,要建立稳定的行为预测模型,仅仅依靠单一的心理结构是不够的。

（五）体育锻炼行为的理论及干预

1. 锻炼行为的理论

在对锻炼行为的研究中,研究者们往往会利用一些概念模型或理论建立一些假说,这些概念模型和理论分别从各自的角度对锻炼行为进行了描述。对今天的研究者来说,还是必须回过头来,重新审视一下这些模型及理论的完整性和说服力,这尤为必要。关于锻炼行为的理论模型主要有:健康信念模型、社会认知理论、合理行为理论和计划行为理论、控制点理论、行为变化的跨理论模型等。

2. 健康信念模型

健康信念模型(health belief model,简称 HBM)最先是在健康心理学领域(Becker,1977)提出的(图 7-3)。

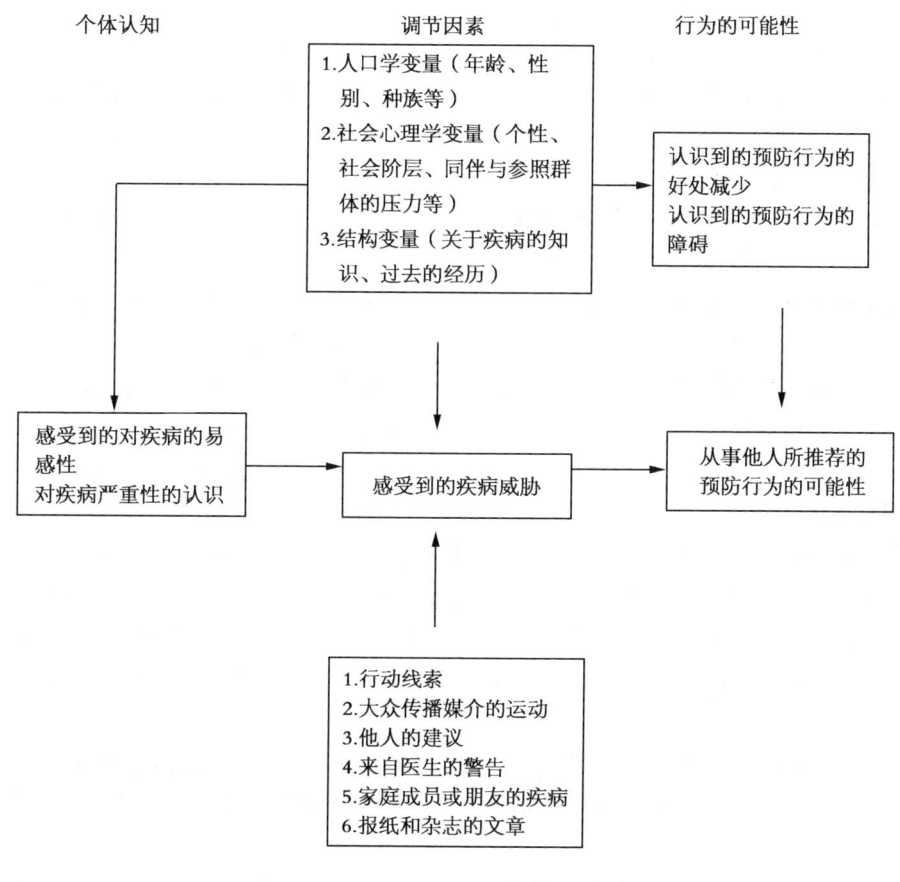

图 7-3 健康信念模型
(Rice,1998)

图 7-3 说明了健康信念模型的基本成分,在某种意义上该模型是多重因果的。它提出,健康行为是心理社会因素共同影响导致的,它的核心部分是一套关于健康的个人信念,这些信念调节着人们对威胁的感知,从而影响他们从事健康

行为的可能性。HBM假设：

第一，人们具有一定的关于疾病严重性的信念。例如，那些相信吸烟很可能会导致肺癌的人，会因此而戒烟。

第二，每个人对自己的疾病抵抗力都有一个认知。有的人总担心自己会生病，有的人认为自己坚如磐石，这种想法会使人较少地采纳健康行为来避免危险。即使一个人知道吸烟会导致肺癌，他也坚信自己是个例外。

第三，每个人都有一整套关于健康行动的利弊的信念，都有对自己采纳健康行为的代价及障碍的感知。

当然，这些因素还会受社会经济状况、人口统计学因素和行为暗示的影响，可以通过环境的影响而改变，比如大众媒体的宣传或亲朋好友的带动等。Janz和Becker报告有40项以上的研究支持这一理论(Janz N K,1984)，发现"知觉到的益处与困难"因素对锻炼参与有较好的预测能力，"不良健康的易感性"因素在预防性健康行为中的贡献率最大。

尽管该理论提供了一些有价值的线索，但是，它还是存在着不少的问题。首先，理论中包括了太多的变量，这反而影响了预测度，难以发现主要的预测因子。其次，缺乏有效的测量工具来测量健康信念。第三，目前的有关研究大多是回溯性的，这类研究难以解释健康信念与锻炼行为之间的因果关系。

(1) 社会认知理论：社会认知理论主要从自我效能和结果预期这两个方面来解释行为，它从行为(如成功的经验)、认知(如榜样的作用)、社会(如言语劝说)、生理(如情感或生理唤醒)等四个方面来分析影响自我效能的因素，并认为结果预期包括生理的、社会的、自我评价三个方面。用Bandura的话来说："对个人控制的预期能影响应对行为的产生和持续，人们对自己应对行为有效性所持信念的强度，很可能会影响着人们是否去试图应对特定情境"。然而一些研究发现，在解释行为时，自我效能似乎比结果预期能获得更多的支持，如Sallis和Hovel(1990)的研究综述表明，自我效能是与锻炼行为联系最为密切的一个变量。

运用该理论可以比较全面的分析人们参加体育锻炼的行为，因此它成了锻炼心理学领域内一个比较成功的理论，许多不同年龄组和跨文化的研究结果均支持社会认知理论。

当然，这个理论也存在着一定的不足，其不足之处是设计和测量方面存在一些问题。设计问题包括纵向研究、随机研究的缺乏，以及不完善的跟踪研究；测量问题是指由于自我效能概念解释的不一致，事实上目前存在六种不同的自我效能概念的解释：行为自我效能、障碍自我效能、特定疾病(健康)行为自我效能、行为控制感、一般自我效能和其他类型的自我效能(毛荣建，2003)。这在一定程度上给自我效能的测量带来了难度。

（2）合理行为理论和计划行为理论:合理行为理论的假设前提(Ajzen I.,1981)是:人们的行为是有理性的,各种行为发生前要进行信息加工、分析和合理的思考,一系列的理由决定了人们实施行为的动机。根据该理论,意图是行为的直接决定因素,而态度和主观标准又对意图有很大的影响。合理行为理论阐明了行为信念、行为态度和主体规范之间的因果关系。它认为,锻炼行为是个体对某一个健康威胁的反应,当个体认识到由于他们的静止生活方式而使他们的健康受到威胁时,就会采纳合理的建议、做出参加锻炼的决定。一项元分析研究表明:态度对意图的影响是主观标准的两倍(Hausenblas et al.,1997)。

然而,行为的改变是一个非常困难的过程,一种行为不大可能轻易从一个人的生活中消除。这是因为个体不可能控制行为的所有影响因素,而情境中的不可控因素会对个体行为的选择和坚持产生一定的影响。因而,意图并不是唯一的行为预测因子,对危险的感知只是行为改变的弱预测因子。由此,计划行为理论应运而生。

计划行为理论是由合理行为理论变化而来的。该理论比合理行为理论增加了一个"行为控制感"变量,即知觉到的完成行为的困难和容易程度。这一增加的变量有利于解释自主控制相对比较低的行为。Ajzen认为,行为控制感对行为和意向有很强的作用,尤其在主观控制非常接近实际控制的情况下,对行为的预测非常准确。有研究者运用计划行为理论进行了大面积的人口调查,研究发现,不同年龄和性别组的运动意图随态度和主观标准的变化而变化,随着年龄的增长,行为控制感和主观标准变得越来越重要,而态度的影响会弱化。

合理行动理论及计划行为理论为健康相关行为的分析提供了很好的理论框架,对行为干预有良好的指导作用。然而,这两个模型也有一些局限性,其假设的前提是人们的行为实施是以合理思考为基础,但实际情况却不总是这样,因此,理论模式只能从某一角度来阐明行为和行为改变的规律,不可能解决行为干预的所有问题。

（3）控制感理论:"控制点"(locus of control,LOC)是指个人有效控制行为和驾驭外部环境的期望值,也就是说,个体要对影响自己行为的因素进行评价,评价这些因素是处于自己控制之下(内控型),还是由他人或某种偶然因素所控制(外控型),实际上它反应了个体的动机价值期望。有研究表明,与那些锻炼动机更倾向于外部控制的人相比,内部控制的人有更强的活动意向和更高水平的身体活动(Chatzisarantis N.,1998)。研究者发现,用内部控制格式测量的意向（我想……)对身体活动所做的预测比用外部控制格式测量的意向(我应该……)所做的预测要更加准确。因而,有证据表明,内部控制是预测锻炼行为的一个重要变量。

Deci和Ryan(1985)对该理论进行了扩充,提出了"自我决定理论"(Self-determination theory,SDT),对内部动机和外部动机进行了多维度的分析。根据自我决定理论,动机形式不同,行为调节的模式也各不相同。该理论提出,在非自我决定和完全自我决定之间存在着的连续体决定了行为调节的不同模式,依次为:无动机状态、外部调节、外倾调节、摄入性调节、认同调节、内部调节。无动机状态是指缺乏任何行为参与的动机,或者是指完全非自我决定的调节形式;外部调节是指参与一种行动只是迫于外部压力或为了获得外部奖励;外倾调节是指外部动机的内部倾向,即通过自我加压以避免愧疚、维持自尊;摄入性调节是一种对行为重要性认可的意识,其目的是为了获得个体价值;认同性调节是指行为的参与和个人的自我观念相一致;内部调节是指个体参与活动是出于对行为本身的喜爱和满足感。

(4)跨理论模型:跨理论模型从认知、行为和时间等三方面来综合考虑行为的变化过程,其主要特点在于指出了不同类型的认知在锻炼行为改变过程中的不同阶段,其重要性也不同。这个模型也包括了自我效能感和其他相关概念,被成功地运用于各种健康行为中。

跨理论模型分为5个不同阶段:前意向阶段、思考阶段、准备阶段、行动阶段、保持阶段(图7-4)。

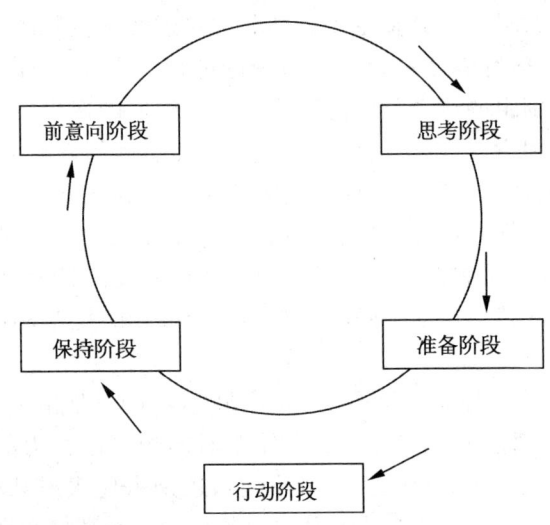

图7-4 阶段改变的循环模式
(Weinberg,1999)

人们行为改变的过程包括两个,一是认知过程,在阶段变化的早期比较重要;二是行为过程,主要应用于阶段变化的后期。

人们在对锻炼行为做出决策时,通常会进行成本—效益分析,这就叫决策平衡。每一种获益和付出可以分为四种类型的概念:自我的满意和实利获得、他人的满意和实利获得、自我的不满意和实利损失、他人的不满意和实利损失。

当行为产生后,自我效能感决定着努力的程度和坚持的程度。根据Bandura的理论,自我效能感一旦建立起来,就会对个体的行为产生较强的泛化作用。自我怀疑的人更可能遇见失败的情境,担心自己表现不好,并使计划流产;而自我效能感强的人则会看到成功的情境,并以此指导行动,这使他们尽管面临困难也会坚持下去。

当然,跨理论模型也存在着一定的不足,这主要体现在:① 对于行为变化不同阶段划分的支持性证据太少且不一致;② 对于行为变化过程和变化阶段关系的证据混淆不清;③ 跨理论模型是描述性的而不是解释性的;④ 跨理论模型没有考虑到调节变量的作用,如个体差异、社会影响等。

3. 有关锻炼干预的研究

体育锻炼与心理健康领域的研究除了涉及参与锻炼的前因(加入和选择)、锻炼期间的心理过程(坚持)、锻炼的后果(心理效应)等内容之外,还包括对锻炼行为的干预,即通过为那些缺乏锻炼的人们制订教育策略,并采取适当的干预手段,促使更多的人投身锻炼,并形成健康、积极的锻炼生活方式,使他们的身心状况与生活质量得到改善。

(1) 锻炼干预的主要原则:在了解了影响锻炼坚持性的诸多因素之后,锻炼计划指导者的工作应遵循以下的原则:

① 根据锻炼对象行为改变的不同阶段,采取适当的措施;

② 为锻炼对象设置良好的锻炼情境(如标识、口号、海报、漫画等);

③ 设法让锻炼者喜欢所从事的运动;

④ 为参加者设置适宜的锻炼强度、锻炼时间和锻炼频率;

⑤ 提倡参与者以小团体的形式或与朋友一起锻炼;

⑥ 和参与者一起制订锻炼计划的协议或声明,使他(她)愿意完成计划;

⑦ 提供机会让参与者自己选择锻炼项目;

⑧ 奖励锻炼者的出勤和积极参与;

⑨ 给予个别化的反馈;

⑩ 寻找方便的锻炼地点;

⑪ 让自己达到预期目标的锻炼者自我奖励;

⑫ 鼓励参与者自行设定灵活的、以时间为基础的目标;

⑬ 提示锻炼者将注意力集中于外部环境(而不是自己的身体);

⑭ 运用小组讨论的方法;

⑮ 在锻炼计划开始执行以前,让参与者完成决策平衡表(即锻炼得失评估

表）；

⑯ 帮助锻炼者争取配偶、家人和同伴的社会支持；

⑰ 建议锻炼者写锻炼日记。

（2）锻炼干预的策略：一般而言，一对一干预和小群体干预的方式分为认知干预和行为干预。主张认知干预的学者相信，人类通过对外部环境的内部表征与个人解释可以主动地指引自己的行为。他们认为合理的逻辑和推理可以给人们带来信念与态度的变化，并且认知过程与学习经验的交互作用会影响人的情感和行为。主张行为干预的学者则认为人的一切行为，无论是好是坏、是安全还是危险，都是后天习得的，因此，即使是不良行为也可以通过控制问题行为的刺激来进行改变。然而，在具体的锻炼干预过程中还必须注意，要用恰当的方法把各种干预策略和行为变化的具体阶段联系起来。

使新的锻炼行为发生：锻炼行为塑造的自我干预策略

在与一些55岁的退休人员交流过之后，弗兰克决定让生活改变一下，但是，他不能确定从何处入手。他觉得应该改变一下自己久坐的生活习惯，于是他报名参加当地社区大学的行为调节课程。接着，遵照医生的建议，他决定开始实施一个锻炼计划。在过去的生活中弗兰克是个特别不爱动的人，一下班回来，他尤其喜欢坐在沙发上，喝着啤酒、看着电视。弗兰克开始了自己的锻炼计划，他信誓旦旦地告诉妻子，他要保证每天跑400米。然而，经过一段时间的尝试之后，他又回到了原来的生活状态中。于是他决定尝试一下塑造计划，这个塑造计划包括三个程序：

1. 明确行为的最终目标

弗兰克的目标是每天跑400米，对于一个长期缺乏锻炼的人来说，要实现这个目标并不容易。为了达到这个目标，有必要首先加强其他目标。

2. 为了达到最终目标，确定一个开始点

弗兰克决定，刚刚开始时，先绕自己的房子散步，尽管这离400米的路程还很远，但这至少是个开始。

3. 逐步增加跑步的距离，慢慢接近400米的目标，直到最终达到自己想要的目标

弗兰克决定将喝啤酒作为自己完成目标的奖励，并将这个计划告诉他的妻子，让她监督自己，提醒自己只有完成任务才能喝到啤酒。就这样，弗兰克慢慢接近目标，并最终形成了有规律跑步的习惯。

体育教学中的锻炼行为塑造策略

1. 选择最终锻炼行为

(1) 选择一种特定的锻炼行为(如每天绕操场慢跑2圈),而不是选择一类行为(坚持课外体育锻炼)。

(2) 如果可能的话,选择一种在形成之后,还可以处于一定促进作用控制下的行为(如有同伴参与的行为)。

2. 选择适当的激励手段和措施

3. 制订行为塑造计划

(1) 列出达到最终锻炼行为的步骤,然后进行初始行动。为了更好地达到目的,最好选择一种与最终行为(每天绕操场慢跑2圈)比较接近的初始行动(散步),而且,这些步骤之间必须是紧密联系、环环相扣的。

(2) 你的计划只是最初的"教育设想",在实施过程中还必须根据学生的执行情况进行调整。

4. 完成计划

(1) 在开始之前向学生详细解释你的计划。

(2) 每次当初始行动开始之后,都必须进行强化。

(3) 只有当学生形成了上一级行为之后,才能进入新的行动。

(4) 在任何一个步骤上,都牢记既不要过度强化,也不要强化不足。

(5) 如果学生退出锻炼了,那么,有可能是你的进度安排不合适,也可能是由于你的强化手段不起效。

a. 首先,检查你的强化手段的有效性;

b. 如果学生变得注意力不集中或出现厌烦的状况,说明你的计划进度太慢;

c. 注意力分散或厌倦也有可能是因为计划进度太快,如果是这样的话,应该返回到上一步行为中;

d. 如果回到上一级步骤你的学生还是觉得很困难,那么,就应该在这一层次上增加更多的步骤。

(六) 体育锻炼造成的心理耗竭

1. 心理耗竭的含义及测量

心理耗竭是一个比较复杂的概念,它是一种运动应激症状,指运动者在运动中因长期无法应付的运动应激而产生的一种耗竭性心理生理反应,它与运动者的认知因素直接相关。有研究者认为,心理耗竭是一种综合征,是体力和情感被耗尽、运动被贬值和运动表现不佳的综合表现。心理耗竭不仅损害心理健康,而且往往会直接导致运动者中途退出锻炼。其主要症状如下:失去活动的欲望;失眠;躯体和心理上的精疲力竭;消极的自我意识;头痛;心境变化;药物滥用;价值观和信念的变化;孤立感;焦虑等。

最为广泛应用的心理耗竭测量工具是 Maslack 心理耗竭量表,它主要用来测量自我报告的疲劳感的频率和强度。该量表主要测量心理耗竭的三个成分:

(1) 心理上的耗竭:自我感觉精疲力竭。

(2) 去人性化:消极的自我意识和一种对生活、工作、他人的消极态度。这是一种对人疏远的感觉和宛如行尸走肉般的经验。

(3) 个人成就感:是一个人具有胜任能力和成功愿望的感觉。疲劳者常常会感到低成就感,这通常是由于自己感到缺乏控制情境的能力。

Maslack 心理耗竭量表被认为是一种比较可靠的量表,已经经过修订并用于竞技运动和体育锻炼领域,除此之外,它还广泛应用于各种有可能产生心理疲劳的职业,包括护士、律师、医生、教师、心理从业人员、警察、商业人士等。

2. 导致心理耗竭的因素

造成心理耗竭的原因主要有:锻炼动机的丧失、体育锻炼与比赛的复杂性和紧张性、体育锻炼内容的单调性和恢复措施的局限性等(颜军,2000)。有研究(王长生,2000)指出,体育锻炼导致心理疲劳的主要因素有:① 环境因素:自然环境(指气候和生理机制方面)和社会环境(主要指人际关系方面);② 行为因素:主观因素(指锻炼者对练习的态度、行动方式、人格因素)和客观因素(锻炼者对场地、器材的不适应,行为目标过高等);③ 动机因素:内在动机(建立在锻炼者自身需要与兴趣的基础上,表现为锻炼意向和锻炼愿望,一旦丧失就容易产生主观体验的倦怠)和外在动机(受外部环境影响较大)。关于与锻炼者心理耗竭有关的因素详见表 7-1(简耀辉,2002)。

3. 心理耗竭的模式

(1) 认知—情意压力模式:虽然目前并没有对心理耗竭进行大规模的流行病学调查,但还是出现了不少有关心理耗竭的研究。其中有一些是针对与锻炼有关的心理耗竭的模式进行的,其中比较有代表意义的是认知—情意压力模式。

认知—情意压力模式是由 Smith(1986)提出的,他提出了四阶段、以压力为基础的锻炼心理耗竭模式(简耀辉,2002)(图 7-5)。

表 7-1 与锻炼者心理耗竭有关的因素

情境需求	对情境的认知评估	生理/心理反应	行为反应	人格和动机因素
低社会支持；对环境缺乏控制力或过于依赖环境；自己或他人的高期望；人际关系问题；外界的负面反馈；运动损伤；对运动负荷的过度要求；对运动时间的过度要求	知觉运动负荷过度；缺乏成就感；缺乏锻炼乐趣；习得性无助；长期压力；生活满意度降低；有危机感；有陷入困境感；对锻炼本身的价值评价比较低	动机水平降低；机体疲劳；注意力分散；体重降低或增加；容易生病或受伤；情绪不定、缺乏耐心；容易愤怒；肌肉疼痛；感觉无聊	身体上的退缩；情绪上的退缩；心理上的退缩；运动表现下降；锻炼中力不从心；动作僵硬，出现不适当行为；睡眠困扰；人际关系障碍	特质焦虑水平高；低自尊和低胜任能力知觉；自我定向,害怕失败；害怕负面评价；自我概念比较单一；高度讨好他人的需求；低果断性；自我挑剔；追求完美；低控制感；高挫折感；低挫折感

第一阶段称为"情境要求"阶段,当情境的要求大于个体潜在的应对资源时,就会出现压力,进而发展到心理耗竭；第二个阶段为"认知评估"阶段,即个人对情境的解释和评估,面对同样的情境,有一些人比其他人更容易将其看作威胁；第三个阶段称为"生理反应"阶段,当个体评价一个情境为有威胁时,持续的压力会使其产生生理上的变化,如紧张、愤怒、疲劳等,容易生病或出现睡眠方面的困扰；第四阶段为"行为表现"阶段,即生理上的反应会导致一些行为表现下降,如运动水平下降、人际交往出现障碍,甚至于从活动中退出。Smith 认为,每个人对运动中压力的反应都会受人格和动机的调节,也就是说,一个人独特的人格和内在动机常常会决定这个人是否会产生心理耗竭。

(2) 训练压力反应模式：Silva 的训练压力反应模式虽然承认心理因素的重要性(Silva,1990),但是更强调运动者对训练的反应。Silva 认为,训练压力是运动者获得良好运动成绩所必需的,但这种训练会给运动者带来身体和心理上的压力。如果运动者能积极地适应这种训练压力,那么将会从中受益；如果运动者消极地适应训练压力,那么就会产生负面效应,运动者会感到厌倦、疲劳,最终导致心理耗竭,并退出运动。

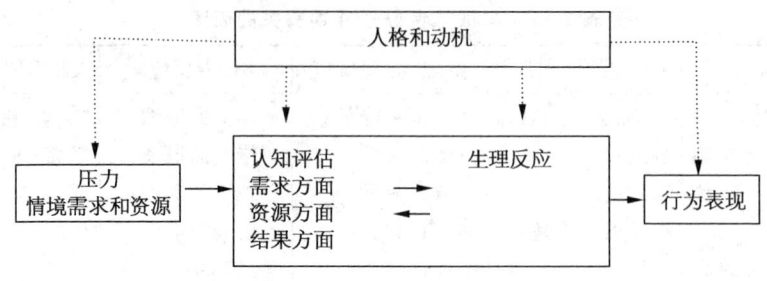

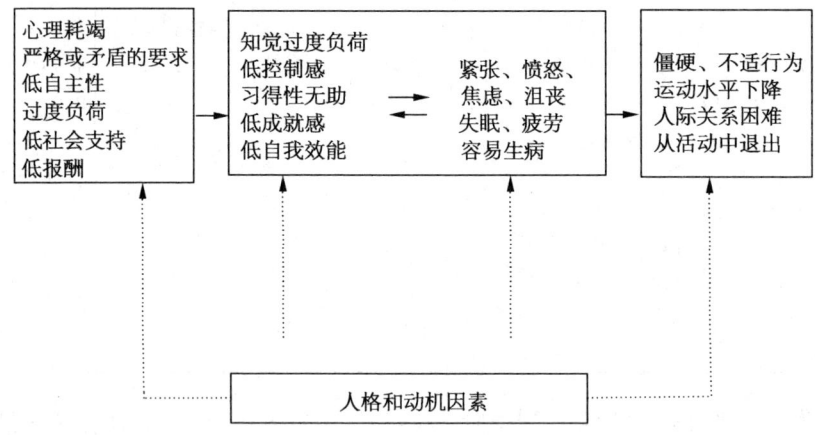

图 7-5 Smith 运动心理耗竭认知—情意模式

(3) 单一认同发展与外在控制模式：Coakley 的单一认同发展与外在控制模式承认运动心理耗竭的产生与压力有关，但他同时也认为，这种压力只是心理耗竭的症状而不是根本原因(Coakley,1992)。他指出，引起心理耗竭的真正原因是由体育运动的社会组织所引起的，这些社会组织影响了运动员的自我认同和控制感。当运动者意识到这一点，他们会失去运动的内在动机，当他们在运动中受伤或无法成功时，随之而来的压力容易让他们产生心理耗竭。

Silva 的训练压力反应模式和 Coakley 的单一认同发展与外在控制模式虽然都认为心理耗竭与压力有关，但两者的侧重点各不相同。前者强调运动者对身体训练的反应，而后者则比史密斯的模式更强调社会因素的作用。相比而言，三种模式中还是认知—情意模式比较全面，它包含了其他两个模型中所涉及的影响因素。

四、教学重点与难点

（一）教学重点

（1）对身心关系的探讨，以及心理健康的理解。
（2）体育锻炼对情绪的影响。
（3）体育锻炼对人格有无影响。
（4）各种锻炼行为理论之间的差异。
（5）影响人们体育锻炼坚持性的因素。
（6）促进人们体育锻炼坚持性的策略和方法。

（二）教学难点

（1）如何帮助学生理解锻炼的心理效益。
（2）解释锻炼行为模式。
（3）如何帮助学生掌握锻炼行为干预策略。

五、教学指导建议

（一）知识点1：对身心关系的探讨，以及对心理健康的理解

教学活动：
采用课堂讲授的方法比较几种不同的理论，通过比较使学生加深对身心关系的理解。
结合研究背景的介绍，使学生对体育锻炼与心理健康研究的发展有所了解。
实验法：组织学生认识心理健康的测量手段，掌握测量方法。

（二）知识点2：体育锻炼与认知功能的关系

教学活动：
围绕"体育锻炼到底能不能对运动者的认知功能产生影响，如何影响"这一话题展开教学。以课堂讲授为主，以启发式的教学方法激发学生的思维。

(三)知识点3:体育锻炼对情绪的影响

教学活动:
请学生罗列出体育锻炼会产生哪些情绪效益。
重点介绍体育锻炼对抑郁、焦虑的影响。
通过实验法指导学生对抑郁和焦虑状态进行测量。
布置预习作业:
搜集体育锻炼对人格影响的研究成果。

(四)知识点4:体育锻炼对人格的影响

教学活动:
以讨论课的形式来进行。讨论的议题为:
(1)"运动员人格与一般人的人格有无区别?"
(2)"体育锻炼能否对人格产生影响?"
将学生分为两个组:肯定组和否定组,并让他们相互辩论。采用启发式教学的方法促使学生进行思考。

(五)知识点5:体能对应激反应(心血管系统、抑郁、免疫系统等)的调节

教学活动:
重点分析有氧体能对心血管系统和应激反应的影响。引导学生自己得出结论:体能是一个重要的调节变量。

(六)知识点6:体育锻炼影响心理健康的生理学和心理学原因分析

教学活动:
在分析现有理论假说的基础上,启发学生思考,让他们提出这些理论的不足之处。
布置作业:
"查阅资料对锻炼行为理论有初步了解"。

(七)知识点7:各种锻炼行为理论之间的差异

教学活动:
讨论课,结合作业完成情况,探讨各种不同的锻炼行为理论的意义及不足。
讨论影响人们参与锻炼的因素,结合实践初步掌握锻炼行为调节的策略和措施。

（八）知识点 8：体育锻炼的消极影响

教学活动：

采用课堂讲授法，介绍锻炼成瘾和锻炼心理耗竭的有关知识。

六、参考文献

[1] 张力为，毛志雄.运动心理学[M].上海：华东师范大学出版社，2003.

[2] 季浏.体育心理学[M].北京：高等教育出版社，2000.

[3] 简耀辉等译.竞技与健身运动心理学[M].台北：台湾运动心理学会，2002.

[4] 季浏，(澳)罗伯特 J.科克比.体育锻炼心理学的研究现状和未来方向[J].天津体育学院学报，1997(3).

[5] 傅正军等.开发小学学龄儿童运动和智力潜能的实验研究[J].上海体育学院学报，2001(1).

[6] 毛志雄，王则珊.北京城区中老年人身体锻炼与心理健康的关系：情绪维度的研究[J].北京体育大学学报，1996(19)(增刊).

[7] 杨剑.青少年参与体育活动与心理健康效益互动模式的研究.博士学位论文.上海：华东师范大学体育与健康学院，2002.

[8] 张力为，毛志雄.运动心理学[M].上海：华东师范大学出版社，2003.

[9] 李京诚.身体锻炼心理在某些领域的研究综述[J].北京体育师范学院学报，1999(3).

[10] 季浏.体育锻炼对怀孕妇女心理的影响[J].天津体育学院学报，1997(1).

[11] 吴秀琴.浅谈有氧素质在心理应激中的作用[J].福建体育科技，1997(2).

[12] 颜军等.体育运动对神经心理免疫影响的研究述评[J].体育与科学，1999(5).

[13] 樊兆华.运动员应激反应特点初探[J].体育科学，2001(3).

[14] 毛荣建等.锻炼行为激发机制的研究进展[J].体育学刊，2003(2).

[15] 张力为，任未多.体育运动心理学研究进展[M].北京：高等教育出版社，2000.

[16] 王长生.体育健身中的心理疲劳及其疗法[J].湖北体育科技，2000(2).

[17] 简耀辉等译.竞技与健身运动心理学[M].台湾运动心理学会,2002.

[18] 茨城大学健康运动科学研究会编.身体活动の科学[日].东京:大修馆书店,1995.

[19] Richard H. Cox 著,张力为等译.运动心理学——概念与应用[M].北京:清华大学出版社,2003.

[20] Folkins, C. H. , & Sime, W. E. , Physical fitness training and mental health. American Psychologist,1981(36).

[21] Bandura, A. . Self-efficacy: The. exercise. of. control. NewYork: W. H. Freeman,1997.

[22] Dishman, R. K. , & Buckworth, J. . Adherence to physical activity. In W. P. Morgan (Eds.), Physical activity and mental health. Washing DC: Taylor & Francis,1997.

[23] Weinberg Robert S. , Jackson, A. , Kolodny, K. . The relationship of massage and exercise to mood enhancement. The Sport Psychologist,1988(2).

[24] Mcinman, A. D. & Benger, B. G. . Self-concept and mood changes associated with aerobic dance. Australian Journal of Psychology,1993(45).

[25] Berger, B. G. , Friedman, E. , & Eaton, M. . Comparison of jogging, the relaxation response, and group interaction for stress reduction. Journal of Sport & Exercise Psychology,1988(10).

[26] Berger, B. G. , McInman, A. , Exercise and the quality of life. In R. N. Singer, M Murphey, & L. K. Tennant (Eds.), Handbook of Research on Sport Psychology. New York: Macmillan Publishing Company,1993.

[27] King, A. C. , Taylor, C. B. , Haskell, W. L. , & Debusk, R. F. . Influence of regular aerobic exercise on psychological health: A randomized, controlled trial of healthy middle-aged adults. Health Psychology. 1989(8).

[28] Plante, T. G. . Aerobic exercise in prevention and treatment of psychology. In P. Seraganian (ED). Exercise psychology. New York: John wiley & Sons,1993(1).

[29] Szabo, A. , Gauvin, L. . Reactivity to written mental arithmetic: Effects of exercise lay-off and habituation. Physiology Behavior,1992.

[30] Folkins, C. H. , & Sime, W. E. , Physical fitness training and mental health. American Psychologist,1981(36).

[31] Long, B. C. . Aerobic conditioning and stress inoculations: A comparison of stress management intervention. Cognitive Therapy and Research,1984(8).

[32] Phillip L. Rice. Health Psychology [M]. Brooks/Cole Publishing Company,1998.

[33] Crews D J. Meta-analytic review of aerobic fitness and reactivity to psychological stressor [J]. Med Sci Sports exerc,1987(19).

[34] Kenyon,G. S. A Conceptual model for characterizing physical activity. Research Quarterly,1968(39).

[35] Dishman,R. K.. Biologic influences on exercise adherence[J]. Research Quarterly for Exercise and Sport,1981(52).

[36] Melready B. H. Motivationl Readiness, Self-efficacy and Decision-Making for Exercise. Journal of Applied Social Psychology,1992(22).

[37] Dzewaltowski, D. A. Toward a model of exercise motivation [J]. Journal of Sport and Exercise Psychology,1989(11).

[38] Silberstein,L. R. ,Mishkind,M. E. ,Striegel-Moore,R. H. ,Timko, C. ,and Rodin,J.. Men and their bodies:A comparison of homosexual and heterosexual men. Psychosomatic Medicine,1989(51).

[39] Cass J. ,Kirkby,R. J.. Motives for Participation of 127 Older Adults in Walking Programs. An Unpublished Study,1992.

[40] King,A. C. ,Taylor,C. B. ,Haskell,W. L. ,& Debusk,R. F.. Strategies for increasing early adherence to and long-term maintenance of home-based exercise training in healthy middle-aged man and woman . American Journal of Cardiology,1988(61).

[41] Sallis J. F. ,Hovel M. F.. Determinants of exercise behavior. Exercise and Sport Sciences Reviews,1990(19).

[42] Fucht,B. C. ,Bouchard,L. J. ,Murphey,M.. Influence of martial arts training on the perceptions of experimentally induced pressure pain and selected psychological responses. Journal of Sport Behavior,2000(23).

[43] McAuley,E. understanding exercise behavior:A self-efficacy perspective. In G. C. Roberts (ED.),Motivation in sport and exercise. Chicago IL:Human Kinetics,1992.

[44] Weiss,M. R. ,& Chaumeton,N.. Motivational orientations in sport, In T. S. Horn (Ed.)Advances in sport psychology. Champaign,IL:Human Kinetics,1992.

[45] Dishman,R. K.. Biologic influences on exercise adherence. Research Quarterly for Exercise and Sport,1981(52).

[46] Becker M. H. ,et al.. Selected psychosocial models and correlates of

individual health-related behaviors. Medical Care,1977(15)(Supplement).

[47] Phillip L. Rice. Health Psychology [M]. Brooks/Cole Publishing Company,1998.

[48] Janz N K, Becker MH. The health belief model: A decade later. Health Education Quarterly,1984(11).

[49] Sallis J. F. ,Hovel M. F.. Determinants of exercise behavior. Exercise and Sport Sciences Reviews,1990(19).

[50] Ajzen I. ,& Fishben,M.. Understanding attitudes and predicting social behavior. Englewood Cliffs,NJ:Prentice Hall 1981.

[51] Hausenblas HA,Carron A V,Mack D E. Application of the Theory of Reasoned Action and Planned Behavior to Exercise Behavior:A Meta-Analysis.. Journal of Sport & Exercise Psychology,1997(19).

[52] Chatzisarantis N. ,Bibble SJH,Functional significance of psychological variables that are included in the Theory of Planned Behavior:A self-determination theory approach to the study of attitudes, subjective, norms, perceptions of control, and intentions [J]. European Journal of Social Psychology, 1998(28).

[53] Deci E L,Ryan R. M.. Intrinsic Motivation and Self-determination in Human Behavior. New York:Plenum Press,1985.

[54] Weinberg Robert S. & Daniel Gould,Foundation of sport and exercise psychology. Champaign,IL:Human Kinetics,1999.

[55] Silva,J. M.. An analysis of the training stress syndrome in competitive athletics. Journal of Applied Sport Psychology,1990(2).

[56] Coakley,J.. Burnout among adolescent athletes:A personal failure or social problem? Sociology of Sport Journal,1992(9).

第八章

运动损伤的心理致因与康复

一、教学目标

通过本章教学,使学生能够:
(1) 理解导致运动损伤发生的心理因素及其作用。
(2) 认识应激对运动损伤产生的影响。
(3) 了解运动损伤发生后的心理反应。
(4) 掌握运动损伤心理康复的主要方法。
(5) 学会制定运动损伤的心理康复计划。
(6) 运用应对策略预防运动损伤的发生。

二、教学内容框架(图8-1)

三、知识拓展与深化

(一) 运动损伤的流行病学研究

1. 不同人群流行病学的特点

于长隆等(2000)对我国116名优秀冰球运动员进行了创伤调查,结果发现男运动员的创伤发病率为88.5%,女运动员为65.5%。其创伤特点主要为急性伤或由急性伤迁延而来,慢性伤只占20%左右;创伤的多发性也很明显,占70%以上。创伤发病率最高的6种疾病依次为腰背肌肉筋膜炎、髌腱腱围炎、腕关节

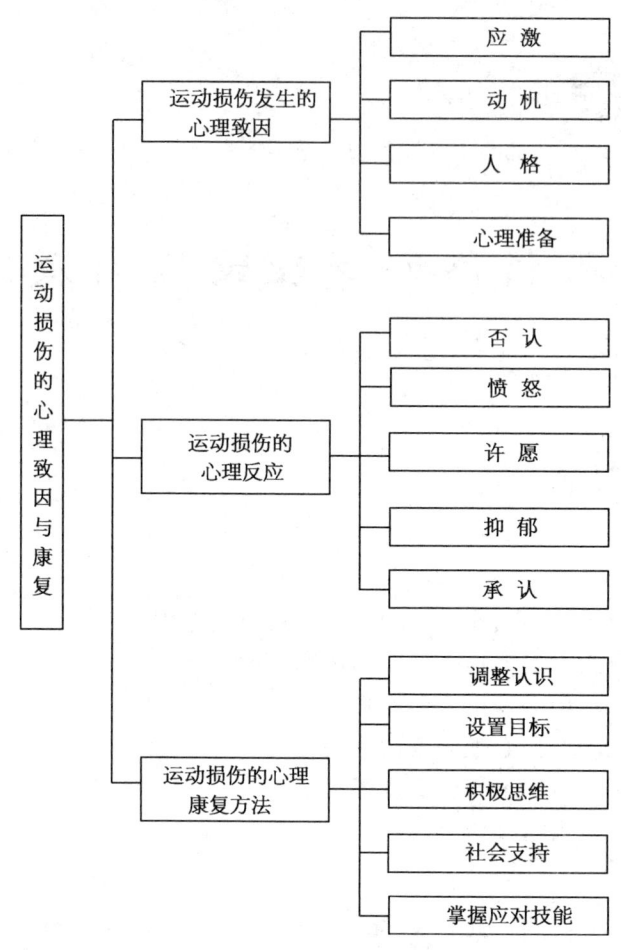

图 8-1 运动损伤的心理及康复教学内容框架图

三角软骨盘损伤、踝关节韧带断裂和不稳、髌骨软骨病和肩袖损伤。樊莲香(2002)对我国 140 名优秀艺术体操运动员进行创伤调查,结果发现 51 名运动员的运动损伤涉及 9 个部位,重伤例数 33 例,以腰、踝发病率高;中等损伤 81 例,腰、脚背、膝、踝发病率高;轻伤 185 例,脚背、踝关节、腰、肩关节发病率高。总体上各部位发病率最高的为腰,其次为踝、脚背、膝、肩部位。损伤发病时间主要为平时技术训练。刘明辉等(2001)对我国 120 名优秀游泳运动员进行了创伤调查,结果发现肩、膝损伤占 61.54%,最为常见的为腰肌损伤、肩袖损伤、距腓前韧带损伤、髌腱末端病等。多为训练 6~9 年健将级以上的运动员,肩关节损伤多是自由泳、蝶泳、仰泳运动员;膝关节损伤则多是蛙泳运动员。损伤多发生在冬训大运动量训练和赛事繁多的赛前大强度训练的季节,类别多属急性损伤,与慢性损伤相比有显著性差异。陈雅玲(2003)对 1150 名中学生进行运动损伤问卷调查结果表明：男女中学生损伤发生的几率相等，初中生，特别是初一新生是运动损伤的高危人群，3～5月份是运动损伤的高发季节，损伤的部位常见于下肢，性质多为关节韧带损伤和肌肉拉伤。

2. 不同项目流行病学的特点

（1）体操是一种力量和协调性要求较高的运动项目，技术中支撑、落地等动作较多，因此体操运动员主要损伤部位是肘、踝关节，以肘关节损伤最为严重。临床症状以肘关节骨髓炎、合并软组织急慢性损伤较多。其次为踝关节，多以起跳落地后扭伤为主。在吊环中因摆动振幅不协调造成腰部损伤的比例最大，跳马中以落地不当而致膝关节和踝关节损伤多见。

（2）田径运动包括跑、跳、投掷和竞走。短跑常见创伤有大腿后部屈肌拉伤、足踝腱鞘炎、跟腱纤维撕裂、断裂或跟腱腱围炎、髂骨前上棘的断裂、踝关节与膝关节扭伤、姆趾种子骨骨折等。中长跑有胫腓骨疲劳性骨膜炎或骨折。马拉松运动员常发生膝外侧疼痛综合征，胫前肌腱鞘炎及足趾挤压伤。跨栏最易发生大腿后肌肉拉伤（包括坐骨结节末端病）、腰痛及髌骨软骨病。跳高、跳远、三级跳和撑竿跳常见创伤为踝关节韧带扭伤或骨折、足跟挫伤、膝关节的韧带与半月板损伤、前臂骨折及肩部挫伤。投掷常见创伤为肌肉韧带扭伤（肩、腰、膝、肘关节）或骨折。铁饼常见创伤为髌内软骨病，髌腱扭伤及伸膝腱膜炎。投掷手榴弹与标枪，肩袖伤、内侧副韧带、肌肉的扭伤，投掷肘、髌骨软骨病或伸膝腱膜炎最常见。掷链球常见创伤为斜方肌拉伤。铅球常见创伤为掌指关节扭伤、左侧腰方肌拉伤、指屈深肌腱拉伤、蚓状肌拉伤及髌骨软骨病。

（3）球类运动损伤特点。篮球运动强度大、速度快、具有较强的对抗性和频繁的身体接触，最常见创伤是踝关节韧带的扭伤或骨折、膝的韧带半月板损伤、指挫伤及腕部舟状骨骨折、髌骨软骨病。足球运动是创伤发生率最高的运动项目之一。损伤程度多为轻伤，以膝、踝关节扭伤、大腿前后肌肉拉伤、挫伤最常见，其中半月板撕裂、膝十字韧带撕断、髌骨骨折、髌骨软骨病等比较少见，守门员易发生手腕（舟状骨骨折）及肘的创伤（鹰嘴皮下滑囊炎及血肿）。"足球踝"、趾骨炎及髌骨软骨病慢性创伤也较多见。排球是技能性要求很高的竞技项目，其发生率的高低依次为：膝、踝、肩、腰、手指、肘、腕，以肩袖损伤、冈下肌麻痹、肱二头肌腱腱鞘炎最多，膝伤以髌骨软骨病、股四头肌外侧头末端病、半月板骨折与棘突骨膜炎较多。此外，"扣球"、"封网"、"救球倒地"也可以发生背部、臀部的挫伤及上下肢其他关节韧带的扭伤或扭伤，其中指扭伤、骨折和脱位最常见。至于损伤性质，急性以踝关节损伤居多，慢性以韧带和关节囊损伤较多。

从国外研究发展动态来看，Desloem(2000)在对参加12个运动项目的男女运动员的损伤研究中指出：膝关节损伤占所有运动损伤的15%～50%。此外，女子多于男子。女子在下列6个项目中（登山、高山滑雪、体操、篮球、排球和团体手球)损伤多于男子。在5个项目中(冰球、团体手球、足球、高山滑雪、篮球)男女的膝关节损伤和交叉韧带损伤发病率较高。BARR研究指出,足球运动是眼睛损伤最多的单项运动,眼前房出血是临床最常见的损伤。

(二) 理解应激及其反应

应激及其对个体的健康状态、医疗保健人员及其他职业群体的效应已经成为一个举世瞩目的问题。自从Selye(1956)提出"应激"这一概念以来,这个问题吸引了医学、心理学、生理学、社会学及其他广泛学科的注意。

1. 应激的一般概念

目前,应激尚无统一的要领。一方面,因研究者的兴趣和学科领域而认识有所不同;另一方面,现有的应激要领还不足以解释心理社会应激源如何影响体内的生理反应。

"应激"一词的原意是指一个系统在外力作用下,竭尽全力对抗时的超负荷过程,Selye将这个词引入到生物和医学领域,并根据对其本质认识的发展而不断对它进行修正、补充和扩大。当前,在医学心理学领域中,应激的含义可概括为三大类:

(1) 应激是一种刺激物:这是把人类的应激与物理学上的定义等同起来。即金属能承受一定的"应力"(Stress)。当应力超过其阈值或"屈服点"(Yield point)时就引起永久性损害。人也具有承受应激的限度,超过它也会产生不良后果。

(2) 应激是一种反应:应激是对不良刺激或应激情境的反应。这是由Selye(1956)的定义发展而来的。他认为应激是一种机体对环境需求的反应,是机体固有的,具有保护性和适应性功能的防卫反应,从而提出了包含三个反应阶段(警戒期、阻抗期、衰竭期)的一般适应综合征学说。

(3) 应激是一种察觉到的威胁:这是Lazarus(1976)综合了刺激与反应两种学说的要点而提出的。他指出,应激发生于个体处在无法应对或调节的需求之时。它的发生并不伴随于特定的刺激或特定的反应,而发生于个体察觉或估价一种有威胁的情境之时。这种估价来自对环境需求的情境以及个体处理这些需求的能力(或应对机制,coping mechanism)的评价。这种说法,可以用来解释对应激性刺激(应激原)做出反应的个体差异,该理论认为,个体对情境的察觉和估价是产生个体差异的关键因素。

应激是个体"察觉"环境刺激对生理、心理及社会系统过重负担时的整体现象,所引起的反应可以是适应或适应不良的。这个定义是从Selye及Lazarus两位著名应激研究者的工作中归纳而得出的。他们两个人都强调判定应激源是区分正性还是负性认知过程的重要步骤。至于唤起机体产生保护性机制以适应不良反应的刺激本质还不清楚。

2. 应激过程的模式

为了便于理解,以下根据近年来诸多学者的见解归纳出应激过程的模式。此模式表明,一个应激过程可以区分为四个部分:输入、中介、反应、结果。而以认知评价为主的心理中介为关键部分。以下就输入、中介机制、反应三个部分进行讨论。

(1) 输入部分——心理应激源:心理应激源是指环境对个体提出的各种需求。经个体认知评价后可以引起心理及(或)生理反应的刺激或情绪。心理应激源可分为四类:

① 躯体性应激源。指直接作用于躯体的理化与生物学刺激物,是 Selye 早年提出的生理应激源,最初只是把这些刺激物看作是引起生理反应的因素。现在则认为刺激物可导致心理反应。

② 心理性应激源。包括人际关系的冲突,表现为个体的强烈需求或过高期望、能力不足或认知障碍等。

③ 社会性应激源。包括客观的社会学指标,如:经济、职业、婚姻、年龄、受教育水平等差异;社会变动性与社会地位的不合适,如:世代间的变动(亲代与子代的社会环境变异),个人的社会化程度、社会交往、生活、工作的变化,重大的社会政治、经济的变动等。

④ 文化性应激源。这是指因文化、风俗、习惯、生活方式、宗教信仰等引起应激的刺激或情境。如:迁居异国他乡、语言环境改变等"文化性迁移"。

医学心理学中常用"心理社会因素"(psychosocial factor)一词来泛指心理应激源。为了进行研究,不少学者致力于对心理社会因素客观评定的探索。Meyer(1954)首先研究出一种称为"生活大事表"的诊断工具,用以记录病人一生中所遇到的重大事件及所患的疾病,发现两者有一定联系。

Holmes 及 Rahe 在 Meyer 表的基础上作了补充修订,提出了可供客观定量评定的"社会重新适应评定量表",该量表共 43 个项目,以生活变化单位计量。我国郑延年、杨德森(1983)以及张明园等(1987)先后编制了适合我国国情的生活事件量表。

生活变故的人群中,37%有重大的健康变化;有重大生活变故者中,70%呈现重大健康变化。Holmes 等提出,LCU(life charge units)一年累计超过 300,则预示今后两年内将有重大的病患;后来又进一步提出,若一年 LCU 不超过 150,来年可能是平安;LCU 为 150~300,则来年患病的可能性为 50%;LCU 超过 300,来年患病的可能性达 70%。1976 年报道的回顾性和前瞻性调查表明,心脏病猝死、心肌梗塞、结核病、白血病、糖尿病、多发性硬化等与 LCU 升高有明显关系。一般伴有心理上丧失感(feeling of loss)的心理刺激,对于健康的危害最大。这种丧失感可以是具体的事或物(例如亲人死亡等),也可以是抽象的丧失感(例如工作的失败等)。其中,尤以亲人(如配偶)丧亡的影响最大。丧失或亲人的丧亡能引起个体一种绝望无援、束手无策的情绪反应,此时个体不能从心理学和生物学上来应付环境的需求。如有人对新近居丧的903名男性作了6年的追踪观察,并与年龄、性别相仿的对照组进行比较。结果表明,居丧的第一年对健康的影响最大,其死亡率为对照组的12倍,而第二、三年的影响已不甚显著。另有研究发现,中年丧偶者与同年龄组相比,对健康的影响更为明显。还有发现,不仅是配偶死亡,而且子女或其他近亲的死亡对健康也有相当大的影响,一年内的死亡率为对照组的5倍。当然这些生活变故对于不同个体的影响不会是等同的。

(2) 中介机制:刺激转变为反应需要有中介机制,包括心理中介与生理中介两种。

① 心理中介机制。察觉或认知评价是决定个体对环境刺激是否引起防卫和抵抗的关键。在心理学中,它们都涉及对信息处理的智力水平。这个水平既取决于气候、饮食、药物、家庭关系及特异环境等外部条件,也受遗传、既往经历等内在因素的影响。

每个人都以自身的不同方式来察觉环境刺激,这就是个体对同一应激源会引起不同反应的原因。Selye(1975)认为这也是几种不同形式的环境刺激引起同样的一般适应综合征或成套生理反应的原因。

Selye将个体对应激的认知评价分为积极的应激(eustress)和消极的应激(distress)。积极的应激给人以力量并提高个体识别与作业的能力;消极的应激则耗费能量储备,并以维护和防卫的形式增加机体系统的负担。Selye把维持生命的能量储备称为"适应能"(adaptive energy)。消极的、适应不良的应激反应最终将使这种生理意义上有限度的适应能耗尽而导致死亡。

② 生理中介因素。目前,对"观念的"心理社会因素如何转变为"物质的"生理反应的关键部位及详细机制尚未完全明了。但是,现有的生理学研究已经在脑与行为、心理-神经-内分泌-免疫等领域累积了不少资料。

脑与行为:在这个领域里,新皮层与古皮层的联系、大脑的情绪结构——边缘系统、下丘脑等方面积累的资料有助于了解生理机制。

感觉皮层-边缘系统联系:感觉信息通过这种联系将"外部世界"与边缘系统主管的情绪及内驱力的"内部世界"相互沟通;已发现从枕叶发出的视觉联合纤维向前经中、下颞回到达颞极,再回到杏仁核。杏仁核被认为是感觉皮层及下丘脑之间的闸门或交换站。

额叶-皮层系统联系:运动前区与额前区是大脑皮层联合区之一,运动前区通过对参与不同感觉通道传入的信息的整合来决定行为。额前区参与运动活动中的动机性准备。另外,眶内侧及背外侧前额区与下丘脑及脑干有双向联系。因此,额叶不仅能监控而且还能调制脑干的植物性神经活动。

边缘系统-新皮层联系:边缘系统的内侧颞叶有直接(经钩束)及间接(经丘脑背内侧核)两条径路到达前额区;海马及杏仁核有弥散性的投射系统到达新皮质;边缘前脑区的神经元变性可致 Alzheimer 氏痴呆。

下丘脑:由多种核团组成,是高级中枢植物性神经功能的最后公路,并对垂体起调节作用,还有许多结构参与内驱力的表达及生理的稳态维持,它是心理-内分泌、心理-免疫机制的核心结构。

心理-神经-内分泌系统。肽类激素、单胺类递质与肽类在突触前末梢的共存以及它们对复杂行为可产生长期影响等事实促进了心理-神经-内分泌学说的发展。抑郁可以伴有多种神经-内分泌异常,如:皮质醇增加并失去正常的昼夜节律变化;削弱生长激素对胰岛素引起的低血糖的反应;使促甲状腺素(TSH)对促甲状腺素释放激素(TRH)的反应钝化。另外,精神疾病时内分泌功能也有变化。

心理-神经-免疫系统。中枢神经系统、行为及免疫系统之间密切相关。现已证实,环境因素可影响免疫功能。除了免疫功能可形成条件反射以及一些与免疫有关的疾病如类风湿性关节炎、系统性红斑狼疮及癌症等可受心理社会应激影响的宏观研究外,近年来在心理与免疫的微观研究上也对心理影响免疫系统的径路有所突破。一方面神经系统作用于胸腺、淋巴结、骨髓、脾脏等免疫器官,通过去甲肾上腺素、5-羟色胺等递质作用于免疫细胞上的受体;另一方面,下丘脑通过促皮质激素释放因子(CRF)使垂体释放 ACTH 并伴随 β-内啡肽的分泌。ACTH、内啡肽均可通过淋巴细胞表面的受体发挥作用;ACTH 还可通过皮质醇影响免疫功能。应激引起的交感-肾上腺系统兴奋可以伴有儿茶酚胺及阿片样物质的释放而作用于淋巴细胞受体。

免疫系统在上述体液因素作用下可以释放免疫反应性(IR)激素。如 IRACTH 内啡肽、IR TSH 及其他淋巴因子,通过它们又将免疫细胞的信息反馈到中枢神经系统,构成了神经内分泌系统与免疫系统的调节环路。

(3)应激反应:当个体经认知评价而察觉到应激源的威胁后,就会引起心理与生理的变化。这种反应是应激的表现形式,也是测量的客观指标。

① 应激引起的心理反应。可分两类:一是积极的心理反应;二是消极的心理反应。积极的心理反应是指适度的皮层唤醒水平和情绪唤起;注意力集中;积极的思维和动机的调整。这种反应有利于机体对传入信息的正确认知评价、应对策略的抉择和应对能力的发挥。消极的心理反应是指过度唤醒(焦虑)、紧张;过分的情绪唤起(激动)或低落(抑郁);认知能力降低;自我概念不清等。这类反应将妨碍个体正确地评价现实情境、选择应对策略和正常应对

能力的发挥。

应激的心理反应可以分期。进入时相的顺序及每一时相的持续时间和临床表现都有较大的变动性。影响变动的因素有：事件发生前对应激程度及持续时间的预期、个人经历及性格类型等。一般的顺序是：惊叫、否认、侵入、不断修正、结束。临床上最常见的是否认与侵入两个时相，其余时相可以不出现或不明显，时相顺序也可以变换。这种应激时相的划分在急性应激下较为明显，在慢性应激时则不太明显。对应激的反应并不一定都属异常，只是在反应过度时才属病理性的。

惊叫常发生于未曾预料的事件信息的突然冲击时，可表现为哭泣、尖叫或昏倒。否认则是情绪麻木、概念回避及行为束缚相结合的时相。情绪麻木是缺乏对刺激做出正常反应的感觉；概念回避是有意不涉及应激情境的概念，行为束缚是个体活动范围变窄，表现为专心致志地从事一般的重复动作而不顾周围。侵入是应激性事件的直接或信号性行为以及自发的观念性或情感性折磨再现。包括有关应激事件的梦魇、反复的自发印象，或由其他事件而派生的吃惊反应。不断修正是机体动员应对机制适应的过程，若应对成功就进入结束，如受阻或未获成功则可能转入病态。

② 应激引起的生理反应。Cannon 从动物在紧急事件面前表现出的"搏斗或逃跑"(fight of flight) 反应中发现，这种机制涉及同化（副交感，胆碱能）功能的抑制和异化（交感，肾上腺能）功能的激活。这两个过程的结合保证了动物在遭遇紧急情况时能量的需要，从而提出了交感-肾上腺髓质系统在应付剧变时"移缓济急"的生理原则，与此有关的各种内脏及躯体活动变化都遵循这一原则。Selye 的一般适应综合征学说则偏重于垂体-肾上腺皮质轴的作用。

目前认为，心理应激的神经内分泌后果是因人而异的（与所处情境、社会角色、群体中的地位等相关），因害怕失控而产生的"战斗-逃跑"的起动与杏仁核有关；而受到与群体隔离或行动受挫而致抑郁时，可能与海马及肾上腺皮质机能有关。

3. 应激源

应激源是指能引起全身性适应综合征或局限性适应综合征的各种因素的总称。主要来自三方面：

（1）外部物质环境：包括自然的和人为的两类因素。属于自然环境变化的有寒冷、酷热、潮湿、强光、雷电、气压等，可以引起冻伤、中暑等反应。属于人为的因素有大气、水、食物及射线、噪声等方面的污染等，严重时可引起疾病甚至残疾。

（2）个体的内环境：内、外环境的区分是人为的。内环境的许多问题常来自于外环境，如营养缺乏、感觉剥夺、刺激过量等。机体内部各种必要物质的产生和平衡失调,如内分泌激素增加,酶和血液成分的改变,既可以是应激源,也可以是应激反应的一部分。

(3) 心理社会环境:大量事实说明,心理社会因素可以引起全身性适应综合征,具有应激性。尤其亲人的离丧常常是值得注意的应激源,因为在悲伤的过程中往往会产生明显的躯体症状。有研究表明,新近丧偶者在其居丧之年的死亡率比同年龄其他人要高得多。

4. 生活事件

生活事件,也可称作生活变化,主要是指可以造成个人的生活风格和行为方式改变,并要求个体去适应或应对的社会生活情境和事件。生活事件存在于各种社会文化因素之中,诸如人们的生活和工作环境、社会人际关系、家庭状况、角色适应和变换、社会制度、经济条件、风俗习惯、社会地位、职业、文化传统、宗教信仰、种族观念、恋爱婚姻等,当这些因素发生改变时,即可能成为生活事件。

生活本身是不断变化的,如果生活总是在一个恒定不变的水平上,长期没有新的事件发生,会使人感到单调无味、缺乏生机。因此,生活变化是正常的、需要的,因为这可以激励人们随时投入新的行动之中,以适应变化了的情况。这可以磨炼人的斗志,提高其社会适应能力。因此,生活变化有利于维护人们的心理平衡。但生活变化不能过快、过大、过于突然,或过多、多次发生及持续时间过长,需要有一定的限度,不能超过人们心理、生理上所能承受的程度。如果生活变化在心理、行动上难以适应,就会出现心理应激,对机体构成危害,进而发生疾病。

(三) 应激—运动损伤模型的发展

早期有关心理因素与运动损伤关系的研究,大多是由教练和治疗受伤运动员的医学工作者开展的。现在越来越多的关于运动损伤的心理因素及其潜在的机制被深入的研究,并逐渐的发展形成了几种应激理论模型。了解这几种运动损伤的应激理论模型对于全面了解、认识运动损伤,指导人们采取适当的干预措施来预防和减少运动损伤的发生和康复,具有重要的理论和实践价值。

1. Adersen 和 Williams 的应激—运动损伤模型

Adersen 和 Williams 1988 年提出了一个包括评价损伤危险心理因素和减少运动员损伤可能建议的应激—损伤理论模型(图 8-2)。这个模型整合了早期的运动损伤的研究成果,借鉴了应激—疾病、应激—创伤以及应激—事故的相应理论成果。

在这个模型中,应激被认为是运动员对潜在的应激环境的认知。如果运动员感觉到不能应对环境的要求时,他的应激应答就被激发了。与之相应的生理和注意力变化会导致肌肉紧张,视野变小,这样也就增大了受伤的危险性,从而可能产生运动损伤。认知、生理和注意力之间相互影响,所以,就像认知可以影

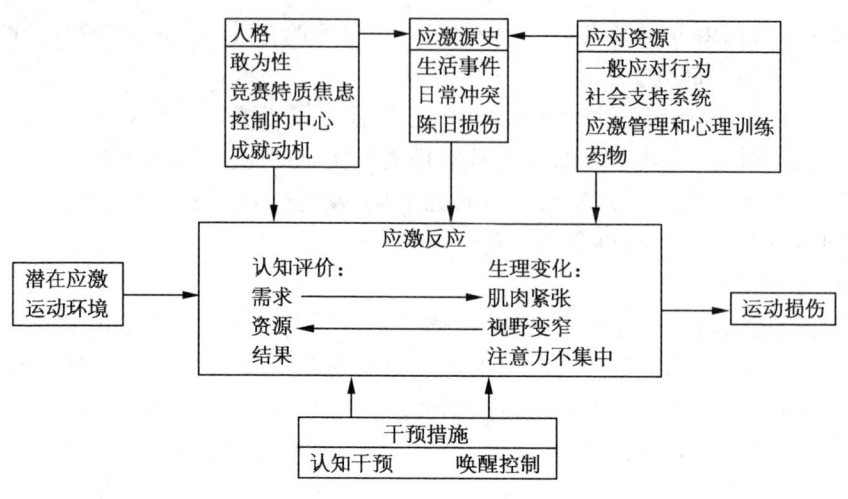

图 8-2 应激—运动损伤模型
（引自 Andersen,1988）

响注意力和生理反应那样，注意力变化也可以反过来作用于认知。

Adersen 和 Williams 提出的这个运动损伤的心理因素模型也反映了应激—运动损伤之间潜在联系的影响因素。这些因素包括应激源（生活事件、日常困难和陈旧损伤等）、人格特点（耐受性、竞争性焦虑和成就感等）以及应对资源（一般应对行为、社会支持系统、应激管理和心理训练等）。这些因素对运动员可以产生正向或负向的心理效应。前者包括进取、兴奋和快乐的感觉，而后者却表现为焦虑、不适、恐惧情绪。运动员所体验到的这种心理情绪显然进一步影响了运动损伤发生的风险性：负向的心理效应比正向效应要更易于导致运动损伤。这种负向的心理应激正是通过上述生理反应中的交感—肾上腺髓质系统和下丘脑—垂体—肾上腺—糖皮质激素系统而进一步影响身体功能，进而增加运动损伤的发生率。

Adersen 和 Williams 提出的这个运动损伤的心理因素模型在反映心理社会应激可能对人体产生运动损伤的同时，还提出了减少高风险运动损伤发生可能性的预防忠告。这些干预措施包括认知调整、放松技巧等。这些干预措施可以通过调节运动员认知和生理反应来缓解心理应激反应，进而减小损伤危险。Dais(1991)等人的研究发现，放松训练可明显降低游泳运动员和足球运动员的损伤发生率，而且这些相关心理训练方法也被应用于其他研究和训练中以减少运动损伤的发生，并收到了很好的效果。

然而，随着研究的不断深入，研究者发现单个心理变量如生活应激、社会支持和应对技巧与运动损伤的发生显著相关，其他心理变量与运动损伤的关系研究结果或支持或否定理论模型,特别是人格因素的研究。早期的研究试图通过对损伤与未损伤运动员的简单比较,来寻找受伤运动员人格中某些维度的特点,从而建立一个普遍适用的受伤运动员人格结构剖面图,然而与研究者预先假设相违背的是,这些研究只得到一些模糊、不一致甚至相违背的结果;分析其原因大多数学者认为,该理论模型过分强调运动损伤与单个心理因素之间的关系,而忽略了各心理因素之间的相互关系以及它们的交互作用共同影响运动损伤的方面。

2. Williams 和 Adersen 修改的应激—运动损伤模型

Williams 和 Adersen(1998 年)在总结和归纳最新研究的基础上,对原来的应激—运动损伤理论模型进行了修改,提出了一个建立在应激理论基础之上,旨在解释心理因素之间相互作用进而影响运动损伤的应激—运动损伤模型(图 8-3)。根据这个关系模型,运动员对潜在应激的运动环境反应决定运动损伤是否发生;而且,运动员的"应激反应"可直接或间接的受一系列心理因素的调节,影响应激反应的心理因素包括人格、应激源史和应对资源,并且"应激反应"也能被心理干预手段影响。

这个模式的关键成分也是应激反应,一个具有潜在应激的运动环境要求运动员对所接受任务的相关要求、运动员的应对策略资源和任务产生的后果要有充分的认知评估。如果运动员认为环境要求超过其自身的应对策略资源,应激反应就会很明显。相反,如果运动员认为自己的应对策略资源超过环境需求,应激反应就会非常小。应激反应代表着运动员处理环境需求的能力资源与环境的实际要求之间的一种不平衡现象。应激反应会导致运动员选择性的心理状态和注意力的变化。这些变化包括不断加剧的肌肉紧张、视力范围减弱和注意力分散等。每一种变化都有可能增加运动员受伤的风险。除了环境要求和应对资源的不平衡外,想象中的运动情境也可能引发应激反应。本质上说,任何导致应激反应的认知评估都会使运动员面临受伤的危险。影响压力反应的因素包括运动员的人格、紧张刺激史、应对策略资源和潜在干预等。

在图 8-3 显示的模式中,应激反应是关键因素。心理压力是否会导致运动员受伤,取决于运动员处理自己面临的危险局面的能力与环境的要求及产生的后果之间的平衡关系。如果环境导致一种想象中的失衡(威胁),运动员的肌肉将会紧张,注意力也变得不正常的狭窄。正是这种狭窄的注意力、注意力的分散和肌肉的紧张导致运动员极为脆弱,极易在运动中损伤。这个模式还预测,专注任务能力越强的选手就越不容易在比赛赛季遭受剧烈和慢性运动损伤。

新的应激—运动损伤理论模型,认识到影响运动损伤各心理因素之间的相互作用,各个影响因素在单独影响运动损伤的过程中,两两之间也发生相互作用。所以研究运动损伤中考察某一单独的因素对运动损伤产生的影响,结果显著相关,其原因可能有两个方面:第一,该心理因素与运动损伤直接相关;第二,该心理因素不直接与运动损伤相关,可能是由于和其他心理因素相互作用后,而造成与运动损伤相关的结果。许多学者针对新的应激—运动损伤理论模型进行了大量的实证研究,许多研究发现应对技巧、竞赛特质焦虑、生活事件以及比赛中的角色之间发生交互作用,共同影响运动损伤的发生。戴群等人(2005)最近的研究也证明,人格变量对急性运动损伤产生影响的途径有两条:一是通过影响运动员对运动应激情境的认知评估所产生的应激反应,而影响到运动损伤的发生,即所谓"直接影响";二是通过影响运动员对应激经历、应对资源的认知评估而影响到个体对运动应激的反应,从而对运动损伤的发生产生影响,即起到中介变量的"交互影响"。

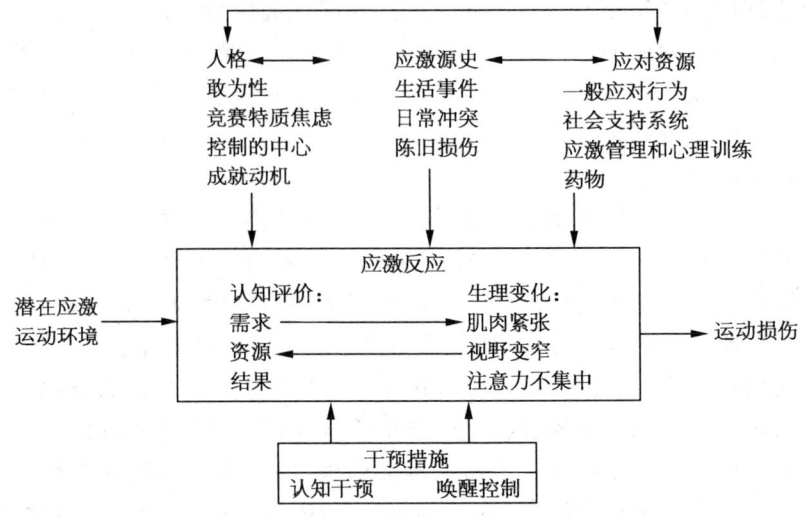

图 8-3　修改的应激—运动损伤模型
(引自 Williams & Andersen,1998)

3. Astrid Junge 的交互理论模型

针对 Adersen 和 Williams(1988)应激—运动损伤模型的不足,Astrid Junge (2000)在总结最新研究成果的基础上,修改了 Adersen 和 Williams 的应激—损伤模型,也提出了一个交互理论模型(图 8-4)。他认为一个运动员是否发生损伤,是由运动员对所处环境的应激反应决定的,影响因素包括以下几个方面:心理社会应激(特别是生活事件)、应对资源以及情绪的状态,并且认为这些心理因素之间不是孤立的发生作用,而是发生交互作用共同影响运动损伤的发生。

其实,Astrid Junge 运动损伤的交互理论模型也存在一些不足之处,如去掉

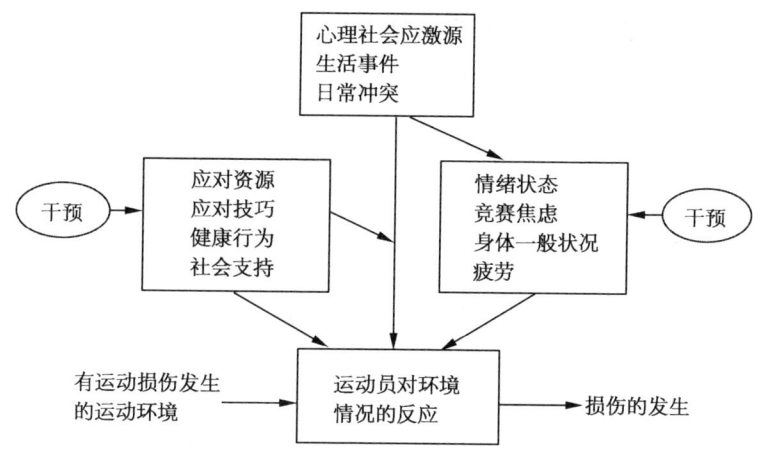

图 8-4 运动损伤的交互理论模型
(引自 Astrid Junge,2000)

了具有研究争议的人格因素,所提出的干预仅仅是针对应对资源以及情绪的状态,而忽略了对运动员应激反应这个关键因素的干预。心理应激是否会导致运动员的受伤,取决于运动员处理自己面临的危险局面的能力与环境的要求及其产生的后果之间的平衡关系;如果环境导致一种想象中的失衡(威胁),运动员的肌肉将会紧张,注意力也将变得不正常的狭窄,容易造成损伤的发生,因此对应激反应的干预应该作为预防运动损伤的重点之一,采用提高运动成绩和阻止应激反应强度的唤醒控制技能和认知干预(专栏 8-1)。

专栏 8-1

人格特征对棒球运动员运动损伤的影响

戴群等人(2005)以应激—运动损伤理论为依据,以棒球运动员为研究对象,以艾森克人格问卷为人格测量工具,以经过翻译并修订的《运动员生活事件量表》为应激经历的测量工具,采用二项 logistic 回归分析(后退法)考察了人格特征对运动员运动损伤的影响效应。结果显示:内外向、消极事件、消极事件与内外向的相互作用的 3 个变量的 OR 值分别为 5.02($P<0.05$)、3.035($P<0.05$)、0.925($P<0.05$)。这表明运动员越趋外向、承受的消极生活应激量越大,则发生急性运动损伤的可能性就越大;运动员在内外向上的特质与所承受的消极生活应激量对急性运动损伤的发生产生了交互作用。

本研究是一个回顾性研究,有关运动员人格特征与运动损伤关系的研究,是在心身医学关于人格特征与疾病关系的研究中进行的,即研究者们认为作为身心交互影响的一种结果,运动损伤也一定是与个体人格中某些维度上的特征相关联的。早期的研究试图通过损伤与未损伤运动员的简单比较,来寻找受伤运动员人格中某些维度上的特点,从而建立一个普遍适用的受伤运动员人格结构剖面图,然而与研究者们预先假设相违背的是,这些研究得到的只是一些模糊、不一致甚至是相矛盾的结果。

Adersen和Williams(1998)认为,出现上述情况的主要原因是由于这种研究范式对运动损伤发生过程中多因素作用的复杂性和动态性考虑不够,没有考虑到人格特征所反映的认知评估模式与其他一些因素对运动损伤的发生起着交互作用。为此,他们提出了以应激反应模式为核心的应激—运动损伤理论模型,给有关人格特征与运动损伤关系的研究提供了较为清晰的理论指导和研究思路。该理论认为,人格变量对急性运动损伤产生影响的途径有两条:① 通过影响运动员对运动应激情境的认知评估所产生的应激反而影响到运动损伤的发生,即所谓"直接影响";② 通过影响运动员对应激经历、应付资源的认知评估而影响到个体对运动应激的反应,从而对运动损伤的发生产生影响,即起到中介变量的"缓冲作用"。戴群等人的研究正是从多变量影响的角度,考虑急性运动损伤过程中人格变量的"直接影响"效应和中介"缓冲作用"。

陈爱国和颜军(2005)认为,目前研究运动损伤的心理模型,逐渐把着重点由过去关注某单一心理因素对运动损伤产生的影响,过渡到考虑各心理因素之间的相互关系以及它们的交互作用共同影响运动损伤的方面,但是现在考虑的还不够。Adersen和Williams修改后的应激—运动损伤模型增加了人格、应激源史和应对资源之间的交互作用,但是近年越来越多的研究发现,不仅仅人格、应激源史和应对资源之间有交互作用,而且它们和运动员比赛的应激环境也发生交互作用。相信随着研究的深入,各心理因素之间的相互关系以及它们的交互作用影响运动损伤的发生关系,会得到更清楚的诠释。

另外,之所以探讨运动损伤的心理模型,目的是为了采取相应的干预措施,预防运动损伤的发生。而以上的三个理论模型考虑采取的方法都存在一定的局限性。Adersen和Williams的两个(1988,1998)应激—损伤理论模型仅仅提出两种阻止由高应激引起的运动损伤的干预。第一种是试图改变运动员对具有潜在应激事件的认知评估,而第二种干预模式则试图修正应激反映的注意力方面的内容。Astrid Junge运动损伤的交互理论模型则仅仅关注对应对资源和情绪状态的干预。既然三个理论模型所提出的干预手段已经被许多研究证明是正确的,那么有理由相信,在未来的心理学研究运动损伤心理模型中,以上所提到的干预方法都应包括在其中。

(四) 运动损伤的认知和情绪反应

Weiss 和 Troxel(1986)认为,运动员的损伤来源于心理的反应。这种心理反应遵循 Selye 制订的典型应激反应模式。正像观察到的那样,运动损伤能给人带来强大的心理压力,需要运动员去适应一种失去活动自由的心理压力。损伤后运动员的心理反应有两个方面:认知反应和情绪反应。

1. 运动损伤的认知反应

运动员受伤后在认知方面的反应是与运动员本人对运动损伤有关信息的分析,对疼痛的了解以及运动损伤原因与结果的评估紧密相关的。研究者们已确认受伤运动员会经历以下认知方面的反应(Bianco & Malo,1999；Udry & Gould,1997)

(1) 感知身体疼痛:通常运动员受伤后首先体验的是身体方面的疼痛。根据 Udry 等统计,有 24% 的受伤运动员报告他们受伤后的第一反应就是疼痛感。一些运动员还将疼痛描述为奇异的感受,而且痛感很强。这主要是因为疼痛被广泛认为是运动损伤的一部分。

(2) 察觉与损伤有关的不正常反应:虽然意识到受伤是伤后认知上主要反应之一,而且在多数情况下运动员往往能够觉察到有关的异常现象尤其是能够体验到疼痛,但大多数运动员并不了解受伤的状况和程度,特别是那些受伤严重的运动员更是如此。这对医务人员来说是至关重要的。因为缺乏对受伤程度的认知和了解可能会导致伤者对运动损伤的延缓反应以及耽误治疗时间。

(3) 询问与损伤有关的问题:运动员在受伤后往往会询问与损伤状况有关的问题。根据 Udry(1997)的研究报告,运动员会询问为什么运动损伤会发生以及应该如何避免损伤的发生。例如,有些运动员表示他们的受伤可能是赛前准备活动不充分,也有运动员甚至对他们能否完全康复及重返赛场持有疑问。

(4) 认识到受伤的不良结果:专家们发现大约 43% 的受伤运动员表示,认识到运动损伤的不良影响和后果是他们对损伤认知反应的一个重要部分。对一些运动员来讲,了解认识到运动损伤的近期(短期)不良结果例如损失训练时间、失去比赛机会等是他们伤后的主要认知反应。然而也有运动员十分关注运动损伤所带来的长期影响。研究者也发现受伤运动员对伤后缺失赛季、希望的破灭、孤单感、运动能力的下降、医疗结果的不确定性以及经济责任等方面表示出一系列的担忧。

(5) 曲解损伤的含义:由于伤者往往会寻求理解损伤的含义,因此,运动损伤会导致一些伤者在认知上对损伤意义曲解的加重。尤其是当损伤伴随着持续的情绪上的压抑时更是如此。专家们已确认以下对损伤的认知曲解:灾难性——夸大运动损伤的严重性;过于泛化——错误的扩大运动损伤对运动能力和日常生活的可能影响;个人化——将损伤的责任强加于自己,或者将自己与损伤联系一起;选择性抽象化——将注意力集中在无意义的细节上;绝对(两极)化思维——将复杂的体验简单化。

运动员经过情感反应、焦虑压力和生气等短期的心理反应后,可能会出现两种现象:一种是运动员开始接受自己已经受伤的事实,并能根据自己的实际情况制定今后的生活和工作计划。另一种是运动员不能以一种积极的态度面对损伤,从而遭受一系列的问题,如失眠、无食欲、机能降低等。总之,运动损伤给运动员带来了强大的心理压力,不管是短期的还是长期的,都要求教练员经常与运动员、运动心理学家联系,研究和解决运动员的不良心理反应。

2. 运动损伤的情绪反应

运动员对损伤的认知反应通常伴随一系列的情绪反应。近年来,随着情绪与行为之间密切关系的明朗化,人们对研究运动损伤的情绪反应的兴趣日益增强。基于大家对运动损伤所可能引起的消极情绪影响的担忧,研究者们已开始探讨在运动损伤发生和康复治疗过程中的情绪反应,研究的结果表明:严重的运动损伤导致伤者产生强烈的情绪波动和紧张压抑(Adersen & Williams,1988)。

一些专家们已对伤后运动员在情绪和自我感知方面进行了调查研究。Chan 和 Grossman(1988)报告受伤的赛跑运动员与没受伤者相比,表现出显著的压抑、焦虑、迷惑和低自尊心。Smith 和他的同事(1990)在对业余运动员运动损伤发生和康复治疗过程中所表现出的情绪种类、强度以及持续时间的研究中发现,运动员在受伤后立即体验到高度的挫折、压抑和恼怒;对受伤严重的运动员来说,这些情绪的变化会持续一个月左右。受伤运动员比没受伤的运动员体验到更显著的紧张、敌对、压抑、疲劳和困惑感。也有研究结果表明运动员在遭受重大或者是运动生涯结束性损伤后会表现出类似的情绪变化和反应。Kleiber 和 Brock(1992)还发现运动生涯结束性损伤可能会导致生活满足感和自尊心方面的变化,Udry,Gould,Bridges 和 Beck(1997)报告说那些遭受到比赛季节结束性运动损伤的运动员表现出情绪上的波动起伏和相应的行为变化,其中包括挫败性的恼怒、恐慌、害怕、担心、心烦意乱、压抑、失望、孤独、分离、震惊、不相信和否认。高水平运动员也表现出同样的情绪变化并体验到较强的压抑、焦虑和自尊心降低等。以上的研究结果说明运动员无论技术水平多高,在情绪反应上都是脆弱的。换句话说,运动员不会因他们的运动能力、身体素质状况而免受情绪干扰的影响。

Weiss 和 Troxel(1986)报道,损伤能给运动员带来一些自我怀疑的负面影响。例如,在下场比赛之前我是否能恢复过来、我的将来会怎样、是否还能打主力等一些心理压力,由此而引起的肌肉紧张性的血压和心率上升,导致体力和心理的反应加快。运动损伤能够引起运动员连锁性的、经验性的心理反应,具有非常大的负面影响,是值得关注和研究的课题之一。

(五)运动损伤的心理康复

近年来,运动损伤的康复手段不断进步,如积极恢复法、最少外科手术技术以及负重训练等都已得到越来越多的应用。一些新型的心理学技术对运动损伤的康复过程也起着积极的促进作用,专业人员更多地使用整体治疗手段从身心两方面来加速运动员的恢复过程。对运动损伤者实施心理康复的主要目的是,消除运动员受伤后的心理障碍,促进受伤机能的恢复。只有把生理恢复和心理恢复有机地结合起来,才能使整个身心得到全面恢复。

1. 运动损伤恢复理论模型

Grove 和 Gordon(1991年)在 Adersen 和 Williams 的应激—运动损伤模型的基础上经过扩充,提出了一个运动损伤恢复理论模型(图 8-5)。这个模型认为,运动员的损伤能否恢复和返回赛场是由治疗的相关因素、个体损伤的相关因素以及影响个体的应激源史、应对资源、人格等心理因素和心理干预共同决定的,损伤的恢复过程是心理反应、认知和行为交互作用的过程(专栏 8-2)。

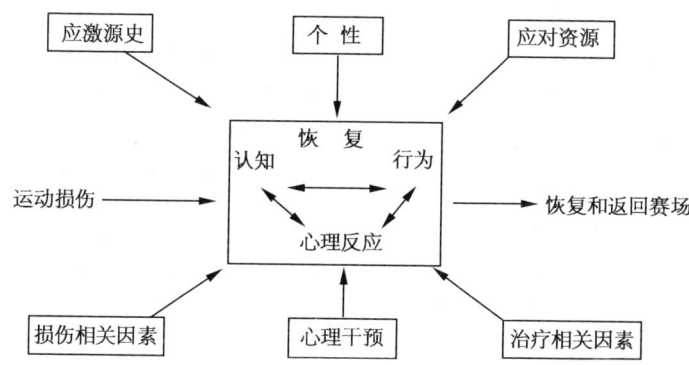

图 8-5　运动损伤恢复理论模型
引自(Grove & Gordon,1991)

专栏 8-2

运动损伤康复的心理研究

Ievleva 和 Orlick(1991)在一项关于心理学怎样促进损伤康复的研究中,探讨了膝、踝关节康复较快(5 周之内)的运动员使用心理策略与心理技能是否比康复较慢(16 周以上)的运动员多的问题。该研究使用访谈法,评估了被试的观点与态度、应激与应激控制、社会支持、正面自我谈话、康复表象、目标设置以及信念等。研究发现:康复较快的运动员比康复较慢的运动员更多地使用了目标设置、正面的自我谈话,以及稍多地使用了康复表象。结果提示:心理因素在损伤的康复中扮演着重要的角色。从本质上来说,对运动损伤的治疗应该包括心理技术,以加快治疗和恢复的过程。

对队医的调查研究结果也支持这一结论。例如,Larson 及其同事对 482 名队医进行了调查,要求队医指出对付伤病最成功的和最不成功的运动员的本质特点有何不同。队医们指出:对付伤病最成功的运动员与不成功者的区别在于,他们更加遵从体疗康复的程序,显示出对伤病和生活得更积极的态度;他们的动机更强,更有奉献精神和决心;同时,他们就自己的伤病问了更多的问题同时积累了更多的知识。此外,90%左右的队医报告说,处理好伤病的心理学方面的问题是十分重要的。

(引自 Weinberg & Gould 2003)

2. 促进损伤康复的心理学方法

前人的描述性研究清楚地显示:运动损伤的康复应使用整体的康复方法,用心理学策略作为生理疗法的补充是很有帮助的。心理学策略虽来源于运动员对损伤的反应的理解,但仅仅理解损伤后的反应过程是不够的。心理学的过程和技术对康复过程具有促进作用,它们包括:与受伤运动员建立密切地联系,向他们传授损伤和康复过程的知识,教会他们应对伤病的特殊心理技能,使他们做好应对伤病复发的心理准备,建立社会支持以及向其他受伤的运动员学习等。运动心理学工作者和队医有责任学习和使用这些适当的步骤。

(1) 与受伤的运动员建立亲密的关系:运动员或锻炼者受伤之后,他们常常产生怀疑、挫折、愤怒、困惑的体验,并且十分脆弱。这些情绪可能使那些想帮助他们的人难以与之建立亲密的联系。因此,显示移情心是有益的。这种移情心是指:努力去理解受伤者的情绪感受。让受伤的人感到有人在情感上支持他们并和他们在一起,对他们是很有帮助的。在运动员受伤的新鲜感逐渐减弱,他们感到自己正在被人淡忘的时候,用探视、电话慰问的方法表示对他们的关心是特别重要的。在建立亲密关系时,应注意不要对运动员的迅速康复表现出过于乐观的态度,而要持积极肯定的态度并强调团队的帮助。例如,"小李,这是一个难过的时期,你需要努力地克服它,但我会在这里陪伴你,我们一起帮你康复"。

(2)传授损伤与康复过程的知识:当某人初次受伤时,告诉他在康复过程中应该期待什么是很重要的。运动心理学工作者或队医应该帮助运动员以通俗的方式理解伤势。例如,如果一个摔跤运动员锁骨骨折,可以带一根绿色木棒,并向他演示他身体上的"绿棒"折断是什么样子。可以说明他将因此停赛三个月。同样,还可以告诉他,一个月之内他的肩部伤会逐步好转,而如果他想冒险在很短的时间内尝试恢复一些常规的活动,就有可能造成伤病的反复。

同时,对康复过程进行概述也很重要。例如,队医可以告诉这位摔跤手,他可以在两周到三周之内骑健身自行车,两个月之内可以做一些"健身系列运动",而后可以进行一定的负重练习,直到他的受伤部位恢复到受伤前的机能水平,能够参加比赛为止。

(3)教会特殊的心理应对技能:康复过程所需学习的重要心理技能是:目标设置(goal setting)、积极的自我谈话(positive self-talk)、运动视觉表象(imagery visualization)技能以及放松训练(relaxation training)等。

目标设置对处于康复过程中的运动员是特别重要的。Theodorakis 等人(1996)研究发现,膝关节受伤后的运动员设置个人运动表现的目标,对于运动表现的促进作用与没有受伤的运动员相同。该研究的结论是,受伤的运动员设置个人运动表现的目标并与增强自我效能感的策略相结合,对于缩短运动员的康复时间特别有帮助。

受伤的运动员和锻炼者用于目标设置的策略包括设置重返比赛的日期、每周参加治疗性练习的次数以及每次康复性练习中所做的动作、力量和耐力练习的组数等。但是,由于高动机水平的运动员倾向于在康复中做更多的练习,这可能会导致由于负荷过大而再度受伤。因此,队医应当强调,最重要的是坚持严格遵守目标设置的计划,不要因为某一天自己感觉好就超过规定的负荷。

自我谈话策略对于对抗受伤后自信心的下降是很奏效的。运动员应该学会停止消极负面的思维(如,"我永远不会好转"),并将它们替换为可信的、积极正面的思维(如,"我今天虽然情绪处于低潮,但好在还没有脱离康复计划的目标,我只是需要耐心,我会找回良好感觉的")。

运动视觉表象在康复过程中能起到以下几个方面的作用:第一,受伤的运动员可以"看到"自己在比赛中的表现,这有助于运动技能的保持并有助于促进其重返赛场;第二,有人可能使用表象来加速损伤的恢复:想象自己受伤的组织的排除以及健康的组织和肌肉的新生。这一点似乎有些牵强,但使用治疗用的表象,常常是康复较快的病人的特征(Ieveva,1991)。

对于严重的受伤和损伤来说,放松训练可能有助于减轻疼痛和应激,进而加速其康复进程。运动员们也可以使用放松技术来促进睡眠并减轻一般性的紧张。

(4) 教会怎样应对伤病的复发:人的恢复速度各有不同,伤病的复发也并非罕见。所以,使运动员做好准备来应对伤病复发是特别重要的。为此,运动心理学工作者或队医应该在建立亲密关系的阶段就提醒受伤的运动员:伤病可能随时复发。同时,应鼓励运动员对康复过程保持积极的态度:复发是正常的,也不必气馁。

同样,康复的目标也需要定期评估和修改。此外,还应帮助运动员学会应对复发的技巧并鼓励他们在伤病复发时告诉重要的人。通过与重要的人讨论自己的感受,运动员可以获得必要的社会支持。

(5) 建立社会支持系统:对受伤运动员的社会支持形式可以有很多种,包括朋友和情侣的感情支持、教练员的信息支持(如,"你的做法是对的"),甚至有形的支持(如,父母的经济援助)等。受伤的运动员需要社会支持:他们需要知道教练和队友对自己的关心,需要有人倾听他们所关心的事情而不是批评他们,需要了解别人是怎样从类似的伤病中恢复的等等。

如果以为充分的社会支持会自动产生,那是错误的。如前所述,运动员刚刚受伤时,会得到较多的社会支持,而在日后的康复过程中,社会支持就会变得越来越少。因此应特别注意:运动员在整个康复过程中如果能够得到足够的社会支持,将有利于他们的康复(专栏8-3)。

(6) 向其他受伤的运动员学习:另一个帮助受伤运动员或锻炼者康复的好办法是让他们注意其他受伤队员的建议。这是来自运动员亲身体验的建议,对受伤者是宝贵的财富。

专栏 8-3

心理学专家参与运动损伤康复工作

可以通过两种基本的方式向运动损伤康复部门配备掌握运动损伤心理知识和技能的专家:分配方式和专家方式。

分配方式的目的是保证所有运动损伤康复部门的工作人员都能接受体育运动心理学方面的训练。需要接受这方面训练的人员有:① 运动物理疗法专家;

② 理疗专家;③ 运动训练方法;④ 运动队医生。

Gordan 等人(1998)认为,运动损伤康复部门人员在心理教育大纲中,应注意学习以下内容:

(1) 学会认识自己经验的不足。
(2) 多听并参与运动损伤心理学方面课程的考试。
(3) 参加应用心理技能的讲座和讨论。
(4) 学会应对行为。学会识别心理压力,学会怎样处理运动员受伤后表现出的不良心理反应。
(5) 学会帮助经受长期伤痛、因受伤而结束职业生涯或受伤致残的运动员。
(6) 学会识别运动员对恢复治疗的敌视性态度。

专家方式是指,运动损伤康复部门聘请运动心理专家与需要接受心理咨询的受伤运动员一起工作。这种方法看似理想化,其实很具有挑战性。只有5%~10%的受伤运动员可能需要心理专家来治疗其心理痛苦。而且只有大型的运动医疗诊所才能充分发挥一名全日制心理专家的作用。因此,为了去运动医疗诊所工作,运动心理专家得说服医疗诊所认识到他们的工作是必要和有效的。另外,拥有多种技术证书(如运动训练证、心理咨询证书、训练生理学和损伤医学方面的研究经历等)将有助于体现自己的价值。

(考克斯著,张力为等译,2003)

四、教学重点与难点

(一) 教学重点

(1) 应激对运动损伤产生的影响。
(2) 应对方式对运动损伤的预防作用。
(3) 运动动机对运动损伤产生的影响。
(4) 促进运动损伤心理康复的心理技能。

(二) 教学难点

(1) 正确理解 Adersen 和 Williams 的应激—运动损伤的理论模型。
(2) 运动损伤心理康复的认知调整和社会支持。
(3) 运动损伤的心理康复计划的制订。

五、教学指导建议

（一）教学建议

（1）引导学生讨论影响运动损伤发生的因素，通过分析学生的讨论结果，让学生认识到心理因素在运动损伤发生过程中所产生的影响。

（2）介绍 Adersen 和 Williams 的应激—运动损伤模型，详细介绍各心理因素对运动损伤产生的影响。

（3）通过介绍 Selye 的应激反应过程，引导学生理解运动损伤的心理反应。

（4）通过具体的实例介绍，向学生讲解影响运动损伤康复的心理因素，引导学生针对具体运动损伤情境设计相应的心理学康复计划。

（5）引导有能力的学生开展相应的运动损伤的心理学相关研究。

（二）教学活动案例设计

结合 Adersen 和 Williams 的应激—运动损伤理论模型，探讨运动损伤的心理致因。

教学目标：

（1）使学生了解运动损伤发生对参加体育运动的影响。

（2）通过学生分组自主讨论，教师启发、引导，归纳出影响运动损伤发生的心理因素。

（3）教授 Adersen 和 Williams 的应激—运动损伤理论模型。

（4）使学生全面理解和掌握影响运动损伤发生的心理因素。

教学过程：

1. 导入部分

（1）通过著名运动员、著名球队以及重大赛事等具体案例，列举运动损伤对运动员比赛成绩、职业生涯、运动队成绩的影响。

（2）分析迄今为止关于运动损伤的研究情况。"以往对运动损伤的研究大多是从生理、医学、训练等角度进行分析和探讨的，随着认识的不断深入，认识到运动损伤不仅仅是医学、训练学所关注的问题，也成为心理学所关注的问题。"

2. 展开部分

（1）把学生分成若干个学习讨论小组，启发学生思考："体育运动过程中哪些心理因素会影响运动损伤的发生？"或者，"你们在平常的体育运动实践中，发现具备哪些特点的人容易发生运动损伤？"

（2）教师启发、引导学生进行积极思考，鼓励每个学习小组积极展开讨论，归纳和形成本小组的集体思考的结论。

（3）各小组充分表达自己小组的讨论结果，教师加以总结，对学生提出的影响运动损伤的心理因素进行归纳和分类，并且针对学生提出的一些结论进行讲评，指出存在的优缺点。

（4）讲授 Adersen 和 Williams 的应激—运动损伤理论模型。介绍 Adersen 和 Williams 的应激—运动损伤理论模型的提出背景和发展过程，详细讲授影响运动损伤发生的几类心理因素，并进一步发掘该理论模型的进步性和局限性。

（5）使学生全面理解和掌握影响运动损伤发生的心理因素，并进一步引导学生考虑怎样利用 Adersen 和 Williams 的应激—运动损伤理论模型提出的影响运动损伤发生的心理因素，在体育运动实践过程中预防和控制运动损伤的发生。

3. 总结部分

（1）学生认识到运动损伤的发生是生理因素和心理因素共同作用的结果。

（2）学生通过讨论和学习，掌握影响运动损伤发生的心理因素。

（3）介绍可供学生课外阅读的相关参考论文、书籍，布置课外作业。

结论：本课的教学设计运用启发式教学、问题情境创设法和逆向教学法，激发学生的学习兴趣和求知欲，调动学生学习的主动性和积极性，拓宽了学生的思维空间，加深了学生对所学知识的理解，培养了学生"学以致用"的能力。同时，通过分组讨论，还有助于培养学生的团队精神，提高学生的社会适应能力。

六、参考文献

[1] 于长隆,任玉衡,田得祥.对我国优秀冰球运动员运动创伤特点的分析[J].中国运动医学杂志,2000,20(1).

[2] 戴群,吉承恕,李宗浩.人格特征对棒球运动员运动损伤的影响[J].天津体育学院学报,2005,20(2).

[3] 吴璋.造成运动损伤的心理和社会因素分析[J].体育科学研究,2001,5(4).

[4] 樊莲香.我国优秀艺术体操运动员早衰与运动损伤[J].体育与科学,2002(1).

[5] 陈爱国,颜军.几种运动损伤的应激理论模型评述[J].成都体育学院学

报,2005,31(6).

[6] 陈雅玲.中学生运动损伤调查与分析.广州体育学院学报[J],2003,23(3).

[7] 颜军.体操专项大学生中运动损伤者的个性特征[J].上海体育学院学报,1997.

[8] 刘明辉,雷芗生,黄力生.我国优秀游泳运动员肩、膝关节损伤的调查研究[J].中国体育科技,2001(4).

[9] 谭先明,陈小敏,王春阳.运动员心理应激及其中介因素的研究[J].中国临床康复,2002(13).

[10] Andersen,M B,Willams JM. A model of stress and athletic injury: Prediction and prevention. J Sport Exerc Psychl,1988,10.

[11] Astrid Junge. The Influence of Psychological factors on Sports Injuries: Review of the Literature. American Orthopedic Society for Sports Medicine,2000,28(5).

[12] Britton,W B. Developmental Differences in psychological Aspects of Sport-Injury Rehabilitation. Journal of Athletic Training,2003,38(2).

[13] Chan,C S. Psychological effects of running loss on consistent runners. Perceptual and Motor Skills,1988,66.

[14] Daniel Gould,Linda M. Petlichkoff,Bill Prentice,et al. 运动损伤的心理学.体育科学,2000,20(6).

[15] Grove,J R & Gordon,S. The psychological aspects of injury in sport. In J. Bloomfield,P. A. Fricker,& K. D. Fitch(Eds.),Textbook of science and medicine in sport,London: Blackwell. 1991.

[16] Gordon,S.. Toward a psychoeducational curriculum for training sport-injury rehabilitation personnel. Jounal of Applied Sport Psychology,1998,10.

[17] Gould,D,Finch,LM,& Jackson,A. Coping strategies used by national champion figure skaters. Research Quarterly for Exercise and Sport,1993,64(4).

[18] Hanson S J,McCullagh P,Tonymon P: The relationship of personality characteristics,life stress,and coping resources to athletic injury. J Sport Exerc Psychol 14:262-272,1992.

[19] Ievleva,L.,Orlick,T.. Mental links to enhanced healing. The Sport Psychologist,1991,5(1).

[20] Joni L,C R: Psychology/Counseling: A Universal Competency in

Athletic Training. Journal of Athletic Training,2000,35(4).

［21］Kleiber,D. ,Brock,S. The effect of careerending injuries on the subsequent well-being of elite college athletes. Sociology of Sport Journal,1992,9.

［22］Larson,G. A. . Psychological aspects of athletic injuries as perceived by athletic trainers. The Sport Psychologist,1996.

［23］Meyers,M C,LeUnes,A,Elledge,J R,et al:Injury incidence and psychological mood state patterns in collegiate rodeo athletes. J Sport Behav,1992.

［24］Petrie,T A:Coping skills,competitive trait anxiety,and playing status:Moderating effects on the life stress-injury relationship. J Sport Exerc Psychol,1993.

［25］Robert J. Kirkby,季浏. 心理社会因素与运动损伤(综述). 天津体育学院学报,1995,10(1).

［26］Smith,A M,Stuart,M J,Wiese-Bjornstal DM:Predictors of injury in ice hockey players. A multivariate, multidisciplinary approach. Am J Sports Med,1997.

［27］Smith,R E,Schutz,R W,Smoll FL,et al:Development and validation of a multidimensional measure of sport-specific psychological skills:The Athletic Coping Skills Inventory-28. J Sport Exerc Psychol,1995.

［28］Smith,R E,Smoll,FL,& Ptacek,J T. Conjunctive moderator variables in vulnerability and resilience research:Life stress,social support and coping skills and adolescent sport injuries. Journal of Personality and Social Psychology,1990,58(2).

［29］Theodorakis,Y. . The effect of personal goals,self-efficacy,and self-satisfaction on injury rehabilitation. Journal of Sport Rehabilitation,1996.

［30］Thompson,N J,Morris,R D:Predicting injury risk in adolescent football players:The importance of psychological variables. J Pediatr Psychol,1994.

［31］Udry,E,Gould,D. Down but not out:Athlete responses to seasoending injuries. Journal of Sport and Exercise Psychology,1997.

［32］Mechelen W,Twisk J,Molendijk A,et al:Subject-related risk factors for sports injuries:A 1-year prospective study in young adults. Med Sci Sports Exerc,1996.

［33］Weinberg,R S,& Gould,D. Foundations of Sport and Exercise Psychology. Champaign,Ill. Human Kinetics,1995.

［34］Weiss,M R,Troxel,J U. The relationship between self-efficacy and performance in competitive youth gymnastics. Journal of Sport and Exercise

Psychology,1986,10

[35] Williams,J M,& Andersen,M B. Psychological antecedents of sport injury:review and critique of the stress and injury model. Journal of Applied Sport Psychology,1998,10(1)

第九章

注意与运动表现

一、教学目标

通过本章教学,使学生能够:
(1) 知道什么是体育运动中的注意以及注意的特点、注意对运动表现的作用。
(2) 在实践中充分利用各种注意的特点和注意转化的规律,提高教学效果。
(3) 了解不同注意方式在体育运动中的表现。
(4) 掌握注意的测量方法。
(5) 掌握注意的信息加工理论。
(6) 掌握注意控制训练的具体方法。

二、教学内容框架(图9-1)

三、知识拓展与深化

(一) 注意与最佳运动表现之间的关系

来自三方面的研究结果表明注意对高水平运动员的运动表现起着非常重要的作用。第一,研究者发现,优秀运动员的巅峰表现、流畅状态与高度集中的注意力有关(Garfield & Bennet,1984;Jackson & Csikszentmihalyi,1999)。第二,研究者比较了成功与不成功的运动员在注意控制方面的差异,结果表明,成

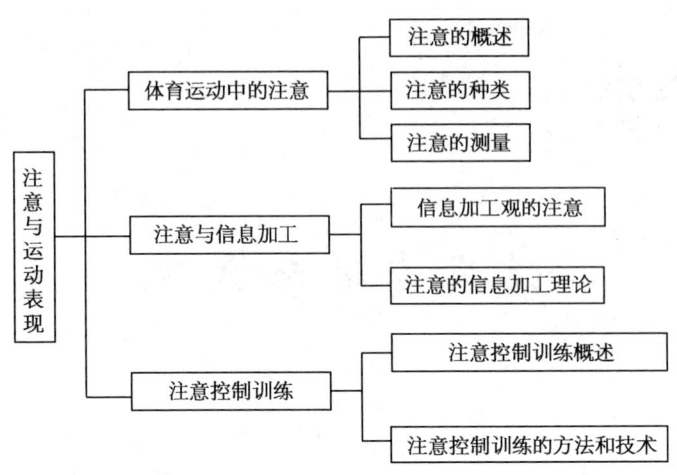

图 9-1 注意与运动表现教学内容框架图

功的运动员较不会被无关紧要的事情分心,能够维持与当前任务有关的注意焦点;而不成功的运动员容易担心比赛或将注意力放在比赛的结果上。第三,研究者对比了专家级运动员与新手运动员之间在注意方面的差异。研究表明,在线索利用方面,与新手相比,专家级选手能够利用过去的线索预测来球的飞行轨迹,从而及早移动身体。在眼动模式方面也证实了专家级运动员的注意聚集模式与新手有所不同(Morgan,1996)。例如,一些著名的篮球控球后卫并不看人传球,而是综观全场并预期队友的动向进行传球的(专栏 9-1)。

专栏 9-1

不同注意类型运动项目的注意瞬脱现象

在体育运动中,可以根据运动员的注意主要指向和集中于外部环境还是自身,把运动项目分为三大类:一类如乒乓球、拳击、击剑、跆拳道、足球、篮球等近距离、强对抗的运动项目,通常要求运动员在运动中要追踪对手或同伴、环境中不断变化的刺激并做出相应的应答,运动员对引导他们技术动作的主导刺激的预测性较低。另一类如田径、固定靶射击、跳水、体操等动作结构相对固定的运动项目,通常要求运动员在运动中专注于某一特定或呈现程序相对稳定的刺激,因而这类项目的运动员对引导其技术动作的主导刺激的预测性较高,表现出主体主导注意的特征。这类运动项目称为主体主导注意型运动项目。第三类运动项目称为综合注意型运动项目,比如移动靶射击,运动员主导注意的成分和环境主导注意的成分在总体上难分伯仲。

研究表明,在快速系列视觉呈现的多重任务中,被试对目标刺激的正确辨认阻碍其对时间上与它相近的后继刺激的辨认,这种现象被称为注意瞬脱(attentional blink)。国外 20 多个研究相继报道了注意瞬脱作为大脑中枢处理信息的一种抑制性机制,具有存在的普遍性:普通被试的注意瞬脱程度非常明显,最低点出现在目标刺激后 270 毫秒处,持续 540 毫秒左右。研究者还提出,注意瞬脱对乒乓球、击剑、篮球等主要以视觉通道获取对手信息的环境主导注意型运动项目有着极为重要的意义:类似对快速系列视觉呈现的刺激流做出反应一样,这些运动项目的运动员必须对快速而连续的对手的攻击动作或是同伴的配合动作做出准确的反应。他们的注意瞬脱特征与普通人群相比存在三个方面的明显差别:一是出现时间较晚;二是持续时间较短;三是瞬脱程度较低。

注意瞬脱及其项目差异的发现,预示着注意瞬脱在心理选材、训练定向、训练状态的监控和有针对性的注意训练等多方面有广泛的应用性。

(李永瑞,2001;2002;2004)

(二) 注意的测量

既然运动员的注意与运动表现之间有着密切的联系,因此,发展和提高运动员的注意技能尤为重要。在发展注意技能之前,需要对练习者进行注意的测评。

有关注意的行为与生理学测量方法主要考察的是个体的注意状态,而自我报告法测量的是个体对环境的一般性注意方式或注意技能,它往往是特质性测量。在此类测量方法中,教材中主要介绍了 Nideffer 的注意和人际关系方式测试(TAIS),测量与实验指导手册中提供的注意力测验是用以测量一般的、不涉及运动情境的注意品质(注意力)。注意的四个基本的品质一般包括注意的广度(指个体在同一时间内所能清楚地觉察客体的数量)、注意的稳定性(指注意长时间地保持在从事某种活动上)、注意的分配(指个体在从事两种或多种活动时,能把注意同时指向不同对象的能力)和注意的转移(指个体根据一定目的,主动把注意从一种活动转向另一种活动)。注意力测验可以用作对运动员注意特征的诊断(专栏 9-2)。

专栏 9-2

TAIS 在体育运动领域中的运用

在体育运动领域,Richards 和 Landers(1981)在对优秀射击运动员与次优秀级射击运动员进行测试时发现,TAIS 能够区分射击运动员的类型(手枪、步枪、飞靶射击、双向飞碟射击)、性别及经验。Molander 和 Backman(1974)对四个年龄组的高尔夫精英球手进行了研究,这四个年龄组介乎青少年组与 58～73 岁的老年组之间。他们发现 TAIS 能够区分四个年龄组在注意特质上的不同。

据人格—情境交互作用理论,如果 TAIS 能够考虑注意方式的运动特殊性,这个测量工具将更加有用,因为针对不同运动情境下的特定的注意技能的评价结果将为运动员提供促进运动表现得更为具体的、恰当的信息。在网球运动中,研究者(Van Schoych & Grasha,1981)根据 TAIS 设计了一个网球运动专用版本:T-TAIS。结果发现,这个版本与网球成绩的相关程度比原版和 TAIS 与网球成绩的相关程度更大。同样,另有研究者(Albrecht & Feltz,1987)研制了针对棒球(垒球)击球的版本:B-TAIS。结果也发现,以 TAIS 为基础研制出的关于棒球(垒球)的修订版本在心理测量学上的指标比原版更可靠。Bergandi、Shryock 以及 Titus(1990)也根据 TAIS 研制出篮球运动专用的版本。

然而,一些研究者对该测量工具使用的效度一直持批评态度。国内也没有针对这一量表进行文化适用性的研究。

(LeUnes & Nation,2002)

(三)认知心理学、注意及运动表现

目前,在技能学习和控制领域中有关注意的研究主要盛行的是认知心理学的信息加工观。

认知心理学是 20 世纪 50 年代中期在美国和西方兴起的一种心理学思潮,它是心理学与邻近学科交叉渗透的产物。控制论、信息论、计算机科学对认知心理学的发展具有深远的影响。计算机科学与心理学相结合,产生了一门边缘学科——人工智能。人工智能与认知心理学关系极为密切,计算机的出现使人们找到了分析人的内部心理过程和状态的新途径。认知心理学的一个基本观点是信息加工观,即认为可以用计算机来类比人的内部心理过程。计算机接受符号输入,进行编码,对编码输入加以决策、存储、并给出符号输出。这可以类比于人如何接受信息,如何编码和记忆,如何决策,如何变换内部认知状态,如何把这种状态编译成行为输出。狭义的认知心理学也被称为信息加工的心理学。目前,广义的认知心理学还借鉴了语言学、神经科学、哲学以及人类学等多学科的知识和方法。

认知心理学的兴起是西方心理学发展中的一个巨大变化。有些人说它是一个新学派,有些人说它是一个新方向,是一个新的研究心理活动的"范式"。一些美国心理学家认为,认知心理学的出现是美国心理学发展中的第二次革命。第一次革命是行为主义的兴起。

认知心理学主要研究人的高级心理过程,主要是认知过程,如注意、知觉、表象、记忆、思维和语言等。注意是人类各种认知活动完成的重要条件,因此,它在认知心理学中有着举足轻重的地位。本章主要介绍的是运动表现与注意,可以说,体育运动中个体对动作技能的学习和控制也是一个认知过程,注意是这一信息加工过程顺利完成的保证。

(四)对教科书图9-2中的记忆系统的解释

按照信息加工的观点,记忆是一个结构性的信息加工系统。所谓结构性是指记忆在内容、特征和组织上有明显的差异。记忆结构由三个不同的子系统构成:瞬时记忆(又称感觉记忆)、短时记忆和长时记忆。虽然这些子系统在信息的保持时间和容量方面存在差别,但它们处在记忆系统的不同加工阶段,因此相互之间有着十分密切的联系。正如教科书中图9-2表示,信息首先进入感觉记忆,那些引起个体注意的感觉信息才会进入短时记忆,在短时记忆中存贮的信息经过加工再存储到长时记忆中,而这些保存在长时记忆中的信息在需要时又会被提取到短时记忆中。

(五)"Stroop"效应

第一步,向学生呈现不同颜色的色块,像这样:

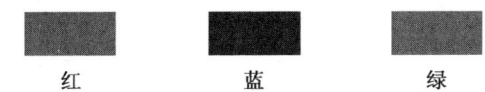

红　　　　　蓝　　　　　绿

要求学生大声读出它们的颜色"红,蓝,绿……",并记录所用时间。

第二步,向学生呈现的是表示颜色的字,比如"蓝,绿,红……"要求学生大声的依次读出,并记录时间。

第三步,向学生呈现的是带颜色的表示颜色的字,但是字本身的颜色和它表示的颜色不同,例如:"红,蓝,黄……"(当然实验中并不是只用这三种颜色)要求学生读出它们本身的颜色,如应读为"蓝,红,绿……",同时也要记录时间。比较前两步的时间,说明学生对这两次实验的反应没有什么不同,都很顺利。而第三步就不同了,学生会出现无意识的按字义而不是按颜色读的情况。

Stroop认为这是一种色词反应竞争的现象,它不仅出现在感知活动中,在记忆和思维活动中也常常出现。这说明人们在解决新的课题和任务时,事先已经自动化了的熟练的知识在新的条件下常会无意识地出现,与新的课题和任务竞争,干扰或阻断新课题的顺利进行。所谓"Stroop"现象就是当人们对某一特定事物做出反应时,由于不能阻断对刺激情境中无关特征的影响,而难以注意,难以对特定的刺激进行反应。这一现象是Stroop首先发现的,也称"Stroop"

效应。

在心理学界，Stroop效应的研究整整持续了迄今为止的大半个世纪，该效应一直扩充到许多领域包括运动领域，其中这里展示的色词实验（例如我们刚做的这个实验）简单易于实现，其效应也易看出来。

（六）心理不应期在体育实践中的应用——假动作（专栏9-3）

专栏9-3

心理不应期在体育实践中的应用——假动作

对于两个紧密相随的刺激中的第二个反应延迟，是人动作表现中一个重要的现象，叫做"心理不应期"。目前比较流行的观点是，在反应阶段产生了一个暂时的瓶颈，在个体组织和开始对第二个刺激有所反应时，必须等到第一个刺激完成反应程序阶段的处理之后。在两个刺激间隔时间很短时（约60毫秒），这种延迟最长。原因是在反应选择阶段刚刚开始对第一个刺激选择了反应，而这个反应必须在对第二个刺激开始做出反应之前完毕。随着刺激间隔的增加，当第二个刺激出现时，第一个刺激的反应进入动作程序的完成量越多，所以第二个反应进入动作程序表现出的延迟也越少。

另一个现象也很有趣，当刺激间隔时间极其短暂时，比如少于40毫秒，机体就以其他不同寻常的方式做出反应，即对两个刺激同时做出反应，就好像它们是同一刺激一样。这种现象叫做组合，它导致了一个单独、更加复杂动作的组织和开始，如双手同时做出反应。

心理不应期现象对假动作发生作用的内在过程进行了很好的解释。例如，在篮球比赛中，运动员的投篮动作常常以更加复杂的方式完成，先做一个假动作看起来像要投篮，然后收回动作，然后再完成投篮。这三个动作步骤紧密相连，就像做出了一个连续动作。而对方防守队员常常把连续动作的第一部分（假动作）误认为是真实的投篮动作，造成防守失败。假动作相当于双刺激范例中的第一个刺激，诱发了对方防守运动员的反应，如封篮动作。正当对方防守队员对假动作做出反应时，第二个刺激又出现了，这时防守队员已经不能收回他对进攻队员假动作的反应性动作了。

在体育运动中使用假动作的一些重要原理，是在科学工作者对心理不应期的研究中发现的。以下将做出一些使用假动作的提示：

1. 假动作必须逼真

为了使假动作有效，它看起来必须逼真，要像真动作一样，这样才能引诱防守队员对它做出反应。

2. 假动作和真动作之间有适宜的时间间隔

为了使对方防守队员出现对真实动作的延迟反应,连续动作程序必须保证假动作(刺激1)和真动作(刺激2)之间有适宜的时间间隔。现有的研究结果表明,这个适宜的时间间隔应该在60毫秒至100毫秒之间。如果时间间隔太短,防守队员就会忽略假动作,而对真动作做出反应。如果时间间隔太长,防守队员也会以只比正常反应时多一点点的延迟,对真动作做出反应,这样一来,进攻队员的假动作就失去了作用。

3. 假动作不宜频繁使用

如果频繁使用假动作,就会被对方防守队员摸到规律,一出现就会马上被识破。因此,对方防守队员能够提早对预料出现的真动作做出准备,进攻队员反而会弄巧成拙。

(张英波,2003)

(七)线索利用理论、唤醒与注意

根据线索利用理论,唤醒水平的上升会改变运动员的注意范围,进而影响运动表现。当唤醒水平过高时,运动员的注意范围会变得非常狭窄。例如,李明是一名足球守门员,当两名对方球员快速进攻过来时,他必须保持适度宽度的注意。假如李明的唤醒水平过高,会使他的注意范围窄化,无法综观全场情况,他往往只会注意到控球的那名对方球员,而忽视法注意对方穿插接应的队员,这样控球队员只需将球突然性地传至接应队员便可轻松得分。"当我感到压力时,我的头脑一片空白,根本就没有注意那些本应注意的事情。"运动员常常以这样的话语来形容自己深受焦虑问题困扰的情况。这种情况就是因为唤醒水平太高使注意范围变得狭窄,导致运动员没有表现出运动情境所需要的注意方式。

当运动员的唤醒水平上升时,也容易降低其扫描比赛环境的频率。例如,李明是一名摔跤选手,在比赛时因过度紧张焦虑和过高的唤醒水平,使得其总是使用同一种招式来对付对手,而忘了利用视觉或动觉去侦查对方肢体位置以及动作的破绽,结果李明表现失常,让许多本可能得分的机会不知不觉地溜走。

因此,运动员应当学会唤醒水平调节的一些方法,并学会搜索环境线索,以降低注意窄化或分心干扰的影响。

（八）运动队中的注意控制训练

在运动心理学领域中，注意技能训练是通过各种方法和技术来提高训练者的以下注意技能：注意力聚集于环境中与运动表现相关的线索（选择性注意）；维持上述注意力焦点一段时间（注意的集中）；根据情境的变化，注意力焦点随之快速变化（注意的转移）。

1. 注意技能的训练原则

（1）注意的选择的训练原则

① 对每个具体的注意技能要做出分析。应明确注意是内部的还是外部的，广阔的还是狭窄的。当注意是指向外部时，要教会运动员应按什么顺序去注意什么刺激；使刺激尽可能的少而明确；当注意指向内部时，集中注意于积极而有建设性的思维活动上，不要注意消极思维。

② 当实际完成技能时，注意当前和即将来临的动作，不去注意过去和将来的动作。注意诸如运动过程和动作方法等这类因素，而不注意比分或比赛结果。

③ 帮助运动员发展注意某种刺激和排除某些干扰的心理定向。然后，教会他们对这些刺激做出正确反应。在发展心理定向的同时，教会运动员认清有助于他们预测特定刺激，然后分析做出反应的正确时机。

④ 在学习技能时，应指导运动员将注意集中在动作过程的肌肉感觉上，因为注意这些本体感受将提高运动员的学习效率。在进行肌肉运动知觉练习时，表象是一个好方法。

⑤ 在训练时，应在一开始心理能量水平较高时，就进行注意技能的学习。在技能学习的初期，要尽可能减少干扰，在掌握了技能之后，要增加训练中的干扰，使他们能够在实际的训练和竞赛条件下应用注意技能。

⑥ 当环境中存在大量不确定因素，尤其是运动员感到这些因素对他们的自我价值是一种威胁时，会给他们造成压力并增加注意分散的可能，因此，降低不确定感是有益的。尽管我们不希望运动员产生自我价值的不确定感，但在练习中，引入各种新异的不确定因素可提高运动员的兴趣，保持他们的注意。

（2）提高注意灵活性（注意的转移）的原则

① 了解在运动中影响注意转移的因素。应激和伤痛是影响运动员注意力分散的两个主要因素。应激之所以成为注意转移的障碍是因为它迫使注意集中在无用的消极信息上。调节应激将帮助运动员有效地转移注意。反过来讲，调整注意的技能也有利于应激的调节。降低运动员转移注意能力的另一个因素是某些过于强烈而又很难摆脱的刺激。伤痛就是其中的一个。没有非常集中的注意技能，在长距离项目中的疼痛或某些伤病引起的疼痛将占据运动员的全部注意。疼痛感觉阈限较低的运动员对这个问题特别敏感。将注意从疼痛转移开的

技能是一个对付疼痛非常有效的方法。在完成技术动作时，可以将注意从疼痛或其他强烈的刺激上调整到正确的刺激上。避免心理疲劳，同时通过观摩优秀运动员的比赛和与他们交谈，可以提高运动员注意转移的技能。

② 明确所从事的运动项目所要求的注意事项和目前存在的问题。

（3）提高注意集中的原则

① 大脑做好集中的准备，降低应激并对注意目标加以专注有助于注意集中技能的提高。

② 发展集中注意技能时，可通过赛前建立心理程序来帮助运动员避免干扰和降低不确定感。

③ 通过诱发物——词语或动作的提醒，提高运动员的注意力集中程度。

④ 在练习中，练习时间应与比赛中保持注意所需要的时间大致相同。

⑤ 在练习和比赛中，保持心理觉醒和调节心理能量，将有助于产生非常集中的注意及有效的注意选择和转移。

2. 注意技能训练的方法和技术

注意技能训练的应用是要将注意技能训练的基本原则、方法和技术与专项运动特点相结合，从而在运动训练和竞赛中更好地控制和调节注意状态。

（1）提高注意选择技能的方法和技术：在运动中能够运用的选择注意方法有很多，经常用到的有：① 运用定向反应注意外周活动，或用声音（如简短的与动作有关或可激发动机的特定字词）与动作给同伴提供刺激信号，培养对特定刺激的定向反射；② 解释学习新技能的理由，并以著名运动员作为成功运用这个技能的样板，培养激发运动员的兴趣以提高他们的注意；③ 在练习时运用模拟训练，增强运动员的心理定向能力，对一些常见情况进行分析并对对手常用的手段进行观察，从而运用心理定向来选择注意。

（2）提高注意转移技能的方法和技术：在运动实践中，注意与运动技能的类型有着密切的关系。开放性技能要求具有较强的转移注意的能力，因为它们必须对外部环境的刺激做出反应；而封闭性技能要求转移注意的能力稍低一点。不管怎样，成功地完成技能的关键在于能够在具体活动任务要求的正确时间转移注意。

能够转移注意和知道什么时候转移注意是两个不同的问题。运动员应首先学会选择恰当的信息，然后再掌握转移注意的时机。开始时要确定哪种注意的转移方式对运动员是最困难的。通常我们要防止应激和身体疼痛对注意的转移所造成的干扰和影响，相应的解决方法是：发展运动员的应激控制技能，将注意指向与任务有关的刺激。

（3）提高注意集中技能的方法和技术：用有效的注意去完成技能需要一定的强度。学会大脑活动的静止或暂停，可提高注意集中的能力。在从事某一项要求注意力集中的运动活动之前,应该排除任何其他的思维干扰。在完成了眼前的任务之后,可以返回到对其他事物的思维。这种能力,以及注意力集中的能力可以通过练习得到提高。

处于理想的唤醒状态意味着对注意力集中和心理能量的良好控制。必须知道什么时间集中注意力,什么时间不去集中。在时间短的运动项目里,集中注意力的问题不明显。但在长时间的运动中,集中注意力将会显得十分重要。

(九)注意控制训练具体练习的介绍

1. 腹式呼吸调节法

步骤:要练习深而完整的呼吸,可以想象把肺分成上、中、下三个层面。吸气时,在最下的一层,想象使横膈膜向下推,小腹向外突出,并充满空气;在中间层,想象胸腔扩大,肋骨向上提并充满空气。最后,最上层的吸气是胸腔及肩膀提升并充满空气,维持数秒后,慢慢地呼气,腹部内收,肩胸下垂,此时注意力放在横膈膜的下沉(吸气)及提升(呼气)上。通过这种练习,练习者会体验到情绪更稳定、注意力更集中,身体也更放松。为了加强呼吸阶段的重要性和觉察能力,吸气时可以从1数到4,呼气时则从1数到8。

在比赛中,使用呼吸调节法的最佳时机在暂停或中场休息时。

说明:腹式呼吸调节法是降低唤醒水平、控制紧张和焦虑最容易也最有效的方法之一。当练习者有信心及一切在掌控中时,会觉得呼吸顺畅、深沉且有节律。深沉、缓慢而完全地呼吸,通常都会诱发放松的反应。

2. 弹壳叠加法

步骤:手拿小口径子弹的弹壳,一个叠加在另一个之上,尽量多地摞起来(图9-2)。

说明:练习可以采用比赛方式进行。比赛时还可以增加一些干扰,以增加练习者心理负担,使练习者注意不易集中和手动不易稳定。每次超过个人记录时给予表扬,超过班记录时给予奖励。

这种方法也是射击运动员心理训练的常用方法。开始做时成绩可能一般,随着练习次数的增加,成绩会有所进步,即摞弹壳的总数会增加,或者单位时间内摞弹壳的数量会增加。此法还可提高手动的稳定性。

3. 弹壳针眼法

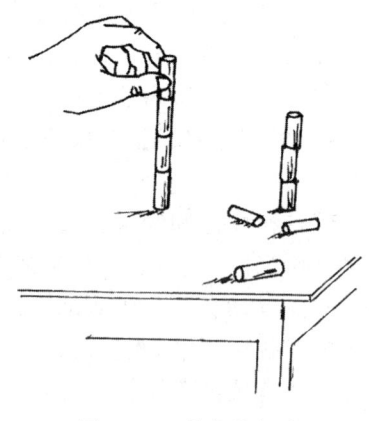

图9-2 弹壳叠加法
(张力为,2004)

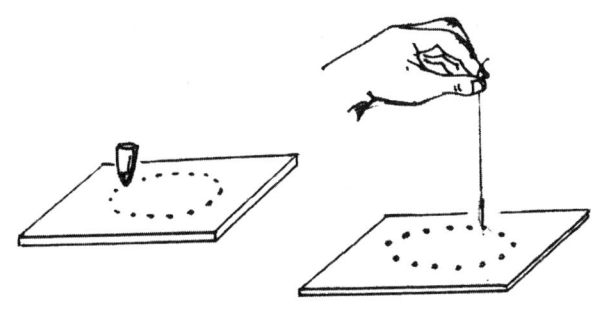

图 9-3 弹壳针眼法
(张力为,2004)

步骤：

(1) 用小口径子弹的塑料弹盒,在面板上钻20个直径1毫米的圆孔。孔与孔间隔10毫米,排列成椭圆形。

(2) 手捏一根吊针的细线,对准小孔后,利用针的重量,将针依次落入孔内(图 9-3)。

(3) 练习应根据循序渐进,由易到难的原则,先用屈肘,坐姿肘靠桌面的方式进行,一个月后肘悬空进行,半年后改为坐姿直臂悬空进行。

说明:练习可以采用比赛方式进行。比赛时还可以加一些干扰,以增加练习者的心理负担,使练习者注意不易集中和手动不易稳定。每次超过个人记录时给予表扬,超过班记录时给予奖励。

这种方法是射击运动员心理训练的常用方法。它既要求稳,又要求动;既要求看得准,又要求心平静;既要求扎得快,又要求有耐性。

4. 单腿站立法

步骤:找到一块离开桌椅或可能造成受伤的物体的地方一腿站立,逐渐将身体重量移向这只腿。两臂伸展,与肩同高。逐渐抬高离地腿。当你感到舒适后,闭上你的眼睛,并努力保持平衡。一旦你的眼睛或离地腿的脚触地,练习就停止下来。请记录三次你能保持平衡的时间。

说明:此练习的目的是以一种身体练习来帮助你发展集中注意能力。

5. 方格练习法

步骤:这个练习需要一个包括00~99的两位数的方格。练习时要求扫描这个方格,并且在一段时间(通常在1~2分钟)内尽可能多地按照顺序划下数字(如00、01、02等)。研究发现,注意力集中、扫描能力强的人在一分钟内可以划记20~30多个数字。在练习中,还可自行对方格中的数字重新进行排列。并可以在别人讲话或是噪声影响的环境下,继续此项练习,以提高抗干扰能力(图 9-4)。

说明:这个练习的目的是通过扫描方格来提高注意的集中能力。

32	42	39	34	99	19	84	44	03	77
37	97	92	18	90	53	04	72	51	65
95	40	33	86	45	81	67	13	59	58
69	78	57	68	87	05	79	15	28	36
09	26	62	89	91	47	52	61	64	29
00	60	75	02	22	08	74	17	16	12
76	25	48	71	70	83	06	49	41	07
10	31	98	96	11	63	56	66	50	24
20	01	54	46	82	14	38	23	73	94
43	88	85	30	21	27	80	93	35	55

图 9-4　方格练习法

6. 录像利用法

步骤:播放一段练习或比赛的录像,然后停下来,让练习者去想象在这种练习或比赛中他们应该如何保持注意。之后,询问每名练习者选择的注意对象是什么并让他们说出在什么时刻要进行注意的转移。如果需要纠正练习者的问题,就让他们再次表象练习或比赛情境,但要以正确的注意转移去处理出现过的问题。

说明:此练习的目的是通过在某种特定的运动情境中的练习来提高转移注意的能力。

四、教学重点与难点

（一）教学重点

（1）注意的概念、特点和作用。

（2）随意注意、不随意注意与随意后注意的区别和联系,教会学生根据这三种注意的转换规律有效地进行体育教学或训练。

（3）注意方式、人格差异与运动表现之间的关系。

（4）注意理论中的线索利用理论。

（5）注意控制训练方法的运用。

（二）教学难点

（1）注意的强度包括警觉和集中性。

（2）从注意的结构、个体差异以及注意与运动表现之间的关系全面地理解 Nideffer 的注意方式理论。

（3）各种注意理论之间的关系。

（4）结合线索利用理论，运用心理学训练方法改善注意技能。

五、教学指导建议

（一）教学建议

（1）通过提问法来引导学生明确问题，导入新课。例如，教师提出"在完成一个动作的时候，你需要处理信息吗"，"在处理信息过程中，你觉得什么心理活动在其中起着重要的作用"等问题后，利用学生的探究学习心理，阐明注意的概念、特点以及它对运动表现的作用。要强调注意具有十分广泛的含义，目前，研究者主要从注意的选择性、强度以及资源的有限性三个特性展开研究。

（2）阐明注意这一过程根据是否有预定目的和是否需要意志努力，可分为随意注意、不随意注意及随意后注意。运用启发法，让学生分析影响上述三种注意的因素，让学生回答"如果我是体育教师，应该怎样加强学生的注意，为什么，怎样加强"的问题，通过学生的思考和回答，检查知识领域的领会、掌握和运用的程度。

（3）运用实践渗透法，以体育运动领域中的实例解释不同运动情境对注意方式的具体要求。例如，在篮球比赛之前，运动员进行战术部署时，他们常常需要运用广阔—内在的注意方式；而在比赛的罚球时，则要用狭窄—外在的注意方式；在传球时，可能广阔—外在的注意方式更有利于他们的战术配合。

（4）通过活动法，教师指导学生使用测量与实验指导手册中的注意力测验，使其了解注意的特质性测量方法。

（5）要明确注意的相关理论有许多，教材中主要以信息加工观为主，介绍了有关选择性注意、分配性注意以及警觉三方面的一些理论，教师可视学生的接受情况，有选择地进行教学。

（6）线索利用理论比较合理地解释了运动情境中唤醒、警觉与成绩的关系。通过实践练习，学生应该学会一些调节唤醒水平的方法，例如呼吸调节法。同时，可以通过线索词利用法，让学生学会将注意力适时地调节至与活动任务有关的线索上,以保证圆满地完成任务。

(7) 在本章教学中,学生对教科书中每个拓展知识要花5分钟进行自主学习,且教师可以进行自由提问,激发学生探究学习、主动学习的动机。

(二) 教学活动案例设计

"结合注意的线索利用理论,合理运用心理技能训练方法"的教学活动设计。

教学目标:

(1) 通过复习注意的线索利用理论,让学生明白在体育运动中当个体的唤醒处于适宜水平时,他能够保持较好的警觉,并能充分而有效地利用环境中的线索,促进运动表现。

(2) 启发学生,让他们知道唤醒调节方法和线索利用法是提高个体注意的警觉性,保证个体适宜的注意范围以及合理注意方式的注意控制训练方法。

(3) 通过腹式呼吸调节法的实践练习,让学生掌握这种降低个体唤醒的方法。并通过讨论,让学生了解唤醒调节的其他方法。

(4) 通过设置线索词的实践练习,让学生了解线索利用法。并要求学生针对运动专项训练或比赛完成制定注意线索脚本的作业,让学生将其作为注意技能训练的一种方法加以掌握。

(5) 结合前面介绍的选择性注意与分配性注意的理论,引导学生产生对了解其他注意控制训练方法的兴趣。

教学过程:

1. 导入

(1) 创设情境:回忆注意的信息加工理论(多媒体课件显示三张体育图片,分别代表个体在体育运动中的选择性注意、分配性注意以及注意的警觉)。

(2) 导入线索利用理论(多媒体课件显示线索利用和唤醒—成绩的关系图):"在我们学习过的线索利用理论中,过高或过低的唤醒水平会使个体在体育运动中做出怎样的表现?当唤醒在何种水平时,个体能够保持较好的警觉,并能充分而有效地利用环境中的线索,促进运动表现?"通过沟通新旧知识联系,明确新知识问题,激发学生主动学习的动机。

2. 展开

(1) 介绍唤醒调节方法的知识和运用要领:多媒体展示代表唤醒水平过低或昏昏欲睡的个案及唤醒水平过高或过度焦虑的个案。再展示自我激发、目标设置等激发唤醒水平的心理技术的图片,并展示瑜伽术、表象放松、冥想、认知重建等降低唤醒水平的心理技术的图片。

"仔细看看这两个个案在唤醒水平上有什么不同?怎样使他们的唤醒水平处于适宜水平?请你们谈谈自己在唤醒调节时常用的一些方法。"运用案例分析法,加强学生理论联系实际的能力,并给学生提供表达的机会。通过提问小结,向学生简要介绍在运动心理学实践工作中经常运用的个体与团队唤醒激发策略。并向学生简要介绍可以通过瑜伽术、表象放松、冥想、认知重建、腹式呼吸调节等身体放松(行为干预)的方法与认知重建的心理技术来降低过高的唤醒水平。向学生进一步强调在第14、15章将详细介绍这些方法。

(2)介绍线索利用法的知识和运用要领:多媒体展示体育比赛中运动员进行线索搜索的实例,并展示篮球运动员的罚球动作。进而展示一项研究中曾利用的为促进保龄球选手运动表现的注意线索脚本。

通过线索利用理论,让学生明白除了维持适宜的唤醒水平之外,充分而有效地利用环境中的线索,对促进运动表现也有帮助。"如何有效地利用比赛或训练情境中的线索?你是怎么做的?"让学生将回答写在纸条上,为实现反馈的广泛性,教师将结果一一向全班宣布。向学生介绍一些运动员常用的线索利用方法:设置线索词、制定注意线索脚本、模拟比赛情境并设置比赛行动方案、方格练习等。强调各种方法的掌握要点。对照自己刚才的回答,让学生思考今后在训练或比赛中可能运用的线索利用方法。

(3)以腹式呼吸调节法为例进行降低唤醒水平的练习:介绍腹式呼吸调节法的作用。教师边示范边讲解腹式呼吸调节法的练习要领。强调腹式而非胸式呼吸,可以让学生用手体会腹部的运动状态;强调深而完整的呼吸,结合表象练习,将注意放在横膈膜的下沉(吸气)及上升(呼气)上;吸气短而呼气长,吸气时默数数字从1数到4,呼气则从1数到8,边呼气边吐气。

然后,学生听教师的口令重复练习此法。

最后,将全班同学分为4组,每组选拔1人参加90秒钟的腹式呼吸调节法比赛。比赛时,其他3组同学要尽量发出干扰声音,例如发出有组织、有力的"嘿、嘿……"声。比赛结果参照每组腹式呼吸调节法展示者的表现以及该组成员的组织性进行评分。通过比赛,调动学生的积极性和主动性,并让学生充分体会腹式呼吸调节法与实际情境结合的使用价值。

(4)以设置线索词为例进行线索利用法的练习:"当全场比赛到了关键性的时刻,双方平分,还有1分钟就要结束比赛了。这时,一方队员面临罚球,如果你是这名罚球队员,怎样保证注意的集中,将球投中?"设置这种情境,与学生共同讨论,总结出引发投篮准确动作的线索词:"沉、蹬、伸、扣"。强调用于指导运动技能完成的线索词要简洁,易于发音,与当前任务紧密联系。

(5)复习选择性注意与分配性注意的理论,启发学生,介绍其他注意控制训练方法。

3. 总结

(1)根据线索利用理论,你需要学习哪些注意控制训练的方法?

(2) 让学生总结一下这些方法的练习要领。
(3) 布置课外作业。

针对你从事的运动专项,对某一运动情境制定注意线索脚本。

总评:本课的教学设计具有主动学习和共同参与的特点。整个课堂积极实行启发式和讨论式教学。在教学的导入阶段为学生创设主动探求注意控制训练方法的学习情境;展开阶段通过实践练习与合作竞赛,培养注意控制训练方法的运用能力以及团结合作的精神;总结阶段让学生自主汇报学习成果,培养学生学习的自信心。

六、参考文献

[1] Eysenck,Keane 著,高定国等译.认知心理学[M].上海:华东师范大学出版社,2003.

[2] Cox 著,张力为等译.运动心理学——概念与应用[M].北京:清华大学出版社,2002.

[3] 季浏,符明秋.当代运动心理学[M].重庆:西南师范大学出版社,1994.

[4] 彭聃龄.普通心理学[M].北京:北京师范大学出版社,2001.

[5] 祝蓓里,季浏.体育心理学[M].北京:高等教育出版社,2000.

[6] 姚家新.竞赛心理咨询与心理训练[M].北京:人民体育出版社,1994.

[7] 张力为,任未多.体育运动心理研究进展[M].北京:高等教育出版社,2000.

[8] 张力为,田麦久.竞赛自信及竞赛焦虑与注意指向:探点反应时实验的提示[J].体育科学,2000,20(6).

[9] 张力为.现代心理训练方法[M].北京:北京体育大学出版社,2004.

[10] 张英波.动作学习与控制[M].北京:北京体育大学出版社,2003.

[11] Connolly, C. T. & Janelle, C. M. Attentional strategies in rowing: Performance, perceived and gender considerations. Journal of Applied Sport Psychology,2003,15.

[12] Enns,J. T. ,& Richards,J. C. (1997). Visual attentional orienting in developing hockey players. Journal of Experimental Child Psychology,64.

[13] Gill,D. L. ,& Strom,T. E. (1985). The effect of attentional focus on performance of an endurance task. International Journal of Sports Psychology,16.

[14] Hill. K. & Borden. F. (1995). The Effect of Attentional Cueing Scripts on Competitive Bowling Performance. International Journal of Sport

Psychology,26.

[15] Landers,D. M. (1980). Arousal-performance relationship revisited. Research quarterly for exercise and sport,51(1).

[16] LeUnes. A. & Nation. J. R. . Sport Psychology: An Introduction. Wadsworth Group,2002.

[17] Masters,K. S. ,& Ogles,B. M. (1998). Associative and dissociative cognitive strategies in exercise and running:20 years later,what do we know? The Sport Psychologist,12.

[18] Nideffer,R. M. (1990). Use of the Test of Attentional and Interpersonal Style(TAIS)in Sport. The Sport Psychologist,4.

[19] Rorgerson, J. , & Hrycaiko, D. W. (2002). Enhancing competitive performance of ice hockey goaltenders using centering and self-talk. Journal of Applied Psychology,14.

[20] Scott,L. M. ,Scott,D. ,Bedic,S. P. & Dowd,J. (1999). The effects of associative and dissociative strategies on rowing ergometer performance. The Sport Psychologist,13.

[21] Williams,A. M. & Elliont,D. (1999). Anxiety,expertise,and visual search strategy in karate. Journal of Sport & Exercise Psychology,21.

[22] http://www. taisdata. com/index. php

[23] http://www. athleticinsight. com/Vol6Iss1/AttentionalStylesandEffectiveCognitiveStrategies. htm

[24] http://xl. hnedu. cn/web/4180/200505/18094839093. html

第十章

心境状态与运动表现

一、教学目标

通过本章教学,使学生能够:
(1) 了解心境状态的概念和掌握心境状态的测量方法;学会使用 POMS 量表。
(2) 理解体育锻炼与心境状态改善的关系;提高指导体育锻炼的能力。
(3) 掌握心境状态与运动表现的关系,学会应用 POMS 对运动训练进行监测。
(4) 提高体育人文素养,培养体育人文精神与科学精神。

二、教学内容框架(图 10-1)

三、知识拓展与深化

(一) 心境状态的测量

1. POMS 的应用指南

我国学者祝蓓里等在我国选取了 1 060 名大学生和 522 名中学生,对格罗夫(Grove)等人简化和发展的 POMS 量表进行了修订,建立了中国大、中学生常模。各分量表的信度在 0.62~0.82 之间,该量表对被试的文化程度提出了一定的要求,被试文化程度较低,会因难以理解测量条目的题义而影响测量信度、效果,修订的 POMS 量表常模为中国大、中学生常模,因此,在使用的时候应考虑测试的对象。该量表的计分方法为:"几乎没有"=0,"有一点"=1,"适中"=2,

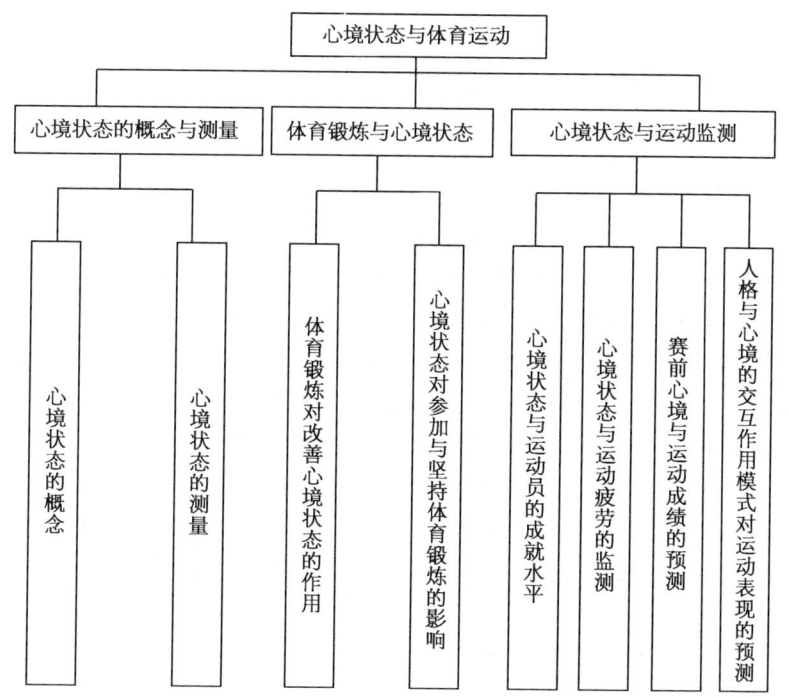

图 10-1 心境状态与体育运动教学内容框架图

"相当多"=3,"非常地"=4。7 个分量表的题项分别为:

紧张:第 1、8、15、21、28、35 题;

愤怒:第 2、9、16、22、29、36、37 题;

疲劳:第 3、10、17、23、30 题;

抑郁:第 4、11、18、24、31、38 题;

精力:第 5、12、19、25、32、39 题;

慌乱:第 6、13、20、26、33 题;

与自我有关的情绪:第 7、14、27、34、40 题。

分别累计各分量表的原始分数,通过查阅常模,计算每个分量表的 T 分数。TMD=5 个消极的情绪得分之和−2 个积极情绪得分之和+100。

2. POMS 的应用时机

特里(Terry)在研究 POMS 是否可以预测运动员的成就水平的基础上,结合他的运动心理咨询的经验,对 POMS 的使用时机提出了建议:

(1)可以用于运动员心理状态的一般追踪;

(2)可以用于运动员的情绪追踪;

(3)可以用于体育活动改善情绪的测量;

(4)可以用于运动训练负荷的监控;

(5) 可以用于过度训练运动员的诊断;
(6) 可以用于运动损伤后情绪反应的监视;
(7) 可以用于运动表现的预测,但不是运动员的筛选。

3. 关于 BFS 量表

在运动心理学研究中,测量心境的量表有很多,除了 POMS 外,BFS 也是体育运动中较常用的测量心境状态的量表。BFS 是由联邦德国运动心理学家 Abele 和 Brehm 于 1986 年编制而成的。该量表于 1995 年由武汉体育学院姒刚彦博士翻译成中文,并经武汉体院科研所情报室罗君安校对。该量表认为心境状态可区分为两个维度:评价性维度(良好/愉快和恶劣/不快);激活性维度(积极/消极)。不同的心境可以定位于由这两个维度构成的直角坐标系中。BFS 共有 8 个分量表,具体为:① 活跃性;② 愉悦性;③ 思量性;④ 平静性;⑤ 愤怒性;⑥ 激动性;⑦ 抑郁性;⑧ 无活力性。每个分量表包括 5 个题目,共 40 题,所有题目混合随机排列,采用 Likert 式 5 点记分(分别代表"一点也不"、"有一点"、"中等"、"较多"和"完全如此"),各分量表的题项分别是:

① 活跃性量表包括 6、13、30、33、34 题;
② 愉悦性量表包括 3、19、28、36、39 题;
③ 思量性量表包括 5、10、2、18、31 题;
④ 平静性量表包括 14、17、29、32、38 题;
⑤ 愤怒性量表包括 8、11、4、27、37 题;
⑥ 激动性量表包括 2、15、20、26、35 题;
⑦ 抑郁性量表包括 1、4、9、16、23 题;
⑧ 无活力性量表包括 7、21、22、25、40 题。

姒刚彦等人在国内进行了两次 BFS 的信、效度检验,认为其在国内使用具有较良好的结构效度和内部一致性信度,各分量克伦巴赫 α 系数在 0.67~0.91 之间,使用情况比较稳定、可靠(表 10-1)。

表 10-1 BFS 心境量表

数字表示的程度为:
1=一点也不;2=有一点;3=中等;4=较多;5=完全如此。

	一点也不	有一点	中等	较多	完全如此
1. 压抑的	1	2	3	4	5
2. 心神不安的	1	2	3	4	5
3. 无忧无虑的	1	2	3	4	5
4. 忧郁的	1	2	3	4	5

续表

	一点也不	有一点	中等	较多	完全如此
5. 深思的	1	2	3	4	5
6. 生气勃勃的	1	2	3	4	5
7. 消极被动的	1	2	3	4	5
8. 闷闷不乐的	1	2	3	4	5
9. 悲伤的	1	2	3	4	5
10. 遐想的	1	2	3	4	5
11. 生气的	1	2	3	4	5
12. 内省的	1	2	3	4	5
13. 活跃的	1	2	3	4	5
14. 松弛的	1	2	3	4	5
15. 容易激动的	1	2	3	4	5
16. 沮丧的	1	2	3	4	5
17. 轻松自然的	1	2	3	4	5
18. 若有所思的	1	2	3	4	5
19. 舒适的	1	2	3	4	5
20. 局促不安的	1	2	3	4	5
21. 无精打采的	1	2	3	4	5
22. 懒洋洋的	1	2	3	4	5
23. 不幸的	1	2	3	4	5
24. 气恼的	1	2	3	4	5
25. 迟钝的	1	2	3	4	5
26. 紧张的	1	2	3	4	5
27. 激怒的	1	2	3	4	5
28. 极好的	1	2	3	4	5
29. 放松的	1	2	3	4	5
30. 充满活力的	1	2	3	4	5
31. 沉思的	1	2	3	4	5
32. 宁静的	1	2	3	4	5
33. 精力充沛的	1	2	3	4	5
34. 活泼运动的	1	2	3	4	5

(二) 体育锻炼与心境状态

虽然在体育锻炼与心境状态的研究中,多数研究结果都显示体育锻炼能改善心境状态,但是,也有研究表明,体育锻炼对心境状态有消极的影响。如 Steptoe 和 Cox 在体育锻炼之后立刻对被试的心境状态进行评价,结果发现高强度的锻炼对心境状态有消极的影响。同时,也有学者提出,在体育锻炼中或体育锻炼前使用传统的测量手段,即利用 POMS、STAI 来评价心境状态时,可能会受到身体应激变化的干扰。例如,Morgan 和 Horstman 研究发现在使用 STAI 时,测量结果是体育锻炼会使得焦虑水平升高,而当他们试图用 STAI 的简式表来重现这些数据时,发现体育锻炼期间焦虑水平上升是由于 STAI 本身的问题,于是他们采用其他测量方法进行测试,证实这些变化是由生物反应引起的,与认知焦虑和身体焦虑无关。因此,有学者提出在锻炼心理学的研究领域,对 POMS 等测量工具的效用还有必要进行深入的探讨。

在心境状态与参加或坚持体育锻炼的关系的研究中,发现没有精力、心境障碍是不参加或退出体育锻炼的重要原因。实际上,心境状态除了对参加或坚持体育锻炼有重要影响外,对体育锻炼或体育教学效果的影响也十分明显。如在体育教学中,心境可以提高或降低学生的学习和工作效率。心理学研究表明,轻松、愉快、乐观的心境,不仅能使人产生超强的记忆力,而且能活跃创造性思维,充分发挥心理潜能;而焦虑不安、悲观失望、忧郁苦闷的心境,则会降低学生的活动水平。因此,消除不良心境,保持良好的心境状态,是开展创造性学习,提高教学效果的一个有效途径。

(三) 心境状态与运动监测

1. 残疾人运动员的心境状态剖面图

运动心理学心境状态剖面图的早期研究,大多是以无身体练习障碍的优秀运动员为对象。近年来,人们开始关注有身体练习障碍的优秀运动员。结果发现,优秀的残疾人运动员表现出的心理剖面图和无身体练习障碍的优秀运动员的剖面图极为相似。例如,有研究表明,使用轮椅的优秀运动员和无身体练习障碍的优秀运动员的心理状态剖面图很相似,均表现出较低水平的紧张、抑郁、愤怒、疲劳和慌乱。但和那些同样使用轮椅的非残疾人运动员不同,使用轮椅的优秀运动员的自尊高于使用轮椅的非残疾人运动员。在视力障碍的男运动员身上也可以观察到优秀运动员表现出的冰山剖面,但是有视力障碍的女运动员的心理特征和非运动员的女性没有什么区别。

2. 运动疲劳者不同训练比赛期的心境状态

Laurel 等人对 14 名优秀的游泳运动员(其中 11 名为无运动疲劳运动员,3

名为具有运动疲劳症状的选手),进行了为期 6 个月的研究,在研究中,他们将 3 名运动疲劳的运动员分为表现不好、长时间疲劳、极度疲劳三组,并对被试在训练前期、训练中期、训练后期、赛前、赛后 5 个不同训练比赛阶段,应用 POMS 对他们进行 5 次测量,结果表明,运动疲劳的运动员并非在运动训练的所有阶段都表现出具有较高抑郁症状,与非运动疲劳症状的运动员相比,运动疲劳选手的紧张得分在整个休整期间较高。当训练强度增加时,紧张得分显著增加;在休整期,随着训练强度的减少,并没有出现 POMS 得分的下降。

3. 赛前心境预测运动行为的概念模型

由于赛前心境状态与比赛成绩之间关系的复杂性,Lane 和 Terry 提出了赛前心境状态预测比赛成绩的概念模型(图 10-2),来解释赛前心境状态与行为表现之间的关系。该模型的核心内容是:抑郁情绪是愤怒、紧张对心境与行为表现关系产生影响的调节变量。高抑郁水平伴随着愤怒、紧张、混乱和疲劳的增强,活力下降;混乱和疲劳等消极情绪的升高会降低行为表现的活力,活力下降使其对行为的促进作用减弱。当抑郁没有出现时,活力会对行为发挥促进作用,当混乱和疲劳出现时,对行为则有抑制作用,而愤怒和紧张对行为有非线性的影响。活力具有高唤醒水平,并促使个体产生最大的努力去实现目标,从而促进行为表现。

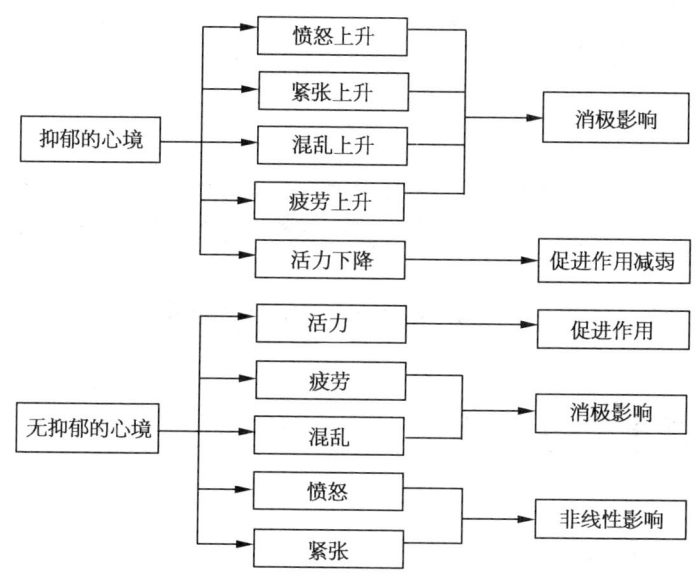

图 10-2　心境状态预测运动行为的概念模型
(引自 Cox,1998)

4. 交互作用模式预测运动表现

关于人格和情境在预测运动行为中的关系还可以用图来表示(图 10-3),

如果整个圆表示所有影响运动表现或行为的因素,那么单一用人格或情境来预测运动表现或行为的话,其效果较小;以人格特质和情境及其交互作用来预测运动行为较单独使用人格特质或情境来预测运动行为,其效果大大加强,大概可以解释运动行为的 30%。

运动心理学家利用交互作用模式为优秀运动员画出了心理剖面图(图 10-4)。概括地说,某些特定的人格特质和心境状态可以有效地预测运动的能力。优秀运动员的外倾性分值高,神经质的分值低;在心境状态方面,"紧张""抑郁""疲劳"和"混乱"等消极情绪得分较低,而"活力"的得分较高。

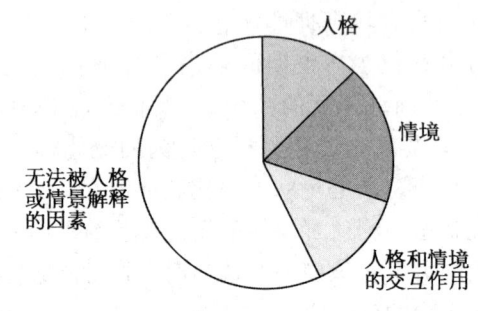

图 10-3 人格和情境在预测运动行为中的关系
(引自 Cox,1998)

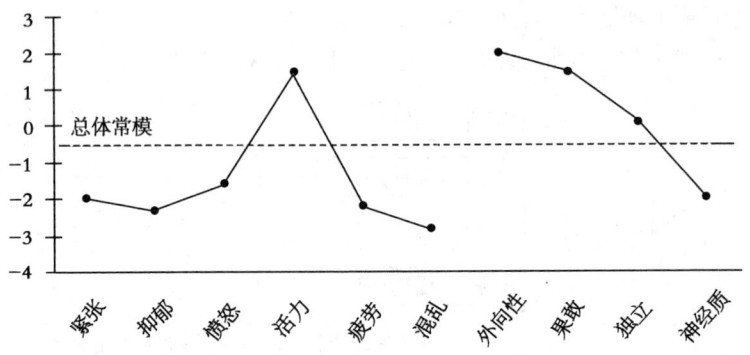

图 10-4 优秀运动员心境与人格的交互作用模式

四、教学重点与难点

(一) 教学重点

POMS 量表的使用及其在预测运动行为中的作用。

(二) 教学难点

让学生自觉利用交互作用理论来分析和预测运动行为。

五、教学指导建议

（一）教法选择的建议

（1）利用讲授的方法陈述心境状态与体育运动的内容。

（2）让学生利用 POMS 量表进行互测后绘制剖面图，教师指导学生测量，评价学生的测量结果，让学生学会使用 POMS 量表。

（3）教师编写"交互作用理论预测运动行为"的教学案例，组织学生辩论，让学生加深对交互作用理论预测运动行为的理解。

（二）学法指导

（1）指导学生抓住 POMS 测试的要点，使学生正确使用 POMS。

（2）指导学生编写以"交互作用理论预测运动行为"为主题的案例，并进行分析。

六、参考文献

[1] 张力为，任未多. 体育运动心理学研究进展. 北京：高等教育出版社，2000.

[2] 张力为，毛志雄. 运动心理学. 上海：华东师范大学出版社，2003.

[3] 季浏，符明秋. 当代运动心理学. 重庆：西南师范大学出版社，1995.

[4] 张力为，毛志雄. 体育科学常用心理量表评定手册. 北京：北京体育大学出版社，2004.

[5] Joe D. Willis etal. Exercise Psychology. Human Kinetics, 1992.

[6] Robert S Weinberg. Foundation of Sport and Exercise Psychology (2th). Human Kinetics, 1999.

[7] Cox. R. H. Sport Psychology: Concepts and Application (4th). McGraw-Hill Companies, 1998.

[8] J. Buckworth, R. K. Dishman. Exercise Psychology. Human Kinetics, 2002.

第十一章

应激、唤醒、焦虑与运动表现

一、教学目标

通过本章教学,使学生能够:
(1) 了解什么是应激、唤醒和焦虑及其在体育心理学领域中的应用。
(2) 理解体育活动中唤醒或焦虑与运动表现之间的一般关系。
(3) 掌握关于唤醒水平影响运动表现的主要理论及观点。
(4) 了解引起赛前焦虑的主要原因是什么。
(5) 掌握唤醒或焦虑水平测定的一般手段和方法。

二、教学内容框架(图 11-1)

三、知识拓展与深化

(一) 应激、唤醒和焦虑概述

1. 什么是应激、唤醒和焦虑

(1) 什么是应激:李伯黍(1996)在其翻译的美国心理学家 Arthur S. Reber 的著作《心理学词典》中,对应激有这样一段描述:应激一般指作用于系统使其明显变形的某种力量,通常带有一种畸形或扭转的含义。该词用来指有关物理的、心理的和社会的力量或压力。此外,反映在心理学意义上的应激还可以理解成是各种力量或压力所产生的心理紧张状态,是由于压力所导致的结果,是一种心

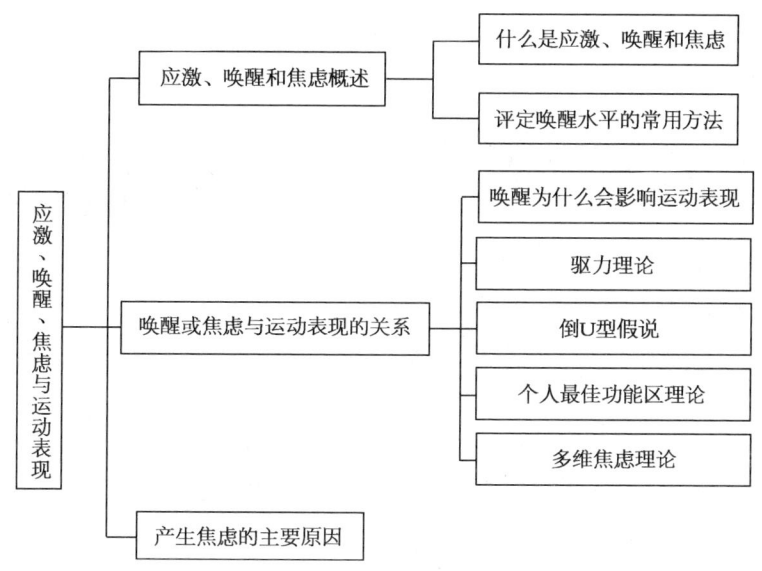

图 11-1 应激、唤醒、焦虑与运动表现教学内容框架图

理效应。

姜乾金(2002)在其主编的《医学心理学》中给应激下了这样的定义:应激是个体在察觉需求与满足需求的能力不平衡时,倾向于通过整体心理和生理反应表现出的多因素作用的适应过程。该定义强调了应激是个体对环境威胁和挑战的一种适应和应对过程,其结果是适应的和不适应的;应激源可以是生物的、心理的、社会的和文化的;应激反应可以是生理的、心理的和行为的;应激过程受个体多种内外因素的影响;认知评价在应激作用过程中起着重要作用。

美国学者 Rice 的专著《Health Psychology》由胡佩诚等(2000)翻译成中文并介绍给了国内读者,其中的一些界定和阐述能够帮助我们更为全面地理解应激一词。现代应激研究的开创者 Selye 曾说过:"应激像相对论一样,是一个被人们知道太多而又理解太少的科学概念"。Rice 认为,有三种应激的定义被使用过:应激是种物理性压力;应激是主观的情绪紧张;应激是躯体的唤醒。以上三种观点对于应激整体来讲,都强调了一部分而忽视了其他部分。每一部分都是必须的,但是没有任何一部分能充分涵盖应激所涉及的全部内容。它们都可以被整合到第四种定义之中而分别成为应激的认知—交互作用模式的一部分。该模式是由 Richard 和他的同事在 20 世纪 70 年代早期提出来的,他们从认知的观点出发,认为应激是个体与环境因素的交互作用(图 11-2)。

Rice 在这一模式中把应激描述为既不是环境刺激,也不是个人的性格,更不仅仅是一种反应,而是在不以疯狂或死亡为代价的基础上来处理需求和能力

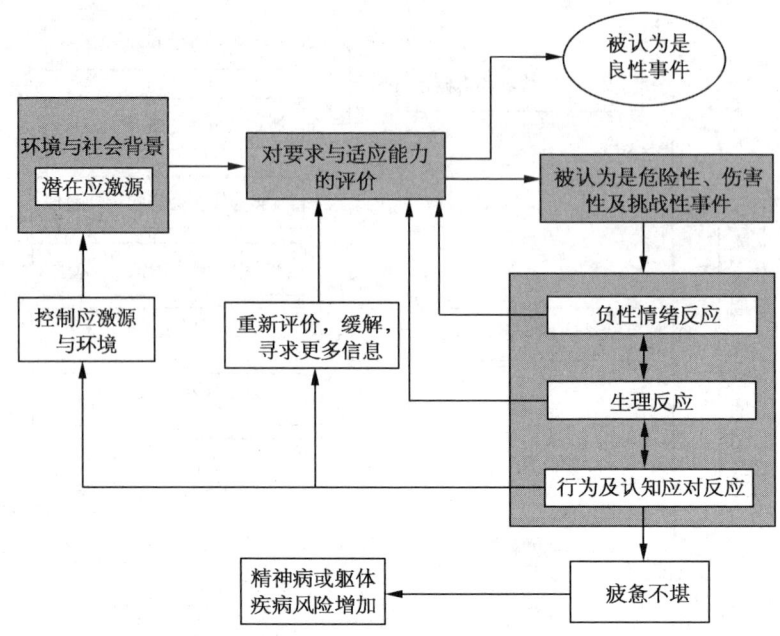

图 11-2 应激的交互作用模式示意图
(引自胡佩诚,2000)

注：在这一模式中，生理应激反应只在认为存在有害性事物的评价之后出现。但是这也将反过来影响认知与解释过程。精神或躯体疾病风险的增加是在做出一些应对努力后出现了身心疲惫才存在的。

之间的关系。也就是说，应激只有在环境需求超过了个人处理能力时才存在。如果某人的应对能力强，应激便不会产生，即使别人可能把这种需求看成应对的极限。反过来讲，如果某人的应对能力很弱，应激就会产生，即使在旁人看来这种需求能轻易解决。

季浏、符明秋(1994)在《当代运动心理学》专著中对应激有过这样的几段描述："应激是一个复杂的心理生物学(Psychobiology)的过程，包含应激源、对危险(或威胁)的评价和情绪反应等三个主要成分。一般来说，个体将情境(应激源)评价为危险和有害(不管危险是否客观存在)，便会引起应激过程，产生情绪反应(即状态焦虑)。如果人们将一应激刺激看作是危险的或是有威胁的，那么不管这一危险是否客观存在，都会导致情绪反应。进一步研究发现，个体如果存有受威胁的思想或记忆，也可能与外界环境中的真实危险一样引起焦虑。可以说，状态焦虑是个体对威胁知觉和评价的结果。""威胁指个体将某一情境评价为富有危险性和有害性。个体对某一特殊的应激源所作出的情绪反应依赖于其将应激源看成是具有何种程度的威胁性。一般而言，大多数人将客观存在的应激源评价为具有威胁,但是,由于个体以前在相似情境中的经历以及应付技能在大脑中留下的记忆常常影响着其情绪状态,因此,同样的刺激,有人将其看成是一种威胁,有人看作是对自己的挑战,还有人则可能将其看成与己无关。""应激这一概念涉及一系列的、暂时性的复杂心理生物学过程,这一过程由内、外在刺激所引起,当然,这些刺激一定是被个体知觉或评价为有威胁。是否将一个特别的情境评价为有威胁不仅与客观的危险情境有关,而且更受到个人的能力、应付技能和过去经验的影响。高特质焦虑的个体比低特质焦虑的个体更可能将许多情境知觉和评价为有威胁。一旦将情境看成为具有威胁,就可能产生状态焦虑,而且反应的强度与个体的威胁知觉或评价成正比关系。"

在张力为(2003)的译著《运动心理学概念与应用》中 Cox 认为:理解应激的最好方法就是将之概念化为一种过程而非一种结果。应激过程实际上是操作中的信息加工模式。应激过程以刺激开始并引起应激反应,在刺激和反应之间是认知和思维过程,认知决定了运动员如何反应(图 11-3)。

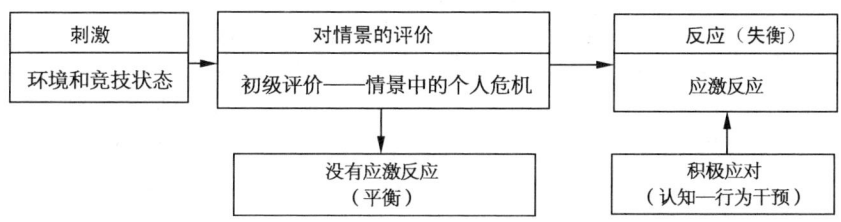

图 11-3 是应激过程而不是竞赛情境在决定应激

(张力为,2003)

(2) 什么是唤醒:Arthur S. Reber 给唤醒下的定义是:作为一个非常一般的术语,这个词指的是由感觉兴奋性水平、腺和激素的水平,以及肌肉的准备性所决定的一种活动的方面,或者是活动的准备状态。在生理学中,指一种关于大脑皮质机能作用的更加严格的用法。通过低级脑结构如网状结构之类的中介作用,来感觉受纳器的兴奋作用,进而"唤醒"皮质结构。

David G. Myers(1995)认为,唤醒是受自主神经系统控制的、由多种情绪引起的综合心理反应,其中包括了相应的生理反应。当情绪被激发起来时,生理唤醒也相应升高。有些生理反应非常容易被知觉,就像听到身后传来隆隆的摩托车声时,你的肌肉会紧张、心里会七上八下、甚至口干舌燥一样。此外,为了应对环境的变化和刺激,你的机体还在不知不觉中进行着行为的准备和动员。例如,为了增加能量,肝脏将更多的糖送入血液;为了更加有效地使用这些能量,呼吸系统加强了工作以获得更多的氧;消化系统因受到抑制而将内脏器官中的血液转移到肌肉;为了使获取的视觉信息更加清晰,瞳孔扩大以便更多的光线可以进

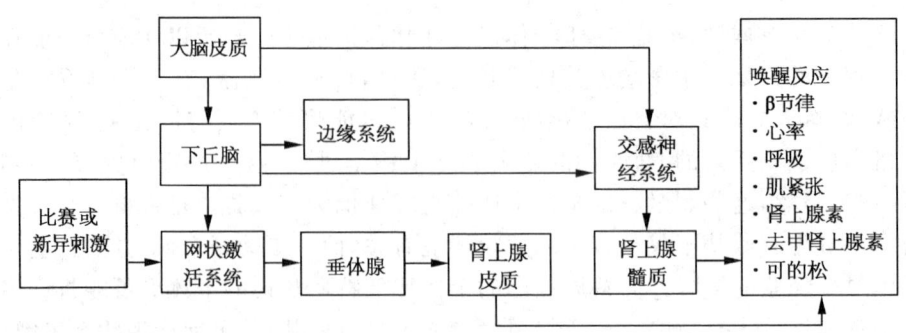

图 11-4　神经系统的唤醒反应
（焦宇锋，1997）

入；如果受了外伤，血液会更快地凝结（表 11-1）等。可见，在不需要任何意志努力的情况下，我们的机体同样能够令人称奇地对危险做出如此协调的适应性反应，那就是要么准备战斗，要么准备逃跑。

表 11-1　自主神经系统的活动

交感神经系统 （提高唤醒）		副交感神经系统 （降低唤醒）
瞳孔扩大	眼睛	瞳孔缩小
减少	唾液	增加
出汗	皮肤	干燥
加快	呼吸	减慢
升高	心率	降低
抑制	消化功能	强化
促进应激荷尔蒙的分泌	肾上腺	抑制应激荷尔蒙的分泌

(David G. Myers, 1995)

　　自主神经系统控制着我们的唤醒。其中交感神经通过指令肾上腺释放应激荷尔蒙肾上腺素和去甲肾上腺素，使心率加快、血糖和血压水平升高。
　　当危机消除以后，副交感神经的活动使机体趋于平静。即使副交感神经的兴奋抑制了应激荷尔蒙的继续释放，但由于血液中仍残留以上物质，因而唤醒水平的下降会有一个渐进的过程。
　　尽管在很多情况下唤醒是具有适应性的，但持续应激环境导致的长时间高唤醒会加重机体的负担。当你参加一场考试（或比赛）时，过低的唤醒（如瞌睡）与过高的唤醒同样会产生负面影响。中等唤醒水平比较有利，即既保持警觉又不因神经过敏而失去信心。

虽然随任务难度的变化有所波动,但通常在中等唤醒水平时能够获得最佳的操作表现。在完成简单任务和已经熟练掌握的任务时,最好的操作表现将在相对高的唤醒水平下产生,因为高唤醒促进的通常是正确的优势反应。在完成比较困难,或不熟练的任务时,偏低的唤醒水平更为理想。所以,高水平运动员以较高的唤醒水平参加比赛容易获得好成绩。而对于对罚球没有信心的篮球运动员来说,体育馆内满场的观众可能会使他的唤醒水平提升过高,从而影响其投篮技能的发挥。因此,在考试(或比赛)期间体验到高焦虑的人,其成绩往往会低于具有相同能力但充满自信的个体,指导并训练他们增强考前或赛前应对焦虑的放松能力,必将为他们更好地完成任务提供帮助。

对焦宇锋(1997)的《唤醒水平的监控及调节之再认识》一文进行梳理,可以从不同学者对唤醒概念的描述中更为全面地了解其演变过程及基本内涵(表11-2)。

表11-2 唤醒概念的演变

人物	年代	对唤醒的描述
Cannon Hebb Malmo	1929 1955 1959	唤醒是指能量的动员,在这一过程中伴随着一些生理反应和心理反应。
Fenrh Epstein	1967	在研究唤醒水平的过程中,常常把焦虑与唤醒混淆起来,这是因为焦虑引起了中枢和自主神经系统运动的提高,但是我们都知道唤醒有好坏之分,合适的唤醒能带来高的工作效率,不合适的唤醒会带来低的工作效率。生理唤醒不同于心理恐惧。
Matens	1977	唤醒是指行为的强度方面,即有机体从睡眠到非常激动这么一个范围内的变化,其他术语如激活、能量动员同样可用来描述这一概念。
Ursin	1978	新异刺激或感受到的威胁会引起被称之为唤醒的生理活动,即将举行的比赛同样会引起唤醒。其中脑干网状结构系统或网状激活系统的活动使得从脑干到大脑皮质之间的神经细胞网络活动得到提高。大脑皮质被激活时,产生了快频率、低波幅且非同步的β节律波。下丘脑不仅接受来自身体内部器官的信息,而且也接受来自更高的大脑中枢神经系统的信息,这样它就起到了整合大脑皮质和内部器官的信息作用。位于中脑的下丘脑参与调节交感神经系统和垂体腺的作用,它刺激肾上腺髓质释放肾上腺素和去甲肾上腺素。垂体腺释放促肾上腺皮质激素进入血液,肾上腺皮质受到刺激释放可的松。

续表

人物	年代	对唤醒的描述
Lerin	1978	唤醒等同于激活,是中枢神经系统提高大脑活动水平,并维持在这一水平的过程,激活反应是为运动技能在生理和心理上提供条件的全面的能量动员反应。
Saga	1984	唤醒是动机结构中的一部分。
Martens	1987	唤醒、内驱力、激活等混淆了心理能量与生理能量。通过采用心理能量来描述大脑的激活更容易让教练员接受,因为它与运动中的精神准备的联系更为密切。唤醒是一种心理能量。心理能量可以促进大脑发挥作用,是动机的基础。
Clrsin	1988	不应把唤醒仅看成是心率、皮电反应、激活和新陈代谢的提高。每一种生理变化只成了唤醒反应的一部分。没有一项单一的生理、认知或行为的测量能作为完整的唤醒指标,每种方法仅提供了唤醒的部分信息。
Borkore	1988	唤醒能通过测量三个相互作用的反应成分来说明:生理、行为和认知。
Neiss	1988	对唤醒进行操作性说明更为适宜。根据目前有关唤醒的观点,它具有一种多方面的结构,涉及一种大脑和躯体的能量调动作用。这种能量变化包括从睡眠状态到非常激动状态之间的变化。它包括了一个、几个系统同时激活的综合的生理反应(心率、汗腺活动、脑电活动)行为反应(运动技能)和认知过程(对结果的评价)。
Magill	1989	唤醒是动机的同义词。激发一个人,实际上就是唤醒或激活一个人准备即将进行的工作。
Brehm	1989	用唤醒来描述动机强度并进一步描述了似乎最能反应动机唤醒的交感神经系统的反应。
Cox	1990	唤醒与警觉同义,一个被唤醒的人通常处于一种生理准备状态。

(引自焦宇锋,1997)

(3) 什么是焦虑:姜乾金(2002)认为,焦虑是因受不能达到的目的或不能克服障碍的威胁,使个体的自尊心与自信心受挫,或失败感和内疚感增加,预感到不祥和担心而形成的一种紧张不安及带有恐惧和不愉快的情绪。值得注意的是,焦虑并不一定由实际存在的威胁或危险引起,其紧张不安和恐慌程度与现实情况也不相一致。此外,焦虑与恐惧、烦恼有所区别。恐惧发生于面临危险之时;而焦虑是发生在危险或不利来临之前,是对未来的预感;烦恼则是对已经发生的事件而言。

也有观点认为(刘万车,2000),焦虑是一种情绪状态。它与恐惧一样都具有动机性后果。焦虑和恐惧这两个名词都来自日常生活语言和文学语言。因此,许多心理学家认为它们至今还缺乏科学表达上的正确性。一般来说,在心理学中通常把有明确对象的不安、担心和忧虑称为恐惧,而没有明确对象的"恐惧"就被认为是焦虑。焦虑这种情绪状态就是恐惧的一种特定类别。再从广义的社会意义来看,焦虑的动机效应也是甚为明显的。焦虑状态与恐惧同样都是不快的感觉,同样都会产生从紧张中解脱出来的意图和行为。所以有许多心理学家认为安心与保证的对立面就是焦虑状态。焦虑有状态焦虑(state anxiety)和特质焦虑(trait anxiety)两大类别之分。状态焦虑是人类有机体的一种暂时的情绪状态,其特点表现为对忧烦和紧张的主观的、有意识的情感,并且也唤醒自主神经系统的活动性。特质焦虑则是指在焦虑易罹性上相对稳定的个体差异,即把一个外界刺激环境知觉为危险或有威胁,以及对这个威胁可能产生状态焦虑反应的倾向性上的差异。因此,特质焦虑也表现了个体在对某些类型的反应中所具有潜在倾向性的强度。

关于什么是体育焦虑,季浏(1994)认为:"在体育运动中,焦虑一般是指在当前或即将到来的竞赛运动情境中,一个运动员所体验到的紧张、不安、忧虑、害怕及其他一些无法称呼的综合性情绪,同时,这一运动员也会体验到自主神经系统的唤醒。""严格来说,焦虑和害怕(fear)是有区别的,害怕是对特定的、明显的威胁刺激的反应,具有情境色彩,个体能清楚地意识到害怕的原因,而且这种情绪反应是合乎情理的。相反,焦虑的产生没有明显的原因……焦虑发生在一个人对将来有所担忧时。例如,当一个运动员面临一场比赛,对自己会有什么样的比赛结果,以及由此而产生的担忧、不愉快的原因并不清楚。""心理学家还认为,焦虑比害怕易受认知因素的影响,例如,通常将害怕定义为对真实威胁刺激的合理情绪反应,而且,害怕程度与危险性大小成正比,即危险性越大,害怕的程度就越高;相反,焦虑则是对情境的不合理反应,焦虑反应强度常常与客观测量的危险大小是不相称的。"

Patrick 等(2000)认为,焦虑与恐惧不同。恐惧只是一种对于威胁性刺激的短暂反应,而焦虑则表现为所受刺激的范围更广、持续时间更长的综合性反应。与恐惧不同,焦虑常常在明显缺乏外部刺激的情况下出现,并且在很大程度上受认识因素的影响。焦虑的表现不但存在于紧张、不安等不愉快的情绪体验中,而且还伴随自主神经系统活动的变化(如心率)。所以,焦虑包括了可以从自我报告中推定出的持续性主观情绪反应,同时又包括可以直接测量的客观机体反应。焦虑是对于真实的或预想中的危险而产生的一种常态反应,但经历过极度焦虑的个体并不意味着就患有焦虑症。临床上的焦虑症表现包括了不愉快的感受、自主神经系统活动引起的身体症状、认知方式的变化和行为异常(逃避)。正常人的焦虑和患者的焦虑症之间的差别,一般表现在症状出现的次数和强度、个人遭受伤害的程度以及有多少正常功能受到了损害等方面。

尽管在焦虑的概念方面学者们的定义有所不同,但普遍肯定了焦虑是一种情绪,一种负性的情绪状态。参考孟昭兰(1997)对情绪的界定可以加深对焦虑概念的理解:情绪是个体与环境意义事件之间关系的反映。这个定义是以心理现象的三个方面(即认识过程、意志过程和情感过程)的划分理论为依据的。认识过程是对客观事物或事物本身属性的加工过程,它们反映着事物本身所具有的感性的或理性的特性。意志过程是认识活动的能动方面或自觉的调节方面,是认识活动的延伸。情感过程和认识过程、意志过程有所不同,具体主要表现在两个方面:① 认识活动和意志活动都是以客观事物本身的特性对人起作用的,情绪则是以体现愿望、需要、追求的目标等心理倾向的主体为中介的一种心理活动形式;② 客观事件和情境对人的意义有着积极的和消极的性质,即情绪有正性的与负性的或积极的与消极的之分。凡对人有积极意义的事件引起正性情绪,而具有消极作用的事件则引起负性情绪。环境事件的变化和主体态度的变化也会引起主、客体之间关系的变化,即有益于主体的客观事件与主体的关系得到维持,将产生积极性情绪;它们之间联系的终结或破坏,将导致消极性情绪。反之,有害于主体的事件与主体之间联系的持续存在,将加强消极性情绪,它们之间的联系被主体摆脱,则将产生积极性情绪。由此可见,任何情绪的产生、维持或改变,均以主体与客体之间的关系的改变为基础。

(4) 应激、唤醒和焦虑三者之间的关系:胡佩诚(2000)在其译著中解释了与应激相关的概念(应激、应激源、紧张):应激是一个过程而不是一种状态。外部力量被称为应激源(stressor),是指能引发应对反应的刺激和环境要求。但并不是所有客观的感觉都是应激源,只有当精神结构对外部现实关注时应激源才出现于内心世界。内部主观的紧张及躯体的唤醒统称为紧张(strain),紧张是在努力应对应激源时所伴随的心理、生理或两者的疲惫不堪。

姜乾金(2002)认为焦虑与应激不能混同。焦虑的主题是危险,而且伴随有植物性神经系统的功能激活;应激则不同,它可以在各种内外刺激产生时发生,刺激的性质除了危险和威胁性刺激以外,受愉快或高兴的刺激也能产生应激。实际上无意识的焦虑是不存在的,所以处于焦虑状态中的个体都能意识到自己的焦虑,也就是说,虽然个体可能不知道自己产生焦虑的原因,但是不可能不知道自己存在的焦虑情绪。

Cox等人(张力为、任未多,1995)指出,关于唤醒领域最重要且悬而未决的问题是唤醒本身的性质问题。几乎每一项关于唤醒水平与运动成绩关系的研究都将唤醒与状态焦虑视为等价物,或将唤醒与劣性应激(distress)视为等价物。Cox在专著中阐述唤醒和运动表现的关系时,还用了这样一段话来描述焦虑和唤醒这两个概念在运动心理学研究中的使用现状:"本章一直尽量避免在使用'焦虑'和'唤醒'两词时引起混淆。但是这部分中我们必须把'唤醒'用作'状态焦虑'的同义词。之所以这样，是因为研究者已约定俗成地把状态焦虑测量用作决定被试唤醒水平的主要方法。因此，多数研究报告都会把消极焦虑（状态焦虑）和运动表现结合起来。"

漆昌柱、梁承谋等（2001）在研究论文中指出，在理解心理唤醒的概念时往往存在着两个误区。其一是将心理唤醒混同于生理唤醒。传统的唤醒概念就是指生理唤醒，主要指的是生理的激活或自主性反应。随着唤醒研究的发展，特别是从以动物为唤醒研究的主要对象发展到以人为唤醒研究的主要对象之后，人们逐步认识到人类不仅有生理唤醒，而且也有心理唤醒。唤醒的心理或认知因素也越来越为学者所重视。由于受生理唤醒概念的影响，心理唤醒一开始就只被看作为个体激活在强度上的变化。在许多有关心理唤醒的理论中都贯穿着这一观点，而且至今仍是心理唤醒的主导倾向。也由于将心理唤醒混同于生理唤醒，一些学者在有关心理唤醒的实证研究中便采取测量生理唤醒的指标来评价心理唤醒，仅用单纯的生理指标如心率、血压、呼吸频率、脑电、肌电等来测量心理唤醒。这一倾向忽视了心理唤醒中个体主观体验的重要意义。其二是将心理唤醒等同于焦虑或竞赛焦虑。在体育运动心理学有关心理唤醒的研究中，充斥着大量的以焦虑或竞赛焦虑为心理唤醒评价指标的研究文献。状态—特质焦虑问卷（STAI）和运动竞赛焦虑测验（SCAT）常被作为心理唤醒的测量工具。这种现象在心理唤醒研究中非常普遍。将体育运动中关于心理唤醒的研究史说成是一部焦虑研究史也不为过。焦虑虽然是一个与心理唤醒相联系的概念，且能说明心理唤醒的某些方面，但焦虑不等于心理唤醒，不能以焦虑和竞赛焦虑去取代心理唤醒。总而言之，仅以焦虑为指标不可能科学地揭示出心理唤醒与运动表现的关系。

综合国内外专家学者在应激、唤醒和焦虑等概念方面的众多观点，本章作者建议在教学过程中从以下方面厘清它们之间的关系：

首先，应激是一个过程而绝非一种状态，它是个体对环境威胁和挑战的一种适应和应对过程。这个过程包括应激源、对外部要求与个人能力的评价、相应的身心反应等三个主要方面。应激源是威胁或危险情境的客观存在，人类从出生到死亡无不例外地将面临无数的应激源。对外部要求与个人能力的评价结果将左右着人们能否适应应激情境或进行有效的应对。当这种认知和评价在客观、正确的基础上获得了相对的平衡时，应激反应便不会产生，个体表现为对外部要求的适应。否则，就会在生理、心理和行为等方面出现不能适应外部要求的应激反应，而应激反应必然会表达于唤醒水平的变化之上。

其次，唤醒是由神经系统的兴奋性水平、腺和激素的水平以及肌肉的准备性所决定的一种活动的准备状态。这种准备状态是进行脑力活动或体力活动的生理基础。不同性质和强度的活动必须处于适宜的准备状态，才有可能取得更好的工作效益。如果以上的唤醒指的是生理唤醒,那么,情绪必然代表着心理唤醒。在应激过程中唤醒水平的变化属于应激反应方面的变化,其强度既随着环境要求(应激源)的属性而改变,又在很大程度上随着对自身能力能否满足环境要求的主观评价而波动,还受到行为和应对结果的影响。因此,在应激过程中无论是生理唤醒还是心理唤醒,都是这一过程中的某种状态,是面对应激情境时身心准备的动态反映。

最后,运动心理学领域在唤醒和焦虑两个概念的使用上存在着严重的混淆。时常可以从运动员、教练员以及其他体育工作者那里,听到类似于"要取得好的成绩必须有焦虑的存在"、"焦虑太高了不行,没有一点焦虑也不行"、"适度的焦虑是良好竞技状态的表现"等说法。在这里,焦虑一词的含义与心理学中焦虑的概念一致吗?这样的表述正确吗?面临比赛情境的运动员需要保持焦虑吗?对于以上问题的回答可能是否定的。第一,焦虑是在客观环境确实对个体构成威胁,或主观的认知评价确信将构成威胁的基础上产生的消极情绪状态,不正确的认知评价往往是引起焦虑的主要原因。可见,焦虑在很大程度上是错误的认知过程的产物。因此,与焦虑状态相对应的一般是导致运动表现下降的高生理唤醒水平。第二,综观各类焦虑评定的量表可以发现,所采用的几乎都是负性的陈述或提问,测得的结果也应该只反映焦虑的程度或强度。测量的结果可能会使几乎所有的被测者在任何情况下都将被证明处于某种程度的焦虑状态,哪怕是极低的得分,这与客观事实不符。也就是说,许多焦虑量表作为测量焦虑的专用工具,对处于焦虑状态的个体也许是有效度的,而对没有焦虑的个体来说则必然是低效的,甚至是无效的。第三,从内容来看,在焦虑量表,尤其在多维焦虑量表中,除了与情绪有关的内容之外,一般都包含了生理的、行为的、自信心方面的内容,其涉及范围实际上远远超出了焦虑的范畴。这些量表与其说是用来测定焦虑水平的,还不如说是用来测定唤醒水平的更为准确。第四,鉴于心理和生理是一个有机统一的整体,心理唤醒与生理唤醒这两种状态之间一定存在着某种必然的联系。焦虑作为心理唤醒的一部分,一种较为强烈的情绪状态,一定与生理唤醒之间存在着相互的影响作用。所以,在一定范围内以焦虑水平来反映唤醒水平是可行的,但它决不能代替唤醒概念的全部。

综上所述,结合体育运动研究应激、唤醒和焦虑问题或三者关系时,基本呈现如下特点:从宏观的角度来考虑是研究应激过程,从微观角度来考虑则主要是研究应激过程中的反应问题,即解决应激条件下唤醒水平的可适性和可控性问题。有人认为唤醒无好与坏之分,只有适宜与不适宜之别。而焦虑仅是唤醒中的局部,但这个局部往往与不适宜的唤醒水平有着非常密切的关系,所以,解决了焦虑问题也就解决了唤醒水平的可适性和可控性等基本问题。应激是每个运动员都必须经历的过程,通过心理学的方法来有效地调控唤醒水平是运动心理学研究的核心问题,消除焦虑方能使唤醒水平回归到适宜的状态。

体育运动领域中对应激、唤醒和焦虑概念的认识和使用方面存在的模糊和混乱,纵然有其客观原因,但关键还是我们在这些概念的理解方面存在偏差,是人云亦云的泛滥,是习惯和定势的积重难返。为了和引用的文献保持一致,在本章后续的内容中"焦虑"一词出现的频率还会比较高,敬请读者根据其应有的含义进行理解和把握。

2. 评定唤醒水平的常用方法

张力为(2000)指出:尽管运动员报告的有关焦虑的主观情绪体验具有丰富的含义并易于理解,但也存在一些明显的问题。按照常识,大多数人都"知道"什么是焦虑,但要用客观实际的观察语言描述焦虑的感受却非常困难。心理学家曾尽了很大努力来具体阐明焦虑作为一个科学概念所具有的含义,结果出现了一些差异很大的定义和操作性评估方法。但一般来说,由于运动员的焦虑是从主观体验、生理变化和行为反应三个方面表现出来的,因此,也可以从上述三个方面来评定运动员的焦虑。

(1)唤醒水平的问卷调查或量表测定:张春兴(1997)认为,由刺激情境引起的喜、怒、哀、惧等不同的情绪性质是可以体验到的,但只有当事人自己才能真正体验得到。虽然别人可以从当事人的反应去察言观色,以揣摩当事人是喜还是怒,却不能直接从刺激去推测其情绪,因为在刺激与反应之间还存在着一个当事人的知觉或认知的因素。正因为对情绪的感受不是完全客观的,在主观感受与客观情境之间存在着程度不同的主观性和个体差异,并且,其主观性特征占主要地位,因此给采用客观的实验研究方法直接对情绪问题进行研究带来了无法解决的困难,所以,采用内省式的自陈量表法成了研究情绪反应的极其重要,甚至是唯一的途径。

借助问卷或量表对运动员的主观体验进行测量与评价,其优点是可以直接了解个体在不同唤醒水平下的感受,只要测量的条件符合一定的要求,测量结果有着比较高的可信度。但缺点是被试有可能不按自己的实际情况进行回答,而是根据社会期待的方向回答问题或选择答案。对年龄较小、文化程度较低的被测者来说,在理解题义方面亦可能会存在一定的困难,这在一定程度上会影响测试的准确性。

① 状态—特质焦虑问卷(汪向东等,1999)。Cattell 和 Spielberger 在上个世纪 60 年代分别提出了状态焦虑(State Anxiety)和特质焦虑(Trait Anxiety)的概念。前者描述了一种短暂的、不愉快的情绪体验的程度,如紧张、恐惧、忧虑和神经质,并伴有植物性神经系统的功能亢进。后者则用来描述相对稳定的,作为一种人格特质且具有个体差异的焦虑倾向。

Spielberger 等人编制状态—特质焦虑问卷(STAI)旨在为焦虑研究提供一

种工具,以区别评定短暂的焦虑情绪状态和人格特质性焦虑倾向,为不同的研究目的和临床实践服务。首版于1970年问世,曾经过2000项研究,范围涉及医学、教育、心理学等领域。作者在大量研究结果的基础上,于1979年对最初的问卷进行了调整,1980年推出了修订版并被沿用至今。该问卷于1988年被翻译成中文。

问卷原作者对该量表进行了重测信度的检验,发现特质焦虑部分的稳定性较高,其相关系数为0.73~0.86。状态焦虑的稳定性较低,相关系数为0.16~0.62。同时还进行了效度检验,结果表明该量表的一致性、会聚性、区分性和结构性比较令人满意。

Spielberger在成年工作人员、大学生、高中生和新兵的大样本人群中进行了STAI的现场测试。研究结果发现:第一,在状态焦虑和特质焦虑的得分上无明显的性别差异。第二,在被试中以新兵的焦虑得分最高:状态焦虑44.05(男)、47.01(女);特质焦虑37.64(男)、40.03(女)。高中生其次,大学生再次。工作人员的焦虑得分最低:状态焦虑35.72(男)、35.20(女);特质焦虑34.89(男)、34.79(女)。第三,在自然情况下,状态焦虑得分略低于特质焦虑得分;应激情况下状态焦虑得分高,放松时低,而特质焦虑一般不受影响。第四,青年人群的焦虑得分略高于老年人群。第五,与病理组相对照,状态焦虑和特质焦虑均以病理组得分为高。第六,状态焦虑与特质焦虑评分的相关系数为0.59~0.75。

郑晓华等利用此量表的中文版,在我国对正常人群和抑郁症患者进行了较大规模的测试和研究,获得了与原作者近似的评分结果。

② 竞赛状态焦虑问卷(张力为等,2004)。在对《运动竞赛焦虑量表》(SCAT)进行效度检验时,美国伊利诺伊大学的Matens就已意识到对运动状态焦虑进行研究的必要,他在Spielberger《状态焦虑问卷》(SAI)的基础上编制出《竞赛状态焦虑问卷》(Competitive State Anxiety Inventory,CSAI)。随着多维焦虑(认知焦虑和躯体焦虑)研究的发展,Matens决定将焦虑的其他维度考虑在内并发展其问卷。20世纪80年代末,Matens与他的合作者编制成《竞赛状态焦虑问卷-2》(Competitive State Anxiety Inventory-2,简称CSAI-2),几经修订,最终确定下来的CSAI-2问卷包括3个分量表,分别测量认知状态焦虑、躯体状态焦虑和状态自信心,各9个测试题,共27题。CSAI-2问卷最先在南美运动心理学协会大会上发表,1990年出版成册。

运动员独立样本3个($n1=57, n2=40, n3=54$),CSAI-2认知状态分量表的信度系数α分别为0.79、0.81、0.83;躯体焦虑信度系数分别为0.82、0.82、0.83;状态自信的信度系数为0.88、0.87、0.90。这说明,CSAI-2分量表有较高的一致性。

CSAI-2问卷既可以进行个别施测,也可进行团体施测。问卷共27题,要求被试在"一点也不"、"有点儿"、"适中"和"非常强烈"4个选项中选出符合当时感受的一项。可由运动员自己作答,也可由主试以个别采访的形式向运动员提问,由主试根据运动员的回答用"√"加以记录。

在我国CSAI-2问卷的3个分量表已修订出了优秀运动员(男/女)常模、中学文化程度运动员(男/女)常模、大学文化程度运动员(男/女)常模。另外,还有分项目的田径、球类、自行车、射击、射箭、技巧、武术运动员等共12个常模。对全体常模样组的CSAI-2问卷各分量表反应,按照运动项目、被试的文化程度、性别和技能水平进行方差分析发现,不同运动项目、文化程度、性别和技能水平的被试在各分量表几乎均有显著差异(周成林,2000)。

(2)唤醒水平的生理测量:Williams(1993)在他的著作中表达了以下的见解:在运动心理学的唤醒问题研究中,曾因不同的生理学指标与问卷测得的心理学指标之间很难获得恒定、一致的结果,使从事研究的人员感到十分沮丧,促使他们放弃对生理学方法的依赖而青睐问卷调查法。Lacey等人以"自主反应模型(Autonomic Response Stereotypy)"理论解释了生理学指标与心理学指标之间缺乏相关的原因。在相同的应激状态下,不同的个体具有不同的生理反应,即唤醒水平的生理反应具有个体差异。例如,面对相同的应激环境,运动员甲可能表现为心跳加速,而运动员乙则在胃肠功能方面发生变化。Duffy(1962)也极力主张用一系列生理指标作为唤醒水平变化反应的指数。如果在类似竞赛等应激环境中,运动员甲显示出心率变化这一生理指标是应激过程的主要反应,那么,就应该将心率作为不同应激强度下运动员甲的唤醒水平的评定依据。利用个体自主神经系统对应激的特有反应,更有利于发现个体之间的差异,同时可以获得更多有价值的信息。

张力为(2000)指出,研究焦虑问题是运用生理测评方法的主要优点。第一,生理测评不涉及语言表达,因此,与被试的语言表达能力无关;第二,生理指标不以自我观察为前提,因此,适用于几乎各类群体;第三,几乎所有生理指标都可以与行为表现一起同步连续测试。

在论述评定焦虑的主要生理指标时他又指出,我们可以将生理指标大致分为三种:呼吸与心血管系统指标、生化指标和电生理指标。这些指标与人类有机体的肌肉系统、植物性自主神经系统和中枢神经系统三者发生联系。研究焦虑时经常使用的参数包括脉搏、血压、呼吸频率、肾上腺素、去甲肾上腺素等生理生化指标和脑电图相关指数、肌肉电位、皮肤电阻等电生理指标。

在强调采用生理指标评定焦虑过程中应注意的问题时张力为还指出,生理测评方法的缺点与其优点等量齐观。对生理测试结果的分析大部分也是依赖于各自的方法学基础。心率的上升可能标志着情绪性焦虑的出现,也可能是愉快或气愤的反映。究竟是哪一种性质的情绪,则取决于人对刺激环境的认知评价。

但是，由于刺激与情绪反应之间没有一一对应的生理指标，因此，即使在不同的刺激环境下，也完全有可能出现相同的生理反应。在体育运动中采用生理指标研究焦虑，还有不同于其他领域的特殊性。因为作为身体活动诱发的结果，这些指标的参数会有较大变化，而作为应激或焦虑情境诱发的结果，这些指标的参数变化则较小。当有机体被激活时，无论是采用外周循环系统的指标还是采用生化指标，都应进行特殊的分析。此外，这些参数对人为的影响非常敏感，同时还要依赖于具体的测试方法。

生理测试可以评定生理活化过程，但生理过程在焦虑这样一种综合征候群中的重要性仅占据第二位。生理过程本身并不是最重要的，对自己所处状况的主观评价以及感受和知觉生理过程的方式才是最重要的。由心理因素调节的行为指导过程又加强了身体过程的效应，这就是常说的心身交互作用。

许高航、许觉民（1997）曾以射击和排球运动员为研究对象，设计了"心率变化率"、"认知稳定性"等指标作为生理唤醒指标和心理指标，考察了运动员赛前唤醒水平的变化及生理、心理指标之间的关系。研究结果发现，无论是射击项目还是排球项目，中等水平心率变化组和高心率变化组的"认知稳定性"均表现出显著性差异。说明对于这两个项目而言，运动员对心率变化认知的稳定性受赛前生理指标变化的影响。

尽管运用生理学评定方法进行唤醒研究比预想的要复杂许多，但随着对生理过程研究的不断深入，随着检测仪器的尖端化和实用化，各种生理学指标一定会在唤醒水平的评价方面发挥其应有的作用。

（3）唤醒水平的行为评价：马启伟等（1998）认为，行为表现数据主要从观察中获得。运动员赛前上厕所的次数、食量、与他人交谈的次数和持续时间、睡眠质量、面部表情等都能反映出其焦虑程度。行为评价的优点是简便易行，并可在不干扰运动员正常活动的情况下进行。其缺点是评定的精确程度较低，某些行为特征还可能掩盖真实情绪，如貌似轻松但内心很紧张或睡眠不好但无异常的焦虑等。和生理指标一样，行为特征与情绪性质也不存在一一对应的关系。

（二）唤醒或焦虑与运动表现的关系

在体育运动心理研究领域，唤醒或焦虑从正向和负向两方面是如何影响运动表现的，是最受运动心理学家们关注并最能引起其兴趣的研究课题之一。大多数人都了解什么叫作精神紧张，什么时候才是对情绪和躯体的失控。但很少有人能够清楚地知道为什么生理唤醒和心理唤醒会影响运动表现；为什么同样的生理唤醒水平或心理唤醒水平，对有些人的运动表现能起到促进作用，而对另外一些人却起到阻碍作用；我们是否能够意识到短时间内唤醒或焦虑水平的变化及其由这种变化所带来的效应等问题。

运动心理学家们已经对唤醒或焦虑与运动表现之间的关系进行了数十载的研究,虽然至今尚未得出一个明确的、最终的定论,但是现有的一些发现能够部分地解释它们之间的关系,在此基础上运动心理学家们也形成了一些方法来帮助运动员以良好的心理状态迎接对自身潜能的挑战,避免因焦虑而导致不应出现的失误和失败。从20世纪六七十年代被广泛用来解释社会促进作用的驱力理论,到后来的倒U型假说、个人最佳功能区理论、多维焦虑理论,都较大程度地增强对唤醒或焦虑与运动表现之间的关系的认识,丰富了运动心理学的研究成果,为我们不断深入研究这种关系提供了宝贵的观点和视角。

1. 唤醒为什么会影响运动表现

在具体谈论唤醒是如何影响运动表现的理论之前,先让我们从总体上把握唤醒为什么会影响运动表现。Robert 和 Daniel(1995)认为,至少有两种解释可以说明唤醒水平会影响运动表现:过高的唤醒水平使肌肉的紧张度增加,并使动作的协调性降低;唤醒水平的变化会使注意的广度发生改变。

(1) 肌肉紧张并发生协调困难:许多经历高度应激的人常常伴有肌肉酸痛的感觉。处于高状态焦虑的运动员往往会抱怨说:"我的感觉不好"、"我的身体怎么不听使唤"或者是"我太紧张了"等。出现类似的说法并不奇怪,因为过高的唤醒水平或状态焦虑是导致肌肉紧张并发生协调困难的主要原因。

Weinberg 和 Hunt(1976)通过实验,记录了高特质焦虑和低特质焦虑大学生在网球精确投掷中的命中率和肌电情况。结果发现,高特质焦虑的个体表现出较低的命中率,并在投掷前、投掷中和投掷后均比低特质焦虑的个体使用更多的肌肉力量。由此可以推测,因高特质焦虑而导致的状态焦虑水平的升高,是引起肌肉紧张、动作协调性下降及不良操作成绩的主要原因。

(2) 注意广度的变化:Nideffer(1976)认为,唤醒水平和状态焦虑对运动表现的影响是通过改变注意的广度形成的。首先,增高唤醒水平导致运动员的注意范围变窄。例如,在足球运动中,当对方三名球员突破本方最后防线时,守门员需要保持一个相对宽广的注意范围。如果此时守门员只注意控球队员的话,其他两名进攻队员可以在不被对方守门员注意的情况下获得良好的进攻位置,通过接应传球发动进攻,造成守门员防不胜防而轻易得分。所以,当唤醒水平极度升高时,运动员的注意范围就会变得非常狭窄,往往会因管窥所及而失去必要的外部信息酿成失败的结果。其次,当唤醒水平增加时,运动员也倾向于更少关注比赛环境或对手。例如,当一个摔跤运动员处于高度的唤醒水平时,他更可能只专心于自己的动作或战术,全然不关注对手的身体位置和可以利用的破绽,令场外的教练扼腕叹息失去了唾手可得的取胜机会。最后,过低的唤醒水平则会使注意的范围太广,使许多与当前任务无关的信息也无遗地进入意识层次,这就加大了大脑对信息处理的工作强度,降低了大脑对关键信息的甄别和选择能力,从而影响动作反应的速度和技、战术的高度发挥。

2. 驱力理论

祝蓓里、季浏(2000)主编的《体育心理学》一书对驱力理论有过以下陈述：

驱力理论由 Hull 于 1943 年首创，后由 Spence 在 1956 年加以修改。最初它是一种复杂的动机理论和学习的刺激—反应理论，后来把它用来解释复杂技能的行为操作。其最大的贡献是，可以用来解释学习与唤醒水平之间的关系，也有助于解释成绩与唤醒水平之间的关系。驱力理论基本上认为成绩与唤醒水平之间的关系是直线关系。

"驱力"原先表示的是"需要"之意，即一个有机体由于没有满足某种需要而做出的反应。在这里，驱力与唤醒水平同义。当需要(如饥、渴)满足之后，驱力就会减少或者消失。后来，这一概念又包括了学习的驱力，这种调整使得驱力的概念可以在运动中加以使用。在 Hull 和 Spence 看来，学习是在强化的条件下使刺激与反应之间建立联系的结果；或者说，使刺激与反应建立联系的这种习惯力量(在这里与动作技能的学习程度同义)是过去多次强化的结果。并认为，在任何情况下，一种和一组刺激引起的反应，可能是正确的，也可能是错误的；或者可能会有许多错误的反应，但正确的反应只有一种。唤醒水平的增强，会使人在几种反应中做出一种占优势的反应。学习复杂的任务或者在学习的早期阶段，占优势的反应是不正确的反应，因此，提高唤醒水平(或驱力)会使成绩下降。相反，在学习的后期阶段，或者学习简单的任务时，占优势的则是正确的反应，此时唤醒水平的提高会使成绩提高。

可以在以下几个方面实际运用驱力理论。首先，提高唤醒水平对于具有熟练动作技能者是有利的，对于没有熟练的动作技能者是有害的。低唤醒水平能增加初学者获得成功的机会，而成功的经验又能提高他们的自信心。其次，提高唤醒水平对于完成像俯卧撑这样很简单的任务是有利的，但要较好地完成像射击这样的复杂任务，就要求有低一些的唤醒水平。

季浏(1994)指出，将驱力理论运用于运动情境时，可能会遭到质疑。例如，一般来说，运动员的技能活动很少情况是简单易做的，往往需要复杂的感知觉、思维以及身体活动的共同参与。线性关系的驱力理论可能适合于解释动物性的"战斗和逃避"反应，但不适宜于解释带有思维参与的人类活动。还有学者提出，驱力理论中关于唤醒水平与成绩之间这种简单的线性关系，仅限于完全习得并熟练掌握的动作技能和单纯力量型的动作，它只可能解释在需要极为高度的体能、努力和坚持性的体育活动中，唤醒水平与体育成绩之间的关系；而无法解释在需要相互配合、控制性和协调性极强的体育活动中，唤醒水平与体育成绩之间的关系。

3. 倒 U 型假说

Williams(1993)在其著作《实用运动心理学》中对倒U型假说进行了比较系统、全面的阐述：

倒U型理论假说预测,在唤醒水平由昏昏欲睡到觉醒状态的过程中,操作成绩将随之持续增长。然而,当唤醒超越了一定的水平继续升高时,操作表现则将随唤醒水平的提高而下降。因此,持倒U型假说观点的学者认为,应该帮助操作者(运动员)寻找一个理想的唤醒点,或调整他们的唤醒水平使之与任务要求处于一种平衡的状态。

Wood和Hokanson(1965)通过改变肌肉的紧张度来调整被试的唤醒水平,在实验中观察到了与倒U型假说相类似的操作表现曲线。Babin(1966)和Levitt、Gutin(1971)也在实验中通过调节跑台或功率自行车等全身性运动的负荷和持续时间,得到了随着唤醒水平的变化,被试完成与反应时有关的操作任务的成绩呈倒U型曲线的结论。

在真实的体育运动情境中,唤醒水平与运动表现之间的倒U型关系也在许多研究中被证实是确实存在的。Fenz和Epstein(1969)曾发表过一个研究报告,在报告中提出跳伞运动员的一些生理学指标、心理学方面的自评量表指标与跳伞技能表现之间符合倒U型假说的理论观点。Klavora(1979)在对高中篮球运动员的研究中,通过分析每场比赛的运动员自评状态焦虑水平和教练员对运动表现的评价,发现两者之间存在倒U型关系。在获得某篮球队一个赛季每个运动员每场比赛前的自评状态焦虑水平和每场比赛的个人表现情况后,Sonstroem和Bernardo(1982)就状态焦虑与运动表现的关系进行了比较和分析。他们发现,中等唤醒水平(焦虑水平)与综合的优异运动表现之间存在着非常紧密的关系。王深(2003)在她的实验研究中,通过静坐和两种不同强度的运动使被试处于三种不同的唤醒水平,在此基础上利用九孔仪对动作进行定量测定,观察唤醒水平与操作成绩之间的关系。研究结果表明,低唤醒组的操作成绩最佳并与中、高唤醒组存在显著差异。另外,还得出了体操、球类项目的被试其手臂动作的稳定性显著好于田径项目被试的结论。这说明安静状态下手动稳定性最好,放松训练对与信息加工量不大,且以精细的本体运动感知觉为主的运动项目是适宜的。不同的运动项目存在各自不同的唤醒要求。李年红等(2003)调查了31名射击运动员赛前状态焦虑与性别、状态自信心及运动技能水平之间的关系。结果表明,比赛发挥好的运动员表现出最低的认知状态焦虑、躯体状态焦虑和最高的状态自信心;状态自信心是区分优秀射击运动员与一般射击运动员的良好指标;性别影响着运动员的赛前躯体状态焦虑(女性为高);射击运动员的最好成绩与高自信心和低焦虑水平有关。

当然,也有一些研究结果并没有支持倒U型假说,但总的来说,支持倒U型假说的观点和结果还是大多数。赞成倒U型假说的主要依据有两点:其一,倒

U型假说在实验室和运动现场已经得到了广泛的验证,并在具体运用中得到了推广。其二,不排斥通过药物、练习等同样可以改变一些心理或生理因素,从而出现类似于倒U型曲线的结果,但这不会根本否定倒U型假说的价值。另外,在理解倒U型假说时,还必须考虑任务性质和个体差异问题。

(1) 任务性质:根据唤醒理论,活动或技能的性质是决定操作成绩的基本要素。早在20世纪初期,研究者们就知道,完成不同的工作任务存在相应的最佳唤醒水平。Yerks和Dodson(1908)发现,随着唤醒水平的升高,完成复杂工作中成绩的下降比完成简单工作要提前出现。Broadhurst(1957)则通过动物实验清晰地解释了任务的复杂程度与唤醒水平间的交互作用。实验中先是通过强迫老鼠在水中停留0秒、2秒、4秒或8秒等不同时间以产生不同的唤醒水平,然后让它们在水中完成两种条件下的逃生任务。一种条件是完成相对简单的任务,老鼠能够比较容易地找到网笼上逃生的小门(将小门涂成鲜艳的颜色);另一种条件就比较困难,即逃生的小门与网笼的颜色是一致的。从图11-5可以看到,在完成简单任务时,高的唤醒水平没有给操作成绩带来明显的负面影响,也就是说,简单任务对高唤醒有较强的耐适性,可以在高唤醒条件下取得好的成绩。完成复杂任务的情况就不同了,虽然唤醒水平小幅度的提高还显示出一定的积极意义,但过高的唤醒水平显然给操作成绩造成极大的消极影响。

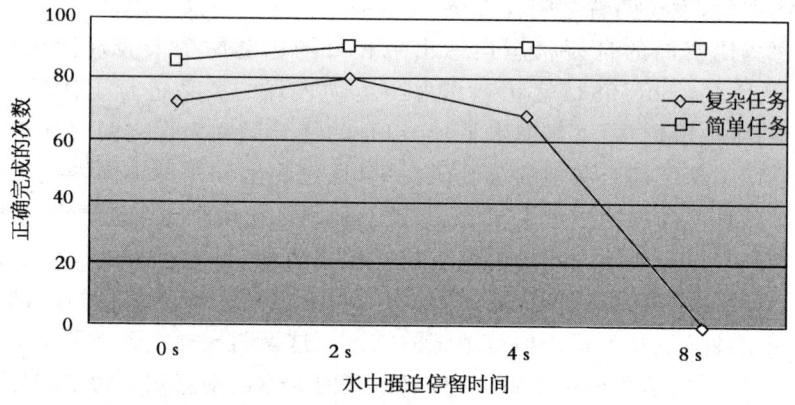

图11-5 Broadhurst的实验结果
(引自Jean M.W. 1993)

以上这些结果对体育中的运动表现意味着什么呢?可以这样认为,最基本的也是最关键的,是要在全面分析运动技能复杂性的基础上,确定什么样的唤醒水平对完成特定的运动技能更为理想。例如,在完成对肌肉用力的精确度和稳定性要求高的技能时(如高尔夫),较低的唤醒水平有利于获得好的运动表现;但对像挺举这样在精确性方面要求相对较低的技能来说,其适宜的唤醒水平应明显提高。

除了考虑与技能本身相关的因素以外,还必须考虑完成目标任务过程中的感知觉和决策等相关因素。大量的研究表明,在同时进行两种或以上操作任务时,为了更好地完成任务,操作者往往将更多的注意集中于其中的某一个任务上,这也是人类因注意容量有限所作出的自然选择的结果。因此,如果唤醒水平的变化导致了注意范围极度扩大或缩小,都将给认知及决策过程带来障碍,影响运动技能的完成和发挥。

(2) 个体差异:对于一个特定的操作任务所需要的最佳唤醒水平还因一些个体的独特因素而异,由于与运动技能有关的,已经形成的习惯和较为稳定的个性不同,一些运动员可以比另一些运动员在更高唤醒水平下获得好的运动表现。具有不同的先前经验和练习总量(练习时间和次数)的个体之间,在掌握运动技能的程度上必然存在很大的差距。这种差距也表现为在完成运动技能时,是正确的表现还是错误的表现占主导地位,这与需要什么样的唤醒水平有着很大的关系。正如在驱力理论中讨论过的那样,高唤醒有利于优势反应的出现,无论它是正确的,还是错误的。从这一点考虑,倒 U 型曲线的前半部分与驱力理论可算是珠联璧合、异曲同工。

也许人与人之间最大的差异就是个性,而影响个体最佳唤醒水平的个性变量是特质焦虑和内—外向性格。一个容易紧张,在应激环境中缺乏忍耐力和适应力的运动员(内向性格),即使小幅度的唤醒水平波动也极易令其超过倒 U 型曲线的顶点。相反,如果一个运动员是沉着的、镇定的(低特质焦虑或外向性格),他(她)将能承受较高的唤醒水平而不出现成绩的下降。

4. 个人最佳功能区理论

苏联学者 Hanin(1989)提出的最佳功能区的概念(ZOF),是指运动员在操作过程中存在着一个理论上的最佳机能区段,当唤醒水平处于这一区段内时,运动员有更多的机会获得最佳运动表现。通过此后的大量研究,Hanin(2002)又认为,不同运动员应该存在各自不同的最佳功能区域,即运动员能够最大限度地发挥自己竞技水平的唤醒程度。引入了"个人"一词后形成的个人最佳功能区理论(IZOF),能够在理论上对每个运动员的最佳功能区做出正确的定位,为运动员在需要的时候采用有效的心理调控手段,帮助他们进入并维持在这一区域提供必要的依据。

个人最佳功能区被界定为一个情绪强度的区域,在这个区域中个体获得最佳表演的可能性比获得非最佳表演的可能性要高。Hanin 将运动员的情绪归纳为:令人愉快的和有工作能力的情绪、令人愉快的和工作能力差的情绪、不愉快的和有工作能力的情绪、不愉快的和工作能力差的情绪。通过测定运动员的情绪状态和与之相对应的运动表现,Hanin 在研究过程中尝试了用量表测得的情绪强度去评估其最佳和非最佳表演的可能性,并利用多个回归模型来逐步建立个人最佳功能区。

国外的文献中,许多著名学者都以 Hanin 在 1989 年所提出的 IZOF 理论为基础,进行许多运动项目的研究,主要有冰球、体操、足球、跆拳道、板球、标枪等项目。

Hanin(1989)采用最佳焦虑水平的回顾式评估方法对高水平运动员进行赛前焦虑的广泛研究和观察,提出了一个实验性的干预计划来研究赛前唤醒的最佳水平。这种干预曾经被用于优秀划艇运动员和举重运动员的训练中。这种实验的结果表明,最佳状态焦虑水平变动范围很大。如果确立了最佳唤醒水平个体差异的范围,则可建立该运动员的个人最佳功能区,这样就可以评价比赛没有充分发挥水平之后运动员报告的状态焦虑水平与最佳功能区的差距。

Salminen 等人(1995)利用 Hanin 的 IZOF 模型对 80 个芬兰运动员进行现场测试。结果表明,在比赛前 2 周、1 周的预测焦虑水平和赛前 1 小时测试的状态焦虑水平有明显的相关。对运动员一次重大比赛的赛前准备进行比较后显示:那些处于个人最佳功能区中的运动员比那些落在个人最佳功能区之外的运动员要表现得更好。就应用心理学而言,这些结果表明了利用状态焦虑量表,根据焦虑反应的强度,在赛前找出关于个人最佳唤醒水平的控制方向是可行的。

Turner 和 Raglin(1996)采用 STAI 对 67 名大学生田径运动员进行研究,以同时检验倒 U 型假说和最佳功能区理论。对最后得出的数据进行方差分析后发现,根据倒 U 型假说区分的最佳状态焦虑组与较好的运动表现无关;符合最佳功能区理论定义的,处于最佳状态焦虑的那些运动员获得了较好的运动表现,而位于最佳状态焦虑区段之外的那些运动员则运动成绩较差。该研究结果表明,最佳功能区理论较倒 U 型假说能更好地预测运动成绩。

Kamata 等人(2002)提出了一种新的确定 IZOF 的方法——概率估计法(a probabilistic estimation)。在这个研究中,他们采用概率估计来确定 IZOF。IZOF 被界定为一个情绪强度的区域,在这个区域中个体获得最佳运动表现的概率比获得非最佳运动表现的概率要高,而情绪强度是用量表测定的。在此基础上利用回归分析和钟形函数来逐步建立 IZOF。这种方法将不同情绪强度情况下 IZOF 的区域和所达到的成功概率结合在一起,用钟形曲线表示出来,显示出比传统的方法更为清晰、明了的优势。此外,IZOF 的确定是以所有明确表示的表演种类间的关系为基准的,这是传统理论研究中的突破。

Rabazza & Hanin(2004)等人利用 IZOF 模型,以 4 个曲棍球守门员和 4 个体操运动员为研究对象,检验了运动员们在情绪和躯体方面多维的和个人化的自我调控策略的效果。研究结果表明,在 IZOF 的基础上进行心理训练,可以帮助运动员在赛前进入最佳心理状态,并且与竞赛中运动表现的改善高度相关。同时,研究结果也证明了运动员通过对情绪和躯体症状的认知,可以判断自己是否处于个人最佳功能区。

5. 多维焦虑理论

符明秋曾对多维焦虑理论有过一个比较简明的归纳:Martens 于 1982 年提出将竞赛焦虑分为认知状态焦虑、躯体状态焦虑和状态自信心三个方面。认知状态焦虑是指在竞赛时或竞赛前后即刻存在的主观上所认知到的对某种危险或威胁情境的担忧。它是由对自己能力的消极评价或对比赛结果(成绩)的消极期望引起的焦虑。躯体状态焦虑是指在竞赛时或竞赛前后即刻存在的对自主神经系统的激活或唤醒状态的情绪体验,是直接由自主神经系统的唤醒所引起的焦虑。状态自信心是指在竞赛时或竞赛前后运动员对自己的运动行为所抱有的能否取得成功的信念。

季浏和符明秋(2000)认为,根据三个方面各自的性质以及它们各自随时间而变化的模式,多维焦虑理论对每一个方面与操作活动的关系作出了不同的解释。首先,由于认知焦虑的特征是将自己的注意从对与任务有关的线索转移到与任务无关的线索和社会评价上。因此,当认知焦虑增加时,运动表现水平相应降低,两者呈线性关系。其次,以前的研究已经发现,当积极的成功期望增加时,自信心增强,而且,积极的成功期望对运动表现有显著影响,故随着自信心的增强,运动表现水平提高,两者也呈线性相关。最后,多维焦虑理论指出,以生理特征为主的躯体焦虑与运动表现的关系是倒 U 型的(季浏、符明秋,1994)。

(三) 产生焦虑的主要原因

在阐述焦虑的成因及其心理学依据时,姜乾金(2002)指出:很多学者对焦虑的原因进行了研究,认识到焦虑的产生与生物、心理和社会因素的相互作用有关,但因各学派的观点所异而有不同的理论。精神分析学派认为焦虑是由潜意识之间的矛盾冲突引起的。由于内心的矛盾冲突引起焦虑的来源不同,所以产生了不同的焦虑,即由对外界危险的知觉引起现实性焦虑,对本能冲动的恐惧引起神经性焦虑,对超我的恐惧引起道德性焦虑。学习理论认为,因为观念与感觉之间可以形成条件反射性联系,所以,若某种刺激或情境引起焦虑或恐惧体验后,当以后出现类似的刺激或情境时,则将再次引起焦虑和恐惧反应,并伴有相应的生理与生化改变。认知学派认为,焦虑是由知觉、态度与信念冲突引起的。个体对事件或刺激的认知评价是发生焦虑的中介,与躯体或心理社会危险有关的认知评价可以激活焦虑。若对危险做出过分估计,使反应与客观现实不相称时,就会形成焦虑。由于焦虑导致对心身症状的错误理解、过度警觉和应对失败等,进一步加强了对危险的认知评价和焦虑水平,从而形成恶性循环。人本主义学派认为,焦虑是由达到自我实现时发生的思想冲突引起的。

Patrick 等(2000)指出,有许多学者都试图以不同的学说来解释焦虑与焦虑症形成的原因,如心理动力学、群体基因学、神经生物学、遗传学和认知行为学等,但至今为止还没有一种单一的理论能够对焦虑产生的原因给出令人信服的合理解释。近年来,从遗传、认知及神经生物学方面对焦虑成因的研究比较活跃。

认知理论非常强调注意和认知评价在焦虑形成中的重要作用。评估在治疗焦虑症中具有相当重要的作用。在临床上,焦虑症的产生被归因于错误的认知评价,如对事件威胁性程度的过高评价,或过分低估自己的应对能力,或者悲观地将一些自然的生理反应与焦虑相联系。

从神经生物学方面来考虑,涉及与焦虑有关的神经环路包括:① 能够使人感知到潜在威胁刺激的传入神经纤维;② 能够评估由传入神经送来的感知觉信息并与先期经验的记忆进行整合的大脑组织;③ 使内分泌腺系统、自主神经系统和骨骼肌产生协调反应的传出神经纤维。有证据显示,杏仁核是人类大脑对威胁进行评估或做出反应的核心部位。杏仁核在焦虑形成过程中之所以起到关键的作用,是因为它能快速、直接地接收从丘脑和蓝斑组织传来的与焦虑相关的感觉信息。同时,杏仁核还能接收来自大脑皮质中枢对感觉信息进行整合后的知觉信息。因此,内部的神经传导使杏仁核在人们还没有意识到威胁以前,已经对焦虑的产生有了预感。

颜军认为(季浏,2001),体育学习中焦虑产生的原因有以下六个方面:

1. 自我效能

自我效能是指一个人对自己能否成功地完成一项任务所持有的信心和期望,以及对自己成功地完成一项任务所具有的潜能的认识。一个学生在体育学习中的自我效能程度与焦虑水平之间存在着直接的线性关系,即自我效能越高,焦虑水平就越低。另外,过去活动的成败在一定程度上将影响自我效能、未来的活动成绩和与未来活动有关的焦虑水平。

2. 社会性评价

有些学生在增加学习难度或提高学习要求时,担心不能完成操作性运动技能或掌握认知性运动知识而会受到教师和同学的负面社会性评价,从而在体育学习中产生焦虑反应,使他们更加担忧自己在体育学习过程中不能发挥水平可能引起消极评价甚至处罚。当处于这种焦虑状态的学生意识到自己的这种情绪反应时,便会增加原有的焦虑反应,导致恶性循环。

3. 担心受伤

部分学生担心在体育学习过程中受伤,而导致高程度的焦虑反应。特别是那些已遭受过运动创伤的学生,更是有"一朝被蛇咬,十年怕井绳"的恐慌心理,其主要特征就是情绪多变,易紧张,高焦虑,自我控制、调节心理状态的能力较低。

4. 注重结果

一些学生过分关注自己,失去了学习的乐趣,在体育学习中不能有效地注意学习中的主要刺激,而一味关注练习的结果,对失败非常敏感,具有强烈的躲避批评和失败的动机。体育学习中的挫折感和失败感是焦虑产生的促发剂,而由心理—社会因素诱发的自尊心的严重损伤是引发焦虑的根本原因。如自尊心受到伤害的学生,对预计到的威胁做出一种过度担忧和过度恐慌的反应,表现出夸大学习中的困难因素,缩小自身的实际能力,这种焦虑会成为体育学习的一种条件性的情绪反应,从而成为直接干扰性反应的重要诱因,进而加重体育学习中的忧虑而干扰操作水平,利用各种"理由"回避体育学习。

5. 个体差异

学生的个体特征也会对焦虑发生影响。一般而言,特质焦虑较高的学生比那些特质焦虑较低的学生对于应激刺激反应得更频繁,他们容易在大范围内对危险和恐惧做出反应。特质焦虑较高的学生也较容易由于人们之间相互联系而害怕他人评定,从而增加状态焦虑的程度。特质焦虑上有差异的学生,是否在状态焦虑方面也有相应的差异,在很大程度上取决于具体的人对具体的危险和恐惧情境的感知,也深受个人过去经验及自我控制能力的影响。

6. 人际关系

在体育教学中,学生的焦虑往往是在自己与别人保持友好关系的可能性受到威胁时产生的。尽管学生在体育学习中的焦虑也会在其他条件下出现,但不和谐的师生、同学关系无疑是体育学习中焦虑产生的主要原因之一。因为体育学习中的不和谐人际关系会引起怀疑、羞耻和内疚,从而使学生体验到焦虑。人际关系之所以不和谐,最根本的原因是由于对人、对己、对事不能以实事求是的正确态度来看待、处理。

祝蓓里(1992)指出,引起极度紧张的原因是多方面的,可以从客观和主观两个方面来进行分析。

客观原因:

(1) 观众的数量和质量:观众的数量很多,或者在观众席上有同运动员有特殊关系的人在座,均可能产生一种特殊的刺激气氛。

(2) 社会的评价:如果一个人从别人(如教练员、队友、对手以及其他的重要人物)那里得来的有关其运动能力的评价是一种消极的评价,就会使运动员感到对他是一种威胁,从而引起极度的紧张。这种消极的社会评价可能会造成严重的后果,包括使所有的运动员由此而离队。

(3) 比赛的性质及其意义:一般来说,个人项目的运动员比集体项目的运动员更能直接地获得社会评价,也更直接地对运动的结果和对动作过程本身负起责任,他们的才华出众或者在动作上的差错是所有的人亲眼目睹的。因此,在竞赛中个人项目的运动员比集体项目的运动员更容易出现紧张。在集体项目运动中,明星队员或者处在关键位置的队员由于许多眼睛都盯住他们的动作,也可能引起极度紧张,尤其是在具有重要意义的关键性比赛中。

(4) 竞赛对手的实力:当竞赛对手的实力很强或者与自己实力相当时,某些运动员容易产生极度紧张感。

主观原因:

(1) 求胜意识过强,或者期望值过高:一般地说,在强烈的夺冠意识或获奖欲望的情况下,容易引起极度紧张。

(2) 比赛缺乏自信:对比赛缺乏自信者容易产生极度紧张。运动自信低,可能是由于自认为没有掌握好运动技能,没有良好的运动节奏和规律,对运动的结果没有把握所造成的;也可能是由于过去在运动中受过伤、受过惩罚或者经历过多次失败形成了消极的条件反射而造成的。

(3) 与个性特点有关:一般来说,神经系统兴奋性较强的人,在运动竞赛中容易产生极度紧张及惊慌;反之,则不容易引起极度紧张及惊慌。因此,紧张情绪的容忍度也可以通过神经类型或气质类型测查表来加以预测。研究已经发现,特质焦虑水平高的运动员比特质焦虑水平低的运动员更容易体验到极度紧张。在个性特质中,忧郁性大,情绪不稳定,自卑感强,神经过敏性强,或者"完美主义者",都更容易引起极度紧张;反之,则不容易引起极度紧张。

(4) 对自身生理指标(如心率、呼吸频率、出汗量等)变化的消极评价,也可能引起极度紧张和惊慌。

四、教学重点与难点

(一) 教学重点

(1) 应激、唤醒和焦虑的概念。
(2) 使用心理量表测定唤醒水平的方法。
(3) 唤醒或焦虑水平与运动表现的关系。
(4) 产生焦虑的主要原因。

(二) 教学难点

(1) 倒 U 型假说。
(2) 评定唤醒水平的常用方法。

五、教学指导建议

（一）知识点一

对应激、唤醒和焦虑等概念的理解。

教学建议：

（1）通过课堂讲授的方法，使学生对应激、唤醒和焦虑等的各自内涵及相互之间的关系有一个比较全面的了解。

（2）结合体育运动实践，向学生介绍以上概念的使用情况及其在使用过程中还存在的问题。

（3）布置课外作业。要求学生通过对纸质资料和网络资源的检索，查寻体育领域及其领域对应激、唤醒和焦虑等概念的描述。在不少于1 000字的作业中，归纳出自己对以上概念及其之间关系的界定。

（二）知识点二

了解唤醒或焦虑水平与运动表现的关系。

教学建议：

（1）在系统讲述几种不同的唤醒理论的基础上，对各种理论观点的基本特征、应用价值和存在的不足等进行深入分析。

（2）组织课堂讨论。要求学生在教师的指导下，结合自己的体育运动经历或其他间接经验，以倒U型假说为依据，从运动项目性质和个体差异两个方面，讨论唤醒或焦虑水平与运动表现之间的关系。

（3）采用实验课的形式，创设多种不同的唤醒水平背景，测定并分析不同唤醒水平之下一些生理指标及反应时、动作稳定性等的变化规律。

（三）知识点三

掌握产生焦虑的主要原因。

教学建议：

收集日常生活和体育运动中的相关材料和奇闻逸事，通过直观、生动、有趣的教学内容，帮助学生更好地掌握焦虑形成的主要原因。

（四）知识点四

学会使用心理量表测定焦虑水平的方法。

教学建议：

选用"状态-特质焦虑问卷"，灵活利用各级各类体育竞赛、各种考试考查、文艺活动等机会，分别测定教学对象或其他人群的特质焦虑和在一定应激条件下的状态焦虑水平。通过对数据进行分析，了解调查对象的焦虑特点和变化规律，研究状态与特质焦虑之间的关系，帮助学生提高在实际应用中发现问题和解决问题的能力。

六、参考文献

[1] 马启伟,张力为著.体育运动心理学[M].杭州：浙江教育出版社,1998.

[2] 张力为,任未多主编.体育运动心理学研究进展[M].北京：高等教育出版社,2000.

[3] 姜乾金主编.医学心理学(第三版)[M].北京：人民卫生出版社,2002.

[4] 张力为,毛志雄.体育科学常用心理量表评定手册[M].北京：北京体育大学出版社,2004.

[5] 汪向东,王希林,马弘等.心理卫生评定量表手册(增订版)[M].北京：中国心理卫生杂志社,1999.

[6] 季浏,符明秋著.当代运动心理学[M].重庆：西南师范大学出版社,1994.

[7] 季浏主编.体育心理学(专升本)[M].北京：高等教育出版社,2001.

[8] 孟昭兰等.普通心理学[M].北京：北京大学出版社,1997.

[9] 祝蓓里.运动心理学原理与应用[M].上海：华东化工学院出版社,1992.

[10] 王深.手臂动作稳定性与唤醒水平、特质焦虑等关系的再探[J].福建体育科技,2003(4).

[11] 李年红,范云生等.射击运动员赛前焦虑的研究[J].山东体育学院学报,2003(3).

[12] 焦宇锋.唤醒水平的监控及调节之再认识[J].南京体育学院学报,1997(1).

[13] 刘万车主编.焦虑的心理学研究[J].国外医学,2000(6).

[14] 张力为,任未多.现代运动心理学研究综述[J].心理学报,1995(4).

[15] 漆昌柱,梁承谋.论心理唤醒概念的强度-方向模型[J].体育科学研究,2001(2).

[16] 张春兴著.现代心理学[M].上海：上海人民出版社,1997.

［17］汪向东,王希林,马弘等.心理卫生评定量表手册(增订版)[M].北京:中国心理卫生杂志社,1999.

［18］许高航,许觉民.赛前不同自主神经系唤醒水平下运动员对自我生理状态变化认知的研究[J].体育科技,1997(6).

［19］祝蓓里,季浏.体育心理学[M].北京:高等教育出版社,2000.

［20］Richard H.著,张力为等译.运动心理学概念与应用[M].北京:清华大学出版社.2003.

［21］Phillip L. Rice 著,胡佩诚等译.健康心理学[M].北京:中国轻工业出版社,2000.

［22］Arthur S. Reber 著,李伯黍等译.心理学词典[M].上海:上海译文出版社,1996.

［23］David G. Myers. Psychology(Fourth Edition). New York:Worth Publishers,Inc,1995.

［24］Jean M. Williams.. Applied sport psychology. Mayfield Publishing Company,1993.

［25］Patrick J. O'connor,John S. Raglin,Egil W. Martinsen. Physical Activity, Anxiety and Anxiety Disorders. International Journal of Sport Psycholgy,2000(31).

［26］Robert,S. W.,& Daniel,G. Foundations of Sport and Exercise Psychology. Champaign,IL:Human Kinettics,1995.

［27］Weinberg,R. S.,& Hunt,V. V.. The interrelationships between anxiety, motor performance, and electromyography. Journal of Motor Behavior,1976(3).

［28］Nideffer,R. M.. The inner athlete. New York:Crowell,1976.

［29］Hanin, Y. L. Interpersonal and intragroup anxiety in sports. In:Hackfort D,Spielberger C D eds. Anxiety in sports:An international perspective,New York:Hemisphere Publishing Corporation,1989.

［30］Hanin, Y. L.(2002). Individual Zone of Optimal Functionging(IZOF):A Probabilistic Estimation. Journal of Sport & Exercise Psychology,2002(24).

［31］Simo Salminen,Jarmo Liukkonen,Yuri Hanin and Ari Hyvonen. Anxiety and Athletic Performance of Finnish Athletes:Application of the Zone of Optimal Functioning Model. Persant individ. Diff,1995(5).

［32］Turner P E,Raglin J S. Variability in precompetition anxiety and performance in college track and field athletes. Medicine abd science in sports and exercise,1996(28).

[33] Akihito Kamata,Gershon Tenenbaum,Yuri L. Hanin. (2002). Individual Zone of Optimal Functionging(IZOF):A Probabilistic Estimation. Journal of Sport & Exercise Psychology,2002(24).

[34] Claudio Robazza,Melinda Pellizzari,Yuri Hanin. Emotion self-regulation and athletic performance:An application of the IZOF model. Psychology of Sport and Exercise,2004(5).

第十二章

心理技能训练概述

一、教学目标

通过本章教学,使学生能够:
(1) 了解心理技能训练的概念、产生与发展。
(2) 了解心理技能训练在运动员训练以及比赛当中所起的作用与意义。
(3) 大致了解心理技能训练的理论和方法,并在此基础上了解中外运动员常用的心理技能训练方法和发展动向。
(4) 了解心理技能训练的原则、作为一名运动心理咨询工作者所应具备的素质等一系列心理技能训练中的问题。
(5) 明白心理技能训练在体育运动中以及体育教学活动中的重要作用,并培养学生的心理技能训练意识,使其以健康的心态投入到体育运动中去。

二、教学内容框架(图 12-1)

三、知识拓展与深化

(一) 心理技能的含义及特点

心理技能是指与人类的生活、学习、工作、劳动、身心健康,以及调节与提高人体身心潜能有关的,在人脑内部进行与形成的内隐技能。一般认为,心理技能的构成有以下一些特点:

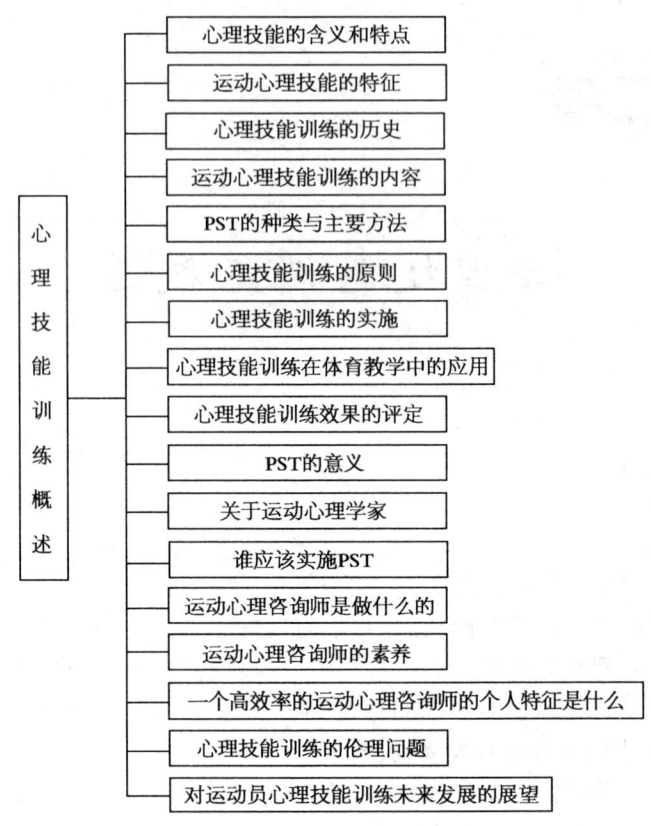

图 12-1 心理技能训练教学内容框架

(1) 定向性：心理技能的对象是指人的自身的心理活动或对客观事物的主观反映，不是物质或物质化的客体。

(2) 有意性与无意性：人们在生活实践中，往往有意识或无意识地学习和运用某些心理技能，为了适应社会与生存发展，全面提高人的素质，有意识地学习与运用必要的心理技能显得日趋重要。

(3) 内隐性：心理技能的学习与运用是通过人脑内部言语的内隐活动进行和实现的。

(4) 结构的不确定性与个体的差异性：心理技能活动的结构与主体的状态、需要、时间、条件等因素相关。其结构可能是简缩式，也可能是展开式。同时其活动结构、方式等往往是因人而异的。

(5) 成熟与可训练性：在人的生长发育过程中，动作技能、智力技能与心理技能随之形成与发展，心理技能既有其随生长发展的成熟性，同时也是可以根据需要学习训练的(翟丰，2001)。

（二）运动心理技能的特征

（1）运动心理技能的指向主要是运动活动和运动动作,它与运动活动紧密相连。

（2）运动心理技能与运动活动和动作的联系,在时空上表现为先想后做、边想边做、先做后想,但在多数情境下是边想边做,与动作技能同步进行,有时是以运动技能来表现的。

（3）运动技能的形成与运用的脑部机制是运动者在头脑中内部言语的提示与主导下,在大脑运动中枢形成的暂时联系,并引发相应的神经肌肉电位等的变化。

（4）运动心理技能往往表现为不稳定、难表达,个人特点突出,有时表现为潜意识等特点。

（5）最佳心理状态形成与表现在特定运动情境下的运动心理技能往往难以重复和再现。

（三）心理技能训练的历史

心理训练的思想源远流长,我国古代心身统一的观点和实践、古希腊哲学家关于灵魂的学说及实践以及西方近代实验心理学的产生和应用,都可以看作是心理训练的源头。现代意义上的心理训练在 20 世纪上半叶产生于西方。

心理训练与心理咨询和心理卫生运动的兴起及发展有关。1908 年 Frank Parsons 在波士顿创办了职业局,设计了多种方法帮助青少年了解自己、了解工作性质及环境,开展针对青少年的职业指导。同时,心理咨询在心理疾病治疗、婚姻家庭指导等方面也得到广泛应用。Parsons(1909)出版的《职业指导》为心理咨询奠定了思想基础。美国大学生 C. Beers 于 1908 年患躁郁症住院,之后他出版了《我找回了自己》(A Mind That Found Itself)一书,1909 年他与 Meier 和 James 一起成立了美国心理卫生委员会,旨在防止心理异常和精神病的产生,增进人们的心理健康。此后,心理卫生的作用越来越明显。而 1942 年 C. Rogers 的《咨询与心理治疗》一书的出版,标志着一个新的心理治疗时代的开始。Rogers 的观点有力地改变了人们长期以来认为只有经过专业训练的精神科医生才可以进行心理治疗的看法,从此心理治疗不但有"医疗模式",还出现"教育模式"和"发展模式"。心理咨询和心理卫生运动的兴起为心理训练打下了坚实的基础。

心理训练的直接起源是军事和体育心理训练的兴起和发展。第二次世界大战期间,美国对飞行员开展心理训练,各国也普遍对参加奥运会体育竞赛的人员开展心理训练,目的在于调控其心理活动强度,恢复和发挥其心理活动最佳能量,消除和治疗心理障碍及提高心理素质。

20世纪70年代以来,随着社会的发展、心理学知识的广泛传播以及心理教育和训练经验的大大增加,世界各国普遍重视心理教育和训练,尤其重视青少年的心理教育和训练,并成立了国际学校心理学会。许多发达国家如美国、德国、俄国、丹麦、日本、澳大利亚的心理教育训练活动极为广泛和丰富。他们在大、中学开设了与心理教育训练有关的课程和课外活动,设有专职学校心理学工作者,开展了学习、创造、生活技能、行为塑造、体育活动、情感适应等方面的心理训练。同时,心理训练广泛应用于商业、军事、司法、体育等领域。心理教育和训练已呈现出专业化、产业化、普及化的发展趋势。

心理训练应用于体育领域是20世纪70年代以后的事。50年代强调运动员为达到比赛目的而动员自己的道德意志去克服困难。60年代开始强调情绪在体育活动中的重要性,人们逐步认识到运动成绩的取得不仅仅取决于意志品质,而且与情绪有关。20世纪70年代,体育界从精神治疗手段中引进了催眠、自我暗示和放松等方法,逐渐形成了较完善的心理训练方法。

我国对运动心理训练的研究从20世纪80年代初开始。虽然起步较晚,但发展很快,国家体育总局科研所等一些科研机构组建了运动心理学研究室,体育院校开始讲授运动心理学课程,1980年成立的中国体育科学学会运动心理学专业委员会迄今已拥有会员400多人。在这支队伍中,涌现出刘淑慧教授、丁雪琴研究员、张忠秋博士等一批著名的运动心理学专家。经过20多年的实践,他们在配合国家高水平运动队解决运动员在训练和比赛中的心理障碍问题的过程中积累了丰富的经验,工作也得到了教练员和运动员的普遍认可。

目前,我国高水平运动员的心理训练研究已发展到一个新的阶段,特别是在为奥运会、世界锦标赛、世界杯和亚运会等国际大赛做准备的过程中,大批运动心理学工作者长期深入到国家击剑、射箭、体操、跳水、乒乓球、帆船、帆板、皮划艇、游泳及田径等运动队进行跟踪服务,根据不同项目的心理训练特点,采用了一系列心理调控方法和措施,有计划性地进行心理训练,使运动员较快地掌握心理训练方法,消除心理障碍,为运动员在国际比赛中达到最佳竞技状态、取得喜人的成绩提供了保证(徐万彬,2003)。

(四)运动心理技能训练的内容

美国高级教练员培训教材提出了以下五种与运动员操作表现有关的心理技能,分别是:应激控制、认知控制、环境控制、身体放松、唤醒水平控制。

此外还有一些运动心理学家在他们编制的量表里反映了不同的运动心理技能内容。下面我们介绍三个量表,看看他们对运动心理技能内容的不同认识(表12-1)。

表 12-1 运动心理技能量表测量内容

量表名称	设计者	运动心理技能测量内容
运动心理技能量表(PSIS)	Mahoney、Gabriel、Perkins	焦虑控制、注意力、自信心、心理准备、动机和团队精神
运动应对技能量表(ACSI)	Smith、Schultz、Smoll、Ptacek	高峰体验、目标设置、心理准备、注意力、摆脱焦虑、自信心和成就动机、可训练性
行为策略测验(TOPS)	Thomas、Murphy、Hardy	自我暗示、情绪的控制、自动性、目标设置、表象、激活、负面思维和放松

通过上面三个量表的介绍,大致可以看出运动心理技能所包含的内容及其测量内容的侧重点。以下重点介绍焦虑控制、目标设置、心理准备和应激控制。

1. 焦虑控制

Taylor 最早进行了焦虑的测量研究,于 1953 年编制了显相焦虑量表(MAS)。MAS 建立在两种假设基础上:① 个体驱力水平的变化与内在的焦虑或情绪水平相联系;② 焦虑的强度可以通过纸笔测验来表达其外显症状。

Spielberger 提出了状态-特质焦虑理论,并建立广泛应用的状态-特质焦虑量表(STAI)。Spielberger 的理论源于卡特尔的人格研究中有关状态焦虑和特质焦虑的划分。

状态焦虑是指一个人在特定情境中或面临高压力任务时所表现出来的焦虑,是一个人对变化的环境条件或环境压力的反应,是暂时性的,随时间而波动的;是一种包含有生理成分、行为成分和认知成分的情绪特征群,其中的主要成分是认知成分,包括对自己的能力,及对活动结果的效价的认知等。而特质焦虑是一个人相当稳定的特征。特质焦虑高的人,常会表现出焦虑,他们为许多事情担忧,对未来所有的事情几乎都有一种模糊的、心神不宁的感受。

在运动竞赛中,特质焦虑与状态焦虑有很大的相关,即特质焦虑高的学生易在紧张的比赛情况下显示出较高的状态焦虑,其面临的情境压力越高,特质焦虑与状态焦虑的相关程度就越高。一般来说,特质焦虑高的运动员属神经系统弱型的人,即心理承受能力较差的人,他们往往遇到稍有难度的运动或带有竞赛性的练习方式就容易引起极度焦虑;反之,神经系统强型的人,则不容易引起极度焦虑。因此,焦虑情绪的容忍度可以通过神经类型或气质类型测查表来加以预测。

运动情境中的竞赛焦虑分为认知状态焦虑、躯体状态焦虑和状态自信心。

认知状态焦虑是指在竞赛时或竞赛前后对即刻存在的主观上所能认识到的某种危险或威胁情境的担忧。它是对自己能力的消极评价或对比赛结果及成绩的消极期望引起的焦虑,主要以担忧失败、对自己讲一些消极的话,以及不愉快的视觉现象为特征。

躯体状态焦虑是在竞赛时或竞赛前后即刻存在的对自主神经系统的激活或唤醒状态的情绪体验。它是直接由主神经系统的唤醒所引起的焦虑,通过心率加快、呼吸短促、手心冰凉而潮湿、胃部不舒服、头脑不清晰或肌肉紧张的提高而表现出来。

状态自信心是指在竞赛时或竞赛前后运动员对自己的运动行为所抱有的能否取得成功的信念。

2. 目标设置

美国马里兰大学管理学兼心理学教授 E. A. Locke 在研究中发现,外来的刺激(如奖励、工作反馈、监督的压力)都是通过目标来影响动机的。目标能引导活动指向与目标有关的行为,使人们根据难度的大小来调整努力的程度,并影响行为的持久性。在一系列科学研究的基础上,Locke 于 1967 年最先提出"目标设置理论"(Goal Setting Theory),认为目标本身就具有激励作用,目标能把人的需要转变为动机,使人们的行为朝着一定的方向努力,并将自己的行为结果与既定目标相对照,及时进行调整和修正,从而实现目标。这种使需要转化为动机,再由动机支配行动以达成目标的过程就是目标激励。目标激励的效果受目标本身的性质和周围变量的影响。该理论提出以后,许多学者在研究中加以发展,使之成为内容逐渐丰富和影响愈来愈大的新的激励理论。

目标设置理论方面的研究认为,目标通过四种机制影响成绩。首先,目标具有指引的功能。它引导个体注意并努力趋近与目标有关的行动,远离与目标无关的行动。Rothkopf 和 Billingto(1979)发现有具体学习目标的学生对与目标有关的文章的注意和学习均好于对与目标无关的文章的注意和学习。Locke 和 Bryan(1969)研究发现在汽车驾驶任务中,成绩得到多方面反馈的个体,在有目标的维度上成绩得到了提高,但在其他维度上成绩并没有得到提高。第二,目标具有动力功能。较高的目标比较低的目标更能导致较大的努力。第三,目标影响坚持性。当允许参与者控制他们用于任务上的时间时,困难的目标使参与者延长了努力的时间(LaPort & Nath,1976)。第四,目标通过导致与任务相关的知识和策略的唤起、发现或使用而间接影响行动(Wood & Locke,1990)。

3. 心理准备

运动竞赛成绩的优劣,不仅取决于临场技战术水平的发挥,而且取决于赛前的准备,特别是赛前的心理准备。要帮助运动员分析比赛时可能出现的各种情况并制定出相应的策略,以便摆脱各种非可控因素的影响。

赛前要强化运动员的积极思维和积极自我暗示,增强其信心,明确目标,心理上做好充分准备。一方面,比赛需要运动员把情绪、注意、动机、信心、意志等心理因素调整到最佳状态;另一方面,也需要运动员对对手的技战术水平、个性特点和比赛的环境条件等因素有一个详细的了解。

具体来说,运动员在参加体育比赛前需要做好各方面的准备,其中包括心理、生理、技术、战术上的准备:

(1) 全面了解信息,明确比赛任务,认真分析比赛形势和各种利弊因素。

(2) 激发良好的比赛动机。运动员参加比赛可能有多种多样的动机,抱有适宜的比赛动机,才能自觉地积极动员机体的最大潜力,从而赢得比赛胜利。

(3) 认真全面地分析比赛形势和各种利弊因素,制定切实可行的比赛计划及完成任务的措施。

(4) 保持良好的赛前心理状态,掌握一些简单的且适合于自己的自我调节心理状态的方法。

4. 应激控制

应激是指当你所感知的环境要求和你所认为的自我能力间不平衡时,出现的应激(Stress),又称"压力"或"紧张"。20 世纪 30 年代开始,心理学家们从心理学角度系统地研究应激。心理应激(psychological stress)是指个体在生活适应过程中,由于实际或认识能力上的不平衡而引起的一种通过心理生理反应而表现出来的身心紧张状态。

应激,特别是心理应激,是人生不可避免的一部分。适度的应激对人有益,使人们能解决面临的各种挑战,但过强过久的应激不仅会妨碍学习和工作,而且会威胁身心健康。

应激可以通过不同的方法进行控制,一些运动员采用如按摩、听音乐、躺在热水浴盆里等方法,这些方法可能是有效的。还有一些运动员采用瑜伽、催眠、自生训练、视觉想象和超觉冥想来控制应激。运动心理学家采用渐进肌肉放松、系统脱敏、生物反馈、应激免疫(stress inoculation)、满灌疗法(implosive therapy)、掩饰模仿(covert modeling)等方法。这些方法针对那些还没有遭到强烈应激所引起功能紊乱的运动员,对那些希望使他们目前的应激控制技能提高到能够在竞技运动中更有效地对付比赛压力的"正常"运动员特别适用(王惠民等,1992)。

(五) PST 的种类与主要方法

1. PST 种类

根据运动训练和竞赛活动的特点,以及运动员心理品质的发展规律,运动员的心理技能训练可分为一般心理技能训练和具体比赛的心理技能训练两类。

(1)一般心理技能训练:一般心理技能训练是指平时经常进行的心理技能训练,目的在于提高运动员完成专项运动所需要的心理素质。由于它是在平时训练中系统安排的,所以又叫做长期心理技能训练。

(2)准备具体比赛的心理技能训练:这种心理技能训练是针对既定的比赛任务进行的,目的在于使运动员能在较短的时间内学会自我调节心理状态的方法,以便形成最佳的竞技状态。

2. PST方法概述

用于运动员心理技能训练的方法和手段多种多样,综合起来大约有100多种。这其中大部分来自于心理治疗和心理咨询,只有少部分是运动心理学工作者在实践中创造出来的。目前,国内外比较流行的方法大概如下:

(1)单一的心理技能训练法

① 渐进放松训练法。放松训练法是借助一定的"套语"进行自我暗示,从而使肌肉放松,进一步实现对植物性神经系统的控制。在放松之后,运动员借助包含一定愿望的"套语",既能对以后的行为起作用,又能使运动员消除精神紧张,解除疲劳。

② 自生训练法。训练时主要通过陈述一系列沉重、温暖、安静等暗示词语,达到对植物性神经系统的控制,进而调节身体和心理的紧张状态。暗示词语也可根据具体情况和需要增减或创编,以达到放松入静的目的。长期训练能够增强集中注意和调节情绪的能力。

③ 生物反馈。生物反馈就是通过学习和训练来改变内脏信息(如血压、心跳频率等)反应的手段。需要运用仪器,通过观察、感觉和实测的方法来进行监视,获得生理上的某些正确信息,了解自己的行动效果。它有利于消除过度紧张、恐惧和焦虑的心情,增强自信心。

④ 表象训练法。通过在头脑里反复想象预先设计好的各种情境,如放松情境、动作过程、比赛情境等,进一步强化放松的身心体验或成功的动作感觉,或比赛成功发挥的情境等,同时有目的地调节情绪状态。

⑤ 超觉静坐法。被训练者要接受导师提供的响亮的颂歌或一个特定的声音,同时进行冥想专注身体的某个部位。每天10~15分钟的静坐可以起到净化大脑、集中注意和开发潜能的作用。安静地闭目静坐,均匀自然地呼吸,心中想着一个轻松悦耳的声音,逐渐把意识集中于一点。这种练习能带来良好的心理和生理效应。

⑥ 瑜伽、禅宗、气功等放松法。这些都是传统的调节身心状态的方法。各自都有一套完整的练习程序和步骤。这些练习都必须长期坚持,其效果也是肯

定的。

⑦ 思维阻隔法。这是在运动员出现了消极的思维又难以转变时经常采用的方法,一般用"停止"的指示语来阻止消极的意识流,以防止这些消极思维的干扰,并有利于正确积极思维的启动。

⑧ 语言诱导法。用抑扬顿挫的语言给运动员讲述一些国际国内优秀运动员的事迹,或者自己亲身经历过的一些运动员的典型事例,使运动员羡慕和效仿他们,激发他们的拼搏欲望。在每组练习或每次练习完成的空隙里,给运动员讲一些风趣幽默的话题,有意识地转移他们的注意力,使他们在轻松愉快中达到放松和增强自信心的目的。教练员要用爱心投入,以自己的愿望、信心、热情和敬业精神去感化和激发运动员的自信心。

⑨ 呼吸调节法。即通过有节奏的深呼吸来稳定情绪。当情绪紧张时,呼吸快而浅,吸气不足,造成二氧化碳呼出过多,血液中二氧化碳平衡失调,中枢神经会迅速作出具有抑制作用的保护性反应。有针对性的呼吸训练,可使血液中的二氧化碳重新恢复动态平衡,若此时配以一些强度小、幅度大、具有一定速度和节奏的肌肉动作练习,则放松身体,消除紧张情绪的效果更好。

⑩ 音乐调节法。音乐能使人产生兴奋、镇静、平衡等三种情绪,"声波信息"可以用来消除紧张,帮助人集中注意力,促使人的大脑的冥想状态井然有序。运动员赛前如果有异常的情绪(过分激动或紧张),听一段有节奏的轻音乐或喜爱的歌曲,往往能起到调节情绪的作用。

⑪ 注意力集中训练。美国 Landers(1980)指出,在唤醒水平与成绩之间的关系中,注意起着重要的作用;低唤醒水平是与注意了无关信息相联系的;中等的或最佳的唤醒水平使得注意变得较狭窄,因此限制了对与当前任务无关信息的注意;高唤醒水平由于有关信息的注意受到局限(注意变得太狭窄),限制了对与当前任务有关的信息的知觉,因而使成绩下降。

我们应该帮助每个运动员在面对比赛压力时把唤醒水平调控到中等适宜的范围使之发挥自己的水平并取得好成绩,而调控运动员唤醒水平也是一个使运动员注意力集中的过程。为了控制好运动员的注意过程,必须了解运动员的心理品质,并知道什么时候要激活或兴奋他们,什么时候要使他们放松下来或静下心来。

⑫ 意志训练。意志训练实际上就是指有意识地克服困难的训练。由此,在运动中克服困难的情况就成了衡量运动员意志水平的一个重要标志。运动员不仅要克服各种外部困难(如恶劣天气或场地以及其他外界客观条件的障碍等),更主要的是要克服内部困难(身心方面的障碍,如健康欠佳、消极思维、懒惰的性格和能力有限等)。通常,外部困难是通过内部困难起作用的,所以,主观上不怕困难并能勇敢地战胜困难,就是坚强意志的表现。

意志是心理学研究中最薄弱的领域,也是人类认识肤浅的一个研究内容。在某种程度上,这种现状将影响到意志训练更好的应用。意志训练是一种有待进一步认识与开发利用的心理技能训练方法,其前景广阔,应用价值很大(专栏12-1)。

专栏 12-1

意志训练实例

韩国体育界每逢世界大赛都要进行"强化训练结合意志培养"的工作。让备战的运动员在军营中进行跳伞、野外露营和负重急行军等,以培养运动员的胆魄和毅力。为了备战2001年在北京举行的第41届世界射箭锦标赛,韩国射箭协会安排了一次为期5天的极限训练,训练内容包括在坟场与死尸面对、清理垃圾堆、背着小船爬山和彻夜不眠等。自1998年起,韩国射箭运动员的训练计划中就包括与蛇接触、在寺庙里静坐、在"鬼屋"内行走等。

---

⑬ 心理演练法。进行心理演练时,最初,可以一步步进行,随着这种技能的熟练化,可以将这种演练的速度放慢或加快,直到与身体、心理和行动完全同步为止。开始时,心理演练可以选择在非常安静的环境中进行,这种方法可以单独运用,也可以与放松技术结合起来。如在射击训练中,回忆好10环动作,更有助于加深它的动作概念。又如在滑冰中,可以将每一细节回忆起来进行练习。运动员还可以经常看一些与自己风格相同,但又是自己崇拜的运动员的录像带,这样产生视觉表象,对运动员进行心理演练是一种很好的刺激材料(专栏12-2)。

专栏 12-2

心理演练实例

心理演练结合放松练习一起使用有助于减少紧张程度。运动员在大脑中演练比赛的情境同时进行放松练习,这样在实际比赛中放松感总是与进行的活动相联系。大量的事实证明,在比赛中经过心理演练训练的运动员,要比没有经过这方面训练的运动员的发挥水平要好。例如,前东德雪橇队,在1980年冬奥会获胜的报告中提到,在每次滑降之前,队员们要进行心理演练,心理演练所用的时间要比实际滑降所用的时间多得多。曾获冬奥会速滑金牌的盖唐·布舍曾说:"在为1984年冬奥会比赛进行心理演练时,我演练着比赛的场地,想象着站的地方和坐的地方,我认真地按计划进行心理演练,如果对有些演练感到模糊,那就停下来再从头开始。我已进行了至少6~7年的这种心理演练的训练,现在对此已得心应手。"曾在冬奥会上囊括了男子速滑项目所有金牌的艾·海登(Eyre Heiden),也经常采用这种心理技能训练,并取得了明显效果。

⑭ 自我暗示法。此法通过自己的念动和暗示使紧张的肌肉达到全面或部分放松。比如Schultz的自我训练法使用多年,实践证明很有效果。还有近乎中国的气功,根据控制论原理制成的"生物反馈仪",能将人体的各项生理机能指标以视觉或听觉的信号显示出来,使得训练者定量了解自身状态并主动进行调整,减少大脑的保护性抑制作用,从而使运动员的积极性增强,心理全面平衡,摆脱"心理屏障",创造最佳成绩(专栏12-3)。

专栏 12-3

自我暗示法实例

在1996年亚特兰大奥运会上,第一次为香港夺得奥运金牌的滑浪风帆运动员李丽珊就是接受较系统心理技能训练的优秀运动员之一。她早在1991年就开始接受心理学家的帮助。在对她的心理能力和个性特点进行全面诊断的基础上,心理学家根据她性格活泼外向但易受外界干扰的特点,对她进行专门的情绪控制和集中注意能力的训练。这些训练主要采用生物反馈的技术,借助生物反馈测试分析系统使她对自己的心理状态有一个客观的了解,从生理指标的变化曲线波动较大可明显看出情绪不够稳定,注意力不够集中的情况。心理学家教她掌握放松技能的训练方法,并要求她每天坚持自我训练,定期到心理实验室接受检测。每当大型比赛之前,除了常规的赛前心理准备和目标设置等心理技能训练之外,心理学家还要带上笔记本电脑跟随她到赛场,随时为她提供心理状态变化的客观资料,同时给予其必要和及时的心理调整。在亚特兰大奥运会决赛期间,李丽珊每天晚上都要有至少一个小时的时间和心理学家在一起,利用生物反馈仪分析她当时的心理状态,进一步明确当前的目标。心理学家根据她的具体情况提供心理辅导,包括调节情绪状态,通过表象训练进一步增强信心。因此,李丽珊在本届奥运会上始终以稳定而高昂的情绪状态超水平发挥,她的成功又一次证明了心理技能训练的科学依据和对运动员比赛成功的巨大作用。

(2) 成套心理技能训练法：成套心理技能训练的方法更注重训练的程序和整体效果。它是根据现有的心理技能训练方法并结合训练的目的编制而成的。国外常用的成套心理技能训练方法有以下几种：

① 视觉肌动行为演练

a. 利用 Jacobson 的渐进放松训练法，使运动员进入一个放松入静的状态中；

b. 运动员按照自己预先设置的目标动作进行表象练习；

c. 同第 2 步的表象内容相同，但这一次是表象模拟在压力情境下完成该动作的过程。

上述三个步骤是将放松—表象—模拟三种训练结合在一起连续完成。其效果更为显著。

② 应激接种训练

a. 确定引起应激的事件，进行心理教育；

b. 学习放松和自我调节情绪的方法；

c. 建立特定的陈述语句（提示语）；

d. 循序渐进地增加应激情境，逐步提高运动员的应对能力。

③ 认知-情绪应激控制训练

a. 进行心理教育，建立应激压力的概念；

b. 学习放松训练法和深呼吸技术；

c. 在应激的情境中，练习克服应激的各种策略和技巧。

④ 心理技能教育程序

a. 学习自我知觉技术；

b. 努力提高技术学习的动机水平；

c. 学习其他的干扰策略。

⑤ 模拟训练

模拟训练法又称为适应性训练法。主要用于短期的心理技能训练，它是促进将要参加竞赛的主体与其环境之间保持心理协调的方法。在安排模拟训练的内容时应尽可能与实际比赛过程中可能发生的情况和变化相似。此法有助于减少赛前的心理紧张，提高对临场环境的适应能力。

模拟训练分为实景模拟和语言图像模拟两种。实景模拟是通过设置比赛的情境和条件对运动员进行训练，包括模拟对手的技术、战术，模拟比赛的天气、场地，模拟观众行为或裁判的误判等。语言图像模拟是利用语言或图像描述比赛的情境，想象比赛时可能出现的各种问题和自己的策略，以便使运动员对比赛情境形成先期适应。模拟训练通常分两步进行，首先要拟定对各种比赛情境的反应方案和应付策略，然后创设各种机会，让运动员在逼真的情境中演练各种技战术动作的完成。

⑥ 解决问题策略

a. 确定方向；

b. 明确问题；

c. 列出可供选择的解决办法；

d. 做出决定,制订解决问题的策略；

e. 验证问题解决的情况。

⑦ 系统脱敏训练

这是心理治疗中的行为治疗方法之一。在竞技体育领域,主要用来帮助运动员解决一些特殊的情绪问题和缓解赛前过度焦虑状态。系统脱敏训练的程序一般分为三步：

a. 训练肌肉完全放松,即采用各种放松训练的方法使运动员的身心进入完全放松的状态；

b. 制订引起焦虑的刺激等级表。先引导运动员详细描述所有体验过的引起焦虑和害怕情绪的那些刺激和情境。然后将这些刺激按照引起焦虑的严重程度分成等级,如最弱的刺激为1,刺激强度愈增加等级愈高,依次为2,3,4,5…,也可定为10,20,30…100。

在完全放松的状态下,依次想象焦虑表中引起焦虑的刺激事件。当运动员在放松时感到那种原来引起最轻焦虑的刺激已经不再使自己产生焦虑时,便以预定的信号向心理学家示意,心理学家会要求运动员再次放松,然后再次想象先前的情境。当确认这一刺激事件已经不再引起运动员的焦虑之后,让运动员再想象高一个等级的焦虑刺激……直到运动员能够在放松的状态下对焦虑表中所有原来曾引起各种等级焦虑的刺激情境,都不再产生焦虑状态为止。

(六) 心理技能训练的原则

1. 促进身心健康发展的原则

心理技能训练是对人的心理施加影响的训练,它是直接转化人的"内心世界"的特殊教育过程。任何心理练习方法的使用,必须首先有利于人的身心健康发展。

2. 坚持完全自觉自愿的原则

心理技能训练的主要任务是培养对心理状态的自我调节能力,心理技能训练采用的主要手段,要由被训练者自己掌握,因此被训练者能否自愿配合,是心理技能训练效果好坏的主要因素。

3. 结合个体特点的原则

心理技能训练的主要目的在于改善心理状态,使其达到最佳水平。而改善心理状态必须以个体的身心特征为依据。

4. 持之以恒的原则

心理技能训练要求从根本上改变人的心理状态和个性特征,这不是轻而易举的事情,受训者必须具有耐心和信心,持之以恒,不断进行自觉的自我训练,逐步学会控制自己的心理状态。

(七) 心理技能训练的实施

1. PST 什么时候应该实施

开展 PST 的最佳时间是在赛季前或者赛季后,因为那时有更多的时间学习新的心理技能,也不会将精力过多地投入到比赛中的争金夺银中。这一点是非常重要的,许多运动员、教练员和领导都应花费几个月的时间改进和发展心理技能,这样才能够有效地应用到比赛当中去。

2. PST 应该进行多长时间

PST 所应持续的时间应该根据训练的具体对象和掌握这些方法的情况而定。例如,当你学习一种新的心理技能时,特别是每次要练习 10～15 分钟且每周进行 3～5 天的练习,这样一直持续几个星期之后,等你熟练了并且将 PST 视做身体练习的一个部分,那么练习的时数就可以减少一些。

3. PST 的三个阶段

尽管 PST 计划对于不同的个人有不同的形式和要求,但是运动员、教练员和领导通常要有一个一致的三个不同的 PST 技能学习阶段。

(1) 教育阶段:在教育阶段中,运动员、教练员和领导学习先进 PST 的重要性、心理技能怎样影响成绩以及怎样将心理技能的学习视做身体技能的学习。

(2) 获知阶段:运动员、教练员和领导在这个阶段将注意力集中于学习不同的心理技能。例如,一个运动员将通过运动心理咨询师、教练指导、自我训练、自我监督、自我强化来发展自己的运动心理技能。

(3) 实践阶段:第三个阶段,也是最后一个阶段是将 PST 训练计划付诸于实践,将整合后的心理技能应用于训练和比赛当中。

(八) 心理技能训练在体育教学中的应用

身体素质、运动技术和心理素质(指专项运动心理因素)是决定学生运动成绩好坏的三个不可分割的因素,其中身体素质是保证体育运动质量的基础,运动技术是进行体育运动时掌握科学方法的基本条件,而心理素质则是使两者都能够发挥作用的内部动力。对于参与体育运动的学生来讲,心理因素是他控制自己的生理活动和技术动作的主导因素,如果心理活动水平太低,不能进行有效的自我控制,尽管有很好的身体素质和很高的技术水平,也不能使其充分表现出来。同理,过强的生理活动能量又会冲击他们的心理状态,使其产生心理紧张,从而影响其肌肉运动,造成用力太大以至于动作变形的情况。为此,必须用心理技能训练的方法,提高心理活动的强度,以实现自我控制。

1. 控制心理活动的强度

在体育教学中,要求学生要有强烈参与运动的欲望,如果这个欲望不强烈,就无法发挥其身体素质和运动技术的主导作用。但是,如果他所表现出的参与欲望太强,那么又会导致其对身体素质及技术动作的调节失误。因为技术动作的完成要求身心力量达到平衡,假如有一方超过了所需的限度,就会破坏这种平衡状态,进而导致技术动作变形。过强的心理活动状态,也会由于引发情绪的过分紧张而出现不适宜的调整技术动作,使其脱离自己的能力,从而使动作的协调性受到破坏,正常的技术水平不能充分发挥出来。所以,在平常的体育教学中,应该加强对学生体育心理方面的训练,使学生在体育运动中的心理活动水平适合自己所参与的体育运动项目的技术动作要求,始终维持身心力量的协调性。

2. 消除一些不必要的心理障碍

体育心理技能训练的作用不只是局限于对心理活动水平的提高或降低的调节,它还有消除和医治某些已经形成的心理障碍的作用。在体育教学中,由于技术动作的失误,学生往往会产生心理障碍,通常我们碰到的有过分积极活跃、淡漠消沉、过分紧张、运动感觉迟钝等。对此,我们要采用专门性的心理恢复手段或治疗措施,而不能用简单的身体训练或技术训练的方法去代替。有些老师误以为那些因心理原因使技术动作出现失误的学生是运动的量和强度不够,反而增加这方面的练习,这样很容易使学生产生身心疲劳,心理障碍加重。所以,要克服学生的心理障碍,就必须采用心理技能训练的方法,而不能单独依靠身体训练或技术训练。同时,也不能放弃修复性的治疗。

运用心理学理论有针对性地采用放松训练、内心演练、默念暗示等心理技能训练手段,可减轻学生在体育学习中产生的紧张、恐惧情绪,从而有助于体育动作的掌握和提高动作完成的质量。

(1) 放松训练:具体方法是把意念放松集中于身体不同部位的肌肉(如努力意识从脚趾开始,依次放松腿、臀、背、肩、颈、脸和头),或者集中注意呼吸,先努力去意识空气进入自己胸部,然后伴随每次呼气尽力放松全身。一旦熟悉这种方法步骤后,当感到紧张、恐惧时,只要提示几个简单的词语,如放松、安静等,就会使原有的紧张、恐惧情绪得到缓解。

(2) 内心演练法:此方法是在放松训练的基础上进行的。主要在练习动作前,先放松;然后在默念动作概念的同时,想象教师连贯、优美地完成整个动作的过程,仔细回味动作细节,逐渐意识到你就是那位教师,同样能连贯、优美地完成动作;再深吸口气,按照刚才想象的进行实际动作练习。完成动作后通过自我感觉与先前的想象进行比较,并听取教师指导,及时纠错,短暂休息后,再次进行练习。

（3）默念暗示法：即教师通过语调、手势、面部表情等方式暗示学生:"你一定能完成动作"。"在我的保护下你会很安全"。同时诱导学生反复默念提醒自己"我能成功"、"我有信心",以减轻紧张、恐惧情绪,提高学习的积极性。

（4）运动表象重现的心理技能训练：在教学中,教师首先通过讲解、示范或直观教学等方法,使学生对技术要点、动作过程,在头脑中形成清晰的表象,进一步形成概念,并在此基础上,运用适当的语言暗示、诱导等方法,引导学生加深对技术动作的理解和掌握,使学生在完成动作时的知觉能力更强,动作概念更清晰,加快动作技能的形成。例如,在学习"挺身式"跳远教学中,教师通过暗示,要求每位学生在练习之前先"回忆"一下整个跳远技术的动作过程；从助跑的步幅、步频、节奏以及踏跳时起跳脚的制动、滚动以及结合快速有力的蹬伸动作、腾空步的放腿"挺身"动作、落地时收腹、举腿前伸等完整技术,并把这些动作在头脑中进行"忆练"一两遍之后再进行练习。结果表明,学生掌握动作技术的速度快,完成的质量高。

（九）心理技能训练效果的评定

如何对心理技能训练效果进行科学评定是摆在我们面前的难题。目前通常采用以下三种办法来评价：① 以参加心理技能训练的运动员比赛成绩的好坏来评价心理技能训练的效果；② 以心理技能训练过程中一些相关生理、生化或心理指标的显著变化来说明心理技能训练的情况；③ 把上述两种方法结合起来。

在心理技能训练研究中有这样一种倾向：如果研究对象在比赛中成绩好,那就用成绩来说明心理技能训练的效果；反之,则用指标数据来说明。显然,我们希望看到心理技能训练在运动员比赛中能够发挥"神奇"的作用,但是,运动员比赛成绩是综合因素共同作用的结果,而不是单一因素所能决定的。有时,运动员比赛成绩的好坏是不能完全说明心理技能训练效果的。

对于用指标数据来定量评定心理技能训练的效果,我们认为是一种值得重视的方法。但是,在使用这种方法的过程中,遇到的主要问题是指标的效度低和评价标准不好确定。我们在心理技能训练研究中,测定生物反馈训练与表象训练时运动员额肌的肌电变化,并用肌电变化这一指标来评价运动员的放松能力和表象能力,取得了较好的效果。在模拟训练等效果的评定上则采用观察、口语报告等方法。

在进行一个有效的PST计划(比如这个计划符合你个人的需求)时,第一步就是识别哪些PST技能需要开发,这可以通过以下几方面的评价来获得：

(1) 具体的运动项目(对心理技能的要求)。

(2) 运动队或小组(包括教练员、管理人员)。

(3) 个人。个人的心理技能训练需求可以通过观察、交谈、问卷等方法来进行评价,或者通过使用"流畅状态形象"(关于"流畅状态形象"的使用细节参见 Hodge,Sleivert,and Mckenzie 的文章)。不同的运动心理咨询师使用多种不同的方法来对 PST 的效果进行评价。这种多种方法的混合将受到运动心理咨询师的背景以及具体实施 PST 的运动员的影响。

识别出你的 PST 具体技能需求,对于选择特定的 PST 方法是很重要的,这将会帮助你改善或者提高运动技能。例如,一个运动心理咨询师通过教授你一个或者更多的 PST 方法可以帮助你改善自信水平。这对于选定的 PST 方法的实施同样也是重要的,否则这些期望的技能就不可能获得。运动员和教练员经常将注意力完全集中于教授和学习一种具体的方法(比如集中注意力或者想象训练)而忽视了对这些方法的改进。

心理技能训练的好处在于能够帮助运动员提高运动成绩。胜利是运动的一个目标,并且胜利是建立在持续的高水平运动表现的基础之上的。对于运动员来说,更好地确保持续的运动成绩的方法是个人化的心理技能训练计划。

通过 Gould(2001)开发的运动员心理技能训练评价结构,可以衡量个性化的心理技能训练计划是否能够完成。依据 Gould 的这一框架,教练员需要评价和分析的内容有:目标设置、个性动机、练习的强度、错误控制、积极的个人交谈、积极的肢体语言、自信心和镇静、注意力集中、日常工作、应激控制和唤醒控制、运动员道德、赛前准备、竞技技能。

因为在赛场上有各种各样的因素影响,分析和评价运动员心理技能设置是困难的。例如,Loehr(2001)的研究表明比赛中的情绪问题是值得关注的,坏情绪很容易使运动员身体匮乏。体力难以恢复是由于缺乏睡眠、休息、营养或者运动脱水后唤起相应的情绪,这些是运动员很明显的失常。缺少理性会导致很多问题,比如易怒、受挫折或者神经紧张都会毁坏运动员的精神集中和生物力学效应。当识别和评价一个运动员的心理能力和分析运动员的实际成绩时,由于这些因素的存在,教练应该更多地关注以上诸点。

(十) PST 的意义

心理技能训练已成为提高训练水平和在比赛中取得优异成绩的突破口。心理能力是充分发挥身体能力的技术、战术能力的保证,尤其在当今国际体坛上,运动员身体能力和技术能力差距日益缩小的情况下,发挥心理能力的重要性更加突出了,两强交锋,心理能力强者胜,这在国内外比赛中早已屡见不鲜。目前,美国、俄罗斯等体育强国已把心理技能训练作为一个固定的组成部分,贯彻始终，常年不断。在希腊雅典奥运会上，多数国家的代表队配备了运动心理学家。由此可见心理技能训练在运动训练中的重要性。美国学者 Gruber 说："对初、中级运动来讲，80％是生物力学因素，20％是心理因素，高级运动员则相反；80％是心理因素，20％是生物力学因素。"美国游泳总教练甘里尔也说过："心理技能训练使游泳队的良好成绩增加 10％～20％。"美国许多奥运会金牌获得者都深有体会地说："取得金牌是心理技能训练的结果。"

在竞争激烈的运动赛场上冠军只有一个，获得冠军的人，有时不一定是实力最强的人，但一定是发挥最好的人。因为高水平竞技运动发展到了今天，运动员之间技术、体能的差距，已日渐缩小，得失往往取决于心理能力的高低。冠军的悬念之所以在当今的竞赛中越来越多，就是因为临场竞技状态的发挥已成为运动员夺取胜利的最重要的因素，而竞技状态往往体现在比赛的一瞬间运动员如何控制自己大脑的活动。

有人统计，55％的运动员都会受到比赛压力的影响，并产生不利于夺取好成绩的心理活动，那么怎样才能在赛前以及赛中进行有效的心理调整，以确保技术、战术和身体潜力的充分发挥，达到最佳竞技状态？运动心理专家通过研究不同运动员的个性特征、神经运行特点和认知方式，来探讨面对重大比赛成功运动员和失败运动员在不同时间段的生理变化和心理状态特点。

研究证明，运动员在比赛中不可能没有心理压力，但总的来说，让情绪轻松并对自己将要做的动作保持适度的兴奋，将促进和激活相关的内分泌，使肌肉和神经系统达到最高的效能。

比赛中运动员的心理往往会十分脆弱，有时教练员的影响就显得至关重要。在一次重要的比赛上，一位很有实力的运动员面临着冲击金牌的最后一跳，这时教练员对他说："跳过这两厘米，你的房子就到手了。结果他就没能跳过这两厘米。在洛杉矶奥运会上，当受伤的跳水王子洛加尼斯同样面临着冲击金牌的最后一跳时，教练员对他说的是：你的妈妈在家等着你呢，跳完这轮你就可以回家吃妈妈做的小馅饼了。洛加尼斯成功了！当然教练的话不一定就是成功或失败的必然，但这种例子至少是在某种意义上表现出在比赛的关键时刻，谈论轻松的话题比谈论沉重的话题更有助于运动员水平的发挥。

运动心理专家借助各种方法和手段帮助运动员树立合理的认知观念，对不良的心理进行干扰，制定合理的应付对策，消除赛前心中杂念，保证睡眠与有效的心理预演，争取赛时将兴奋水平控制在适宜的程度，做到心不颤手不抖，在心理技能上加强运动员的放松训练，提高放松能力，让运动员通过自己的主观意识，努力控制自己进入放松状态，并学会运用目标设置、注意力控制、心理能量调整等方法，对自身心理特征和心理过程施加影响，以增加心理技能，提高他们面对重大比赛时的整体心理素质水平。

心理技能训练的作用已经超出了帮助运动员在竞技体育中创造优异成绩的范围,它还有可能对整个社会和人类生活做出重要贡献。目前,研究者们正致力于设计各种在针对性和效果上都更好的心理技能训练程序和方法,并利用现代先进的科学技术设备进行辅助训练(如利用脑电图反馈进行注意集中训练)。

值得一提的是,近年来心理技能训练的应用已不仅仅是运动员队伍,已推广到许多领域,如飞行员、消防人员、汽车驾驶员以及各类表演人员之中。心理技能训练能够帮助这些特殊人群克服各种心理障碍,增强他们的心理技能水平,使他们在自己所从事的专业工作中做出更好的成绩。同时,许多国家已经把心理技能训练列为中小学生的必修课程,使青少年从小就开始接受心理方面的教育,通过心理技能训练增强他们的心理能力,为他们将来在各个领域担当社会责任做好身心准备。

可见,心理技能训练已经普遍受到世界各国的高度重视,它必将成为21世纪人类社会的一种重要的教育和训练手段,在各个领域都将发挥其巨大作用。

(十一) 关于运动心理学家

美国心理学家 Rainer Martens 提出,如图 12-2 所示,运动员的行为可以用一个异常—正常—超常的连续体来表示。因此也可以相应地将运动心理学分成临床运动心理学和运动训练心理学两个领域。

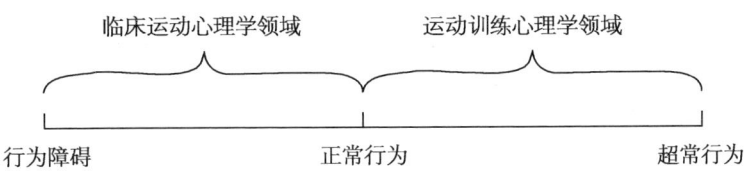

图 12-2 临床运动心理学和运动训练心理学的区别

当运动员的行为表现处于正常范围的左边时,临床心理学家、精神病医生或心理咨询人员是可以提供帮助的专门人员。当出现的行为障碍问题与运动有关时,对变态行为和运动都有所了解的临床运动心理学家是运动员寻求帮助的最佳人选。

当运动员的行为表现想要出现在正常行为的右边时,运动心理学家可以帮助他们。这里所指的超常范围的行为是那些具有超常身体和技术的运动员,处于极高要求的比赛环境中时,为了获得最佳的发挥,就需要有超常的心理技能。那些帮助"一般"运动员获得心理技能以提高成绩或运动乐趣的心理学家和教练员被称为运动训练心理学家。

心理技能训练主要针对于那些面对由竞技体育所产生的特殊应激的"一般"

运动员,而不是处理日常生活一般应激出现困难的有心理障碍的人。临床心理学家专门从事帮助人保持心理健康的工作。运动训练心理学家(专栏12-4)是帮助运动员掌握超一般人的心理技能,以发挥出他们所拥有的超常的身体和技术能力(王惠民等,1992)。

专栏 12-4

运动心理学家的划分

按照运动心理学家的不同作用,可以将他们分为三类:临床治疗师、教育工作者和研究工作者。

临床/咨询运动心理学家:受过临床心理学或咨询心理学训练,而且具有营业执照的心理学家。一般来说,临床/咨询心理学家对运动员的经历具有极大的兴趣和深刻的理解。他们的训练还可能包括体育教育领域运动心理学的课程与实践。他们要能够处理困扰运动员的情绪障碍和人格障碍问题。

教育型运动心理学家:他们多数在体育学系(即运动与锻炼科学)接受学术训练,而且掌握了运动心理学的知识体系,进行着运动心理学的实践活动。他们的作用是帮助运动员发展心理技能以提高运动成绩,也帮助运动员(无论是新人还是老将)享受体育运动,将体育运动作为提高他们生活质量的工具。

研究型运动心理学家:他们的工作是丰富和加强运动心理学的知识基础,将使运动心理学成为人们尊重的科学作为己任。

(十二) 谁应该实施 PST

理想情况下,PST 计划应该被一个合格的运动心理咨询师设计、执行和监督。这是因为运动心理咨询师应当是:有职业资格的 PST 专家;有足够的能力指导运动员;能够提供适合运动员个人需求的 PST 计划;明白心理技能和思维工作之间的联系。

实施一个有效的 PST 计划就像驾驶一辆汽车:许多人能够驾驶汽车或者很容易学会开汽车,但是假如汽车坏在路上很多人就不知道该怎样来修理它了,而不得不给机械师打电话,这是因为他们不知道汽车的工作原理。PST 也是同样的道理:假如你不知道什么是 PST 或者 PST 如何工作,那么你将不得不请教一个运动心理咨询师。因此,最好将运动心理咨询师的指导、教练员的教育、自我教育作为自己 PST 知识的积累。

(十三) 运动心理咨询师是做什么的

1. 运动心理咨询师感兴趣的话题

(1) 成绩提高:帮助运动员、教练员和领导表现出他们最好的能力。

(2) 享受运动的快乐:帮助运动员、教练员和领导享受他们参与运动的快乐,从而减少压力提高成绩。

(3) 发展生活技能:帮助运动员、教练员和领导发展他们的心理技能,通过体育运动帮助他们在生活中的其他领域也获得成功。

2. 典型的运动心理服务

当运动心理技能训练作为心理技能训练的一条途径的时候,许多运动员要求教育型运动心理咨询师来帮助他们进行心理技能训练。这里有一些惯常的问题需要注意,例如,缺少动机;在赛前赛中压力的减轻和控制;赛事前的心理准备;保持注意力的集中;处理精力分散;和媒体打交道;增强自信心;处理运动损伤;为退役打算;团队建设;与教练员和运动员探讨问题;其他个人问题。

(十四) 运动心理咨询师的素养

运动心理咨询是心理咨询的一个领域,作为一名运动心理咨询师需要具备多方面的知识与能力。因此,有人专门对运动心理咨询师的职业素养提出了若干要求,下面的文章是从运动心理咨询师的专业能力和个人素质两方面提出的要求。

1. 专业能力

心理咨询的专业性很强,有其独特的理论体系和技术方法。它对从业人员的业务能力的要求是相当高的,欧美一些发达国家对此都有明确而严格的规定。众多心理学家与咨询专家也都非常重视心理咨询师的个人成长与发展,指出咨询师本身的修养在咨询过程中是一个十分关键的因素,鉴于我国的现状,扮演好一个优秀的运动心理咨询师的角色应具备如下专业素养:

(1) 合理的心理学知识结构:运动心理咨询师需要全面系统地学习普通心理学、人格心理学、发展心理学、变态心理学、心理测量学、运动心理学等学科。这些基础学科与应用学科各自从不同角度成为成功心理咨询的重要保证。

(2) 丰富的心理咨询知识与实践:咨询师还必须系统学习心理咨询课程,对各种心理咨询理论要有一定程度的掌握并能用于咨询实践中。咨询过程中能够熟练运用各种咨询技术与交谈技巧。此外,运动心理测量量表的正确使用至关重要。由于运动心理咨询面对的是训练、比赛情境下的运动员,要想顺利开展工作必须取得运动员和教练员的信任,首先要对其专项的运动训练规律有足够的认识,使用与运动训练中相同的语言进行交谈,有助于快速进入运动员的内心世界,而且也容易取得教练员的支持。

(3) 深入把握运动员比赛心理:运动心理咨询的目的是促进运动员自强自立,更加直接地讲就是帮助运动员在竞技场上保持最佳心理状态、发挥最高竞技水平以取得最佳运动成绩。因此,运动心理咨询师的主要工作是深入把握运动员的比赛心理,对影响运动员比赛心理的主要因素进行分析并帮助运动员加以克服。运动心理学研究者张忠秋认为运动员自我情绪变化与外在情绪的感染、运动员参赛角色的合理定位与比赛侥幸心理是出现比赛心理问题的两个主要原因。运动心理咨询师深入把握与分析运动员的比赛心理是其心理咨询成功的关键所在。

(4) 熟练运用心理技能训练:心理技能是指通过练习形成的能影响个体心理过程和心理状态的心理操作系统。心理技能训练是旨在使个体掌握心理技能的有计划、有目的的训练过程。心理技能训练的内容包括唤醒与应激的控制训练、表象技能训练、注意技能训练。各种具体的心理技能训练方法,如呼吸调节法、放松调节法、表情调节法、音乐调节法、暗示调节法、生物反馈注意控制训练等,有自己的具体操作要求和使用条件,运动心理咨询师要对其熟练运用。心理技能训练实施过程中也会遇到问题,如对心理技能训练实施过程的有效控制。心理技能训练与其他的训练一样,有三个互为关联的环节,即训练的计划、执行与控制。迄今为止,我国有关心理技能训练的文献对于心理技能训练的前两个环节报道较多,而对第三个环节研究较少。在我国心理技能训练的应用实践中,对心理技能训练的控制这一环节显然需要予以更多的重视与探讨。

2. 个人素质

优秀的运动心理咨询师除了具备良好的专业能力外,还应注意自己个人素质方面的培养。Gilbert等人在谈到什么样的人更适合作咨询师时指出:正如音乐、艺术或写作能力一样,专业训练对共情、不含敌意的态度等只能有很小的帮助。他们认为,虽然可以教会一个人如何运用共情,却很难训练一个人具有共情的态度。个人素质主要包括人格魅力、心理健康和突出的认知功能。

(1) 人格魅力:有效的心理咨询师常具备优秀的人格魅力。Cavanahg强调指出:有效的咨询更依赖的是咨询师的人格特征,而不是咨询者的知识和技巧。他认为知识与技能不是不重要,而是因为教育很难改变人的那些基本的人格特征。心理咨询师的人格特征与环境因素的协调和整合同样是十分重要的。Holland指出,心理咨询师的人格类型受制于特定工作环境的需要,环境因素是心理咨询过程中应给予重视的一个重要因素。人际关系的建立与创造性的心理咨询,都依赖于咨询师对环境因素的把握。心理咨询师的人格特征与环境因素融合的越多,取得有效的、令人满意的咨询效果的可能性就越大。

（2）心理健康：咨询师不但用自己的咨询知识与技术影响着来访者，自己的心理健康水平也一定会潜移默化地影响到来访者的改变。为了保持心理健康，成功的心理咨询师应善于避免身心的高度紧张与疲劳，使之功能可以有效地加以发挥。

（3）认知功能：清晰的表达能力、敏捷的思维能力和透彻的洞察力是优秀咨询师必不可少的条件。突出的思维判断与信息加工能力有助于快速进入问题的实质。运动心理咨询师主要面临的是运动情境中紧急情况下的心理问题处理，如临上场前运动员感到四肢无力怎么办？这时需要咨询师快速做出反应，因此，突出的认知功能对于运动心理咨询师尤其重要。

（十五）一个高效率的运动心理咨询师的个人特征是什么

一个运动心理咨询师的个人性格特征或者标志是重要的，并且能够深刻地影响运动心理咨询师的工作效率。例如，加拿大运动员和教练在1984年奥运会上表明高效率的运动心理咨询师可以做到：容易与人保持良好的关系；很容易接近；受到运动员的爱戴；是一个好的听众；有高的自信心；工作努力；对于工作有韧性、思想开放、有创造力；积极向上；能单独与教练员、运动员工作；提供实际的和相关的PST计划；展示一个有趣的和准备好的心理技能训练计划供运动员和教练员学习。

（十六）心理技能训练中的伦理问题

国外特别是以美国为首的西方发达国家的心理咨询与治疗有逾百年的历史，其发展有两条明确的主线：一是心理咨询理论、方法与技术的发展；二是心理咨询与治疗者职业道德规范和临床伦理建设，且两者相辅相成。心理咨询与治疗的职业道德与临床伦理继承了医学和心理学职业道德规范的优良传统。继希波克拉底誓言之后，医学界和心理学界制定了相关的一系列伦理学准则和职业规范。如世界医学会1949年采纳的《医学伦理学日内瓦协议法》、护士伦理学国际法(1953年通过，1965年重新修订)、美国医学会伦理学准则(1957年版，1980年重新修订)、美国医师协会(ACP)伦理学手册(1984年版)、美国内科医师协会伦理学手册(1987年版)、美国心理协会(APA)职业道德规范(1992年版)、加拿大安大略省心理治疗者协会职业规范(1994年版)等。这些伦理法则和职业规范的制定，与其临床实践和研究紧密相关。

应用运动心理学促进会(AAASP)成立于1985年，在20世纪90年代，该组织发展成为北美和世界范围内应用运动心理学发展的一个主要机构。AAASP有一套道德规范，它的成员在与公众和其他专业人士交流时受到这些规范的约束，这些道德法规很大程度上建立在美国心理协会的道德原则上。它由前言、6

条总则和 25 条标准组成。这 6 条总规则是:能力、诚实、专业和科学的责任、对人们权利和尊严的尊重、关注他人的利益、社会责任。

AAASP 的总则从一定程度上约束和规范了运动心理学工作者和教练员在 PST 中的行为,即心理咨询者与治疗者职业道德规范始终是心理咨询界的两个主线之一,这个问题也是运动心理学家们关注的问题(专栏 12-5~专栏 12-7)。

专栏 12-5

APA 的专业伦理学委员会的产生

心理治疗师和咨询者的专业协会是根据自愿原则组成的民间学术团体,会员资格不需要被国家认可。也就是说:一个心理治疗师可能被国家注册承认并可以从事专业实践,但却可能不是美国心理学协会(APA)或其他协会的会员。协会通过它的伦理学委员会,要求和约束其成员遵守法典中规定的伦理学原则。

APA 成立于 1892 年,在 1938 年首次成立了科学及专业伦理学委员会。鉴于当时病人对心理治疗的投诉日益增多,并引起了社会的广泛关注,因此委员会临时决定将主要精力放在处理那些投诉问题方面,但没有正式而明确的伦理学标准,只能以舆论和劝说为处理的主要方式。经过数年的实践,大多数委员认为没有书面的规则和标准参照,往往使该工作在实践中显得无力、模糊和差强人意,因此,于 1947 年决定制定一个正式的伦理学法典,并随即成立了一个制定伦理学标准的委员会。尽管当时以 Hall 为代表的一些委员强烈反对颁布一个明确的伦理学标准,认为不论怎样完备的法典均有一定的模糊不清及遗漏之处,心灵扭曲的操作者阅读后会思考怎样逃避责任,使非伦理的行为更加合理化,但大多数委员还是主张编制与施行一个伦理学的规定。

专栏 12-6

美国伦理学法典的产生

由于经验研究是心理学研究的基本方法,所以伦理学标准委员会决定法典应以经验研究为基础,归纳总结 APA 成员的临床实践经验。Hobbs 提出"产生于真正本土心理学的伦理学法典才有生命力",1948 年成立了一个专门负责经验研究及起草法典的部门。当时发给 APA 的 7 500 名成员每人一封信,请他们回答:"通过对具体情况的描写反映出解决伦理学问题的经验,以便确定伦理学的主题"之后,委员会陆续收到了 1 000 多份评论性事件报告。在认真分析、归类、总结的基础上,根据这些事件与附加评论于第二年制定了法典草稿,并发表在《美国心理学家》(American Psychologist)杂志(1951)上,此标准归纳为 6 个主要方面:① 心理治疗伦理学标准与公共责任;② 心理治疗职业关系的伦理学标准;③ 心理治疗中治疗师与来访者关系的伦理学标准;④ 心理治疗科学研究的伦理学标准;⑤ 心理治疗专业写作与出版的伦理学标准;⑥ 心理治疗教学的伦理学标准。上述资料经过广泛而深入的讨论并几经修改,最后在 1953 年正式定稿为"心理学工作者的伦理学标准"。1954 年,委员会总结了过去 12 年中所处理的投诉结果,并发表在《美国心理学家》杂志上,大部分违反伦理学原则的情况为:① 不符合专业资格(不胜任工作)的表现;② 不成熟及考虑不周的职业关系;③ 非专业的广告宣传;④ 心理测验或治疗服务的声明不正当;⑤ 不负责任的公开交流。

专栏 12-7

我国心理咨询业的伦理建设

20 世纪 80 年代,特别是党的十四届六中全会通过《中共中央关于加强社会主义精神文明建设若干重要问题的决议》之后,我国医学界开始重视分析并解决医疗卫生实践中所遇到的各种伦理道德问题,在高等医学院校、卫生系统开展医德教育,医学院校开设有医学伦理学课,部分医院成立有专门的医院伦理委员会。卫生部颁布有"医院工作人员守则和医德规范"(中华人民共和国卫生部 1981 年 10 月 18 日颁发)、"医务人员医德规范及实施办法"(卫生部 1988 卫医字第 40 号文)。各省市结合本省实际也颁布有相应的医德规范,如"广东省卫生系统职业道德建设纲要"(试行,广东省卫生厅,1996 年 12 月)。同时各省市物价局对精神药物、心理诊断、心理测验、心理咨询的收费作了详细规定。这些医德规范和收费规定对综合医院和精神病院的心理咨询与治疗起到了积极的推动作用。

但是,我国心理咨询与治疗从一开始就超出了医学的范围,渗透到社会的各个层面,更由于心理咨询与治疗职业、方法和手段的特殊性,因而仅仅以医德规范作为心理咨询与治疗的伦理学手册是远远不够的。

心理咨询与治疗在我国的开展,起步于 20 世纪 80 年代中期,发展于 90 年代,近年发展势头尤为迅猛。自1985年9月中国心理卫生协会成立至1996年6月,协会已建立专业委员会13个,其中包括心理咨询与治疗专业委员会、大学生心理咨询专业委员会,系统分会3个,省级心理卫生协会24个,地区协会35个,会员2万余人,现在各大综合医院、精神病医院已普遍建立心理咨询门诊,全国许多高校和部分中小学已建立学校心理咨询中心,社会上也开办了婚姻、职业、儿童等各种心理咨询中心以及热线电话、危机干预机构。

但是,心理咨询从业人员的素质良莠不齐,临床心理咨询与治疗实践显得非常不规范。心理咨询与治疗人员的培训比较重视心理咨询理论、方法和技术的传授和指导,基本上忽略了心理咨询与治疗人员的临床伦理教育。

虽然中国心理学会、中国心理卫生协会、中国高校心理咨询专业委员会等协会制定了相应的章程,中国心理学会通过了《心理测验管理条例(试行)》(1992年),一些省份如上海、北京、浙江、广东颁布了有关会员资格、资格认定、督导等方面的工作条例,如《浙江省高校心理咨询员资格认定条例(试行)》、《广东省高校心理咨询专业委员会工作条例》(1997年),但全国尚无统一的心理咨询与治疗者道德规范要求,与如火如荼的心理咨询与治疗实践相脱节。这种现象在很大程度上制约了我国心理咨询与治疗工作的发展,它与多年来我国忽视心理咨询与治疗的临床伦理研究和教育有关。

(十七)对运动员心理技能训练未来发展的展望

1. 心理技能训练理论有重大突破,心理技能训练新方法不断涌现

心理技能训练理论的发展来源于两个方面:一是心理科学的进展;二是运动心理学工作者在运动实践工作中的深入。可以预期,心理技能训练理论在不久的将来会有一个大发展,从而给我们带来观念上的变革、心理技能训练方法与手段上的创新。

2. 更加注重心理技能训练在运动实践和其他相关领域中的应用

心理技能训练将在更多运动项目优秀运动员训练与比赛中发挥重要作用,许多项目运动队都将配备专职的心理教练,同时,心理技能训练也将被广泛应用于特殊专业人员(如宇航员、飞行员、演员、警察、官兵以及消防员等)以及卓越人才(如企业家、政治家等)的培养上。

3. 心理技能训练与体能、技术和战术训练更好地融合在一起

目前,心理技能训练在运动训练中被人为地与体能、技术和战术训练分离的情况还比较明显。未来这种状况会有很大的改观,心理技能训练与体能、技术和战术训练会实现有机整合。心理技能训练专家将全面参与运动员训练计划的制订与实施。

4. 运动员心理技能训练智能化水平提高

在不远的将来,智能化的心理技能训练专用仪器设备被开发研制出来,并应用于运动训练实践中。心理技能训练专家更多的工作是编制心理技能训练应用软件。在 INTERNET 上会出现一些心理技能训练网站,实现心理技能训练信息资源的共享,并开展心理技能训练网上服务。

5. 运动员个性化心理技能训练广泛应用

随着心理技能训练的不断发展,许多高水平运动员都有自己的心理教练。他们帮助运动员制定心理技能训练方案,并组织实施与监督检查,心理技能训练专家为这些运动员提供编制好的个性化心理技能训练专家系统软件,这样,运动员可以很方便地在平时训练和比赛过程中进行心理技能训练。

21 世纪,人类进入了数字化时代,数字科技也将给我们带来一种新的运动员心理技能训练模式。在这里我们可以描绘未来运动员心理技能训练的情境:

"在一个现代化的运动员心理技能训练中心,屏幕上全方位呈现未来比赛的真实情境,运动员好像置身于比赛的实战中,进行技术与战术训练,在这种模拟环境中感受到比赛那种逼真的气氛,学习应对比赛中可能出现的各种问题的方法……"(石岩,2005)。

四、教学重点与难点

(一) 教学重点

心理技能训练的定义、方法体系、作用。

(二) 教学难点

心理技能训练的过程、实施心理技能训练应注意的问题。

五、教学指导建议

(一) 教学建议

本章主要介绍心理技能训练的多种不同方法和心理技能训练在实施过程中

的具体问题,因此在教学过程中应该着重让学生从宏观上把握国内外心理技能训练的历史渊源、方法体系和研究现状与展望等方面的内容。同时,围绕心理技能训练的实施人、心理技能训练的方法、心理技能训练的时间等问题来组织教学内容,会使学生更容易掌握本章的重点。

(二)教学活动设计案例

心理技能训练的具体方法分为单一的和成套的方法,其中单一的心理技能训练方法又包括众多的具体的方法,学生在学习这些方法的时候难免会产生混淆和记不清等情况,因此在这一节内容的讲解中应运用多种教学手段来达到教学目标。比如可以将班上的同学分为若干小组,指定每一小组对其中的几个方法进行讨论,然后派一个代表到讲台前给大家汇报讨论结果,最后老师再进行点评和补充。这种方法的运用既可以活跃课堂教学气氛又可以调动学生的学习积极性,有助于学生掌握知识,教师完成教学目标。

六、参考文献

[1] 石岩等.女子射箭运动员心理镇定性的控制训练[J].体育科学,1994,14(5).

[2] 陈方华等.国外心理技能训练方法简介[J].中华航海医学与高气压医学杂志,2004,11(1).

[3] 颜军.论运动心理学的本土化[J].天津体育学院学报,1998,13(2).

[4] 赖永钦.射箭运动员心理特征和心理训练探讨[J].体育科技,2004,25(3).

[5] 肖开宁.全面系统专门化心理训练的理论与实验研究[J].体育科学,1986,6(2).

[6] 刘淑慧.优秀运动队心理科技服务——10年的理论与实践[J].北京体育师范学院学报,1998,(4).

[7] 姒刚彦.体育运动心理学的本土化研究与跨文化研究[J].体育科学,2000,20(3).

[8] 徐万彬.运动心理训练现状与发展动向分析[J].体育与科学,2003,24(4).

[9] 刘淑玉.运动训练与心理训练的关系及其处理[J].体育科技.1998,19(3).

［10］施小菊,张华光,张璐斐.运动员的心理技能训练[J].南京体育学院学报,2004,3(3).

［11］翟丰.运动心理技能的特征及其训练的现状[J].山东体育科技2001,23(1).

［12］杨秀君.目标设置理论研究综述[J].心理科学,2004,27(1).

［13］Jeremy Dugdale and Dr Ken Hodge. Psychological Skill Training: Practical Guidelines for Athletes, Coaches and officials. Guidel ines for Athlete Assessment in New Zealand Sport.

［14］Paul Lubbers. Sports Psychology: An Integrated Approach to Mental Skills Training.

［15］运动员心理咨询手册.国家体委体育科学技术成果专集[M].北京:人民体育出版社,1989.

［16］卢俊宏.运动心理学.台湾:师大书院出版社[M],1994,1.

［17］中国体育教练员岗位培训教材(射箭)[M].北京:人民体育出版社,2001.

［18］中国体育教练员岗位培训教材(排球)[M].北京:人民体育出版社,2003.

［19］中国体育教练员岗位培训教材(射击)[M].北京:人民体育出版社,1999.

［20］理查德·考克斯.运动心理学——概念与应用[M].北京:清华大学出版社,2003.

［21］邱宜均.实用运动心理学[M].湖北:湖北省体育运动委员会,1988.

［22］祝蓓里,季浏.体育心理学新编[M].上海:华东师范大学出版社,1995.

［23］体育心理学教材编写组.体育心理学[M].北京:高等教育出版社,1987.

［24］王惠民等.心理技能训练指南——教练员运动员实用手册[M].北京:人民体育出版社,1992.

［25］石岩.射击射箭训练新理念[M].北京:人民体育出版社,2005.

［26］http://www5.psychcn.com/app/

［27］http://www.lnedu.net/Tresearch/ShowClass.asp? ClassID=55http://www5.psychcn.com/article/m3.orearticle.asp? itemid=107020203

［28］http://www.08bj.com/list.php? sort=运动心理

［29］http://info.datang.net/Y/Y2061.htm

［30］http://www.aapb.org

[31] http://www.ruolog.nl/urolog/php
[32] http://www.polkonline.com
[33] http://www.agec.org/programs
[34] http://www.futurehealth.org/biofeedback.htm

第十三章

运动中的行为干预方法

一、教学目标

通过本章教学,使学生能够:

(1) 明白各种行为干预方法的内涵、特点、内容、要求以及具体实施过程和步骤,能够区分它们之间的不同之处。

(2) 在学习完本章后会运用行为干预方法中的一种或几种来指导自己的运动实践,并能够取得良好的效果。

二、教学内容框架(图 13-1)

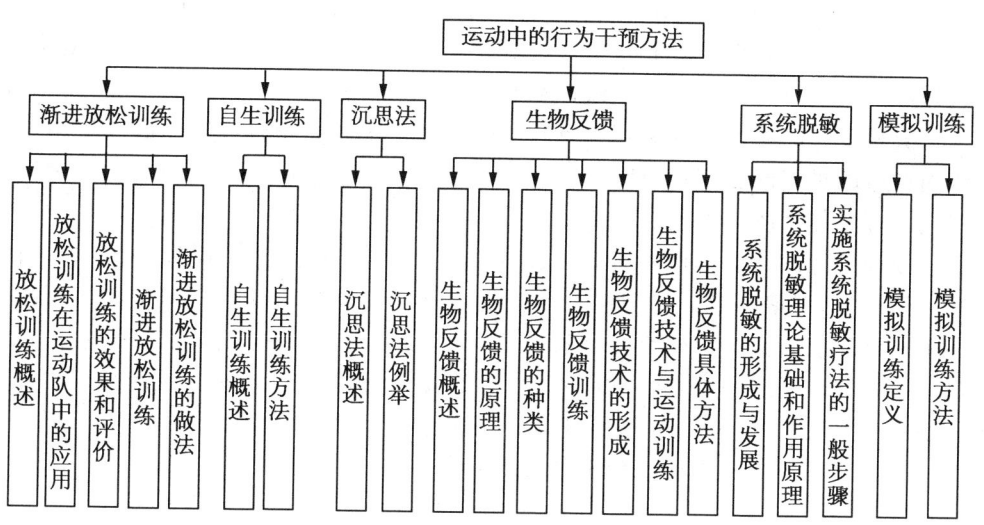

图 13-1 运动中的行为干预方法教学内容框架图

三、知识拓展与深化

（一）渐进放松训练

1. 放松训练概述

（1）放松、放松训练的定义：放松是人体对自身紧张的转换控制能力。人体的放松包括肌肉放松和精神放松。也有人将放松分为身体放松与心理放松。在体育运动领域，放松与协调、放松与耐力、放松与速度、放松与劲力有着密切的联系。

放松训练是以暗示语集中注意、调节呼吸，使肌肉得到充分放松，从而调节中枢神经系统的方法。这种暗示语可以是自我暗示、他人暗示，也可以是放松录音磁带、录像带、节拍诱导和生物反馈诱导，还可以用意念来替代套语。放松训练不仅作为一种相对独立的心理训练方法被广泛应用于运动实践中，而且也成为一种重要的治疗手段。Schuttz在治疗病人的过程中，借助语言暗示，使病人更顺利地进入安静状态，疗效显著。放松训练实际上是调节情绪的有效训练方法，是心理训练的基本功。因此，进行心理训练，往往要从放松训练开始。

（2）放松训练的功效：放松训练的方法有很多，其本质都是通过自我暗示、意念、声音等刺激来使神经和肌肉得以放松，并对某些植物性神经机能进行控制。常见的方法有：Jacobson的渐进放松法、呼吸放松法（包括深呼吸法、腹式呼吸法、内视呼吸法）、Schultz的放松训练法、简化放松训练法、心理调节放松法、肌肉放松法、心理想象放松法、超觉静坐（transcendental meditation）放松法、音乐放松法、意拳站桩训练、三线放松功等。

放松训练的功效一般是：① 降低中枢神经系统的兴奋性；② 降低由情绪紧张而产生的过多能量消耗，使身心得到适当休息并加速疲劳的恢复；③ 为进行其他心理技能训练打下基础。

放松训练的功能与作用研究是放松训练研究的重点，这一研究从开始一直持续到现在，积累了大量的研究文献。这些研究为放松训练在实践中的运用提供了依据。从对文献的研究和分析中可以得出，放松训练的功能与作用主要有：降低中枢神经系统的兴奋性；放松与暗示效应；身体放松与心理放松；延长和加速身心疲劳恢复；缓冲测试与比赛状态下的过度紧张和焦虑水平，减轻心理压力，调节兴奋水平，为其他心理训练打下基础。

放松训练不仅有暗示效应，而且有利于身体与心理的放松。放松训练后，大脑呈现一种特殊的松静状态，此时，人的受暗示性极强，对言语及其相应形象特征比较敏感,容易产生符合言语暗示内容的行为意向。有研究表明,大运动训练后,做5分钟的放松训练,对心理、生理功能的恢复效果几乎和1小时的自然睡眠或传统的恢复手段相同。王树明和张耀远(1987)的一项研究为放松训练的作用提供了部分支持,他们让47名运动员进行放松训练,时间为25分钟,结果表明:无论是优秀运动员还是少年运动员,进行放松训练后心率明显下降,其幅度显著大于安静组。另有研究(郭明方,1994)表明,射击运动员通过精神放松训练,导致了心率下降和反应时降低。

放松训练不仅可以使运动员训练后身体恢复加快,而且可以使运动员训练中能量消耗减少。马启伟(1982)对运动员进行了"视动行为演练"(是一种以放松练习为先导的心理技能训练方法)的心理技能训练后,成功地降低了运动员的耗氧量。另有研究(Wilks B,1991)认为,放松训练是对付应激的有效措施,通过放松训练来处理应激是提高运动能力和预防损伤的前提。研究发现,运动员在放松状态下能减少摄氧量和耗氧量。

研究发现,放松训练会导致一些生理指标的变化。皮肤电阻活动、肌电活动(EMG)、心率和呼吸是观察放松生理效应最常用的指标。Taylor总结分析了1978年以前有关放松治疗领域里记录这些指标变化的5篇报告,他发现有4篇报告认为心率、皮肤电阻有明显的降低,有3篇报告认为呼吸频率降低,仅有2篇文献报告EMG有降低。Raw Son等近年采用EMG、心率和状态特质焦虑的变化观察放松训练的疗效,亦发现心率降低较明显。然而,根据这些结果还不能做出最终结论,因为其他因素也可能引起这些指标的变化。

从研究文献看,放松训练具有上述作用和功能,但有些作用与功能并没有经过实验的验证,仅限于作者的描述,因此,要想深入了解放松训练的作用与功能,还需要进行大量的实验研究,放松训练作用与功能的研究将是今后研究的焦点,应从生理、生化、医学和心理学多角度进行研究。

(3) 放松训练的一般要求:① 将注意高度集中于自我暗示语上;② 需要清晰、逼真地想象带有情绪色彩的形象;③ 能够清晰知觉肌肉不同程度的紧张状态,从极度紧张到极度放松;④ 进行深沉而缓慢的腹式呼吸。

(4) 放松训练的神经生理机制:神经生理学实验证明,肌肉紧张与人的情绪状态有密切关系。当情绪安定时,肌肉紧张度也低,即肌肉处于放松状态,当情绪不安定时(如激动、愤怒、惊慌、恐惧、焦虑等),肌肉(包括骨骼肌和平滑肌)紧张度也就增强。愤怒时颤抖,肠胃痉挛,就是骨骼肌和平滑肌紧张度增高的表现。同时,还发现当肌肉紧张度增高时,情绪也表现出不安,肌肉松弛时,情绪也安定下来。所以有人认为"肌肉活动好像是使情绪缓和的安全阀"。

产生这种现象的原因,是因为肌肉兴奋时产生的生物电是中枢神经系统的强有力的刺激物。神经冲动从工作着的肌肉进入大脑皮层,动作强度越大,持续时间越长,大脑皮层的兴奋性就越高。人在疲倦时有的肌肉放松了,对大脑皮层的刺激减弱,但只要还没有停止工作,人就不至于进入睡眠状态。也就是说,大脑皮层还保持一定的兴奋水平。但是一旦停止工作,大部分肌肉达到充分放松的程度,肌肉中出现相对的"电寂静"时,对大脑皮层的刺激就会逐渐减弱,于是抑制加深,人也就进入睡眠状态。

根据这一原理,若设法使肌肉放松,将会降低大脑皮层的兴奋水平,从而降低不安和激动的程度。

那么,怎样才能使肌肉放松呢?根据巴甫洛夫关于高级神经活动的两种信号系统学说和奥地利 Schultz 教授的临床观察,词语有使肌肉放松的奇妙作用。这是因为词语可以代替一切客观刺激物,成为它们的信号。而且人的大部分思想、感受、心理状态也可以用词语表示。所以,词可以使人兴高采烈,手舞足蹈,也可以使人捶胸顿足,呆若木鸡。Schultz 还发现,凡是能复述医生对他用过的词语的病人,更能使肌肉放松,疾病恢复也更快。

Schultz 把这种语词作用称为"暗示"。暗示可以由别人发出,也可以由自己发出。由自己发出的暗示称为自我暗示,这是靠思想、语词对自己施加影响,以调节自己的情绪、意志的方法。例如当我们要对别人恶言相加时,提醒自己:"这是不文明的行为",就是自我暗示。自我暗示实际上是靠第二信号系统的条件反射而起作用的。

暗示在什么时候最有效呢?巴甫洛夫认为大脑皮层在从兴奋过渡到抑制的过程中有一个时相,弱的刺激也会引起强的反应,悄悄的语词就能产生很大的影响。这个时相的外部表现就是较浅的睡眠(如快要睡着时,快要醒来时)。所以,只要在睡眠最浅的阶段(也可以称为催眠状态、半睡眠状态),在尚未与外界失去联系的时候,用语词施加影响,就能在记忆深处扎下根来。换言之,在这个时相吸取外部信息最有效。这就是进行暗示的最好的时机。

但是,需要运动员放松肌肉时,他并不一定都处于半睡眠状态。因而,为了提高暗示的作用,就要用催眠的方法使他们进入这种状态。所以,暗示也常常和催眠联系在一起。这就是放松训练的理论依据。

2. 放松训练在运动队中的应用

国外学者从多个方面对放松训练进行了研究。许多研究的结果都一致表明放松技术能有效地减少氧耗、呼吸频率、血压和肌紧张。研究报告还显示,在不同的个案研究中都可以看到放松训练能够增强运动表现。Griffths 等人(1981)通过一个实验研究去证实潜泳运动员通过学习如何放松从而促进了运动表现和焦虑的降低。Greenspan 和 Feltz(1989)分析了已有的 9 项放松训练的研究,发现大部分研究的结果均表明放松训练有助于提高运动员的行为表现。

在我国,从 20 世纪 70 年代末我国运动队初次开展心理训练直到今天,放松训练一直作为一种主要的心理训练技术被用于优秀运动员的心理训练与咨询过程中。丁雪琴(1988)曾对射击等10个项目的运动员进行了催眠放松和放松—表象训练,研究结果表明放松训练是一种行之有效的心理训练方法和手段。王惠民等(1991)利用肌电反馈对8名国家集训队队员进行了听觉反馈方式的生物反馈放松训练,结果表明:放松训练技术掌握后,只要进行2分钟放松训练即可明显反映出训练结果的最好水平;经过放松训练可明显地降低肌电值。刘淑慧等(1993)采用美国 Antogen 1 700 型肌电反馈仪和 Antogen 5 100 型积分仪对国家队射击运动员进行专门放松训练。结果表明:利用反馈放松与听放松磁带相结合的手段,放松效果最好,表现在能更快达到主观感觉与客观 EMG 水平一致,短时间内达到放松,放松程序较深(孟献峰等,2004)。

3. 放松训练的效果和评价

一般认为,放松训练可以减少焦虑,降低唤醒水平,增强身体灵活性,减轻伤痛,促进运动表现,但这些多缺乏实证研究的支持。大多数研究表明,对于某一特定的心理过程和心理状态,放松训练是有效的,但是能否促进运动绩效,研究结论并不一致,其中的原因可能是放松训练与运动绩效之间的联系并不紧密,中介或调节变量太多。

已知的许多放松训练的效果多是通过逸事法(即从报纸等新闻媒介的报道中收集信息)或个案研究得出的,没有在严格控制和设置对照组的实验条件下进行,所以我们无法真正检验放松训练与运动绩效之间的因果关系。此外,目前采用的放松技术通常并非是单一的某项技术,而是各种技术(如呼吸技术、修正的渐进性放松、沉思和认知技术等)的总和,这给实际评价带来了困扰,因为我们无法知道哪一种技术真正在起作用或是这些技术之间是否有交互作用。

目前监测放松训练主要通过生物反馈的一些指标和自我报告的形势进行。而这两种方法都还有其局限性,例如生物反馈的生理学指标有时不能反映被试心理上的同步变化,而自我报告存在着客观性不强的问题。因此需要发展特定的和有效的放松训练测评体系和指标,也可以把生物反馈指标与自我报告结合起来进行考察。

4. 渐进放松训练

Jacobson(1929)提出的渐进性放松的程序,被运动心理学家广泛采用并形成了后续的各种版本。渐进性放松技术的掌握可以降低焦虑水平、肌紧张度和心理唤醒水平。一些特定的渐进性肌肉放松还可以增进运动表现。

Lanning 和 Hisanaga(1983)调查了修正的渐进放松训练和呼吸对于24个排球运动员焦虑水平和运动表现的效果,结果表明接受训练的被试比未接受训练的被试有更低的焦虑水平,在比赛中具有更好的防守。

5. 渐进放松训练的做法

放松训练的作法主要是主观地让某一肌肉群先紧张收缩,然后充分放松,通过对比可更深刻地体验放松的一刹那间肌肉的感觉。例如,将自己的手腕后屈,体会其紧张的感觉,然后马上放松,即刻体会其紧张感觉消失的情况和肌肉放松的体验。

(1) 渐进放松法四个阶段

① 右臂—左臂—右腿—左腿放松。达到四肢放松的阶段。

② 腹肌—背肌放松。达到躯干放松的阶段。

③ 脸部肌肉放松阶段。包括面部肌肉和眼肌等的放松。

④ 精神放松阶段。如通过视觉想象、语言描述等达到放松的目的。

(2) Jacobson 渐进放松法

练习者仰卧在床上或地上,放松,双腿自然伸展分开,双臂稍离体侧,掌心向下自然放松。两眼半睁或轻轻闭上均可。

① 肘关节着地,右前臂缓慢地抬起。辅助人员稍压其手腕处,以免手腕弯曲,使练习者肌肉的感觉得到加强。然后右前臂放松,靠手臂本身的重量而落地。

② 右前臂抬起,辅助人员扶其手腕以防手臂下落,练习者用力伸展右前臂,但肘关节不要离地,然后放松。

③ 右臂、右手伸直,掌心向上,右手以手腕为轴向上折屈,然后放松。

④ 右臂,右手伸直,掌心向下,右手以手腕为轴向上折屈,然后放松。

(左臂要按上述 1~4 的顺序做同样的紧张和放松的动作)

⑤ 右腿伸直,脚尖向前伸展,然后放松。

⑥ 右腿伸直,脚尖向上弯曲,然后放松。

⑦ 右腿脚跟着地(辅助人员压住膝盖)做侧屈动作,然后放松。

⑧ 右腿伸直,用力压地(向下),然后放松。

⑨ 右腿伸直,脚跟稍微往上抬起,用力,稍停后放松。

⑩ 右腿伸直,稍往上抬,屈膝,然后放松。

(左腿要按上面 5~10 的顺序做同样的动作)

⑪ 仰卧,腹部用力向内凹进去,然后放松。

⑫ 深深吸气,然后缓慢地呼气。

⑬ 挺胸,弓背,然后放松。

⑭ 右臂(向前)上举,向内(左侧)落下,复原。

⑮ 左臂(向前)上举,向内(右侧)落下,复原。

⑯ 双肩外展,扩胸,使两肩胛骨尽量靠拢,然后放松还原。

⑰ 双肩内收,含胸,然后放松。

⑱ 头部侧屈,然后还原。

⑲ 收下颌,然后还原。

⑳ 用力使前额起皱纹,然后舒展还原。

㉑ 用力皱起眉头,然后舒展还原。

㉒ 用力闭眼,然后放松。

㉓ 头部不动,眼球向左、右侧注视。

㉔ 仰卧,辅助人员站在练习者的脚后,竖起双手的食指,两指间隔开始为1米,令练习者交替注视两指。然后将两间隔改为50厘米,令练习者继续交替注视两指。再将两指间隔改为5~6厘米,仍令练习者交替注视两指。最后只留意食指,令练习者只注视食指。上述顺序不变,但可改变食指的高度继续进行练习。

㉕ 选择一个安静的房间,半仰坐或仰卧姿势,轻轻闭上双眼,按照上面1~24的顺序做放松训练,约1秒。然后,头脑里想象汽车从前面驶过,好像双眼真的看到了汽车行驶的情境,在眼睑之下可感觉到紧张的眼球运动,然后放松。也可按照这种方式,想象跑动的人、飞行的人、球的运行、跳高的过杆、单杠运动、平衡木上的表演、三角形、四角形或圆形的变化,或自己参加体育运动的情况等。这样反复做紧张和放松的练习。随着这种想象活动的进展,就可以控制和统一自己的精神。

㉖ 下颌大幅度地向前上方抬起,然后还原。

㉗ 开口,露出牙齿,然后还原。

㉘ 开小口,用力显出圆形,然后还原。

㉙ 舌头用力后引,然后还原。

㉚ 在心里缓慢地大声数1~10。要训练到只想象数1~10的数字时,舌头、嘴唇、下颌、咽喉、横膈膜、胸部均会感到紧张的程度。

上述练习虽然比较复杂,但其特点都是使各部位先紧后松,以此来加深肌肉松弛的感觉。初学者按这种方法练习效果较好。当自己能够体验到肌肉放松的感觉后,就可直接进行放松训练了,并可逐渐简化程序,或选主要部位的肌肉群进行练习。美国某些运动队盛行的十六块肌肉放松训练法的原理和这种渐进放松训练法大致相同(丁雪琴,1988)。

(二) 自生训练

1. 自生训练概述

自生训练(Autogenic Training),有人把它译为自主训练、自律训练、自我训练或自发训练。使用自生训练要进行各种各样的练习和自我暗示,以达到引起放松反应的目的。从本质上说,自生训练包括经常相互混合的3个组成部分:第一部分包括引起身体的温暖和四肢的沉重感;第二部分包括运用表象;第三部分包括使用特殊主题,来帮助诱发放松反应,其中有一种比较有效的特殊主题就是运用自我暗示,提示自己的身体确实已经放松了。

2. 自生训练方法

(1) 步骤一:练习前准备

① 准备姿势。

a. 马车夫式:想象一位车夫从容坐在椅子或凳子上,头微微向前,手和胳膊轻松地放在大腿上,两腿取较舒适的姿势,脚尖微微朝外,闭上双眼。

b. 软椅式:舒适地坐在一张软椅上,胳膊和手放在椅子的扶手或自己的腿上,双腿和脚取舒适的姿势,脚尖略向外,闭上双眼。

c. 躺式:仰面躺下,头舒服地靠在枕上,两臂微微弯曲,手心向下放在身体两旁,两腿放松,稍分开,脚尖略朝外,闭上双眼。

② 准备动作。想象自己套上一副放松面罩,这副神奇的面罩把脸上紧锁的双眉和紧张的皱纹舒展开来,放松了脸上的全部肌肉,眼睛向下盯着鼻尖,闭上眼睛,下巴放松,嘴略微张开,舌尖贴在上龈,慢慢地、柔和地、放松地做深呼吸。当空气吸入时,会感到腹部隆起,然后慢慢地呼出,呼出的时间是吸入的两倍,每一次呼吸的时间都比上一次更长一些。第一次可以是一拍,最后达到六拍左右。然后再把刚才的过程反过来,吸入六拍,呼出十二拍,吸入五拍,呼出十拍,一直降到吸入一拍为止。做2～3分钟这种准备动作后,接着开始做以下练习。

(2) 步骤二:身体的温暖和四肢的沉重感

① 沉重感练习。闭上双眼,从右手开始做起。一边默默地重复下面的句子,一边想着它们的含义:我的右臂变得麻痹和沉重(6～8次);我的右臂越来越沉重(6～8次);我的右臂沉重极了(6～8次);我感到极度平静(1次)。现在睁开眼睛,抛掉这种沉重感,弯曲几下胳膊,做几次深呼吸,重新摆好适当的姿势,设想自己又套上放松面罩,重复前面的动作,包括准备动作。每天做2～3次这种沉重练习,每次7到10分钟。要逐步地重复前边的句子,用适当的语调对自己重复,同时设想自己的手臂正在变得越来越沉重。做这个练习时,不要过分用力,只要全神贯注于这些词句和沉重的感觉就行了。如果想象不出这种沉重感,就在两次练习之间举个重东西,体会这种感觉,并对自己大声说:"我的胳膊越来越沉重"。用右臂做三天这种沉重感练习然后用完全相同的方法再用左臂做三天这个练习,最后按照下面的程序做这个练习:双臂变得麻痹和沉重(3天);右腿变得麻痹和沉重(3天);左腿变得麻痹和沉重(3天);双腿变得麻痹和沉重(3天);四肢变得麻痹和沉重(3天)。

这种沉重感练习共需要21天,如果在21天之前就已经产生了沉重感,也可以提前做第二种练习。一般来说,有必要用全部21天的时间打下坚实的基础,有规律地进行,才能最快地取得效果。

② 热感练习。先做两分钟的准备活动,然后再扼要地重复前面做过的练习,重复一遍最后一次臂部和腿部的沉重练习,只需要 45 秒到 1 分钟的时间,然后就可以开始做热感练习,它的一般程序如下:我的右臂正变得麻痹和燥热(6～8 次);我的右臂越来越热(6～8 次);我的右臂热极了(6～8 次);我感到极度平静(1 次)。在重复上面这个程序时,要同时想象句子所表达的意思。按照这个程序做三天右臂练习、三天左臂练习、三天双臂练习,然后是练习右腿、左腿、双腿、四肢各三天。最后把第一种和第二种练习的最后部分合起来做一遍:我的四肢变得麻痹、沉重和燥热(6～8 次);我的四肢越来越沉重和燥热(6～8 次);我的四肢沉重和燥热极了(6～8 次);我感到极度平静(1 次)。做完一遍后,睁开眼睛,活动一下,抛掉沉重和燥热的感觉,然后再重复。在默读上面的句子时,想一想过去手臂真正感到热的情况,可以想象手臂正浸在盛满热水的澡盆里,或者想象夏天炎热的阳光晒着自己手臂的感觉,如果有必要,可以在两次练习之间把手臂放在热水盆里,然后大声对自己说"我的手臂正变得越来越热",以此来获得这种热的感觉。也可以想象正在把躯干内的热量输送到四肢去。请注意,只有当上肢产生沉重感时,再开始做上肢的热感练习。

③ 心脏练习。首先做准备活动,简短地重复一下沉重感练习和热感练习,把每个短句念3～4 遍,开始仰面躺着感觉自己的心跳。在胸部、脖子或其他地方用手感觉心跳,也可以将右手放在左手腕动脉处感觉心跳。通常,当身体放松后可以直接感觉到心脏跳动,这时就默默地重复:我的胸部感到温暖舒适(6～8 次);我的心跳平缓稳定(6～8 次);我感到极度平静(1 次)。这种练习要做两个星期,每天做2～3 次,每次 10 分钟。

④ 呼吸练习。先做准备活动,然后重复下列各项:我的四肢变得麻痹、沉重和燥热(1～2 次);我的四肢越来越沉重和燥热(1～2 次);我的四肢沉重和燥热极了(1～2 次);我的心跳平缓而稳定(1～2 次);我的呼吸极为平稳(6～8 次);我感到极度平静(1 次)。这种练习要做两个星期,每天做 2～3 次,每次 10 分钟。对自己的呼吸能成功地进行控制的标志是:进行一次轻体力活动,或者神经受到某种刺激后,仍能保持平缓和有节奏的呼吸。在这个练习的末尾,把"我感到极度平静"改成"平静渗透了我的身心"。

⑤ 胃部练习。主要训练在内脏神经丛,即腰以上,引起胃部一种愉快的温暖感觉。先做准备活动,即简短重复沉重感、热感练习、心跳练习和呼吸练习,然后说:我感到胃部柔软和温暖(6～8 次),我感到极度平静(1 次)。做这个练习时可以将右手放在内脏神经丛的部位,就会逐渐清晰地感觉到这种温暖感。有的人不念上面的句子,而说"我的内脏神经丛正散发着热量"。如果这句话更容易帮助想象,也可以使用它。这个练习做两个星期,每天 2～3 次,每次 7～10 分

钟。当确实体会到胃部有温暖感时,说明已经掌握了这个练习。

⑥ 额部练习。该练习使额头产生一种凉爽的感觉。先做准备活动,像前面一样简短重复沉重感、热感、心跳、呼吸和胃部练习,然后说:"我感到我的额头很凉爽(6～8次),我感到极度平静(1次)"。做这种练习时,可以想象一阵轻风吹过自己的面颊,使额头和太阳穴感到凉爽。体会一下这种感觉,在练习之间站在空调器或电扇前,大声对自己说:"我的额部感到凉爽"。当确实能够感到这种凉爽感时,就说明掌握了这个练习。此练习进行两周,每天做2～3次,每次7～10分钟。

注意:不要骤然停止练习,每做完一遍练习,睁开眼睛,逐渐地开始活动。伸展一下四肢,活动一下关节,抛掉沉重然后从事正常活动。

(3) 步骤三:表象技能训练

表象是一种在缺少外界刺激的条件下出现的类似于感觉(如视觉、触觉、听觉等)的体验。表象技能训练是运动员在暗示语的指导下,在头脑中反复想象某种运动情境、技术动作和运动情绪,以提高运动技能和情绪控制能力的心理训练方法。表象训练的主要作用:有利于运动员建立和巩固技术动作的动力定型,赛前对成功动作的体验能起到激活或动员作用,使运动员充满信心,达到最佳竞技状态。表象训练的情境和动作应尽量与比赛场景接近,因为对于实际情境模拟,愈接近现实,愈可能在该情况下表现出高水平。

① 表象训练要注意的几个方面。表象训练之前要进行放松和集中注意力的练习,这种放松绝不是松弛,而是一种既放松又要注意将要呈现的动作的放松注意形态,尽可能要求运动员以内部知觉即动感进行表象技能训练。表象训练要做到由静到动、由易到难、由简到繁、以循序渐进的顺序进行。表象训练最好能与直观反映动作和身体内部信息的生物反馈仪及声像设备结合起来进行。

② 表象训练方法和步骤。表象训练首先要使运动员详细了解表象及表象训练方面的知识性,可以通过教师讲授和阅读有关书籍进行;评价运动员目前的表象能力;进行表象技能基础训练,包括生动、清晰的表象能力练习,控制表象能力练习;然后进行自我觉察的表象能力练习;最后进行表象技能专门训练,就是将表象的基础训练和专项技术的表象结合起来,进行专项技术动作的表象训练。

③ 每次表象训练课的内容。

a. 放松和集中注意力练习。可采用气功、冥想等技术进行放松和集中注意力练习。

b. 静物的表象。一般先回忆自己熟悉的宿舍或家里的家具墙壁等的形状、颜色,然后再回忆自己运动场的形状和颜色。要求运动员循序渐进地进行,回忆物体的颜色、轮廓越来越清晰、鲜明。

c. 专项技术动作的表象。

（4）步骤四：自我暗示

自我暗示训练法是利用语言等刺激物对学生的心理施加影响，进而控制其行为的过程。体育心理学的研究表明，自我暗示能够提高动作的稳定性和成功率。根据训练和比赛的特点，可适时运用暗示的方法，把运动员对比赛名次及多方面的焦虑和担忧，转移到正确运用技术和提高自信上，这样会缓解运动员比赛中的紧张情绪，从而正常发挥水平。

（三）沉思法

1. 沉思法概述

沉思法作为一种放松方式，和选择性注意的概念直接相关。在进行沉思的时候，个体试图不加鉴别地把注意力集中在某一个想法、声音或物体上。如果是在一个安静的环境里进行沉思训练，同时保持一种被动的态度，肌肉达到放松，就能够引起放松反应。

在四千多年前，东方文化就开始把沉思法作为一种放松和思维控制的方法。把沉思法带入西方文化贡献最大的是印度的 Maharishi Mahesh Yogi。他称之为沉思静坐法的这种训练方法被美国和全世界广为接受。

东方文化中其他形式的沉思法还有瑜伽术、坐禅、苏非派禁欲神秘主义以及禅宗沉思从 SJO 禅宗沉思法（Soto Zen Greenberg，1996）。沉思静坐中最常见的心理机制是默念咒语。咒语就是一个简单的音节，被指导教师选用作集中精力的手段。其中"哝"和"唔"就是很常用的音节（Nideffer，1976）。沉思法中使用的其他心理手段还有曼陀罗（一种几何图形）、呐哒（一种想象的声音）和普拉达呀吗（呼吸）。

在练习的时候，训练者采取舒服的姿势坐着，眼睛闭上，注意力集中在深呼吸上，同时默默地重复咒语。根据被训练者的报告，当精神到达比较微妙的思维层次，并最终到达思维的源头时，咒语的声音会很快消失。尽管东方文化中推崇坐着的沉思姿势，禅宗和沉思静坐派都强调站着或坐着的姿势均可。Davis 等人（1995）和 Greenberg（1996）还对于如何加强和促进沉思提出了很多很好的想法，和沉思静坐法相似，太极也是某种形式的沉思法，它起源于中国。太极缓解压力的效果可以和那些进行适度生理训练所收到的效果相媲美。

尽管各种各样的沉思法可以减轻焦虑和紧张，引起放松反应，但至今还不清楚沉思法是否对运动成绩有促进作用。像其他形式的放松方法一样，沉思法对于运动成绩的作用可能也是间接的。沉思法可以直接减轻焦虑、紧张和压力，这对焦虑型运动员的行为表现会有一定的促进作用。有人想证明沉思训练与体育行为改善有直接的关系,但这种努力的结果是成败参半。对于力量型运动技能,比如 50 米短跑、灵活性项目、立定跳远和协调性项目,沉思法似乎比较有效果(Reddy,Bai & Rao,1976)。但对于精巧型运动技能,如进行循环追踪、镜描等,沉思法的效果似乎就不那么明显了(Hall & Hardy,1991)。

2. 沉思法列举

(1) 气功:气功的历史可以上溯五千年以上或更久远,它起源于人类的生产劳动。古代人把这种锻炼方法称为导引、按跷、吐纳等。

文献所见到的气功一词,最早是晋代道士许逊写的《净明宗教录》,其中有"气功阐微"一词。1915 年中华书局出版的《少林秘诀》和 1929 年商务印书馆出版的《武术汇宗》中都提到气功一词,但指的都是武术锻炼方法。在 1929 年张学良将军为张庆霖编著的《练气行功秘诀》作的序中也提到:"气功大而御敌兴邦,小而强身健体,养生医病……"1934 年杭州祥林医院出版的董浩著《肺痨病特殊疗法·气功疗法》和 1938 年上海出版的公溥气功治疗院的《气功治验录》两书中,气功一词开始与医疗保健联系在一起,由于是内部印刷,因而影响极小。这时的气功以调息、调意和站桩为主。

中国传统气功强调练功要修身养性。古代养生家提出与人为善等修心的要求,从心理学角度来看气功的修身养性包括一些非智力因素,即情绪、意志与性格。心理学调查研究证明,气功确能优化人的情绪、意志与性格。因此气功不仅能开发人的智力,也能陶冶人的情操,培养人的意志,塑造良好的性格,提高人的精神文明水平。

气功对情绪有如下改善作用:

① 气功能提高人的情绪稳定性。长期坚持练习气功可从原来情绪不稳定逐渐变得稳定;从原来情绪稳定变得更加稳定。练功有素的人,遇到重大的生活应激事件,情绪也会有所变化,但是能较快地使情绪稳定性得到恢复。

② 气功能改善人的情绪愉快度。大量练功者的体会与气功心理学研究证明气功能改善人的情绪愉快度,不少练功者说练气功后自己的心情变好了。气功心理学研究证明,绝大多数人练功后情绪愉快度有不同程度的提高,而且练功历史越长,情绪愉快度提高越明显。

③ 气功能缓解人的情绪紧张。气功心理学研究证明,长期练功的人能够缓解情绪的紧张。有的人在即将遇到紧张的事件时,事先练功,一旦紧张事件出现,情绪紧张度便降低。有人在遇到紧张事件后练功,情绪紧张度也降低了。

④ 气功能提高人的心情舒畅度。不少练功的人说,经过一段时间的气功锻炼,心情比过去舒畅了,遇到麻烦的事情比过去能想得开了。气功的心理学研究也证明,练气功能使人的心情舒畅度有不同程度的提高。

⑤ 气功提高人的心胸开阔度。气功心理学研究证明,练气功可使人的心胸开阔度有不同程度的提高。有些练功者在没练气功以前,心胸比较狭窄,经过气功锻炼,心胸开阔多了。

⑥ 气功提高控制情绪的能力。不少练功者说,经过一段时间的气功锻炼,自己控制情绪的能力比过去增强了。过去遇到不顺心的事,情绪容易激动,现在能控制自己的情绪了。气功的心理学研究也证明了气功能使绝大多数练功者控制情绪的能力有不同程度的提高。

此外,气功的心理学研究还表明,练功使猜疑心、嫉妒心、自卑感、恐病感都有不同程度的下降。

气功意念与心理学中的想象有如下关系:

1990年8月,国内出版了《气功学与人体意念力》一书。作者在书中,给意念下的定义是"意念是人体自我调节处于气功状态下大脑中产生的某些想法,这些想法本身伴有对被想事物的直接作用效应",给人体意念力下的定义是"意念对事物产生直接的力学作用效应,这就是人体的意念力"。作者认为,人体意念力有内作用意念力和外作用意念力之分。测定内、外作用意念力的仪器是作者研制的人体意念力显示仪。测量结果表明,对于不练习气功的人,内作用意念力记录曲线低平;对于练习气功1年的人,内作用意念力曲线出现小的起伏;对于练习气功8年的人,内作用意念力曲线有明显的峰波;对于12岁以下的儿童,内作用意念力曲线受到儿童多动症动作干扰的影响,曲线不规则;对于13~18岁的青年人,内作用意念力曲线变化不一致。根据上述结果作者认为,练功者对意念力的调用随意性很强。他们能在短时间内以较大幅度把作用在右手上的意念作用调动到左手上,或者能在短时间内令一只手先变长,而后很快变短。而不练功者,则不具有这种随意调用能力。初练功者需要较长时间才能调转过来,且幅度也较小。这大概就是气功师、气功学家与普通人之间的又一个可通过测量显示出的区别。

上述气功研究中提到的意念实际上就是心理学中的想象。最早这方面的研究报道是,德国化学家Shevrel和英国物理学家Faraday在19世纪中叶发现:当运动员做赛跑的想象或让提琴家做演奏的想象时,可以记录到运动员腿上或提琴家手臂上的肌肉电流有明显增强的现象。后来美国心理学家Jacobson(1930)的研究也发现:让被试想象屈右臂的动作,而实际不做屈右臂的动作,电极置于有关肌肉,其肌电图出现比实际屈右臂动作时的肌电波幅低,但比不屈右臂时的肌电波幅要高的现象,而且这种肌电变化的形状和持续时间与实际做动作时的肌电图非常相似。1946年美国学者阿诺德观察到,让一个人想象自己向前或向后倒时,在所想象的倒向时身体会出现轻微的活动。我们可以做"线坠摆动实验"来体会一下,具体方法是:拿着一根系有小重锤的线,尽可能清晰地想象小重锤绕圆周旋转(或左右摆动),稍过一段时间,小重锤便会转动或摆动起来。这说明清楚的想象活动能引起意识不到的手部肌肉的微弱用力,从而导致小重锤运动。该书作者也认为,人的意念力值经统计测量一般在40～490克之间。而人的肌肉力值却在几克到数百千克之间。因此,平时意念力值与人的肌肉力值相比是很小的,往往被人们所忽视。

综观有关气功内作用意念力的研究,以往研究多以肌电指标来记录人想象时各部位(主要是相关部位)肌肉的电变化,我国学者利用自制仪器直接测量这种想象活动引发的手部肌肉微弱用力变化,无疑是在方法上的一大进步,这要比国外的线坠摆动测量和肌电记录要直接。建议今后在运动心理学研究中引入这种测量方法,用来评价优秀运动员的想象训练效果。需要指出的是,想象活动人人都能进行,所不同的是有高有低。不练气功的人,如果接受系统的想象训练,其想象活动也可以出现气功师的内作用意念力曲线(石岩,1999)。

(2)瑜伽:瑜伽是发祥于古印度的一种神秘宗教。它是佛教和基督教以前的宗教。瑜伽的修行分为八个阶段,即:① 约束;② 戒律;③ 姿势和体位;④ 调节呼吸;⑤ 控制感觉;⑥ 精神集中;⑦ 冥想;⑧ 三昧。所谓三昧,是指心神平静,杂念止息,从世俗中超脱出来的境界。瑜伽有多种流派,有的以修身养性为主,有的以锻炼身体为目的。医学上的瑜伽疗法采用各式各样的体位,调整呼吸,集中注意力或冥想,使心身安定,解除应激,恢复身体内环境稳定和自然治愈力。

瑜伽疗法采用的姿势和体位多种多样。日本学者对各种姿势做过生理研究,连续记录呼吸、血压、脉搏,挑选出眼镜蛇、弓、龟、骆驼、蜘蛛、蝗虫等姿势。瑜伽的姿势多取动物的名称,因为动物的姿势是自然的。由于人变成双腿直立,取不自然的姿势,结果脊椎负担过重,容易引起腰背疼痛和内脏下垂。采取动物的自然姿势可以达到治疗目的。调整呼吸时做腹式呼吸,或边呼吸边数数;集中精神时将注意力集中于一个问题或身体的某一点,如双眼半闭半开,俯视鼻尖,在保持觉醒状态的同时,精神内守;冥想时使自身与环境统一,消除对立,使自己的意念与行动一致。研究证实,瑜伽疗法中控制呼吸是最主要的,控制呼吸就能控制姿势,同时也能控制血压、脉搏,对其他自主功能也有调节作用。

瑜伽疗法可每周进行1次,每次2小时,参加人数10人左右。先做各种姿势,其次做呼吸训练,然后冥想20分钟。每次治疗完之后,可以对瑜伽与心身疾病自由讨论,能收到集体治疗的效果。瑜伽疗法多与其他疗法并用,适应证有焦虑状态、疑病状态、高血压、心脏神经症等心身疾患。强迫状态、抑郁状态是中等适应证但不适于癔症。

首先,瑜伽需要在宁静的心境下,加以舒缓的伸展,没有健美操、形体操那些剧烈的运动,也不用用力拉伸韧带,几乎没有什么受伤的可能。瑜伽之中透着放松,需排除任何杂念,静心修习,将所有的注意力集中在你每一个动作所产生的感觉上,同时不允许心思过于牵挂任何一个部位。"伸展到你最舒服的位置,你能做到哪儿就在哪儿控一会,不要强迫自己感到不舒服。"

瑜伽练习对一个人的肌肉系统、精神系统、内分泌系统、消化系统都非常有益。瑜伽练习可以使你作完器械后的肌肉放松下来,帮助舒展肌肉线条;可以帮助人的体形变得更为匀称、线条优美;同时还有安静神经的功效,不少人练后都会减少疲劳感;瑜伽还可以平衡人体中各种腺体,从生理到心理都得到舒缓;瑜伽动作中大量的前弯、后仰、扭动、斜腹、挤等动作,可以按摩人的内脏器官,对消化是非常有益的。有些瑜伽姿势还可以治疗一些像胆结石、腰肌劳损等疾病。

虽然没有强拉韧带,瑜伽对身体的柔韧性却很有帮助。不同年龄、性别的人,只要常规做瑜伽伸展,将它当成一种生活方式,几个星期后就不难发现身体的变化。修身之外,瑜伽还讲究修心,对平和心境,增强生活耐力颇有帮助。

瑜伽的练习要略如下。

时间:

① 练瑜伽可以在进餐以外的所有时间,最好在饭后的三四小时为宜。

② 清晨或者傍晚是不错的选择。

③ 傍晚时动作一般比早晨时灵活,所以瑜伽姿势会做得比较到位。

④ 傍晚时练习有助于消除一天的疲劳,让人恢复精力。

地点:

练习的地点对于瑜伽格外重要。在烦扰的都市里,人们很难找到田园或是森林来练习,所以应尽可能选择一个安静、干净、舒适和通风的房间。

铺地的垫子:

应选择一张由天然材料做成的,薄厚合适的垫子,太软或太硬都不好,垫子一定要支撑好自己的脊柱。

着装:

由于瑜伽有大量扭曲和伸展躯干、四肢的动作,因此最好是穿着宽松的衣服来做,光着脚,并且在开始练习前,除去手表、腰带或其他饰物,这些东西可能会妨碍动作。

饮食:

练习瑜伽应空腹,应尽量在饭后三四小时之后做练习,尽量避免进食一些过于油腻、腥辣和容易导致胃酸过多的食物;练习结束后,30～40分钟后方可进食。

警言:

① 不要勉强自己。在做瑜伽姿势和其他练习时,切记不要强行牵扯。初学者可能会发现自己的肌肉或韧带僵硬,经过几个星期的常规练习以后,自己的肌肉与韧带的弹性和柔韧性都会提高。

② 男女老少,都可以练习瑜伽,但是耳鸣或视网膜有问题者应尽量避免做那些颠倒身体的动作。

(3) 坐禅:坐禅的方法,渊源于东方人的智慧。坐禅的功能,主要是由于心力或念力集中于某一个抽象或具象的念头而来。所以,在行、立、坐、卧的任何姿势,均可能发生禅的反应。不论是沉思、默祷、礼拜、读诵,乃至细心的审察、凝神的倾听等心无二念之时,均有发生禅之反应的可能。然而此等状态下的禅的反应,是可遇而不可求的,对于绝大多数的人是不易发生的,纵然在极少数人的身上,偶然发生一两次,却无法求其经常发生。

坐禅不限定采用某种特别的姿势,比如正在病中的人,生理机能有残障的人,或者工作特别忙碌所谓席不暇暖的人,可以躺在床上、坐在轮椅上、或在巴士站、电车站、车上、工作房等的任何地方,或立或坐,均可照着老师所教的禅的方法,做数分钟乃至数小时的练习。

坐禅效果最大、见效最快的方法,当然是采取双腿盘坐的姿势。初开始学坐禅的人,尤其是中年以上的人,若想把双腿盘坐的姿势,坐到熟练,并且享受到坐禅的乐趣的程度,必须先有忍耐两腿疼痛及麻痹的心理准备,两腿的痛和麻,也正是初坐禅者和自己的怯弱面作艰苦战斗的一段历程,当经过了这段历程时,至少他的意志力,已战胜了他的畏惧艰难而不敢面对现实的退缩心理,在人生的境界上,他已悄悄地向前迈进了一步。

坐禅的好处,是从身心的反应而被发现,即:① 强健的体魄;② 敏捷的头脑;③ 净化的人格。根据日本京都大学(Kyoto University 心理学教授 Sato Yukimasa 博士所著《禅》Zeo Nosusume)中的报告,坐禅有十种心理方面的效果:

① 忍耐心的增强。

② 治疗各种过敏性疾患。

③ 意志力的坚固。

④ 思考力的增进。

⑤ 形成更圆满的人格。

⑥ 迅速地使得头脑冷静。

⑦ 情绪的安定。

⑧ 提高行动的兴趣和效率。

⑨ 使肉体上的种种疾病消失。

⑩ 达到开悟的境地。

又根据日本的医学博士 Hasekawa U Zaburo 所著《新医禅学》（Shinizen-gaku）中的报告，提出了坐禅的十二种功效，第一条就是对治疗神经过敏症有作用。

日常生活中各种杂乱的妄念，消耗了体能，降低了智能，妄念之中尤其是使情绪激动的强烈的欲望、愤恨、傲慢、失望等，均能使得生理组织发生震撼而失去平衡的作用。坐禅的方法的功效在于，能够减少那些杂乱及无益的妄念，使你的头脑经常保持轻松与冷静的休闲状态，当需要用它来解决问题的时候，便得以充分地发挥它的最高功能。坐禅还能使你的全身各种内分泌腺，保持着相互调配、合作无间的工作状态，促成交感神经系统与副交感神经系统的相互为用。

比如，交感神经系统的脑下垂体、松果腺、耳下腺、胸腺等，有收缩血管、升高血压，使得全身的兴奋机能活跃的作用，表现于外，则为反应机警敏感等的功效。副交感神经系统的副肾、卵巢、睾丸、胰脏等的内分泌腺，有扩张血管、降低血压、缓和兴奋机能的作用，表现于外，则为沉着稳定等功效。两者的优点相加，便可形成完美的人格，偏于任何一边，均有它的缺陷。

由于工作紧张、用脑过度，或者由于某种外来因素的刺激，不论是狂喜还是暴怒等，均能使得血管收缩、脉搏跳动的次数增加、血压升高、呼吸急促，结果，便可能形成脑溢血、失眠、心悸、耳鸣、神经过敏、消化不良等病症。这是因为，当你的情绪比较激动时，你的血液中，由于内分泌腺的工作，失去了平衡，所以出现了毒素。

内分泌腺在正常状态下是促进人体健康的。若失去平衡，便会对于人体健康亮起警报的红灯。坐禅的功效，能使人将浮动的情绪，转化为清明而平静的情操，临危险，不恐惧；逢欢乐，不狂喜；得之不以为多，失之不以为少；逆之不以为厌，顺之不以为欣。所以它能成为你身心安全的保障。

坐禅，是协调全身的组织机能，使能够正常的工作，并助其发挥最高功能的方法。其着眼点，是以调身、调息和调心的方法，减轻交感神经系统的负荷，冲淡主观意识的影像，将自我中心的界限，渐渐向外扩大，乃至忘却了自我的存在，主观意识便会消融于客观意识之中，到了这种境界的人，种种的烦恼，虽未彻底解除，但对他已不会构成身心健康的威胁。

当你患了医药不易奏效的怪病之时，不妨学习坐禅。坐禅虽不能像割除盲肠那样，使得患者手到病除，但是它能安定你的情绪，减少对疾病的恐慌及恐惧，也能减轻疾病加诸你的痛苦感受。纵然，人的生理机能，有其一定限度的寿命，坐禅不能使你永远不老、不死，但它能够使你活得较久、活得比较愉快有趣，这是可以办到的事。

（四）生物反馈

1. 生物反馈概述

随着运动水平的不断提高和与之相对应的运动员生理潜力的最大利用，在今后的运动竞赛中，特别是高水平个体和团队之间的运动竞赛中，能否有效地开发人的心理潜能是决定成败的又一个关键因素，心理训练将更加显示其在运动训练中的重要作用。国内外体育心理和运动心理工作者们研究和开发了许多行之有效的心理训练方法和手段，生物反馈训练便是其中的一种。

生物反馈是 20 世纪 60 年代开始兴起的，80 年代我国开始应用于临床、教育及运动训练中。生物反馈是指在仪器的帮助下将人体内部通常不能觉察的生理活动，以及生物电波动的信息加以放大，使其以视觉、听觉形式在仪器上显示出来，个体借助反馈信息了解自身变化，并根据变化逐渐学会在一定程度上随意控制和纠正这些活动的过程。

生物反馈的产生是操作条件反射研究的深入及电子技术飞速发展的结果。而医学模式向生理—心理—社会模式的转换和控制论的发展，对生物反馈的发展也起到了促进作用。现代生物反馈研究始于 20 世纪 60 年代斯梅琴等五位学者的研究，1968 年美国心理学家 Miller 等为了说明内脏活动的调节是可能通过学习和条件反射达到一定程度的随意控制的，在动物身上进行了一系列实验，最终证明只要了解动物行为的结果，内脏反应也同样可以通过条件反射得以控制。

2. 生物反馈的原理

人的生理变化常与各种心理因素如精神紧张、恐惧、焦虑、兴奋、性冲动和精神松弛等密切相关。利用生物反馈仪器，可使受试者通过学习，认识到各种心理因素与躯体变化的关系，也能客观地了解心身变化与某些环境因素如紧张、松弛的关系。借助于生物反馈仪器，将各种生理变化放大并显示出来，通过反复实践、强化和定型，并通过不断地自我总结，逐渐形成和保持不依赖仪器而进行自我控制的能力。这种能力，一般是利用仪器或运用自己想象中的松弛感、温热感的方法来形成的。通过生物反馈仪显示出来的生理状态信息，在专家指导下反复训练，运动员对体内信息的间接感知的敏感度就会逐渐提高，使间接感知转化为直接感知，并得到强化，最终形成并保持脱离反馈仪而进行自行控制和调节自身某些心理、生理的反应能力。

生物反馈是利用专门的工具，去探查、放大人体生理变化过程，并将其转变为可理解的信息。按一定程序将此信息反馈用于运动员生物反馈训练的机制主要是神经系统两条线路的作用。① 神经信号从大脑发出后，传至脊髓，再通过脊髓前角细胞，去控制骨骼肌，这条线路叫做躯体的或脑脊髓神经系统；② 神经信号从脊髓传出，通过复杂的神经节、网传到内脏器官。以往一向认为，后一条线路在很大程度上是不受大脑意识控制的,是自主的,所以又叫做自主神经系统。在自主神经系统中,大脑是不能随意发号施令、控制内脏器官活动的。但现已证明,自主神经系统经过一段时间的"学习"后,也能通过意念加以控制。由器官(或腺体)活动的结果作为信号传入脑中从而控制动作发生的过程,这也是生物反馈的深化作用。

当前,生物反馈已在各个领域里得以广泛地应用。我国医疗界已运用肌电、皮肤电阻和皮肤温度生物反馈技术配合其他心理训练有效地减低了产妇和考生等特种应激者的焦虑情绪。我国运动心理工作者也在许多运动项目中应用了生物反馈技术,帮助运动员解除比赛时的过度紧张情绪,取得了良好的效果(张忠秋,2004)。

3. 生物反馈的种类

(1) 肌电反馈:肌电生物反馈就是利用肌电反馈仪将骨骼肌兴奋收缩时产生的肌电活动及时加以检出,并转换成大脑所熟悉的感觉刺激方式加以显示。通过示波器和扬声器的反馈,训练受试者对肌肉内不同运动单位的放电进行控制,进行松弛肌肉和加强肌肉收缩运动的训练,以达到全身松弛和神经肌肉功能再建的目的。肌电反馈治疗主要用于两方面:一是通过松弛训练用于减轻疲劳、紧张、焦虑以及由此情绪引起的内脏功能紊乱,如紧张性头痛、肌紧张或痉挛等;另一方面加强肌肉收缩的训练,用于肌肉瘫痪的康复治疗,如用于脑或脊髓病变所造成的肢瘫。

(2) 皮电反馈:皮肤电活动可以通过皮肤电阻大小的改变或通过皮肤电压的波动来记录。利用皮电反馈仪可以把皮电活动的变化反馈给个体,个体通过反馈训练可获得对皮肤电反应的随意控制。皮电反馈主要用于治疗由精神因素引起的焦虑、恐惧以及哮喘,也可用于系统性脱敏、指导的想象和催眠治疗的辅助治疗。

(3) 皮温反馈:体内的产热和散热变化、外周血管的舒张和收缩,决定了皮肤温度的变化。以热变电阻或温度计记录个体皮肤温度变化,并转换成反馈信号显示给个体,使之学会控制外周血管的舒张和收缩。皮温反馈主要用于治疗血管功能障碍引起的病症,如偏头痛、雷诺氏病等,还可用于与交感神经兴奋有关的情况如哮喘和高血压的治疗。在心理治疗中,它可以提供有关病人抵抗程度的信息。在松弛训练中,特别是集体训练时,用温度反馈可以测定松弛的温度或对松弛的阻力。

(4) 脑电反馈:脑电反馈是根据操作条件反射的原理,以脑电图生物反馈仪作为手段,通过训练病人达到选择和强化临床用于治病所需要的脑波节律。脑电反馈主要用于癫痫、儿童轻微脑功能失调综合征、入睡困难的失眠病人及减轻慢性疼痛等。

(5) 磁带录像反馈:这是一种在电视屏上清楚地反映出面部运动和全身行为表现的视觉反馈系统。临床主要用于治疗抽动症。

(6) 括约肌反馈:通过在消化道内放置一个球形的压力传感器,测量并记录某段消化道运动产生的张力变化,并作为信息反馈给被试者,使其学会控制腔内的张力。括约肌反馈可用于治疗返流性食道炎和直肠过敏综合征,并可用于治疗功能性和器质性大便失禁以及生殖道机能的调整训练。

(7) 小气道反馈:应用小气道呼吸阻力测定技术,将气道变化反馈给被试者,通过学习,被试者要以随意调节自己的通气阻力,用以治疗哮喘病(秦颖洁等,1999)。

4. 生物反馈训练

生物反馈训练是运用生物反馈技术在体育运动中进行的心理技能训练。其特点是运用特定的仪器,将人体发出的微弱反应放大成为我们的视觉、听觉所能感知的信号,如用音响或屏幕上的图像同步反映血压和心率的起伏波动等,并通过奖励或强化,使生理变化朝着需要的方向发展。它包括训练个体改变多种不同的生理指标(如心率、肌紧张、脑的活动)和依靠仪器调节生理状态,然后把这种能力应用到没有仪器的情境中。因此,完全可以认为生物反馈是一种自主神经系统的学习,它可以为心理训练提供客观、现实的依据。这种训练方法可以有效地增强自身的控制能力,可以有效地调整机体的应激状态和生理水平。

5. 生物反馈技术的形成

D. Shapiro 及其同事在哈佛医学院的实验中表明,可以通过反馈和强化训练人类被试改变自己的血压。J. I. Lessi 证明,每个人都有一种趋势,以自己惯有的内脏反应诸如头痛、胃消化不良、心悸、头晕等去应付压力,操作性学习可能造成这样一种体系,习得一种真正的心身症状。既然内脏的反应可以用操作性学习来改变,那么"训练"某些疾病患者使其痊愈也是可能的。Enge 等人采用操作性学习方法对心律不齐、心动过速和癫痫病患者进行治疗,取得了不同程度的效果。崔秋耕采用生物反馈技术对 39 名高血压患者进行了为期一个月的治疗性训练,结果表明生物反馈对治疗高血压疗效非常明显。他认为其机制可能在于生物反馈提供了客观、真实的生理反馈信号,使被试能够依据此信号进行自我调整,促进深部肌肉放松,也可能在于生物反馈表明了自我控制能力,建立了信心,使之达到最佳运动、教育和心理生理治疗效果(蔡赓、季浏,2000)。

6. 生物反馈技术与运动训练

20 世纪 70 年代末生物反馈技术开始在体育界被加以研究和运用。以美国为代表,科学家们做了大量的工作。苏恩教授指出,运动员做表象训练时从其某块肌肉中得到的肌电图变化与实际运动中得到的肌电图在形式上是一致的。马哈尼和埃维纳曾用肌电图作为优秀体操运动员内部表象和外部表象的评价指标，从中得出内部表象比外部表象能产生更多的肌电活动的结论。美国的哈尔博士在举重运动员身上也得到了同样的结论。这些研究结果为以后生物反馈在体育运动领域中的实际运用无疑起到了非常积极的促进作用。当然，也有持不同意见的学者，如兰德斯认为在表象练习时，肌肉所出现的活动形式不同于实际运动所产生的形式。这说明在采用肌电反馈技术进行心理控制能力方面还存在一些不确定的因素，还需进一步地研究来加以解决。

20世纪80年代特别是进入90年代以来，生物反馈技术在运动训练中的应用得到了进一步的发展。Magill和Sallmon等认为，直观的视觉形象生物反馈，通过视觉刺激的激发可改变自主神经冲动的速率，这种直接的刺激将导致心率、皮肤上的汗液（由皮肤电反应检测）、呼吸频率以及由肌电图测量到的肌肉状态的改变。这种生物反馈提供的关于个体的生物状态的信息，以及其增强被试身体反应的作用超过了认知的方法。Budzynsk等人认为，生物反馈与其他紧张调整方法结合起来，在练习和运动的不同领域，帮助人们改善他们的心理健康和与健康相关的行为。Lazarus亦认为，为了达到生物反馈和紧张调整法的效果，必须改变个体对环境的主观评价，以便改善其对付紧张的潜力。

Blumenstein等也曾用肌电图生物反馈方法，在实验室和训练条件下进行应用，结果证明这种方法可以改善运动员的情绪状态，且对达到其个人特殊的心理状态是很有效的。

我国运动心理学家及工作者也对生物反馈技术在运动训练中的运用进行了许多研究。王惠民、崔秋耕利用肌电反馈仪，对高水平游泳、举重、体操和跳水运动员进行实验研究后证明，以肌电反馈法为核心的训练可以提高运动员放松、表象等综合心理控制能力。王惠民、刘淑慧在利用肌电反馈仪对优秀女子手枪运动员实施的表象技能基础训练的研究中显示，肌电反馈可以使运动员尽快地在表象中出现心理生理反应。陈丹萍、章建成等分析了击剑运动员肌电、皮电、皮温、血流量值等实验结果后得出，生物反馈技术能够提高开放性运动技能项目——击剑运动员的心理控制能力（蔡赓等，2000）。

7. 生物反馈仪

心理技能训练反馈仪是一种基于生物反馈技术和行为疗法的心理测试与技能训练仪器，它可通过对多路人体生物医学信号的检测、分析与评价，帮助人们及时了解自身的心理生理过程信息，并结合不同人群在内、外环境下的心理反应规律，制定出合理有效的反馈训练方法，经过训练学会通过调节自身的生理功能而达到心理控制、肌体放松的目的。因此可广泛应用于放松与康复训练以及运动员等特定心理技能训练和心理健康监护等领域。

目前国内运动员生物反馈放松训练所使用的仪器主要有：国产的XL-2A

型心率生物反馈仪、JD-2A型肌电生物反馈仪和BF-01型智能生物反馈仪；国外的Autogen 1700型肌电反馈仪、Biotrainer BF-102R皮温/皮电反馈仪以及BIOFEEDBACK 5DXT+PROCOMP等。

经常使用的生物反馈装置主要以肌电反馈仪为主，也有少部分使用皮电或皮温反馈仪。面对国内外这些不同型号的生物反馈仪，如何进行选择呢？有的使用者购买了国外昂贵的生物反馈训练仪，结果发现使用效果不理想。原因很简单，这套号称先进的生物反馈仪，其反馈方式不合理，影响了放松训练的效果。笔者在这里提醒使用者在购买生物反馈仪时，不要迷信"外国货"，主要应考察仪器的反馈方式是否有利于被试的放松训练过程，特别应注意的是视觉反馈形式最好不用数字或水银柱，听觉反馈形式的声音要柔和一些。国产BF-01型智能生物反馈仪的反馈信息是以即时光点的形式反馈给被试的。这种视觉反馈形式容易使被试所接受。此外，如果要进行生物反馈放松训练的研究，购买仪器时要注意选择那些带有记录打印装置的生物反馈仪。总之，选择一台合适的生物反馈仪，是实施运动员生物反馈放松训练的重要一环。

目前，中科院自动化所研制的心理技能训练反馈仪已经通过鉴定。据悉，该成果总体技术水平处于国际先进和国内领先地位，可以广泛应用于缓解人体精神压力、消除疲劳、康复训练，以及特定心理技能培训和心理健康监护与疾病防治等方面。

8. 生物反馈具体方法

（1）放松方法：在生物反馈技术问世之前，世界各国都有各具特色的放松训练法，如中国的放松功、印度的瑜伽术、德国的自生训练、美国的渐进性放松和松弛反应等。将生物反馈技术应用于放松训练，能帮助被试通过视觉或听觉反馈信息了解自己平时在程度不同的放松和紧张状态下内脏生理活动的变化，从而按照指导人员的要求，循序渐进地学会控制内脏的生理活动，取得更理想的放松训练效果。

面对如此众多的放松训练方法，也有一个选择的问题。无论国内还是国外，生产的生物反馈仪一般都配有一盘放松磁带，这种放松磁带所采用的放松方法多为美国渐进性放松训练，少数是以德国自生训练为蓝本编制的。究其原因，是由于生物反馈技术是"舶来品"。生物反馈放松训练也有"洋为中用"的问题。可以肯定的是，生物反馈放松训练中采用渐进性放松方法和自生训练方法是可行的，也会取得较好的放松效果。但是，国外这些放松方法也不是完美无缺的，如繁琐难记等，限制了它在国内运动员生物反馈放松训练中的应用，因此选择一种适合中国运动员的放松方法在近几年引起人们的重视。石岩等(1994)在国内率先把中国的三线放松功引入运动员生物反馈放松训练中，受到了运动员的欢迎。"三线放松功"主要是有意识地结合默念"松"字，将身体分为两侧、前面和后面三条线自上而下依次地进行放松,使整个机体逐步放松,心情平静。综观现有国内外各种放松方法,三线放松功简单易学,效果更佳。

(2) 运动员被试:被试是指参加生物反馈放松训练的人员。在运动员生物反馈放松训练中,并不是每个运动员被试都是自觉自愿的,也不是都有兴趣。因此,在训练开始前,对运动员被试进行必要的心理教育具有现实意义。如果忽略了这一环节,运动员没有认识到这种训练的重要性,没有兴趣,甚至抱着怀疑的态度来对待,即使参加了生物反馈放松训练,效果也不会好。

运动员被试个性特征也是影响生物反馈放松训练效果的重要因素。杨霞(1993)研究表明:在进行肌电生物反馈放松训练时,外倾者开始学习之初,自我控制肌电反应的速度较快,但当内外倾被试都学会了某些自我控制后,内倾者的训练效果可能会更好。现在人们一致认识到个性特征对生物反馈放松训练效果有影响,至于是个性特征的哪些方面造成这种差异还不得而知。不同个性理论和测量方法,得到的被试个性不尽相同,这些研究的结果也不好比较。但我们可以相信,随着人们对个性的深入了解,加上更加科学的实验研究设计,不久的将来一定能够搞清楚个性特征与生物反馈放松训练效果之间的相互关系。

(3) 训练时间和次数:生物反馈放松训练实际上是自我内脏学习。训练时间和次数对这种学习在一定程度上有影响。王惠民等(1991)认为:至少有6次以上实验室训练课才能取得较好的生物反馈放松训练效果。石岩等(1994)则在实验研究后指出,一个生物反馈放松训练的周期至少应是21天(三周),每周应安排2~3次生物反馈式放松训练。至于训练时间的安排和训练持续时间,有不同的看法和做法。可以把生物反馈放松训练安排在上午或晚上,一般安排在晚上19:00~22:00这一时间段较佳。每一次生物反馈放松训练的时间可以是20分钟,也可以是半小时,这要看具体情况而定。一味地延长训练时间,不一定能取得好效果,弄不好会适得其反。

(五) 系统脱敏

1. 系统脱敏的形成与发展

系统脱敏是由美籍南非精神病学家 Wolpe 最先发明及应用的。它是整个行为疗法中最早被系统应用的方法之一。最初,Wolpe 是在动物实验中应用此法的。他把一只猫置于笼子里,每当食物出现引起猫的进食反应时,即施以强烈电击。多次重复后,猫即产生强烈的恐惧反应,拒绝进食。最后发展到对笼子和实验室内的整个环境都产生恐惧反应。即形成了所谓"实验性恐怖症"。

然后,Wolpe 用系统脱敏对猫进行矫治,逐渐使猫消除恐惧反应,只要不再有电击,最终回到笼中就食也不再产生恐惧。此后,Wolpe便把系统脱敏疗法广泛运用于人类的临床实践。实施这种疗法时,首先要深入了解患者的异常行为表现(如焦虑和恐惧)是由什么样的刺激情境引起的,把所有焦虑反应由弱到强按次序排列成"焦虑阶层"。

然后教会患者一种与焦虑、恐惧相抗衡的反应方式,即松弛反应,使患者感到轻松而解除焦虑;进而把松弛反应技术逐步地、有系统地和那些由弱到强的焦虑阶层同时配对出现,形成交互抑制情境(即逐步地用松弛反应去抑制那些较弱的焦虑反应,然后抑制那些较强的焦虑反应)。

这样循序渐进地、有系统地把那些由于不良条件反射(即学习)而形成的、强弱不同的焦虑反应,由弱到强一个一个地予以消除,最后把最强烈的焦虑反应(即我们所要治疗的靶行为)也予以消除(即脱敏)。异常行为被克服了,患者也重新建立了一种习惯于接触有害刺激而不再敏感的正常行为,这就是系统脱敏疗法。它在临床上多用于治疗恐怖症、强迫性神经症以及某些适应不良性行为。

在1985年Wolpe正式发表的《交互抑制心理疗法》一书中指出:神经症是学习过程中学到的不适应行为。因此,要治疗这种不适应行为必须应用学习的法则。后来他将上述实验和理论引用于人类,在临床上用以治疗神经症,提出一种叫"系统脱敏"的行为治疗技术。

焦虑是体育活动参与者在运动场景中经常出现的一种情绪反映,系统脱敏对治疗体育场景中的焦虑情绪也有其功效。

美国社会心理学家卡根等人的研究发现,一切不知道最好的行动方针是什么的情况下,人都可能产生焦虑情绪,事情的不确定性是焦虑的根源。

运动心理学者费希尔采用恩德勒等人1962年编制的篮球情境下的S-R焦虑问卷表,对引起篮球运动员焦虑情绪的12种特定情境进行了研究。结果表明引起篮球运动员焦虑原因有以下3个不同的方面:① 对个人有威胁。主要是怕失败、怕受伤。比如当运动员认知到某一"横竿"的高度对他是一种威胁时,就会产生焦虑。② 结果的不确定性(比赛不分胜负)或消极的确定性(如输了球)。③ 期待,即焦虑是由悬而未决的情境所促成的,至于生理唤醒状态本身(如心率加快、身体颤抖等)并不是产生焦虑的根源。只有当人预感到这种生理状态是不祥之感时,才会引起焦虑。而且越是意识到这种情绪反应的身体迹象,越会加强焦虑的程度,造成一种恶性循环。

2. 系统脱敏理论基础和作用原理

系统脱敏疗法的理论基础是学习理论,即经典的条件反射与操作条件反射。华生(1920)通过条件反射实验成功地使得11个月的婴儿艾伯特对大白鼠产生了恐怖症,并提出了条件性恐怖(如艾伯特的恐怖行为)的减轻和消除办法,认为有四种可能的策略来克服这种条件反射：

（1）通过实验性消退方法。

（2）通过在引起恐惧的客体周围进行"建设性"活动的方法。

（3）在感到恐惧的客体存在的条件下，通过给儿童吃糖的方式"重建反射"。

（4）在恐惧客体存在时刺激催情带的方法。

1924年他提出了一个能减轻或消除条件性恐怖的最有效办法——"去条件化技术"，即在恐怖物体出现的同时伴随产生一个愉快事情使之发生竞争反应。

琼斯（1924）采用去条件化技术成功地治疗一名3岁儿童彼特的动物恐怖症（他恐怖兔子、老鼠等多种物体）。琼斯的方法是给小儿吃东西时，将放着兔子的笼子逐渐移近，然后把笼子放到小儿座位旁的桌子上，随着耐受性增大，最后彼特能够抚摸和抱着兔子而没有一丝恐惧，与此同时他也逐步消除了对棉花、毛皮大衣、羽毛和老鼠的恐怖。

系统脱敏疗法不仅以经典条件反射学习理论为基础，而且也融合了操作条件反射的部分理论——斯金纳的正性强化和自然消退原则。

系统脱敏是一种最常用的行为治疗方法，它应用"抗条件作用"原理以解除病人与焦虑有联系的神经症等行为问题。系统脱敏的产生是与 Wolpe(1958) 的工作分不开的。虽然在他的关于猫的实验研究中让猫暴露于它所害怕的真实生活情境，但临床中经常采用的系统脱敏却是让病人边想象令他害怕的事物边放松全身。之所以如此，主要有两个理由：其一，临床工作限于条件不可能陪同每位病人到真实的生活情境中去脱敏。其二，病人所害怕的某些情境或事物不可能被展示出来，如害怕亲人会死去。一般将想象（恐惧的事物）与（抑制焦虑的）放松反应的结合，看作是经典的系统脱敏。这种经典的脱敏法的主要缺点是治疗者难以对病人的想象活动实施有效的控制。因此，人们又在此基础上作了一些改进，产生了一些变式。

系统脱敏疗法是最早应用的行为治疗技术之一。行为疗法理论认为：人的行为，不管是功能性的还是非功能性的、正常的或病态的，都经学习而获得，而且也能通过学习而更改、增加或消除。其主要理论观点是：

（1）条件反射的形成和建立，就是条件刺激取代无条件刺激、形成特定的"刺激—反应"关系的获得过程。

（2）强化或榜样：强化是使一个人积极寻求刺激的动因，会使一个人趋向某种特殊的活动或形成某种特定的行为。

（3）泛化：这是人和动物把习得的经验扩展运用到其他类似的情境中去的倾向，可能是许多症状得以维持和发展的原因。

（4）消退：新条件反射建立后，若仅继续给予条件刺激，原条件反应的强度就会下降,直至消失。

通俗地说,系统脱敏疗法通常是以"刺激—放松"反射为适应行为,来取代求助者已经形成的"刺激—异常行为反应"反射,继而强化适应行为,因泛化而使适应行为得到巩固,克服异常行为。

3. 实施系统脱敏疗法的一般步骤

(1)建立焦虑阶层、建立恐怖或焦虑的等级层次:这是进行系统脱敏疗法的依据和主攻方向。

了解当事者的异常行为表现是由什么样的刺激情境引起的,根据求助者的自我感受,把求助者对刺激情境所产生的焦虑反应由弱到强按次序排列成"焦虑阶层"(沃尔朴称为"主观干扰程度",缩写为SUD)。

找出所有使求治者感到恐怖或焦虑的事件,并报告出对每一事件他感到恐怖或焦虑的主观程度,这种主观程度可用主观感觉尺度来度量(图13-2)。这种尺度为0~100,一般分为10个等级,单位为sud。

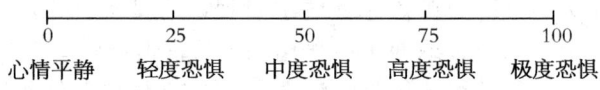

图13-2 恐惧的主观度量尺度

将求治者报告出的恐怖或焦虑事件按等级程度的由小到大加以排列。下面是一位害怕考试的学生的主观等级的最后排列示例(表13-1)。

表13-1 一个害怕考试的学生害怕的等级层次

序列	事 件	Sud
1	考前一周想到考试时	20
2	考试前一个晚上想到考试时	25
3	走在去考场的路上时	30
4	在考场外等候时	50
5	进入考场	60
6	第一遍看考试卷子时	70
7	和其他人一起坐在考场中想着不能不进行的考试时	80

以上两步工作也可作为作业由求治者自己独自去做,但再次治疗时,施治者一定要认真检查,注意等级排列的情况。以下是一位蜘蛛恐怖症患者不同的焦虑情境:

① 打印"蜘蛛"字样的卡片。

② 看一幅静止的蜘蛛图画……

③ 看移动的蜘蛛画面。
④ 观看园子里5米远的静态蜘蛛。
⑤ 观看2米远蜘蛛的运动。
⑥ 近看蜘蛛结网。
⑦ 让小蜘蛛在戴手套的手上爬行。
⑧ 让蜘蛛在裸手上爬行。
⑨ 让大蜘蛛在裸手上爬行。
⑩ 拿起大蜘蛛并让它向手臂上爬行。

以上几种情境刺激显然以①引起病人焦虑程度最轻微⑩最严重。通常要求病人配合将这一等级表设计得尽可能准确和详细一些。

（2）进行放松训练：放松训练一般需要6~10次练习，每次历时半小时，每天1~2次，以达到全身肌肉能够迅速进入松弛状态为合格。每天定时让患者来心理咨询室进行放松练习。教给他按一定顺序逐步放松身体各部位的肌肉群；练习肌肉紧张，时间上持续5~7秒，然后迅速回到放松状态。目的是让其体会这种放松的感觉，最终脱离放松的程序也能达到放松的程度。比如有时让其咬紧下巴，或握紧拳头，然后再放松；有时让其坐在舒适的椅子上，深呼吸后闭眼睛，并想象令人轻松的情境：如躺在海边，听着轻音乐等。最后让他检查自己的身体，从头到脚各部位的肌肉是否都松弛下来，达到全身放松状态。如此反复进行练习，目的是让其能随时进入"全身放松"的状态。

（3）建立逐级"焦虑阶层——放松"反射：教会当事者一种与焦虑、恐惧相抗衡的反应方式——松弛反应。使来访者在面对刺激情境时感到轻松而解除焦虑；进而把松弛反应技术逐步地、有系统地和那些由弱到强的焦虑阶层同时配对出现，形成交互抑制情境（即逐步地用松弛反应去抑制那些较弱的焦虑反应，然后抑制那些较强的焦虑反应）。

循序渐进地、有系统地把那些由于不良条件反射（即学习）而形成的、强弱不同的焦虑反应，由弱到强一个一个地予以消除，最后把最强烈的焦虑反应（即我们所要治疗的靶行为）予以消除（即脱敏）。异常行为被克服了，当事者重新建立了一种习惯于接触有害刺激而不再敏感的正常行为。

（4）脱敏治疗：要求求治者在放松的情况下，按某一恐怖或焦虑的等级层次进行脱敏治疗。系统脱敏在求治者完全放松的状态下进行，这一过程分为三个步骤进行：

① 放松。放松训练通过自我暗示改变肌肉紧张度（使肌肉放松）从而导致心理尤其是情绪安定的一种心理技术。这种心理技术可以有效地应用于运动员的心理训练。

② 想象脱敏训练。由施治者做口头描述，并要求对方在能清楚地想象此事

时,便伸出一个手指头来表示。然后,让求治者保持这一想象中的场景30秒钟左右。想象训练一般在安静的环境中进行,想象要求生动逼真,像演员一样进入角色,不允许有回避停止行为产生,一般忍耐一小时左右视为有效。实在无法忍耐而出现严重恐惧时,则采用放松疗法进行对抗,直到达到最高级的恐怖事件的情境也不出现惊恐反应或反应轻微而能忍耐为止。一次想象训练不超过4个等级,如果在某一级训练中仍出现较强的情绪反应,则应降级重新训练,直至完全适度。

③ 实地适应训练。这是治疗的关键步骤,也是从最低级到最高级,逐级训练,以达到心理适应的过程。一般均重复多次,直到情绪反应完全消除,方可进入下一等级。每周治疗1～2次,每次30分钟左右。比如对一个过分害怕猫的人,在治疗中,便先让她看猫的照片,谈猫的事情;等到看惯了,不害怕了,再让她接触形象逼真的玩具猫,再让她靠近笼子里的猫,接着慢慢伸手去摸,最后去抱猫,逐渐除去怕猫的情感反应。

(六) 模拟训练

1. 模拟训练定义

模拟训练实际上是一种适应性训练或脱敏训练。在复杂的、陌生的环境中比赛时,运动员常会对诸多自己事先未料到的情境感到不安和紧张。模拟训练就是人为地制造或模拟可能引起应激反应的刺激(环境)因素,让运动员在这种情境下训练或比赛,使之对这些环境因素熟悉,逐步适应这些环境因素,降低环境因素对运动员的刺激量,从而使运动员产生对这种情境的抗干扰能力,减轻或消除环境因素对运动员的劣性影响。模拟训练的结果就是使运动员在参赛时能感到自己好像已经参加过了这场赛事,知道自己能处理一切可能出现的问题。

运动生理学告诉我们,人之所以能适应于不断变化着的外界环境,首先是由于人们能感受内外环境中的各种变化,并通过中枢神经系统的分析与综合作用,感受这些变化与自己活动、生存的关系,从而决定着对于这些变化的反应。这种反应是大脑皮质精细分析的结果,也是大脑皮质将外界各种刺激综合起来的能力,即综合机能。外界各种刺激可在大脑皮质建立许多的暂时性联系,这些联系在机能上可以互相结合起来而发生一种反应。我们进行人的模拟训练的一个重要目的,也就是让运动员获得这种反应,使得运动员的综合机能得到提高。综合机能越强,发生反应的时间就越短,运动员对各种来球做出的对策也就越迅速,技术动作的运用也将越合理。

2. 模拟训练方法

模拟训练所包括的内容很广,应根据比赛的实际情况和运动员本人的特点来确定,下面介绍几种常用的模拟训练的方法。

(1) 对手特点的模拟:模拟国内外比赛对手的技术、战术特点以及他们的比赛风格、气质表现是许多对抗性运动项目训练的常用方法。可以让队友扮演对手的各种活动,以便更加深入细致地了解对手的特征,演习各种有效的对策。

削球手模拟。因为中国女选手在45届单项世乒赛后曾数次在国际比赛中败于"海外兵团"削球手何千红、施婕、田静等人的拍下,而新增加了一项应对削球好手的训练内容。女队训练中多了很多削球手,其中有几位特地从有关省市临时借调来的男选手,有一位叫李科威的选手,被称作"丁松第二",也担任女队陪打。另外,女队的集训名单,不但有中国第一女削球手王辉,还有另一名女子削球高手成红霞。让同伴重视和适应此类打法,可谓是有针对性地防患于未然。

主要对手模拟。在雅典奥运会备战中,江苏选手单明杰和来自福建的削球小将王喜模仿韩国双打选手吴尚垠和朱世赫,与马琳和陈玘过招。在最后一刻绝缘雅典奥运的老将阎森,在集训中心甘情愿地重当起"陪打"的角色。不论是指导小师弟陈玘的台内球,还是和单明杰配成双打模拟对手,阎森都做得一丝不苟。和阎森一样,同是三朝元老的张勇,因为欧洲化的两面弧圈打法而一直在队中充当陪练,此番备战,张勇的头发短了,可步子没有慢,在他的手下,一个又一个重磅弧圈炸弹源源不断地送向奥运主力的台面,"我们的任务,就是给主力制造困难,我想,他们能够理解。"

(2) 不同起点比赛的模拟:不同起点的比赛的模拟包括领先、落后和关键分相持三种情况。如羽毛球项目在模拟训练中可从14∶13开始,强手从13分开始,弱手从14分开赛,以锻炼运动员在落后情况下转败为胜的顽强意志。再如,乒乓球比赛在模拟训练中可从17∶18开始,以锻炼运动员在关键时刻沉着冷静、处理果断的品质。

打"追局",以两队扮演比赛双方(力量应双方均衡),规定预先的分数,例如从1∶5开局,在本方输掉5分后开始或继续比赛,磨砺运动员打"翻身仗"的意志。模拟打"追局"的战术和打法,一定不要轻易气馁,轻易放弃。如当年的老中国女排在几次世界大赛中,在多次比分为9∶14的险恶情况下,决不轻言放弃,奋起直追,最后终于获胜,使中国女排完成了自己的梦想,为国争光。

打"领先球"与打"追局",相反,本方领先5分开始比赛,培养本方领先,对方在全力冲击追赶的局面下的心理稳定性。同时模拟分数领先时的战术和打法,提高运动员在场上控制情绪的能力。

(3) 裁判错判误判的模拟:裁判的错判误判是运动员最难应付的问题之一,这种模拟可以帮助运动员将注意集中在可以控制的事情下,即下一步的技术、战术上,而忽略自己难以控制的事情,即裁判行为。

(4) 气候条件影响的模拟:气候条件往往对运动员的比赛状态有重要影响,如"汤姆斯杯"羽毛球比赛曾多次在印度尼西亚首都雅加达举行,那里气候炎热,室外温度常常高达摄氏30多度,比赛场地挤满一万二千多名观众,体育馆内无空调设备,馆内的门窗都关着,防止比赛受风的影响,这就对运动员适应高温条件提出了很高的要求。高温下的模拟训练和比赛显然有助于减少高温对运动员的不利影响。

(5) 对观众影响的模拟:观众的鲜明态度和立场往往通过震耳欲聋的呼喊声和激烈的表情动作表现出来,足以给运动员以极大的压力和干扰,在这种情况下,即使是最有经验的运动员也有可能分心或过于激动、紧张。如果在模拟比赛中组织一些观众,有意识地给运动员制造一些困难,如鼓倒掌、吹口哨、为对方加油等,将有助于减少运动员实际比赛时的应激(或压力紧张)反应。

印度尼西亚的球迷是出了名的吵闹,其起哄声与喧哗声堪称"世界之最"。为提前适应2004年汤尤杯的比赛环境,中国羽毛球队来了一招"以毒攻毒",自己在训练中营造出印尼球迷般的气氛。从以往的比赛录像中找出现场观众最多的一场将其灌录成CD碟,专门突出现场的声响。每天的训练开始后,队员就把这张CD放进音响内反复播放,巨大的声浪是从挂在墙壁上的音箱中传来,从而制造出数千观众齐声呐喊的磅礴气势。

(6) 时差的模拟:经过研究认为,6小时以上时差的地方,到达后最好3～4天内不进行训练或只进行轻微活动,4天后可逐渐加大训练强度,10天后参加比赛可能出现好成绩。

到国外参加比赛的运动员,需要考虑时差的适应问题。例如,中国运动员到美国亚特兰大参加奥运会,时差11小时,几乎是昼夜颠倒。在此情况下,一个人恢复到原有状态的时间约为8～10天。对时差问题进行模拟训练,可以在临出发前的一段时间内,逐渐改变作息时间,假定已知比赛国的比赛时间大多为北京时间8：00,则也在此时间安排模拟比赛,在5：00起床,就要做各种必要的准备。

我国运动员在适应"时差"方面有许多很好的经验,如果不能提前到比赛场地,可用下列方法进行弥补:

① 到与比赛地点临近的经度地区训练。
② 在国内安排"倒时差",即按赛国时间进行作息。
③ 用一次"倒时差"法。即不管路程多远,时差距离多大,旅途上尽量坚持不睡,抵达目的地后熟睡一觉,先在睡眠时间上倒过来,这样就可以缩短适应时间。

（7）场地、地理环境的模拟：地理环境的模拟训练最常见的形式是高原模拟训练，如日本为了对运动员进行高原缺氧训练，要求他们每天在低压舱里呆两个小时。

为了第43届世乒赛实战的需要，中国乒乓球队把比赛中可能出现的困难都想到了，比如说，有的运动员忌讳挡板广告颜色反光，尤其是在广告板变换内容的时候，影响更为严重。乒乓球训练时有意在挡板上搭上各种色彩的布条，模拟赛场上的挡板广告颜色反光，让运动员在平时的训练中逐渐适应。

（8）首战（或重点场次）模拟训练：首战如何，运动员特别关注，对全队的心理状态影响也极大，并且关系全局，关系整队的气势问题。针对首场比赛的对手，按前述一般战术模拟训练的要求，加强开赛就要压倒对方的技战术训练。特别是"气势"模拟训练，要求做到气势大，技战术熟练、准确，运用自如，从精神、技术、战术和身体准备上力争"首战必胜"，力争"开门红"。如果是遭遇战，对对方不了解，则要求以我为主，发挥自己的优势，争取主动。

拿排球来说，目前排球比赛中的每局开始的前5分和20分都是比赛的一个关键点，前5分打得好，能使运动员以安静的心态发挥技战术，为本局的获胜打下良好的基础；到20分时，由于距比赛结束较近，会使运动员产生急躁的情绪，对这两种情况均应进行必要的训练。

再如，国家体育总局重竞技运动管理中心曾在雅典奥运会之前为中国举重队开设"实战模拟精英赛"。这次"实战模拟精英赛"是中国举重队备战雅典奥运会的重要组成部分，它将吹响中国举重队进军雅典奥运会的号角。本着模拟实战原则，从饮食、交通和场地安排，到比赛组织、比赛规则、现场气氛、仲裁等，全方位模拟奥运会比赛。为了提高运动员应对可能出现的意外障碍和困难的心理素质与能力，有关方面还人为制造了一些"麻烦和干扰"。这次比赛既是"实战模拟精英赛"，也是精英赛，是中国举重队参加雅典奥运会前的一次集中展示和练兵。

以中国乒乓球以往备战奥运会的经验，赛前的模拟训练和比赛是必不可少的，是备战的主要内容，也可以说是中国队备战的最大优势所在。要进行高质量的模拟训练，离不开三个必要条件，一是正确分析对手；二是模仿者的真实性；其三是主练者的投入程度。

（七）PST 实例分析

对中长跑运动员实施心理训练的例子：

一名20岁中长跑运动员张××，在重大比赛中往往不能正常发挥出平时的训练水平。经心理诊断发现他有如下不良心理因素：赛前几天心情易过度激动，造成情绪紧张，晚上过度兴奋而失眠，这种怯场的后果是由于赛前休息不好，疲劳消除慢所致，进而影响了他竞技状态及潜力的发挥。

从 1980 年起，逐步对他采取了如下五种心理训练的方法：

（1）认知训练：通过讲座的形式，对被试讲解心理训练的意义、方法和机制，以充分调动运动员的内部动机、树立信心、主动配合。

（2）自我控制技术训练：通过呼吸动作及入静技巧的示范，让被试学会呼吸、放松肌肉、意守呼吸等环节，逐步用它来调控思维，中断杂念，降低大脑皮层兴奋水平，加快入睡过程，快速消除疲劳。

（3）无形训练：科学地安排运动员每周除了身体技术训练（约 20 小时）外剩下来的其余"无形"时间（约 148 小时），即把运动员的日常生活也纳入心理训练计划内。

（4）模拟训练：即脱敏训练，在平日训练中经常对比赛现场即将出现的各种可能刺激进行模拟，以增强适应内外环境、排除干扰的能力。

（5）心率反馈训练：利用电子脉率仪让运动员能自我监听心率及自我观察心率指标，然后利用上述自我控制技术来调节心率和肌肉放松程度，间接地起到调节情绪的作用。

上述心理训练进行三个月后，赛前的不良心理因素：过度紧张、激动、入睡困难、身心疲劳不易消除等一系列障碍已基本克服（董经武，1983）。

四、教学重点与难点

（一）教学的重点

Jacobson 渐进放松法、模拟训练所包括的内容、实施系统脱敏疗法的一般步骤。

（二）教学的难点

自生训练的具体练习方法、生物反馈方法的原理。

五、教学指导建议

这一章的内容虽较多，每一种方法单成一块内容，显得比较条理。在教学过程中应围绕每一块内容的概述、理论前提、训练内容和手段来安排讲学，尽量多举些实例来丰富教学内容，同时让学生多实践，教他们尝试着运用不同的方法指导自己的体育实践。理论与实践相结合是本章学习的好途径。

教学活动设计案例：

由于具体的心理技能训练方法本身操作性很强，因此在课堂上教师除了讲授理论之外还应该让学生参与进来，同时因为本章的教学目标之一就是在完成本章学习之后学生能够掌握一种或几种方法指导自己的体育实践活动。为了实现这个教学目标教师可以在课堂上讲到某一具体方法的时候，将学生作为心理技能训练的对象，给他们读指导语为他们实施心理技能训练。然后可以以两人一组的形式，安排学生相互为对方尝试进行心理技能训练。

六、参考文献

[1] 张雨新.行为治疗的理论和技术[M].北京:光明日报出版社,1989.

[2] 丁雪琴,殷恒婵.运动心理训练与评价[M].北京:文津出版社,1997.

[3] 杨则宜.探索冠军之路的奥秘——训练之外的强力手段[M].北京:人民体育出版社,1990.

[4] 特里·奥里克.竞技心理与优胜[M].北京:人民体育出版社,1987.

[5] 丁雪琴.青少年心理训练[M].北京:北京体育学院出版社,1988.

[6] 杨宗义,丁雪琴.运动竞赛心理[M].四川:西南师范大学出版社,1987.

[7] 姚家新.竞赛心理咨询与心理训练[M].北京:人民体育出版社,1995.

[8] 张力为,毛志雄.运动心理学[M].上海:华东师范大学出版社,2003.

[9] 张力为,任未多.体育运动心理学研究进展[M].北京:高等教育出版社,2000.

[10] 石岩.射击射箭训练新理念[M].北京:人民体育出版社,2005.

[11] 孟献峰,曾芊.放松训练研究的回顾与展望[J].广州体育学院学报,2004,24(3).

[12] 丁雪琴.体操运动员的赛前心理准备初探及心理训练方法简介[J].体育科学,1983,3(2).

[13] 王惠民,崔秋耕.利用肌电反馈技术进行心理控制训练研究[J].体育科学,1991,11(4).

[14] 王惠民,刘淑慧.促进高级射手积极自我谈话的案例研究[J].体育科学,1994,14(2).

[15] 丁雪琴.几种心理训练方法的应用效果及其综合评价手段的研究[J].体育科学.1998,18(2).

[16] 石岩.射箭运动员比赛中最适宜唤醒水平的研究[J].中国体育科技,

1998,(1).

[17] 石岩.优秀射箭运动员定量运动负荷训练的研究[J].体育科学,1998,18(5).

[18] 石岩.心理学的发展对我国气功科研的启示[J].体育学刊,1999(4).

[19] 丹尼尔·M·兰德斯.心理演练/表象和运动表现:指导应用的研究成果[J].体育科学,2000,20(3).

[20] 张力为,田麦久.竞赛自信及竞赛焦虑与注意指向:探点反应时实验的提示[J].体育科学,2000,20(6).

[21] 殷恒禅,丁雪琴,陈勇嘉.生物反馈技术在运动员心理训练过程中的应用[J].体育与科学.2000,21(124).

[22] 邱宜均.射击运动员"3、3、2"身心控制训练初探.湖北体育科技[J],2001(4).

[23] 鲍政栋,姒刚彦.催眠与运动员心理训练——一种不同于心理治疗的观点与实践[J].武汉体育学院学报,2002(5).

[24] 刘淑慧.论射击运动员比赛中心理的内适应[J].首都体育学院学报,2003,(3).

[25] 王振华,李永康."三线放松法"及其可行性研究[J].武汉体育学院学报,2003,37(6).

[26] 张忠秋.生物反馈仪在运动员心理训练中的应用[J].中国体育教练员,2004(1).

[27] 秦颖洁,孙九伶.生物反馈疗法的临床应用[J].承德医学院学报,1999,12(2).

[28] 蔡赓,季浏.生物反馈技术在运动训练中的运用[J].体育科技,2000,21(4).

[29] http://www.sus.edu.cn/xxgk/graduate/yjstd/0316.htm

[30] http://www.psychcn.com/

[31] http://www.archshoot.org.cn/index.htm

[32] http://www.study888.com/mind/cs/xlmz/112558_4.html

[33] http://www.yogacn.com

[34] http://www.hhfg.org/xxsz/f109.html

[35] http://www.aapb.org

[36] http://webideas.com/biofeedback/

[37] http://www.biofeedbackzone.net/

[38] http://www.thoughttechnology.com

[39] http://www.bfe.org/

[40] http://www.biofeedback.net

[41] http://bjwww.3322.net/c/sun12.htm

[42] http://women.sohu.com/20010305/file/0261％2C115％2C1000 42.html

第十四章

运动中的认知干预方法

一、教学目标

通过本章教学,使学生能够:
(1) 掌握表象和表象训练的概念、种类和作用,了解表象训练的原理和机制,能掌握并在实践中学会使用表象训练的方法。
(2) 了解认知训练法的历史,掌握认知训练法的原理,掌握不合理思维的特点,学会并能在实践中应用认知训练方法。
(3) 掌握暗示训练的概念和作用,了解暗示训练的原理,学会并能在体育实践中应用暗示训练方法。
(4) 了解自信训练的概念、有关自信的理论,学会并能在体育实践中应用自信训练的方法。

二、教学内容框架(图14-1)

三、知识拓展与深化

(一) 表象训练

1. 表象的应用事例

1968年,苏联著名心理学家Luria在他所著的《超级记忆大师的心灵》一书

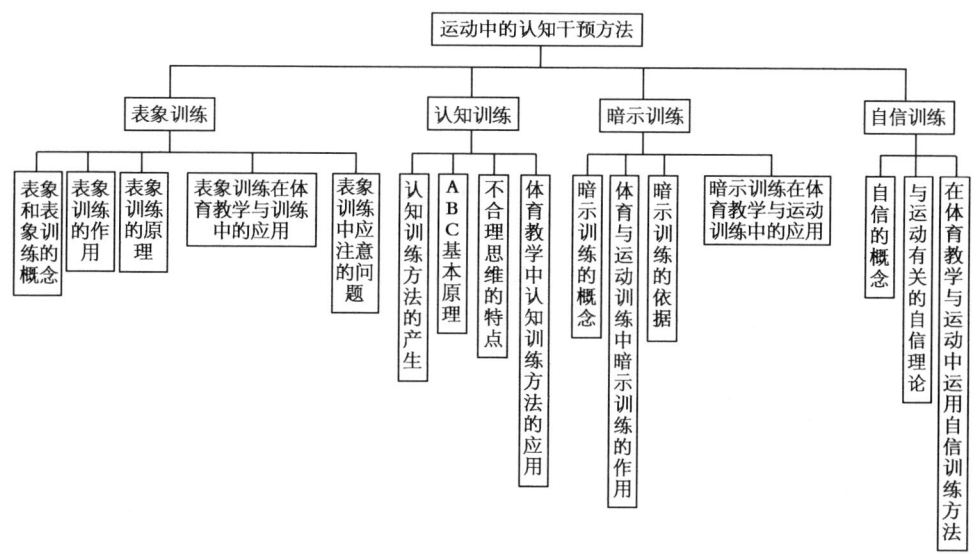

图 14-1 运动中的认知干预方法教学内容框架图

中,描述了一个能改变自己脉搏的人。这个人可以把自己的脉搏从正常状态下的 70 次/分钟增加到 100 次/分钟,然后又从 100 次/分钟恢复到 70 次/分钟。Luria 曾对这个大师的表演表示过怀疑:"你是如何做到这一点的呢?"这个大师回答说:"我只是看到我自己正跟着一个刚刚起动的火车后面跑,我一定要赶上最后一节车厢,就像我要实际这样做一样。像这样我的心跳加快还有什么奇怪的吗?"Luria 又提出了第二个疑问:"但是,后来你的脉搏又怎样慢下来的呢?""在那以后,我看到我自己躺在床上,非常安静,马上要睡了,我能够看到我自己开始睡着了。"这就是瑜伽大师的回答。

近年来,有不少关于瑜伽信徒和气功大师表演各种特殊功夫的报道,如赤裸双脚在发红的燃煤上行走、睡在插有很多枪尖的床上,以及对自己自主神经系统的惊人控制,如控制心跳、呼吸、皮肤温度和其他一些身体功能。美国公共广播系统(PBS)曾上映过一部纪录片,这部纪录片讲述的是印度一位瑜伽大师的高超功夫。与其他别的报道所不同的是,在这部纪录片中有一组科研人员监控表演的全过程。

科研人员在瑜伽大师身上贴上一些电极,以监视他的心跳、呼吸、皮肤温度,并通过脑电图(EEG)监视他的脑电波。然后把他放在一个密不透气的铁皮仓之内,这个铁皮仓只能供应 5 分钟的氧气。关闭仓门的时候,该瑜伽大师的身体功能如下:心率 68 次/分钟,呼吸 12 次/分钟,皮肤温度华氏 91 度,脑电波为 β 型,说明是正常的脑活动。

5 分钟以后,该瑜伽大师的生命机能发生了戏剧性的变化:心率下降到

24次/分钟,呼吸3次/分钟,皮肤温度华氏68度,脑电波变成了α型,正是入睡前大脑活动的特征。令人难以置信的是,这位瑜伽大师已经减缓了他的身体功能,大大超出了通常人们认为的意志控制能够达到的程度。该瑜伽大师在这个铁皮仓里呆了30分钟,是一个正常呼吸的人在这种供氧条件下坚持时间的六倍。当打开铁皮仓门的时候,他的身体机能又很快恢复到正常水平,看起来和以前一样健康。

瑜伽大师表演的这些绝技,这种对自己的自主神经系统的惊人控制能力实际也是通过多年的表象训练获得的。

几百年来,医生们就一直在使用安慰剂。例如,因出血性溃疡而住院的病人,当医生给病人注射蒸馏水,但告诉病人这是一种能够治愈他们疾病的新药时,70%的病人呈现出了惊人的治疗效果。安慰剂又是如何起作用的呢?心理分析学家Franck博士认为安慰剂是一种治愈的象征或符号,这种符号在病人身上可以引发一种痊愈的视觉形象。医生给病人服用某种药物或注射某种药物时就为病人对药物效果的视觉形象提供了根据,这实际上也是表象的作用。

表象在现代医学中最显著的应用之一可以推举美国得克萨斯州的Simonton博士对癌症病人的治疗。Simonton在他对癌症病人的早期治疗中观察发现,很多病人在发病前的好几个月都是处于精神压抑和情绪紧张状态,癌症只是在细胞水平上对经验到的绝望的一种反应。

Simonton教他的病人在心理上想象一种内部战场,在这个战场上,可以看到健康的细胞把癌症细胞打得一败涂地。那些绝望的病人,很多人通过常规药物只能活几个星期或几个月。后来逐渐被Simonton说服并相信,只有以一种积极的态度,并通过生动的想象与自己的疾病作斗争,才是他们最后的希望。Simonton在进行药物治疗的同时辅以这种表象,使很多晚期癌症患者的病情有了明显的减轻(姚家新,1995)。

1987年的棒球世界联赛的第六场比赛为我们提供了一个很好的例子,可以说明职业运动员对表象法的使用。在第六场比赛中,明尼苏达"孪生兄弟队"的击球员Baylor要和圣路易斯"红衣主教队"的投球手Tudor对垒。这时已是第五局的下半局,圣路易斯的队员们以5∶3领先,没有人出局,第二垒还有一个人。上一次Baylor和Tudor对垒是在1983年,那时他还在"扬基队",而Tudor在"红袜队"服役,在为这次势均力敌的经典性比赛做准备的时候,Baylor回忆到,"我回想起上次他向我投球时的情境,可以说我准备得要比他充足"(Wulf,1987)。结果历史记录下了Baylor截住了Tudor击出的第一球,打了一个两分的本垒打。

成功的运动员都会充分地运用表象和想象。Nicklaus,经久不衰的最伟大的高尔夫球手之一,曾对表象过程进行详细的描述,他说到:"在我打每一杆球之前,甚至在练习时,我都会在脑子里想象一幅清晰的图片。这有点像彩色电影。开始时,我"看见"球就在我希望它到达的地方……然后画面迅速转换,我又"看见"球就向那个方向滚去……然后画面淡出,下一幅图片就显示我击出一杆时,将想象变成了现实(Nicklaus,1974)。

还有许多伟大的运动员像篮球运动员 Jordan、网球明星 Evert、跳水明星 Louganis 和花样滑冰明星 Kerrigan 都曾提到在为比赛做准备时使用过表象法。另外曾经对花样滑冰运动员作过一项实验控制研究,研究他们如何使用表象法,这个例子也很有指导意义。Garza 和 Feltz(1998)把优秀花样滑冰运动员随机分成一个控制组和两个不同的实验组,实验组可以使用想象法。其中一个表象实验组把他们想象中的冰上轨迹用铅笔画出来,另外一个实验组按照他们想象中的轨迹在冰上走一遍,而控制组则直接进行滑冰。实验时,将 3 个组的滑冰结果进行比较,发现在两个表象组之间没有大的差异,而在控制组和表象组之间发现了显著差异,并且表象组的结果优于控制组(Richard·Cox 著,张力为等译,2003)。

2. 表象训练与运动员的技术水平

一项和心理练习相关的重要发现是:在进行心理练习时,熟练的运动员要比新手获益更多。Clark(1960)做了一项研究,研究运动员在学习单手篮球罚篮(Pacific Coast One-hand Basketball Foul Shot)的时候,心理练习和身体练习的效果有何不同。他把 144 位高中男生按照他们在体育代表队中的经验水平(熟练组、中等水平组和新手组)分别分成身体练习组和心理练习组,在进行为期 14 天的练习(每天投 30 个球)之前和之后对他们分别进行前测和后测,每次测试投 25 个球。结果显示,对于中等水平组和熟练组来说,心理练习和身体练习几乎一样有效,但对于新手来说,身体练习要远比心理练习更为重要。Corbin(1967a,1967b)发现,在运动员完成用棍子变戏法的任务时,也表现出了类似的结果。从这些研究的结果看来,有一点很明显:要让心理练习对行为有促进作用,运动员需要一些技术基础。换句话说,教练或老师不要期望心理练习对那些没有技术基础的运动员也有效果。运动员的技术越熟练,心理练习就对他们越有效果(Richard·Cox 著,张力为等译,2003)。

3. 时间因素和心理练习

对于心理练习来说,并非练得越多越好。Etnier 和 Landers(1996)对篮球运动做了一项研究,结果显示如果运动员经常进行技能训练,进行 1~3 分钟的心理练习要比练习 5~7 分钟效果好。在他们的研究中还显示:在进行技能训练前进行心理练习要比在技能训练后进行心理练习效果更好。这更支持了应该在比赛即将开始前进行心理演练的观点。

对技能训练来说,练习得越多越好;但对于心理练习,并不一定是练得越多越好。在某种情境下,运动员对某项技能任务进行心理练习有一个最佳时间量。一旦超出了这一时间限量,继续进行心理练习反而会有害而无益。应当提醒运动员,在想象中练习一项技能任务时,如果注意力消减了,就应该停止练习,转向其他的事情。

4. 表象的测量

人们编制了太多的调查问卷用于测量表象的不同方面。下表提供了一份不完全的表象调查问卷清单(表14-1)。这份清单中先按照调查问卷的目的对它们进行了划分,然后在各个分类中又按照出版时间先后排列。

表 14-1 表象调查问卷清单

表象特点	调查问卷	来源
可控性	Gordan 的表象控制测验(GTIC) 团体心理旋转测验(GMRT)	Richardson(1969) Vandenburg & Kruse(1978)
喜欢的风格	个体差异问卷(IDQ) 喜欢的表象认知风格(PICS)	Paivio(1971) Isaacs(1982)
表象使用	表象使用问卷(IUQ) 足球表象使用问卷(IUQ-SP) 运动表象问卷(SIQ) 练习表象问卷—阿拉伯版本(EIQ-AV)	Hall,Rodgers & Barr(1990) Salmon,Hall & Haslam(1994) Hall,Mack,Paivio & Hausenblas(1998) Hausenblas, Hall, Rodgers & Munroe(1999)
表象生动性	心理表象问卷(QMI) 心理表象问卷简本(SQMI) 视觉表象生动性问卷(VVIQ) 运动表象问卷(MIQ) 运动表象生动性问卷(VMIQ) 运动表象问卷修正版(MIQ-R)	Betts(1909) Sheehan(1967) Marks(1973) Hall & Pongrac(1983) Issac,Mark & Russell(1986) Hall & Martin(1997)

表象可控性是指个体要改变和使用表象所需要的个人控制力。一般认为个体控制力越强,表象就越有效。表象风格反映了个体在选择表象时的个体差异。表象使用反映了运动员使用表象的频度和目的。表象生动性和表象的清晰度、力度以及可辨别度有关。在进行关于表象的研究时,通常需要考虑从表象的可控性和生动性两方面测量运动员的想象能力。

5. 表象运用的 4 个 W

根据 Munroe、Giacobbi、Hall 和 Weinberg(2000)的观点,表象运用的 4 个 W 是指地点、时间、原因和方式。在讨论表象运用的 4 个 W 时,运动员要集中在运动运用上,而不要集中在受伤康复上。记住了这一点,就不难理解表象运用的地点是指在训练或比赛中,而且研究也表明,多数表象运用是在比赛当中。

表象运用的时间是指训练或比赛当中何时使用表象。训练时指在练习时或练习以外运用表象;比赛时指在比赛前、比赛中和比赛后对表象的运用,其中大部分是在比赛前以内心演练的形式进行的。

表象运用的原因是指表象的功能。这些研究者所谓的"功能"就是指表象的不同用途或者不同类型的表象。运动员使用表象是为了引起认知或者动力上的变化。

表象运用的方式是指运动员所用表象的内容或质量。主要包括时间、有效性、意象的本质、环境、表象类型和可控性6个方面。(Richard·Cox 著,张力为等译,2003)

6. 表象训练的辅助设备

在掌握动作技能方面的难题之一就是获得早期的心理模式或获得关于完成该技能的完整的概念。这样运动员才能够合理地接近于完成这个动作。漫长的尝试错误的学习过程、教练员的重复指导、日复一日地尝试获得准确的心理模式,也常常是令人感到不称心的事。如何使最完美的动作模式印刻到大脑中或强化这个最完美的模式,对运动员的表象来说也是一种挑战。这种挑战就是如何捕捉那一个最完美的投篮、传球、踢球或套路,然后把它们印在大脑里,这样运动员就能在心理上演练它,并且稳定地把它表现出来。

现在一种有效的方法是运用录像带或电影胶卷捕捉那些为数甚少的几个最完美的动作。有些运动心理学家曾试过将运动员练习的动作技能拍摄成电影或录像。胶片要仔细地编辑,通常要征求教练员和运动员的意见,确定最完美的或接近完美的动作。然后,把这些动作重复地复制在胶片上,一遍一遍地放给运动员看。运动员像与进行表象训练时一样放松的观看自己熟练的动作。观看这个胶片几分钟以后,运动员闭上双眼,表象这种技能。录像设备及技术的广泛运用,如高度分离式和能方便地进行编辑的技术,对帮助运动员掌握他们的运动技能肯定是大有裨益的。当然,也有一个值得注意的问题,对那些技能的关键成分是动觉而非视觉范围的技能而言,这种方法的帮助就可能不是太大,除非在心理演练时应用某种方法,使动作的观察可以帮助运动员重新体会与动作相联系的动觉。

7. 表象练习方法

(1) 表象的清晰性练习方法

练习一:

挑选一位你的好朋友或经常与你接触的人作为鲜明生动性练习的对象。想象他坐在离你不太远的椅子上——表象出他鲜明的轮廓——表象他的面容、体形、穿着打扮、行为举止的习惯等细节部分——表象他正在和你说话——尽量听清楚他在说什么—注意观察他说话时的各种面部表情—努力表象出口形、音调、表情之间互相协调、形象逼真的形象—他站了起来,一步一步地走到你的面前,继续他的谈话—想一想你对他的印象,你对他是钦佩还是尊敬?你们之间有着深厚的友谊还是一般性的关系?

练习二:

想象自己置身于一个非常熟悉的地方,你经常在那里进行体育活动(体操、排球、足球、田径、篮球等)。表象你站在空无一人的场地的中央—缓慢地环顾四周并享受那一份空旷和宁静—竭尽全力去识别有关的细节部分,如你能听到什么?你能闻到什么?—表象你站在同样的地方,但这次的情境有所不同,你不再是独自一人—你仿佛看到自己做着准备活动,同学、教师等相继出现在你的眼前—来自运动场内外的噪音、同学的窃窃私语、教师的大声鼓励不绝于耳,运动所持有的声音(篮球进球后擦网的声音、排球扣球落地的声音等)也时常在耳边回响—当赛前或运动前那种急切的期望和兴奋的情境再现于你的脑海里时,你感受到了什么?

练习三:

挑选一件你经常使用的体育用品,如一只球或网球拍等,注视着它并表象其细微的特征。用手转动它,仔细地观察它的外形和材质—想象你使用这一体育用品进行体育活动,用你"心灵的眼睛"清晰地看着自己一遍又一遍地练习同一动作—将你的"目光"移至体外,就像看自己的动作录像一样观察动作练习—再一次将"目光"移至体内,重复你的内部表象—试着听进行这些运动时发出的声音,非常小心地听取所有的声音—将图像和声音组合成一系列与实际运动几乎相同的情境。

练习四:

从你参与的体育项目中挑选一个技术比较简单的动作,在你的头脑中反复进行这个动作的表象演练。以内部表象去体验完成动作过程中肌肉的各种感觉—比较动作过程中不同骨骼肌收缩和放松与身体运动之间的关系—想象自己一次又一次完美地完成这个动作,使动作技能达到了自动化程度。

当掌握了以上练习后,你应该在此基础上有所变化和深入。表象的内容可以由简单动作向复杂动作,由单个动作向组合动作及成套动作,由表象练习情境向表象实战情境逐渐过渡,不断增加练习的难度,进一步提高运动表象的能力。

(2)控制力训练 表象的控制力是一个评价表象能力优劣的标准,即你能否按自己的意愿操纵你的表象。即使你的表象非常清晰和鲜明,但当你无法控制它们时,这样的表象只会成为一种障碍,它们会使操作无法流畅进行。如体操运动员总是"看"到自己在平衡木上摇摇晃晃,一不小心就从平衡木上掉了下来;

篮球运动员投篮出手后怎么也"听"不到球应声入网的声音,那球或是被弹出来,或是转着圈儿滚出了篮筐。这些现象的产生正是练习者对表象缺乏控制的结果。

控制力训练的具体方法如下:

练习一:

选择一个你还不太熟练的动作,在头脑中反复地进行表象演练。当表象的动作技术出现错误时,应立即停止表象活动,用外部表象和内部表象分别仔细地找出错在哪里以及引起错误的原因,按正确的动作要领从头开始实施表象演练,确保每一次表象演练都能很好地完成。

练习二:

想象你将和一位曾经有过野蛮行为的对手同场比赛,你根据对手的特点拟定一套应对措施。在比赛中以己之长克其之短,避其锋芒攻其不备,全面按计划实施战略战术,既避免了与对手的正面冲突,又发挥了自己的最好水平。无论你进行什么样的体育活动,关键是你能否在表象中按计划有效地控制你的运动。

练习三:

回忆起一段体育运动中经历过的焦虑体验。在头脑中再现那一幅情境,你看到了自己焦虑时的样子,感觉到了焦虑时特有的听觉反应,以及情绪变化所引起的生理反应,努力回忆出是什么引起了你的焦虑。将注意力集中在呼吸运动,放慢呼吸频率,加大呼吸深度,想象随着呼气和吸气,你的紧张和焦虑一点点地被吸入胸腔,然后又被一点点地排出身体。反复进行,直至焦虑消除,身体得到很好放松为止(河南省高校体育教育专业专科教材编写委员会,2000)。

(3)专项表象练习(表14-2~表14-5)

表14-2 短跑专项表象练习法

短跑专项练习法
目的
提高跑步时的频率,即提高速度。
方法
1. 放松预备:坐在椅子上,闭眼,放松。
2. 让运动员在暗示语的指导下,头脑中反复想象跑时蹬地、摆腿、送髋等动作的情境,建立以上动作的正确的动力定型。
3. 让运动员想象自己正在一块烧得很热的钢板上跑过,钢板被烧得通红,频率慢了,两脚将被烫坏。想象的动作情境尽量与比赛一致,如想象面对红色的跑道就像是面对被烧红的钢板,对手表现出紧张、害怕,自己却充满信心,奋力冲了过去。

表14-3　游泳专项表象练习法

游泳专项练习法

目的

通过表象训练的启蒙练习,在自己熟悉的环境中体验完整的训练开始过程。

方法

对象:7～9岁男女儿童游泳运动员

情境:每天训练的游泳馆

1. 放松预备:坐在椅子上,闭眼,放松。

2. 表象内容:每当进入游泳馆,迎面吹来潮湿而温暖的微风,闻到了游泳池水中的氯气和漂白粉刺鼻的气味,同时,听到了馆内游泳击水时发出的声响和间断的哨声,双脚踩在冰凉而粗糙的瓷砖上,感到一丝凉意,看着蔚蓝的水面,心中想着,又一次有趣的水上训练马上就要开始了。教练宣布完训练计划,我双脚有力地蹬踏着冰凉而坚硬的池壁,双臂做有力协调的配合,第一个奋力跃入水中,耳边一切嘈杂声消失了,水的压力压着耳膜和前胸,同时,感到皮肤接触水时的温差和惬意,眼前隐隐约约看到对面的池壁,好似自己进入了一个水中宫殿,双腿有力地打水,眼底的瓷砖块飞快地向后移动,同时,用力呼出体内的空气,双臂做有力的划水,清晰有力的第一次呼吸后,水上训练真正开始了……

3. 训练安排:每期为四周,每周2～4次练习,每次安排在正式上课的前10分钟进行,表象练习时间3分钟,之后逐渐增加到5分钟。

表14-4　武术专项表象练习法

武术专项练习法

目的

熟悉自己的成套动作。

方法

1. 放松预备:坐在椅子上,闭眼,放松。

2. 表象内容:

A. 想象自己的头发今天梳理得格外光洁,红色的表演服领子已扣好,系上黑色的腰带,人显得特别精神、漂亮。袖口、裤角熨得很平整,穿起来很舒服,比赛鞋也正是最合脚的时候。一切停当,轻轻一抬头,"看见"了场地,周围坐满了注视着自己的观众。

B. "我"沉着轻松地走进了场地中间,站在自己起式的位置上,调整一下呼吸,潇洒舒展地做了一个起式,第一段重点组合做得极完美(每个人的套路不一样,按自己的动作编排去表象,并伴有一定的肌肉动作)。第二段力点准确,动作稳健。第三段没感到累就轻松地完成了。第四段速度一点也没减,干净利落。停住!一秒,二秒,规范,沉稳,充分显示了自己的功底。收式非常精神。上步,轻灵地转身,向裁判示意,听到观众的热烈掌声。自豪地退场。

说明

准备工作中,如闭上眼睛后心情平静不下来,可以增加一些放松暗示或听音乐,或想象自己在淋浴,温暖的水从头上流下来,一直流到脚下……

表 14-5 射击专项表象练习法

射击专项练习法

目的

使队员正确理解慢射动作要领,巩固已掌握的技术动作。

方法

1. 准备工作:首先通过 5 次慢射射击,找出一次最好的动作作为表象训练的内容,让运动员在安静的状态下去回忆这一动作。

2. 放松预备:坐在椅子上,闭眼,放松。

3. 表象内容:想象自己自然站立在射击地线前合上双眼,静静地感觉身体的晃动,而且越晃越小,直到停止晃动(20 秒)。感觉身体停得特别稳,身体丝毫晃动也没有,就像电线杆一样,脚下非常牢(20 秒)。开始举枪,慢慢地举起枪,枪很重,抬臂很费力(10 秒)。开始向瞄区靠近,枪是沉甸甸的,压着我的臂,慢慢地落进瞄区(15 秒)。枪很自然地进入瞄区,枪重的感觉使我的臂也增加了沉稳的感觉(10 秒)。食指在开始不停地用力,压扳击的力量越来越大(10 秒)。枪响的声音很沉很响,在耳边荡漾着,枪响的同时没有了沉重的感觉(5 秒)。之后,枪的重量又出现了,越来越沉(10 秒)。很舒服地放下枪,慢慢地放下枪(5 秒)。放下枪后产生了轻松和舒服的感觉(10 秒)。

(张力为,2004)

(二) 认知训练

1. Ellis 简介

Ellis(1913—)是理性情绪治疗法的创始人,是接受精神分析训练,而后又强烈反对精神分析的人,是 Freud 之后,完全脱离 Freud 的思想体系而自立心理治疗门户的第一人,也是 20 世纪 30 年代首先响应性解放运动的人。

Ellis 于 1913 年生于美国宾夕法尼亚州匹兹堡,在纽约长大。1934 年从纽约州立大学毕业,1943 年获得哥伦比亚大学硕士学位后,在纽约市开业,从事婚姻、家庭以及性方面的咨询服务。据说在此数年期间,Ellis 曾读心理学专著达万卷之多。1947 年获哥伦比亚大学临床心理学博士,1949—1953 年他应用精神分析疗法进行心理治疗和训练。由于效果不佳,使他怀疑并放弃了精神分析的方法,开始采用其他疗法。根据自己的经验,Ellis 发现大多数人都是完美主义者,容易自我责备或受他人的评价左右,他们常常将自己的"欲望"(如被人称赞与爱戴、成功感等)误作自己的"需要"。这表明人有非理性的信念,而这些信念正是他们产生情绪困扰的根源。由于他对哲学的兴趣,尤其是他的现象学、实用主义和人本主义的认知倾向,使他融合了几种理论,将它们结合成一个整体。经过长时间的不懈努力,终于形成了一种独特的心理治疗理论——理性情绪疗法(rational-emotive therapy,简称 RET),并获得了心理学界和医学界的肯定。

2. 常见的非理性信念

理性情绪疗法认为,非理性信念是一个人产生情绪困扰的主要原因。根据自己的临床经验,Ellis 提出了 11 项常见的非理性信念。这些非理性信念普遍存在于西方社会中,对人们的情绪和行为影响甚大,主要包括:

(1) 自己绝对要获得周围的人,尤其是周围重要人物的喜爱和赞许。Ellis 不反对人需要别人的称赞与喜爱,而且认为能够得到生活中重要他人的喜爱与称赞是一件好事。但如果把这当做是绝对需要的话,就是一个非理性信念了。因为它是不可能实现的。假如一个人持有这个信念,就会花许多心思与时间曲意取悦他人,以求得对他的赞赏。这样不但会使人丧失自我,也会使人丧失安全感(如时时担心能否被别人所接纳或接纳的程度如何等),结果只能令自己感到失望、受挫、沮丧。

(2) 要求自己是全能的,只有在人生道路的每一个环节都有成就才能体现自己的人生价值。Ellis 认为,一个有理性的人,凡事会尽力而为,但不会过分计较成败得失,因为重要的是参与的过程而不是结果。如果要求自己十全十美,或过分要求自己有成就,为自己制定不能达到的目标,只能让自己永远充当失败者,在自己导演的悲剧中徒自悲伤。

(3) 世界上有许多无用的、可憎的、邪恶的坏人,对他们应加以歧视和排斥,给予严厉的谴责和惩罚。Ellis 认为,每个人都会犯错误,谴责与惩罚不但于事无补,而且会使事情更糟。所以对犯错误的人,要做的是接纳、帮助,使之不再犯错误,而不能因此否定其价值,对其采取极端的排斥与歧视态度。

(4) 当生活中出现不如意的事情时,就有大难临头的感觉。一个有理性的人应该正视不如意的事,寻求改善之法;即使无力改变,也要善于从困境中学习。

(5) 人生道路上充满艰难困苦,人的责任和压力太重,因此要设法逃避现实。逃避责任和压力,固然可以得到暂时的解脱,但问题并没有解决,而且会因延误时机使问题变得越来越难解决。所以,理性的人会通过实际的行动增加自信,使生活过得更加充实。

(6) 人的不愉快均由外在环境因素造成,因此人是无法克服痛苦和困扰的。Ellis 认为,外在事物并不能伤害我们,倒是我们自己对这些事物的信念与态度让我们自己受了伤害。所以,只要我们尝试改变自己有关的非理性思维内容,就可有效地改变自己的情绪状态。

(7) 对危险和可怕的事情应高度警惕,时刻关注,随时准备它们的发生。考虑危险事物发生的可能性,计划如何避免,或思虑不幸事件一旦发生该如何补救,不失为明智之举。但过分忧虑,反而会扰乱一个人的正常生活,使生活变得沉重而缺乏生气。

(8) 过去的经历是影响人现在行为的决定因素,而且这种影响是永不可改变的。无可否认,过去的经历对人有一定影响,有的影响还比较大,但这并不是说它们就此决定了一个人的现在与未来。因为人是可以改变的,只要我们客观地分析过去对现在可能存在的限制,善用自己的能力与机会,就可突破这种限制,使自己的现在与未来充满希望与生机。

(9) 人应该依赖别人,而且应该依赖一个比自己更强的人。由于社会的分工、个人经历的多寡、闻道的先后等原因,有时我们确实需要他人的帮助,此时,如为了证明自己的所谓价值而拒绝他人的帮助,反而是不明智之举。但这并不是我们时时、事事都依赖他人的理由。在生活中,任何人都是具有独特价值的个体,在大多数时候,他需要独立面对生活中的种种问题,所以,独立自持能力的发展对一个人的成长是至关重要的。

(10) 人应该十分投入地关心他人的困难与情绪困扰,为他人的问题而伤心难过。关心别人是一种美德,但我们无须为别人的困难与不安感到难过,需要的倒是帮助他们面对自己的困难与情绪困扰,并帮助其早日走出阴影。

(11) 人生中的每一个问题,都要有一个精确的答案和完美的解决办法,如找不到这种办法,则是莫大的不幸。世界上有些事情根本就没有答案,凡事都要追求完美的解决是不可能的。完美主义只能使自己自寻烦恼。

3. 治疗方法

理性情绪疗法采用的方法较为多样化。在它的治疗方法中,既有认知情绪治疗,同时也吸收了行为学派的一些技巧。最常用的方法与技术是与不合理信念的辩论,其次是认知家庭作业及为了督促完成家庭作业而提出的自我管理方法;合理的情绪想象技术也是最常用的方法之一。此外,还有一些其他辅助治疗方法,如角色扮演、自表训练、决断训练、社会技能训练、放松训练等。但这些方法在使用时都纳入理性情绪疗法的框架之中,在治疗过程中强调改变来询者的认识和思维方式,而不仅仅着眼于情感和行为的改变。

(1) 认知家庭作业:认知家庭作业是配合与不合理信念辩论的方法进行的。当事人的不合理信念并非偶然形成,从面对面的质疑辩论到使当事人改变其观念需要一个过程,应当给当事人一个反复思考的时间,让他有较充分的时间在自己的头脑中展开辩论。布置家庭作业就是为了促使当事人在面谈咨询以后,继续进行思考。布置家庭作业时还要约好下次谈话时将检查作业的完成情况。

Ellis 设计出一种理性情绪治疗的自助量表。量表中有 5 项内容,均由当事人自己填写和完成。5 项内容的基础是 ABC 理论。它们代表的内容是:

A——诱发事件

B——当事人在遇到后

C——当事人的情绪与行为的反应

D——对自己不合理信念的反驳

E——辩论后的情绪与行为变化

完成作业时首先找出 A 和 C,然后再找 B。找 B 时可以对照前述 11 种不合理信念,找出符合自己信念的 B,如不属于 11 种之列,可另外列出。接着再找 D,完成 D 的过程就是与自己不合理信念辩论的过程,也是进行心理治疗的过程。最后再填写 E。E 是经过自我辩论后的情绪与行为变化,这是对治疗结果的检验,如果变化明显,说明治疗有效,变化不明显,说明不合理信念仍在支配着当事人的情绪与行为,应继续进行治疗。

(2) 合理的情绪想象技术:合理的情绪想象技术是指在理性思维的指导下通过想象来体验自己所不适应的情境,用想象来代替现实,然后再去适应现实。其基本步骤如下:

第一,当事人需首先想象自己进入不适应情境中的消极情绪体验。

第二,在想象的情境中调整情绪,用良好的情绪状态取代消极的情绪体验。

第三,停止想象,分析在想象过程中的成功与失败,强化合理的观念与积极情绪,纠正不合理的观念与负性情绪。有时想象需要反复进行,要在想象中逐步消除负性情绪,使积极的情绪状态占据主导地位。理性情绪想象技术可与认知家庭作业结合进行,如果求治者能在生活中主动进行合理的情绪想象,定会增强疗效。

(3) 角色扮演分析:这一方法的核心也是与不合理信念辩论,但进行时让当事人与咨询师互换角色,即让咨询师扮作当事人,为不合理观念进行辩护,而让当事人扮演咨询师来进行反驳和质询。这样,咨询师实际上就像镜子一样反映出当事人所持观念的不合理之处,而当事人通过寻找理由和证据进行反驳的过程,就为自己建立新的合理观念提供了依据和材料。

4. 理性情绪疗法的注意事项

(1) 以改变认知为重心:理性情绪疗法虽然在具体的技术和方法中吸收了对认知、情感和行为进行干预的方法,但认知改变是其重点和关键所在,因此,干预者要将主要精力用于认知改变,将其他方法纳入理性情绪疗法的框架体系中。

(2) 把握辩论和质询的时机和分寸:理性情绪疗法主要采用与不合理信念辩论的方法,而辩论与质疑技术具有尖锐、逼人的一面,可能会引起当事人心理上的抗拒。因此,咨询师一定要注意把握好时机和分寸,只能对事不对人地进行质询,不能将自己的价值观强加在对方身上,更不能给对方以控制和攻击的感觉。此外,咨询师应时刻注意建立和维持良好的干预关系,这会为治疗提供良好的基础和氛围。

(3) 保持耐心:当事人的许多不合理观念来自于自己的生活经验和所受的教育。因此,咨询师期望以三言两语、几个回合的辩论,让当事人立即放弃其不合理的观念,显得不太现实。此时,咨询师的耐心显得尤为重要,尤其是当事人表现出动摇、反复情绪,甚至出现沉默的时候,更应有耐心,给当事人充裕的时间去进行自我思考、自我辩论,让他清理、整合自己的思维方式和观念,并把握时机,促进当事人的认知转变。

(4) 防止新的认知偏差出现:在帮助当事人放弃其原有的不合理信念,重建其新的合理观念时,应防止从一个极端走到另一个极端,即防止形成新的不合理观念。

(5) 进行新观念言语操练时,应注意某些非言语因素:当事人最初可能不习惯进行新的合理观念的言语操练,因而在重复进行言语对话时,往往不大自信,声音显得漂浮。对此,咨询师一方面要从动机入手,坚定其信念;另一方面,也要训练当事人的非言语表达,如声音要实在有力、身体要站好站直、语速不要太快等,以配合其言语操练。

(6) 把握理性情绪疗法的适宜对象:理性情绪疗法对那些主要由认知偏差所引起的行为和情绪问题的当事人比较有效,对其中智商水平较高、受教育程度较高的当事人尤为有效,对那些不能做理性分析者、不愿接受该方法或对该方法有偏见者、智力太低者、年龄太大或太小者、与现实脱节而沉湎于幻想者,便不大适合。

5. Beck 认知疗法

(1) Beck 认知疗法的基本原理:Beck 认知疗法模型成熟于 20 世纪 70 年代的美国。这一咨询模型在基本原理、步骤、方法等方面都与 Ellis 的理性情绪疗法相似,但它不是去强调教授当事人理性思维,而是强调双方共同合作,采用言语质询和行为实验等方法检测当事人认知假说的虚假性,从而纠正其原有的认知曲解。此外,概念清晰、操作简洁、干预评估客观可靠,也是该疗法的特征。

与 Ellis 一样,Beck 也曾进行过心理分析疗法的训练和实践,在着重对抑郁进行心理分析时,他发现抑郁并非是一种"指向自身的愤怒",而是由自我挫败(self-defeated)的思维方式所造成的。自我挫败的思维方式,是指个体消极否认自己的能力和着手做某事成功的可能性,在此假设前提下个体或是干脆放弃行动努力,或是行动时畏首畏尾,致使行动不尽如人意或彻底失败,而这又反过来强化了他的自我假设。Beck 还进一步以实验研究来证实当事人的消极认知过程是抑郁的根源,进而他着重发展了认知干预的模型,来解释和治疗抑郁、焦虑症、自杀等问题,并获得了成功。

Beck 赞同社会学习理论关于人、环境和行为交互作用的观点。他认为,人有一种未被意识到的、自动化的信息加工过程,借此可以预见其行为并分析其行为与环境的关系。个体早期的生活经验为他形成比较稳定的认知加工模式奠定了基础。不良的过去经验或精神创伤可导致功能失调的认知模式或称功能失调性假设(dysfunctional assumptions),它使个体倾向于对自己采取消极的评价方式,构成了抑郁的易感性。又由于功能失调性的认知模式通常是潜伏的,个体难以清楚地意识到,但它却又实实在在地支配着他的日常行为,所以当某些重大事件发生时,个体会即刻产生大量负性的自动性想法(negative automatic thoughts),而负性自动想法的产生将导致个体情绪的失落,后者又进一步助长和加强了前者的力量。如此循环往复,致使问题持续不止。如,某运动员自幼接受了个人价值来自于成功的认知假设,这一假设促使他努力训练,积极求上进,也使他忌讳失败,一旦失败,便马上产生自己毫无价值的想法,就又激发了消极情绪,二者相互作用,以致恶性循环。

负性自动想法是功能失调性假设的产物,因而个体一般能清楚觉知,只不过它与某些重大事件和行为的相互联系使个体觉得它有一定的道理,即体会不到它正是引发其情绪问题的直接原因。此外,它往往来得突然,内容消极又毋需逻辑推理。

负性自动想法的消极性表现在三个方面:一是消极看待自己,否定自己的成就、价值和能力;二是消极解释自己的经历和经验,设定目标过高,而现实估价过低,以自我挫败的方式来思维和解释;三是消极看待未来,认为不只是现在、过去,而且未来也只有失败等待着他。

Beck将常见的自动负性想法的表现形式归纳为以下几种:

① 任意推断。即缺乏足够的事实根据,草率下结论,如"他招呼都没打,肯定是对我有意见"。

② 过分概括。即以偏概全,如"我这次考试不及格,真不是一个好学生"。

③ 选择性消极关注。即个体选择一个消极细节,并且总是记住这个细节,而忽略其他方面,以至觉得整个情境都染上了消极的色彩。例如篮球运动员4次投篮,有3次投中,他却把注意力放在不成功的那次上,抽取了让自己消极、抑郁的片面事实,"我真没用,又投不中"。

④ 夸大或缩小。即任意夸大自己的失误和缺陷,贬低自己的成就和优点。如偶有一次说话说漏了嘴,就觉得这实在是糟糕透了。

⑤ 两极思维。即将事情看成非黑即白,非对即错。如"除非我考得第一名,否则就是失败"。

⑥ 个人化归因。即认为一切不幸、事故等都是自己造成的,因而内疚自责。如"教练今天心情不好,全是因为我的动作做得不好"。

⑦ 乱贴标签。在错误的基础上给自己贴标签,形成对自己个性的错误评价。比如因为和一位队友闹翻,就认为"我这人不合群,是个孤独的怪人"。

功能失调性假设的特点与自动负性想法差不多,但它更加一般、概括、抽象,更加隐匿于内心,因而也更加难以识别,它是自动负性想法的基础,因此在认知干预过程中,不仅要找到并检验自动负性想法,更要找到并检验功能失调性假设。只有这样,才能从根本上解决问题。

（2）Beck认知疗法的主要步骤和方法：Beck在临床中发现,在咨询师询问当事人负性自动想法的根据,或要求当事人用经验事实对这些想法加以检验时,当事人能够觉察这些想法的失真。一旦当事人认识到自己的负性自动想法是认知失调的表现,改变认知的过程就随之开始,新的比较现实的积极认知将取代原先的不良认知,当事人的情绪将相应好转,态度与行为将有显著变化。具体步骤和方法如下：

① 向当事人说明认知疗法的原理和对他采取认知治疗的理由,调动当事人参与和配合治疗的积极性。

② 识别和检验自动负性想法。通常可以借助Ellis提出的ABC理论,找出A与C之间的B。检验负性自动想法的方法主要有两种：一种为言语盘问法,通过系统而敏锐的提问引导当事人重新评估自己的思考,寻找比较积极和现实的替代想法。向当事人提问的问题包括：这样想的证据是什么？有无可供选择的其他不同看法？这样想有什么好处和坏处？这样想在逻辑上是否出了什么错误？另一种检验方法叫做行为实验,即通过咨询师和当事人协作的方法设计一种行为作业,以检验当事人负性想法的真实性。

③ 识别和检验功能性失调假设。识别功能失调性假设常常需要采取推论的方法,这是因为,它们是未予表达的一般性规则。常使用下列线索：查找负性自动想法的主题、逻辑错误、盘问追根法（咨询师反复提问"假如那是真的,对你意味着什么"）等。

④ 布置作业或制定行为计划,以鼓励当事人进一步检验其原有假设,并巩固其新的功能性假设,使其思维模式或信息加工过程得以矫正。

（3）Beck认知疗法的其他技术和方法

① 设计活动安排表。帮助当事人以小时为单位安排一天的活动,如早餐、训练、午休、读报、晚餐等,鼓励他坚持按计划完成,且将完成情况一一加以记录,这不仅可促使他进入活动状态,还为评定活动积累了事实材料。

② 进行行为评定。帮助当事人对每天执行和完成活动的胜任感和满意感进行自我观察,并及时进行记录和自我评定。对活动的难度也可同时进行自我评定,以相互对照。这种观察和评定既为当事人检验其自动负性想法和功能失调性提供了真实的事实材料,还直接冲击了当事人原有的认知体系和认知行为的逻辑序列。

③ 布置作业。即根据当事人的能力和现实情况,有目的地设计一些活动,要求当事人努力完成（通常在作业布置之初,可要求当事人作想象性演练,即想象作业完成的可能性及其引起的情绪感受,当事人通常倾向于想象作业难以完成,其情绪结果很是糟糕）。然后,将活动分解为一个个小单元,鼓励、指导当事

人一步一步地、一个单元一个单元地完成活动,以检验其原有假设的不合理性。

(4) Beck 认知疗法的注意事项:Beck 认知疗法在原理、步骤和方法上与 Ellis 的理性情绪疗法有许多相似之处。因此,在使用该疗法时,干预者也应认识到干预的关键在于认知重构,须以认知干预为核心,在此基础上吸取行为干预的方法,作为辅助手段和方式。

与 Ellis 理性情绪疗法重视质辩不同,Beck 认知疗法强调检验,更加重视推理和行为事实,以证实原有假设的不合理性。因而,它在同样具有说服力的同时少了一些尖锐和咄咄逼人的态势。

与 Ellis 理性情绪疗法一样,干预者应保持充分的耐心,把握时机,不要急于求成、求变。此外,应该指出的是,Beck 认知疗法对多种由认知偏差引发的情绪障碍颇为有效。

6. Meichenbaum 的自我指导训练

Meichenbaum 积极提倡自我指导训练。他认为自我指导训练能有效地影响行为变化。Meichenbaum 认为,出现消极情绪之前当事人一定有消极性质的自我陈述,或是默默自语,或是内心独白。他主张此时当事人应该用正面的、积极陈述引导自己去对抗消极陈述和消极情绪。同时也可以结合使用松弛训练等其他行为治疗技术。

当事人首先应做到的是学会跟自己说理。例如当一位初次参加国际大赛的运动员心跳加快、四肢发抖时,应说服自己:"这并不意味着我害怕,这是第一次参加国际比赛时的正常反应,这种反应可以使自己精神振奋把对手打败。"

其次,训练当事人松弛全身肌肉,松弛是"对抗"紧张焦虑情绪的有效措施。在自我指导的同时全身放松,可以使效果更令人满意。

(三) 暗示训练

1. 自我暗示的种类

自我暗示是控制思想、影响感觉的一种有效的技巧。思想和感觉又可以影响自信心以及竞技表现。运动员在比赛过程中脑海中所出现的思想既可以是积极的,也可以是消极的。这些思想是自我暗示的一种形式。运动员必须学会控制自己的思想,理清思想,使它们对自己有利。这个目的可以通过自我暗示来达到。运动员必须认真地预先挑选自我暗示中使用的词和短语,并仔细考虑,以期达到最好的效果。在这方面,教练或运动心理学家可以给予运动员以帮助。

自我暗示主要有三种,包括与任务有关的自我暗示、鼓励和努力,以及情绪语言。对这三种形式还可进行进一步的细分:

(1) 和任务有关的自我暗示与技巧有联系:这种自我暗示指能够加强技巧的话语。例如,在网球赛中截击空中球时,就可以用"转"这个词。

(2) 鼓励和努力:这种自我暗示指那些鼓励自己要坚持或更加努力的话语。比如"你能够"就可以用于垒球准备本垒板击球的时候。

(3) 情绪语言:这种自我暗示指那种刺激、激励情绪的话语。比如"努力"、"加油"等词就可以用在足球或橄榄球比赛中。

2. 选择自我暗示的内容

为了让自我暗示更有效,内容最好是:① 简单精炼、容易发音;② 逻辑上与包括的技巧有关;③ 与当前任务的进程相符合(表 14-6)。在 Landin 和 Herbert(1999)的调查中,运动技巧是网球中的截击空中球。在截击空中球的过程中,重要的两个部分就是分离停顿(指截击前双脚的位置),以及击球前转肩膀的动作。因此自我暗示的关键词就是"分"和"转",说这两个字的时候要和动作的起伏合拍。

表 14-6 自我肯定话语

运动员使用的一些自我肯定话语	
运动员身份	自我肯定的话
足球守门员	"什么球都不会从我身边入门"
网球发球方	"我能击出一个有力而准确的一发"
投篮者	"我的面前除了篮筐没有别的"
排球接球手	"我是一个始终如一的准确的传球手"
橄榄球四分卫	"我的胳膊可以像大炮一样投掷"
摔跤运动员	"我像牛一样健壮"
高尔夫选手	"我一定能击一个好球"

3. 自我暗示训练方法

自我暗示训练有 6 个主要步骤:

(1) 使学生理解认识及其表现方式——语言对情感和行为的决定作用。

(2) 确定体育运动中经常出现的消极想法,如"这个动作我是学不会了"。

(3) 确定如何认识这种消极想法。

(4) 确定取代这种消极想法的积极提示语,如"世上无难事,只怕有心人"。

可让学生将第 2、第 3 和第 4 的内容写在卡片上,每张卡片只涉及一个问题,有多少种主要的消极想法就填写多少张卡片。卡片正面为经常出现的消极想法,背面上方为对这种消极想法的认识,下方为对抗消极想法的积极提示语。学生填写卡片时应注意:

第一,测验和比赛时的提示语应多考虑过程性问题,少考虑结果性问题。

过程性提示语:发别的落点——动手腕,多向前摩擦;上手快点。

结果性提示语:胜利——我准能赢这场球。

第二,第3条很重要,它标志着人的整个思维方式和行为习惯的基础,应认真填写。

第三,提示语应是有针对性的,具体化的。

有针对性的提示语:固定拍型,掌握击球点;要耐心追,咬住;要冷静,只有冷静下来才能打球。

无针对性的提示语:遇到困难—解决困难;遭遇逆境—摆脱它。

第四,提示语应为积极词汇,不应为消极词汇。如"放松,稳住","我有信心踢进去","对方比我还紧张,主动权在我手里"。

(5)不断重复相应的对子,如这下完了—还有机会,拼搏到底。可以视情况具体规定重复的时间,如可规定每天早、中、晚各重复两次。

(6)通过不断重复和定时检查(训练日记、比赛总结和平时生活),举一反三,在生活中养成对待困难的积极态度和良好习惯(河南省高校体育教育专业专科教材编写委员会,2000)。

(四) 自信训练

1. Harter 的胜任感动机理论

Harter(1978)提出了一个关于成就的动机理论(图 14-2),它是建立在运动员对自己个人能力的感觉的基础之上的。按照 Harter 的说法,人们都在内部被激励去在人类成就的各个领域取得成功。为了满足在某个领域,比如在运动中成功的强烈愿望,一个人会尽力去掌握某事。

一个人在这些尝试掌握方面的自我意识的成功可以引起积极的或是消极的效果。如下图所说,在尝试掌握方面的成功可以促进自我效能,以及个人对自己能力的感觉的发展,这些又会促进胜任感动机的产生。随着胜任感动机不断增加,运动员又会被鼓励去尝试掌握新的技能。

相反,如果一个年轻运动员努力去掌握的尝试导致的结果是拒绝和失败,那么最终就会产生较低的胜任感动机和负面的影响。专家们推断较低的胜任感动机会导致一个年轻人中断运动。

和运动有关的研究对 Harter 的胜任感动机理论提供了支持。在每一项调查当中,测量胜任感的工具都是 Harter(1982)的儿童胜任感尺度(PCSC)。在其中,强调从三个方面来评价孩子的胜任感:认知(在学校的胜任感)、社会(和同伴关系的胜任感)以及体育(运动技巧)等。通过 27 个条目的胜任感量表,也得出了一个自我价值的总的评价。

Weiss 和 Horn(1990)曾经检验过运动中发展胜任感动机的重要性。他们

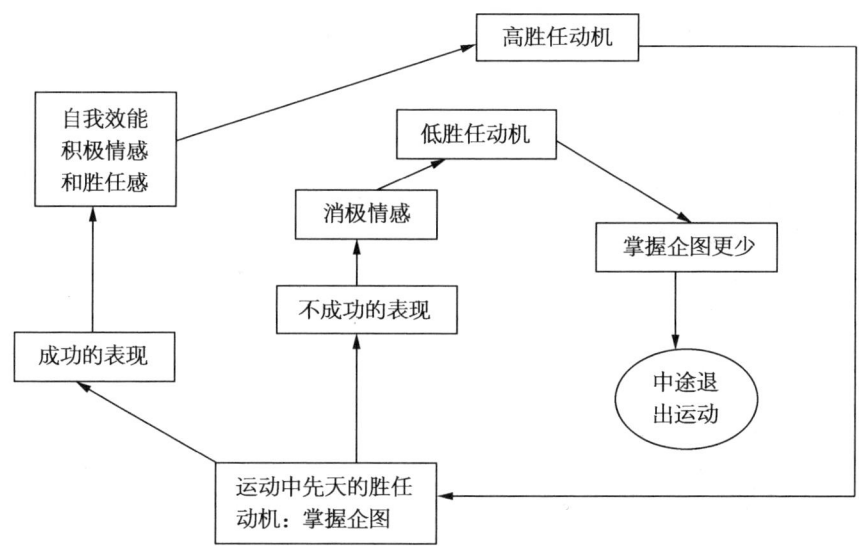

图 14-2 胜任感动机理论

的调查强调了正确评价个人胜任感的重要性。那些低估自己胜任感的男孩和女孩倾向于放弃参与运动,低估自己能力的女孩倾向于退出运动,而且一般为特质焦虑所困扰。她们更喜欢挑战性不强的活动,并且容易被外部因素所控制。男孩当中低估自己能力所造成的影响似乎小一些。总的说来,能够正确评价自己能力的个体能更好地控制形势,而且更愿意参与到挑战性很强的活动当中去。

Black 和 Weiss(1992)的一项调查也证实了年轻运动员发展胜任感动机中重视他人作用的重要性。那些认为自己的教练能给予其积极的反馈意见和鼓励的年轻运动员,也能够认识到自己有很强的动机。即使这样,教练或是老师的重要性也不能够被过高估计。教练、老师和领导都必须认识到,帮助年轻人建立自信心要花一定的时间。

在 Harter 的理论当中,很强的胜任感动机会导致成功的表现,很像自我效能导致成功的表现一样。最近三项相关的调查提出了一些加强个人的胜任感动机的方法。Weigand 和 Broadhurst(1998)证明,胜任感动机要受到内部动机、从事训练的时间和其他控制的影响。Allen 和 Howe(1998)证明,在控制女子曲棍球选手的能力之后,不同的训练和指导会导致不同的胜任感动机。具体来说,在运动员好的表现之后,表扬和技术信息会增加胜任感动机;相反,如果运动员表现不好,那么表扬和技术信息只会降低胜任感动机。这个结果表明在运动员表现不好时,适时的沉默也许是促进胜任感的最好的策略。在 Harter 的理论基础之上,Smith(1999)进行过一项调查,提出在加强年轻运动员的胜任感动机方面,友谊和同伴的接受都是重要的变量。朋友们的接受和支持对于青少年来说是非常重要的。提高同伴对一个年轻运动员的接受是一种很好的方法,能够对运动员的态度和自信心产生积极的影响。

2. Vealey 的运动信心模型

Vealey(1986,1988b)的运动信心模型在使运动中的动机和自信心概念化的过程中,是一种独一无二的方法(图 14-3)。也许 Vealey 模型的真正力量在于它是与特定情境相联系的,且代表了一种在运动心理学中理论发展的合理尝试。

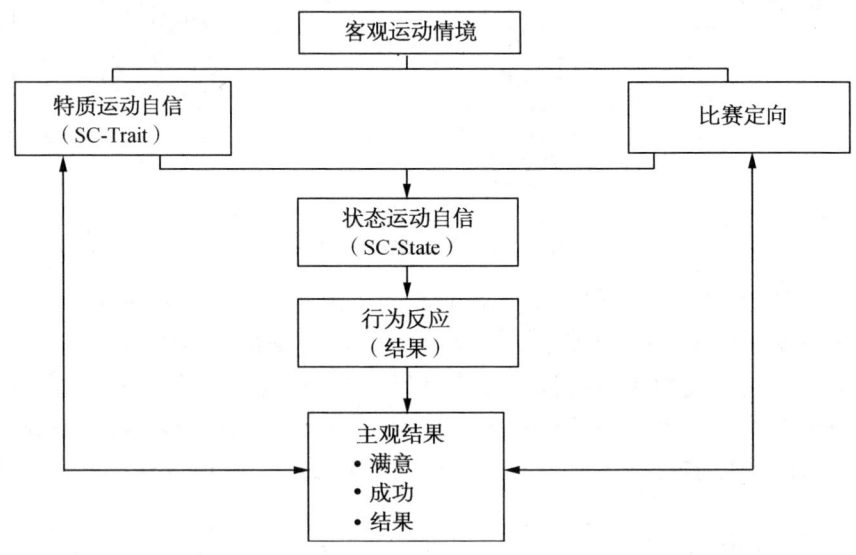

图 14-3 运动信心模型

在上图的模型中,Vealey 把运动信心定义为"个体对其在竞技运动中获得成功的能力的信念或确信程度。"运动员对于客观的竞技局面有一种运动信心的人格特点和特别的竞技指向。这两种因素对于在竞技运动中运动员表现出来的和环境相联系的运动信心水平有着预示的作用。和环境相联系的运动信心又决定着运动员的表现,或者说是明显的行为反应。行为反应又会引起运动员对于竞技结果的主观感觉。主观感觉包括满意、对成功的认可(不在乎得失)以及竞赛结果的原因等。然后主观感觉又会影响运动员的竞技指向和运动信心的个性特点,并反过来被这些因素所影响。

Vealey(1986)对她自己提出的模型的基本原则进行了测试,发现是可行的。其中,她还发展了测量特质运动信心的工具(特质运动信心目录),以及测量状态运动信心的工具(状态运动信心目录),还有测量竞技指向的工具(竞技指向目录)。

Vealey 的运动信心模型在解释整体运动信心和情境运动信心之间的关系方面是非常有用的。在某一项运动中非常成功的运动员可以把他从成功的体验中获得的许多自信心转移到其他的运动情境中去(Richard·Cox 著,张力为等译,2003)。

3. 性别和自信

对于美国从事体育运动的女性来说,1972 年是一个里程碑。这一年政府通过了联邦第九法案,要求政府资助的教育项目当中应消除性别歧视。这个历史事件对于妇女从事体育运动增加了巨大的机会。在这一方面,美国历史上之前或以后的任何其他事件或社会变化的组合都比不上这个法案的作用。可以说,美国体育运动中的许多方面都以在第九法案通过之前或之后这个尺度来衡量。

关于成就环境中女性和自信心的问题大部分来自于 Lenney(1977)的经典著作。Lenney 的著作和结论是建立在 1977 年以前进行的调查研究基础之上的,而且许多著作都早于第九法案的通过时间。因此,许多人都怀疑随着时间的推移,有关 Lenney 观察的结论是否也有一些变化呢?Lenney 在某种程度上可以说是一个修正主义者,她得出结论,尽管总的说来男性在自信心方面优于女性,但并不是在所有的成就环境下都是这样。Lenney 对成就环境进行了界定,其中进行的是社会比较。按照这个定义,竞技体育就是一种成就环境。Lenney 指出,当三个情境变量中的一个或多个出现的时候,女性的自信心水平就会降低。如果这些变量不出现,女性的自信心水平就会和男性一样。三个情境变量和下列三项有关:

(1) 任务的性质:到底是什么样的任务和自信心水平降低有关系还不十分清楚,但是女性确实对一些任务信心十足,而对另一些任务缺乏信心,这一点似乎是明确的。比如说,对于一项女性认为与她的性别不相称的运动,人们普遍认为她会缺乏信心。女性们认为与自己性别不相称的运动也许也是因人而异。健美运动曾被认为不适合妇女,但是这种观点正在迅速地发生改变。

(2) 反馈是否明确:女性的自信心水平取决于能否获得清晰明确的信息。那些得到了关于自己的表现的清楚反馈的女性,其自信心水平会和男性一样高。然而,如果反馈不清楚或是含糊不清,那么女性对自己的能力就会比较低调,且她们的自信水平会低于男性。举例说明,如果让女队员来完成一个排球中的侧滚翻,而不告诉她们什么样的是好的,什么样是差的,也不告诉她们做的目的是什么,那么她们就很可能缺乏信心。

(3) 社会比较线索:当女性单独工作或者是处在一个不包括社会比较的环境中时,她们的自信心水平就有可能和男性相当。这表明合作而不是竞争的环境更受欢迎。当女性被置于一种环境下，其中她们的表现被拿去与社会上其他人进行比较时，她们的自信心水平一般会比相同环境下的男性低。

Lenney关于女性和自信心的假设主要来自于关于认知（非运动）任务的一些调查研究。Lirgg(1991)进行了一项分析，来考察包含体育活动的研究是否也支持Lenney的假设。被检验的是Lenney的理论，即当任务更适合男性或者处在竞技状态下时，女性不如男性有自信。最后分析的结果支持了Lenney的理论，也就是在进行一些更适合男性的任务时，女性普遍缺乏自信。然而，分析并不支持Lenney关于在竞争环境（社会比较）下女性比男性自信心更低的观点。尽管调查显示女性并不是在所有的情况下都缺乏自信心，但是，用于提高女性自信心的策略还是有用的。这方面的策略包括：

① 通过参与模型来保证成功；
② 避免与性别不相适宜的活动；
③ 通过有效的交流尽量避免含糊、不清楚；
④ 利用正确的运动表现的有效模型；
⑤ 在学习的过程中降低环境的竞争气氛。

由Lirgg、George、Chase和Ferguson(1996)报告的一份最近的调查，为与性别不相适宜的任务和自信心（自我效能）之间的关系提供了进一步的检验。调查认为男性和女性的自我效能是和在对能力的不同信念的情况下，进行更为男性化的运动（武术）或更为女性化的运动（健美操）相关的。结果显示，对于男性运动员来说，与性别不相适宜的任务以及他们对自己能力的信念都不能影响表现。相反，这两者却都可以影响女性的成绩。如果女性进行一项男性化的运动，并认为自己的能力是不能改变的（天生的），就会导致较低的自我效能。然而，如果女性相信男性化运动的能力或技巧是可以被学会的，那么她们的自我效能水平就会显著提高。

知道了制约女性自信心的因素之后，运用某些策略来控制这些因素就成为可能。女性应该被允许自己来选择其参与和竞争的运动项目。对于所有的学习阶段的人来说，都应该给予他们清楚的反馈信息。在学习期间，还应降低竞争的激烈程度。应该强调以合作为主而不是以竞争为主的学习经历。

4. 有效的目标设置原则

（1）把目标定得具体、可测量且易观察。例如，"射门达到80％的命中率"就是一个具体的、可测量且易观察的目标，而"成为一个更好的足球运动员"的目标就不具体。

（2）清楚地确定时间限制。例如，"到本赛季末，首发命中达60％"。

（3）运用中等程度的目标，它们优于容易的或者是高难的目标。

（4）把目标写下来并定期检查进展情况。
（5）运用过程目标、表现目标以及成绩目标的组合。
（6）利用短期的目标去实现长期目标。
（7）既设置团队表现目标，又设置个人表现目标。
（8）既设置训练目标，又设置竞技目标。
（9）确保目标被运动员内化。
（10）考虑目标设置中的人格及个体差异。

（Richard·Cox 著，张力为等译，2003）

（五）心理技能量表

有几种量表可以测量运动员的心理技能。下面提到的每一个量表都能准确区分运动员在心理技能水平方面的差异。在使用具体量表之前，实施者应该熟悉其信度、效度和心理测量的性质。

1. 运动心理技能量表

运动心理技能量表（PSIS-5）是由 Mahoney、Gabriel 和 Perkins（1987）设计的。PSIS-5（第5版本）是一个包含45个条目的量表。它测量焦虑控制、注意力、自信心、心理准备、动机和团队精神等心理技能。PSIS-5能够区分技巧性的运动员的水平，但最近的研究对他测量的这6种因素的基本结构表示质疑（Chartrand，Jowdy & Danish，1992）。

2. 运动应对技能量表

运动应对技能量表（ACSI-28）是由 Smith、Schultz、Smoll 和 Ptacek（1995）设计的。ACSI-28是包含28个条目的量表，测量的内容包括应对逆境、极大压力下的高峰体验、目标设置、心理准备、注意力、摆脱焦虑、自信心和成就动机、可训练性（coachability）等心理技能。ACSI-28可对职业棒球运动员的击球和投球行为做出恰当的预测（Smith & Christensen，1995）。

3. 行为策略测验

行为策略测验（TOPS）是由 Thomas、Murphy 和 Hardy（1999）研制的。TOPS 是一个包含64个条目的量表，对运动员运用策略的方法和技能的总和进行测量。在比赛环境下，TOPS测量的因素包括：自我暗示、情绪的控制、自动性、目标设置、表象、激活、负面思维和放松。除了用注意力控制代替负面思维之外，在训练环境中 TOPS 测量的因素与在比赛环境中的一样。在64条目中有32条与比赛情境有关，而剩余的32条和训练情境有关（Richard·Cox 著，张力为等译，2003）。

四、教学重点与难点

（一）教学重点

（1）体育教学与训练中表象训练的方法、应遵循的原则及注意事项。

（2）认知训练的原理、不合理思维的特点与体育教学中认知训练方法的应用。

（3）体育教学和运动训练中心理暗示的形式与方法。

（4）体育教学与运动中自信训练的方法。

（二）教学难点

（1）表象训练在体育教学与训练中的实际运用。

（2）认知训练在体育教学与训练实践中的应用。

（3）心理暗示在体育教学与训练中的实际运用。

（4）自信训练在体育教学与运动中的实际运用。

五、教学指导建议

（一）教法指导

1. 表象训练

（1）一部分学生在日常生活中运用过表象训练的方法，对表象训练具有感性的认识，但对表象训练的原理、表象训练在体育教学与训练中的应用还缺乏全面系统的理解。本部分教学内容主要立足于学生在体育教学与训练中表象训练应用能力的培养。具体阐述时，具有从经验总结到科学实验验证、从原理到操作的特点。在教学中应注意引导学生全面地掌握表象训练的方法、原则和注意事项，为学生在实践中灵活地运用表象训练奠定基础。

（2）在实施教学时，应注重多媒体演示法、讲授法、讨论法和练习法等多种教法的结合。在导入教学时，可采用举例、提问等形式激发学生探究表象及表象训练的学习动机，引导学生积极思考和讨论探索，在此基础上进行相应的讲解。

（3）采用多媒体演示法，指导学生进行表象训练练习。

（4）布置作业，要求学生在课下进行表象练习，记表象训练日记，详细记载进行表象训练的过程、心得和体会。

2. 认知训练

（1）以理论讲授的形式介绍认知训练方法的产生和基本原理。

（2）采用观看案例录像的方法进行认知训练方法的教学。

（3）教师进行现场示范，采用角色扮演的方法，教师扮作咨询师，同学作为具有不合理信念的当事人，进行认知训练方法的演练。

（4）在教师指导下，学生两两之间进行小组演练。学生在演练之后，进行讨论，谈自己的心得、感受，发现问题并提出问题，教师进行解答和总结。

（5）布置作业，要求学生在课下相互之间进行反复练习，进行案例记载和分析。

3. 暗示训练

（1）采用举例的形式，引起学生对暗示训练的学习兴趣。

（2）运用提问和讨论的方法，启发学生思考暗示的作用。系统讲授暗示训练的依据及在体育教学与运动训练中的应用。

（3）采用举例、教师现场示范的方法详细讲解体育教学和运动训练中心理暗示的形式与方法。

（4）布置作业，要求学生在课下进行暗示训练，并进行详细记录。

4. 自信训练

（1）采用提问的形式，引起学生学习自信训练的兴趣。

（2）以理论讲授的形式介绍与运动有关的自信理论。

（3）运用举例、示范法和练习法的结合，详细讲解在体育教学与运动中自信训练的方法。

（4）布置作业，要求学生在课下进行自信训练，并详细记录。

5. 教学案例：表象训练

教学目标：使学生掌握表象和表象训练的概念、种类和作用，了解表象训练的原理和机制，能掌握并在实践中学会使用表象训练的方法。

教学内容：表象与表象训练的概念、种类和作用，表象训练的原理和机制以及表象训练的方法。

教学步骤：

（1）教师首先可采用举例、提问等形式激发学生探究表象及表象训练的学习动机，引导学生积极思考和讨论，在此基础上讲解表象与表象训练的基础知识。

（2）在学生全面掌握表象及表象训练基础知识的基础上，向学生提出问题"如何在体育教学与训练中进行表象训练？"，组织学生讨论，引导学生积极思考。教师进行总结归纳，系统讲解表象训练在体育教学与训练中的应用方法、原则及注意事项。

(3) 指导学生进行表象训练练习。结合电化教学,组织学生观看优秀运动员正确技术动作的音像资料,然后,进行表象训练。利用准确简练的语言提示辅助学生表象训练,提示学生在表象的过程中注意用心体会。组织学生讨论,答疑解惑。

(4) 布置作业,要求学生在课下进行表象练习,并结合自己的专项有创意地进行表象训练,记表象训练日记,详细记载进行表象训练的过程、心得和体会。

(二) 学法指导

1. 表象训练

(1) 每天进行表象训练,并且坚持一段时间。注意克服急躁心理,树立持之以恒的信心。

(2) 初学表象训练应当在安静状态下进行,这样容易掌握。建议可以首先进行放松训练,再进行表象训练。

(3) 表象的内容从易到难,注意采用简明、积极、正面的词语进行自我暗示。

(4) 注意通过各种感觉通道感受和体验各种各样的正确动作,感觉体验要求清晰、逼真,能够随意控制表象。

(5) 密切结合运动项目的技术和比赛特点进行,以保证表象训练的针对性和有效性。

2. 认知训练

(1) 正确认识不合理信念与不良情绪和行为反应之间的密切关系。

(2) 掌握不合理信念的特征,能够识别不合理信念。

(3) 找出自己所存在的不合理信念,并一一列出,如"我不是练体操的料"等。

(4) 运用自我辩论法认识到不合理信念的危害,放弃不合理信念,用积极的信念加以替代。

(5) 同学之间进行角色扮演,相互练习。一位同学扮演咨询师,向另一位同学的不合理信念质疑,进行辩论,帮助对方放弃不合理信念。

(6) 注意进行案例记载和分析,经常进行反思、讨论和总结。

3. 暗示训练

(1) 正确认识暗示训练的作用,掌握暗示训练的特点及在体育教学与运动训练中的应用。

(2) 找出自己经常出现的消极想法,用积极性自我暗示语消除消极想法。

(3) 在出现紧张、焦虑、厌烦等消极情绪时,不断重复积极性自我暗示语,掌握暗示训练的运用时机。

(4)进行表情和体态语的练习,如"赞许"、"否定"等的表达。

(5)收集环境暗示和标志暗示的资料,举一反三,培养自己创造性运用暗示的能力。

(6)记日记,做笔记,分析暗示训练的个人案例和他人案例,进行反思、讨论和总结。

4. 自信训练

(1)掌握"真假"自信的区分,了解自信的有关理论。

(2)进行目标设置练习,在对自己客观评价的基础上,设置可实现的、具有挑战性的目标。帮助他人进行目标设置,注意信息的反馈。

(3)进行最佳表象训练,在心理上进入流畅体验。

(4)进行归因练习,分析个人归因经历,反思总结。帮助他人进行正确归因。

(5)分析自己的思维,用积极思维替代消极思维。

(6)注意成功体验的认知和积累。

(7)进行案例记载和分析,经常进行反思、讨论和总结。

六、参考文献

[1]丁雪琴,殷恒婵.运动心理训练与评价[M].北京:文津出版社,1997.

[2]姚家新.竞赛心理咨询与心理训练[M].北京:人民体育出版社,1995.

[3]河南省高校体育教育专业专科教材编写委员会.体育心理学[M].郑州:河南人民出版社,2000.

[4]理查德·考克斯著,张力为等译.运动心理学——概念与应用[M].北京:清华大学出版社,2003.

[5]张力为主编.运动心理学基础[M].北京:高等教育出版社,2002.

[6]张力为编著.现代心理训练方法[M].北京:北京体育大学出版社,2004.

[7]王新胜,顾玉飞主编.竞技心理训练与调控[M].北京:北京体育大学出版社,2001.

[8]王惠民等编译.心理技能训练指南——教练员运动员实用手册[M].北京:人民体育出版社,1992.

[9]李建周著.心理训练[M].北京:教育科学出版社,1991.

[10]张小乔主编.心理咨询的理论与操作[M].北京:中国人民大学出版社,1998.

[11] 汤宜朗等编著.心理咨询概论[M].贵阳:贵州教育出版社,1999.

[12] 岑国桢等编著.学校心理干预的技术与应用[M].南宁:广西教育出版社,2003.

[13] 徐俊冕、季建林著.认知心理疗法[M].贵阳:贵州教育出版社,1999.

[14] 翟书涛等译.认知疗法:基础与应用[M].北京:中国轻工业出版社,2001.

[15] Harter S. Effectance motivation reconsidered: Toward a developmental model. Human Development,1978.

[16] Harter S. The perceived competence scale for children. Child Development,1982.

[17] Vealey R S. Conceptualization of sport-confidence and competitive orientation: Preliminary investigation and instrument development. Journal of Sport Psychology,1986.

[18] Lenny E. Women's self-confidence in achievement situation. Psychological Bulletin,1977.

第十五章

体育运动中的团体凝聚力

一、教学目标

通过本章教学,使学生能够:
(1) 了解什么是团体凝聚力以及团体凝聚力的特征。
(2) 掌握任务凝聚力和社交凝聚力的概念;理解团体凝聚力的概念模型;学会团体环境问卷的使用。
(3) 理解团体凝聚力与运动成绩、运动表现之间的关系。
(4) 掌握影响凝聚力发展的因素。
(5) 掌握团体凝聚力发展的模式;了解提高团体凝聚力的途径和方法。

二、教学内容框架(图 15-1)

三、知识拓展与深化

(一) 体育运动中团体凝聚力的意义

从群体动力的角度来看,当所有的人聚在一起为了一个共同目标而工作的时候,靠的是相互团结的力量。相互依靠为个人提供了动力,使他们能够互勉、互助、互爱,这种社会影响对个体在体育运动中的表现起着非常明显的中介作用。尽管许多社会因素可能会影响人们的心理活动、行为以及运动表现,但是,

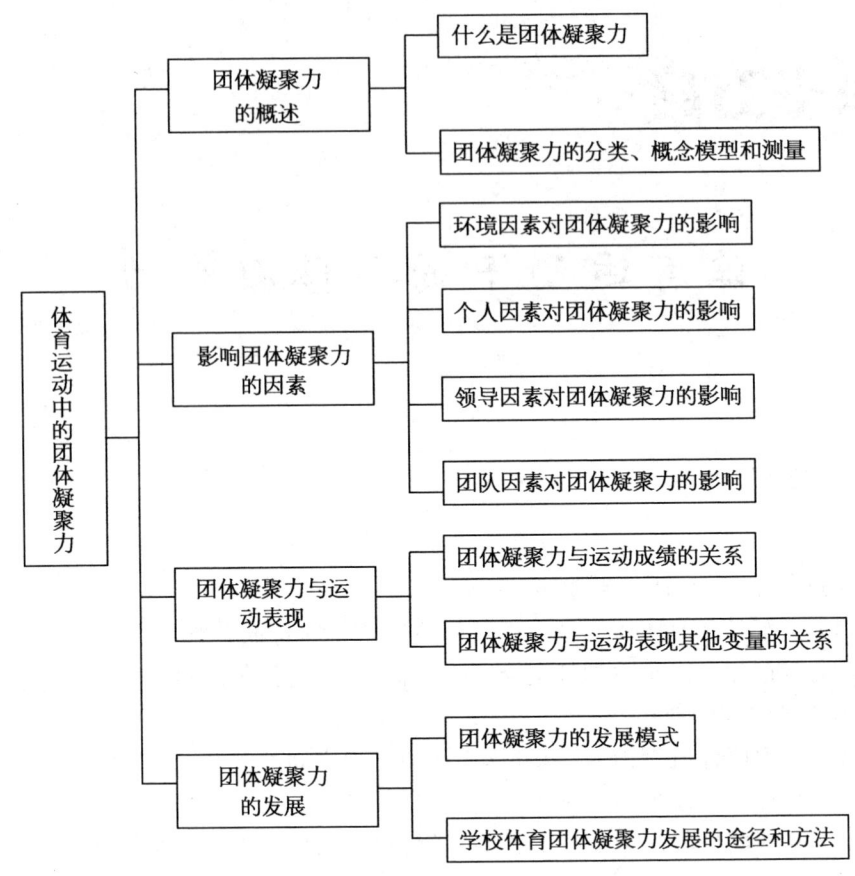

图 15-1 体育运动中的团体凝聚力教学内容框架图

团体凝聚力被公认为是最重要的团体特征之一。教练员与运动员经常谈到团队精神、团结以及同心协力的重要性,研究者也总将凝聚力对团队的功能与促进运动表现联系在一起。而且,当凝聚力加强了,团体的社交凝聚力与任务凝聚力都得到提高之时,团体成员感受到的焦虑程度明显降低,表现出更多的信任感和安全感,并且愿意为团体的共同目标而分担责任(专栏 15-1)。

专栏 15-1

雅典奥运会最佳团队 TOP10

现代奥运会之父顾拜旦在恢复奥林匹克运动之初就主张,"通过奥林匹克运动促进人的均衡发展,培养人们的集体主义精神"。奥运会是尽情挥洒英雄主义的舞台,但并非崇尚个人英雄主义。集体项目和个人项目同样表现着运动竞技的最高水平,更重要的是集体主义更加代表一个国家在某个运动项目上的综合实力,冠军的分量更加沉重。

2004年雅典奥运会涌现了大量高水平的运动集体,他们团结一心,顽强拼搏,展现了高尚的运动集体主义精神。以下是我们为读者评选出来的2004年奥运会10大运动团队。他们的完美表现演示着人类协作精神的典范。

第一:中国女子排球队

北京时间2004年8月29日凌晨,中国女排赢来了重要的历史时刻,在雅典奥运会女排决赛中战胜俄罗斯队赢得冠军,在洛杉矶奥运会夺冠之后事隔20年再圆奥运冠军梦。继去年的世界杯夺冠之后,中国女排用一个更为宝贵的奥运冠军确立了当今世界排坛的霸主地位。赵蕊蕊在第一场比赛的受伤,使中国队夺金的希望蒙上了一层阴影,但替补出场的张萍发挥得十分出色。中国女排在小组赛上取得4胜1负的成绩,包括战胜了实力强劲的美国和俄罗斯,仅以2:3小负古巴。接下来的比赛,中国女排姑娘们体现了老女排顽强拼搏的精神,一路战胜日本、古巴、俄罗斯获得冠军。中国女排获得的这枚金牌是中国代表团获得本次奥运会第31枚金牌,也是集体项目的唯一一枚金牌。中国女排在决赛先输两局的情况下连扳三局,表明这支年轻的队伍在巨大的压力下正变得越来越成熟。今天的这个冠军比2003年世界杯拿得更艰难而且困难也更大。因为毕竟是奥运会的决赛,而且在2003年的世界杯上缺席了俄罗斯队。在奥运会上战胜了俄罗斯队后,世界冠军的封号可谓实至名归。

第二:阿根廷男子篮球队

掀翻梦之队24小时后,阿根廷男篮再接再厉,以84:69击败意大利队,首次夺得奥运会男子篮球冠军。小组赛,阿根廷男篮以4胜1负的成绩列小组第二进入八强,在1/4决赛,他们仅以5分小胜东道主希腊队。在半决赛上,他们遭遇实力强大的美国梦之队,但是在这场比赛中,他们发挥异常出色,投篮命中率高达54%,三分球22投11中,以89:81战胜梦之队,阿根廷男篮成为自1988年以来第一个将梦之队挡在决赛之外的球队。事实上,也是这支阿根廷队,2002年世锦赛时他们就创造了历史,成为第一支击败梦之队的球队。阿根廷队决赛的对手是意大利队,吉诺比利和斯科拉一外一内,将场上节奏牢牢控制,战胜了意大利队。这场比赛的胜利,不仅仅使阿根廷队夺得该队历史上第一个奥运会男子篮球冠军,终结了梦之队在奥运会上的"三连霸",也掀开了世界篮球的新篇章。

第三:阿根廷男子足球队

谁能想到阿根廷这么一个足球强国,在奥运会这个综合体育盛会上竟然52年与金牌无缘,然而,这却是一个事实。令所有阿根廷球迷高兴的是,昨天在雅典奥林匹克体育场,来自潘帕斯草原的阿根廷男足在1∶0击败巴拉圭队之后,终于让这一尴尬的记录作古。阿根廷队在本届奥运会中,以6场保持全胜攻入17球且一球不失的惊人战绩夺得奥运会男足的金牌,而且这支汇集了特维斯、达历桑德罗、科洛奇尼、路易斯·冈萨雷斯等新星们的阿根廷队终结了该国52年来在奥运会上没有奖牌的尴尬记录。如果从足球强国的角度来说,阿根廷也结束了长达11年与国际大赛足球冠军无缘的历史。1996年的亚特兰大奥运会,克雷斯波、奥特加们本来有可能夺取冠军。然而,"非洲雄鹰"尼日利亚队的横空出世,彻底地击碎了阿根廷人的心脏。可喜的是,球星层出不穷的阿根廷队,在2004年终于等到了以特维斯为代表的20世纪80年代出生的一帮新星,并且很快就创造了新的阿根廷足球历史。贝尔萨和他的弟子们在上月刚刚憾失美洲杯之后迅速调整,令人信服地夺得奥运会冠军。

第四:美国女子足球队

2∶1,美国女子足球队在决赛中艰难地战胜了巴西队获得了冠军,时隔8年后重夺奥运金牌,用完美的表现再次表明了他们在世界女足界的大姐地位。美国女子足球队在本次奥运会中表现很稳定,小组赛2胜1平进入1/4决赛,在战胜了日本后在半决赛碰到上届世界杯决赛对手德国队,美国以2∶1报了一箭之仇并进入决赛。这次奥运会是美国女足五星的最后演出,万姆巴赫在决赛补时第22分钟的进球帮助美国队再圆奥运冠军之梦,也实现了她们赛前的诺言。1991年开始的五星时代也就此结束。虽然决赛上的对手巴西队也有出色发挥,但美国女足用完美的表现再次站在世界巅峰。

第五:伊拉克男子足球队

从来没有一支球队能够在这样艰苦的条件下有如此惊人的表现。伊拉克足球队让哥斯达黎加、澳大利亚甚至是葡萄牙队感受到了伊拉克强大的一面,并且杀入到半决赛。虽然最后他们先后不敌乌拉圭和意大利,名列第四,但是毫无疑问他们赢得了最多的尊重。

伊拉克男子足球队在参加奥运会决赛阶段的比赛之前仅仅集训了10天。这些足球运动员原来被萨达姆·侯赛因的长子乌代所操纵和奴役。当美国入侵之后,这个国家的足球联赛也完全中止。伊拉克足球队的训练变得没有任何规律可言。体育场外的爆炸常常能够完全搅乱他们基本的训练活动。上个月,他们的德国教练在死亡威胁下不得不溜之大吉。为了能够参加奥运会,他们不得不到离家乡500千米的约旦"主场"来参加预选赛,然后他们还不得不乘坐澳大利亚空军的飞机前往雅典。困难反而激发了他们的斗志,伊拉克足球队用自己的努力让饱受战火蹂躏的伊拉克人民获得了久违的快乐。

第六:南非男子4×100米自由泳接力队

谁都没有想到,南非人夺走了本次奥运会游泳比赛最有分量的一枚金牌——4×100米自由泳冠军,而他们战胜的正是菲尔普斯领衔的美国队,索普领衔的澳大利亚队以及波波夫和霍根班德领衔的俄罗斯、荷兰队。舒曼、费恩斯、托恩桑德、内特林,在此之前,有多少人听过他们的名字?而现在,全世界都会记住他们,特别是菲尔普斯和索普,他们无疑是记得最真切的。南非队疯狂的表演让索普和菲尔普斯的飞鱼大战变成了泡影,面对突如其来的强手,菲尔普斯和索普无言以对。其实,南非队的胜利并非偶然,舒曼和内特林100米自由泳的个人成绩,在八支参赛队32名选手中名列第二和第三,在雅典,他们终于有了向世界证明自己实力的机会。

第七:日本体操队

自1976年蒙特利尔奥运会以来,日本男子体操铸就了5连冠的黄金时代,但此后他们陷入低潮。直到昨天,日本队在沉寂了28年之后,终于重新站在奥运赛场的最高领奖台上。他们以173.821分力压美国队摘得金牌。有日本媒体认为,这一成功在很大程度上要归功于日本吸取了中国和俄罗斯的训练体制,进行集中训练,从娃娃抓起,从基本功抓起。日本体操男团在决赛第1项自由体操结束后仅名列第7,但此后日本队慢慢赶超,并在第5项结束之后仅以微弱差距列罗马尼亚之后。最终他们在单杠比赛中,凭借米田功、鹿岛丈博、富田洋之的高分戏剧般地反超对手,夺得冠军。

第八:俄罗斯花样游泳队

雅典的碧水池中最具观赏性的是花样游泳项目,俄罗斯队显示了其雄厚的实力,无可争议的包揽了双人和集体项目的两枚奥运金牌。在双人项目中,俄罗斯队的达维多娃、叶尔马科娃的优势明显,决赛中的众多满分成绩的确说明她们在整体实力上强于其他的参赛选手一大截。团体比赛中,俄罗斯队依旧是难以撼动,她们上场的8名队员,无论是在队形保持、行进速度、动作力度、编排难度上都与其他队相比优势巨大,以此强劲的实力为后盾,甚至比赛过程中暂时的音乐中断都没对她们的表演造成消极影响,说明巨大优势让她们心理非常放松,抗干扰的能力也非常强大。

第九:古巴棒球队

在奥运会棒球比赛金牌争夺战中,老牌劲旅古巴队以6∶2击败了澳大利亚队夺得冠军。在4年前的悉尼奥运会上,连续两届奥运会冠军古巴队在决赛中遗憾地以0∶4不敌美国队,丧失了夺得奥运棒球三连冠的机会。赛后他们决心四年后报仇。但今年夏天他们的"仇人"根本没有取得奥运会的参赛资格。古巴奥委会主席约瑟·雷蒙·费南德兹说:"这块金牌古巴人要定了。"在循环赛中,古巴仅输给日本队一场,显示出强大的实力。半决赛古巴战胜加拿大,而日本意外地输给了澳大利亚,使这枚棒球金牌的争夺失去悬念,古巴队又一次站上奥运会男子棒球最高领奖台。

第十:中国跳水队

在过去的五届奥运会上,跳水项目届届有金,累积为中国军团贡献了14枚金牌。雅典奥运会,这支"梦之队"又夺得全部跳水8枚金牌中的6枚,不仅创下本队一届奥运会夺金新纪录,还使得累积贡献的金牌数达到20枚。但在本届奥运会中,中国跳水队虽然大获全胜,但在男、女四个个人项目预赛、半决赛中,中国无一人次排在第一位。出现这种局面,有中国选手有意留一手的因素,但也存在对方确实水平有了相当的提高,临场发挥也很不错,给中国运动员带来了一定的压力。从本届奥运会的比赛不难发现,随着各国水平的普遍提高,与中国选手水平非常接近的对手比过去多了。去年世界游泳锦标赛上,跳水队仅仅获得3个冠军。这次奋发图强的跳水健儿们终于用实力证明了中国跳水世界第一的地位无可撼动。

(引自 http://sports.people.com.cn/GB/35859/35902/36150/2749424.html)

(二) 群体、团体与团队之间的关系

具有东方文化色彩的集体主义精神强调集体价值感和责任感。我国各个领域的工作开展都特别强调集体精神、集体凝聚力。但我国运动心理学领域中有关团体凝聚力的研究历史并不长。团队凝聚力(team cohesion)或团体凝聚力(group cohesion)是外来词,它是一个团队或团体为了实现某一个目标而由相互协作的个体所组成的群体黏合在一起的程度。"group"常被译作团体或群体,两者具有同一含义,群体或团体的共同目标主要是信息的共享。"team"即团队,它与我们常说的群体或团体不同:所有的团队都是群体或团体,但不是所有的群体或团体都是团队。与群体相比,团队更强调共同的责任、分工合作以及绩效(图15-2)。在具有团队精神的团队里,团队成员潜在的才能和技巧能够不断地被释放;团队成员能够深感被尊重和重视;为了一个统一的目标,大家能够自觉地认同必须担负的责任并愿意为此而共同奉献;它强调个人利益服从整体利益,但并非不承认个人利益,更不是要抹煞个人利益;它特别强调团队成员要具有与人沟通、交流和合作的能力。在团队中,个体间的互动作用显得比在群体中更为重要。团队的这种整体协作的特点,也往往成为团队绩效实现的具有决定性意义的因素。

在学校的各种体育团体中,像学校运动队,尤其是集体项目的运动队,它们就是一支支为了最终在比赛中获得胜利而共同协作的团队,而那些参加体育课而形成的班集体或参加课外体育俱乐部的群体则都是团体。当团体中的个体必须彼此依赖,朝着共同的目标团结合作时,这个团体经历了一个进化的动态发展过程之后,就很可能形成一支团队。由于团体的含义比团队更加广泛,因此,在

本章中以"团体凝聚力"(或"群体凝聚力")来表示学校体育团体在追求目标的过程中和(或)为了满足成员的情感需要,团结在一起、保持一致倾向的动态过程。

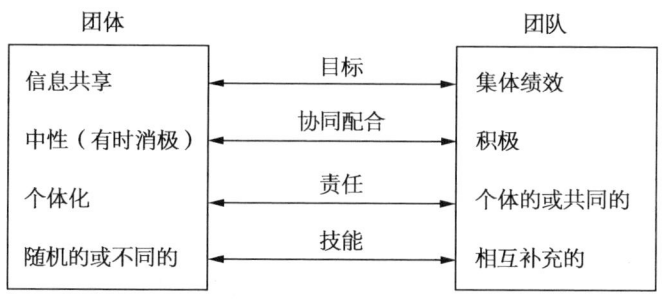

图 15-2　团体与团队的比较

(三) 团体凝聚力的概念模型

运动心理学家 Carron(1982)将体育运动领域中的团体凝聚力定义为团体在追求目标的过程中和(或)为了满足成员的情感需要,团结在一起、保持一致倾向的动态过程。Carron 最初提出的团体凝聚力概念模型一直在运动心理学研究领域得到广泛运用。然而,群体动力学理论家们最近又提出了一个新的具有启发式的凝聚力模型。在 Carron 等人的研究成果的基础上,Cota 等人(1995)从更广阔的角度提出了一个多维的凝聚力模型。该模型包括主要维度和次要维度:主要维度适用于描述所有或多数团体的凝聚力,而次要维度适用于描述特定团体(例如运动队)的凝聚力。这个复杂的模型是为了全面地说明不同团体的活动结果以及团体的发展过程。

Cota 等人(1995)提出凝聚力有四个主要维度,前两个维度分别是团体对个体的吸引力-团体一致性、社交凝聚力-任务凝聚力(这两个维度基于 Carron 的团体凝聚力概念模型)。第三个维度是团体成员的规范观,它主要是指团体成员对价值和/或行为准则的一致性。第四个维度是团体对分裂力量的抵抗力。多维凝聚力的次要维度在不同的团体中可能并不相同。例如,军队的凝聚力是一个维度,而对于运动队来说,情况又不相同。Cota 等人还提出,可能还存在一些潜在的次要维度,但仍需要在经验主义观的基础上进一步提出。

目前,在运动心理学研究领域中,以 Carron 等人的团体凝聚力概念模型为基础的团体凝聚力的研究居多,也有少数研究者以 Cota 等人的多维凝聚力模型对足球运动队进行了群体文化学的研究(Holt & Sparkes,2001)。

(四) 团体凝聚力的研究方法

1. 量的研究方法

量的研究方法是在理性主义、实证主义、逻辑实证论、行为主义以及现代主义等认识论的基础之上提出的,用于正确地表现出实体,因此特别注重严谨、有系统以及可以重复性研究的过程。在运动心理学领域,针对团体凝聚力常用的量的研究方法包括了调查法、内容分析、互动分析等。

社会测量法是研究群体互动的分析工具,它可以揭示群体成员之间的情感及吸引力程度。此方法要求团体成员写出参与不同活动时,他最希望和谁一起参加,将名字写下,或者写出他好朋友的名字等,以此揭示团体成员在队友心目中的价值、核心人物与孤立人物等。还可以结合直接或间接(例如观看录像)观察法保证结果分析的准确性。社会测量法能够很好地测评社交凝聚力的水平,但是对于评价一个以任务为中心目标的运动队的凝聚力时,这种方法存在局限性。

问卷是最常被使用的量的测量工具之一,通常是以自我报告的方式由被试填写问卷,由研究者针对不同的团体使用不同的量表来测量团体凝聚力的状况。目前最常使用的是Carron等人在1985年编制的以团体凝聚力概念模型为基础的团体环境问卷(GEQ)。该问卷比较适用于体育运动团体、工作团体以及音乐团体等。

2. 质的研究方法

质的研究方法建立在解释学、现象学、符号互动、建构主义以及结构主义的基础上,主要用于了解意义是如何创造的,因此强调解释过程的创造性与价值观。为了了解意义,从参与者与其所处环境的角度来加以描述,成为必要的手段。在运动心理学领域,研究者开始尝试使用群体文化学(Ethnography)的方法来理解凝聚力的动态特性与运动表现之间的关系。

Widmeyer等人(1993)强调Carron等人的研究成果可能会限制体育运动领域中团体凝聚力研究的发展。首先,他们认为Carron等人的团体凝聚力概念模型并不是一个严格意义上的理论,而Cota等人提出的用于指导性研究的理论框架在使用范围上更广一些。因此,Cota等人的多维凝聚力模型有可能在团体凝聚力理论发展方面作出贡献。其次,他们认为,如果凝聚力的研究要进一步发展,应当倡导研究者从事一个赛季甚至几个赛季的研究。Brawley(1999)也提出,考察凝聚力与运动表现之间的关系,并不仅仅是考察两者的因果关系,更重要的应该是了解什么样的团队凝聚力建设过程将积极地影响团队的效能。

群体文化学(Ethnography),又称人种志学、民族志学,作为文化人类学的一个分支,是描述某个社会群体和阶层文化的学科,主要通过实地调查来观察群体并总结群体行为、信仰和生活方式。为了实现从群体文化学角度深入理解一支文化共享的大学生足球队的凝聚力情况,研究者(Holt & Sparkes,2001)进行了持续8个月的田野调查研究(专栏15-2)。田野调查研究是一种研究者本身完全地投入到研究对象的社会活动之中的研究方法。这种方法得出的结果往往具有良好的效度,并能够实现深层次的探索。然而,许多学者批评说,使用这种方法的研究者的主观性对结果会造成缺乏重复性信度的后果。但是,从事质的研究的这些研究者却认为,研究者的主观性可以是一种有价值的分析工具,如果研究者是道德的,就应该利用这种主观性而不是像惧怕恶魔一样去驱逐它。

专栏 15-2

对一支大学生足球队赛季期间凝聚力的群体文化学研究

本研究针对一支大学生足球队在为期8个月的赛季进行了群体文化学研究。研究目的是明确并分析促进凝聚力发展的因素。本研究的数据资料由现场调查法、正式与非正式访谈法、文献资料法、现场日记及反馈日记等方法获得。使用由 Wolcott(1994)提出的描述—分析—解释法进行数据分析。结果表明,影响凝聚力的四个因素是:清晰而有意义的角色、自私/个人牺牲、交流以及团体目标。本研究讨论了以上四个因素的波动性与 Cota 等人的启发式的多维凝聚力模型之间的关系。

背景:球队和赛季

研究对象是一所英格兰大学的11人制足球队的成员。该足球队有一名全职教练、13名正式成员(包括我——研究者)。其中队长 Scott 也身兼教练的职务。

该队要参加地区水平的联赛与全英大学运动协会(BUSA)联赛。全英大学运动协会(BUSA)联赛在所有大学生运动项目中享有很高的声誉,每一支大学生足球队先参加每个区的比赛,而后获胜队参加全国水平的比赛。地区水平的联赛每周进行一场比赛,相对而言,比赛水平就低多了。

成为大学生足球队中的一线队是很受人尊敬的。球员们常佩戴队徽作为球队成员身份的骄傲象征。球队成员彼此住得很近,其中10个队员在大学住处一块膳宿。大多数日子里大家彼此见面交往。多数队员来自同一科系,选修相同的课程。因此有一种大家当家做主,彼此平等友好的感觉,尤其是在赛季一开始重新归来的队员中,更是如此。

在赛季前期,球队在分区赛中获得参加 BUSA 联赛的资格,总的来说球队表现不错。在10.10~12.19期间,球队在 BUSA 联赛成绩是3胜1负2平。在地区联赛中的成绩为8胜2负1平,足够确保排名第一,两场输球都是在大学开学前球队处于拼凑阶段出现的。相比之下,在赛季中期阶段(来年的1.11~3.22),球队处于动荡不定状态。BUSA 第一轮季后赛球队输给了一支技术欠佳但是作风更顽强的球队。对手有一名球员在比赛中给罚下场。这突出说明了球队表现得不称职。

由于在 BUSA 联赛中早早出局,球队遭到了大学生们的怀疑与讥笑,因为几乎所有其他大学一线球队都进入了联赛的最后阶段。一名最后一次参赛的球员在季后赛失败后在更衣室里说道:"唉,你们明年还可以去抽签,但是对我就是只能这样了"。这种观点反映了一些球员的想法:虽几周后还要再打地区联赛,但实际上赛季已经结束。正如一些队员赛后在大学酒吧所表现的那样,整个球队的士气已经严重受损。那天,整个酒吧挤满了人,其他大学的一线队都赢得了他们的 BUSA 赛……当我(研究者)走进酒吧中发现,四个球员挤在一起,抱成一团,眼泪汪汪,一言不发。球员的伤心和绝望的感觉更加明显。他们也知道他们是在向其他学生球员表现他们的绝望。季后赛失利后,球队在地区联赛中的成绩进一步衰退,记录为:8 胜 3 负 1 平。球队以比分 0∶1、1∶4、0∶3 三连败。最后两场是踢主场,却破了那儿主场不败的纪录。另外一名大四的球员在第一次主场失败后说:"无论如何,我再也不关心地区联赛了"。

在赛季的最后期间(来年 4 月 26 日—5 月 8 日),12 天内共计踢了 6 场地区联赛。由于各大学行程安排复杂,全都是远道而来。其中有两场比赛是在联赛两大顶级球队之间展开。尽管地区联赛水平低于 BUSA 联赛,但苛刻的计划和迫在眉睫的考试压力还是增加了比赛的挑战性。另外,球队队长 Scott 由于个人原因,决定请假两周回家。这段时间我们队的整体比赛记录是 6 连胜,这是 6 年来联赛中最完美记录。下面将进一步阐述清晰而有意义的角色、自私/个人牺牲、交流以及团队目标四个因素如何在整个赛季期间调节凝聚力的动态特性。

四个因素在赛季中期对凝聚力的影响
清晰而有意义的角色

赛季中期的特点是个人角色与团队需要的匹配不协调。在中场位置,尤其普遍较少地认同个人角色,许多球员却希望认可个人的进攻技能,而不是承担防守责任。Dave 常被其他球员认为忽视防守责任的人。Fred 说:"Dave 只是想在场上跑动,一天到头下来才知道我在中场替他防守"。Fred 虽然替 Dave 防守了,可是他不高兴,因为他觉得他不得不牺牲了他个人的场上进攻角色而让 Dave 逃避了他的防守责任。Matty 也有一个中场防守角色,这同样限制了他的进攻行动。由于接纳了这样的防守角色,他也感到他给了 Dave 更多进攻机会。因此,在三个常规中场球员中,其中有两个就认为为了 Dave 他们做了他们不想做的牺牲。现场记录显示,Matty 经常将他的责任归结为球队和他的个人安排冲突。"我不想整天把时间花在替别人擦屁股上(替其他队员弥补错误)"。有趣的是,他认为整个赛季他个人最好的表现是在对地区联赛中可能水平最差的那个队的比赛。当时他感到"没有压力,对手都是联赛排名垫底的球队。我开始踢进两球,在前锋位置后又进最后两球。正是有这种表现才显示了我所拥有的实力"。虽然对手很弱,但是他享有更多自由,担负更少防守责任,更享受这种经历。在团队文化内,他通常担负的责任意味着他的角色在别人眼中不明显,对他自己不是很有意义。当给予了一个更加具有进攻性的角色,他就能对球队做出更多公认的贡献,得到更多赞誉,从而认同他的角色。

上面的例子反映了运动员个体如何为自己的表现(如进球得分)寻求公认的奖赏,而不是要承认自己完美的防守贡献。由于球队成员的价值观与个人角色的意义之间缺乏一致性,这样它降低了团体任务吸引力与团体任务一致性。球队成员不能团结一致去努力实现团队的目标。Scott 这样总结了他对球员如何在运动队中接受他们自己的角色的了解:"我想或许在我们队中,很多球员更感兴趣他们所能做的,而不是整个队一起能做什么,因而对我们团队没有好处"。

团队目标

赛季中期球队的目标并不明显。尽管校报及其他媒体上早已刊登 BUSA 联赛和地区水平联赛的安排,但球队广告栏仍很少张贴有关信息。球队会议上也没有讨论球队相关统计资料,也从不言及 BUSA 赛季和地区联赛的目标。就是赛前训练上的讲话,其目的也是告知球队行程,做出旅途安排或者宣布首发的 11 人阵容。虽然球员们认识到参加 BUSA 赛事是最有声望的,但是也没有建立什么正式的表现或结果目标来予以保证。队长这样向我解释说,他认为公开宣布比赛目标会"给球员增加太大的压力,他们会担心太多"。但是缺乏一个清晰的目标反映了团体任务一致性的降低,因为球员并没有真正理解球队的目标。这样也很难承认个人角色对整个球队目标的贡献。

自私/自我牺牲

在赛季中期,有些球员经常相互指责对方自私。例如,Dave 尽管和其他的队员一起住在大学公寓,可他总是要求在去比赛的途中接他,而不是来事前指定的集合地点。这种行为降低了成员间的亲密关系,或者损害了球队团体社交一致性。赛季中期的自私问题是一种团体尤其难以抵制的破坏性力量。

除了上述影响社交凝聚力的难题外,球场上的自私行为也会产生具有特定含义的运动表现。例如,Luke 说"有几次我拿到球时,我看到了球场中央的中场队员,当时我想,'啊,他的位置不错,可要是我把球传给他,他肯定会一个人突破,把球搞丢'"。Gary 也有这种挫折感,因为他在赛场中位置常常很开阔,有几个球员就是不传球给他。"很多时候就是我在场上处于更加有利的位置,但他们还是想连过三人或四人,自己破门得分"。Matty 则更进一步描述了球队普遍的这种自私现象:"大学球队根本上就是 11 个傲慢的球员组成,总视自己为最优"。球场上的自私行为对团体任务一致性产生了直接的影响,降低了完成团体任务效能。同样，团队成员没有团结一致去努力实现团队的目标。场外自私行为也降低了团队在任务和社交意义上对个人的吸引力，并反映出在有关团队在价值和行为规则上存在混乱而非一致的认同。

交流

场上的交流总是很消极。如 Matty 描述的一个典型例子："我告诉 Brian 往回跑，注意我要他盯住的人。这是一件再简单不过的事。我简直就受不了当时他们的人突破了我们的队员，但还有人转向我并对我说，'你他妈的滚开，嚷嚷什么呀？'"。Geoff 是场上年龄最大的球员（27岁）。他认为自己对这些情形的反应应当是慢慢平静下来："我应该像个闭口不言的家伙，一切顺其自然，不用担心什么。算了，我们走开"。可 Luke 对这些批评的反应很强烈："那很简单，要是谁对我啰嗦，我就不给他球"。Matty 认为那些自私的球员在场上的交流总是很消极："我今年有几次对那些有创造力（creative）的球员说了点什么，他们不仅没有做出积极的反应，反而转过身来，吐了我一口唾沫"。在这个队的文化里，"有创造力的"一词已成为自私的委婉语。

有很多现场记录描述了球还在天上飞行，而球员却在场上相互争吵。我曾记录过这样的一个时刻：对手朝我们的球门飞奔而来，而我们的两个队友却还忙于在场上恶言相攻！一旦有球员发生争吵，就像是一个病毒在队内蔓延，"整个球队的纪律也似乎不见了，甚至连那些冷静的球员也开始对别人大喊大叫起来"（Geoff）。毫无疑问，这影响了个人的表现，例如，"我的态度是，要是我做错了，我应是第一个知道的，我不需要别人对我来讲两至三次。要是那样，那么我所做的就是憎恨那个人（Luke）"。让人觉得有讽刺意味的是，在场上进行消极交流最多的球员通常都是场下的最好的朋友，或者是宿舍邻居。消极交流降低了团体任务一致性以及团体任务吸引力。造成这种现象可能的原因是，在这个阶段没有几个人真正关心球队的表现或结果，团体对这种破坏作用的抵抗力较低。但是，团队成员身份的社会因素受其影响小，因为在队内球员们依然拥有最好的朋友，在大学文化氛围中依然以拥有一个团队成员的身份而自豪。

四个因素在赛季后期对凝聚力的影响

清晰而有意义的角色

Fred 的最好表现是在一场以 2∶1 赢球的地区联赛中。"我几次试图冲击球门，然而，作为一名中场，我的角色先是全力防守，然后才是将球推进，因为射门首先需要球从中场传出，这就是我的工作"。这段话语描述了 Fred 的个人角色如何与团队的安排相符合。他很高兴扮演了一个配角，而不是自己进球得分。在赛季早期，几个球员频繁地独自跑动占据了整个团队行动，最终丢球了，因而导致了其他球员不再向他们传球。同时，一旦丢球了，球员们并没有立即彼此相互做长久的防守性掩护跑动。但是这种趋向在赛季末给扭转过来了，反映了团体任务一致性在不断提高。比如 Luke 说:"由于球队不断地参与比赛,聚在一起,为比赛结果而拼搏,团队精神不断成长,成员间有了一种紧密联系。大家都为彼此相互工作,而不是只顾着自己"。

老队员、队长以及"教练"强调了防守责任的重要性,同时个人角色得到更广泛的认同,球队也表现得更好。球员们的意见反映了他们已认同自己的角色,尽管他们不能总是完全履行自己的职责。这一切表明团体任务吸引力已经得到提高。也就是说,他们开始再次关注地区联赛以及他们的运动表现了。比如,在倒数第二场比赛中,开始 Kirk 被告知首发做后防。但是在赛前 30 分钟,Scott 赶到了,Kirk 又被告知做替补了。Scott 赛中受伤,因而 Kirk 上场替下 Scott 完成最后 20 分钟的比赛。Kirk 尽管开始对做替补不高兴,但还是做好了接受非首发角色的心理准备,因此一旦球队需要时,还是表现得很好。他在替补席上,更衣室中都不断给自己语言鼓励。他说:"我知道球队让 Scott 上更好,但是我知道一旦球队需要我,我也能上"。能够履行这样的角色,有时是需要由球员做出个人表现目标的牺牲,但是这反映了团体任务对个人吸引力的增加。总的来说,对于球队中配角的重要性得到了队员更多的一致认同。

团队目标

球队从 BUSA 联赛中被淘汰出局却有助于将团队目标集中在地区联赛上。队内会议上清楚地阐明了赛季最后阶段的目标是去赢得所有剩下的比赛,夺取第二名。在此期间,队内公告栏中张贴满了所有的比赛时间、联赛排名、球员的技术统计,而且通过比赛和训练期间的通知,频繁更新球队成员的进球状况。球队只有一个结果目标,并对获取这个结果的进展始终进行着密切地关注。

对联赛目标的日益关注反映在球员的社交活动行为标准上。赛季中期阶段,周六联赛前夜,几乎所有的球员都去大学酒吧喝酒。事实上,这种行为过去总是地方媒体头条故事的题材。引用 Scott 的话说:"要是学生们能避免宿醉,他们是能赢得地区联赛冠军的!","周六早晨我们很少能让所有的球员头脑清醒,他们可能从头天晚上开始就醉昏了"。可是,到了赛季后期,这种状况已经扭转了,因为球员们将联赛目标置于很重要的地位。季后赛倒数第二场前,我又以研究者角色去酒吧了,想看看是否有球员在喝酒。我注意到仅有三个球员在场,而以前是每个球员都去那儿的。在场的三个球员都只是在喝饮料(不含酒精)。

球员们讨论的是如何将注意力集中在一个目标上,而不是在 BUSA 竞赛和地区联赛之间权衡轻重。Art 说:"当我们还在打 BUSA 联赛时,我们就不在乎地区联赛,但是现在我就真的想赢得所有的联赛比赛了"。在 BUSA 联赛中遭淘汰后,地区联赛就显得异常重要了。虽然个人的表现目标没有确定,但是清晰的团队目标的建立提高了团体任务一致性，而且也促进了队员对个人角色进一步的认同，因而更有利于团队已定下的目标。的确，在一次队员访谈中，Kirk 讨论了在下一年地区联赛上球队如何取胜的问题，即拿下每个主场的胜利作为季前赛的结果目标。

自私/个人牺牲

在赛季的最后阶段，虽面临考试的压力，但球队仍然每隔一天集中一次。这时队长 Scott 出乎意料地乘坐了三小时火车来参加比赛，这进一步强调了需要队员为每场比赛做出个人牺牲。在此期间，因自私问题而争吵的队员中有两个关键人物决定不能牺牲时间去打每场比赛。其他球员对这种决定也没有什么太多意外的反应，正如一个球员在没有那两个自私的家伙所参加的第一场比赛上说的，这是"他们的典型态度"。没有他们参与，球队没有输，而且以前通常发生的争吵现在似乎也渐渐平息了。

那两个自私的球员重返球队后，他们也不像以前那样具有破坏作用，其他球员为球队所做出的个人牺牲增加了球队对破坏作用的抵抗力。例如，Kirk 回忆赛季后期的一场比赛时说："要是有谁做错了什么，马上会有人跑回来替他掩护，诸如此类的事情一直都在场上发生"。Luke 曾经描述了在赛季早期的比赛中，如果要把球传给那些自私球员，他有时会做不出好的传球。可是到了赛季末，Luke 的传球方法改变了，因为"我们都踢得如此之好，整体配合默契，每个人拿球正在做我认为是正确的事情，然后我打出了最佳的传递，这对我们很有效，因为每个人都在做相同的事情"。

这种甘于做出个人牺牲提高了有关团队成员身份的满意度，促进了运动表现以及团体任务一致性。在这个阶段，以个人荣誉为代价的团队风气逐渐清晰地显现出来了。在赛季倒数第二场比赛的现场记录中我写了这样的内容："人人都在奔跑，并且作出了牺牲。Kenny 上场 60 分钟后再也跑不动了，发出了下场信号。为了整个球队利益，他牺牲了个人的比赛形象。Kenny 跑到精疲力竭了，因为他一直在完成他的防守任务，对球队的最后成功表现作出了贡献。个人的表现代表着个人和集体安排的协调统一，代表着愿意为队友奋力拼搏"。Bill 记得有一场重要的比赛中："大家竭力彼此相互支持，无论是个人还是大家都对球队感到满意"。Fred 对另外一场比赛也有类似的感受："我个人认为这是一场出色的团队表演，并且我也有出色的个人表现"。许多球员告诉我，要是这些个人在赛季中早些融入到团队中，要是个人早些在球场上愿意做出个人牺牲，球队可能就会表现得更好。

在谈到赛季末球队从低凝聚力向高凝聚力的变化时，减少自私而甘愿为球队做出个人牺牲这一因素是非常重要的。做出个人牺牲反映了球员对个人价值应当从属于团队价值的看法更加一致。这也提高了团体任务一致性，并促进了团体任务吸引力。甘愿做出个人牺牲也显示了团队成员对团队价值和行为规则的一致认同性。

交流

建设性的场上交流促进了良性的团队环境(气氛)。Art 喜欢一起踢球的球员是那些"让人备受鼓励的球员,那些无论说什么都具建设性的球员"。Kirk 描述了他认为本赛季中具备最佳团队表现的场上球员在比赛中的态度应当是:"大家相聚在一起,在赛场比赛时以及随后的更衣室中都有良好的情绪。即使是比赛时有人做错了什么,也没有彼此的抱怨"。这段话说明更多的积极性交流与从整个团队的利益出发认同自己的角色有关。Gary 解释说,他认为在良性团队气氛中自己更容易发挥,感觉到"良性交流能有助于你集中注意力,否则你开始担心别人在怎么看待你"。总的来说,良性交流改善了团体的任务一致性。

(Holt & Sparkes,2001)

(五) 社会性懈怠现象及其改善措施

社会性懈怠是指因同伴出现而降低个人努力的现象(Latane,Williams & Harkins,1979)。在一个团体内的个体由于动机水平的下降,在集体工作时不像独自工作时那样付出 100% 的努力。从根本上而言,是由于团体规模的扩大而使团体动机下降,从而产生了社会性懈怠。三个和尚没水吃就是典型的社会性懈怠现象。

法国人 Ringelman(1913)做了一个拔河比赛的实验,他要求被试分别在单独的与群体的情境下拔河,同时用仪器来测量他们的拉力。结果发现随着被试人数的增加,每个被试平均使出的力减少了。一个人拉时平均出力 63 千克;三个人的群体拉时,平均出力是 53.5 千克;八个人时是 31 千克。这种共同完成一项任务时,群体人数越多个人出力越少的现象,后来在其他人的实验中也得到证实。这些现象不仅在实验室里可以看到,在日常生活中也很普遍。根据有关研究和统计,在前苏联,私有土地占总农用地的 1%,但产量却是农业总产量的 27%;在匈牙利,农民则曾在 13% 的自有耕地上生产出了全国 1/3 的农产品;在中国,自 1978 年实行土地承包责任制后,农作物的总产量每年递增 8%,这一速度是过去 26 年里平均增幅的两倍半。在东西方的很多国家里,社会性懈怠现象十分普遍。它在鼓掌、划船、扳手腕、跑步、游泳、打气、认知任务、智力问题、写歌、评价、拔河比赛等十分广泛的活动范围内都得到了验证。

强调个人的荣誉感以及个别贡献的重要性是强化士气,弱化社会性懈怠的常用手段之一。教练员或体育教师应该清楚地指出团队成员的个别角色,强调每个角色对完成团队任务的重要性。并适时地创造机会让他们做出贡献,体验由此产生的荣誉感。还可以在训练或练习中让队员或学生从事角色互换的活动,让他们了解队友的辛苦和重要性,从而激发个人牺牲精神,为团队作出相应贡献。

加强对个人表现的认同和评价也是培养团队成员的责任心,削弱社会性懈怠现象的措施之一。为了确保每个学生尽职尽责地去做该做的工作,需要评估每个组员为小组工作做了多少努力,并把结果反馈给小组和个人,以避免小组成员的无效工作,确保每个组员为最后的结果负责。个人责任感是确保所有组员在共同学习中加强实际能力的关键。

培养个人责任感的一般方法:
(1) 保持小组的规模。
(2) 对每个队员或学生进行考核。
(3) 随机抽查小组中的一位队员或学生的表现。
(4) 观察每个组并记录下每个成员为小组作贡献的次数。
(5) 在每个组内安排一个队员或学生做检查者。
(6) 让队员或学生将自己所学的知识和技能教给其他人。

(六) 凝聚力与运动成绩之间的关系

在高水平的教练和队员眼中,凝聚力似乎是被高度渴望的,并且是球队最后成功所极度需要的。人们期望教练能够打造球队的凝聚力,作为教练本身,他们也认识到了这一点。Silva(1980)在一项全国性的调查中发现,打造和保持球队凝聚力是教练中提到的最频繁的字眼。球员也认为凝聚力是优秀表现的必要条件。例如,下面的描述代表了许多教练员与运动员的心声。

休息室里,只听见希佐这个老头疯狂的咆哮声,"这场比赛我们一定要赢,我要的是三分,记住,是三分!"随着队员划破长空的"雄起"声,力帆将士带着信心上场。"我还从来没有看到过凝聚力如此之强的景象,今天比赛肯定能赢。"国脚魏新小声嘀咕,内心充满了必胜的信念。连胜后,主帅希佐和陈宏、王斌等人紧紧地抱在了一起,下场的队员极度地宣泄内心的喜悦,拥抱成了最流行的庆祝方式。史鸣还兴奋地学着非洲舞步,所有人都陶醉在这个初秋的夜晚中。休息室里除了笑声就是歌声,是黄安的那首《青春少年样样红》:"要雨得雨是要风得风,人生幸福在其中……。

(引自 http://www.qianlong.com)

球队团结的问题也影响到球迷。最值得一提的是 2004 年的奥运会女排冠亚军决赛。在教练陈忠和的带领下,中国女排团结一心,奋勇拼搏,最终于 20 年后重夺金牌。以下是有关媒体的报道:

北京时间8月29日凌晨,在奥运会女排决赛中,中国队在先输两局的不利情况下,后来居上,反败为胜,最终以3：2战胜了俄罗斯,勇夺奥运会冠军。群情激奋,欢呼雷动,时隔20年,女排姑娘们再次获得世界冠军,这不仅是一次冠军的加冕,更是辉煌灿烂的"老女排精神"的回归和荣光。中国女排的五连冠铸造出了"团结拼搏"的女排精神,志向、信心、实力锻造的女排精神更激起了国人的斗志:我们能够超越别人。今天这种精神终于"又回家了"……

(引自 http://www.sports.sina.com)

尽管如此,凝聚力与球队胜利之间的关系仍相当复杂,有些队伍虽然明显不团结但还是会获得成功。例如,美国20世纪70年代早期的奥克兰运动队的队员之间经常打架,甚至与老板芬利也经常发生争执,但是,该队仍赢得世界系列赛的三连冠。NBA著名球员巴克利也曾讥讽地发表了对凝聚力的理解:"和谐不重要,唯一重要的事情是胜利和收入。"

从科学研究水平上来看,Carron等人(1993)对839个研究作了一个回顾,结果表明凝聚力与团队的成绩之间存在着积极的关系。但朱利等人(Gully, Devine & Whitney, 1995)的一项对群体动力学文献资料的元分析研究报告表明,凝聚力与团队成绩之间的关系却是冲突的。另一项元分析的研究结果则表明,运用GEQ测量工具的研究结果揭示了凝聚力与运动成绩之间存在中度到高度的相关。Carron等研究者还指出,凝聚力的测量工具、任务类型、团体的目标设置、竞赛焦虑状态等因素都会影响两者关系的研究结果。总之,研究者目前所揭示的仅仅是凝聚力问题的冰山一角。

(1) 运动队中常用的提高凝聚力的方法(专栏15-3)

专栏 15-3

在运动队中,凝聚力总是与队员的满意感联系在一起的。通过提高运动员对运动队的认同感和归属感,可以增强运动员个人的满意程度。具体方法如下:

（一）传统教育法

目的：

通过了解集体的光荣传统,提高对集体的认同。

方法：

(1) 收集与本队训练比赛有关的录像、照片、奖杯、奖状等物品,布置本队队史展览。

(2) 请老队员向新队员介绍本队的光荣传统。

（二）醒目标语法

目的：

通过视觉冲击,烘托集体目标,提高认同感。

方法:

(1) 将全队目标写在大型横幅上,挂在食堂、训练场、宿舍楼等建筑的醒目处。例如:"奋战冬训 100 天,××预赛开门红!"

(2) 大赛之前用倒计时方法营造紧迫感,如"距××会还有 138 天"。

(三) 定期队会法

目的:

通过征询每个队员对实现目标的意见,使队员认同全队目标。

方法:

(1) 组织队会,讨论为实现全队目标应当采取的措施。

(2) 组织队会,讨论大赛中技术战术方面需要注意的问题。

(3) 组织队会,请每个队员就某个重点队员的技战术问题出谋划策。

(四) 目标内化法

目的:

将集体目标与个人目标有机结合在一起。

方法:

(1) 要求运动员在训练日记中写明全队目标和个人目标。

(2) 集体项目中,强调个人目标的实现取决于集体目标的实现。

(3) 个人项目中,强调个人目标的实现有助于集体目标的实现。

(五) 互相了解法

目的:

通过使每个队员了解其他队员的感受,使队员更具同理心。

方法:

(1) 请每个运动员在一张纸条上写出在比赛时希望其他队员如何对待自己;纸条不记名。

(2) 教练员收集每个队员的纸条,并在全队会上念出每个队员的希望。

(3) 教练员与运动员一起讨论,将这些希望归纳为几项可以操作的原则。

(六) 生日庆贺法

目的:

建立社会支持系统,提高全队凝聚力。

方法:

(1) 将每个队员的生日按照时间顺序记录下来。

(2) 在队员生日的时候以个人名义送上一份生日礼物。

说明:

生日礼物一般不应过于昂贵,有纪念意义即可,如书、书签、音乐磁带等,所谓礼轻情义重。

（七）互相赠言法

目的：

通过互相勉励，提高全队凝聚力。

方法：

（1）在大赛前，每个参赛队员写一句适用于所有参赛队员的赠言，但不署名；教练员统一收齐后，随机发放给每个参赛队员，大声念出或写在黑板上。

（2）在成功或失败之后以及遇到极大困难时，也可以请队员互写赠言，以互相鼓励。

（3）要求运动员将自己收到的赠言写在训练日记中；或者将自己认为特别有意义的赠言写在训练日记中。

（引自张力为，2004）

四、教学重点与难点

（一）教学重点

（1）团体凝聚力的概念、分类、概念模型和测量工具。
（2）影响团体凝聚力的因素。
（3）团体凝聚力与运动成绩之间的关系。
（4）提高学校体育团体凝聚力的途径和方法。

（二）教学难点

（1）团体凝聚力的概念模型和团体环境问卷（GEQ）。
（2）团体凝聚力与运动表现之间的关系。

五、教学指导建议

（一）教学建议

（1）通过提问法来引导学生明确问题，导入新课。例如，教师提出"对于一个团体（例如，一支排球队）来讲，哪些因素会影响他们在比赛中获得成功"的问题后,针对学生讨论的结果,通过将团体与团队进行对比,导入团体凝聚力的概念。要强调任务凝聚力与社交凝聚力在概念上的区别,这将有助于学生理解团体成员如何克服人际关系上的冲突而取得成功的现象。

(2)阐明 Carron 等人的团体凝聚力概念模型是建立在团体的倾向(社交定向与任务定向)与团体的群体动力学特点(团体一致性与团体对个人的吸引力)基础之上的。并强调这一模型通过团体任务吸引力(ATG-T)、团体社交吸引力(ATG-S)、团体任务一致性(GI-T)、团体社交一致性(GI-S)四个方面来考察每一个团体成员对团体凝聚力的感受。

(3)广泛介绍团体凝聚力的研究方法,加强学生科研能力的培养。通过活动法,教师指导学生使用测量与实验指导手册中的团体环境问卷(GEQ),重点使学生掌握这种测量运动队凝聚力的方法。

(4)通过分组讨论与辩论,让学生深入地思考团体凝聚力与运动成绩之间的关系。

(5)通过启发,让学生明确运动表现的真实评价,并使他们深入理解团体凝聚力与运动表现其他变量之间的关系。

(6)明确团体凝聚力的动力性特点,引导并帮助学生学会分析影响团体凝聚力的因素。通过介绍团体凝聚力发展的模式,让学生进一步认识到团体凝聚力发展的动态特点。

(7)通过创设问题情境,让学生学会提高团体凝聚力的途径和措施。例如:老师充当需要咨询的"教练"角色,学生充当"运动心理学工作者",后者针对前者关于凝聚力发展的问题提出改进途径和方法。

(8)在本章学习中,学生对教科书中每个拓展知识要花 5 分钟进行自主学习,并可以自由提问,激发学生探究、主动学习的动机。

(二)教学活动案例设计

关于"正确理解团体凝聚力与运动表现之间关系"的教学活动设计:

教学目标:

(1)通过分组讨论与辩论活动,让学生学会分析团体凝聚力与比赛成绩之间的关系。

(2)运用启发法,使学生明确运动表现的真实评价,并使他们深入理解团体凝聚力与一些运动表现评价指标之间的关系。

教学过程:

1. 导入

(1)创设情境(多媒体课件展示雅典奥运会最佳团队 TOP10 的图片)。

(2)明确问题:"对于运动队这样的一个体育团体来讲,团体凝聚力与比赛结果之间是什么关系?"

2. 展开

(1) 分组讨论:根据辩题"对于一支运动队,团体凝聚力是否会影响运动成绩的获得",确定1组为正方——对于一支运动队,团体凝聚力会影响运动成绩的获得;2组为反方——对于一支运动队,团体凝聚力未必会影响运动成绩的获得。3组为评审组,4组为观众(其中两人为计时员)。然后分组讨论,1、2组组织辩手,准备相应材料;3、4组共同讨论辩论评分规则。15分钟后展开辩论。

(2) 展开辩论赛:① 教师充当主席,宣布辩题,介绍正、反方选手(每方共4名选手)以及评委和观众。宣布辩论赛规则。② 由正方一辩发言,接着反方一辩发言,发言时间共5分钟。③ 反方二辩提问30秒,正方回答2分钟;然后由正方二辩提问30秒,反方回答2分钟。④ 各方自由辩论共用时10分钟,各方累计用时5分钟。⑤ 观众向正、反方各提一个问题,并要求回答。共用时5分钟。⑥ 各方总结陈词2分钟30秒,累计用时5分钟。⑦ 评委评分,主席宣布结果。

(3) 总结团体凝聚力与运动成绩之间关系的要点:① 多数研究结果表明,团体凝聚力与运动成绩之间呈正相关。尤其在那些强调任务凝聚力而不是社交凝聚力的比赛中,以及在篮球、橄榄球、冰球、排球等互动项目中,团体凝聚力对运动成绩的影响更为重要一些。② 目前多数研究者赞同团体凝聚力并不一定是获得成绩的前因,但目标的达成和成功的结果可以提高凝聚力水平这种观点。③ 凝聚力的测量工具、任务类型、团体的目标设置、竞赛焦虑状态等因素都会影响两者关系的研究结果。

(4) 运用启发法,让学生明确对学校体育团体成员的运动表现的真实评价,并介绍几个运动表现指标与团体凝聚力的关系。

"运动队是学校体育团体的典型代表,更确切地说,它是一个以赢得胜利为目标的团队。因此,比赛成绩成为用于评价这个团队成员的运动表现的最主要的指标。但是,对于其他学校体育团体而言,如体育课班集体和锻炼健身班,仅仅用活动成绩这样的终结性指标能够全面地评价学生的运动表现吗?"通过介绍团体凝聚力与团体效能、自信心、锻炼行为变量之间关系的研究结果,使学生明确要充分理解团体凝聚力与运动表现之间的关系,应该全面考察用于评价运动表现的心理学、行为等变量与团体凝聚力之间的关系。

3. 总结

(1) 让学生总结团体凝聚力与运动成绩之间的关系。

(2) 要充分做好辩论活动的准备工作:虽然组织体育专业的学生完成辩论活动具有一定难度,但考虑到本章教学目标主要是让学生学会分析团体凝聚力与比赛成绩之间的关系故选择了这一方法。因为辩论活动适合于对于深层次的问题进行探索,同时,在教学中可以充分发挥体育专业学生争强好胜的心理,激发他们合作学习和探究学习的动机,这对于提高教学效果有很大的帮助。可以通过课前的准备活动,让学生完成收集辩论赛相关知识和运动队凝聚力个案资料的作业,以保证辩论活动的顺利进行。还可以降低辩论活动的难度,确定适合体育专业学生特点的辩论程序与评分标准。在辩论活动后,教师还要分别对4组学生在活动中的具体表现进行评价,这将进一步培养学生的责任心,削弱懈怠现象,加强学生分工合作的团队精神。

(3) 布置课外作业:哪些指标可以用来评价体育课班集体成员的运动表现?收集1~2篇关于这些指标与团体凝聚力之间关系的研究文献。

总评:本课的教学设计具有主动学习和共同参与的特点。整个课堂通过提供探究与讨论的时间、条件和平台,积极实行启发式和讨论式教学。在教学的导入阶段向学生提供几支奥运会最佳团队的资料,引导学生主动思考团体凝聚力与比赛成绩之间的关系;展开阶段通过讨论和辩论活动,加深学生对上述关系的理解,培养其团结合作的精神与自信心;总结阶段通过作业进一步培养学生进行科学研究的能力。

六、参考文献

[1] Cox 著,张力为等译.运动心理学——概念与应用[M].北京:清华大学出版社,2002.

[2] 季浏,符明秋.当代运动心理学[M].重庆:西南师范大学出版社,1994.

[3] 季浏,朱学雷.体育社会心理学[M].上海:华东理工大学出版社,1996.

[4] Robbins 著,孙建敏等译.组织行为学[M].北京:中国人民大学出版社,1997.

[5] 张忠秋.第18章运动群体的凝聚力.见张力为,任未多.体育运动心理研究进展[M].北京:高等教育出版社,2000.

[6] 张力为.现代心理训练方法[M].北京:北京体育大学出版社,2004.

[7] Carron, A. V., Bray, S. R., & Evs, M. A. (2002) Team cohesion and team success in sport. Journal of Sports Sciences. ,20.

[8] Carron, A. V., Spink, K. S., & Prapavessis, H. (1997). Team-building and cohesiveness in the sport and exercise setting: Use of indirect interventions. Journal of Applied Sport Psychology.

[9] Carron, A. V., Widmeyer, W. N., & Brawley, L. R. (1985). The devel-

opment of an instrument to assess cohesion in sport teams: The group environment questionnaire. Journal of Sport Psychology,7.

[10] Everett, J. J. , Smith, R. E. and Williams, K. D. (1992). Effects of team cohesion and identifiability on social loafing in relay swimming performance. International Journal of Sport Psychology,23.

[11] Grieve, Whelan, & Meyers. (2000). An experimental examination of the cohesion-performance relationship in an interactive team sport. Journal of Applied Psychology,12(2) 219~235.

[12] Heuze & Fontayne. (2002). Questionnaire sur l'ambiance du group (QAG): A French-language instrument for measuring group cohesion. Journal of Sport & Exercise Psychology,24.

[13] Holt. H. L. & Sparkes. A. C. (2001). An ethnographic study of cohesiveness in a college soccer team over a season. The Sport Psychologist,15.

[14] LeUnes. A. & Nation. J. R. . Sport Psychology: An Introduction[M]. Wadsworth Group,2002.

[15] Ntoumanis, N. & Aggelonidis, Y. . (2004). A psychometric evaluation of the Group Environment Questionnaire in a sample of elite and regional level Greek volleyball players. European Physical Education Review,10(3).

[16] Spink, K. S. (1995). Cohesion and intention to participate of female sport team athletes. Journal of Sport & Exercise Psychology,17.

[17] Spink, K. S. , & Carron, A. V. (1992). Group cohesion and adherence in exercise classes. Journal of Sport and Exercise Psychology,14.

[18] Schutz, R. W. , Eom, H. J. , Smoll, F. L. , & Smith, R. E. (1994). Examination of the factorial validity of the Group Environment Questionnaire. Research Quarterly for Exercise and Sport,65(3).

[19] Widmeyer, W. N. , Brawley, W. N. and Carron, A. V. (1990). The effects of group size in sport. Journal of Sport and Exercise Psychology,12.

[20] Williams, J. M. and Hacker, C. M. (1982). Causal relationships among cohesion, satisfaction, and performance in women's intercollegiate field hockey teams. Journal of Sport and Exercise Psychology.

[21] Williams, J. M. , & Widmeyer, W. N. (1991). The cohesion-performance outcome relationship in a coacting sport. Journal of Sport & Exercise Psychology,13.

[22] Stevens &. Wickwire. Expert coaches' perceptions of team building. Journal of Applied Psychology,2003,15.

[23] http://www.montana.edu/craigs/team%20cohesion.htm
[24] http://www.athleticinsight.com/Vol4Iss1/EquestrianTeamBuilding.htm
[25] http://www.pep.com.cn/200406/ca436358.htm
[26] http://jszb.ceiea.com/zblw/tyys/15596.asp

第十六章

体育运动中的领导行为

一、教学目标

通过本章教学,使学生能够:
(1) 了解领导和领导者的概念、意义与特点。
(2) 了解体育运动中教练员的领导地位、特征、功能与作用。
(3) 知道教练员的权威及其影响力。
(4) 分析教练员领导行为的特点、类型及其效果。
(5) 理解影响教练员领导行为的因素。
(6) 解释教练员领导行为的有关理论。

二、教学内容框架(图 16-1)

三、知识拓展与深化

(一) 领导的一般概念与功能

领导就是运用各种影响力带领、引导或鼓励下属为实现目标而努力的过程,领导者就是在团队中发挥领导作用的人。从领导的定义上,不难看出领导至少要有三个要素:一是领导者必须有追随者;二是领导者要有影响追随者的能力,这种能力或力量包括正式的权力,也包括个人所拥有的影响力;三是领导者实施领导的唯一目标就是达到团队的目标。

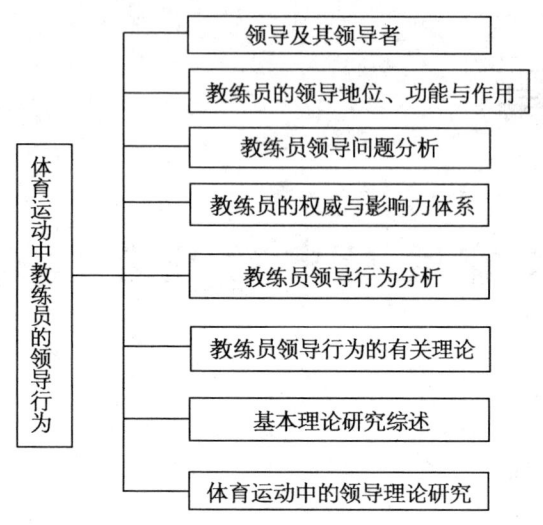

图 16－1 体育运动中教练员的领导行为教学内容框架图

领导者的领导过程如果用一个简单的表述来概括的话,就是在权力支撑的基础上实施指引、激励、沟通和营造氛围的工作以便能够影响成员的行为,促使他们共同努力去完成团队的目标。

领导是影响和指引他人或组织在一定条件下实现其目标的行动过程。领导者是发挥主导影响力作用的人,包括个人或集体。领导者的核心作用就是根据一定的环境条件,通过影响和组织他人的行为,最终达成组织的目标责任制。一是采取一定的手段激励个体或群体做好本职工作,并引导他们的行为沿着组织目标前进;二是协调群体内成员之间保持和谐的关系。

根据领导的权威基础的不同,可分为正式领导和非正式领导。

1. 正式领导

正式领导是指领导者通过组织所赋予的职权来引导和影响所属员工实现组织目标的活动过程。

2. 非正式领导

非正式领导是指领导者不是靠组织所赋予的职权,而靠其自身的特长而产生的实际影响力进行的领导活动。

3. 正式领导者与非正式领导者的关系

（1）正式领导者一般是工作领袖,非正式领导者往往是情绪领袖;

（2）正式领导者和非正式领导者可以集于一身,也可以分离;

（3）一个真正有作为的领导者,必须同时将工作领袖和情绪领袖两种角色集于一身;

（4）正式领导者应善于利用非正式领导者的实际影响力实现组织为目标

服务。

正式领导者应借助于非正式领导者在组织中具有的实际影响力,为实现组织目标服务。如果非正式领导者的影响方向与组织目标相悖,则主要采取激励手段加以规范。

(二)关于领导概念与功能的综述

1. 关于领导概念的综述

在运动社会心理学的研究领域中,一直以来都是把运动领导心理问题的研究作为讨论教练员和运动员之间人际互动关系的重要议题。然而,由于这门新兴学科的发展历史不长,亦有许多基本的理论问题仍在讨论当中,其中包括领导的概念等问题。从现有的文献资料来看,不同学者从各自的角度对领导的基本概念作了不同的解释。以下是国内外的一些学者对领导概念的不同解释。

Hemphill 等人(1957)认为:领导是"个人引导群体活动达到共同目标的行为。"

Koontz(1959)将领导定义为:是一门促使其部门充满信心,满怀热情来完成任务的艺术。

Janda(1960)认为:领导是一种特殊的权力关系,特征为一群人有权规定另一群人的行为。

Donnelly(1978)将领导定义为:是一个个人向其他人施加影响的过程。

Barrow(1977)认为:领导是影响个人和团体朝向某一既定目标努力的过程。

Hogan(1994)等人则将领导定义为:领导实际上是劝服其他人在一定时期内放弃个人目标,而去追求对群体责任和利益至关重要的组织目标。

俞文钊(1988)则认为:领导是指引和影响个人或组织,在一定条件下实现目标的过程。

张春兴(1992)将领导定义为:在团体中引领、指导或控制多数人态度或行为的过程。

由以上的各种观点可以看出,尽管个人的理解角度不同,但是其共同点则都表现在对"影响过程"的强调上。由此可见,"影响"是理解领导核心涵义的基础。而在本质上,领导过程是属于一种基于人际间交互影响而产生的行为。

2. 关于领导功能的综述

关于领导的功能,一般认为领导的基本功能可分为组织功能和激励功能。

所谓领导的组织功能,一般是指为实现某团体的目标,领导者必须采取的一系列组织活动。具体地讲,领导的组织活动包括以下几个方面:

(1)确定团体的目标和做出决策;

(2) 为实现目标而科学地安排和使用人力、物力或财力；

(3) 建立并完善与其活动相适应的管理体系。

所谓领导者的激励功能，是指调动激发被领导者完成团体的目标的工作积极性的过程。一般认为，激励功能是领导的主要功能(任宝崇，1987)。领导者是否具有这种激励下属的能力和技巧，直接关系到领导行为的效能。有学者(马启伟、张力为，1996)认为，激励功能的内涵主要有以下三个方面：

(1) 提高被领导者接受和执行目标的自觉程度。

(2) 激发被领导者实现团体目标的热情。

(3) 提高被领导者的行为效率。

(三) 有关教练员领导行为的研究

我国的学者在教练员领导行为的研究中借鉴了西方及日本的有关领导学理论，并与我国教练员的实际相结合。国内学者主要关注以下问题：领导功能与作用、领导职责与素质、领导影响力与权威体系、领导方式与效果。

1. 领导功能与作用

教练员的领导功能与作用主要体现在教练员的决策、组织、沟通和激励等维度上。有关研究表明，影响教练员决策的自身因素包括知识、智慧、经验、情绪、意志、灵感和应变能力等方面；关于球类比赛时教练员决策中的模糊思维研究揭示了教练员决策思维活动中的敏捷性、灵活性、创造性以及系统性。教练员的组织策划和管理工作的研究表明，教练员要有效地安排计划、使用人才、调动一切积极因素使运动队达到预定的目标。教练员的沟通是决定运动团队有无凝聚力和战斗力的关键因素，是处理好各种关系、提高工作效率的可靠保证；教练员的成功离不开与运动员、官员、其他教练员和媒体等方面的有效沟通。教练员在运动团队中制定各种制度、奖惩条例，强化运动员的成就动机；研究人员针对国内运动队的体制，从管理心理学角度分析了激励过程的一般模式以及促使运动员努力工作的诸因素，并就激励因素探析了激励方式的运用。

2. 领导职责与素质

教练员的领导职责和素质在不同的社会发展时期具有不同的内容。在市场经济条件下，学者们从教练员的角色扮演、训练思维和修养等角度分析了教练员的职责和素质。教练员的职责是：完成训练教学任务、提高运动技术水平、全面关心运动员的成长、做好运动队的管理工作、参加规定的进修、学习，高等级教练员必须承担对低等级教练员的业务指导、培训和辅导基本训练工作。

总的来说，国内学者对教练员素质的研究广泛且深入，根据对教练员素质的研究可以总结出：教练员素质是由思想素质、知识素质和能力素质三方面构成的。其中思想素质是主导，知识素质是基础，能力素质是主体。思想素质由思想、意志、品格三要素构成；知识素质由对专项运动的感性认识、专项理论知识和相关基础理论知识构成；能力素质既包括认识能力、计划能力、实际能力、组织能力和教学能力等基本能力，还包括对运动员模式的识别力、对运动员反馈信息的感受力和区别对待中的创造力等特殊能力。

3. 影响力与权威体系

教练员的影响力可分为权力性影响力和非权力性影响力。教练员良好的影响力表现为运动员对教练员服从、敬畏、敬重、敬爱和信赖。1994年，张杜平对我国足球甲级队主教练领导行为的研究表明，道德品质因素、资历因素、感性因素是影响甲级足球队队员的主要因素，而宽容精神、创新精神和体育知识因素对队员影响较小。2001年，杨兰生、张杜平对足球队的进一步研究表明，强权性影响力在队伍的发展初期具有很大的影响作用，但随着训练实践的进行，非强权影响力是足球教练员得以立足的主要因素。1985年，黄金柱论述了教练员的权威体系，教练员对运动员具有较大的权威和影响。教练员的权威体系包括报酬性权威、强迫性权威、合作性权威、专家性权威和模范权威。

4. 领导方式与效果

教练员所采取的行为、作用和控制方式不同，会使运动团队中产生不同的气氛，其结果会明显地影响运动团队成员的自我概念、认知、情绪和行为以及整个运动团队。国内学者借鉴国外理论，把领导方式归纳为以执行任务为主的方式和以维持团队关系为主的方式。尽管国内教练员领导方式的研究借鉴了国外的相关理论，但国内学者也作了这方面的跨文化比较研究。比如，王润平的《中国—加拿大国家级体操教练员社会心理构成的比较研究》和谢红光的《中国、澳大利亚网球高级教练员执教特征》等论文。

教练员的领导方式会影响领导的效果。《北京和外省市部分高校教练员行为的调查——高校教练员管理素质研究》从教练员的重要人物外控水平、机遇外控水平、领导方式方面进行了研究；《教练员领导方式与运动员的心理压力及心理适应的关系》一文探讨了12～16岁运动员心理压力、心理适应与教练员领导方式的关系。

总的说来，国外学者从教练员自身、运动员和特殊情境等方面研究教练员的领导行为，具有多视角、多维度，研究程度比较深入、具体等特点。但是，在教练员领导行为的有效性问题上缺乏研究。目前的有关研究只阐明了教练员领导行为的有效性与领导者素质、领导方式、情境因素和被领导者特点等因素有关。但这些因素是怎样相互作用，进而产生领导行为的有效性的，还需要理论和实证研究。

国内有关教练员领导行为的研究主要集中在教练员应具备的素质和能力上，在教练员如何进行决策、沟通和激励以及教练员的领导方式与效果方面的研究没有形成规模。尽管国内学者注意吸收借鉴西方及日本关于教练员领导行为研究的成果,但是文化背景可能影响教练员领导行为的选择,所以国内研究人员的迫切任务是针对国内教练员、运动员及其情境进行广泛而深入的研究。(赵溢洋等,2004)。

(四) 关于教练员与运动员的心理相容

领导效果的一个重要因素就是教练员与运动员心理上的相互共容性,即教练员与运动员人际关系的质量和心理相容是决定体育团队成功和运动员获得满足感的重要因素。在研究教练员与运动员心理相互共容的问题时,研究人员比较了成功的教练员与运动员的双方关系和不很成功的教练员与运动员之间的相互关系。双方关系的构成可以通过基本人际关系倾向—行为问卷(Fundamental Interpersonal Relations Orientation - Behavior Questionnaire, FIRO - BQ)来构建和比较。这个调查问卷是由 Schultz(1966)研制的,用以测试教练员与运动员之间的友爱、控制和相互接受的程度。爱是指两人之间的亲密的个人情感关系,而控制则是指对权利、权威和支配的看法,相互接受是指人们相互之间的积极联系与沟通以及开诚布公的双向交流。

在心理上相容的教练员和运动员的双方关系以良好的沟通和教练员对运动员的奖励行为为特征。与之相反,不相容的教练员与运动员的双方关系以缺少沟通和奖励行为为特征。在心理相容的双方关系中,教练员和运动员自如地相互交流,他们互相尊重、相互欣赏,都有交流真挚情感的愿望。而这样的情感在心理不相容的双方关系中是不存在的,他们相互孤立、各自为营。在相互排斥的环境中不可能产生有效的和开诚布公的交流。在共容的教练员与运动员的双方关系中,教练员不断地奖励运动员做出努力并取得好的成绩。奖励的形式可以是表扬、感谢和肯定队员的出色表现。热情的鼓励是双方共容关系中最典型的特征(Horne & Carron,1985;Kenow & Williams,1999)。

调查显示,教练员和运动员对教练员行为和环境的看法有很大的差异。教练员倾向于认为环境很理想;而运动员则认为他们理想的环境和现实的情况有着很大的出入(Smith & Smoll,1997b)。

运动员与教练员之间高质量的相互交流、沟通和尊重有助于增强运动员的使命感,提高他们比赛的成绩。教练员与运动员心理上的相容的重要性通过一项研究得到了证实。这项研究的对象是一对夫妻,而他们之间又同时是教练和队员的关系。婚姻关系良好的教练员和运动员感情牢固、沟通频繁、相互信任和紧密合作(Jowett & Meek,2000)。与加拉杜瑞的多维领导模式相一致,Kenow 和 Williams(1999)注意到,运动员的满意感强烈地预示着运动员与教练员的心理相容关系。从教练员的信息反馈来看,应该在运动员出色地完成比赛任务之后,及时给予其表扬和对其表现进行建设性的评价。对于表现差的运动员应该给予鼓励和建设性的意见,以帮助他们在今后的比赛中取得胜利(Allen-Howe,1998;Amorose-Weiss,1998)。

在纠正队员错误时,教练员应该果断,同时,还应该避免伤害运动员的自尊。Miller(Miller,1982)认为,训练教练员的果断品质时,要培训他们使用合适的方式来表述自己的思想和感情,这样才能不令队员感到惧怕。过于果断的教练有可能损害人际关系,而果断不足的教练又有可能纠正不了错误。在Miller的果断培训模式中,认为教练员应该采取三个步骤教导运动员。比如,在排球运动中,就有可能采用下列三个步骤实施该模式:

(1)向队员描述情形:"你的任务就是封死对方发扣球角度。"

(2)告诉队员他的任务如何影响球队的比赛:"当你完成了任务时,你给球队奠定了有效的防守基础。"

(3)告诉队员你认为应该怎样做:"专注自己的任务,充分相信队友会完成他们各自的任务"(Richard H. Cox著,张力为等译,2003)。

(五)关于教练员的人格魅力

教练员的重要任务在于通过系统科学的训练活动,不断提高运动员的体能、技能、心理能力以及运动智能等各种竞技能力,并将其转化为运动成绩。这种任务的完成,要求教练员具有强烈的职业责任感、广博的专业知识、丰富的实践经验,同时,还应该具有巨大的人格力量。教练员的人格力量来源于其人生立志、个性特点及文化素养。研究表明,其作用主要表现在行为楷模效应、动机激励效应、进程优化效应及系统协调效应四个方面。

1. 行为楷模效应

行为科学以人的行为规律及人与人之间的相互关系为对象,主要研究行为产生的原因和影响行为的因素,以便解释、预测和控制人的活动。运动训练过程就实质而言,是运动员的一种特殊形式的认识过程:运动员由此学习和掌握运动知识和技能,形成自己的认知结构,发展智力,锻炼能力,成熟心理,形成人格,正是在这一过程中,教练员人格力量蕴含着巨大的行为感召力。作为运动员的师长,教练员常常是运动员崇拜的偶像,是正确和真理的"化身"。榜样的力量是巨大的。教练员对待事物的态度,处理公私利益的准则,调节人际关系的方式,通常被运动员视为正确行为规范的榜样,成为他们个人学习的楷模。

2. 动机激励效应

像人类社会的各种活动一样,运动员训练活动的不断发展需要不断强化的动机。运动员的训练动机包括内部动机和外部动机。强化动机的过程即激励,包括内部动机的激励和外部动机的激励。运动员不仅必须自己制定训练和竞赛的目标,自我激发刻苦训练、全力参赛的愿望和顽强的竞技意志,同时也需要外部环境,包括家庭、朋友、同伴以及社会的鼓励和支持。这其中,教练员的激励尤为重要。具有优秀人格的教练员,不仅以身作则、身体力行为运动员做出敬业的榜样,同时也通过他的言谈举止,通过他对人生价值、行为准则的理解和阐述,激发运动员更加积极地投入训练。

3. 进程优化效应

运动训练过程的各个环节,包括运动员竞技能力起始状态的诊断、运动训练目标的建立、运动训练计划的制订与实施、训练组织情况的检查评定及反馈调控的顺利组织实施,都要求教练员和运动员能够始终团结一致,正确对待训练过程中出现的各种问题。凭借优秀的人格,教练员无论是在顺利的时候,还是在困难的时刻,都更能够做到冷静、客观地分析形势,预测发展的前景,选择适宜的对策,保证目标的实现。

4. 系统协调效应

运动训练过程中充满着各种矛盾和冲突,能否适时地适度地解决这些矛盾,对于训练目标的实现起着举足轻重的作用。在这其中,教练员担负着协调各方面关系,组织各外部系统为运动训练实施系统提供优质服务的艰巨任务。教练员应该依靠自己广博的专业知识和丰富的训练经验,同时也必须展示自己巨大的人格力量,才能确立权威性的主导地位,才能有强烈的感染力和亲和力,保证训练在一个高度协调的环境中组织实施。(王玉琴,1998)。

(六)影响教练员领导行为的条件

1. 运动员特征

Chelladurai 等人(1984)的研究显示:男运动员喜欢教练员的专制行为、训练指导行为和社会支持行为;女运动员更喜欢教练员的民主行为。Spera 等人研究发现,少年组运动员相对成年组更偏爱教练员的社会支持行为、民主行为和抵触专制行为。但在训练指导和积极反馈行为上,两组间无显著差异。Erie 研究发现,运动员的运动经验与运动员对教练员的积极反馈行为、专制行为和社会支持行为的偏爱成正比关系。正如 Carron 指出,随着运动员能力的提高,他们在训练方面也必须付出更多的时间、努力和精力,以及牺牲自己运动以外的社交性活动,既然运动环境对他来说显得尤为重要,他们也就希望教练给予其更多的社会支持行为。

徐勇对优秀青少年男子足球队教练员领导行为的研究表明,年龄大的运动员更偏爱教练员的民主行为和奖励行为;训练年限长的运动员更偏爱教练员的民主行为和社会支持行为。史为临等人报道,男运动员比女运动员更偏爱和更易感知教练员的训练指导行为、社会支持行为、奖励行为、民主行为和专制行为;

初、高中运动员比大学运动员更偏爱和更易感知教练员的训练指导行为,大学运动员比初、高中运动员更偏爱和更易感知教练员的专制行为;主力和替补运动员对教练员领导行为的认知无显著差异。虽说国内外学者的研究结果并不一致,但至少可以说明的是,运动员的年龄、性别、能力、经验以及动机等,都将影响运动员对教练员行为的偏爱和认知。

2. 教练员特征

Weiss等人对23个大学篮球队的教练员和运动员进行的调查研究表明,有较少运动经历的教练员带队成绩较好,被聘用时年龄较轻的教练员其运动员的满意度较高。而且,如果教练员经常对运动员提供积极反馈和社会性支持,且强调民主,则运动员的满意程度最高。

徐勇报道,教练员的年龄、执教年限和运动年限对教练员实际行为有着重要影响。年龄大的教练员更强调训练指导行为、民主行为和社会支持行为,给予运动员的积极反馈较多,专制行为相对较少;执教年限越长的教练员给予运动员的社会支持行为、民主行为和积极反馈行为越多,越强调训练指导行为;运动年限长的教练员注重民主行为和社会支持行为,其训练指导行为和积极反馈行为也相对较多。

由此可见,运动经历、执教经历、被聘用时的年龄、个性、知识、能力、社会经验等教练员特征,对教练员的实际领导行为、运动员的满意程度和运动员(队)的成绩均产生重要影响。

3. 情境特征

Weiss等人的调查结果表明,学校规模大的运动员比规模小的运动员对教练员更满意。Erle研究发现,校内比赛时,运动员强调参与和乐趣;校外比赛时,运动员更需要教练员较多的训练指导行为、社会支持行为和较少的积极反馈行为、民主行为。Chelladural等人发现,集体项目和开放性项目(如篮球)的运动员比个人项目和闭合性项目(如游泳)的运动员更喜欢教练员的训练指导行为;而个人项目和闭合性项目的运动员更喜欢教练员的民主行为。Kim等人(1990)的研究表明,对抗性项目的运动员比其他项目的运动员更倾向认为和偏爱教练员有较多的民主行为。

Chelladurai等人对日本和加拿大教练员进行的比较研究表明,日本运动员较偏爱教练的专制行为和社会支持行为,而加拿大运动员明显偏爱训练指导行为;日本运动员比加拿大运动员更多地认为其教练较专制,而加拿大运动员比日本运动员更多地认为其教练给予了他们较多的训练指导行为、民主行为和积极反馈行为。

徐勇的研究表明,运动员不同的场上位置以及运动队的等级和管理体制,都影响着运动员所偏爱的教练员领导行为。樊力平等人研究发现,我国甲级男排运动员所偏爱的教练员领导行为不因场上位置的不同而不同,但主力和替补队员对专制行为和社会支持行为的期望存在显著差异。

由此可见,运动项目特点、比赛性质、目标、学校规模、文化背景等情境特征,都可影响教练员被情境所要求的行为即必需的行为,这也将间接影响运动员的满意程度和运动成绩(冯琰、刘晓茹,2005)。

(七)教练员领导行为的结果

1. 活动绩效(运动成绩)

Serpa 等人研究发现,参加 1989 年世界手球锦标赛(C 组)8 支球队中的最优秀选手与最后一名球队的运动员相比,更多地评价其教练员注重专制行为和忽视奖励行为、社会支持行为以及民主行为。而在评价教练员训练指导行为时,两组间无显著性差异。徐勇研究认为,比赛成绩较好的球队的运动员更偏爱教练员的训练指导行为和积极反馈行为,而教练员更重视训练指导行为和民主行为,其实际采用的社会支持行为和积极反馈行为多于专制行为。樊力平等人的研究表明,比赛名次在前的运动队的运动员期望教练员给予更多的社会支持行为和积极反馈行为。国内外研究表明,运动员对教练员行为的评价与运动成绩的相关结果不尽相同,也许是由于运动员特征、运动情境不同等造成的。

2. 满意程度

Chelladurai 等人研究发现,运动员对教练员的专制行为、积极反馈行为的评价和所期望的教练员专制行为、积极反馈行为之间的一致性影响着运动员对教练员的行为习惯的满意程度。但没有发现运动员所期望的运动体验(满意感)与其所喜爱的领导行为有关。

Home 和 Carron 的研究也发现,运动员对其教练员的积极反馈行为、专制行为的认知与其所偏爱的教练领导行为之间的差异是判断教练员与运动员兼容性的最佳指标。

史为临等人的研究认为,具有更多社会支持行为的教练员可提高运动员对个人成绩的满意程度;具有更多的训练指导行为、社会支持行为和奖励行为的教练员可提高运动员对集体成绩的满意程度。

无论是我国学者还是国外学者,虽然对运动员满意度的研究结果表述有些不同,但结论是一致的。简言之,运动员的满意度与其所偏爱的和所感知的教练员领导行为部分维度的一致性高度相关(冯琰、刘晓茹,2005)。

(八)有关体育运动中的领导理论研究

在运动心理学领域,许多运动领导理论的研究亦追随时下的领导理论研究的趋势来进行。以下我们将介绍和讨论运动心理学中较有影响的有关领导理论。

1. 运动领导的一般特质理论

领导的特质理论在第二次世界大战后即开始衰退,但是许多体育运动学者仍然对其持肯定态度。例如 Hendry(1972)在其研究中指出,运动教练员有非常鲜明的支配性、积极性和权威性的性格。Ogilvie 和 Tutko(1966)在其对篮球、田径、足球和棒球教练员的研究中发现,这些受测试者的人格特质和一般人明显不同。Andrud(1970)和 Gagen(1971)也曾研究指出,运动教练员在成就动机、热心和活力等方面的人格特征比一般人显著。

同一般的领导特质理论一样,运动领导特质理论后来也随之衰退。Carron 研究指出,一般找不出一组个性特质可以说明教练员与普通人之间的根本区别,也没有发现作为领导者的教练员具有什么一般性的个性特征模式。因为,具有所谓的教练员模式特质的教练员并非在任何情境中都可以获得成功。

2. 运动领导的一般行为理论

在运动领导的研究中,亦有许多研究是以领导的一般行为理论为依据进行的。这些研究的目的是希望能通过对教练员行为的研究,找出教练员应具备的一般行为。这类研究多以问卷调查或现场观察的方式进行,其中较有影响的研究有以下几项。

(1) Danielson、Zelhart 和 Drake 的教练员行为调查研究:Danielson、Zelhart 和 Drake(1975)应用他们编制的教练员行为描述问卷(Coach Behavior Description Questionnaire)对曲棍球教练员的领导行为进行了调查研究。研究中以因素分析方法从 20 个种类的教练行为中,分析出了 8 种向度的教练行为最为显著。这 8 种向度分别是:竞赛训练、建立制度、团体人际关系、社会交往、球队代表、组织的沟通、认可和一般性兴奋。这项研究最后认为,沟通行为是曲棍球教练员最重要的行为。

(2) Smith 等人的教练行为评量系统的研究:由 Smith、Smoll 和 Hunt 等人(1977)进行的教练员行为评量系统的研究,是在自然情境下利用观察和分析方法进行的。他们的研究发现,教练员的行为可以分为两大类,即反应性行为和自发性行为。

反应性行为是指由于团队或队员的某些特别行为而引起教练员的行为反应。反应性行为可进一步分为三类:① 教练员对运动员正确活动的反应;② 教练员对运动员错误活动的反应;③ 教练员对运动员错误行为的反应。

自发性行为是指教练员的那些不受运动队和队员的影响而产生的行为。它又包括与运动有关的行为和与运动无关的行为两类。

3. 运动领导的情境特质理论

在情境特质理论中,Fiedler 的权宜理论被认为是该理论的代表。根据 Fiedler 的观点,领导行为的有效性依赖于该领导者与团体的相互关系和情境特征。权宜理论最早是被 Inciong(1974)应用于对教练员的领导情境特质进行研究的。Danielson(1977)亦将 Fiedler 的理论应用于对曲棍球教练员领导情境特质的研究。然而,以上的两项研究结果均与 Fiedler 的理论所提出的基本预测不太一致。正如卡伦所指出的,这些在运动情境中得出的研究结果很难支持 Fiedler 的领导理论,因为在运动情境中,要系统地变化情境的因素是比较困难的。总之,目前在运动情境中的有关研究还难以检验 Fiedler 的权宜理论的有效性。

4. 运动领导的情境行为理论

Chelladurai(1978)在前人研究的基础上,首次提出了一个可以从多方面来说明教练员的领导行为与运动队或运动员之间活动关系的多维运动领导模式的理论。该模式的理论认为,教练员的行为可以带来两种主要的结果,即运动员的满意度和活动效果。根据该理论模式的观点,教练员的行为可以分为三种,即受运动员偏爱的行为、情境所要求的行为和教练员的实际行为。Chelladurai 认为,当教练员实际做出的行为与情境所要求的行为相符合,同时也是运动员所偏爱的行为时,是最理想的领导模式。这种领导行为既可以促使运动队获取良好的成就,也会使运动员感到满意。相反,当教练员的实际行为和情境要求行为、队员偏爱行为皆不一致时,则说明这种领导是自由放任式的,毫无规章可言。当教练员的实际领导行为与情境所要求的相一致,而与队员偏爱的行为不一致时,这时虽然领导者的工作绩效很高,但运动员的满意度却很低;如果教练员的实际领导行为与队员所偏爱的行为一致,而与情境所要求的行为不相符,则教练员的领导行为虽然令队员满意,但工作的绩效却很差。

多维运动领导模式理论还认为,教练员的领导行为还受到一些先前条件的影响。这些先前条件主要有:情境特征运动队以及所处环境的特点,如运动队的目标、组织结构、项目特点、社会规范、文化价值等、领导者特征(领导者的个性、能力、经验等)和队员特征(成就需要、加盟需要、认知结构和活动能力等)(翟群,1999)。

(九)有关领导行为理论概览

领导行为理论主要是领导者在领导过程中的具体行为以及不同的领导行为对部属的影响,以期寻求最佳的领导行为。研究领导行为理论的目的在于提高对各种具体的领导行为的预见性和控制力,改进工作方法,提升领导效果。研究的侧重点在于确定领导者应具有什么样的领导行为以及哪一种领导行为的效果最好。其中较有代表性的领导行为理论有:

1. 四分图理论

1945 年,美国俄亥俄州立大学教授 Stogdill 和 Shartle 在调查研究基础上把领导行为归纳为"抓组织"和"关心人"两大类。"抓组织",强调以工作为中心,是指领导者以完成工作任务为目的,为此只注意工作是否有效地完成,只重视组织设计、职权关系、工作效率,而忽视部属本身的问题,对部属进行严密监督和控制。"关心人",强调以人为中心,是指领导者强调建立领导者与部属之间的互相尊重、互相信任的关系,倾听下级意见和关心下级。调查结果表明,"抓组织"和"关心人"这两类领导行为在同一个领导者身上有时一致,有时并不一致。因此,他们认为领导行为是两类行为的具体结合,分为四种情况,用两度空间的四分图来表示。属于低关心人高组织的领导者,最关心的是工作任务;高关心人而低组织的领导者大多数较为关心领导者与部属之间的合作,重视互相信任和互相尊重的气氛;低组织低关心人的领导者,对组织和人都漠不关心,一般来说,这种领导方式效果较差;高关心组织、高关心人的领导者,对工作和人都较为关心,一般来说,这种领导方式效果较好。

2. 领导方格图理论

在四分图理论的基础上,Black 和 Mouton 于 1964 年提出了领导方格图理论。横坐标表示领导者对工作的关心程度,纵坐标表示领导者对人的关心程度。在坐标图上由 1 到 9 划分为九个格,作为标尺。整个方格共包括 81 个小方格。每个小方格表示"关心工作"和"关心人"这两个基本因素相结合的一种领导类型,并分别在图的四角和正中确定五种典型类型。即(1,1)型:贫乏型领导,他们对人和事都不够关心,这是最低能的领导方式,其结果必然导致失败;(1,9)型:乡村俱乐部型领导,他们只关心人而不关心工作,对部属一味迁就、做老好人,这种类型也称为逍遥型领导;(9,1)型:任务型领导,他们高度关心工作及其效率而不关心人,只准下级服从,不让其发挥才智和进取精神;(5,5)型:中间型领导,他们对人的关心度和对工作的关心度均保持中间状态,甘居中游,只图维持一般的工作效率和士气,安于现状,不能促使部属发挥创新精神。(9,9)型:协调型领导,他们既关心工作,又关心人,领导者通过协调和综合各种活动,促进工作的发展,他们会鼓舞士气,使大家和谐相处,发扬集体精神,这种领导方式效率最高,必然可以取得卓越的成就。

3. PM 型领导模式

美国学者卡特赖特和詹德在他们的《团体动力学》一书中提出了 PM 型领导模式。这一理论认为,所有团体的组成,或者是以达成特定的团体目标为目的,或者是以维持及强化团体关系为目的,或者兼而有之。为此,领导者为达到不同的目的而采取的领导行为方式可划分为三类:目标达成型(P)、团体维持型(M)、两者兼备型(PM)。后来,日本大阪大学教授三隅二不二发展了这一理论。他认为,P 职能(Performance)是领导者为完成团体目标所做的努力,主要考察工作的效率、规划的能力等;M 职能(Maintenance)是领导者为维持和强化团体所起的作用。他将领导的行为方式分为四种类型,即 PM、P、M、pm。为了测量 P、M 的因素,他设计了通过有关下属情况的八个方面来测定 P、M 两职能的问卷。这八个方面是:工作激励、对待遇的满足程度、企业保健、精神卫生、集体工作精神、会议成效、沟通、功效规划。根据调查问卷分别统计单位平均的 P、M 分数和领导者个人的 P、M 分数,将后者与前者相比较,就可以知道领导者的领导类型。

4. 领导系统模式

美国密执安大学教授 Likert 经长期研究,于 1961 年提出了领导系统模式。这一理论将领导方式归结为四种体制,分别是:专制独裁式,即领导者做决定,命令由下属执行,并规定严格的工作标准和方法,下属如果达不到规定的目标,就要受惩罚;温和独裁式,即权力控制在最高一级,领导者发号施令,但让下属有评议的自由,并授予下属部分权力,执行任务稍有灵活性;协商式领导,即重要问题的决定权在最高一级,领导者对下属有一定的信任度,中下级在次要的问题上有时也有决定权;参与式民主领导,即由群众制定目标,上下处于平等地位,有问题民主协商和讨论,由最高级领导做最后决定。Likert 认为,单靠奖金调动员工积极性的传统管理形式将要过时了,只有依靠民主管理,才能充分发挥人的潜力和智慧,而独裁式管理永远达不到参与式管理所能达到的生产水平和实现员工对工作的满足感。

5. 领导作风理论

Lewin 提出的领导作风理论研究的是领导者工作的作风类型,以及工作作风对员工的影响,以期寻求最佳的领导作风。该理论以权力定位为基本变量,把领导者在领导过程中表现出来的极端行为分为三种类型。第一种类型称为专制式的领导作风,即权力定位于领导者个人手中,领导者只从工作和技术方面来考虑管理,认为权力来自于他们所处的位置,认为人类的本性是天生懒惰,不可信赖,必须加以鞭策;第二种类型称为民主式的领导作风,即权力定位于群体,领导者从人际关系方面考虑管理,认为领导者的权力是由他领导的群体赋予的,被领导者受到激励后,会自我领导,并富有创造力;第三种类型称为放任自流的领导作风,即权力定位于员工手中,领导者只是从福利方面考虑管理,认为权力来自于被领导者的信赖。在实际工作中,这三种极端的领导作风并不常见。Lewin 认为,大多数的领导者采取的作风往往是处于两种极端类型之间的混合型。

(十)领导权变理论

"权变"一词有"随具体情境而变"或"依具体情况而定的意思"。领导权变理论主要研究与领导行为有关的情境因素对领导效力的潜在影响。该理论认为,在不同的情境中,不同的领导行为有不同的效果,所以又被称为领导情境理论。

领导情境理论主要有下列几种:

1. 领导行为连续带模式

这一模式是行为科学家 Tannenbaum 和 Schmidt 于 1958 年提出的。他们认为,在独裁和民主两个极端之间存在着一系列的领导行为方式,构成一个连续带。领导方式不可能固定不变,而是随着环境因素的变化而变化的。领导方式不是机械地只从独裁和民主两方面进行选择,而是按客观需要将二者结合起来运用。连续带模式表示一系列民主程度不同的领导方式。有效的领导方式就是能在特定的条件下选择所需要的领导行为。领导者在选择其领导方式时,应考虑自身的能力和部属的能力。如果领导者认为部属有才干,则选择较为民主的领导方式;反之,则选择强制性的领导方式。

2. Fiedler 的权变模式

1967 年,美国华盛顿大学教授 Fiedler 经过 15 年的调查研究,提出了一个"有效领导的权变模式",他将与领导有关的情境因素分为三种:领导—成员关系、任务结构和职位权力。每一种因素分别有好坏、有无、强弱两个不同方面。根据这三种因素六个方面的不同组合,Fiedler 把领导者所处的环境从最有利到最不利,分成八种类型。他认为,三个条件齐备,即领导—成员关系良好、有任务结构(工作任务明确)、职位权力强,是领导最有利的环境。三者有一项或两项具备是领导的一般环境;三者都缺的是最不利的环境。这一模式指出,要提高领导的有效性,或者改变领导方式、或者改变领导者所处的环境。在环境因素最好或最坏的条件下,应该选择以关心工作任务为中心的领导者;否则,则应该选择以关心人为中心的领导者。

3. 通路-目标模式

这一模式最早由加拿大多伦多大学教授 Evans 于 1968 年提出,其同事 House 于 1971 年做了扩充和发展。该模式的基本要点是要求领导者阐明对下属工作任务的要求,帮助下属排除实现目标的障碍,使之能顺利达成目标。在实现目标的过程中满足下属的需要和成长发展的机会。领导者在这两方面发挥的作用越大,越能提高下级对目标价值的认识,激发其工作的积极性。通过实验,House 认为,"高工作"和"高关系"的组合,不一定是有效的领导方式,还应考虑情境因素。

4. 领导-参与模型

1973 年美国行为学家 V. 弗隆和 P. 耶顿运用决策树的形式试图说明在何种情境中在什么程度上让下属参与决策。他们在领导者单独决策和接受集体意见决策之间按征求和接受下属意见的程度划分出五种不同的领导方式,并以提问的形式按照信息来源、下属接受和执行决策的不同情况划分出八种情境因素,让领导者利用肯定否定式的决策树选择方法,依次从这八种情境因素的判断中找出最佳的领导方式。

5. 不成熟-成熟理论

美国学者 Chris Argyris 认为,一个人由不成熟转变为成熟的过程,会发生七个方面的变化:从被动到主动;从依赖到独立;从少量的行为到多种行为;从错误而浅薄的兴趣到较深而较强的兴趣;从时间知觉性短到时间知觉性较长(过去与未来);从附属的地位到同等或优越的地位;从不明白自我到明白自我、控制自我。他认为,由不成熟到成熟的变化是持续的、循序渐进的,一般正常的人都是随着年龄的变化,生理也不断变化,心理也由不成熟日趋成熟。因此,领导者应针对下级不同的成熟程度分别指导,对那些心理不成熟或心智迟钝的人,应使用传统的领导方式;对比较成熟的人,应该扩大个人的责任,创造一个有利于其发挥才能和成长发展的社会环境。

6. 领导生命周期理论

这一理论由美国心理学家 Kormax 于 1966 年提出,后由 Hersey 和 Blanchard 发展为情境领导理论。领导生命周期理论将四分图理论和不成熟—成熟理论结合起来,创造了三维空间的领导模型。该理论认为,有效的领导行为应该把工作行为、关系行为和被领导者的成熟程度结合起来考虑。所谓被领导者的成熟程度是指被领导者完成某一具体任务的能力和意愿的程度。该理论将领导行为的两个维度(任务行为和关系行为)的高低分别组合,形成了四种具体的领导风格:指示(高任务—低关系),领导者告诉下属干什么、怎么干以及何时何地去干,强调指导性行为;推销(高任务—高关系),领导者同时提供指导性行为与支持性行为;参与(低任务—高关系),领导者与下属共同决策,领导者的主要角色是提供便利条件与沟通;授权(低任务—低关系),领导者提供极少的指导或支持。这一理论提出,要针对下属的成熟度采取不同的领导风格。

(十一) 交换型领导行为理论

在一些有关领导行为的研究中,领导行为常被理解为一种交易或成本—收益交换的过程。交换型领导行为理论的基本假设就是:领导与下属间的关系是以两者一系列的交换和隐含的契约为基础的。该领导行为以奖赏来领导其成员,当下属完成特定的任务后,便给予承诺的奖赏,整个过程就像一项交易。其主要特征为:① 领导者通过明确角色和任务要求,指导和激励下属向着既定的目标活动,领导者向员工阐述绩效的标准,意味着领导者希望从员工那里得到什么,如满足了领导的要求,员工也将得到相应的回报;② 以组织管理的权威性和合法性为基础,完全依赖组织的奖惩来影响员工的绩效;③ 强调工作标准、任务的分派以及以任务导向为目标,倾向于重视任务的完成和员工的遵从。

根据 Burns 的理论，交换型领导行为建立在一个交换过程的基础上，主要包括权变与非权变性两种奖励行为和权变与非权变性两种惩罚行为，实施不同的奖励和惩罚会导致不同的结果。所谓权变性奖惩是指根据下属的绩效进行奖励和惩罚；非权变性奖惩是指领导进行奖罚时不依据下属的绩效。Bass 则将交换型领导行为分为权变奖励领导行为(contingent reward leadership)和例外管理(management by exception)领导行为两种，并随着领导者活动水平以及员工与领导相互作用性质的不同而不同。所谓权变奖励领导行为是指领导和下属间的一种主动、积极的交换，领导认可员工完成了预期的任务，员工也得到了奖励；例外管理领导行为则指领导借助于关注员工的失误、延期决策、差错发生前避免介入等方式，与下属进行交换，并按领导者介入时间的不同分为主动的和被动的两种类型。主动型的例外管理领导者，一般在问题发生前，持续监督员工的工作，以防止问题的发生。同时一旦发生问题，立即采取必要的纠正措施，当然也积极搜寻有可能发生的问题或与预期目标偏离的问题。领导者在员工开始工作时，就向员工说明具体的标准，并以此标准监督差误；被动型的例外管理领导者，则往往在问题已经发生或没有达到规定的标准时，以批评和责备的方式介入。一般情形下，领导者一直等到任务完成时才对问题进行确认，并以此提醒员工，也往往在错误发生后才说明自己的标准。当员工所处的工作以及环境已不能为员工提供激励、指导和带来满意感时，这种领导行为才具有效率。

20 世纪 80 年代以前创立的领导行为理论和权变理论都是以交换型领导行为为基础的。交换型领导行为理论已得到了广泛的验证，如路径—目标理论、领导—成员交换关系理论。这些理论都强调环境因素对领导行为产生缓冲效应的重要性，也注意到了领导—下属这对关系，并认为应运用综合性指标对其进行测量，以便能预测领导行为对个体的作用(戚振江、张小林，2001)。

(十二) 变革型领导行为理论

变革型领导行为是一种领导向员工灌输思想和道德价值观，并激励员工的过程。在这一过程中，领导除了引导下属完成各项工作外，常以领导者的个人魅力，通过对下属的激励、刺激下属的思想和对他们的关怀变革员工的工作态度、信念和价值观，使他们为了组织的利益而超越自身利益，从而更加投入于工作中。该领导方式可以使下属产生更大的归属感，满足下属高层次的需求，获得高的生产率和低的离职率。变革型领导行为的前提是领导者必须明确组织的发展前景和目标，下属必须接受领导的可信性。其主要特征为：

（1）超越了交换的诱因，通过对员工的开发、智力激励、鼓励员工为群体的目标、任务以及发展前景超越自我的利益，实现预期的绩效目标。

（2）集中关注较为长期的目标，强调以发展的眼光，鼓励员工发挥创新能力,并改变和调整整个组织系统,为实现预期目标创造良好的氛围。

(3) 引导员工不仅为了他人的发展,也为了自身的发展承担更多的责任。变革型领导行为拓宽了领导行为的研究范围。

虽然对变革型领导行为的研究相对较晚,但已有许多研究注意到了该理论的结构效度。根据 Burns 理论,它由个人魅力、智力激励以及个人化考虑三个因素构成。Bass & Avolio(1994)则提出变革型领导行为应包含以下四个维度：

(1) 理想影响力(idealized influence),指能使员工产生崇拜、尊重和信任的一些行为,包括领导者承担风险、考虑个人之外员工的需求以及良好的道德品质。

(2) 鼓励性激励(inspirational motivation),指向员工提供富有意义和挑战性工作的行为,包含明确描述预期目标,而且该目标受到整个组织目标的约束,同时通过积极乐观的态度唤起团队精神。

(3) 智力激励(intellectual stimulation),指领导者启发员工发表新见解和从新的角度或视野寻找解决问题的方法与途径,鼓励员工采用崭新的方式完成任务。

(4) 个人化考虑(individuallized consideration),指领导者仔细倾听并关注员工的需求。我们在以往的一项关于中西方企业领导行为研究中曾提出六种变革型领导行为,包括提供远见卓识、智力激励、寄予厚望、树立榜样、促进合作和提供个人支持。研究结果表明,在中国文化的背景下,促进合作(促进员工合作,使他们为共同目标而工作的程度)、提供个人支持(领导关心下属个人感受和需求的程度)和树立榜样(领导树立与之力求推广的价值观相一致的行为榜样)与中国文化特征和传统中国领导哲学相一致;有远见、寄予厚望和智力激励三种领导行为在中国文化中则不是很受重视。由此可见,变革型领导行为是一种动态性的结构,具有多维性,在不同的文化背景和工作环境下,它的维度具有权变性,并且有一点可以肯定,变革型领导行为着重突出了领导者对组织及其个人的变革效应。

区分交换型和变革型领导行为,并不意味着两者是不相关的。Burns 认为这两种领导行为是同一连续体的两个极端,而 Bass 认为它们是两个分开的维度,一个领导者既有变革型的一面,同时又具有交换型的一面,变革型领导行为以交换型领导行为为基础,但反之则不然。变革型领导行为可以说是交换型领导行为的一种特例,可以同时与一些目标和目的的实现相联系,这两者模式的不同主要表现在领导激励下属的过程中和目标设置的类型上。在竞争较为激烈的今天,研究变革型领导行为尤为必要,正如 Bass 在《领导行为手册》一书中写到:"遗憾的是许多经验性的研究都关注于交换型领导行为的研究,其实这方面真正的原动力和撼动者是变革型的领导行为。"变革型领导行为理论拓宽了正受系统检验的领导特质理论的范围,超越了交易理论的边界(戚振江、张小林,2001)。

(十三)两种领导行为对员工的影响

1. 交换型领导行为对员工的影响

变革型和交换型领导行为将对下属产生不同的影响。通常认为,以权变奖励为基础的交换型领导行为可使下属达到双方协商的绩效水平,只要领导和下属发现这种交换是互利的,那么这种关系就将持续下去,员工也将达到预期的目标绩效。许多研究结果显示,以权变奖励为基础的交换型领导行为对下属的绩效和满意感会产生积极的影响,然而在某种情境中,这种作用可能是负面的,其主要原因是:

(1)如果管理者与下属的交易并没有充分达成一致,那么权变奖励的领导行为是低效率的,在这样的组织背景下,员工很有可能从本质上要求较少的权变奖励的领导行为,如正在发生变革的环境下,权变性的领导行为是不适当的或者是效率的。

(2)当固定组织的奖励系统时,领导与员工的交易对生产率的作用是逆向的。如果员工意识到权变奖励的领导行为是领导控制员工行为的一种企图,而不是奖励,企图限制他们的行动自由,那么员工的动机水平就会下降。

(3)权变奖励的测量与权变奖励的量表项目有关。以往的研究有关权变奖励量表包括两个方面:一是以员工认知为基础的一些项目,二是对奖金的预期和分配方面的阐述,而有的研究所设计的量表只包括了基础的交易性项目,这将会导致结论的不一致性。

有证据显示,例外管理与工作绩效相关,但这种相关性比工作绩效与权变性奖励间的关系要复杂得多。有许多研究结果显示,领导者的权变性惩罚与员工工作绩效间的关系是混合型的,即有的研究显示两者为正相关,有的研究显示为负相关,而有的研究显示不相关。主动或被动的例外管理对工作绩效产生负面的影响,尤其是如果领导者在标准设置和采取必要的行动之前被动地等待问题的发生,在事后批评员工,没有说明采取哪一种行为可以避免受到惩罚,那么这样的领导行为将对员工的绩效产生负面的影响,这种领导行为代表了被动型的例外管理。很难想象,没有对绩效进行监督,也不采取必要的纠正措施的领导者会是一个有效率的领导者。但是,合理的权变性惩罚代表了领导行为的一个重要的特征,如果领导的批评被认为是公平的,领导者阐明了绩效标准,用一种可以使员工接受的方式对低绩效状况进行改进,从而避免产生消极的后果,那么这种权变性惩罚(代表了较为积极的例外管理方式)会增强员工的绩效,帮助下属辨明角色,很可能对下属的满意感和绩效产生积极的影响。从上述分析中可以知道,领导行为的有效性具有权变性,较多地依赖于工作的情境以及领导与员工的关系,但较多依赖于例外管理的领导者则会获得较低的工作绩效。

2. 变革型领导行为对员工的影响

有充分的证据显示,变革型领导行为的每一个因素,包括领导能力、智力激励和个人化考虑与工作绩效有紧密的联系,并能预测员工的工作绩效。事实上,变革型领导行为鼓励下属完成较为困难的目标,从全新和多种不同的角度去解决问题,同时促进了员工的自我发展。作为领导影响力的一个结果,员工出于对领导的承诺,从发自内心的工作动机出发,根据自身的发展水平以及目标实现和任务完成的潜在意义,会加倍努力工作,最终将导致其超额完成预期的绩效。也就是说,变革型领导行为通过引导下属超越自我利益,向下属灌输共同的组织价值观,可以帮助下属达到最大的绩效水平。

变革型领导行为对员工的组织承诺感、组织公民行为有较为直接的影响。从因果关系的角度去看,这些指标可预测员工的工作绩效。Koh等人的研究发现,学校领导的变革型领导行为对学生的成绩得分并无直接的作用,但它通过影响教师的组织承诺感,间接作用于学生的成绩。由此可以推断,变革型领导行为与绩效之间可能存在某种缓冲变量或中介变量。Podsakoff(1990)的研究结果显示,下属对领导的信任度作为中介变量,可以较好地解释领导魅力对员工组织公民行为的影响。而变革型领导行为对下属的角色和任务分配知觉有直接的影响,这些知觉随后影响到下属对领导者的效能知觉,变革型领导者的效能知觉依赖于在整个组织目标的完成过程中领导者的沟通能力以及员工的角色知觉、任务明晰度和沟通开放性。

3. 变革型领导行为的权变适用性

情境因素将缓冲变革型和交换型领导行为对绩效的影响。存在变革倾向和风险承受趋势的组织,容易接受变革型领导者;相反,受传统习惯、规章和法令所约束的组织,常把对现状存有疑虑、完成任务时常寻求改进方法的变革型领导者看作是缺乏稳定性。因此,与结构稳定、秩序井然的组织相比,革新、风险承担和开放性较高的组织对变革型的领导者更具有吸引力。有研究显示,革新支持对于智力、个人化考虑的领导行为和工作绩效间的相关性具有缓冲效应,而魅力型领导行为与绩效间的关系,并不受革新支持的影响,这主要有两个方面的原因

(1) 具有较高领导魅力的领导者通常希望拥有内化领导者价值观和目标的员工,并经常诱导下属超越即时的环境,完成领导所布置的任务,达到预期的目标。准力型领导者不受生产率高低标准的影响,能使下属达到高任务绩效、高任务调整及对领导和群体的高适应性。

(2) 与较为规范和稳定的环境相比,在较为混乱和不稳定的环境中,魅力型领导者对员工的绩效影响更大。

4. 领导行为研究的发展趋势

交换型和变革型领导行为将来的研究应注重以下几个方面：

（1）进一步修订变革型领导行为量表：过去的十几年虽有许多有关变革型领导行为的研究，其中以 Bass 和 Avolio 所做的工作最具有代表性，他们提出了变革型领导行为的综合理论构架，并开发了相应的测量工具，但还存在许多不完善的地方，应以相应的理论为基础加以修改和提炼，重点把握变革型领导行为几个相互区别的维度。

（2）进一步注重变革型领导行为发挥作用的整个过程：以往的研究显示，变革型领导行为影响下属的角色知觉和任务明晰度，随后影响下属对领导的效能知觉，这说明变革型领导行为的效能具有权变性，因为这取决于有关整个组织目标和目的方面领导与下属是否能有效沟通，这种权变性的知觉应引起进一步关注。

（3）探索变革型领导行为的多理论框架层次：以往的研究已在这方面作了初步的研究工作，但是变革型领导行为不仅会影响到个体、群体层次上的结果性变量，而且也会影响到组织层次上的结果性变量，所以应该运用多层次的理论分析框架，这将为更好地理解变革性领导行为的权变性打下良好的基础。

（4）进一步研究变革型领导行为与工作绩效之间的关系：领导的有效性依赖于情境因素，变革型领导行为是否对工作绩效产生积极的影响，也依赖于一些中介变量或缓冲变量。到目前为止，已经确认且经常采用的中介或缓冲变量有：工作的结构化程度、领导—成员关系质量、领导者的职位权力、下属的角色清晰度、群体规范、信息的可获取性、下属对领导决策的认可度、下属的工作士气等，是否存在其他的中介变量或缓冲变量，仍有待进一步的研究（戚振江、张小林，2001）。

四、教学重点与难点

（一）教学重点

（1）领导及其领导者的概念、特点。
（2）教练员领导行为的功能与作用。
（3）教练员的权威及其影响力问题。
（4）教练员领导行为方式、类型、特点及其效果。
（5）影响教练员领导行为的因素。

(二) 教学难点

(1) 教练员的影响力问题。
(2) 教练员的领导行为类型与效果关系问题。
(3) 影响教练员领导行为的因素。

五、教学指导建议

(1) 通过发放简单问卷或课堂提问来了解学生对自己所敬佩的教练员的认识与看法，进而归纳出教练员在运动员或运动队的成功、教练员的价值与作用，启发学生思考教练员领导行为的重要性，引导学生明确问题，导入新课。利用学生的探究心理，阐明领导的概念、特点以及教练员领导行为在体育运动中的特殊意义，并且联系自己的工作实际，考虑如何成为一名优秀的教练员（体育教师）或领导者。

(2) 每一个学生完成一篇演讲稿："我最佩服的教练员（体育老师）"，并给出理由。题目自定，时间10分钟。通过分组发言，推荐代表参加班级演讲。教师点评。

(3) 案例教学。结合实际，分析、讨论教练员领导行为的特点、方式和效果。选择具有典型意义的不同类型的、学生比较熟悉的著名教练员作为实例，启发、诱导学生思考，对所学内容进行深入理解，灵活运用。

(4) 结合实际讲解、探讨教练员领导的权威体系及其建立问题。

(5) 推荐学生阅读介绍国内外著名教练员成功经历的书籍和文献。

六、参考文献

[1] 张力为,任未多主编.体育运动心理学研究进展[M].北京:高等教育出版社,2000.

[2] 考克斯著,张力为等译.运动心理学——概念与应用[M].北京:清华大学出版社,2002.

[3] 祝蓓里,季浏.体育心理学[M].北京:高等教育出版社,2000.

[4] 马启伟主编.体育心理学[M].北京:高等教育出版社,1996.

[5] 苏保忠主编.领导科学与艺术[M].北京:清华大学出版社,2004.

[6] 俞文钊著.现代领导心理学[M].上海:上海教育出版社,2004.

[7] 翟群.运动领导心理研究发展综述[J].广州体育学院学报,1999(3).

[8] [美]理查德.考克斯,张力为等译.运动心理学[M].北京:清华大学出版社,2003(3).

[9] 冯琰,刘晓茹.教练员领导问题的研究进展[J].沈阳体育学院学报,2005(3).

[10] 赵溢洋等.教练员领导行为研究进展评述[J].天津体育学院学报,2004(2).

第十七章

运动中的攻击性行为

一、教学目标

通过本章教学,使学生能够:
(1) 陈述敌意性攻击和工具性攻击的不同点,以及攻击性行为与果断行为的不同点。
(2) 举例说明如何在运动中促进青少年道德的形成与发展。
(3) 举例说明 Bandura 的社会认知理论在降低运动中的攻击性行为中是如何运用的。

二、教学内容框架(图 17-1)

三、知识拓展与深化

(一) 体育道德研究

近年来竞技体育中的道德研究,已经日趋引起人们的重视。这主要是由于竞技体育中采取的一些不道德的手段,已经与体育的宗旨背道而驰。在竞技体育中,从运动员的选材开始,包括对运动员的训练,有的虽然打着科学的旗号,但对运动员进行得却是非人道的摧残。最常见的现象是,一旦少年儿童被选拔成为运动员后,就随之失去了生活的自主权。其一切,包括日常生活与运动训练,完全受制于有关部门与教练,也因此被培养成为制造金牌的机器人。为了提高

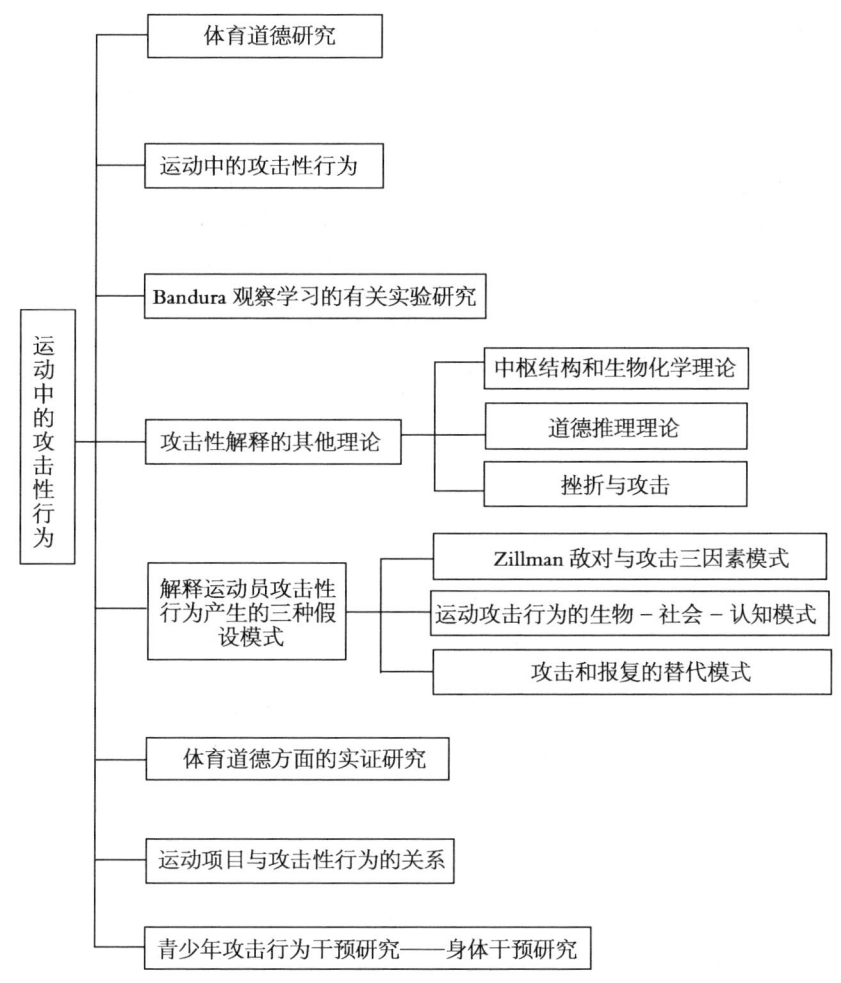

图 17-1 运动中的攻击性行为教学内容框架图

运动成绩,可能要对这个"机器人"进行一些非人道的改造。如,为了减少水的阻力,让女游泳运动员服用缩小乳房的药物;利用手术割除运动员身上所谓多余的肌肉等。

竞技体育中其他的一些不道德手段还包括:篡改年龄、性别、职业,伪造国籍,冒名顶替,滥用兴奋剂,赛场攻击性事件频发等。

为了克服竞技体育中的不道德现象,应注重有关体育道德教育。在运动中,要树立公平竞争意识。要让青少年懂得享受体育竞赛过程所带来的愉悦体验。社会舆论不能有过于功利的导向,要教育青少年胜不骄,败不馁,文明训练和比赛,以科学的态度积极进取、奋力拼搏,以文明诚实取胜为骄傲,以弄虚作假获胜为耻辱(梁恒,2001)。

(二) 运动中的攻击性行为

运动中的攻击性行为经常出现。运动中的攻击性行为既可以出现在运动员之间,也可以出现在运动员与教练、裁判之间,或教练与教练、教练与裁判之间,还可以出现在观众与观众以及观众与运动员、观众与教练或观众与裁判之间。例如,在运动场上,时常会发生一些重大的运动迷骚乱事件。有人将此归因于发泄生活中的挫折感。1993年6月,美联社就此曾作过一个"运动迷卷入发泄生活中的挫折的骚乱中"的报道,具体数据如下(唐征宇,1997,表17-1)。

表17-1 运动迷骚乱导致的人员财产损失

日期 (年/月/日)	地点	事件	遭难	损失 (美元)
93/6/20	芝加哥	公牛队第三次夺冠	3人死数十人受伤	150.000 (早期估计)
93/6/9	蒙特利尔	加拿大人赢得Stanley杯	168人受伤	10 000.000
93/2/9	达拉斯	牛仔队赢得超级木球	26人受伤	150 000.000
92/6/14	芝加哥	公牛队第二次夺冠	100人受伤	10 000 000.000
90/6/14	底特律	活塞队第二次夺冠	7人死数百人受伤	数字不详
86/5/24	蒙特利尔	加拿大人赢得Stanley杯	数字不详	2 000 000.000
84/10/14	底特律	老虎队赢得全球系列赛冠军	1人死80人受伤	100 000.000
77/10/18	纽约	美国人赢得全球系列赛冠军	20人受伤	数字不详
71/10/17	匹兹堡	海盗队赢得全球系列赛冠军	100人受伤	数字不详

足球运动在我国是较受大众关注的运动项目之一。由于该项目本身具有身体直接接触、对抗性强的特点,故足球场经常出现一些攻击性行为,并造成一些严重的影响。下面是我国学者关于足球场观众暴力事件的一个统计(石岩,2004,表17-2)。

表17-2 我国足球场观众暴力的10个典型事件

时间与地点	比赛双方与比分	事件	后果与处罚
1985.2.7 昆明	云南—匈牙利维多顿 (2:2)	下雨与管理不善退场拥挤踩踏	踩死8人,伤100余人。这是我国最严重的一起球场惨案

续表

时间与地点	比赛双方与比分	事件	后果与处罚
1985.5.19 北京	中国—香港（1∶2）	球迷不接受比赛结果,赛后球迷骚乱	40余名警察受伤,28辆汽车被砸;127人被抓,其中38人被拘留,5人被判刑
1985.5.24 沈阳	辽宁—香港精工	下午比赛主队输球,晚上球迷闹事	一些商店和19辆汽车被砸;101人被抓,其中,拘留21人,劳教6人,收容2人
1986.7.19 西安	陕西—国家队	赛中球迷行为过激,赛后闹事	车辆和警察遭袭;73人被抓,其中,拘留2人,逮捕2人
1988.5.23 南充	四川—天津青年（1∶1）	客队获出线权,赛后球迷骚乱	警车被砸,当地公安机关被冲击;逮捕、拘留和劳动教养15人
1994.7.10 上海	上海—四川（2∶1）	主客队球迷混坐一起,赛前双方球迷殴斗	球场部分座椅被毁,多人受伤,赛区被罚款5 000元
1995.10.14 长沙	湖南—火车头（1∶1）	球迷冲入场地,引发骚乱	当天比赛无效,择日重赛,罚款1万,取消2场主场比赛资格
2000.7.15 西安	陕西—成都（1∶1）	对裁判判罚和比赛结果不满,万名球迷与警察发生冲突	警方首次用催泪弹和高压水枪平息球迷骚乱,最后6场主场比赛资格被取消,罚款10万
2002.3.24 西安	陕西—青岛（3∶3）	不满裁判判罚,球迷在看台上放火,赛后与警察冲突	部分座椅和一辆警车被烧毁,6人被拘留,2人被送公读学校,8场主场资格被取消,罚款10万
2002.9.8 北京	北京—上海中远（1∶1）	不满平局结果,球迷上街闹事	部分公共设施被毁坏,过往车辆被砸;50人被抓,其中18人被拘留,北京赛区被警告

（三）Bandura 观察学习的有关实验研究

在 Bandura 的一个经典实验研究中,将 3~6 岁的儿童分成三组,先让他们观看一个成年男子(榜样人物)对一个像成人那么大小的充气娃娃做出种种攻击性行为,如大声吼叫和拳打脚踢。然后,让一组儿童看到这个"榜样人物"受到另一成年人的表扬和奖励(果汁与糖果);让另一组儿童看到这个"榜样人物"受到另一成年人的责打(打一耳光)和训斥(斥之为暴徒);第三组为控制组,只看到"榜样人物"的攻击性行为。然后把这些儿童一个个单独领到一个房间里去。房间里放着各种玩具,其中包括洋娃娃。在10分钟里,观察并记录他们的行为。结果表明,看到"榜样人物"的攻击性行为受惩罚的一组儿童,同控制组儿童相比,在玩洋娃娃时,攻击性行为显著减少。反之,看到"榜样人物"攻击性行为受到奖励的一组儿童,在自由玩洋娃娃时模仿攻击性行为的现象相当严重。Bandura用替代强化来解释这一现象:观察者因看到别人(榜样)的行为受到奖励,他本人间接引起相应行为的增强;观察者看到别人的行为受到惩罚,则会产生替代性惩罚作用,抑制相应的行为(皮连生,2004)。

(四)攻击性解释的其他理论

1. 中枢结构和生物化学理论

有些研究人员试图寻找出特殊的生物学机制来阐述攻击性行为。他们的重点放在中枢结构和生物化学两个主要领域。有研究指出边缘系统中的杏仁核与凶暴的情绪反应有关。切除双侧杏仁核,会使凶暴情绪反应降低。另有一些研究指出生化因素会影响攻击性行为。例如,血清中酒精成分高能提高攻击性行为。多数研究将注意力放在雄性激素睾丸酮提高攻击性行为的作用上(Olweus,1986)。生化因素影响到人的攻击性水平的高低已引起某些教练员与运动员的注意。个别运动员违背体育道德精神,在赛前服用含有大量雄性激素的兴奋剂类药物,以达到提高运动成绩的目的。对这种行为,我们应予以谴责。总之,生物性变化对攻击性会产生一定的影响,这种影响在不同类型的攻击中的表现又有所不同。然而文化和其他环境因素对生物特征的形成与改变有着不可忽略的作用。

从生物学的观点看,某些学者希望通过物理手段控制攻击,利用手术或药物来减少攻击性。虽然这些方法在某些场合下是行之有效的,但在多数场合下,它们既不现实也不能令人满意(唐征宇,1997)。

2. 道德推理理论

Piaget认为儿童的认知发展随着其生理的发展而不断发展,而随着认知发展进入一个新的阶段,儿童的道德认识也会进入一个新的层次。Piaget将儿童的道德发展分为自我中心(2～5岁)、权威(6～8岁)、可逆性(8～10岁)和公正(11～12岁)四个阶段。

Bredemeier(1994)提出的道德推理理论(theory of moral reasoning)以Piaget的认知发展理论为基础,认为个体的攻击的程度(包括运动中的攻击性行为)与其自身所处的道德推理的阶段有关。竞技运动鼓励果断行为,而攻击性行为有时难于与果断行为严格区分,这就使某些攻击性行为似乎披上了"合法"的外衣。通常在日常生活中所必需的道德要求在运动竞赛中被排除而不予考虑,Bredemeier将这种现象称为"被排除而不予考虑的道德"(bracketed morality)。此外,运动队中所创造的"道德气氛"可能对运动员攻击性行为的表现起到了传递信息的作用(Stephen & Bredemeier,1996)。因此,教练员、家长和全社会应重视运动队中良好道德气氛的建设,要为青少年提供适合其年龄特点的体育运动(包括内容与方式)(Cox,2002)。

3. 挫折与攻击

最早提出该理论的是美国心理学家Dollard(1939)等人。Dollard等人认为,攻击是由挫折激发的驱力,就像饥饿是由缺乏食物所引发的驱力一样。当一个人不能达到所期望的目标时,他就被驱使去伤害其他人。比如,假若对手采取各种手段,使你的获胜变得困难重重,那么你的攻击性行为随之就会出现。但是,假如你不能可靠地攻击他人,或者假如害怕惩罚,你可能改变攻击的方向到某一替代物上,这个过程叫做置换。当你将所受到的挫折发泄出去了时,将体验到一种被称作宣泄的宽慰感。

Lewin著名的玩具实验表明,挫折组比控制组表现出更多的如摔、砸等破坏性损坏玩具的行为,即挫折引发了更多的破坏行为。Malik的搭积木实验也发现,受挫折的实验组比控制组对他人实施电击的次数要多,电压也更高,即挫折增加了造成别人痛苦的攻击性。体育运动实践也证明,运动中的攻击性行为通常都是在受到各种挫折后产生并加剧的,可见,挫折是造成攻击行为的一个重要原因。

研究和常识均指出,并不是每一种攻击行为都源于挫折,如职业拳击手使人伤残,可能是为了金钱、自我防卫、自尊或其他动机,而不是挫折。置换和宣泄的概念在真实体验中缺乏支持材料,这是因为置换的目标难以辨别,并且,将攻击发泄出来常常不是宣泄(Geen & Quantry,1977;Ryan,1971)。例如,看激烈运动比赛应该是一种宣泄体验,然而,观众在观看了足球、摔跤、曲棍球比赛后,比他们在观看前,有更多的攻击行为(唐征宇,1997)。

(五)解释运动员攻击性行为产生的三种假设模式(王润平,2000)

1. Zillman敌对与攻击三因素模式

Zillman等人(1979)认为,敌对与攻击是要改变个体实践中所遇到的烦恼而做出的一种情绪—激活以及概念化的反应。这一模式融合了有关激活觉醒的生物特性理论与认知理论。他认为,影响攻击的三种因素是:第一,个体天生具有的一种反应倾向;第二,精神中兴奋因素,它不伴随高水平思维活动,是一种兴奋性反应;第三,经验因素,它是一种情绪行为,是一种调节器,在其范围内,控制调节简单与基本的学习反应,当个体受刺激激活而兴奋时,即产生行动。

从根本上讲,Zillman 认为攻击性行为是个体对自己经验到的不同愤怒程度的情绪、认知的反应。其理论概念涉及认知理论和唤醒激活的生物学理论。他强调的三个因素包含倾向的要素、兴奋的要素和情绪行为的经验要素。这些要素可在时间维度上加以考虑。在运动环境中,对比赛本身的预期,对对方队员敌意的观察、感受及言语、身体的接触与冲突,可能会引起运动员的敌意,进而导致攻击。

另外,这一理论有助于解释在比赛中常见的对烦恼的延迟反应。Zillman 指出,许多刺激条件(包括对未来比赛的考虑、观察比赛时其他队员的攻击性行为等),在特定生理唤醒水平下,就可能显示或产生即刻的攻击性行为,或以后产生延迟性反应(如敌意),他的理论可用图 17-2 说明。

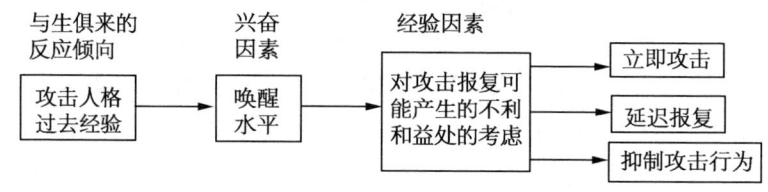

图 17-2 Zillman 的三因素攻击模型

2. 运动攻击行为的生物-社会-认知模式

Cratty(1983)扩展了 Zillman 原有的模式,他的模式由以下三种变量组成:

第一种变量由四种水平的社会因素组成:① 一般文化定向;② 有关运动员家庭的社会价值;③ 运动亚文化,即从事某项运动比赛的情境;④ 影响某一特定时间内比赛的特定社会条件,诸如观众的数量及拥挤程度,教练、观众、队友的情绪状态,以及运动员对教练员、家庭、观众以及其他可能在比赛中与其有身体或"心理-社会"接触人员的知觉等。这些因素综合起来即反映出个体从事攻击的倾向。

第二种变量是运动员的反应能力,即运动员激活的特定方式。包括身体受到刺激时在肌肉与机体生化方面发生的变化,以及实施或抑制这种反应的速度。后两种易变因素与激活有关,它部分地取决于运动员的身体健康状况。健康状况与觉醒时间相衔接,反过来作用于从事攻击的倾向。

第三种变量是运动员如何去认识这些社会变量,即他们是如何被激活的以及对其在某种情境下烦恼时实施或不实施一系列攻击是怎样考虑的。这时运动员决定怎样去做,是由各种心理演练行动(或相互作用)和在各种一般情况以及运动专门情形下,倡导攻击的背景决定的。总体说来引起运动员从事攻击报复行为的因素主要有:① 运动员对报复行为可能产生后果的知觉;② 烦恼者想从事攻击的程度;③ 个体被攻击后再次出击的可能性;④ 攻击后出现预计不到的反攻击方式的可能性;⑤ 对攻击者采取报复行为的坚决性与果断性等。

以上三方面中任一变量或多种变量受到激发,都会引起攻击行为。反之,则可控制调整攻击行为(图17-3)。

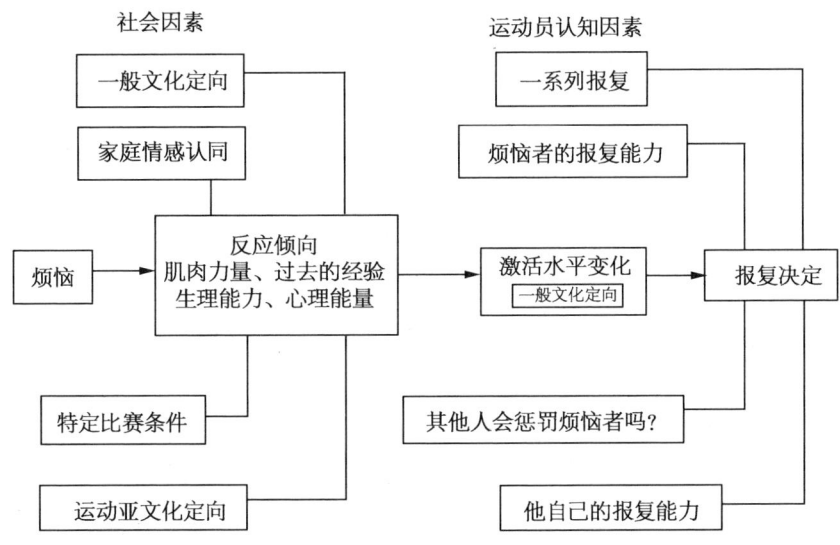

图 17-3 Cratty 运动攻击行为模式

3. 攻击和报复的替代模式

当个体对进行攻击或报复行动的后果感到恐惧时,就会引起并产生一种对这种恐惧的思想准备,从而影响随后的行为方式及其攻击性行动欲望水平的形成。在某种情境下随着事件的进展(如受屈辱后),从事报复的动机和行动的欲望水平会受到当事者的控制与修正(通常是削弱或减少),而伴之以其他的心理行为过程(社会的、运动的、认知的)的继续发生,而不直接导致攻击性的行为(图17-4)。

在体育运动情境中,攻击行为出现的可能性,与运动员本人当时和过去的社会经验有关,并非直截了当、随心所欲地按其驱力行事。在一定的情境中,当运动员自我意识到其攻击性行为所产生的后果时,就将对其报复或采取攻击行为的动机进行控制与修正而不出现攻击言行。

(六)运动项目与攻击性行为的关系

不同的运动项目,其攻击性的强度有所不同(图17-5)。接触性运动项目比非接触性运动项目攻击性强度高。同是接触性运动,不同的项目之间仍然存

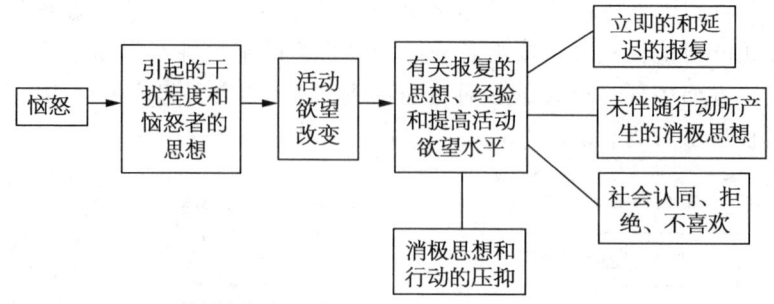

图 17-4　攻击和报复的替代模式

在着差异。例如,拳击比足球具有攻击性、而足球又比篮球更具有攻击性。

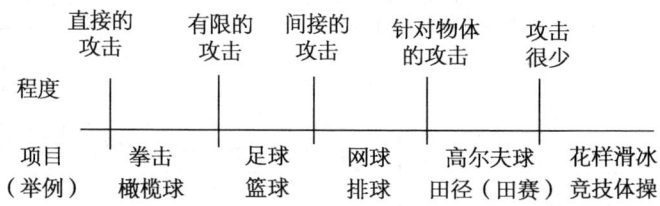

图 17-5　不同程度的攻击性运动项目分类(季浏、符明秋,1994)

(七)体育道德方面的实证研究

体育道德方面的实证研究,在我国一直是一个相对薄弱的环节。在过去的十几年中,国外一些学者以不同的道德发展理论为基础,设计了有关实验,探索体育教学或运动训练对道德发展的影响问题,结果发现:以道德推理理论和社会学习理论为指导的教学方法有助于学生的体育道德发展。

社会学习理论家强调模仿和强化对个体道德发展的影响,结构发展理论家则认为道德发展需要经历两难推理或者冲突,通过讨论两难推理,以及相互协商或"道德平衡"可以达到解决冲突的结果。

(八)运动中攻击性的研究方法

运动中的攻击性行为的研究主要有纸笔测验、实验室实验、投射测验和现场测验几种(祝蓓里,1992;季浏、符明秋,1994;王润平,2000)。

1. 纸笔测验

纸笔测验主要是利用问卷调查表来进行。它是测定特质性攻击性的一种方法。测量运动员攻击性的纸笔测验有心理学中的一般的测量方法和专门用于运动领域的方法两种。

（1）心理学中一般的测量攻击性的方法：心理学中一般的测量攻击性的方法主要利用有关人格（个性）测验来进行。如在体育运动领域常被使用的有Cartel编制的16种人格特质测验，其中E（恃强性）和H（果断性）两项因素是测定运动员特质性攻击的最佳指标。Minnesota多项人格测验中的Pd（变态心理）和Mf-m项（性别色彩）也可以作为特质性攻击性的指标。另外还有以下的专门测验：

① 敌对性量表。由Buss和Durkee（1957）编制。它可以用来评价敌对性行为和内疚。敌对性行为的七个方面是：攻击、间接的敌对行为、易发怒、否定的态度、憎恨、怀疑和言语性的敌对行为。此量表共75道题，其中66道题是测定敌对性行为的，还有9道题是测定内疚感的，测得高分表明有敌对行为。

② 愤怒自我报告量表。由Zelin、Adler和Meyerson（1972）编制，共有65道题。该量表把攻击性意识和攻击性体验分开，通过测验可以分别得到愤怒的意识、愤怒的体验、愤怒的谴责和疑心四个分数。

（2）专门用于运动领域的测量攻击性的方法

① Collis运动攻击性量表。该量表由Collis研制（1972），含50个条目，目的是评定与运动成就有关联的攻击性。有25条用来评定合法的攻击性，另外25个条目用来评定不合法的攻击性。

② Bredemeier运动攻击问卷。由Bredemeier（1978）编制。该量表是评价运动中工具性攻击和反应性攻击的一种工具，共100道题。其中50道题是测定工具性攻击，另50道题是测定反应性（愤怒）攻击的。

③ 运动攻击性问卷。该问卷由Thompson（1989）研制，目的是了解人们如何看待发生于体育运动中的攻击性行为。该问卷主要考察了五个方面的问题：对自己的不公、对队友的不公、挫折、帮助集体和非诱发性攻击。

④ 足球运动员攻击性个性心理特征量表。我国学者安铁山、刘伟（1991）为高水平足球运动员编制的攻击性个性心理特征量表（共20题）是一个信度和效度较高的测量工具。

2. 投射测验

这是测定特质性攻击性的一般方法。主要利用罗夏墨迹测验和主题统觉测验。这两种测验都是以图片或墨迹形状图片，让受试者不受限制地表达反应或联想，从中分析他们具体的人格倾向。

3. 实验室实验法

目的：测定状态性攻击。

器材：电击箱，1～10等级水平的按压键。键1表示电压水平最低，从键2开始，表示电压逐级提高，键10表示电压最高。

程序：主试利用电击箱对主试的助手（同谋）施以电击，并通过被试所能接受的对主试助手施以电击的持续时间和强度来评价被试的攻击性水平。实际上,主试并未对助手真正施以电击,只是助手假装的痛苦行为使被试感到有电击。被试的攻击性意向通过按压键1~10和按压的持续时间来加以评定。即被试按压的键数越高、按压的时间越长,被试的攻击性行为越强。

优点:实验室实验法采用配合者的方法可以使实验容易被控制,发出电击的意向又很符合理论上的攻击性概念;实验所得的结果是客观的和容易解释的。

缺点:由于使用电击箱涉及被试的安全和生活安宁的问题,即使是实际上没有施以电击,也可能伤害被试的心理。因此,近几年在实验研究中使用电击的方法已经大大地减少。

4. 现场测验

这是测定状态性攻击的一种方法。它包括行为观察和档案研究两种具体研究方法。

(1)行为观察法:虽然利用行为观察法测定攻击性有一定的难度,但如果使用得好,它又是非常有价值的。行为观察法一般包括三个阶段。第一阶段,研究者要编制一张含有适当行为的选择表单,这是最重要的阶段。因为,随机地观察运动员的攻击性是没有意义的。第二阶段,研究者必须训练使用测量工具的助手,使观察者明确观察什么,以及使他们的判断必须和客观一致,以免把攻击性行为与果断行为相混淆。第三阶段,研究者必须制订一个把大量的数据归入到有意义的测量分数之中的计划。如果在45分钟的实际比赛中观察5名女中学生篮球运动员,每次比赛时要有两名观察者。

观察者要认识并熟悉每一个观察对象,并系统地进行仔细地观察。记录的因变量是被试外显的攻击行为和被判犯规的次数。自变量可以包括转折的事件,出场的时间,现场得分的百分率,以及他人对被试的攻击性行为等。

一般地说,行为观察法的最大特点是所得数据在理论上是符合的,又是在实际情境中得到的。此法的缺点是分类系统有限,研究者又不能控制各种变量。

(2)档案研究法:对攻击性的档案研究法是建立在比赛时所收集到的数据的基础之上的,它不是一种系统的研究,通常是在研究的后期进行的。档案研究法中的统计信息以记分员所记录的比赛信息为基础。这种方法的优点是,在比赛期间,甚至是在比赛的几年里,从比赛记录中可以收集到许多信息。档案研究法的缺点是,比赛记录是有限的,研究者也不能决定这些记录的有效性。如,研究者不能决定是否把果断行为归于攻击性行为等。

(九)青少年攻击行为干预研究——身体干预研究

现有青少年攻击行为干预研究主要发生于学校背景下,干预对象主要为全体学生或部分学生。学校背景下攻击行为干预主要通过课程化的心理行为训练来减少或消除攻击行为,如冲突创造性解决计划;脑力计划等。研究者也试图通过改变学校的心理气氛,如"和平建设者计划",来干预学校背景下青少年的攻击行为。

影响青少年攻击行为的可能是生理—心理—社会—物理因素相互作用的结果。生理因素包括婴儿出生时母亲的一些助产并发症——恐惧、脐带脱落、获得性脑损伤等,物理因素包括较高的气温、铅中毒、食糖过多等,心理因素包括学龄前的身体爱抚的缺失,社会因素包括班级规模,暴力电影、电视、电子游戏和音乐等……

课程化的干预是指向全体学生的干预方案,而针对高危性与高攻击性个体的干预主要是采用特定治疗技术的干预方案,如按摩、练习传统武术等。

国外学者的许多研究都证实按摩可以有效地增加青少年的身体爱抚,进而降低生理化学物质分泌量的不平衡,并且治疗后个体较少进行刺激寻求、冒险、愤怒或进行攻击行为。因此增加身体爱抚或亲密感可能有助于减少或消除攻击行为发生。Zivin 等人发现传统武术的教授与练习可以降低青少年的暴力行为及改变与不良行为相关的心理模式(如强迫症、注意困难、较差的学业成就、抵制权威与规则)。传统的武术训练不同于一般性的竞争技巧,前者来源于具有古老历史的佛教与道教。Zivin 等人教授传统的 KogaHa(一种具有 800 多年历史的、用来训练中青年和尚,强调非暴力的自我防御与尊重生命的武术),经过短期训练(30 次,3 次/周),高攻击性青少年与行为不良青少年的攻击行为显著减少。这种形式干预攻击行为的方法主要是从身体训练的角度引发高攻击性个体心理行为模式出现整体性的变化,这可能比单纯的归因训练或社会能力提高,专业性按摩治疗更为有效地干预青少年的攻击行为。课程化心理训练的干预效果可能逊于整体性的心理行为训练,但这尚需未来研究进一步验证(李宏利、宋耀武,2004)。

四、教学重点与难点

(一)教学重点

(1)了解攻击性行为的社会学习理论。
(2)了解影响运动攻击性行为的内外部因素。
(3)了解降低运动员和观众攻击性行为的几种有效方法。

(二)教学难点

(1)对敌意性攻击和工具性攻击以及攻击性行为与果断行为的区分。
(2)理解各种攻击性理论。

五、教学指导建议

（一）教学建议

（1）攻击性理论有多种，虽然迄今为止没有一种理论能有效地说明人的攻击性行为产生的机制，但相对而言，班杜拉的社会认知理论融合了认知主义与行为主义的观点，注重人与环境的相互作用，有明显的生态倾向。故本章要突出讲述班杜拉的社会认知理论在运动攻击性行为中的应用。

（2）引起人的攻击性行为的因素既有内部因素，又有外部因素。但要改变人的一些内部因素是困难而持久的，故本章的重点在于了解引起人的攻击性行为的外部因素，从而能找到较为有效的方法来降低运动中的攻击性行为。

（二）教学活动设计（Bob Rotella,1998）

1. 案例分析

一位体育明星在运动场上比赛时，当裁判误判后，他愤怒地指责裁判。他的行为得到了教练、队员和部分观众的称赞。试分析：

（1）该体育明星的行为会对青少年产生什么影响？如果你恰好在场看到了这位体育明星的表现，你会有什么反应？

（2）是否看到该体育明星表现的所有青少年均会有相同的表现？

（3）一旦某一青少年习得了该体育明星的行为，这位青少年是否会使这种模仿习得的行为持久保持？

（4）运动中攻击性行为的产生除了模仿外，是否还受其他因素的影响？

（5）如果你认为这位体育明星的表现有欠妥之处，你认为有什么办法可以帮助他以后少出现类似的行为？

2. 模拟问卷测试

找一份运动攻击性测试问卷，做以下工作：

（1）让学生或运动员看一场对抗激烈的比赛，了解他们观看比赛前后，在运动攻击性测试卷上得分情况的变化是否有质的差异？

（2）利用该问卷对某一运动队的队员进行测试。观看该队员在运动场的表现，或者利用档案研究法，收集有关数据。在对观察结果和研究数据进行比较的基础上，说明运动攻击性测试问卷是否能有效地预测人在运动中的攻击性行为？

六、参考文献

[1] 皮连生.教育心理学(第三版)[M].上海:上海教育出版社,2004.

[2] 孙延林,李实.体育课在发展学生适宜动机模式、自尊心和社会道德中的作用[J].天津体育学院学报,2001,16(1).

[3] 贺亮锋,祝蓓里.体育教学对儿童道德发展的影响实验研究[J].心理科学.1999,22(3).

[4] 祝蓓里编著.运动心理学原理与应用[M].上海:华东化工学院出版社,1992.

[5] 唐征宇.浅谈体育运动中的攻击性行为[J].心理科学.1997,20(3).

[6] 张力为,毛志雄.运动心理学[M].上海:华东师范大学出版社,2003.

[7] 王润平.运动员的攻击性行为.张力为,任未多主编.体育运动心理学研究进展[M].北京:高等教育出版社,2000.

[8] 季浏,符明秋.当代运动心理学[M].重庆:西南师范大学出版社,1994.

[9] 唐征宇.试论对抗性运动项目中的攻击性行为[J].成都:四川体育科学,2000.

[10] 梁恒.论竞技体育中的道德选择[J].湖南师范大学社会科学学报,2001,30.

[11] 石岩.我国足球场观众暴力:现状与问题.北京体育大学学报[M],2004,27(8).

[12] 马启伟,张力为.体育心理学[M].杭州:浙江教育出版社,1998.

[13] [美]理查德.考克斯著,张力为,张禹,牛曼漪,江晓梅译.运动心理学——概念与应用[M].北京:清华大学出版社,2003.

[14] 李宏利,宋耀武.青少年攻击行为干预研究的新进展[J].心理科学.2004,27(4).

[15] Cox,R. H. Sport Psychology:Concepts and Applications. 5th ed. NY:McGraw-Hill Companies,Inc,2002.

[16] Bob Rotella. Case Studies in Sport Psychology. Jones and Bartlett Publishers,Inc,1998.

第十八章

运动技能的学习

一、教学目标

通过本章教学,使学生能够:

(1) 掌握运动技能的概念和组成,理解能力与技能的区别。

(2) 了解运动技能的分类,理解不同类型运动技能间的区别与联系及其在教学中的应用。

(3) 掌握运动技能的特征,了解技能测量的指标和评价的方法。

(4) 掌握运动技能形成的理论和过程,自觉按照运动技能形成的规律进行学习。

(5) 了解运动技能获得的途径,正确认识技能练习过程中的一般规律和反馈的作用。

(6) 掌握反馈的概念和种类,了解在实践中如何才能更有效地利用反馈。

(7) 了解影响运动技能学习效率的因素,并能在实际训练中灵活运用。

(8) 掌握运动技能的迁移、正迁移、负迁移与干扰现象等概念,了解技能间的迁移是如何形成的。

(9) 了解影响技能间迁移产生的因素,以及如何利用迁移的规律以实现最大的练习绩效。

二、教学内容框架(图18-1)

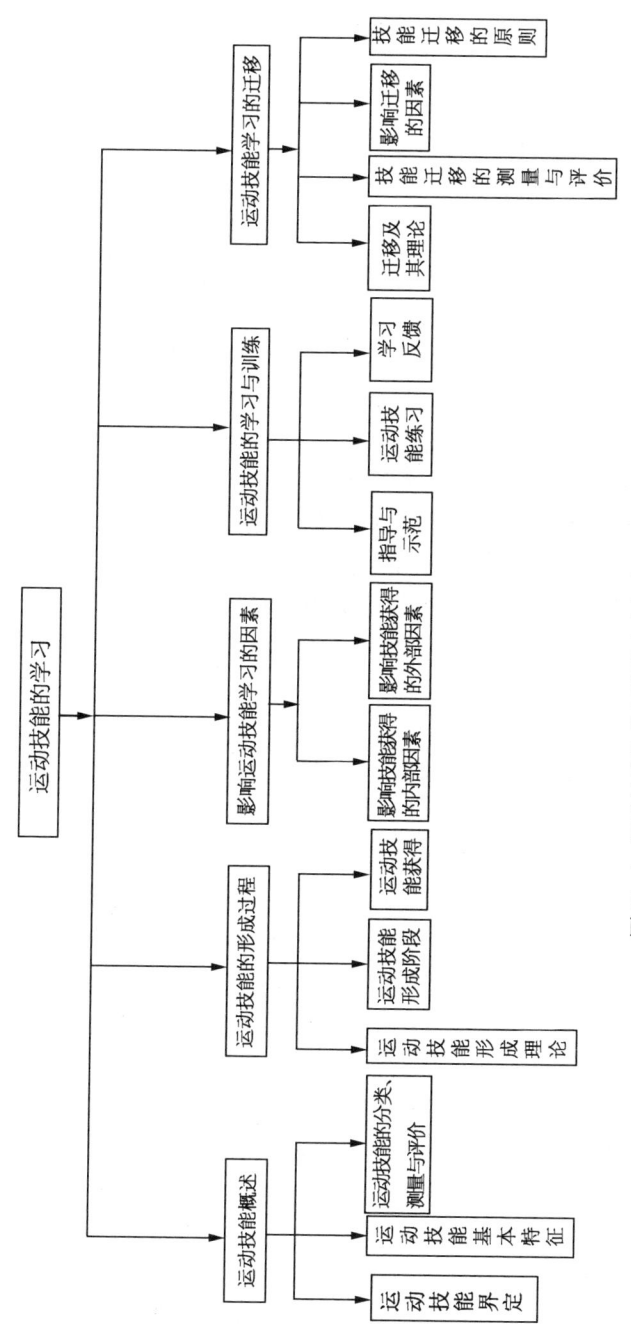

图18-1 运动技能的学习教学内容框架图

三、知识拓展与深化

(一) 运动技能学习的研究与发展

1. 运动技能学习研究的历史与现状

大多数有关运动技能学习的早期研究都起源于心理学领域。1823年,天文学家Bessel做了最早的有关运动技能操作的一些实验,用以探讨技能操作过程的差异以及为什么他的同事有些能准确估计星体通过子午线的时间而有些却不能,结果发现了著名的人差方程式。而最早对动作技能学习过程进行系统研究的是Woodworth(1899),他主要探讨了快速手臂和手运动的基本规律,揭开了运动技能学习的一系列学习规律如肢体间迁移等。自此,对运动技能学习的研究开始逐步展开,Bryan和Hatter(1897,1999)通过对儿童学习收发摩尔斯电码的技能学习研究,发现了人类技能学习过程中的重要现象——高原现象。Hill和Thorndike等(1913)对人类打字技能的保持问题进行了一系列的研究,发现即使在连续25年不练习之后,在重新练习打字时技能仍具有保持效应(Hill,1934,1957)。此外研究者还研究了诸如有关人类书写技能熟练程度、通过各种练习方法以获得最佳的运动学习效果,以及各种技能是否可以通过分解而练习等。

进入第二次世界大战以后,挑选和训练合格的飞行员任务直接推动了运动技能学习与训练研究的广泛开展。研究主要涉及与选择飞行员和其他军职人员有关的运动技能、知觉和智力能力等。同时,科学家也研究了一些与作战有关的课题如射击、严寒酷暑中的身体训练、车辆驾驶等(Holmes,1939;Melton,1947)。同时,这一时期出现了多种学习理论,也对运动行为研究起到一定的推动作用,其中最著名的是Hull(1943)的一般学习理论,主要论述了运动技能学习过程中的疲劳与恢复问题。

20世纪中期,Fitts(1954)对人类运动操作过程中的运动特征、运动时间、运动范围和运动准确性等问题进行了一系列研究,提出了著名的Fitts定律,这是人类较早运用数学和信息加工原理来解释人类的运动,说明较复杂的肢体运动控制可以通过这种方式来进行分析。Adams(1968)对运动技能学习过程中的反馈问题进行了实证性研究,并掀起了对运动技能学习的理论研究。

在这一时期,运动技能操作过程中的神经控制问题也引起了研究者的兴趣。早期的神经控制研究主要是涉及非常简单的运动,实验中采用神经与肌肉联系的分离,或者使用脊髓有不同程度损伤的动物,实际研究过程中更多关注的是神经机制变化,而对运动本身的特征如速度、准确性以及动作模式的测量等问题很少涉及。其实 Nikolai Bemstein 和 Erich von Hoist 在20世纪30年代就对运动技能控制方面的神经机制进行了研究,但是没有引起人们的注意。Merton 等(1972)第一个在同一实验中对运动操作和神经控制两个过程进行了研究,为后来这两个学科交融在一起开了先例。Kots(1977)对运动操作过程中的神经控制机制进行了多项实验研究,结果认为两者存在多种重要联系,并引起了研究界的广泛注意。

可以说,20世纪70年代是神经控制和运动行为科学家之间长期合作的开始,有许多人同时接受了正规的运动行为和神经控制教育,这些人架起了两个领域间的桥梁。越来越多的主攻行为研究的科学家开始关注运动控制方面的研究,使用电生理学和生物化学方面的方法来了解中枢神经系统在运动中的作用的研究也越来越多。神经控制方面的科学家也从仅仅进行神经机制的研究转向研究调查复杂运动过程中的各种神经变化。此类研究多以动物为对象,尤其是猴子和猫,通过在其大脑、脊髓和肌肉中插入电极,记录不同运动情境中的电变化,使用这种方法的代表人物是 Grillner 和他的同事(1972,1975)、Smith 和他的同事(1986)、Houk(1979)和 Granit(1970)等。甚至在上世纪末,Georgopoulos(1995)利用猴子、Bizzi 等(1995)使用青蛙对复杂运动活动过程中大脑与脊髓神经间的潜在关系还进行了实验研究。这些研究的目的都是努力试图找到运动行为与神经过程之间的联系,从而能更好更完全的了解运动是如何进行控制的。

20世纪中后期,受认知心理学的影响,运动行为研究领域经历了一场变革,从关注变量对特定运动任务的绩效影响向关注完成动作过程中的内在神经机制研究过渡(Pew,1970,1974b;Schmidt,1975b,1989a)。研究主要探讨运动信息是怎样编码和储存、行为在记忆中是如何表征以及错误的信息是如何被处理来实现学习目标的等。另一变化是,理论探讨又回到了运动行为和学习研究领域。Adams 等人(1970)在提出了语词学习的反馈理论后又重新兴起了一股理论研究的热潮。Schrnidt(1975)也在旧的运动图式思想的基础上,提出了其较有影响的运动技能学习的一般图式理论。这些理论研究极大地调动了人们对运动技能学习研究的兴趣。很多大学都相继开设了《运动技能学习与控制》课程,同时一些专业性刊物也相继问世。1969年,Schmidt 创办了《运动行为》杂志,随后英国运动行为科学家 John Whiting(John Whiting,1972)也创办了《人类运动研究》杂志。另一本名叫《锻炼与运动科学综述》杂志也在此时出版,它的大部分版面都是关于运动行为研究的。与此同时,各种心理学杂志(如《实验心理学》、英国《心理学杂志》和《人类工程学》等)也都开辟有运动行为研究专栏。随着这一学科的发展,教材的发行也日渐增多。在 Knapp's(1963)和 Cratty's(1964)出版了各自的论著之后,又陆续有30多种教科书公开发行。

近年来,研究者的兴趣又从对运动的控制和人类操作转向技能的学习过程研究(Magill & Hall,1990;Schmidt,1991;Kelso,1995)。随着理论的不断成熟和研究方法的逐步丰富,最近这一领域的显著变化就是运动技能的学习与控制学科正在逐步成为一门独立的学科,而不仅仅是两个不同学科的交叉研究领域。它有自身的研究领域、自己的专业杂志、自己的研究问题和收集数据方法,这些记录与分析运动的复杂技术不仅包括如电生理学记录、电影、三维技术分析、运动学测量以及检测大脑结构的先进方法等,同时也包括一些较为传统的方法(Corcos,Jaric,& Gottlieb,1996)。所以可以说,不久以后将会有一门被称为"运动学习与控制"的新兴学科出现在我国的运动学科领域,而不会只依附于运动心理学而存在。

2. 运动技能学习的学科基础

目前,在我国运动科学领域,有关运动技能学习的内容多见诸于运动心理学教材中,也可以从诸如《教与学的心理学》(邵瑞珍,1989)、《心理学导论》(黄希庭,1990)、《普通心理学》(彭聃龄,2001)等教材中发现,是这些学科的一个部分。但近年来,由于当代西方运动行为科学的迅猛发展,以实验为主要研究方法的我国运动技能学习与控制研究,与以探讨社会心理内容为主的运动心理学有逐步分离的迹象,前者更多地借鉴生物力学、工程学和动力学等研究方法与手段,正步欧美运动科学研究之后尘即将成为一门独立的学科。运动行为科学则主要是探讨人类在不同情境中运动行为变化及其规律的科学。体育领域的运动技能都是通过身体肌肉运动和形态改变来进行学习(改变)及训练的(进步),而运动行为又是以探讨人类运动行为改变为主的学术领域,所以说运动行为科学研究理应成为体育领域的重要研究科目。

在现今的学科研究中,运动行为(Motor Behavior)学科包含三个子领域:运动发展(Motor Development)、运动学习(Motor Learning)和运动控制(Motor Control)(图18-2)。三个领域所探讨的内容皆是人类的运动行为随着时间变化的规律与机制,只是依据研究领域的各有侧重而分成三个方面。

(1) 运动发展:运动发展研究的是人类由于成长、成熟和经验等原因而导致的运动行为变化(Clark & Whitall,1989),这种行为变化包括个体一生中发生的所有的运动行为变化。运动发展研究关注的是行为变化过程中运动协调结构间的转换,强调生物体、任务和环境间的交互作用对个体运动发展和行为的制约作用。因为在个体的发展过程中,随着生理水平的变化,个体的协调状态也会有所变化,从而影响到运动行为的变化。其研究的范围可从在母体内的胚胎活动到人的老年阶段,时间延续范围最大,所探讨的动作以系统发生的动作(Phylogenetic Movement)为主。

运动发展已经从昔日的多为描述性研究向现今重视过程研究过渡,以信息

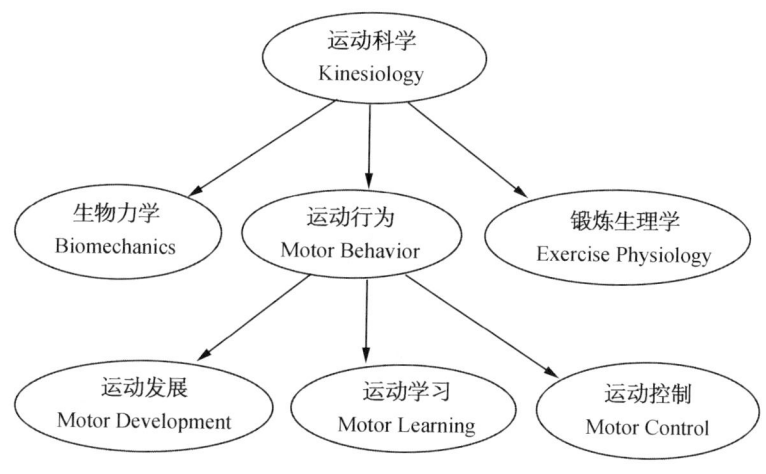

图 18-2 运动技能学习的学科

加工理论和动力学系统理论为基础,强调生物体、环境和任务间的共同作用,不仅要回答发展是什么的问题,更要回答为什么。通过运动发展的知识学习,能使我们不仅可以辨别个体的重要成长和发展阶段,还可以诊断出不正常的发展现象,从而为发展提供科学的指导(Roberton,1989 & Haywood,1986)。

(2)运动学习:运动学习系指通过练习和经验而使个体的运动技能产生相对持久变化的内在过程(Schmidt & Lee,1999)。这个定义强调学习是一个过程,是个体运动技能发展到相对持久变化的过程。运动学习的研究就是要探讨为什么会产生相对持久的变化,这中间有何规律以及如何更有效的实现这一变化。其研究以信息加工理论为基础,更注重于个体内部运动能力的改变,注重于过程研究,而不仅仅是表面的差异。相对于运动发展,其时间过程较短。

运动学习的绩效往往会受到个体所处的环境和经验的影响,所以在进行研究时,通常会选择以往没有学习经验的运动技能,例如游泳、网球、桌球、攀岩、飞行伞等,以便控制经验可能带来的影响。在运动学习的课题中主要探讨在系统发生的运动技能已发展成稳定状态的情况下,如何通过学习形成协调结构改变的现象。对于以何种方式形成、如何提供有效的信息让学习者进行有效的学习等,都是运动学习中的核心课题。运动学习的研究对象多以学生和运动员为主,采用实验室和现场研究相结合的方法。

(3)运动控制:运动控制探讨的是在运动过程中,神经系统、身体及行为表现对协调动作操作的作用(Schmidt & Lee,1999),以动力系统理论和 Schmidt 的图式理论为基础,大多为实验室研究。简单地说运动控制是使运动操作顺利完成的控制与保障系统,即包括神经系统的调节作用、身体如肌肉与骨骼、行为方式的协调变化等,研究就是要描述和解释人体各系统是如何协调统一而完成运动操作的。了解了这些原理,我们就可以在各种不同的环境中成功地完成相同的运动技能,因为完全相同的运动情境很少,如场地条件、风速和器材的性能等。所以说,从动作产生的过程、神经机制转换、实施动作的空间、时间、实际执行动作的身体各部位到影响动作表现的因素都在运动控制的探讨范围之内(Magill,2004)。

虽然产生运动的机制,如骨骼肌、关节、力、位移等是运动控制重要的研究对象,但与环境和动作技能相关的身体和肢体的运动模式也吸引了大批的研究者,如足球运动中踢球动作的脚—膝—髋关节间的协调模式等。另外,直接影响人类运动行为的各感知觉如视觉、听觉、触觉等,也是运动控制研究普遍探讨和极具重要性的研究方向,所以在运动控制领域常以知觉与行动来说明两者间的相互关系。

(二)运动技能学习的理论基础

在日常生活中,我们经常需要学习新的动作技能,例如学走路、学骑车、学用餐具等,运动领域中更包含了许多复杂的运动,例如篮球的上篮、体操的后空翻、柔道的过肩摔、网球的发球等。我们是如何形成、习得如此复杂的运动技能(motor skill)的,哪些方式可以有助于学习等,一直是运动学习领域中重要的研究课题。对于学习形成的机制,研究者先后从不同角度提出了多种理论解释,并且这些解释也在随着人类对自身认识的深入而不断完善。

1. Thorndike 的联结主义学习论

最早对人类学习行为进行全面研究并提出完整理论的是 Thorndike(1913),他认为学习是一种尝试错误的过程,通过不断地尝试各种动作,逐渐将错误反应淘汰,保留正确的反应,因此,学习也就是刺激与反应之间自动联结的过程。Thorndike 提出的效果律(law of effect)指出刺激和反应之间如果伴随着满意的状况,就会增强刺激和反应的联结;反之,如果伴随着不满意的状况,就会削弱刺激和反应的联结。所谓满意的状况指的就是"有效的行为",个体在尝试解决问题时,会记住有效的行为,抛弃无法实现目的的行为。Thorndike 的联结理论来源于其对动物的学习研究,其中最著名的是关于猫的学习研究。他将一只饿猫关入问题箱中,笼外放有鱼和肉,猫在笼中用爪求食而不可得,于是在笼中乱咬、挠、拨……后来偶然碰到门钮,笼门打开,猫逃出笼外,取得食物。如此连续实验多次,猫仍需经过乱咬、挠、拨,不过所需时间逐渐减少,无效动作逐渐摒除,最后,猫一进笼内就能转动门钮而取得食物。因此他得出结论:学习是一种渐进的、盲目的、尝试与错误的过程,随着错误反应逐渐减少,正确反应逐渐增加,终于形成固定的刺激反应,即刺激反应之间形成联结。

Thorndike 于 1927 年将学习理论应用到人类动作学习过程上,并进行了实验性研究。在其实验中,要求实验参加者蒙上眼睛做不同长度的画线工作,研究结果发现,在动作学习过程中,曾获得KR(knowledge of result)的学习者,其动作学习有明显的进步;相反的,在动作过程中,没有获得KR的学习者,其动作学习并无获得改善。因此,Thorndike认为KR是影响动作学习的重要因素之一,没有反馈,学习便无法获得改善。换句话说,只有通过反复的练习,并不能使动作技能的学习产生更好的效益。这说明在运动技能学习过程中要合理安排和组织教学,严格控制刺激变量,合理地利用KR和KP(Knowledge of Performance),最大限度地提高练习者的学习绩效。

2. 闭环控制理论

闭环控制理论(closed-loop theory)是Adams(1971)提出用以解释动作技能学习的过程的,他用闭合环路反馈的模式(对错误的认知,错误的修正)解释动作的学习过程和控制原理。这种理论源自于认知心理学的认知学习,其基本理念是将个体视为信息加工系统,感觉系统得到信息后加工编码产生动作,与参照值比较,产生动作后的反馈,继而对动作做出改变。Adams认为学习是运用正确参照值进行错误觉察,再通过反馈进行不断循环修正,使其与目标达成一致的过程。大脑中存在着记忆痕迹(memory trace),记忆痕迹中有信息知道动作该如何执行,动作一旦开始执行后,以知觉痕迹(perceptual trace)作为参照值,经反馈比较后修正,产生新的知觉痕迹,这一痕迹又是下一次动作的标准。知觉痕迹是指在动作学习的反馈过程中所形成的一个参照值,利用这个参照值,动作可以一直被修正,直到接近标准动作,所以这个参照值是练习者想要完成动作的知觉结果,它是由先前动作的知觉反馈与动作结果所组成。经过不断的动作修正后,此参照值会有最大的正确性,因而形成记忆痕迹,而此记忆痕迹代表的就是最正确的动作。所以,在练习的过程中,必须有外在反馈(结果反馈)存在,在练习初期,由于参照值还相当微弱,所以KR是相当重要的,等到参照值逐渐正确后,KR的重要性才逐渐减低。

Adams的闭环控制理论得到很多实验性证据的支持(Christian & Merriman,1997;Newell & Chew,1974;Roy & Martenerniuk,1974)。但这种理论较适用于慢速动作技能的学习解释,而在较快又较复杂的技能中,如果还要经过反馈的历程,再选择动作参数以产生技能表现,在时间上是来不及的(Cristian & Anson,1978)。例如:对棒球的挥棒打击动作来说,当打击者看到投手投出好球,将信息传至中枢神经后,再决定挥棒动作,这时球早已经进到捕手手套。同时,按照闭环控制理论,为了加强知觉痕迹,应加强对同一组动作的练习,不断的修正知觉痕迹,使其与参照值相符合,但是随机练习是获得不同的知觉痕迹,并非对同一知觉痕迹进行修正,因此根据闭环控制理论的推论,组块练习的绩效应优于随机练习,所以说这种理论并不能解释随机练习的学习绩效(Landin,Hebert,& Fairweather,1993;Yan,Thomas & Thomas,1998)。此外,根据闭环控制理论的观点,若在没有外在反馈的情形下学习是不能发生的,亦无法解释新的动作的形成,因为没有新动作的记忆痕迹该如何执行动作呢？但实验研究表明,通过切断感觉神经通路以切断控制环路,仍可观察到动物的学习绩效(Grillner,1985)。

3. 图式理论

Schmidt 于 1975 年所提出的图式理论(schema theory),可以说是目前最广为人知且最重要的动作学习理论(Schmidt & Lee,1999)。此理论认为个体在从事动作时,中枢神经系统中有一个运动程序,运动时个体通过各种感觉通道将产生动作所需的信息输入到中枢神经系统中,在已建立的模式中寻找适当、类似的模式从而产生动作。图式理论强调大脑的决定作用,认为运动技能的学习必须通过大量的情境练习,才能获得足够的信息,并且把信息加以抽象化、概念化,以形成长期记忆。学习的过程是一种开环(open-loop)方式,在练习过程中逐渐形成图式,建立图式后,就可以根据动作程序(motor program)选用不同的技能执行参数来成功地完成动作,以达到动作学习目标。

图式理论认为,学习过程的目的是建立图式,图式是个体学习的动作的抽象呈现,图式是一种记录动作过程、感觉反馈、动作起始状态和动作结果之间关系的一种记忆或概念。同类动作都是由一种运动程序控制的,程序由"不变特征"及"可变的参数"两个部分组成。不变特征代表同一类动作所具有的固定不变特征如相对时机(relative timing)、相对力量(relative force)、动作顺序(order of events)等,而可变参数(variable parameter)则代表同一个程序所控制动作内可调节改变的参数,包括有整体时间(overall timing)、整体力量(overall force)以及肌肉选择(muscle selection)等参数。根据运动程序的概念,每一种技能的实施,必然有其不变的特征和可变的参数,练习者只要能掌握动作与动作间可变的参数,并通过知觉历程来加以选择,就能够促进个体预期的能力。

Schmidt 认为形成动作图式要有四种信息来源：

(1) 初始状况的信息(initial condition),执行一个有效的动作,必须了解开始状况的信息,包括产生动作前身体的位置、四肢的空间感、周围环境状态与目标的距离等信息。

(2) 产生动作反应的特定方式(response specifications)的信息,在执行所要完成的动作时,有关肢体的方向、力量、速度,必须有其特定的规格或参数(parameters),必须储存这些相关的参数信息。

(3) 动作反应的感觉结果(sensory consequence),对于动作反应的感觉结果通常发生在运动中或后,包括视觉的、听觉的、本体感受器的反馈,例如对该动作做起来的感觉如何,看起来如何或听起来如何等信息。

(4)动作反应结果的信息(response outcome),就是对于动作结果的反馈,即以口头方式告知练习者动作反应结果与真正动作间的差异(Albrecht & Fisher,1988)。

学习者在动作练习中所获得的这四种信息,都储存在短期记忆之中,经过不同情境下的反复练习,能使这四种信息产生联结,联结的强度主要是依赖所接收信息的质与量。质就是反馈的正确性与动作练习时的专注程度;量就是练习次数的增加,这个联结最后是以一种摘要或抽象化的方式表现出来,成为某一类别动作的基础。

Schmidt 指出,动作练习过程中形成的动作图式有两个层次:回忆图式(recall schema,负责动作的执行)和再认图式(recognition schema,负责动作的控制)。

回忆图式的形成,主要依赖动作反应结果与组成动作程序的参数之间的关系,也就是说,学习者在反复练习同一类别动作的过程中,每一次动作反应的结果组成运动程序的参数,均能形成一组相关数据而储存于记忆之中。由于起始情境的不同,构成运动程序的参数也不同,形成了操作与反应间的不同联结,于是个体逐渐形成在不同练习情境中把握各种参数的大小与动作结果之间的关系,形成动作执行的回忆图式。回忆图式主要的功能是导引个体如何产生动作反应,如果个体对某一类别的动作技能可以建立稳固的回忆图式,当面临前所未见的反应情境时,根据回忆图式所提供的信息及实际面对的起始情境,就能估计出适当的动作参数,完成新的动作。

再认图式则是由起始情境、动作反应结果和内在感觉的反馈等信息之间的关系而建立的,其发展过程与回忆图式类似。学习者产生某种动作反应之前,能获得有关动作反应的初期情境的信息,在动作之后亦可获得有关动作结果及内在感觉反馈的信息,而由于情境的不同,所获得的动作结果与内在感觉反馈也就互有不同,个体通过反复练习以确定三种信息之间的关系,从而形成再认图式(黄崇儒,1994)。再认图式主要是评价反应正确与否,个体如果对某种类别的动作技能已建立稳固的再认图式,当其面对新的反应情境时,在动作反应之前即能确定新动作反应的起始情境如何及所要达到的动作结果如何,而通过再认图式,可以确定达到的动作结果的感觉信息,所以可以通过动作反应的内在感觉反馈来评价实际外在动作绩效。因此,Schmidt 强调,在缺乏外在反馈及提供动作实际结果的练习条件下,个体仍能依据预期的感觉结果而得知其动作反应的正确与否,然后修正回忆图式。

运动图式理论重点在于通过图式来解释某一类动作的学习。通过反复的情境练习,个体获得了大量的相关信息,从而形成一类动作的长期记忆图式,只是执行时的动作参数不同。因此以图式理论的观点,随机练习对学习更有益,也可以解释闭环控制理论无法解释的新动作的产生。但图式理论的不足之处在于类化运动程序的概念过于抽象,无法知道其是否存在。

4. 动力学系统理论(dynamical systems theory)

动力学系统理论是一种以数学的动力系统理论为基础探讨随着时间的变化而发生的人类行为状态改变,即用数学中的状态空间(state space)、吸引子(attractor)、轨迹(trajectory)、确定性混沌(deterministic chaos)等概念来解释与环境相互作用的认知主体(智能体)的内在认知过程。用微分方程组来表达处在状态空间的练习者的认知轨迹。换句话说,认知是作为认知主体所有可能的思想和行为构成的多维空间被描述的,特别是通过在一定环境下和一定的内部压力下认知主体的思想轨迹来详尽考察和认知的。认知主体的思想和行为都受微分方程的支配。系统中的变量是不断进化的,系统是复杂的并服从于非线性微分方程(Abraham & Shaw,1992)。

非线性关系是指变量的指数为非 1 情况($X^{1/2}$,X^2,$X^{-1/2}$……),当然亦可以包含两个或以上变量的关系($X^{1/3} Y^{-6}$、$X^{2i} Y^{1/5} Z^{-5}$)。以运动学习为例,在运动技能学习过程中影响动作操作绩效的变量主要有——练习与反馈。将这两个数值转换成 X 轴和 Y 轴,将其随时间变化的结果标在 Z 轴上,代表的意义即为动作操作的学习过程。由于自然界的事物是较为复杂的系统,所以探讨复杂动作形式多以非线性为主。不论以何种方式来探讨人体的奥秘、器官与细胞的结构及反应,皆属于非线性关系。从宏观而言,人类的动作形式永远不会重复相同的轨迹,永远不会重合,但却以一个特定形态在改变(Linhe,1998)。

(1) 子系统的相互作用导致个体状态的变化:个体状态的改变是由体内多个子系统(subsystem)成分之间的互动、参数控制而实现的。子系统是由许多小成分组成的,在小成分与小成分间的交互作用产生子系统的现象,而不是由小成分中的主导子系统的状态决定的,这在动力系统中称之为自我组织(self-organizing)(Schoner & Kelso,1988)。在信息加工理论中主宰状态变化的是大脑,而在动力系统中大脑被认为只是一个子系统,子成分间并无主从关系,而是子成分间交互作用而呈现协调的状态。例如在自然界中白蚁建窝的方式即为自我组织,一开始白蚁以随机方式在不同的地方排便,在随机的累积情形下,会有部分的排泄物比较集中,而较集中的会产生特别的味道,白蚁就会被特别的味道吸引,将排泄物更集中在集中的部分,而形成各式各样的白蚁窝。也就是说,虽然有相同的组成物质、相同的结构,功能目的亦相同,但却形成了不同的蚁窝(Kugler & Turvey,1987)。

(2) 稳定状态的形成是走向"吸引子"的过程:动力学系统理论中的重要概念"吸引子",可以用于解释运动技能学习过程中的状态改变。吸引子定义为在状态域(state field)中系统所偏好的状态(Abraham & Shaw,1992)。在运动中

"吸引子"为个体在运动表现上稳定性高、变异性低,可以稳定、重复的执行某一特殊化动作,我们称之拥有该动作的"吸引子"。以钟摆的运动为例,在受重力的状态下,其最低点即中央点为其"吸引子",因为随着时间改变其位置,中央点吸附的吸引力,将位于能量高的两端指向能量较低的中央,在外界使其摆动后,受到摩擦力的影响,钟摆会渐渐趋向其稳定状态,回到"吸引子"的位置。一名网球选手是否具有发球的"吸引子",可以观察其平常发球时是否有极高的成功率,是否能将赛场观众的喊叫声视为外物,选手若不受到观众喊叫声的影响而表现出稳定的发球水平,说明此选手具有发球的"吸引子"。

若将一个人的整体动作表现视为一幅风景画,在一开始学习新的动作前,受个体发展水平、经验等背景的影响而有不同的轮廓。学习一项新的技能仿佛是在一大片山谷中寻找正在学习该动作谷底"吸引子"的路径,寻找的方式就是练习,若找到山谷,意味着你已朝向该"吸引子"迈进,经过更长久的练习,将该"吸引子"挖深而使得动作技能更加的稳定,在其改变"吸引子"的同时,整体的景观亦随之改变(Newell,Liu & Mayer-Kress,2001)。Kelso(Kelso,1997)以学习双手食指相对相位90°的动作形式影响原本较稳定的状态同相(0°)与反相(180°),使反相的动作变得较不稳定。因此,Kelso 提出学习是内在动力系统(intrinsic dynamic)与目标动力系统(goal dynamic)的连接过程,且学习不只是改变目标动力系统亦会改变整体的内在动力系统。例如,一位田径专项选手在初学游泳时,因在田径方面训练后肌肉形态的改变,影响了对游泳动作的学习。

(3) 新形态的产生导致秩序参数的改变:因为控制参数的改变达到临界点时便会形成新的形态,而秩序参数乃是提供观察其变化的变量,秩序参数可用于描述系统是处于何种形态且可区分不同形态,在动作行为上的研究以同相(in phase)、反相(out of phase)的两种动作形式说明动作的差异。例如在不同的频率下会呈现不同的稳定动作形式,在一般的情况下,同相与反相的动作较其他动作($\pi/2$、$\pi/3$)较为稳定,随着频率(控制参数)的增加,同相的动作会比反相的动作更加稳定,因此在频率增加的情况下,原本皆是稳定的同相与反相动作,只有同相动作变成稳定动作,因此相对相位(relative phase)是一关键的秩序参数(Kelso,1997)。

学习是从一个稳定状态到另一个状态,从一个不会的状态到一个学会的稳定状态,因此迁移对于学习上的意义是极为重要的。依据动力学系统理论,在状态改变时有以下几方面特征:首先,控制参数的改变会形成一个新的状态,通过学习个体整体的学习状态发生改变。其次,控制参数的改变方向不同时,其迁移的位置不同,如在步态的迁移研究发现,速度增加或减少时,迁移的值会根据速度增加的方向或减少的方向而有所不同,即在走路变成跑步时的迁移速度大于跑步变成走路的迁移速度。第三,在迁移之前会有一个重要的波动期,秩序参数的变异性增加,仅需要极少的改变,就会进入迁移的模式。

(4) 对运动技能学习的动力学系统理论的评价:动力系统理论对人类行为变化的连续性提供了随时间变化的自然主义的说明。这是其他理论不能说明的,其他理论一般来讲是忽略时间概念的。但人类大脑与环境之间是随时有信息交流的,而且是处在不断变化之中的,暂时的连续的认知是随时间变化的。动力系统理论的优势是对认知变化发展的描述是多元的,是一种可检验的理论,可以对描述认知系统的微分方程进行分析修正,它是一种定量的分析。另一优势是动力系统的描述可以展示人类行为复杂的、混沌的特性。动力论者以动力范式替代认知科学中的符号主义、联结主义的新范式。但如何保证动力系统的各变量和参数的恰当选择,系统是否具有稳定性和可靠性,动力系统的定量性描述因素的选择基于何种原则,它能成为对抗认知理论的最有潜力和生命力的新范式吗?关于这一点,至今还没有多少成功的模型。

5. 运动技能的协调与控制理论

上述的闭环控制理论、图式理论都是以信息处理为基础的,注重信息的输入与加工过程分析,忽略其他部分对有机体的影响。但在特定的情境中,知觉和行动的影响是交互的,并非只有一方影响另一方,对于一个新的、包含多关节的协调状态的形成,应考虑到知觉与行动间的交互作用。

运动技能学习的目的主要是形成协调的动作形式。在过去的研究中一直忽略学习过程中产生的协调结构变化,Newell(1985)对在运动行为(motor behavior)的研究中常见到的协调(coordination)、控制(control)、技能(skill)概念进行了界定。协调是指能降低多余的自由度,确定该运动技能的特殊参数,并将多余的自由度剔除。协调的形成可用函数来表示,代表协调结构 f 是由参数 A,B,C,D⋯Y,Z 构成的一个函数,以函数的表示:$f(A,B,C,D\cdots Y,Z)$。控制指能对于特定的参数加以控制及改变,以方程式表现为:$f(A_i,B_j,C_l,D_m\cdots Y_r,Z_t)$,除了控制动作形式外,调整某一种变量的值而达到某一特殊目的。例如传球,新手与熟练者皆有自己传球的动作形式,但是在控制影响传球变量的时间、角度、线索上有所不同,而形成不同的操作绩效,在某一特定协调结构下,技能操作可以达到最佳的动作表现。

Newell 等(Newell,1989)认为在运动技能的学习过程中,有机体与环境之间以及探索知觉与动作间是交互作用的,知觉的信息影响动作的产生,动作产生又影响知觉的信息。在各种不同的参数选择下会产生不同的动作形式,这种变化是通过协调和控制完成的。例如在羽毛球与网球的击球动作中,羽毛球拍因为很轻,因此我们在开始持拍挥球时,很自然地使用整只手臂的力量进行挥拍,但是要达到快速而变化的击球效果,则击球时更多的是使用手腕力量。但网球拍的重量相对较重,在挥拍的过程中,由于受到球拍转动力矩的影响,拍头的力量产生极大的力量,再以击羽毛球的手腕动作已无法完成动作,个体自然会根据操作目标、器材、规则而选择不同的动作形式(Newell,1985),这种探索策略弱化了认知心理学的编码机制,而是通过个体的知觉和动作二者间不断的交互作用来得知的信息,从而产生不同的动作反应。因此,相对于先前的重视以信息加工理论为基础的理论解释,运动技能的协调与控制理论是根据目标动作的任务需求,探索知觉空间和动作空间的有效组合来完成目标动作,更具有生态性。

(三) 运动技能练习的曲线与研究

1. 练习曲线及其分类

练习是运动技能获得的重要手段之一。技能的获得在于个体内在、持续变化所产生的外在表现,无法直接观察。真正的学习绩效是不受心情、动机、疲劳等因素影响所产生的相对持久性的改变(Adams,1968;Newell 等,1985;Newell,1991;Magill,1998)。因此要对个体的练习过程进行测量与评价,必须在所观察的目标动作中找到可以描述不同协调结构的参数,观察协调参数的赋值随着练习所改变的情形,来评价练习之后协调结构的改变(Newell,1985;Higgins,1991;Kelso,1997)。

在科学研究中经常用数学的方法描述系统的改变,通过练习量与外在表现的关系做成曲线图对学习过程进行评价,即"学习曲线"(Snoddy,1926;Newell & Rosenbloom,1981;Logan,1988;Cohen 等,1990;Kramer 等,1990)。学习曲线(learning curve)通常是用来评价技能练习的过程,并用以预测学习的结果。学习曲线与操作曲线(performance curve)最大的差别在于是否能够表达真正的学习效果。在传统的实验中因为实验设计而得到的多为练习的操作绩效,并不是真正的学习效果,例如实验中出现的天花板效应和地板效应等,都是由于测量指标设置不当而使表现的结果无法反映学习的真正情形,因此,评价技能学习过程应采用对动作变化敏感度较高的学习曲线(Newell,Liu,& Mayer-Kress,2001)。从动力学系统理论观点看,随着控制参数的改变,秩序参数随之改变,在学习曲线中秩序参数即是学习的结果,可以用学习曲线来解释通过练习后学习状态改变的过程。

最早提出的学习曲线为对数函数曲线(Snoddy,1926),即通常所说的练习速度先快后慢的现象。Snoddy 在镜画追踪(mirror-tracing task)实验研究中,对练习者的成绩与练习次数各取其对数,结果得到两者的关系近乎线性变化。Crossman(1959)在通过历时 10 年的包雪茄实验观察后,发现练习者在学习初期其进步速度相当快,但随着练习时间的增长,其进步率逐渐变慢,直至一个较稳定的极限值。早期的对数学习曲线以练习律(law of practice)为名,是将成绩与练习次数各取其对数所得的线性图形,用来表达通过练习后成绩改变的趋势

($Schmitt$ & Lee,1999)。练习律的公式为:$\log(P) = \log AT^{-b} = \log A - b\log T$,其中 P 代表表现,A 为常数,T 为练习的次数,b 为改变率。对数函数所表达的曲线在开始阶段是一个快速的上升期,发展速度逐步变慢直至走向一个极限值,其改变率是不固定的(Liu,Mayer-Kress,& Newell,2003)。运动技能学习过程中这一规律在许多研究中都得以证实(Snoddy,1926;Crossman,1959;Card,& Burr,1978;Newell 等,1981),所以对数函数是被广为接受的描述学习过程变化的曲线(Cohen 等,1990;Kramer 等,1990)。

学习曲线的另一种类型是指数函数曲线型。公式为:$f_{\exp}(t) = B_{\exp} + A_{\exp} * e^{-\gamma_{\exp} t}$,用于描述学习过程可能呈现指数曲线变化的形态。

学习的 S 型曲线(S sharp curve),即通常所说的练习速度先慢后快现象,在一些复杂的协调结构中常可观察到。例如,研究者在两手抛三球的游戏活动中发现,练习次数与熟练性间的关系即呈明显的 S 型曲线(Beek & van Santvoor,1992)。由于动作较复杂,所以开始阶段的动作进步较慢,多次练习后一旦找到其中的规律时,其成绩的进步就会变快,一段快速的进步后趋近于一个极限值,体育运动中的滑冰和舞蹈等技能的学习过程即是如此。

学习的双曲线(hyperbolic)。这种曲线表达的是学习的一种累积过程,即正确的信息是随着练习的增加而增加,逐步剔除错误信息,其公式为:$y = k(t/(t+R))$。其中 y 是学习的结果,t 为练习的时间,k 是学习的极限值,R 是决定朝向极限值的速度。认知技能学习中的表现和学习以双曲线的方式进行描述较为合适,因此双曲线表明的是学习通过累积而形成(Mazur & Hastie,1978)的。

2. 对评价学习的练习曲线研究

研究运动技能学习时所观察的因素应是真正可代表和可描述改变的因素。学习曲线常用来说明经练习后技能学习的过程,并用以预测学习的结果。在过去的研究中以对数函数描述的练习曲线最为研究者所接受,并有大量的文献也支持学习过程的曲线适合于对数函数(Snoddy,1926;Crossman,1959;Neisser et al.,1963;Newell 等,1981),甚至有研究者指出对数函数是唯一可以描述动作学习的曲线(Newell & Rosenbloom,1981)。

但有些研究者对这一主流思想提出了质疑,认为对数函数使用群体均数作为评价指标会得出错误信息,这种曲线是人为的数据分析而造成的,而不是个体真正的学习过程评价曲线(Sidman,1952;Fitts 等,1957;Heathcote 等,2000)。他们认为运动技能学习所注重的是个体通过练习而产生的绩效变化,不应以群体平均数的方式绘制学习曲线,个体和群体的学习曲线应是不同的(Estes,1956;Kling,1971;Heathcote 等,2000)。当以个人的数据进行学习曲线的绘制时,以指数函数进行学习过程评价可能较为合适(Newell 等,2001;Chen,2002;Liu 等,2003)。

从动力学系统理论的观点看,对于复杂协调结构的技能学习,在协调结构已形成时,若学习已在朝向"吸引子"的轨道上,其改变率应是固定不变的,这种情况以指数函数的方式描述学习过程较为恰当(Newell 等,2001;Chen,2002)。Heathcote 等(Heathcote 等,2000)也认为,在对非均数的个体数据进行学习评价时,以指数函数描述较为恰当,而在以均数进行群体学习绩效的评价时,以对数函数评价较为恰当。但 Liu 和 Newell 等人(Liu,Newell 等,2004)的实验研究认为,对于新的协调结构未形成前的学习曲线来说,以对数函数与指数函数进行评价并没有明显的差异,在迁移后以指数函数的适配较为合适。

当一个动作形式由一固定点变成另一固定点,此现象称为迁移。迁移应是以指数函数进行学习过程的评价较恰当,而在迁移前,由于固定点一直在改变,理论上是以改变率随着练习次数而改变的对数函数评价练习绩效较好(Newell 等,2001),并且在迁移发生之前会有一个明显的动荡期(Scholz 等,1987;Diedrich 等,1995),此时仅需要极少的改变,就会进入迁移的模式,因此在迁移前其动作的变异性较大。例如在学习羽毛球正手击球过程中,初学时练习者的击球位置并非在最高点(固定点),通过反复的练习和适当的反馈,最终习得在最高点击球这一正确运动技能(另一固定点)。通过练习与反馈改变了内在的动力,从而学会了新的动作形式(Kelso,1997)。

传统的学习曲线通过均数以对数函数方式进行学习绩效的评价,造成了对学习绩效认识的偏差。同时,在传统的学习曲线描述中,高认知性任务多于协调性动作,这与复杂协调结构的运动技能大相径庭,而个体对复杂协调动作的学习曲线以指数函数方式发展的,因此,对个人的复杂协调动作学习过程进行评价是目前学习研究的重要课题。同时,动作形态的迁移是运动技能学习中最为重要的部分,在迁移前与迁移后学习曲线的形态变化也是运动技能研究中的重要环节之一。

(四)运动技能学习与反馈

运动学习(motor learning)指通过练习或经验,引起动作行为持久性改变的历程(Schmidt,1988)。在动作学习过程中,除了练习本身可以促进运动技能的获得外,有效与适当的反馈信息(feedback),亦是影响学习的重要因素之一。给予反馈的目的在于向学习者提供与动作本身有关的信息,使其动作表现更加接近学习目标。根据 Adams 的闭环控制理论(Closed-loop Theory),运动技能学习是在一个闭合回路系统内进行的,即刺激先输入到比较器,经过比较器加工后的信息传至执行系统,然后通过效应器输出运动结果(图 18-3)。动作完成后,运动结果经由反馈链传至比较器进行比较后存储,从而形成刺激与反应的一一对应关系,在这种一一对应关系形成的过程中就产生了运动技能学习。该理论主要适用于较慢速的运动(运动时间在120～150毫秒以上)。在Adams的理论中,该闭合控制系统用于评价已完成运动的参照机制是知觉痕迹(perceptual trace),操作者利用这些痕迹可以知道在哪里停止肢体运动以及在下一次运动中如何调整。知觉痕迹通过比较运动反馈与运动目标来实现这种功能。随着练习的增加,个体对各种反馈信息进行分析和综合,使知觉痕迹得到不断地加强和完善,并逐步实现动作的自动化,可见,反馈在较慢速运动的学习中起着重要的作用。

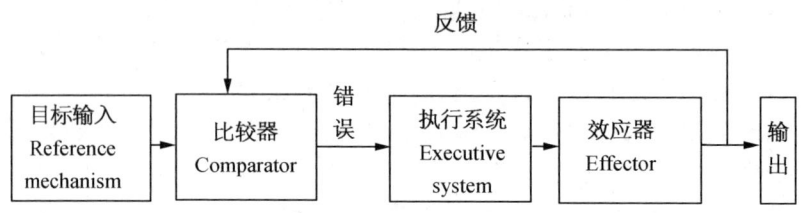

图18-3 Adams闭环控制系统

反馈通常分为自然反馈(natural feedback)和追加反馈(augmented feedback)两种。追加反馈可分为两种,一为结果反馈(knowledge of result,KR),是针对动作结果所给予的信息反馈,二为绩效反馈(knowledge of performance,KP),是对动作过程所提供的相关信息(图18-4)。

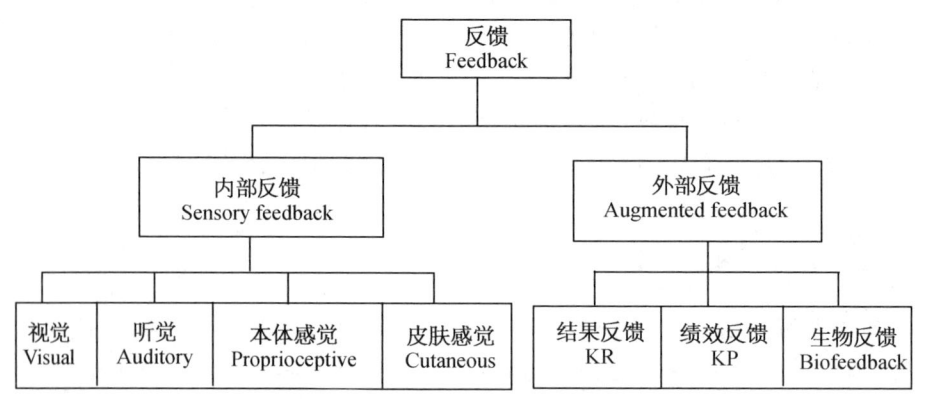

图18-4 反馈分类

1. 自然反馈(natural feedback)

自然反馈指个体动作完成后通过自身的视觉、听觉、本体感觉、皮肤感觉等感受器自然获得、不利用其他途径而获得的信息,是动作的必然结果,不需要他人告知自然可以获得(Newell,1991)。如在打网球时腰部、肩部和手部的肌肉用力感觉,挥拍方向的视觉,球拍触球时的听觉和手感等。这些运动特征在运动过程中或运动结束后,不需要任何装置和特殊方法就可被个体直接感知。在运动技能学习过程中,自然反馈对学习者的运动信息加工过程具有重要作用。学习者将自然反馈信息与准确操作的标准进行比较,不断纠正和校准动作,逐渐形成自身的觉察错误机制,而这一机制是运动技能学习形成的基础之一。在过去的研究中控制追加反馈较多(Salmoni,Schmidt, & Walter,1984),因为对于外在信息的控制较为容易,在自然反馈部分则由于其较难控制,因此相关的研究较少。Newell(Newell,1976)提出若可以操作自然反馈的信息,其对学习的影响要比追加反馈更重要。

2. 追加反馈(augmented feedback)

追加反馈不是由完成动作直接产生的信息,而是因为外界对于动作结果所"追加"的信息(Adams,1968;Newell 等,1985)。例如,教师纠正错误动作时的语言、射击比赛中的成绩显示、比赛的录像等。在练习中向学习者提供有意义的信息是教育和训练过程的重要手段。追加反馈不仅能帮助学习者确定和纠正错误,还能作为学习动机来激励学习者。追加的信息有两种不同的给予方式,一为绩效反馈(knowledge of performance,KP),二为结果反馈(knowledge of result,KR)。

(1) 绩效反馈(knowledge of performance,KP):在运动后提供的有关运动操作特征的外部反馈称为绩效反馈(Gentile,1972),如在投篮练习中,教练说:"压腕不充分"。通常以运动学反馈(kinematic feedback)、动力学反馈(kinetic feedback)方式给予动作表现反馈(Newell & Walter,1981)。Newell 和 Walter(1981)在有关 KP 的综述文章中指出,对于多肢体灵活性动作,提供与动作有关的运动学反馈、动力学反馈比只提供运动绩效反馈更有效。

在绩效反馈中,影像反馈(video feedback)是较常使用的方式,影像提供即刻的运动学反馈,观察到整个身体的动态动作而非静态部分身体的信息,但 Rothstein 和 Arnold(1976)认为,影像反馈并非如原本所预期的那样有效,其效果与观察者的特质有极大的关系,如果没有任何提示语或是提前告知需特别注意的关键部分,则影像反馈可能无效(Rothstein 等,1976),再者,从观看者的技能水平而言,熟练者和新手的利用效果又有所不同,熟练者可能更合适于使用影像反馈(王树明,2005)。

(2) 结果反馈(knowledge of result,KR):KR 是追加反馈中最重要的一类,是对于其动作表现的结果所给予的信息。它既可以非常具体,也可以很笼统,甚至是鼓励性质的语言。例如在跑完 100 米后,告知其成绩为多少,此信息为结果反馈。通常 KR 是以口语化的方式在动作结束时提供有关动作结果的相关信息(Newell,1976)。

Salmoni 和 Schmidt 等人(1984)对 250 篇有关 KR 的实验研究进行了综述

分析,得出较一致的结论:提供不同形式的 KR 都会对于表现和学习结果产生影响,提供 KR 能起到激励动机、刺激信息的联结和引导功能,提供 KR 有助于动作向目标动作结果趋近。长期以来,由于其简单和易操作性,KR 作为一种重要而且有效的外部反馈技术,不断吸引着众多实践者和研究者的注意。

3. 反馈与运动技能学习的研究

运动技能学习的结果,受诸多因素的影响,包括个人的运动能力、技能的难易度、学习动机、反馈信息的有无等。每一项因素的改变,都会影响到运动技能的学习表现。其中,反馈信息在运动技能学习中扮演着相当重要的角色,它能提供有关表现的信息,可以修正错误,并且能引起继续追求达到表现目标的动机(Schmidt,1988)。而且,追加反馈信息会影响运动技能进步的速度和学习者最后到达的表现程度(Schmidt & Young,1991)。但应当清楚,技能学习中现有的反馈研究无一例外的是追加反馈,自然反馈由于其不可控性而很难进行量化研究。

(1) KP 频率与运动技能学习绩效:Boyce(1991)进行了一项 KP 频率对运动技能学习绩效的实验研究,被试为 135 名在校大学生,实验任务为学习"来复枪"立姿射击。被试被随机的分为三组:100%KP 组、20%KP 组(每试做完 5 次后给一次 KP)和无 KP 组。一个训练期后的测验结果发现,三组的学习成绩都有明显的进步,100%KP 组及 20%KP 组皆优于无 KP 组,但 100%KP 组与 20%KP 组之间没有显著性差异。随后,Young 和 Schmidt(1992)也进行了一项运动技能学习的 KP 反馈效应研究,被试随机分成两组:100%KP 和 20%KP 组,一个训练期之后的测试结果表明,在技能获得期两组的操作绩效没有显著差异,并没有像"引导假说"所预期的结果,即 100%KP 组应有较佳的立即表现。但在保留测验方面,和 KR 引导假说的理论是一致的,即 20%KP 优于 100%KP。

Weeks & Kordus(1998)对 34 名无足球学习经验的男生做了一项不同 KP 对运动技能学习的影响实验,实验任务为足球的掷准(throw in)运动技能学习,被试被均等分为相对频率 100%KP 和 33%KP 两组中。实验结束之后分别进行了练习绩效、保持测验和迁移三项测验,结果发现,在掷球的准确度方面,两组的三项成绩皆没有明显的差异,但在掷球的动作姿势技评成绩方面,33%KP 组在三项测验方面都要好于 100%KP 组。同时,Wulf,Shea & Matschiner(1998)对复杂运动技能学习过程中(滑雪仿真器上练习弯道滑雪(slalom)的动作)的 KP 频率影响也进行了实验研究。27 名 18～31 岁的男女被试共分为三组:无 KP、50% KP 和 100%KP。结果发现,100%KP 组的保留测验绩效与其他两组有显著性差异。

通过以上研究基本可以肯定,不同频率的 KP 信息对运动技能的学习存在不同程度的促进作用,但并非提供较低频率的 KP 信息就有较佳的学习效果。对不同的项目而言,相同的 KP 可能有不同的影响,因此,绝对地谈论某一频率的 KP 对运动技能的学习最有效可能是不全面的。

(2) KR 时间点与运动技能学习绩效(图 18-5)

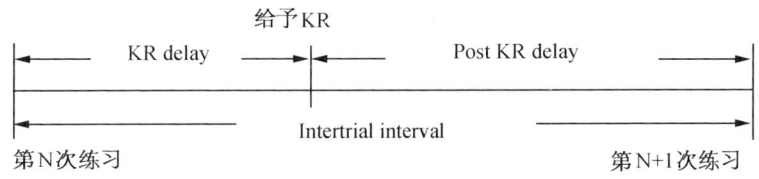

图 18-5　KR 时间点各时间间隔

延迟 KR 的研究涉及三个时间间隔:KR 延迟间隔(KR delay interval,是指操作完成到提供 KR 的时间间隔)、KR 后间隔(post-KR interval,是指提供 KR 到下一次操作开始的时间间隔)和试间间隔(intertribal interval,是指前后两次测试或练习之间的时间间隔)。

运动技能学习中,延迟 KR 的研究曾长期存在即刻、延迟 KR 哪个更利于学习的争论,这一争论与 KR 时机(或 KR 时间点)问题,即"何时提供 KR,以得到最佳学习效果"相关。实质上,就是上述的三个时间间隔如何变化,才能促进学习的问题。然而,这三个间隔是相互依赖的,只要其中任何一个间隔改变都会引起其他两个间隔的变化。因此,这不但增加了实施研究的难度,而且还导致了研究结果的混淆。例如,在实验研究中,将 KR 延迟间隔固定,以试间间隔为自变量进行操纵,但同时会引起 KR 后间隔的变化,因此,实验结果是由试间间隔和 KR 后间隔共同作用的结果,不能单纯地归因为其中任何一个变量的单独作用。这是此类研究中普遍存在和不可避免的问题。

通过分析相关研究文献,发现 KR 时间点与运动技能学习的相关研究中,针对试间间隔和 KR 后间隔的研究相对较少。现有的研究显示相对一致的结果:首先,过长的试间间隔不利于技能学习,例如,在概念重组任务中,Bourne 发现当 KR 延迟间隔不变时,增加试间间隔会使绩效下降。Koch 和 Dorfman 发现较长的试间间隔会略微增加出错次数。只有 Saltzman 等的研究显示试间间隔对绩效无影响;其次,KR 后间隔对技能学习无明显作用,过短的 KR 后间隔不利于技能学习。试间间隔保持不变(KR 延迟与 KR 后间隔相混合)时,Archer 和 Namikas 用追踪任务、Becker 等用画线任务、Schmidt 等用快速时机任务、Schmidt 和 Shea 用放置任务都未发现 KR 后间隔对运动技能学习有影响。然而,Schmidt 等发现在运动认知记忆任务中,KR 后间隔过短(与 KR 延迟间隔相混合)不利于学习。KR 延迟间隔保持不变,KR 后间隔和试间间隔一起变化时,

Dees 和 Grindley 用圆形山转弯任务发现,较短的 KR 后间隔不利于学习。

大多数的 KR 时间点研究都将 KR 延迟间隔作为自变量。此类研究主要提出过两种理论假设:① 人类运动技能学习中的 KR 延迟与动物学习中延迟的奖励(reward)类似,延迟 KR 不利于学习;② 部分认知心理学家认为,人类的运动技能学习是运动信息不断进行加工的过程。此过程中 KR 与运动记忆的共存至关重要,是个体比较、校准和制定即将到来运动策略等一系列复杂活动的基础。如果 KR 延迟间隔过长,运动记忆会衰退,发生部分甚至全部遗忘。无法形成有效的联结,失去了制定策略的基础。因此,传统观点认为,延迟 KR 不利于运动技能的学习。

20 世纪 20—60 年代,一些采用快速移动、追踪任务、一致性时机等任务进行的研究显示:KR 延迟不影响运动技能的学习,因此,研究者们曾认为 KR 延迟间隔对运动技能学习的影响较小。但是,多数早期研究仅对各组间的操作绩效进行比较,没有设计保持或迁移测试(详细介绍见前面的运动技能学习概述),缺乏对技能学习数量的科学测量,因此,这些研究结果仅能说明 KR 延迟对操作绩效的影响,并不能作为推测其对运动技能学习影响的依据。

然而,在采用了保持测试技术后,得出的 KR 延迟的研究结果呈现多样性。有研究显示 KR 延迟不利于运动技能的学习,这与传统观点和早期的理论假设相一致。如:McGuigan 发现 30 秒的 KR 延迟间隔比 15 秒和即刻 KR 条件下会有更多的错误。Koch 和 Dorfman 用两个不同的快速时机任务检验了 KR 延迟间隔对学习的影响。当标准运动时间为 200 毫秒时,延迟(45 秒)和即刻(5 秒)条件下无差异。在标准运动时间为 500 毫秒的相似任务中,即刻 KR 条件下的迁移操作更准确,并且在随后的无 KR 保持测试中绩效水平也下降很少,这说明即刻 KR 组更有效地学习了任务,但这一差异并不具有显著性。在 Portier 的实验中,被试练习 4 000 个不熟悉的阿拉伯字母,第一组获得即刻反馈,书写的同时就能看到笔迹;第二组获得末端延迟视觉反馈,写完后才能看到笔迹;第三组获得即刻反馈和延迟反馈。将被试书写字母的运动时间和不流畅性作为评定书写的成绩。结果显示即刻反馈组成绩明显优于其他两组,说明延迟反馈不利于书写任务的学习。Yoshiyuki 的书写任务研究也报道了相似的结果,即随着延迟时间的增长,书写成绩明显下降。

同时,有研究显示 KR 延迟对运动技能的学习无影响。如:Mulder 使用复杂运动任务,让被试在即刻 EMG 反馈、延迟 EMG 反馈和无反馈条件下练习,结果发现反馈组与控制组差异显著,而即刻反馈组与延迟反馈组无差异。他认为反馈的延迟不影响运动技能的学习。McGuigan 等、Dyal 等用画线任务,Boulter 用慢速放置任务都未发现任何 KR 延迟间隔的效果,但这一结果仅在 0.1 的水平上达到了显著。

但也有研究却显示 KR 延迟有利于运动技能的学习,如,Liu 报道:被试用劣势手学习向目标低手抛球的任务。四组被试的练习条件分别是:即刻 KR、延迟 KR、即刻 KR＋主观估计组和延迟 KR＋主观估计组。被试练习 60 次,休息 5 分钟后进行保持测试 5 次,24 小时后再进行保持测试 5 次。结果显示,在练习阶段即刻 KR 组被试的操作准确性较高,而在保持测试中绩效却低于延迟 KR 组和延迟 KR＋主观估计组。因此,Liu 认为延迟 KR 有利于运动技能的学习。在 Yoshiyuki 的实验中,被试练习用指针跟着规定节奏交替敲击两个中心相距 60 毫米的圆盘。各组被试分别获得:即刻反馈、200 毫秒、500 毫秒、767 毫秒和 1 000 毫秒延迟反馈。结果显示:交替敲击任务中 1 000 毫秒延迟组错误数量明显少于 200 毫秒、500 毫秒、767 毫秒组,说明 KR 延迟促进交替敲击任务的学习。

这些研究结果表明,KR 频率对运动学习的影响可能是一个复杂的问题,牵涉到项目的特点、练习者的自身特点和指导者的操控等交互影响问题。现有的有关 KR 频率研究多为简单的动作,而所提供的信息仅为动作结果的反馈,对于错误动作如何修正,被试并不知道。因此,延迟 KR 的研究不应该仅局限于探讨和争论"即刻和延迟 KR 孰优孰劣"等表面现象,而是应该在研究的手段和方法上有所突破。

(3) 两种形式的反馈信息对运动技能学习影响的比较研究:Young(1988) 对两种形式的反馈绩效进行了实验研究,其将被试分为 KR 组和 KP 组,任务为定点击球。KR 组在每次动作后由计算机屏幕显示成绩;KP 组于五次动作后给予口头告知"空间位置的信息"。在练习两天后,接着进行 20 次的练习绩效和隔天的保持测验。结果显示,两组的技能测试分数都取得了进步,但 KP 组在立即表现和保持阶段的成绩都较 KR 组高。Kernodle 和 Carlton(1992)将 KP 和 KR 对于学习投球技能的反馈绩效进行了比较研究,被试是无经验的初学者且用非利手,随机分为① KR 组,被告知球落点的距离;② KP 组,立即观看录像带中自己的动作;③ KP 反馈,加上线索指导组,观看录像带并注意动作线索;④ KP 加上过程提示组,观看录像带并被指导如何改进动作。学习的结果表明,以给予 KP 反馈较有效,KP 反馈中又以加上需改变及如何改变组的表现最佳,对于复杂的动作技能给予 KR 效果较 KP 的效果差。Hebert 和 Landin(1994)以 48 名女大学生为观察学习者,示范者学习网球正手截击,拍摄示范者动作,进行配对观察。结果从操作绩效和保留测验分数发现,示范组并接收 KP 者的成绩最佳,身体练习并接收 KP 者次之,仅有身体练习者成绩最差。王秋容(王秋容,1995)以 40 名女大学生为研究对象,随机分为① 控制组;② KR 组;③ KP 组;④ KP＋KR 组。技能学习的内容为较简单的靠墙手倒立及较复杂的侧手翻,结果发现 KP 组操作绩效好于 KR 组,在保持测验成绩方面 KP 与 KR 组没有显著性差异,并且还发现KP+KR组的技能表现和学习保持效果并非最好。

总之,从现有的研究可以发现,在运动技能学习的过程中,接受反馈信息比没有接受反馈信息的练习者有较佳的学习表现,有无接受外在反馈信息,明显影响运动技能学习的绩效。另外,接受KP比KR通常有较佳的学习效果。因此,在运动技能学习的过程中,仅将动作的结果告知学习者是远远不够的,还应将每个动作所呈现出来的质量,让学习者通过反馈形成自身错误觉察能力,进而能够觉察出错误的动作,并能够加以修正。

(五)运动技能的训练研究

1. 观察示范是如何影响学习的

如果让教练指导学生学习某一种技能,教练肯定会首先运用观察示范进行技能的演示,无论是熟练个体的示范或其他新手的示范,说明示范有利于学生的技能学习。那么,为什么观察示范利于运动技能的学习?学习理论对于这一问题提出了不同的解释。

(1)认知协调理论(Cognitive Mediation Theory):这种理论的主要观点来源于Bandura(1986)关于"榜样"和社会学习的研究。认知协调理论认为,当个体观察一个熟练的"榜样"时,会将观察到的运动信息转化为符号进行记忆编码,存储在记忆中,并将在自己操作这一技能时提取。个体将运动信息转化为认知记忆表象的原因,是为了使大脑能够复述和组织信息。之后,记忆表象将为技能的操作提供指导,为觉察误差和校正提供标准。操作技能时,个体首先必须提取记忆表象,然后将其转化为恰当的运动控制编码以产生肢体动作。因此,通过观察示范建立起感知觉与动作之间的记忆表象,操作技能时即可直接利用已有的记忆表象而不需要再重新进行感知运动信息的加工。

根据Bandura的观点,有四个子过程支配着观察学习。第一是注意过程,包括个体观察到的内容以及他们从模型动作中抽取出的信息。由于注意在学习中起着重要的作用,因而应将全部的注意指向示范,而不是单纯的观察,这对于取得良好的学习效果至关重要。第二是保持过程,在此过程中,个体将观察到的信息转化和重新构建为符号编码,以便存储在记忆中。许多认知活动如复述、标识以及组织都参与了保持过程,这有利于记忆表象的形成。第三个子过程为行为复制,个体调动"榜样"动作的记忆表象并将其转化为身体动作,要求个体调动一切身体能力来操作示范过的动作。最后是动机过程,激励或驱动个体实施动作操作。这取决于影响个体操作动机的因素,如果没有形成一定的动机水平,个体将不会操作技能。

Ste-Marie(2000)实验证实了认知协调理论的预测,证实注意是观察学习中一个重要的过程。在其四个系列实验中都发现,与不操作次任务的被试相比,将注意分配于认知次任务和观察"榜样"双重任务的被试绩效较差。Smyth 和 Pendleton(1990)的研究也表明,阻止复述过程不利于技能的学习。Blandin 和 Proteau(2000)指出,观察学习包含有效地觉察和纠正错误过程,这是记忆表象的重要功能,也是认知协调理论的重要思想。

（2）模型的动力学观点(Dynamic View of Modeling)：这种观点是基于 Gibson(1979)提出的视觉的直接知觉观点,认为视觉系统可以自动地加工观察到的运动信息,使运动控制系统进行相应的操作,这样个体就不需要再进行认知协调活动。Scully 和 Newer(1985)把 Gibson 的观点运用到运动技能示范的视觉观察情境中,并提出了 Bandura 理论之外的另一种解释观点：模型的动力学观点。动力学观点质疑模型观察与身体操作间存在符号编码步骤,认为视觉系统可以自动地加工视觉信息,使运动控制系统按照视觉觉察的信息操作。知觉系统从模型中抽取特定的信息,可以有效地控制机体并使肢体按照特定的方式操作。个体不需要将视觉系统获得的信息转化为认知编码并存储在记忆中,因为视觉信息是协调和控制运动机体或肢体的直接基础。因此,处于学习早期阶段的个体,最需要的是观察示范,这可以使他们获得机体各部分之间相对不变的协调关系,即获得协调运动模式中相对不变的特征,来发展和形成自己的技能操作运动模式,所以提供必要的模型观察,有利于学习者动作的形成。

Schoenfelder-Zohdi(1992)使用障碍滑雪模拟器进行了观察示范的绩效研究,被试分别在观看熟练者操作示范或获得关于任务目标的语言信息后,练习任务数天。运动肢体的运动分析显示与未观察熟练示范的被试相比,观察示范组被试在练习中更早地形成了协调运动模式,获得了技能的相对不变关系。Williams 等(2002)以女子足球初学者为被试,实验探讨了观察示范的作用,被试分为观看动作录像组、观看带标记点的动作演示组和不观察演示组。结果显示,在练习期间和保持测试中,录像组与标记点演示组的被试操作准确性相似,均好于不观察模型组,并且录像和标记点演示组被试操作的运动学特征也相似。这支持了动力学的观点,即观察者觉察和利用肢体各部分运动的协调信息,而标记点演示提供的正是技能的相对不变关系。

在解释观察学习为什么对运动技能学习有利,上述两种解释理论都获得了实验性研究证据的支持。从各种学习理论的兼容角度看,认知协调理论似乎更显突出,受到了更多运动技能研究的关注。但是,动力学观点由于其在运动技能学习领域应用的不断发展,也逐渐地为更多的研究者所接受,正在成为运动技能学习领域研究的新热点。

2. 变换练习有助于学习

运动技能的所有理论都认为变换练习有助于提高技能学习的效果。在变换练习过程中(包括随机练习和序列练习),动作和操作情境的多样性增大了从练习到应用情境正迁移的可能性,提高了学习者在未来应用情境中的操作能力和操作成绩,人可以习得性地提高一项技能的操作能力,同时也可以提高对新环境的适应能力。

Schmidt(Schmidt,1975)的图式理论认为,一项技能在未来的成功操作取决了练习中练习者体验变化的数量,练习变化多的比变化少的能产生更好的学习效果。这一观点已经得到了大量的实验研究证实。Edwardsz 和 Lee(1985)做了一个手臂快速穿过一个指定模型的实验(1 200毫秒),被试分为两组,提示组按照录音机的提示音进行,可以在规定时间内完成任务,5次练习中必须有3次达到目标操作时间;尝试组被试被告之完成时间,并在每次练习后反馈误差时间。研究结果显示,两组在保持测试中成绩没有显著差异,但尝试组在操作1 800毫秒目标时间的迁移任务时明显比提示组准确。Shea 和 Kohl(1990)以力量知觉技能的学习做了一项研究,被试的学习目标是用一个握力器握出一个175牛顿的力。被试也被分两组,组块练习组只练习握175牛顿的力,变换练习组用四个不同等级的握力进行练习(125牛顿、150牛顿、200牛顿、225牛顿),两组总练习次数相同,都以175牛顿目标力量进行保持/迁移测试,结果发现变换练习组握力的准确性远好于固定练习组。Shoenfelt(2002)以篮球的罚篮技能为实验内容也进行了一项实验研究,被试分四组进行篮球的罚篮技能学习。结果发现,所有被试三周练习后的练习绩效都较练习前有了明显提高,但在两周后的保持测试中发现,只在罚篮线某一固定位置上进行练习的被试的保持测试成绩又回落到了前测水平,而另外三个变换练习组在两周后的保持测试中成绩仍好于前测水平。所有这些研究都一致表明,学习者需要在练习中体验调节情境和非调节情境的特征变化,变换练习有利于技能的获得。

3. 整体与分解练习方法的选择

20世纪60年代初,对整体练习法和分解练习法的研究有了重大突破,Naylor 和 Briggs(1963)认为,运动技能的组织性特征和复杂性特征可以作为选择整体练习法和分解练习法的依据,从而在技能学习中教练员可以确定整体和分解练习法究竟哪种更为合适。

所谓技能的复杂性是指构成一项技能的部分、元素的数量以及技能需要进行信息加工的数量。也就是说,高复杂性技能由大量动作元素构成,并且需要较多的注意,特别是对于初学者而言。表演武术套路、网球发球和滑雪的高空技巧等都属于高复杂性技能。但应当注意,复杂性与难度是不同的,一个低复杂性技能可能非常难操作,也就是说低复杂性技能也可能具有较高的难度。

而技能的组织性是指构成动作技能的各个构成部分之间的关系。当技能的动作元素在空间上和时间上都相互依存时,说明这项技能具有较高的组织水平。所以说高组织性技能的构成成分就像连锁事件,即每一个动作的时空操作特征都高度依赖于前一个动作的时空操作特征。对于高组织性技能,练习者很难进行技能中的单个动作元素的练习。例如篮球的跳投动作就是一个高组织性技能,跳投技术的每一个环节都要依赖于前一个技术动作的完成。如果构成技能各个动作的时空关系相对独立,则说明这项技能具有较低的组织水平,练习者可以采用分解练习。

要确定一项技能的复杂性和组织性程度,首先应该对该技能进行分析。主要分析技能的构成成分以及成分间时空操作特征的相互依赖程度,从而确定该技能的特征。如果技能具有较低的复杂性和较高的组织性,最好选择整体练习法。也就是说,如果所学技能相对简单,动作构成元素较少,但各元素间高度相关时,采用整体练习法效果较好,例如,射击、罚篮和高尔夫球击球入洞等。而对于高复杂性却是低组织性的技能,则采用分解练习法较好,例如,网球发球技术、背越式跳高和武术套路练习等。

(1) 分解练习法:根据学习的迁移原理,分解练习策略应该考虑到使技能各部分之间、技能各部分与整个技能间能产生最大的正迁移,因此分解练习又包含多种不同的实施方法。Wightman 和 Lintem(1985)将分解练习策略分为常用的三种:部分化,指对于包含手臂或大腿等不对称协调性动作的技能,先进行单个肢体动作练习的方法,如弹钢琴和练习艺术体操等;分割法,把技能合理地分成若干个部分,分别练习这些局部动作,在掌握了前一部分动作的基础上,将其与下一个部分的动作联合起来练习,依照此法完成整个技能的学习,也称为渐进部分法或连锁法;简化法,这种方法事实上是整体练习策略的一种变形,它将整个技术动作或是技术动作各个部分的难度降低,如降低操作难度、降低注意需求、使用听觉伴奏、降低操作速度、由易到难渐进进行和模拟简化等,练习到有一定基础后,再按照标准动作进行练习直至掌握全部动作。

(2) 整体练习法:运动技能的学习过程中,有时在练习中把技能机械地分成若干部分是不可取的,那样会破坏整个动作的结构,或者说练习的单个动作对整体技能无意义,与整体技能中的动作有着不同的动作控制程序。但这并不意味着那些整体练习技能就不能重点练习某个环节了,在整体练习某个技能的时候,练习者可以使用注意调节法将注意力集中在技能过程的某个或某些注意部位上,使得整体练习中包含分解练习法。这种方法汲取了分解练习和整体练习各自的优点,既强调了技能特殊部位的练习和提高,也强调了技能各部分间的组织性。按照 Kahneman(1973)的注意分配理论,人类在注意分配策略中有一个重要因素——瞬时意图。当练习者进行运动技能的学习时,这一因素就开始发挥作用,使得练习者可以在整体技能的练习过程中将注意指向技能的某一部位,即在整体练习情境中建立分解练习环境,从而使练习更有效。

4. 运动技能的心理训练

从上个世纪中后期开始,有大量的研究文献涉及运动技能学习过程中的心理训练研究,提供了许多有说服力的证据支持心理训练对技能学习和操作准备的有效作用(Driskell,Copper & Moran,1994;Martin,Moritz & Hall,1999)。探讨运动技能的心理训练问题主要关注两方面的问题:首先,在动作技能的习得过程中心理训练的作用,即心理训练对于技能学习或再学习的开始阶段究竟有多大的作用;其次,了解心理训练是如何促进已习得技能的操作的。

(1)心理训练对运动技能学习的作用:为了证明在动作技能习得过程中心理训练的作用,研究者主要比较了心理练习、身体练习和无练习三种条件下的被试的技能学习效果。大多数研究都认为,身体练习比其他练习条件产生的学习效果要好,而有心理训练的比无心理训练的学习效果更好。Rawlings 和 Yilk(1972)设计了一个经典实验证明了心理训练对技能学习的积极性作用。实验任务是轨迹追踪任务,在实验的第 1 天中所有的被试都进行轨迹追踪技能练习,在随后的 8 天时间里三组被试分别进行不同的练习。第一组被试继续进行实际追踪任务训练。第二组为对照组,不接受任何训练。第三组进行心理训练,指导被试进行成功完成任务的想象训练。三组被试都在第 10 天进行一次保持测验。结果显示,仍进行追踪技能训练的被试每天成绩都在提高,不训练组在 8 天的实验中成绩没有任何进步,但对于心理训练组被试,在最后的保持测验中他们几乎取得了和实际训练组相同的成绩,比没有训练组要好得多(图 18-6)。随后,Hird 等(1991)对心理和身体练习的作用进行了多重组合的实验比较。实验共分 6 组:两种极端的 100% 的身体练习和心理练习组、75% 身体练习加 25% 心理练习组、50% 身体练习加 50% 心理的练习组、25% 身体练习加 75% 心理练习组和无身体与心理练习组(但要求在相同时间内进行与其他组的学习任务不相同的活动练习)。实验任务为:第一个任务要求 60 秒内在一个游戏用的小钉板上插入尽可能多的圆形和方形木栓,另一个是转盘追踪任务。实验结果显示,在两个任务中心理训练产生的学习绩效比无训练组好。

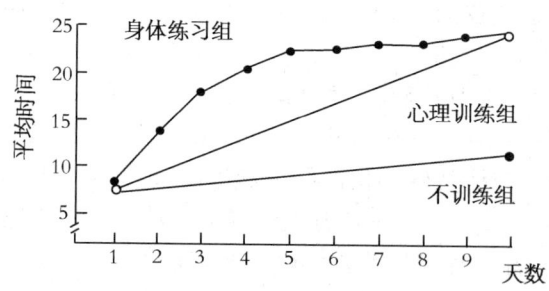

图 18-6　心理训练对技能学习的影响

关于心理训练对力量训练的促进作用，Van Cyn 和 WenSer 等人的实验证明，心理训练有助于提高 40 米短距离自行车练习者的力量，这一结果是采用自行车测力计进行为期 6 周的力量训练得出的。此外，Linden 等（1989）实验后认为，心理训练不仅仅是有利于新技能的习得，在康复领域还可以有效地促进技能的再学习和技能操作的改进。他们在研究中探讨了心理训练对提高 67～90 岁妇女行走平衡能力的作用，结果显示，心理训练在被试双手持物的条件下有助于行走平衡能力的提高。

心理训练是技能学习的一种有效准备策略。Singer（1986，1988）把心理训练运用到运动技能的练习计划中，他提出的五步学习策略中有三步包括心理练习的内容。第一步是学习者从身体、心理和情绪上做好学习的准备；第二步在头脑中表象操作动作的情境，包括视觉表象和动觉表象两种方式；第三步将注意高度集中于与动作有关的线索上，如网球球体上的接缝；第四步是完成动作；第五步是评价操作结果。Lidor、Tennant 和 Singer（1996）在学习一项投球技能中使用了这种策略，结果发现使用心理训练策略的被试比没有使用此策略的被试投球的准确性更高。Martin 等（1999）也通过综述指出，有充分的证据表明心理训练是一种有效的竞赛准备策略。

（2）为什么心理训练是有效的：关于心理训练的作用机制解释，虽然研究者已经提出了许多不同的理论，但目前还没有一种理论能够相对全面而清楚地解释这种机制（Martin 等，1999）。不过，关于心理训练能够促进动作技能学习和操作的解释中，神经肌肉假说和认知假说得到了研究者的普遍认可。

① 神经肌肉假说。这一假说可以追溯到 Jacobson（1931）的研究。他认为动作技能练习有其神经肌肉基础。实验中当他要求被试视觉表象弯曲右臂的动作时，Jacobson 观察到被试眼部肌肉出现了肌电图活动，但二头肌并没有出现肌电变化。而当他要求被试想象弯曲右臂并提起 4.5 千克重物时，他发现二头肌的肌电图活动达到了实际操作肌电活动的 90% 以上。继 Jacobson 的研究之后，许多研究都提供了表象运动过程中相关肌肉会出现类似电活动的证据（Bakker，Boschker & Chung，1996）。

运动过程中肌肉组织才会出现的肌电活动出现在了动作表象的练习过程中，这说明与动作操作有关的运动神经通路在心理训练的过程中被激活了。运动神经通路的激活有助于建立和强化适当的调节模式，促进技能学习。对于操作已习得技能的人来讲，这种激活可以调节（如使其预先做好准备）那些操作时需要激活的运动神经通路。激活的调节过程增大了操作者适当操作这项技能的可能性，同时，降低了准备操作这项技能过程中运动控制系统的工作量。

② 认知假说。研究人员普遍支持在动作技能学习的初始阶段要涉及高级认知活动。大部分认知活动与"如何处理"新任务的问题有关。也许这正是心理

练习成为新技能学习和技能再学习的一种有效策略的原因所在。心理练习可以使操作者在没有实际操作压力的条件下,解决许多与操作有关的问题。在随后的学习阶段里,心理练习可以帮助学习者巩固所学的技能,纠正操作中出现的错误动作。心理练习不仅能促进一个适当动作的存储,还可以促进动作从记忆中提取。

(六)运动技能的迁移研究

课堂中学习篮球的一个急行跳投动作或足球的"二过一"射门技能时,如果学生只能在课堂上完成这些练习情境中的分解动作,而不能把这些动作运用到实际的运动比赛中,教师肯定不会满意的,会想方设法地进行启发与诱导,使学生能够把所学的知识最大限度地应用于将来所面临的新环境中,这就是为迁移而教。虽然教学中始终追求积极性的迁移,希望以前所学的知识对未来新知识的学习有益,更希望现在所学的知识技能能够对于其他项目有用或在其他不同的情境中得到运用。但我们也应该清楚,这种影响也可能是消极的或根本不能在其他情境中应用。例如一名羽毛球运动员开始初学网球,两个动作的似是而非使运动员的学习比无经验者还慢。所以对于一名体育教师或教练来说,不仅要知道利用何种方法去创造积极性的迁移,还要尽可能地避免干扰现象的产生,从而获得最佳的训练绩效。

1. 技能学习过程中的正迁移是如何发生的

(1) 正迁移是如何发生的:如果知道迁移是如何发生的,我们会更好地理解一个人在技能学习过程中到底学习了什么东西,还需要学习哪些技能,以便能够适应新的目标操作环境的需要或者能够学习另一项新的技能。多年来,研究者们已经提出了很多的假说来解释学习迁移发生的原因,以下两个理论假说最能为人们所接受,也最容易使人理解迁移是如何发生的。

① 技能和情境结构的相似性。传统观点更多地认为迁移是由于两种技能或两种技能操作情形之间的结构相似引起的,即如果两种技能或两种技能操作情境的构成有很多的相似之处,那么两者间将会产生大量的正迁移。所以说要达到更多的迁移,关键取决于技能间的相似性。相似部分有两个方面表现,一个是两运动技能中任何能够看得见的部分相关,如一个上臂动作或一个击球动作。教练员往往期望在具有相似程度的任何技能之间都产生正迁移,在相似程度不同的两项技能间也尽可能地产生一定的正迁移,例如棒球的投球和足球的边线发球这两种动作技能。但应当注意,从运动学的角度进行分析,这两个动作几乎没有相似之处(Fleisig et al,1996)。另一种相似部分是指任务特定的协调动力学模式相似,例如,从运动控制的动力学模式来看,相同任务之间相同的趋势和相关关系将对正迁移的发生起到积极的促进作用(Kelso & Zanone,2002;Wenderoth, Bock & Krohn, 2002)。

这种结构相似的思想主要来源于 Thorndike 的一些早期运动学研究。为了解释迁移产生的原因,Thorndike(1913)提出了相同元素理论,迁移的发生取决于两种技能特征的相似程度以及操作背景的相似程度。这个理论中的"元素"是一项技能和操作情形的共同特性,如操作技能的目的、操作该项技能的态度、技能特性等,甚至相同元素还包括当运动时所分享的相同脑细胞活动或智力程序。通过对技能成分间的相似性分析,期望与迁移测试情境有相似之处的练习情形会比没有相似之处的练习情形产生更高的迁移程度,所以可能网球和壁球的发球之间有着较多的迁移成分,而网球与排球的发球迁移则次之。因此,在个体的练习情境中应尽可能包含与应用情境相似的技能和情境构成。

② 操作任务的认知过程的相似性。迁移的发生是由于两项技能或两种操作情境所需认知过程的相似性。按照这一观点,为了在训练和目标任务之间获得正迁移,训练任务也必须包括操作实际任务所需的认知过程,如决策制定、规则运用和注意力控制等。

有许多活动项目虽然不同,但在操作中却有相似的策略、规则、指导方针或概念。例如,虽然在不同的场地或者使用不同的球拍,但比赛的规则相似;在篮球、橄榄球、足球、冰球、曲棍球和长曲棍球项目中,策略因素如控制和防守区域都是相似的;网球、壁球和板球等都需要建立一个回击反弹球的决策过程,在一种情境中学习对这些问题的反应如有关球的反弹速度、方向、启动角度、球的旋转等一般特征,可以对其他一些知觉因素相似的情境提供更多的积极性迁移。但训练内容和目标任务并不一定需要具有相似的运动成分,关键是训练任务要求的认知处理程序和这些目标任务之间的特性必须具有相似之处。

(2) 教学中如何促进正迁移:为迁移而教的一般概念不仅仅包括从早期的学习中获得最大的迁移,而且还包括选择各种方法和组织练习以获得当前学习内容的最大迁移和概括。要实现这一目标,首先在教学中要指出技能间的相似性。本次课所学内容与已学的某一技能存在相似性,在哪些特征上有相同点,知道这些学习可能会容易得多。通常教师可能会很清楚,但对于学生可能不一定,因此,教师可以使用语言提示指出这些相似性,如"网球发球中手臂动作与其在一个上手投掷中手臂动作相似"或"在吊环上臀部动作与其在平衡木上相似"。在新技能学习时借用早期学习的动作模式可能给学生带来方便。其次,教师可以使用教学线索强调来实现迁移。可以用各种教学线索来强调动作间的相似性,如"球拍前端对准球",这样可以使动作更像上手投掷。在体操中对各种技能进行一致性分类是有用的,如强调臀部动作在平衡木上、在吊环上和在垫子上是相同的,这有利于臀部动作在这几个项目上的迁移。此外,许多技能有着相似的机械性原理,如在投掷类动作中的转体动作,告诉学习者这些原理是如何应用于早期的动作学习中的:"在高尔夫摆杆动作中,转动你的臀部来带动你的手臂,如同你在棒球中的动作一样"。

再一个重要方面就是教学中强调对未来技能的迁移。强调对当前学习技能的迁移是最具直接效应的,可以获得较好的练习绩效。如在一项技能的练习中,要求学生如何把一个具体策略或概念应用于一些新的情境中,并采用如变换练习等方法进行练习,这样当天的具体技术练习至少部分地指向了概括化的未来。例如,在儿童的运动学习中,教练应尽可能用多种方法让学生练习一个垫子滚翻动作,希望学生能形成完成这个动作的一般能力,这种练习可以使学生进行有效的概括化学习。

2. 负迁移产生的条件与原因

尽管负迁移在运动技能的学习中很少出现,并且持续的时间很短暂,但对于体育教师和教练员而言,了解可能发生负迁移的情况还是很有必要的,它可以使我们懂得如何避免这种负迁移的发生,或者一旦发生时如何进行恰当的处理。

(1) 负迁移产生的条件:先前已经习得的某项技能阻碍了新技能的学习或在新环境中操作该技能时,即产生了负迁移。说明产生负迁移的两种技能操作间的情境是相似的,但是运动的特征是不同的。运动空间位置的改变和运动时间结构的改变是产生负迁移的两种重要情境变量。例如当你驾驶一辆别人的车时,这辆车的变速挡的位置与你已经习惯的位置正好相反,将会发生什么样的情况?你会发现自己很容易在习惯的位置上换挡,特别是在没有集中注意力去换挡的时候。说明当我们在学习一个具有明确空间导向的目标动作时,需要一定的注意力和时间来学习在方向或位置上具有相似性的新动作,因为原先的学习经验产生了负迁移作用。

已经习得的运动技能的时间结构改变也是引起负迁移的重要因素。时间结构改变之一是动作节奏模式的改变,当练习者在时间相关模式下学习一系列的有序动作时,如学习一段音乐、舞蹈等,需要进行多次的尝试才能建构新的节奏结构模式。时间结构模式的另一种改变是内在的双手时间协调模式的改变。例如 Lee 和 Swinnen 等(1995)实验研究,要求被试学习一个与他们已有协调模式明显不同的并且有一定难度的双手协调模式,一天的练习之后要求被试重新操作其原有的熟练的双手协调模式,结果发现新活动模式对原来固有的协调模式在空间方面产生了干扰。说明在原有基础上学习一个在时间结构和协调模式上都不同的新技能时,新的操作方式很明显地会表现出一种绩效消耗,通常会有负迁移现象出现。但是,随着练习的进行,操作水平开始提高并最终克服负迁移的影响。

这是因为负迁移的作用是暂时的,并且只是在技能学习的前期才会有所影响。对于初习者来说认识到这点是非常重要的,可以在出现这种情况时有一个正确的认识和积极面对。因为负迁移一般都在技能学习的前期阶段出现,这可能会影响个体学习新技能或影响其利用已经学会的技能来学习新技能的积极性,从而影响到学习兴趣的养成。

(2) 为什么负迁移效应会发生:负迁移产生的原因之一是技能学习所形成的记忆表象。用一种特定的方法练习操作一项技能,便会产生一种连接目标记忆特征和动作系统的记忆行为。这种连接逐步成为动作记忆表象的一部分。当个体在某一技能操作情境中完成一个与动作记忆中非常相似的动作时,动作系统便会按大脑中已存的喜爱的程序方式来完成当前的动作。自然这种记忆与行为的连接既快又准确,动作几乎可以自动地产生,但当眼前技能的知觉情境和协调模式不同于已习得的记忆行为时,可能就会产生负迁移。所以,从一种偏爱状态转变到另一种状态是非常困难的,需要进行更多的练习。

影响负迁移产生的另一重要原因是认识的模糊性。在汽车换挡的例子中,司机已经习得并记忆了自己车子的换挡模式,如果要求这名司机在去开未驾驶过的并且挡位与自己车子相反的新车时,在换挡时肯定会再认已有的记忆程序,这就是认识的模糊性。同样,当你在新的键盘(键的固定位置或大小发生了改变)上打字时,总会沿用原有的概念模式。

认识了负迁移产生的原因,就可以正确地面对并通过练习来克服。无论是不同的汽车换挡或是不同的打字键盘,通过一段时间的练习我们都能运用如前,因为负迁移的影响只是暂时的。

3. 两侧性迁移与运动技能学习

当我们学会用某一侧的手或脚操作一项特殊技能时,同时也就很容易学会用另一侧的手或脚来操作这项技能。从 20 世纪早期到 50 年代,关于两侧迁移的实证研究非常多,在当时的心理学期刊上可以找到大量证明运动技能中存在两侧迁移的证据。Woodworth(1899)的镜像追踪实验、Bray(1928)的目标定位试验、Allen(1948)的镜画练习中都相继发现了肢体对侧迁移(bilateral transfer)现象,而且发现不但手对手可以产生迁移,甚至手对脚,脚对脚,脚对手也可以产生技能迁移。1933—1936 年,在两侧迁移研究中比较著名的 Cook 发表了一系列研究论文,最后宣称存在足够的证据能够说明在运动技能中的确存在两侧迁移。

(1) 两侧迁移是否对称:在证明两侧迁移现象存在之后,研究者的兴趣转移到两侧迁移的方向问题上:锻炼优势肢体对另一侧与锻炼非优势肢体对优势侧,发生两侧迁移的量是否有差异? 对这个问题进行研究,既有理论意义又有深远的实践意义。从理论的角度来看,如果确定两侧迁移是对称的或非对称的,将会帮助我们深入了解两个脑半球在控制身体运动方面的角色：两个脑半球在对身体运动的控制中是扮演一样的角色还是不同的角色。研究的实践意义是：可以帮助专业运动员设计练习计划，以便他们利用某一肢体达到最佳的技能操作水平。如果研究的结果是非对称迁移占据主导地位，教师和教练就必须有所选择地对被训练对象的某一肢体首先进行训练；如果是对称迁移占据了主导地位，那么就没有必要确定首先对哪一侧肢体进行训练。陈昂和刘志民（1989）经实验研究后认为，篮球运球技能学习的初期，两侧性迁移现象存在并对掌握技能影响很大，不同方向的迁移产生的效果不同，非优势手练习量的增加会收到更大效果。宁自衡等（1992）也通过实验指出，运动技能学习的两侧性迁移具有不对称性，非优势侧向优势侧的迁移比相反方向的迁移要大。

关于两侧迁移方向的问题，大家普遍接受的观点是非对称的，即如果一个人最初从优势肢开始练习，会有大量的迁移发生，包括动机，最初的优势肢锻炼很可能会产生巨大激励因素，鼓励人去继续追求和实现其目标——能够利用任意肢体熟练地进行技能操作（Magill，2004）。但是研究者也存在相反的观点：非对称倾向的迁移是由非优势肢到优势肢。

（2）两侧迁移发生的原因：两侧迁移的发生可以用认知控制论和动作控制论进行解释。认知论的观点认为，从练习的肢体到没有练习肢体发生正迁移的基础是获得共有的认知信息：需要怎么做才能达到技能目标。不管训练的是哪侧肢体，这种信息对于技能操作都是相同的，且是技能学习初始阶段获得的关键信息。由于对某一侧肢体进行锻炼之后习得了这些关于操作的认知信息，个体另一侧肢体在操作该项技能的时候可以直接使用已存的认知信息，从而加快了学习速度。

认知论在解释两侧迁移时的相同认知信息类似于 Thorndike 的"共同要素"，关于"做什么"是无论哪侧肢体完成技能都需要考虑的共同要素。用右手投篮与用左手投篮是完全不同的一项篮球动作，但如果不考虑投球者所用的是哪一只手的话，他们投球时都需要用眼睛盯着目标、蹬地、起跳、伸臂、拨球直至出手，这些动作顺序是共同要素，是迁移发生的基础。如果一个人能够熟练地用右手投篮，那么当他开始练习用左手投篮时，就可以利用这些相同的认知要素"做些什么"，那么此人左手的练习速度要比那些没有右手练习经验者左手练习速度快得多。

另一方面还可以用动作控制理论来解释两侧迁移现象。Schmidt 认为，动作的执行是由程序控制而完成的，而具有一般而独特特征的一类动作是由共同的一般运动程序控制的，如左右手的单手肩上投篮动作共享的是相同的一般运动程序控制，只是在某一变量上选用的动作参数不同。通过一侧肢体练习获得了这种一类动作的一般运动程序就可以用于相同技能操作的另一侧，从而表现出比无对侧肢体学习经验者有更快的学习速度。当然一般运动程序运用于具体的动作时,还要进行具体的动作参数选择如力量、速度等,这种参数的适配还要通过训练来调节,所以不能期望没有锻炼过的肢体会像锻炼过的肢体一样去操作一个动作。支持动作控制论的另一个观点是来自中枢神经系统指令的控制。动作任务的某些要素的两侧迁移至少在大脑的两个脑半球之间是互相协调的。研究者通过测量四肢的 EMG 活动证明当个体操作某一动作时,这种协调是存在的。操作时中枢神经系统向肌肉发出了指令,大量的 EMG 同样也发生在对侧的肢体上,甚至在斜对侧肢体上也有少量的 EMG 发生。说明在训练一侧肢体的技能操作时,另一侧肢体也习得了神经协调控制程序,从而表现出动作的迁移现象。

4. 学习迁移研究的未来发展

迁移作为基本的学习现象和教育的目标之一,始终是各门教育学科关注的重要课题。由于迁移现象本身的复杂性,尤其是运动技能的迁移问题,项目的繁多和动作的不固定,致使研究者从不同的角度、使用不同的方法来探讨各种形式的迁移,因此得出的结论也各不相同,甚至在有些问题上还出现一些相反的结论。综观目前整个迁移领域的有关研究,可以发现研究重心发生了一些新的变化:关注迁移的机制、过程而不是迁移的结果;关注具体情境中的迁移而不是脱离实际情境的、抽象的迁移;关注具有不同个性的个体的迁移而不是笼统的群体的迁移。许多传统的迁移课题重新引起研究者的关注,被赋予了新意,同时也拓展了新的研究领域,使迁移研究在深度与广度两方面都有显著的提高。现归纳如下:

(1) 重新审视迁移现象:迁移是教育的基本目标,但有相当一部分的研究表明,迁移不易实现(Reed,& Banerji,1974;Gick 等,1983)。课堂学习的有关研究也得到了相似的结果,即学生很难将学校中习得的东西灵活地应用于新的任务的解决。在很多情况下,迁移的产生取决于是否有外界的提示或明确的指导。也就是说,迁移并不像人们所期望的那样容易产生或自动地产生。由此引起了人们对迁移现象的重新认识和深入思考,引发了迁移是否存在的争论。以 Detterman(1993)等人为代表,认为一般意义上的迁移是不存在的,如果说有的话,迁移也只是在新的情境中重复原有的行为,能否重复则取决于个体的主动意识和基本的加工过程。因此,若希望学生迁移什么内容或方法等,教师就应该直接教授该类信息。

虽然大部分研究者都承认迁移是一种基本的学习现象,不赞成因迁移失败而否认迁移的存在,但上述论点也从一个侧面反映了迁移研究及其教学中存在的问题,因而也促使研究者重新认识和探讨迁移的内在机制、迁移产生的决定因素、教学对迁移的作用等基本而关键的问题,以期客观、全面、深入地揭示迁移发生的条件与过程。

(2) 重视探讨迁移机制：迁移的实质是什么？迁移的基本结构、过程与条件是什么？虽然对这些基本的问题仍未能达成共识，但越来越多的研究者对此给予了充分关注，认为迁移机制的探讨是解决迁移中所出现问题的关键环节。Ausbel 曾对学习的迁移问题进行了明确的论述，认为原有认知结构的清晰性、稳定性、概括性、包容性、连贯性和可辨别性等组织特性是迁移得以产生的重要中介。可以说，此种观点代表了从认知的角度来解释迁移的一种主流倾向。此后，研究者对迁移的过程、原有认知结构（即表征）的特性等进行了更为深入而具体的探讨。Sternberg(1993)将认知心理学关于学习与记忆等过程的研究结果引入到迁移上，认为迁移的产生有四种机制：一是编码具体性，即最初的学习是否以有助于将来提取、应用的方式进行编码的；二是组织，即已有的知识结构是否组织合理；三是辨别，即能否对新经验或新情境与原有经验或情境之间的相关性或相似性进行识别、比较；四是定势，即是否具有迁移的心理准备与主动意识。还有一些研究者从不同的视角、以不同的术语来揭示、描述迁移发生的机制，提出了各种迁移理论，如符号性图式理论、产生式理论、结构匹配理论、情境性理论与整合理论等。虽然这些具有代表性的迁移理论所主张的观点不尽一致、且仍处于继续探讨之中，但从中可以看出研究者们对迁移机制的重视。

(3) 关注客观情境因素：情境包括最初的学习与后来的迁移中所涉及的物理和社会情境。早先的研究对最初的学习任务、材料与以后的迁移任务、材料之间的相似或共同性给予了充分的关注，取得了比较一致的结论。但对物理的或社会的情境因素在迁移中的作用有所忽视，认为情境似乎只是一个背景而已，并不直接参与学习和迁移活动。但随着 Lev S. Vygotsky 的社会文化历史观点的引入，情境问题逐渐引起西方学者的重视。研究发现，物理的和社会的场景也是整个学习中的重要而有意义的组成部分，不同的场景或情境，其学习与迁移可能是不同的，迁移受到具体的客观情境特征的影响。

Greeno 等(1993)认为迁移问题主要是说明在一种情境中学习去参与某种活动将如何影响在其他的不同情境中参与另一种活动，并提出了迁移的情境性理论。他们认为迁移就是应用活动图式来适应不同的情境。Campione 等(1995)探讨了课堂情境对迁移的影响，认为通过交谈、给其他同学解释自己学习的东西、在多种情境中进行练习活动等措施可以促进迁移。将情境特征作为影响迁移的一个因素来考虑，表明对客观因素的探讨越来越全面和系统，对具体情境中的迁移越来越重视。

(4) 强调自我调控与个性倾向：目前越来越多的研究者对学习者的主观能动性，尤其是主动迁移的意识予以关注(Prawat, 1989; Perkins & Tishman,

1993)。主动迁移意识实际上是学习者认知的自我调控的一种表现,有效的学习者能够明确地意识到迁移的重要性,并且有强烈的内部动机来利用迁移的机会。具体表现在主动地识别不同学习任务之间的相关性、识别可以迁移的具体情境、在迁移机会出现时,主动、恰当地提取或接通有关的经验或可利用的资源,并灵活地应用这些经验或资源。由于具有这种主动的自我调控,使得学习者减少了头脑中的惰性知识经验的存在,提高了已有经验的可利用性。可以说,自我调控是促进学习与迁移的关键。同时,Bereiter(1995)等人认为,迁移在很大程度上受个体的个性倾向的影响,如意志坚定性、持久性等特征、对新情境的主动探索精神、自信心、努力表现出最佳学习成效的动机等。由于个性倾向性的差异,有时尽管不同学习者可能具有相同的已有经验水平或认知经验,但具有积极、主动的个性倾向性的学习者更容易产生稳定的迁移。

无论是强调自我调控还是个性倾向,都反映了个体的主观能动性在迁移中的作用。可以说,大部分的迁移都不是自动发生的,它们依赖于高级的认知加工能力和内在的个性特性。另外,对个体主观能动性在迁移中的作用的关注也从一个方面反映了关于迁移的研究越来越具体、深入,越来越关注迁移的个别差异。

(5) 试图客观评定迁移效果:如何评定迁移是否发生?如何测量迁移的水平?达到什么程度才算是迁移?对于这类问题,研究者并未形成一致的意见,这可以从迁移种类的划分中反映出来,如近迁移与远迁移,特殊迁移与一般迁移,领域内迁移与领域间迁移等。值得注意的是,这些区分虽然试图体现不同程度的迁移,但由于分类的标准因人而异,缺乏统一性,致使目前尚没有公认的、实用的测量迁移效果的测验,也使得客观评定迁移效果受到一定程度的限制。比如,对某研究者而言,某种程度的迁移属于近迁移、领域内迁移,但对另一研究者而言,或许就属于远迁移、领域间迁移。Marini等(1995)认为,测定迁移的效果首先应考虑任务变量和情境变量,即最初的学习、训练任务与迁移时的任务之间的差异程度。如果两种任务之间或两种情境之间的差异越小,即越相似,则迁移的距离越近。其次,还应考虑迁移的概括性。概括性是对迁移宽度的一种测量,即最初的学习能够被成功地应用于不同任务或情境的数量。如在某一课程中掌握了记忆策略,那么这种记忆策略可否在不同的情境中应用以促进记忆,如果能广泛地应用于不同的情境、不同的任务中,则说明产生了一般迁移;如果仅迁移于某一特定的情境或任务,则说明产生了具体迁移。根据距离和概括性两个指标来考察迁移时,可以将迁移看作是从近的、具体的到远的、一般的到不同程度的变化。这样,有关迁移效果的评定可以在一个相对统一的、一致的框架中进行。

(6) 探讨促进迁移的教学条件:学校教育不可能使学生获得将来解决各类

问题所需要或应该知道的一切经验,所以培养学生具有学习的迁移能力尤为重要。虽然许多研究认为迁移很少或很难发生,但一般都同意通过恰当的教学,学习者的迁移能力是可以得到提高的。关键是怎样教学以及教什么。早期的形式训练说和格式塔心理学强调通过训练一般的、普通的心理官能而产生广泛的迁移;Thorndike 的共同要素说则强调要训练具体的行为,以便在具体的任务或情境中产生迁移;认知心理学则强调对元认知控制的训练,认为元认知能力是决定迁移的核心要素。这些不同理论的核心就是迁移的具体性与普遍性问题。一种观点认为迁移具有普遍性,通过教授元认知策略、通用问题解决策略、或进行一般思维技能训练,则可以产生一般迁移(Sterngerg,1993 等);另一种观点则认为迁移是具体的、有限的(Brown & Duguid,1989),没有具体领域的相关经验,不可能真正产生广泛的迁移;还有一种持较折中的观点,认为迁移是中等程度的,可以普遍存在于某一领域之内的不同任务之间,但难以产生于不同领域的不同任务之间(Case,1992;Singley,1995)。

对于这一问题较一致的观点是:具体领域的知识技能以及跨领域的一般技能和策略对于迁移而言都是不可缺少的,也是可以通过教学来加以教授的。在一般技能方面,尤其强调元认知的训练,而在具体知识技能方面的学习,则强调有意义的理解学习,力图培养学习者的概括水平,从而实现对知识和技能的概括与应用。

四、教学重点与难点

(一) 教学重点

(1) 如何进行运动技能的测量与评价。
(2) 运动技能获得的阶段与特征。
(3) 运动技能的训练。
(4) 运动技能学习过程中的迁移现象及其在教学中的应用。

(二) 教学难点

(1) 运动技能的组成及其形成的理论解释。
(2) 运动技能学习与训练的有效方法及应用。
(3) 反馈的分类及其在技能学习过程中的应用。
(4) 迁移的理论解释、测量与评价。
(5) 如何在实践中对影响运动技能迁移的因素应用与控制。

五、教学指导建议

（一）教法指导

1. 运动技能概述

（1）本节内容涉及运动技能的概念、组成、基本特征、测量与评价，理论性较强。目的是让学生对运动技能有一个整体的了解，明白技能的测量指标和评价方法，了解熟练技能具有哪些特征。因此在讲授时应注意从概念上区分运动技能与技术和能力的区别，并结合具体项目分析两者的区别。通过举例来说明实际应用与科学研究中运动技能不同分类的依据及其必要性，尝试对所知项目进行不同方式的归类。通过过程和结果两种方法对获得的技能进行水平评价，讲述中要让学生明白技能的学习是可以通过量化进行监测的。

（2）在教学过程中，应采用课堂提问和多媒体展示等多种教学手段，充分发挥学生的学习主动性，让他们自己对所经历的运动项目进行解释、归类与评价，把自己理解的运动技能概念、组成与书中的定义进行比较，教师给予点评和总结。

2. 运动技能的形成过程

（1）本节是运动技能学习的重要部分，教师应先从运动技能形成的理论分析入手，举实例来说明技能是如何获得的，进一步加深学生对技能获得过程的内部机制的了解。

（2）通过举例的方式来说明自己在学习一项技能的过程中所经历的不同阶段，再结合生理机制和认知发展水平具体分析技能的每一阶段的变化特征，从而加深对技能获得过程的阶段性认识。通过回忆与总结的方式来掌握运动技能练习过程的一般规律和反馈的作用，并结合自己的运动专项举例说明。

3. 影响运动技能学习的因素

（1）本节内容与实际结合较紧密，可以先让学生总结影响自己学习某一技能的因素，再通过分组讨论的方式，让学生讨论归纳。教师对学生的总结进行点评，结合运动项目分析原因，并结合教材内容，总结出影响运动技能学习的各种内外因素。

（2）布置作业，就学生正在学习或刚刚学过的某一运动技能，要求其写出影响自己学习这个技能的各种因素，并分析原因。

4. 运动技能的练习与训练

（1）运动技能的学习与训练主要是针对影响学习的外部因素进行的。首先通过讲解一般的技能训练所涉及的具体内容，使学生对技能训练的干预手段有一个全面的认识。

（2）采用讨论的方式，充分发挥学生的自主性，让学生结合自己的学习体会谈谈影响技能训练效果的几种重要方法：指导与示范、练习分配策略和反馈在实际训练中的具体应用。教师在学生回答的基础上，结合教材内容，再进行进一步的讲解与分析，并通过举例说明如何进行更科学的训练。

（3）采用分组讨论的方式，并结合自己的练习实际，让学生对运动技能学习和训练过程中如何进行更科学的指导与示范、练习分配和反馈学习开展讨论和分析，并与教材所述内容进行比较与归纳，进一步加深对这些训练方法的认识。

（4）布置作业，让学生根据自己的专项特点，结合所学的知识，分析一下自己在专项学习过程中所采用的训练方法与策略。学习了本章之后，谈谈自己以前的技能训练方法是否有需要调整之处。

5. 运动技能学习过程中的迁移

（1）本节的迁移理论是教学的难点，概念与理论解释不易掌握。所以教师在讲课时应结合具体项目的学习进行解释，从通过举例说明平时我们所熟悉的运动技能中，"哪些技能间易产生迁移（包括正迁移和负迁移），为什么会产生这种迁移现象"过渡到分析迁移产生的内在机制，使学生在理解的基础进行记忆。

（2）迁移现象在运动技能学习过程中普遍存在，但如何证明迁移的存在？这就涉及技能迁移的测量与评价，教师应通过举例的方式来解释三种迁移的测量方法。要求学生结合自己的学习体会总结影响迁移的因素以及在实际技能学习过程中如何利用迁移的原则，从而获得最好的学习效果。

（3）采用讲授、学生自我分析和分组讨论的方式，让学生对技能学习过程中的迁移问题进行分析和总结。再与教材进行比较，总结自己的分析与教材的相关内容是否存在差异，为什么不同？

教学案例1：

教学目标：使学生掌握多项运动技能练习的有效安排。

教学内容：组块练习与随机练习的效果。

教学步骤：

① 举例说明随机练习对于技能学习绩效的作用。研究者在1979年进行了一个重要实验，让两组被试分别练习三种快速移动手臂动作，每种动作的移动方式是固定的。第一组被试以组块练习完成三种任务，即当任务A的练习全部完成以后进入任务B的练习，B任务完成之后进入任务C。第二组以随机练习进行，三种任务的练习顺序是随机的。两组被试对三个任务的练习时间与次数是相同的，只是完成任务的练习顺序不同。

结果发现在技能的操作阶段，第一组被试的练习绩效远好于第二组。但研究者又对被试在练习结束后的 10 分钟和 10 天分别进行了学习的保持测验,测验结果表明,虽然组块练习组在技能获得阶段的操作绩效优于随机练习组,但随机练习组被试的保持绩效更好,说明随机练习更有利于技能的学习绩效的提高。

可见,对于多项运动任务的技能学习,随机练习更有利于练习者学习绩效的获得。

② 让学生结合自己专项学习的体会,谈谈在技能学习过程中组块练习与随机练习的作用,并回答自己在技能学习过程中主要是采用组块练习还是随机练习。

③ 让学生进行分组讨论,互相分析对方的专项技能练习中的主要练习方式,再结合教材内容进行分析与总结。

教学案例 2:

教学目标:使学生了解心理练习是运动技能获得的有效手段。

教学内容:如何进行心理练习与心理练习的作用。

教学步骤:

① 举例说明心理训练在身体康复治疗中的应用。M. levine 等人进行了一项心理训练在身体康复治疗中应用的实验研究,被试为一名 56 岁的男性,5 个月前因亚急性中风引起上肢轻度偏瘫。患者的康复治疗方案是将心理训练法与身体训练法结合使用。在此之前,患者曾接受过 30 天的康复治疗,但出院后手臂功能并没有得到改善。M. levine 的研究中两种训练的计划安排如下:

a. 身体治疗:每周 3 次,每次 1 小时,持续 6 周。根据神经发展治疗法的要求,每次练习包括手臂练习和腿部练习各 30 分钟。

b. 心理训练:每周两次,一次在安静的房间进行 10 分钟,一次在身体练习后用时 20 分钟。心理练习时,首先是 2~3 分钟的放松活动,之后患者听 5~7 分钟录音磁带,磁带中包含练习方法指导:要求患者想象看到自己(外部表象)用病手完成三项任务,每个任务练习两周。三种心理练习任务是:伸手拿茶杯、翻一本又厚又大的参考书、伸手拿高架上的物品并将其拿到手中。

6 周训练后的测验结果如下:

a. 前后测验的操作成绩显示,手腕和手指的功能得到改善。

b. 对手臂的操作测试结果显示,训练后手的握、抓和捏的功能得到改善。

c. 中风康复运动评价的 10 个条目中,有 6 项得到改善。

这一结果表明,与之前的康复训练相比,这种加有心理训练的康复训练可以有效地完成身体的康复计划。

② 让学生结合自己的专项练习,谈谈自己在过去的技能练习中是否采用过程心理训练。再和同学们进行分组讨论,分析在技能学习过程中使用心理训练的有效性与可能性,交流一下在各自的专项技能学习中如何进行心理训练。

教学案例3：

教学目标：使学生了解运动技能学习过程中肢体间的迁移现象及其评价方法。

教学内容：肢体间的技能迁移。

教学步骤：

① 两侧迁移：反写字。Retas(1999)做了一项肢体迁移的实验研究,让宾夕法尼亚州大学一个毕业班的学生学习一项新技能,技能学习的成绩将作为其毕业成绩的一部分。这项新技能就是"反写字",让学生看着镜子在一张纸上写下一个句子,镜子里面的句子是从外面的纸上反射形成的,所以是反向的。练习前先进行实验的前测,让学生用一只手把"我可以看着镜子写字"这个句子写5遍,然后换另一只手,测验记录完成句子的花费时间和错误次数。然后对这些学生进行3周的练习,每周练习5天,每天都要把这个句子写15遍,并且只能用优势手来完成。在练习结束之后,进行后测：让他们操作与上次预备测试相同的动作任务。比较他们在前测和后测中用非优势手所写的句子,看这些学生通过225次优势手的练习是否发生了两侧性迁移。统计结果显示,被试在后测中用非优势手写出的句子要比前测中写出来的句子多出40句,并且错误率降低43%。说明优势手的技能练习对非优势手产生了迁移。

② 让学生结合自己的专项练习,谈谈自己在过去的技能练习中是否有技能迁移的体会。再将学生组织起来进行分组讨论,交流在其熟悉的运动技能中,哪些技能之间会产生迁移,哪些技能间会产生干扰？并讨论在各自的专项技能学习中如何进行技能间的迁移,以获得更大的学习绩效。

(二) 学法指导

1. 运动技能概述

(1) 理解并掌握运动技能的概念、组成、分类和基本特征,了解进行运动技能测量的指标与评价方法。

(2) 能够利用所学知识对自己所熟悉的运动项目进行技能分类,并明白在运动技能的组成中哪些是能力成分,哪些是可变的技能成分。

2. 运动技能的形成过程

(1) 掌握运动技能形成的理论机制,并能结合某一运动项目进行技能学习的解释。

(2) 牢固掌握运动技能学习过程的阶段划分,结合自己运动项目的学习过程,分析自己专项技能学习过程中的三个阶段的大概时期。

(3) 了解和掌握运动技能练习过程的一般规律和反馈的作用,总结自己在运动技能学习过程中的规律,与教材内容进行比较,从而加深对这些规律的认识。思考一下假如没有老师和同学们的动作校正与信息反馈,能否正确学习一项运动技能,特别是对于复杂运动技能如体操套路和掷标枪等的学习。回忆自己在进行专项技能的练习过程中使用了哪些反馈信息。

3. 影响运动技能学习的因素

（1）能够结合自己的技能练习实际分析影响运动技能学习的内外因素,并能对同伴的技能练习过程中的影响因素进行分析与评述,能指出影响的主要因素和在练习中应克服的影响因素。

（2）根据所学知识,尝试对影响自己专项技能学习的内外因素按其重要性程度进行排列。

4. 运动技能的学习与训练

（1）能够掌握训练过程中进行合理指导与示范的要求、最佳练习策略的运用和如何通过反馈来获得最大练习绩效的方法。

（2）结合自己的运动项目,按照所学的训练原则,为自己的专项训练设计一个科学的训练计划。

（3）采用分组讨论的方式,运用所学的知识,并结合自己的练习实际,对运动技能学习和训练过程中应采用的训练方法进行讨论。

5. 运动技能学习过程中的迁移

（1）理解并掌握技能迁移的概念和理论解释,并能结合具体项目的学习进行分析。

（2）迁移现象在运动技能学习过程中普遍存在,掌握如何进行迁移的测量与量化分析,并能通过举例加以应用。了解影响迁移的因素,掌握实际技能学习过程中如何利用迁移的原则以获得最大的学习绩效。

（3）学生分组讨论分析在所熟悉的技能项目中,哪些技能间的学习可能会产生积极性迁移,哪些技能的学习可能会产生负迁移,实际训练中如何实现最大的正迁移避免负迁移。讨论在自己各自的专项训练中应采用何种迁移原则,才能使训练达到事半功倍的效果。

六、参考文献

[1] 祝蓓里,季浏主编.体育心理学[M].北京:高等教育出版社,2003.

[2] 季浏,符明秋著.当代运动心理学[M].重庆:西南师范大学出版社,1994.

[3] 马启伟,张力为著.体育运动心理学[M].杭州:浙江教育出版社,1998.

[4] Magill 著,张忠秋等译.运动技能学习与控制[M].北京:中国轻工业出

版社,2006.

[5] Cox著,张力为等译.运动心理学[M].北京:清华大学版社,2002.

[6] 张必隐著.学习心理学[M].杭州:浙江教育出版社,1998.

[7] 张力为,任未多著.体育运动心理学研究进展[M].北京:高等教育出版社,2000.

[8] 张积家编著.普通心理学[M].广州:广东高等教育出版社,2004.

[9] 黄希庭.心理学导论[M].北京:人民教育出版社,1991.

[10] 金亚虹.运动技能学习中影响自身觉察错误能力形成的若干因素研究.博士毕业论文,2004.

[11] 王树明.不同水平羽毛球练习者知觉运动技能水平的测评与训练研究.博士毕业论文,2005.

[12] 彭聃龄.普通心理学[M].北京:北京师范大学出版社,2001.

[13] 王穗苹.动作技能学习的迁移研究[M].华南师范大学学报,1997,5.

[14] Adams. J. A. Historical review and appraisal of research on the learning retention and transfer of human motor skill. Psychological Bulletin,1987(101).

[15] Schmidt, R. A. Motor learning and performance. Human Kinetics Books Champaign,Itinois,1991

[16] Beverly J. Dretzhk, Levin. "Assessing Students" Application and Transfer of a Mnemonic Strategy:The Struggle for Independence,Contemporary Educational Psychology,1996(21).

[17] Glencross, D. J. Human skill and motor learning:A critical review. Sport Science Review,1992(12).

[18] Magill, R. A.. Motor learning concepts and applications(6th ed. Chapter 10,pp. 141~165). New York,NY:The McGraw-Hill Companies,2001

[19] Schmidt, R. A., & Wrisberg, C. A. Motor learning and performance (2nd ed. Chapter 3). Champaign,IL:Human Kinetics,2000.

[20] Ward, P., & Williams, A. M. Perceptual and cognitive skill development in soccer:the multidimensional nature of expert performance. Journal of Sport and Exercise Psychology,2003(25).

[21] Schmidt, RA., & Lee, TD. Motor control and learning-a behavioral emphasis, 3rd Ed. Champaign,Illinois:Human Kinetics,1999.

[22] MagillR. A., Clark. R. Implicit versus explicit learning of pursuit-tracking patterns. Paper presented at the annual meeting of the North American Society for the Psychology of Sport and Physical Activity, Denver,

CO,1997.

[23] Sternberg,J. R. Mechanisms of transfer . In D. K. Detternab & R. J. Sternberg(Eds). Transfer on trial:intelligence,cognition,and instruction. NJ: blex Publishing Corporation,1993.

[24] Perkins,D. ,Jay,E. & Tishman,S. New conceptions of thinking: From ontology to education,Educational Psychologist,1993,28(1).

[25] Albert,J. M. . & Thon,B. Differential effects of tank complexity on contextual interference in a drawing task. Acta Psychologica,1998(100).

[26] Hall,K. G. Using randomized drills to facilitate mc<or skill learning. Strategies,1998(11/12).

[27] Immink,M. A. . & Wright. D. A. Motor programming during practice conditions high and low in contextual interference. Journal of Experimental Psychology:Human Performance and Perception,2001(27).

[28] Field-Foce,E. C. Spinal cord control of movement:Implications for locomotor rehabilitation following spinal cord injury. Physical Therapy,2000 (80).

[29] Gray. R. Behavior of college baseball players in a virtual batting task. Journal of Experimental Psychology:Human Perception and performance,2002 (28).

[30] Klapp,T,& Jagacinski. R. J. Can people tap concurrent bimanual rhythms independently? Journal of Motor Behavior,1998(30).

[31] Bohan,M. ,Pharmer,J. A. ,& Stokes,A. F. When does imagery practice enhance performance on a motor task? Perceptual and Motor Skills,1999 (88).

[32] Boschker,M. S. L,Bakker,F. Effect of mental imagery on realizing affordances. Quarterly Journal of Experimental Psychology,2002(55A).

[33] Grouios,G. ,Vakaii,M. The effect of mental practice on the performance of all eye-hand coordination task. Journal of Human Movement Studies,2000.

第十九章

提高体育教学效果的心理学方法

一、教学目标

通过本章教学,使学生能够:
(1) 根据体育教学目标、教学内容和受教育对象的特点,学会选择适当的教学方法。
(2) 掌握体育学习策略的教学方法。
(3) 了解设计体育教学环境的心理学方法和手段。
(4) 掌握体育教学过程中控制问题行为的方法。
(5) 理解体育课堂和谐心理气氛的作用及影响因素。
(6) 运用心理学的知识与方法评价体育课堂学习。

二、教学内容框架(图 19-1)

三、知识拓展与深化

(一) 体育教学目标的设计

1. 体育教学目标设计的心理学理论

就教学目标本身而言,可分为培养目标、课程目标、单元目标、课时目标等不同的层次,它们在相对抽象性和陈述的宽泛程度上有所不同,课时目标是最具体的,直接指向教学实际的。我们所描述的体育教学目标,就是指课时目标。

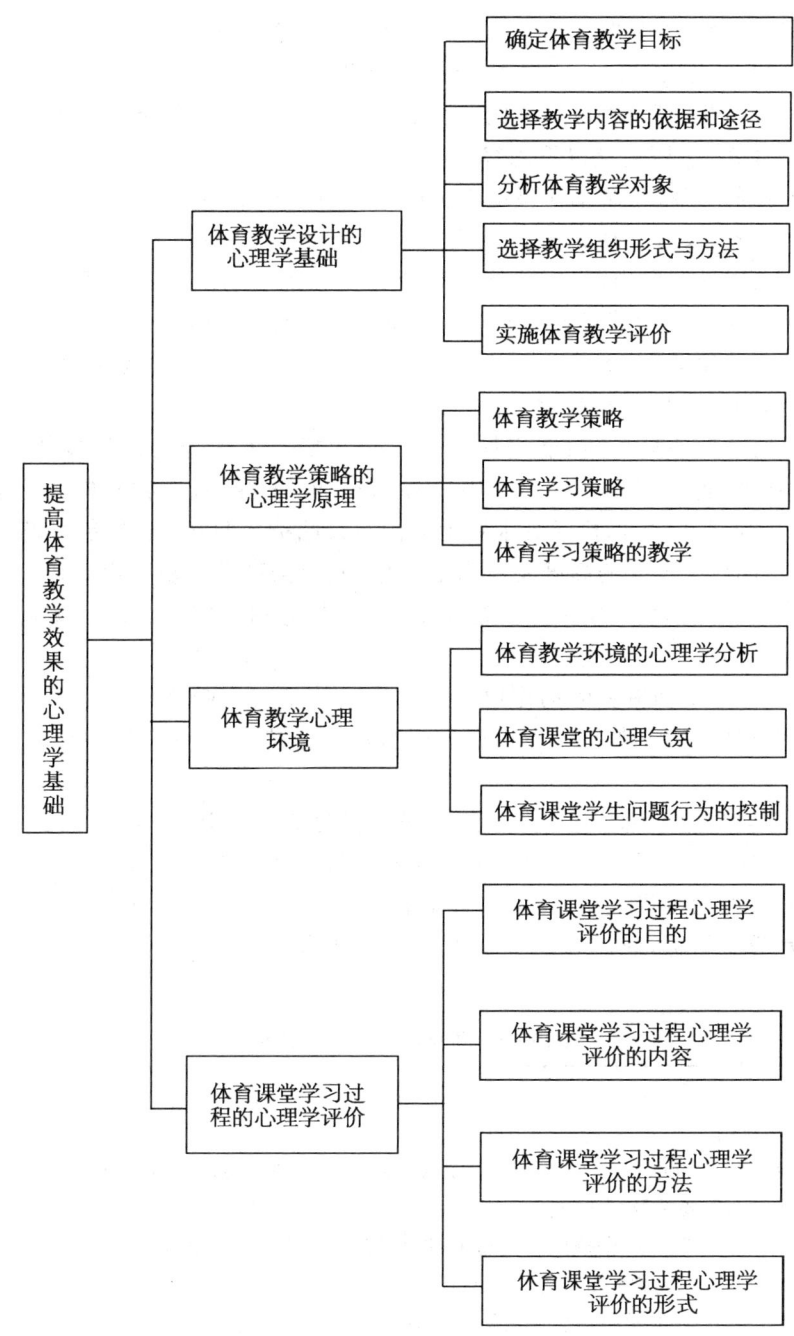

图19-1 提高体育教学效果的心理学方法教学内容框架图

Bloom等人将教学目标分为认知、情感、动作技能三大领域,而每一个领域的目标又由低级到高级分成若干层次。Bloom 的这种分类已得到教育心理学家的广泛认可与应用。关于动作技能的分类先后出现了 Simpson 的七级分类、Harrow 的六级分类、Kibier 的四级分类。而 Simpson 的分类是目前应用较广泛的分类体系,主要包括以下内容:

(1) 知觉:了解与某动作技能有关的知识、性质、功用。

(2) 定向:指对活动的准备,包括心理定向、胜利定向和情绪准备。

(3) 在指导下做出反应:即能在教师的指导或说明书的指导下表现有关的动作行为。例如在示范者的指导下加强练习,直至形成正确动作。

(4) 机械化动作:指学习者的反应已成习惯,动作表现已无错误。例如,不需要示范,便能做出太极拳的各种招式。

(5) 复杂的外显反应:能用最少的时间和精力表现全套动作技能,一气呵成、连贯娴熟、得心应手。操作的熟练性以迅速、连贯、精确和轻松为标准。例如,能够从起式开始,如行云流水般把太极拳套路循序打出,无破绽,干净利落。

(6) 适应:指技能的高度发展水平,学生能依据自己的动作模式适应特殊的装置或满足具体情境的需要。如能根据已掌握的体操动作与技巧,编制一套体操动作。

(7) 创作:指创造新的动作模式以适应具体情境。强调以高度发展的技能为基础的创造能力。如练习太极拳至相当高的境界,自己能有新的领会,悟出新的招式。

《体育与健康课程标准》将体育课程目标分为参与运动、运动技能、身体健康、心理健康、社会适应等五个领域。这些领域的体育教学目标的确定要尽量具体、明确,最好用可供观察、测量的外显行为来表示(表 19-1)。如何确定更理想的体育教学目标,尚需要心理学工作者与体育教师携手合作,开展更深入的研究。

表 19-1　体育教学目标设计举例

学习耐久跑

教学目标:

1. 通过课堂讨论和自主体验,明确耐久跑对发展心肺功能及耐力素质的作用,了解耐久跑的基本动作要领及呼吸方法(认知目标)。

2. 在掌握合理的动作技能并主动练习后,使 85% 以上的学生能用正确的动作和呼吸方法在规定的时间内跑完 800 米(技能目标)。

3. 在活泼有效的学习活动中获得成功后的积极的情感体验,形成进一步通过耐久跑进行身体锻炼的愿望(情感目标)。

4. 发展心肺功能和耐力素质,养成勇敢顽强等良好的意志品质(发展目标)。

2. 体育教学目标设计的有效性

体育教学目标的效果,取决于体育教学目标设计的有效性,其条件是:

(1) 学生对陈述目标的意识和兴趣。

(2) 目标的明确、困难与数量。

(3) 目标置入学习内容的位置。一般后置对直接、间接学习都是有效的。

(4) 置入目标的频率。

具体而言,展示目标要自然才能收到水到渠成之效;分散展示目标的效果优于集中展示目标;展示目标和回扣目标(体育教学内容结束时回扣目标)结合效果更佳;每一课时目标不宜太多,且要定出重点目标、难点目标;目标不宜过细,否则体育教学易机械呆板,使学生的动作练习和思维受到限制。鉴于小学生对目标理解的有限性,对他们不展示目标或只变相展示目标;对于动作之间联系不紧、学习内容不同、动作难度较大的,体育教学目标的展示最好放在课堂的最后一个环节完成;中学生的课堂教学目标最好在课前展示,以起到组织教学的作用。在课堂上不一定展现情感目标,但设计中必须有其地位,这样教师在体育课堂教学中,才能有计划地、不失时机地渗透体育教学情感内容,实现体育教学的情感目标。

3. 体育教学目标的设计原则

为保证体育教学目标设计的科学性和实用性,体育教学目标的设计应遵循以下原则:

(1) 可接受性原则:可接受性指制定的目标切合需要,符合学生实际,学生通过努力能够达到。目标虽是一种理想要求,但它总是要有实现的可能性,否则即失掉其存在的意义。因此,从可接受原则出发制定目标,首先要考虑"要不要"、"应不应",第二应考虑"能不能"、"行不行"。切忌脱离学生现阶段的认知和运动发展水平,一味追求高标准,而设立太空太高的目标。

(2) 明确性原则:明确性指目标本身首先必须叙述明确,绝不能含糊笼统、模棱两可,否则难以完成其指示方向的使命;其次指所提目标应具体,只有具备具体的体育教学目标,教师才能确切领会要求,采取有效的体育教学措施实现目标,采取可靠的方法检验其实现状况,从而确定体育教学成效。

(3) 全面性原则:全面性指制定目标时,应力求其范围或层次更为全面,做到三个统一:过程与结果相统一、运动与情意相统一、接受性与体验性相统一,以充分体现体育教学促进学生全面发展的价值取向,体现体育教学对学生发展的整体效应。就范围而言,除了估计动作技能领域的目标外,亦应考虑认知、情感领域的目标以及审美目标。就每一领域而言,目标的制定亦应尽量包容各个层次的目标。以动作技能领域为例,教师通常只注意到"取得"、"完成"和"达到"等较低层次的目标,而较少注意到培养学生的"发展"、"运用"和"评价"等高级认知-运动能力等目标。当然,有时为了某种社会需要或个体需要,将目标重点放在某种层次上也是必要的。

(4) 系统性原则:如前所述,体育教学设计是由诸子系统所组成的一项系统工程,目标子系统在其中起着举足轻重的作用。确立合适的目标必须考虑两大制约因素:一是其他子系统,如学生的体育态度、认知-运动基础、体育教学媒介等因素对目标子系统的制约。二是本子系统中各目标之间的相互制约。从目标子系统来说,每设计一个次目标,不仅要考虑目标本身,同时要考虑与同级目标的横向联系,与上下目标的隶属关系,即本目标是哪个目标的延伸、发展,其归宿又是导向哪个终点目标。只有明确了本目标在目标体系中的地位与作用及相互之间的制约关系,才可能设计出适当的目标。

(5) 灵活性原则:体育教学目标的灵活性包含三层含义:第一,对不同学习水平的学生,制定不同水平的弹性目标,既有所有学生必须达到的最基本的底限目标,反映对学生基本的运动素质标准,又有反映学生在某一方面特长的发展性目标。第二,体育教学目标体现了教师对学生学习结果的预期,因为是教师预设的,因而带有主观性,认识到这一点,就必须注意教学目标在局部留有余地。第三,体育教学不仅关注运动体育知识、运动技能的学习,同时关注体育知识、运动技能学习的过程以及学生在情感态度与价值观方面的变化,体育教学目标不能不包含这些领域,而这些方面的发展往往具有不确定性、含糊性以及课堂创生性的特点,在确定教学目标时是难以做出准确表述的,较好的处理方法是找准主导性的目标内容,而在一些局部用含糊性概念表述。

衡量一项体育教学目标是否合理,还要看其能否发挥应有的功能。具体地说,体育教学目标应具备导向功能、激励功能、检测功能。鉴于这些内容在体育教学论等书中有较详细的论述,这里就不再重复。

4. 体育教学目标的设计技术

如何科学地描述体育教学目标是体育教学目标设计应解决的重要技术问题。体育学习目标主要有结果性目标和体验性目标两类(季浏,2004)。结果性目标指向可以结果化的学习目标,它明确规定了学生的预期学习结果;体验性目标指向无需结果化或难以结果化的学习目标。例如,在《体育与健康课程标准》的课程学习目标中,前者主要运用于"运动技能"和"身体健康"等学习领域,后者主要运用于"运动参与"、"心理健康"和"社会适应"等学习领域。对此,经过多年的实践和研究,主要形成了行为观的描述方法与技术,即强调用可以观察的或可以测量的行为来描述体育教学目标。

(1) 用可以观察的行为术语表述体育教学目标

① 行为的表述。指用可观察的具体行为表述体育教学目标,以便教师能了解学生是否已经达到目标。行为表述力求避免使用诸如"懂得"、"领会"、"欣赏"

等描述内部心理过程的词语。因为对于这些词语的意义,各人均可以从不同角度、不同层面来理解,这就会给体育教学目标的具体导向及检查带来困难。

表述行为的基本方法是使用一个动宾结构的短语,行为动词说明学习的类型,要求可测量、可评价;宾语则说明学习的内容,应明确、具体。例如,掌握篮球传切配合的方法,提高篮球比赛中投篮技术动作的运用能力,学会运用暗示调节的方法稳定自己在比赛中的情绪状态。

② 条件的表述。条件是指学生在什么情况下的表现行为,也就是说在评定学生的学习结果时,该在哪种情况下加以评定,要说明是在教师指导下操作,还是独立操作。

在描述行为产生的条件时,要注意区分学习过程与学习结果产生的条件。如"通过本单元的学习,使学生能……",这里的"通过本单元的学习"指的是学习过程,而非学习结果产生的条件。所谓的条件是用以评定学习结果的约束因素,说明在何种情况下来评定学习结果。

③ 标准的表述。标准是衡量学习结果的行为的最低要求。对行为标准做出具体要求,使体育教学目标具有可测性的特点。标准的表述一般与"好到什么程度"、"精确度怎样"、"完整性如何"、"在多少时间内"等问题有关。

在体育教学目标的设计中,行为表述是基本的部分,不能缺少,而行为产生的条件和标准则可据体育教学对象或内容,省略其一或两者全省。例如,"分析高低手行进间投篮技术动作的异同,并从中总结出应用的方法",就省略了行为产生的条件和标准。

用行为来描述体育教学目标,要求行为目标导向明确,使学生清楚明了应该学习的内容,从而增强目标完成的可能性,且行为目标具体、可观察,增强评价的可行性及客观性。行为目标的设计不能琐碎、太繁琐,否则就会物极必反,使体育教学显得机械、呆板,丧失其优势。

(2) 内部过程与外显行为相结合表述体育教学目标:由于人有许多心理过程无法行为化,所以描述内部心理过程的术语也不能完全避免。例如,在《体育与健康课程标准》中的心理健康和社会适应两个方面,应使情感、意志、合作、交往等方面的学习目标成为可以观察和测量的行为表征,促使学生在掌握运动知识和技能以及健康知识与方法的同时,形成良好的心理品质和社会行为。

因此,可以先用描述内部过程的术语陈述经过概括的体育教学目标,然后用可观察的行为作为例子使这个目标具体化。如"在学习过程中体验到成功感和愉快感",这是体育教学目标的概括陈述。但"体验"是一个内部过程,难以直接观察和测量,每个人掌握的标准不一样,所以用可以证明"体验"水平的行为实例来进一步说明。如"用自己的话表述什么是成功感和愉快感","能列举 2~3 种成功感和愉快感的实例","能区别成功感和愉快感的异同"。有这三种实例的补充,体育教学目标"体验"就不再是不可捉摸的了(表19-2)。

表19-2 体育教学目标科学表述的要求

第一,体育教学目标表述的是学生的学习结果,不宜表述教师的体育教学行为。
第二,体育教学目标应尽可能表述得具体,可以测量。
第三,体育教学目标的表述应反映学习结果的类型和层次。

(二) 体育教学内容的设计

1. 体育教学内容选择的标准

(1) 体现教育价值:一个运动项目或活动之所以能够成为体育教学的内容,是由其本身的价值所决定的。一个内容通过教学对学生的发展起到促进作用,也就是能够实现教育价值,才是我们观察和选择的对象,才能够成为教学内容。

无可否认,体育教学内容的价值问题在过去的体育教学内容的选择中历来是得到重视的,关键是在体育课程价值取向方面的差异。传统的学校体育课程,突出规范竞技技能的传授,强调"以增强体质为主"这一课程的生物学价值,把体育课程与竞技运动在价值取向上画等号,而忽视了体育课程的全面育人功能。体育教学应"改变课程过于注重知识传授的倾向,强调形成积极主动的学习态度,使获得基础知识与基本技能的过程同时成为学会学习和形成正确价值观的过程",全面关注体育教学在"增进身体健康、提高心理健康水平、增强社会适应能力、获得体育与健康知识"等方面的价值。体育教学价值取向的变化,决定了体育教学内容的选择将改变传统的竞技运动教材体系,而从更广泛的体育技能领域开发教学内容。

为了体现体育教学全面育人的价值,必须建立起完整的体育教学价值结构观念,事实上,体育教学价值与教学内容之间并不是一一对应的关系,一种运动技能可以对学生的多方面产生影响,实现多种育人价值。同样,为实现某一教育价值,可能需要有多种运动技能的组合。因此在选择体育教学内容时,一方面要注意研究各种运动技能在育人方面的功能,另一方面需要注意主要内容开发与选择的全面性与多样性,使之有效组合。

(2) 突出基础性:基础性指精选基础知识、基本运动技能为体育教学的主干内容。该条标准是由体育知识、众多运动技能和有限体育教学时间这对矛盾决定的。

精选基础知识、基本技能,首要的问题是要正确认识何谓基础知识、基本技能。所谓基础知识、基本技能是保证运动体育知识、运动技能得以展开的主要构架,是体育教学内容中必须透彻理解的部分,且能独立完备地辐射出众多结果来的运动体育知识、运动技能。这就是说,基础知识、基本技能应同时具备两个特征:一是处于运动体育知识、运动技能体系最底部的体育知识、运动技能,是需透彻理解和掌握的运动体育知识、运动技能;二是能引申出众多迁移结果的运动体育知识、运动技能。基础知识和基本技能适应性广、包容性大、概括性高、派生性强。只要突出了这些运动体育知识、运动技能,就能真正起到提纲挈领的作用。这样我们才能从整体结构突出主干内容,建立合理的基本结构,保证对基础知识、基本技能的熟练掌握和应用。

具体而言,体育教学内容的基础性,一方面指这一内容在同类技能中具有典型的代表性,相对普及;另一方面指这一内容在同类技能中具有断面性质,能够包含其他技能的一些基本特征,掌握这一技能能够为更好地理解和掌握其他教材奠定基础;第三方面指这一技能符合学生的体育认知特征,学生有良好的生活基础,有掌握这些内容的能力。

还应指出的是,对体育教学内容知识点的选择,必须综观全局,全盘把握运动体育知识、运动技能的内在联系,这样就不会因其局部的重要性而误视其为基础知识和基本技能。

(3)贴近学生生活:体育教学回归学生的生活,这是体育教学的基本理念之一,也是选择体育教学内容必须遵守的原则之一。"如果你期望他们(学生)学到东西,就需要为他们提供具有发展适宜性的课程内容和学习经验,收集那些与他们的个人生活和经验有联系的学习内容"(Cruickshank,2003)。体育教学内容的选择既要关注学生的已有生活,以他们的生活经验为起点,同化新知识和新技能,建立起新的认知-运动结构和技能结构,又要关注他们的可能生活,为他们的未来体育生活奠定良好的技能基础和学习基础。

体育教学内容贴近学生的生活,就必须关注社会因素对教学内容选择的影响。因为学生是社会的成员,体育教学承担着培养祖国后备人才的重任,就必须联系社会生活实际和社会发展的需要,使所学的运动体育知识、运动技能在学生走向社会后能够较好地发挥社会效用。当然,在认识体育教学内容与社会的联系时,也要走出这样一个误区:就是把"学会的运动技能到了社会上就能用来锻炼"作为衡量体育教学内容与社会需要相结合的尺度,这实际上是一种很肤浅的功利主义的认识。在当今倡导终身体育的背景下,尤其需要在这一问题上有一个正确的认识。在社会文化高速发展的今天,体育文化的内容将越来越丰富,我们将无法准确预测每个人走向社会后的体育生活内容。事实上,由于每个人未来可能面对的职业、生活环境以及社会背景都会有很大的差异,每个人也不可能一生不变地采用某个固定的技能于自己的体育生活中。对于每一个未来社会成员来说,需要的是在学校储备更丰富的运动技能,提高自己的运动学习能力,以适应社会的需要,使自己成为有能力的体育学习者和参与者。

体育教学内容要想贴近学生的生活,需要充分地了解学生,关注他们的兴趣、爱好、能力与特长并与之相适应,这样才能使教学内容被学生内化,并对他们的行为、态度以及身心健康产生积极的影响。任何偏离学生已有的认知-运动水平与身心特点的体育教学内容,无论是偏难还是偏易,都不会取得理想的教学效果,这一点,在传统的竞技体育教学中的教训应该是深刻的。但同时我们又要避免出现另一种倾向,那就是现在在一些学校实行的纯粹按兴趣选择学习内容的问题。从表面上看,这是尊重学生的需要,实质上,这种认识是肤浅的,也是"学生中心论"的反映。体育教学倡导"以学生发展为中心",关注学生的需要,这同样包含着他们的现实需要和未来发展需要。成长中的学生在对自己的发展上有不成熟的认识,是需要引导的,这也是教育的价值之所在。因此在体育教学内容的选择中,必须避免过于迁就学生兴趣的倾向,虽然他们在体育学习基础上的个体差异应该是教师选择教学内容的依据之一,但在义务教育阶段,所有学生应该通过体育学习达到基本的体育文化素养是容不得讨价还价的。学生对教学内容的选择是有限的。他们可以在学习方式上以及在达到基本要求后的进一步发展水平上做出选择,即使是这样的选择,教师的引导和帮助仍然是必不可少的。

(4) 体育教学内容应具备条件适应性:体育教学区别于其他学科教学的显著特点是以身体运动性认知为基本的认知方式,在运动技能学习的过程中,对场地器材、直观教具等有基本的要求,受地理、气候等环境条件的影响较大,并在教师的演示(示范)能力等方面有特殊的要求。虽然,在体育教学实施中,需要按照体育教学的特点对体育场地器材实施相应的配置与改造,对体育教师的素质进行专门的培训和提高,但这并不能保障现有的教学条件就能够满足所有运动技能的教学,体育教学条件是选择体育教学内容时所必须面对的。因此,必须注重因地、因时、因人制宜,面向学校的教学实际选择和确定体育教学内容。

2. 体育教学内容的组织

"在教学中输入内容并不像投进一枚硬币让售货机运转那样简单,教师要认清同样的材料以不同的形式包装,会产生显著不同的效果。"(周军,2002)根据不同的教学内容以及不同的教学目标,体育教学内容的组织一般可采用以下几种方法:

(1) 搭配法:就是把不同类型或不同功能的教材在同一次课堂教学中搭配在一起。搭配时一方面要尽量考虑学生的心理特点,能够使课的节奏快慢有序,有张有弛,使学生保持浓厚的学习兴趣和积极的参与热情;另一方面要兼顾学生的生理机能变化,使学生能够在整堂课内都能保持充沛的精力参加活动。

(2) 主题法:主题法是在对学习内容分析的基础上根据对技能本身的价值判断,设计出更具生活意义和生命价值的学习主题。主题法往往关注的不是运动技能本身的学习效果,而是把关注的重点放在该学习内容与学生生活的联系方面,注重教学内容的生活意义。例如可以把跳高、跳远、跳山羊等技能结合在一起进行课堂教学设计,定名为"越过障碍"这一学习主题。

（3）情境法:情境法与主题法相似,同样注重教学内容的生活意义。但情境法往往在主题设计上带有一定的虚拟性,如故事情节、科幻情境等。对于小学低年级的学生来说,如果能够把所学的运动技能贯穿到一定的故事或生活情境中,则能够有效地调动他们的活动积极性,提高他们的课堂参与意识。

（4）延伸法:延伸法就是在一堂课中把一个学习内容在运动技能体验的基础上,进一步在游戏或比赛中加以运用和巩固。对于小学高年级的学生来说,自我控制能力较强,对于感兴趣的学习内容,他们往往能够长时间保持良好的学习与活动能力,而不喜欢浅尝辄止,而更乐意在完整的活动中领会技能学习的意义。但在学习步骤和学习方式上要根据学生的学习状况及时调整教学的进程,在课的后程注重学习内容的应用,使学习内容的意义得到进一步延伸,使发展性目标得到更充分的实现。

对于体育教学内容的组织方式,不能轻率地断言何种方式最优。要具体情况具体分析,根据体育教学的性质、学生的年龄特征等制约因素灵活地、综合地加以运用,这才是组织体育教学内容的最好方式。

（三）体育教学方法的选择与运用

体育教学内容确立之后,体育教学方法的选择与运用就成为头等大事,它对实现体育教学目标起着至关重要的作用。体育教学方法之所以重要,是因为它在如何根据学生心理特点,完成体育教学内容,达到体育教学目标之间起着一种中介、联结的作用。体育教学目标能否实现,很大程度上取决于体育教学方法。教师选用适当的体育教学方法主要受制于以下四个因素:

1. 体育教学目标的要求

根据不同的体育教学目标选用不同的体育教学方法,是走向体育教学最优化的重要一步。因此,围绕目标的实现来选择方法是一条重要的原则。

根据体育教学目标来选择方法要考虑以下几个方面:

（1）各种体育教学方法有机结合,发挥最佳效能:由于体育教学目标的多层次,体育教学环节的多样性,必然要求体育教学方法的多样化。特定的方法只能有效地实现某一或某方面的目标,完成某一或某几个环节的任务,要保证体育教学目标的全面实现,在体育教学中往往要求选用几种能互补的方法,并把它们有机地集合起来。

（2）扬长避短地选用各种方法:每一种方法都有助于实现一定的体育教学目标,具有独特的功能和长处,同时也都有局限性和不足之处。正如前苏联教育理论家巴班斯基所说:"每种体育教学法按其本质来说都是相对辩证的,它们既有优点又有缺点。每种方法都可能有效地解决某些问题,而解决另一些则无效;

每种方法都可能有助于达到某种目的,却妨碍达到另一种目的。"因此,选用不同的体育教学方法时要尽可能地避免其缺陷。如选用流水作业法时,要注意克服其费时的缺点;若用讲解法时,则要努力调动学生学习的积极性、主动性。

2. 体育教学内容的特点

除了体育教学目标,不同体育教学内容也制约着体育教学方法的选择。即便是同样的体育教学目标,因具体内容不同,所要求的体育教学方法也往往不一样。例如,为了使学生获得积极的、深层次的体验,有效地增进学生的发展,达成"以参与求体验,以创新求发展"目标的教学,可采用合作学习。

3. 教师的素质与个性特点

教师的素质、个性也是考虑体育教学方法不可忽视的重要因素。由于教师个性的影响,不同教师使用同一种方法的效果显然会有差异。这里的个性是指在教师个性心理特征基础上表现出来的风格,如对不同的课堂气氛的好恶,与学生的亲疏程度等。例如,一位平时总是表情严肃的教师在使用游戏法时,可能不如一位平时和蔼可亲的教师采用这类方法的效果好。教师的素质差异也制约着体育教学方法的选择,如果一个教师善于根据自己素质的特点,选用某种体育教学方法来弥补素质的不足,会收到意想不到的效果。因此,作为教师,要正确地选择体育教学方法,首先要正确地认识自身的素质、体育教学风格;其次,要善于扬长避短,根据自己的特点选用恰当有效的体育教学方法。

4. 学生的年龄特征和学习特点

体育教学方法的选择还应考虑学生的年龄特征。对处于不同年龄的学生及认知-运动水平不同的学生要采取不同的体育教学方法。例如,自主学习对于小学低年级学生或认知-运动水平低下的学生,往往不能达到预期的体育教学目标。游戏法、合作学习对于低年级学生来说,往往更有利于激发他们的学习动机和兴趣。

此外,无论选用什么方法,都应考虑如何调动学生的积极性,使外在要求转化为内在的学习需要,这样选用的体育教学方法才有成效。同时体育教学方法的选用,既要考虑学生的年龄特征,又不能脱离学生的原有基础。方法的选择必须反映学生的主体性要求,只有把学生学习的主体性和学习特点结合起来,学生才能学得既主动又有效。

总之,体育教学方法的选用必须以体育教学目标为轴心,综合考虑各种因素的制约作用。这样,才能发挥体育教学的整体效应。

(四)有效教与学的策略

1. 体育教学策略与相关领域的关系

体育教学作为一种既复杂、特殊又有明确目的性的认知活动,其有效性是研究者和实践者所共同追求的。有效体育教学是指教师在达成体育教学目标和满足学生发展需要方面都获得成功或表现俱佳的体育教学行为。大凡体育教学，无论成效如何，教师都会自觉不自觉地采取一定的体育教学策略。其中，有的教师采取的体育教学策略是有效的，对达成体育教学目标有积极的促进作用，有的教师因采用的体育教学策略不当，结果是欲速则不达。因此，有必要厘清体育教学策略与相关领域的关系：

(1) 体育教学策略与体育教学目标的关系：实现体育教学目标必然包括对策略的设计和选择，但对整个体育教学目标的操作性实现方式却主要属于体育教学设计的范畴，而体育教学策略只属于体育教学设计的有机组成部分，不能取代体育教学设计的功能。体育教学目标的整体性实施方式是体育教学设计的内容，体育教学策略仅为体育教学设计的有机组成部分；体育教学策略主要涉及体育教学中教师怎样教以及实现怎样教所必需的课堂体育教学组织、实施、管理等方面的措施。

(2) 体育教学策略与体育教学观念的关系：体育教学策略与体育教学观念存在着千丝万缕的联系，体育教学策略支配着教师怎样教，对教师的体育教学行为具有指导作用，但体育教学策略与体育教学观念并非一体。首先，体育教学观念是一个很宽泛的概念，包括学生观、教师观、体育教学原则等。事实上体育教学策略的外延没有那么宽泛，它本身的制定或选择也受体育教学观念的制约。若将体育教学策略视为体育教学观念，简单地推理体育教学策略同体育教学观念一样具有支配体育教学行为的功能，显然忽视了体育教学策略具有可操作性的本质属性。其次，若把体育教学策略等同于体育教学观念，还间接否定了体育教学策略实质上的存在。因此，体育教学策略和体育教学观念是有实质区别的。

(3) 体育教学策略与体育教学方法、体育教学模式的关系：就体育教学策略与体育教学方法的关系而言，体育教学方法被视为教与学之间交互作用的方式，它暗含有体育教学程序，特别是在更广泛的层次上将体育教学方法当成体育教学方式时，更是如此。虽然体育教学方法和体育教学策略涉及具体的体育教学方式，但体育教学策略的外延比体育教学方法宽广，层次比体育教学方法深。体育教学策略不仅包括体育教学方法的选择，还包括对体育教学组织形式、体育教学媒介的选择内容，而且在具体的体育教学方法及其组合上也存在着策略问题。

而体育教学模式则不同，它是一种简化的、理论化的体育教学范式，各种具体的体育教学模式一般包括理论依据、体育教学目标、操作程序和操作策略四部分。一般说来，体育教学模式规定着体育教学策略和体育教学方法，策略、方法的选择均遵循模式要求。体育教学策略和体育教学模式都反映某种体育教学程序，但体育教学策略对体育教学程序的反映比体育教学模式更为详细和具体，因而，体育教学策略的内涵比体育教学模式更丰富。体育教学模式是一种比较定型的体育教学范式,一经确定是相对稳定的;体育教学策略则是比较灵活的调控手段,可以随体育教学情境、目标、对象的变化而调整、变动,它常常打破既定体育教学模式的束缚,根据体育教学目标的具体指向和学习者的实际情况不断地补充、调整,因此,体育教学策略具有变通性。但体育教学策略一经制定并执行,就具有相对稳定性。然而,体育教学策略是针对具体体育教学目标并考虑体育教学对象的初始特征制定的,为了更好地实现体育教学目标,体育教学策略在实施过程中需不断调整,不可能一成不变。

2. 体育学习策略的含义

体育学习策略同体育教学策略一样,是近年来体育教学心理学研究的热点问题。随着现代认知心理学对人类认知的深入研究,人们逐步认识到,人的心理不再是一个不可打开的"黑箱",只要运用适当的方法,人的内隐学习过程、思维过程是可以探测的。这为探索人类自身的学习过程以及如何教会学习提供了可能,因此学习策略的研究受到空前的重视。

重视体育学习策略的科学研究对解决当前体育教学改革中存在的问题有重要意义。从学生的角度来说,一是可以改进学生的运动学习,提高运动学习质量。特别是能提高学习策略掌握不好或身体条件差的学生的学习成效,在一定程度上减轻他们的学习困难,而且能更有效地促进教师的教学。从教师的角度来说,教师通过学习策略的体育教学,可以减少体育教学的时间,达到减轻学生负担的目的。

"策略"一词源于希腊语,指行为或行动计划,以及为解决某问题或达到某目标而有意识做出的一套活动(Arthur S. Reber,1996)。体育学习策略指的是个体在特定的体育学习情境里,为了达到体育学习目标而对学习步骤与学习方法所作的优化组合和精巧安排。其实质是主动的学习者在对影响体育学习的各种因素及其关系的认知的基础上,亦即元认知的基础上,为了达到一定的体育学习目的,对体育学习活动进行调节与控制的一系列执行过程。这些过程包括:元认知的活动过程、体育学习的调控过程和学习步骤、方法或技能的执行过程。学习者在对体育学习活动进行调控的同时,实际上也就是体育学习策略的建构过程,并通过个体的活动和练习,逐渐内化为个体学习的规则系统。一旦需要,系统能够自动提供学习者选择、使用和协调先前学过的各种步骤、方法和技能以顺利地达到体育学习目的(颜军,2001)。例如,你感到(元认知)自己对篮球中的突破运球急停跳投掌握得还不熟练,除非继续练习,否则难以通过后面的考试,所以,必须把这个组合动作按一定的步骤反复练习(学习步骤)。这时,为了准确地掌握动作,你所决定使用的体育学习策略可能包括分解法、完整法、比赛法、动作表象法等。强化练习后,也许你还怀疑自己是否已经很好地掌握了该动作(元认知),于是你就及时调整策略而采用一些方法,如设置障碍物或防守队员等(学习方法),来估价自己对动作的掌握程度。由此可见,体育学习策略是包括元认知、学习的调控和学习方法三要素的协调活动。

据此,可以明显地看出:体育学习策略与体育学习步骤有联系,但不等同于体育学习步骤;体育学习策略与体育学习方法有联系,也不等同于体育学习方法,当然也不是"获得知识或技能的内部方法的总和",或"调控学习活动和学习方法的选择与使用的学习方式或过程"。

更为重要的是,由上述定义还可以看出体育学习策略与体育学习方法的明显区别:二者不是并列的,而是处于两个层次,即体育学习策略是高层次的,体育学习方法则低一个层次,它受体育学习策略的支配与调节。一般地说,不应把体育学习策略称为体育学习方法,也不能把体育学习方法称为体育学习策略。当前,在这一方面的认识比较混乱,如把某些相当具体(单一)的体育学习方法也说成体育学习策略,有的甚至认为体育学习方法中包含体育学习策略,而在体育学习策略中又包含体育学习方法。复杂的体育学习方法可以称为体育学习策略,单纯的体育学习方法就不要称为体育学习策略。例如,自练法相当复杂,它包含有一系列的具体方法,可以将它称为自练策略,但对其所包含的集中练习与分散练习、整体练习与部分练习、模仿练习、反馈练习、强化练习、过度练习法等,就不能分别称之为体育学习策略。

所以,全面理解体育学习策略的基本含义应把握:凡是有助于提高体育学习质量、学习效率的步骤、方法的技巧及调控方式均属学习策略范畴;体育学习策略既有内隐、外显之分,又有水平层次的区别;体育学习策略是会不会学的标志,是衡量个体体育学习能力的重要尺度,是制约体育学习效果的重要因素之一。

3. 体育学习策略的主要研究方法

(1) 自然调查:这种方法主要通过考察显示体育教学情境中的运动学习活动来研究学习策略掌握的一般情况。通常采用群体观察、收集资料、对象追踪、文献综述、结果的测量等手段收集信息。例如,通过学生交谈,了解学生掌握体育学习策略的状况及存在的问题;通过与教师访谈,可掌握教师体育教学情况及其对学生学习策略掌握和运用的影响。该研究方法的特点是可以掌握非预期的情况,并对其状况做出丰富的描述。

(2) 对比考察:该类研究是通过对比考察运动学习优秀者和学习落后者在学习策略上的差异,并运用专家系统改善学生的学习。专家系统运用的基本假设是,在可观察和可操作的条件下,学习落后者通过学习专家的学习策略,可以转变为专家。例如先对学生进行一系列的综合测验,把测验中表现出色的学生称为榜样组学生,把不能通过测验的学生称为补救组学生。两组学生在学习动机、努力程度和体能方面相同。让榜样组和补救组学生都说出自己掌握运动技能的练习方式和思维过程,然后让补救组学生找出自己的练习过程与榜样组学生的差异。如此进行多次训练,他们与成绩、能力和背景相同但未接受训练的学生相比,运动技能水平得到较大提高,并表现得更加自信。

通过专家与新手的对比研究,考察专家与新手的差异,总结出专家有效的学习策略,目的是把这些有效学习策略授予新手。这种方法已成为体育学习策略的重要研究方法。

(3)实验法:采用等组(实验组与对照组)实验设计,以考察体育学习策略的教学训练效果。此外,在研究体育学习策略训练的长期效果时,时间系列实验设计是很有帮助的。时间系列实验指对同一种变量在同一空间进行的不同阶段的测量。在这种设计中,实验条件在特定的时间可发生变化,并允许在每一条件下进行多次观察。此类设计对探明体育教学中学习策略维持训练的时限和价值都是十分有益的。

4. 体育学习策略的获得模式

学生体育学习策略可划分为意识水平和潜意识水平。前者指学生意识到策略的存在与运用;后者指学生在运用策略时,并没有意识到策略的存在,也不知道是怎样使用的。选用体育学习策略的控制方式也有两种:学生的自我控制与课程的外在控制。前者指学生有意识地或潜意识地选用体育学习策略;后者则为体育教学的外部要求促使学生有意识地或潜意识地选用体育学习策略。

根据运用策略的两种水平和两种控制方式,可得学习策略的获得分成四种模式(表19-3)。模式"A"指学生有意识地自我控制策略的选用;模式"B"指学生在体育教学的外部要求、诱发和控制下,有意识地选用策略;模式"C"指学生潜意识地自动控制体育学习策略的选用;"D"则是大多数传统体育教学所体现的情境,在这种情境下,体育教学本身既没有明确的教给学生策略,也没有有意识地控制学生使用策略,学生选用策略或方法只是体育教学本身的"隐含"要求,是学生完成认知—运动活动的"伴随"产物。

表19-3 学生活动学习策略的四种模式

学生的策略意识	自我控制	课程控制
意　识	A	B
潜意识	C	D

这四种模式实质上比较全面地反映了学生体育学习策略掌握的四种状况。"A"、"C"模式一般是优生所达到的水平,而"D"模式则反映了大多数学生掌握体育学习策略的现状。为使大多数学生能从"D"状态转为"A"、"B"、"C"状态,对体育学习策略进行专门的教学是必要的。即通过专门的课程设计和体育教学的要求,使学生学会并能有意识地选用、评价学习策略,即从"D"状态转化为"B"

状态。由于"B"状态的形成,不仅为学生自悟并运用新策略("B"转化为状态"A")奠定了基础,同时也为学生从无意识转向有意识地运用策略("C"转化为"A"状态)提供了可能,而"C"状态向"A"状态的转化使学生能有意识地运用、评价、总结体育学习策略,不断地提高学习效率。可见,"B"模式的建立是"D"向"A"状态和"C"状态转化的关键。因此,从这个意义上讲,进行专门的策略教学可大幅度地促使学生掌握体育学习策略,提高学生学习的效率与质量。此外,不仅要注意从"C"向"A"状态的转化,提高学生运用策略的意识性;同时,也要注意从"A"向"C"状态的转化,使学生习得策略的运用达到自动化、习惯化。因此,"A"、"C"状态的转化是双向的。即当学生先形成"A"状态时,就应促使其向"C"状态转化,以使学生在运动时避免过多地将注意力分配在策略的选用上。"A"状态向"C"状态转化,通常是以学生有意识的自我控制的进一步练习为前提的。而当学生先形成"C"状态时,体育教学的任务则是促使其向"A"状态转化,使学生在有意识的指导下,能更有效地不断总结、运用体育学习策略,进一步提高学习质量与效率。

5. 体育学习策略的教学

体育学习指导的内容是根据其目标展开的,但无论安排什么样的内容,若想达到目标,还有一个内容可操作性的问题,即体育学习策略教学的问题。

体育学习策略训练是否有效,不仅取决于训练内容,也依赖于如何训练。在体育教学中贯彻策略的教学训练,必须解决的问题有:应当教哪些认知-运动策略?为了使教学有效,在策略教学中必须包括哪些成分?在课堂教学中如何进行认知-运动策略教学?在认知-运动策略训练之后,认知-运动策略的使用是否保持和概括到其他类似的情境中(颜军,2001)。

(1) 教学的选择要求:体育学习策略包括不同的要素、不同的层次。策略的有效性和可教程度,因教学时间和条件等的限制而不同,教师不可能教给学生所有的策略。因此,选择并确定该教的策略是策略教学中首先应解决的重要问题。选择策略主要应遵循以下要求:

① 实用性与理论性相结合。在选择策略时,既要考虑这些策略的潜在作用及训练所需要的努力程度,又要能够用一定的理论说明这些策略为何起作用和怎样起作用。

② 具体性与一般性相结合。策略教学既要突出某类特殊策略,又要考虑教给学生具有通用性的策略。一般说来,所选择的策略既可用于特殊内容,又有较广阔的适用性。这类策略可起到一箭双雕的作用,不仅可促进体育学习,也可促进正迁移。

③ 有效性与可教性相结合。教学所选择的策略必须是体育学习中的重要策略、常用策略,并能对这些策略的结构进行分析,能确定其心理成分及其联系

与顺序,使策略教学的步骤具体化、操作化,具有便于教学的特点。

(2) 体育学习策略教学的基本内容:现代体育教学观不仅仅重视获得有关体育知识、运动技能,更重视体育知识、运动技能在被需要时能够及时有效地提取出来。具有相应的体育知识、运动技能并不保证需要的时候就能提取,这种在需要时不能提取的体育知识、运动技能称为"僵化"的体育知识、运动技能。策略体育知识、运动技能若训练不当,也会同一般体育知识、运动技能一样处于僵化状态。如美国心理学家Brown(1983)研究表明,"当教儿童某种记忆方法时,他们能很好地运用这些策略,但在后来要求他们完成类似的任务时,却不能自动地运用这些策略"。Brown把这种只教个体使用策略,但不帮助他们理解这些策略为什么有用及什么时候能用的训练称为"盲训练",即受试者获得的体育知识、运动技能处于僵化状态。因此,Brown等认为策略训练应包括三种因素:一是教策略及巩固练习;二是自我执行及监控策略的使用;三是了解策略的价值及其使用的范围。诸多的教学实践也表明,讲明体育学习策略的意义会提高学生体育学习策略及使用策略的积极性;讲解策略使用的条件与范围能减少学生提取策略的搜索范围,缩短盲目尝试过程,有助于学生迅速提取正确的策略,尤其使中等生受益最大。由此可见,体育学习策略教学应包括三种基本内容:教策略并做相应的巩固练习;教元认知知识与技巧,使学习者能有效地监控策略的使用;教"条件化的知识",使学习者明确为何、何时使用获得的策略。

(3) 体育学习策略教学的技巧

① 采用灵活多样的教学方法。教学方法的选择应根据策略的内容、不同的教学对象来确定。但无论采取何种教学方法,都应注意:首先,必须能激发学生体育学习策略的认识需要;其次,能提供体育学习策略的具体详尽步骤;最后,要依据每种策略选择较多的恰当运动技能说明其应用的多种可能性,使学生能形成概括化的认识。

② 体育学习策略教学次序的安排要科学。一是应先易后难,先简后繁,循序渐进。二是先学基础的,应用范围较广的,后学较特殊的,应用范围较窄的,具有一定的累积性质。

③ 训练的内容及制订的目标应符合学生现有体育知识、运动技能和认知-运动能力状况。策略知识的教学也同体育教学一样,必须考虑学生的可接受性。实践证实,体育学习策略训练所涉及的体育知识、运动技能难度必须与学生原有的学习难度相当,否则训练无效。

④ 训练不宜密集进行。首先,适当地延长训练内容的间隔,以使学生有充分的消化、理解的时间。其次,策略的学习如同体育知识、运动技能的学习一样是一个过程,学生在一定程度上掌握某种策略后,训练不应停止,而应继续进行。在学习新策略时,安排一些与学过的策略有某种联系的内容,使学过的策略不断

地得到运用和巩固。再次,每次训练只能围绕一个中心进行,切忌贪多。

(4) 促使体育学习策略迁移的技巧

① 提供足够的练习与反馈。体育学习的调节与控制是否自动化、体育学习策略的使用是否熟练,是体育学习策略持续有效和迁移的重要条件。为此,提供足够的策略练习,使之达到自动化程度也就十分必要。此外,反馈也是加速学习和迁移的条件之一。提供给学生体育学习成功的反馈,可促使学生认识策略运用的有效性,增加其运用的自觉性;提供给学生学习失败的反馈,可使学生意识到自己使用策略的缺陷,有利于及时矫正。

② 激励学生在不同情境中运用策略。鼓励学生在各种新情境中练习、运用学过的策略,并尽可能创造各种条件与机会,激励他们去应用。

③ 引导学生评价训练的有效性。仅仅让学生记住策略的有关知识,并不能改进他们的体育学习。只有当学生有改进自己学习的强烈要求,并明确地意识到训练的有效性时,外在指导的策略才会内化为学生自己的策略,他们才会倾向于经常使用学过的策略,迁移才可能发生。因此,在训练过程中,应经常引导学生评价训练的价值,增强学生运用策略的动机。

④ 引导学生生成新的策略。体育学习策略教学的一个重要目的,就是使学生在体育学习策略的学习过程中领悟到什么是策略、策略运用的有效性,能有意识地去发现策略、总结策略,从而生成适合自己的新策略。学生自己能生成新策略也就标志着他们真正地"学会了学习"。

(五) 体育教学心理环境的构成要素及其优化

1. 体育教学心理环境的构成要素

体育教学心理环境固然要受社会环境影响,但就体育教学本身来说,大量的构成要素还是存在于教学过程活动之中(颜军,2001)。

(1) 体育教学思想和体育教学目标:体育教学思想是人们对体育教学的认识和看法。它正确与否,直接制约着心理环境的性质和方向,左右着师生的体育教学心理过程。因此,应把端正体育教学思想作为优化体育教学心理环境的首要任务。在体育教学过程中,应始终坚持全面教学、全过程教学和全因素教学的质量管理,摆正教书与育人、教学与发展、主导与主体、课内与课外、统一要求与因材施教等各种关系。

体育教学目标是国家、学校和个人需要的统一,它具有吸引力,是促进学生积极向上的心理环境。尤其是大多数师生为实现体育教学目标努力拼搏时,这种目标的吸引力就显得更为强大。因此,在创建体育教学心理环境时,应通过建立体育教学目标体系来控制和调节师生共同的心理倾向和行为倾向。鼓励学生参与体育教学目标的制定,吸引他们对奋斗目标的认同。此外,围绕体育教学目标,还应建立健全有效的教学指挥系统,把握体育教学的动态和发展变化的原因,及时决策,不断调整,保证体育教学目标的组织实施。

(2) 体育教学内容和体育教学活动:体育教学思想和体育教学目标作为体育教学的心理环境因素,最终总是要通过体育教学内容和体育教学活动体现出来。如果体育教学内容贫乏,教学活动单一,那么,学生就会精神疲惫,学习情绪不佳。因此,在创建体育教学心理环境时,必须改革体育教学内容,丰富体育教学活动,努力为学生提供良好的情绪场,让他们能在轻松愉快的心境下更好地从事教和学的活动。

在体育教学设计方面,应把着眼点放在促进学生乐学上,增强教学内容的新颖性和吸引力,以激发和满足全体学生的求知欲,让他们在轻松自如而饶有兴趣的体育学习中体验到探索与成功的欢乐,逐渐养成体育锻炼的习惯。在体育教学活动的安排中,要把课堂教学与课余体育结合起来,开展丰富多彩的课外体育活动,努力创设有利于师生交往的良好氛围。总之,只有对体育教学内容和教学活动进行总体设计,才能创造出轻松愉快的体育教学环境和多彩自主的活动环境。而这样的心理环境,正是体育教学追求的目标。

(3) 体育教学中的人际关系:体育教学中的人际关系直接影响着师生教与学的认知、情绪和行为反映,它是心理环境中最敏感、最具有影响力的典型因素。因此,建立良好的人际关系,创造严格要求与宽容和谐的客观环境,是构建体育教学心理环境的重要前提,也是获得体育教学成功的关键。

教师要改变传统的教学方式,要关心学生、尊重学生在体育教学中的主体地位,心平气和、一视同仁地同学生商讨体育教学中的各种问题,及时帮助他们克服学习中的各种困难和障碍。在师生交往中,教师与学生应保持在同一水平上的心理接触,要表现出热情、坦率、正直、宽容和涵养自制,努力做到与学生加强心理沟通,达到心理相容。此外,根据心理互动的原则,除了要处理好教师与学生的关系,还应处理好学生中先进、中间和落后的关系,通过人际关系之间这种积极的相互作用,加强集体交往,努力形成团结和谐的体育教学集体和师生合作的教学氛围。

(4) 体育教学风气和体育教学常规:教学风气是一种带有个性特色的教学心理环境,它具有深刻的强制性和感染力。良好的教风和学风,对那些不符合教学要求的心理和行为,将是一种无形的压力,将与强制个体与集体的教学风气相适应。

在教风建设中,应提倡严谨认真之风、教学民主之风,同时重视教师的仪表、情感和教态的训练,这对学生的道德品质将起到潜移默化的影响,并对体育课堂教学气氛乃至整个体育教学活动都有着巨大的感染力。在学风建设中,尤其应重视教学气氛的特点,运用自己的人格、形象以及语言等手段来调控各种影响因素,促进良好学风的形成。

体育教学常规是指正常状态下体育教学的规章制度、惯例程序的行为规范。当体育教学常规有利于教学活动的开展,并且为大多数人共同实践形成习惯和风气时,它就具有群体压力的意义,就会迫使那些违反常规的少数学生不得不顺从于集体行为。因此,贯彻体育教学常规一定要在严、细、实上下工夫,经常依据常规要求检查指导学生的学习活动,通过这一途径来达到影响学生心理的目的,使之成为集体舆论的基础。

(5) 体育教学评价:社会心理学研究表明,主体的心理行为往往受到社会评价的制约。正确运用体育教学评价的手段,有助于学生形成健康的心理环境和稳定的学习情绪,有助于激发学生的自尊与自信,不断追求更大的目标。反之,过于苛求或过多使用反面评价,则会引起学生逆反心理,甚至会使学生出现过敏性焦虑、冷漠、敌对等情绪反应。因此,体育教学评价应从评价的心理效应出发,坚持标准化、公开化和多样化的原则,做到客观公正、奖惩结合。坚持正面评价为主,对学生的进步及时认同,合理确认,并不断给予方向暗示或目标期待,使学生在体育学习中感受到自己的进步,看到前进中的希望。这样可使体育教学评价为教学创设一种生机勃勃、催人奋进的良好环境。

2. 优化体育教学心理环境

优化体育教学心理环境的问题,即如何通过营造积极健康的体育教学心理环境来促进学生积极健康地进行学习的问题。优化体育教学心理环境的提出,首先遇到的问题是"体育教学心理环境能不能对学生的心理状态以至心理品质发生影响"。

体育教学心理环境对学生的影响是环境心理学和教学环境论所要研究的问题。20世纪30年代,Lewin的心理场论曾提出:一个人的行为(B)取决于个人(P)和他的环境(E)的相互作用。Lewin的基本公式就是:$B=f(P \cdot E)$,认为个人的行为就是某一个人在特殊环境下的函数,即一个人的行为取决于个人和他所处的客观环境的相互作用而产生的心理环境。我国教育界自20世纪80年代以来,也开始重视教学环境的研究。

根据教学环境论的原理,优化体育教学心理环境的过程可用下图表示(图19-2)。

人本主义心理学家Rogers认为,创设良好的教学气氛,是保证有效地进行教学的主要条件,而这种良好的教学气氛的创设又是以建立良好的人际关系为基础或前提的。对200多名高三学生的调查结果显示(颜军,2001):14.7%的学生明确表示希望建立良好的师生关系,希望有和谐的体育课堂教学氛围;而且有64.7%的学生把对体育学习与对任课教师的感情联系起来。由此表明,这种体育教学中人际互动方面的情感,对于学生认知-运动活动的情感,以及认知-运动

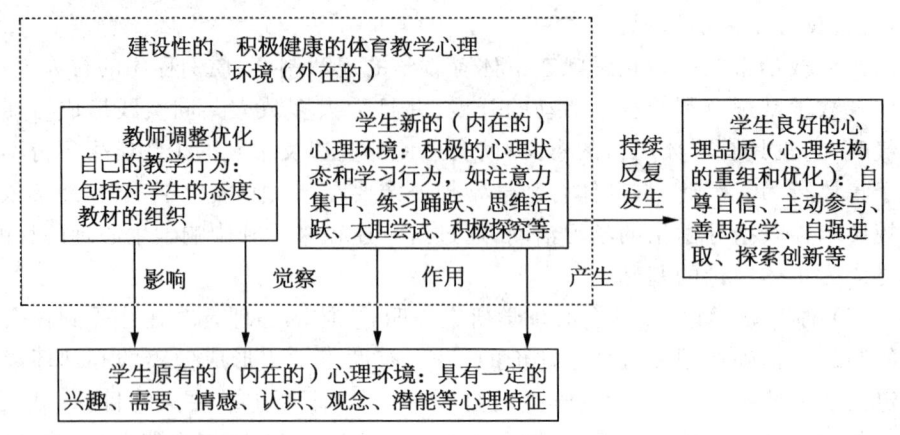

图19-2 优化体育教学心理环境的过程图

活动本身,都会施加巨大的影响。根据心理学的研究和观察了解,在课堂教学其他因素基本相同的情况下,重情感沟通型的教学班的课堂气氛比较活跃,学生具有爱练习、情绪较高、思维反映比较灵敏的特点,学生在这种积极的、开放的、健康的心理状态下学习,有利于良好心理结构的形成;而轻情感沟通型的教学班的课堂气氛则相对比较沉闷,学生具有主动练习少、学习情绪不易激发、思维不够灵敏的特点,学生在这种消极的、压抑的、不健康的心理状态下学习,不利于良好心理结构的形成,甚至还可能导致体育学习上的心理障碍的发生。可见,师生之间的情感沟通状况如何对学生的心理健康,乃至心理品质的影响有着举足轻重的作用。

优化体育教学心理环境所要营造的积极健康的体育课堂心理气氛,是在师生之间、学生与学生之间的互动关系中形成的,这种互动关系虽然包含着认识活动,但主要是情感对情感的影响传递,带着浓厚的情感色彩。也就是说,积极健康的体育课堂心理气氛主要是靠体育课堂教学中人际间的情感纽带形成的。因此教师要营造积极健康的体育课堂心理气氛,就必然要十分重视课堂人际关系的建设,其中建设良好的师生关系是优化体育课堂心理环境的核心;而教师在处理师生关系时,又要十分注意与学生的情感沟通。

(六)体育课堂心理效益

关注学生集体,发展学生个性,促进学生自主学习,确保每个学生实现体育学习目标,全面提高学生的生理、心理和社会适应的健康水平,使"健康第一"的教育思想落到实处,是当前体育教育理论和体育教育实践研究的热点问题。促进学生自主学习,提高学生自主学练能力的出路在于提高体育教学质量,而提高体育教学质量的关键是提高体育课堂教学效益,提高体育课堂心理效益又是提高体育课堂教学效益的重要环节。

1. 体育课堂心理效益的概念和特征

所谓体育课堂心理效益指的是在体育教学中,学生对教师所教授的体育知识、运动技能以及所提要求在心理上接受、认同、共鸣的程度。体育课堂教学过程是一个心理运作过程,其运作的效果如何,与学生个体或群体对教师接受认同、共鸣的程度密不可分。当然,这种程度既没有现成的数据可以简便测量,也并非可以时时外显出来,由此决定了体育课堂心理效益的独特之处。

（1）外显与内隐共存:体育学习有其独特的方式和特征。它总是与肌肉活动相联系,从最初的模仿练习至最终的熟练过程都是以肌肉活动的方式去学习并表现的。学生用视觉、听觉接受教师的指示和信息,却用自己的身体动作来回答教师。因此,体育课堂心理效益的外显就是学生在课上心理接受、认同体育知识和练习技术的某种外在表露。这种外在表露具有一定的可控性。而体育课堂心理效益的内隐指的是它的不外露性。一方面,就学生个体而言,体育课上对教师的反映可产生千差万别的心理状态,或紧张兴奋,或疲劳烦躁,或心旷神怡,或忐忑不安,表现出一切心理过程在那一刻进行的特点,影响着心理过程的整体运作,带来心理效益的各不相同。另一方面,从学生的认知特点看,学生对教师的教授均有从不知到知、从知之不多到知之较多的过程,因此心理效益就有一个处于潜在水平尚未显露的阶段。内隐性反映的是心理效益的不可控制。外显与内隐共存于可控与不可控这一对矛盾之中。

（2）稳定与易变共融:体育课堂心理效益的稳定指的是心理效率作为一种心理现象的集合体,有其自身应有的内在结构、组成要素,一旦形成,即可能保持相对的稳定性。不过,稳定并不意味着固定。体育课堂心理效益作为整个课堂心理运作中的一个活跃因素,又具有易变的特点。或由于教师的讲授、示范等体育教学方法和组织形式与自我达成一种内在共识而产生欣喜,这时教师与学生处于协调一致的心理状态中;或因为所授体育知识、运动技能的困难度产生消极厌倦,使师生心理状态出现不协调现象。而正是在协调与不协调的矛盾运动中,稳定与易变趋于共融。

（3）接纳与排斥共振:接纳总是在与自我心理达成共鸣的情形下产生的。体育课堂心理效益的接纳指教师在体育课堂上传授知识、技能时与学生内心世界产生交流后形成的一种愉悦接受。这种接受既是对教师体育教学的认可与承认,也是对学生自我学习的认可与承认,这时相容处于支配地位。一旦学生反感于教师的课堂传授,内心接纳立刻会转变为内心排斥。这种内心排斥不仅可能表现为将学习内容拒之门外,而且还会使学生在先前学习中建立起来的体育知识、运动技能固着点弱化乃至消失,出现体育知识、运动技能接受与内心排斥的不相容。接受与排斥共振于不相容的矛盾之中。

2. 体育课堂心理效益的功能

（1）同化与调节：既然人的行为受制于大脑，那么，作为大脑机能所反映的人的心理必然对人的行为具有同化和调节作用。这里的同化是改变学习主体心理结构的同化，调节是与同化保持动态平衡的调节。也就是说，在体育课堂教学中，如果教师把所授体育知识、运动技能组织得使学生完全可以吸收、同化，这时的体育教学效果并不高，因为只是主体的同化，并不能改变主体的心理结构，亦不能提高心理效益。反过来，若教材结构与心理结构相去甚远，即体育教学过程中不能适应学生的心理特点，那么调节作用在此状态下亦很难完成。客体既不能进入主体，也不能改变主体的心理结构。课堂心理效益的同化调节功能是促使二者达到一种动态平衡，使所授知识与技能、所用方法既能为学生逐步理解，又不是轻而易举、一蹴而就的，必须通过调节心理结构才能理解，最终达到体育教学双方的内在适应。

（2）选择与定向：体育学习是学生的自主活动，只有当学生意识到自己的心理认知-运动结构同步于教师的心理认知结构时，才能把体育教学的内容变成自我的知识，并试图寻求所教体育知识、运动技能与自己心理之间的接触点、生长点。体育课堂心理效益的选择功能就是充分利用其稳定与接触的特征，帮助不同心理结构的学生建立起不同的体育知识、运动技能选择方式和体育知识、运动技能反映方式，导致学生的高程度参与，产生高效的体育课堂教学效果，并达成趋同的心理合力。体育课堂心理效益的定向功能是学习主体在经过选择过滤行为后呈现出的对体育知识、运动技能和对教师的某种心理定向，或认可适应，或反感排斥。只有审慎地选择，才能正确地定向。

（3）强化与维持：众所周知，个体是一个各种反应功能的联合体。学生形成教师所期待的反应，是体育课堂教学的目的之一。为了达到这种反应，在体育课堂教学中强化学生自我接受正确反映的行为，就是必不可少的。这种强化可以是表浅的，也可以是深层的，只有当体育课堂教学中产生良好的心理效益时，强化行为才可能由表层向深层迈进，并加以维持使之持续。不能否认的是，体育课心理效益的排斥性有时会导致学生做出非正确行为反应，并同样加以维持。因此，体育课堂心理效益的强化唯有指向正确的反应行为，才能收到预期的效果。

3. 体育课堂心理效益的构成要素

如前所述，体育课堂心理效益作为学生在体育课上对教师所教体育知识、所传运动技能、所提要求的接受认可、共鸣的程度，是一种带有评价性的肯定和否定的内部反映倾向，必然有其自身的内在结构。

（1）课堂心理气氛：这是体育课堂心理效益的起始结构。它是体育教学过程中相对稳定的集体情绪状态。是体育教学中集体心理动态结构的特点之一，是体育课堂教学的心理背景。在不同的集体情绪状态下，学生体育学习的效果是有差别的。根据学习理论中的效果律和强化作用律,凡是伴随着一定活动的使人满意、愉快的情绪体验,都能使这种活动受到强化,而不满意的情绪体验则会使这种活动受到抑制。因此,此时营造的心理气氛应以学生的心理结构处于开放的激发状态为前提。主要包括以下三个方面:

① 亢奋不失冷静。亢奋是一种昂扬、活跃、向上的心理态势,其外在表现形式往往是积极思维、主动练习、相互帮助、寻求指导。当这种态势在体育课堂教学中处于主导地位时,师生双方对问题的指向易趋于一致,体育教学过程开始良性运行。当然,为使这种气氛不呈失控状态,教师必须冷静把握学生的体育学习心理,随时调整自己的体育教学心态,使亢奋在冷静中始终保持如一。

② 信赖但不感情用事。信赖是一种双向的信息交换。体育课堂教学中教师的信赖是学生峰回路转、渐入佳境的前提,学生的信赖是教师左右逢源、喜悦成功的结果。信赖与感情用事有着本质的区别,前者是内在默契,后者则是无原则认同。

③ 适度紧张。就促进大多数学生的体育学习而言,应当把紧张程度控制在中等水平,过高或过低的紧张不利于体育学习效率的提高。体育课堂心理气氛同样必须遵循适中的原则。一方面是快节奏的、充满着不断良性竞争,你追我赶,不甘落后;另一方面,又是轻松的活跃、愉快取代了呆板固执,学生个体渐渐进入熟悉的体育学习情境之中,出现身体活动的高效率。

(2)课堂心理适应:从体育课堂心理效益的结构看,此时学生的心理结构由开始的激发状态进入稳定的维持状态,即达成体育课堂心理效益的中间结构。主要指学生对教师课堂行为的心理感应趋向,并在心理气氛迈向心理认同之间架起一座桥梁。

体育课堂心理适应包含两个方面的含义:一方面,需求的满足产生满意的心理适应。当教师使学生个体对体育知识、运动技能的需求获得满足并达到预期的目标时,与此适应,个体就会产生满意的呼应。其中,具有较高认知需求的学生,求知欲虽不及前者强烈,但也开始以表情语言、动作语言或口头语言向教师表达自我对体育知识、运动技能传授的满足程度。另一方面,满意的信息产生对教师的信赖与理解。即学生个体如果认为教师所授体育知识、运动技能是值得信赖的,并与自己的原有的体育知识、运动技能系统一脉相承,就会产生满意的心理反应,并趋于适应教师的传授方法、交流方式、沟通行为。

(3)课堂心理认同:如果说体育课堂心理适应有时还带有某种不自觉或无意识的因素,那么此时体育课堂心理认同已是一种自觉的有意识的双向行为。这是体育课堂心理效益的高层结构。此时,学生的心理结构处于高潮状态。通常有两种模式:

① 整合。在体育课堂教学的全过程中,学生不仅对自己以往所学体育知

识、运动技能感兴趣,而且试图与教师的传授相互交流与沟通,减少在接受体育知识、运动技能时的非整体性、非连贯性,始终保持心理上的接近。与此同时,教师不仅专注于自己的单一教授,关注于新旧体育知识、运动技能的联结点,而且迫切需要了解学生个体或群体的体育学习心态和学习要求,使学生的体能、技能掌握程度和思维活动跟上或同步于自己的体能、技能掌握程度和思维活动。

② 内化。学生个体已经不是被动地,而是自觉自愿地从内心深处信任并接受教师的观点、要求,使自己真正地、完全地与教师形成一致的体育学习倾向。由于内心深处的接纳,已使教师的体育知识讲授、技能教授成为学生体育知识、运动技能体系中不可分割的有机体。

4. 提高体育课堂心理效益的机制

相对人的心理空间而言,体育课堂的空间是有限的。有限的体育课堂空间与无限的心理空间本身就是一对矛盾统一体。有限的体育课堂空间是窥视无限的心理空间的一个窗口,这就使体育课堂空间具有了极其丰富的内涵,亦使体育课堂教学的过程成为一个心理开放的过程。心理的开放是心理效益提高的关键。这就要求,一方面教师要变形式上的独立关系为心理上的合作关系。教师在体育课堂教学中的主角地位固然毋庸置疑,但体育课堂教学的最终目的是提高体育教学质量,促进学生的身心健康,因此,教师必须要与学生形成心理上的合作。另一方面,学生要走出自我封闭的心理庭院。这里着重强调的是如何自觉缩短与教师之间的心理距离,不因教师的权威、身份、角色的不同而筑起心理的防护堤。赞科夫曾说过:在学习过程中要有一种生气勃勃的精神生活。这里的精神生活表现在体育课堂教学中,不仅包括学生强烈的求知欲望、积极的思维活动和主动的身体活动,而且包括他们的心理开放与交流,建立良好的自我评价心理机制,开展无拘无束的争鸣与辩论,并将这一切融入教师的体育教学中。此外,还要构建体育课堂心理合作目标,即营造心理气氛,求得心理适应,达到心理认同。当然,心理合作目标多以一种无形的方式出现,关键在于如何从无形的方式进入有形的效果,如何使无形的目标服务于有形的目的。

(1) 变表层接纳为深层接纳:体育课堂教学中,学生对教师表示体育教学效果如何的询问总是持肯定态度。其实这只是对体育知识、运动技能或对教师的表层接纳,即外在的人为接纳。稍加探究,就会发现这种接纳未免失之肤浅,且有持续时间短、体育知识和运动技能掌握不牢固的特点。唯有变表层结构为深层结构,即用心理的非人为的接纳,连接师生内有的心理纽带,方能提高体育课堂心理效益,也才能提高体育课堂的教学效果。具体做法如下:

① 增强体育知识、运动技能的可受度。从某种意义上说,体育知识、运动技能的可信度并不表明体育知识、运动技能的可受度,有时心理的排斥甚至可使体育知识、运动技能失去可信度。体育学习信息源的可受度一般由体育知识和运

动技能的合理性、教师和学生之间的协调性所决定。为此,必须在加强体育知识、运动技能合理组合的同时,加强体育知识、运动技能与学生心理的合理组合;加强体育知识、运动技能与学生原有的和当前体育知识、运动技能、体能间的内在联系;加强教师教学能力与学生体育学习能力之间的有机组合。

② 增强体育教师的可容度。决定教师可容度的要素很多,其中尤以教师的人格特征影响学生的接纳程度,特别是以深层接纳程度为主。这些人格特征包括体育教师的性格、智力、语言表达能力、仪态、对学生的感染力、吸引力等(Fontana,D.,2000)。因此,要求体育教师具有灵活应变的条理性、深刻准确的批判性、经久不衰的创造性。此其一;具有稳定的情绪,丰富的情感体验,敏锐的洞察力,此其二;具有良好的语言表达能力,不落俗套的仪表仪态,宽厚包容的气度,此其三。

(2) 变内外信息系统单独运行为协调运作:如果教师在体育课堂教学中的一切行为组成一个外信息系统,学生对教师行为的内在反映组成内信息系统,那么,只有当外信息系统与内信息系统输入反馈无阻、协调运作时,才能产生一定的心理效益,取得预期的体育教学效果。

① 调节外信息系统的传播方式。体育课堂教学的传播方式即体育知识、运动技能的教学方式常常有其自身特有的模式,这一方面是体育教师在长期体育课堂教学中形成的某种独特风格,但另一方面也可导致传播方式的凝固和僵化。因此,作为外信息系统导体的教师,既要形成和保持自己的体育教学风格,又要随时注意调节自我的传播方式。在体育教学基本模式的基础上,变单一传播方式为多渠道、多媒体、多风格的传播方式,变外信息系统的单向自我循环为有机作用内信息系统之上的双向双式循环,变传播系统的单向外在作用力为内外系统的双向作用合力,产生心灵的撞击、心理的交流,导致心理效益的提高。

② 改变内信息系统的接受方式。学生的体育学习过程不是一个被动吸收的过程,不是对外界刺激做出简单的机械反映,而是一个内信息系统对外信息系统有目的的吸收加工过程(孙绍荣,2000)。这表明内信息系统同样必须改变单一的接受方式。只有当内信息系统将主动学习的心向、积极探索的欲望、求新求异的志趣以身体动作的应答、倾听、服从等方式作用于外信息系统时,外信息系统才会将内在的期待、暗含的目的通过外在的言语、神态、行动传递给内信息系统。如此内外信息系统方式的不断调整、适应、协调运作,方可促使体育课堂心理效益的提高。

(七) 体育课堂教学的问题行为

在体育课堂教学环境中,学生常常会产生干扰体育教学正常进行的各种行为,如有的与教师敌对、违反课堂纪律,无故旷课;有的过度焦虑,情绪不稳定,长期抑郁,极度羞怯;有的注意力无法集中,自制力差等。所有这些行为,对于体育课堂教学活动来说,都是一些问题行为。

1. 体育课堂教学中问题行为的分析

(1) 问题行为及其表现:问题行为就是指那些妨碍学生身心健康发展和良好品德形成,干扰体育教学活动的行为。问题行为属教育概念,学生的问题行为总是消极的。因此,判断一个学生的行为是正常行为还是问题行为,必须持慎重态度。正确理解这个概念必须注意以下几点:第一,问题行为的经常性和干扰性。就是说学生的问题行为是指在活动中经常表现出来的比较稳定的、干扰教学秩序、妨碍体育学习活动的展开、良好品德的形成和个性发展的行为。那种在体育学习活动中偶然表现出来的影响教学和学习的行为不能称为问题行为。第二,问题行为的年龄特征。在诊断学生的问题行为时,一定要把学生所表现出来的行为与该年龄阶段的正常发育的行为相比较。只有那种同该年龄阶段的正常行为表现差距较大的行为,或与该年龄阶段不相适应的某些行为才是问题行为。第三,问题行为具有特定的内涵。在体育教学过程中,认识和处理问题行为必须把它同其他行为区别开来。一方面,它不同于体育差生、后进生等问题学生的概念。一般来说,体育差生、后进生是对学生的一种总体评价,这种学生往往具有比较多的问题行为,其人数较少。而问题行为则主要是针对学生的某一种行为,而不是针对某一学生所做出的整体评价。另一方面,它不同于过失行为、犯罪行为和变态行为。过失行为主要是指那些不符合社会道德要求的行为,如不良品德行为、与社会失调行为等。问题行为的内涵比过失行为更广,它既包括了品德不良和行为失调,还包括了在学生心理发展中的各种障碍行为。犯罪行为是指违反法律或社会治安的行为,它同学生在教育条件下表现出来的问题行为有本质的区别。当然,如果问题行为长期得不到纠正,特别是那些攻击型问题行为未能经教育而受到节制和转变,一旦与不良的社会诱因相联系,就可能逐渐发展成犯罪行为。

在体育教学活动中,学生的问题行为是多种多样、经常存在的。优等生和后进生都存在问题行为,只是在数量多少和程度轻重方面有差异而已。如有的学生学习努力,师生关系融洽,自觉遵守纪律,可是考试时却经常怯场;有的学生直爽,待人热情,可稍不注意便大发脾气等。对133名男女学生的追踪研究结果表明(颜军,2001):1/3以上的学生曾经发生过过分敏感、发脾气、嫉妒、特别恐惧、冷漠等问题行为,有些学生发生过心境不宁和羞怯等问题行为。儿童和青少年的问题行为如此普遍,与其心理不成熟和行为不稳定有极大的关系。正因为如此,不能依据学生的问题行为去预言其今后的发展,应该看到学生的问题行为具有极大的不稳定性和易变性,应该采取研究和教育的态度,灵活而机智地加以处理。

问题行为的表现是多种多样的。但由于人们对问题行为的认识和研究并不完全一致,因而依据问题行为的表现所作的分类也不一致。如美国 Quay 等人把学生的问题行为分为人格型问题行为、行为型问题行为、情绪型问题行为三种。人格型问题行为主要带有神经质的特征,常表现出退缩行为。这类学生过分忧虑、自卑、神经过敏,主要表现为:在课堂上,或者害怕被教师提问和批评,焦虑不安;或者无端猜疑;或者沉默寡言,胡思乱想。行为型问题行为主要具有对抗性、攻击性或破坏性等特征。这类学生容易冲动,缺少耐心,主要表现为:练习马虎,动作出错频繁;或者爱与同学讲话,站立不安;或者尖声怪叫,吵嚷起哄;或者动手动脚,欺负同学。情绪型问题行为主要是由于过度焦虑、紧张、情绪多变而导致的行为障碍。这类学生漫不经心,情感淡漠,态度忸怩,依赖性强,主要表现为:逃避身体活动,或者不能独立练习;或者情绪紧张,容易慌乱;或者情绪抑郁,心事重重。表现在体育教学过程中的问题行为的主要类型有:

① 外向攻击型和内向退缩型。这是根据学生在体育课堂活动中行为表现的主要倾向来划分的。前者是指在体育教学活动中,学生的心理活动和行为过度外倾,妨碍体育课堂教学活动的正常进行,干扰教师的教学和同学的学习活动的问题行为。它具有公开性、爆发性和极大的破坏性。它产生的主要原因是由于挫折造成的愤怒、不满等情绪所引起的发泄、反抗、迁怒等攻击性行为。其主要表现是:不遵守课堂纪律,不专心听讲解、看示范,破坏学习秩序;不能和同学和睦相处,发起挑衅,故意捣乱;敌视教师,逆反心理严重等。后者是指在体育教学活动中,学生的心理活动和行为反应严重内倾,对体育课堂环境中的各种刺激采取退缩反应,体育课堂心理严重紊乱的问题行为。这种问题行为主要是在经受持续挫折作用时所产生的逃避、消极、自暴自弃等行为,一般不影响教师的教学和同学的学习活动,带有隐蔽性和持续性,对课堂环境不具有破坏性,但却使问题者本人的学习活动不能正常进行。其主要表现是:或者沉默寡言,孤僻离群;或者感情淡漠,逃避集体活动;或者缺乏自信,妄自菲薄,过分依赖;或者敏感多疑,烦躁不安,过度焦虑。

② 从对体育课堂教学活动的影响来看。外向攻击型问题行为扰乱体育课堂教学活动,具有捣乱性和破坏性,容易引起重视;而退缩型问题行为主要以消极、服从、依赖的形式表现出来,对集体和课堂纪律的干扰性不明显,所以,不易为教师和家长注意。但从其对体育教学活动结果的影响来看,退缩型行为同攻击型行为一样对学生心理健康和体能发展具有极大的危害性。而且,后者更为隐蔽。因此,在体育教学活动中,教师必须更加重视内向退缩型的问题行为。

③ 心理性问题行为和品德性问题行为。这是根据引起问题行为的原因来划分的。前者主要指由于心理方面的原因造成的问题行为。其主要表现有:由于矛盾心理引起的神经性行为,如强迫性行为、歇斯底里行为、神经性失声等;由

于情绪障碍引起的情绪性问题行为,如运动恐惧症、过度焦虑症、人际关系障碍等;由于消极的性格因素造成的性格性问题行为,如性格偏执乖僻、性情反复、攻击、粗暴或过分胆怯、孤独等;由于教育不良或儿童综合性多动症等原因引起的活动过渡性问题行为,如异常爱动、注意障碍或因缺乏自控能力而引起的注意力不能集中、维持注意的时间短,易冲动等。品德性问题行为主要指由于错误意识倾向或消极个性特点引起的违反道德规范、损害他人和集体利益的不良行为。其主要表现有:不文明行为、不守纪行为等。这种问题行为对体育课堂教学活动的影响是间接的。

这两种问题行为的区分是相对的,他们常常相互影响,相互渗透。在一定条件下,由心理性原因引起的问题行为可导致品德性问题行为,而品德性问题行为也含有情绪、性格异常等心理因素。

(2) 问题行为产生的心理原因

① 情绪冲突。在体育教学过程中,学生的某些需要得不到满足,或者一定的体育教学情境对其基本需要造成威胁或破坏,就会产生情绪冲突。而问题行为常常是随着情绪紧张的心理冲突而产生和加剧的。在体育教学过程中,由于教师或学生自己提出过高或不适合学生实际的要求而形成的心理压力,会造成学生过分的情绪焦虑;或者由于教师未能及时解决学生心中因某些原因引起的心理冲突,都可能导致学生的问题行为。如教师的管理方式和对学生的态度、师生间和同学间的人际关系、学生对体育学习的期望、教师对学生的期望给学生造成的压力等都可能使学生产生焦虑。而学生自己对待焦虑的反应方式或者是攻击性的,通过情绪转移、激动或吸引他人来缓解紧张,排除忧郁;或者是内向退缩,趋向抑郁;用自我强制的方式处理。

② 心理挫折:在体育教学活动中,学生的问题行为的引起和加重在很大程度上与学生在体育学习活动中遭受的挫折和失败有关。如果学生的目标活动受到阻碍,个体的需要无法满足,就会在心理上产生困扰,形成挫折。挫折一经产生,学生就会产生心理上的紧张和情绪上的冲突,当这种紧张和冲突积累到一定程度时,必然要宣泄。由于学生个性的差异及其对挫折的容忍力不同,其宣泄的方式也不一样,主要表现为攻击、冷漠、幻想、退化、固执等几种形式,每一种形式都可能表现为不同的问题行为。如学生在体育学习活动中持续地遭受挫折,常会表现出痛苦与愤怒、焦虑与自卑、冷漠与呆滞等非理智性的情绪反应。这种学生如果把挫折的原因归于外部,就会对外部对象采取攻击行为;如果把挫折的原因归于内部,就可能导致过分自责与自卑,表现出内向退缩反应。

③ 心理疾病:由于个人在心理活动和行为上失去常态而产生的心理疾病也是导致学生问题行为的心理原因。精神病学研究将心理疾病分为机能性失常和机体性失常。机能性失常主要是由于心理方面的原因而引起的行为失常。在体

育学习活动中,由于机能性心理失常而产生的问题行为并不少见。如重度焦虑反应、注意障碍、神经过敏等。

2. 对体育课堂教学环境中问题行为的矫正

(1) 对体育课堂教学环境中问题行为的态度:关于问题行为对学生的影响,不同的人有不同的看法。教师和心理健康专家对这个问题就持有不同观点。在一般情况下,教师比较重视品德性问题行为和外向攻击型行为,即关心学生良好的品德,维持集体正常的学习活动,而学生的情绪和人格表现是否正常无关紧要。他们认为最严重的是品德上有缺陷的行为和外向攻击的行为,如违背体育教学规则,破坏体育教学秩序,出现不合道德标准的行为,而非内向退缩的行为。心理健康专家则比较重视心理性问题行为和内向退缩型行为。他们从人的心理和人格健全发展的观点出发,重视情绪的稳定和行为的适应。他们认为最严重的问题是害羞、沉默与不好交际,而非欺骗、反抗权威、违背校规与不道德行为。两种不同的观点反映了工作性质的差异。从体育教育的目的来看,各方面的问题行为都应该重视,并及时加以解决。随着体育心理学的发展和知识的普及,这两种观点的分歧正在逐步减小并趋于一致。通常有经验的教师与心理学家的观点比较接近,他们更多地从心理原因上看待问题行为,而没有经验的教师则多以行为的外在形式和现实的后果影响为依据。

在体育教学活动中,教师必须对学生的问题行为形成正确的态度,才能妥善处理问题行为,维持正常体育教学秩序。正确对待学生的问题行为,必须注意以下三点:

① 正确认识,全面了解问题行为。当课堂里发生干扰体育教学的问题行为时,有些教师或者对此采取置之不理的态度,或者认为应该由班主任或家长去处理和解决。这种对待问题行为的态度是由于教师未认识到自己的全部教育职责,其体育教学也无法使有问题行为的学生转变为卓有成效的学习者。事实上,学生的课堂问题行为在很大程度上与教师本身的教学行为有关。因此,教师首先必须认识到问题行为对体育教学活动的破坏性和对学生学习和心理发展的严重危害性,以及认真对待、妥善处理问题行为的重要性。在具体分析问题行为时,既要看到它对体育教学活动的影响,又要注意它对学生人格和心理健康的危害,把解决问题行为当成维持教学活动正常进行和培养学生优良品德、塑造健全人格的重要方面。其次,教师必须全面了解问题行为的成因。任何问题行为的出现必然有多种原因,有的是由于社会的影响,有的是由于学校的管理制度、教师的教育态度和教学方式,有的是由于个人的心理素质等。因此,教师必须对问题行为作全面了解,认真分析原因,以便有针对性地加以解决。

② 公正对待,妥善处理问题行为。处理问题行为一定要针对问题行为本身,即对事不对人。人、事混淆,处理不公,反而可能使问题行为进一步发展、加

剧。有的教师在体育课堂中常常用体罚、责骂、讽刺、赶出场馆等消极办法来处理问题行为,其结果常常是造成师生情感对立,关系紧张。一般来说,教师处理问题行为的基本态度应该是理解、同情,对不同的问题行为区别对待。在具体处理问题行为时,可采取给予信号、邻近控制、课堂示范、课后谈话等方法。

③ 积极引导,重视建构良好行为。学生问题行为的产生与其情绪困扰和需要受阻有极大的关系。因此,在体育教学活动中,一方面,教师应该以正确积极的方式表达自己对学生的情感,尽量满足其合理需要,多运用表扬、鼓励等强化手段,使学生产生积极的情绪体验,以免学生产生偏激或退缩的情绪表达方式。同时,必须积极引导学生正确表达自己的情感,克制不合理的需要;另一方面,教师必须重视学生良好课堂行为的建构,为学生的课堂行为提供榜样。

(2)问题行为的矫正:在体育教学活动中,学生问题行为的表现是多种多样的,必须认真而灵活地加以矫正。常用的方法有以下几种:

① 权威制止。当体育课堂上出现某些干扰体育教学活动的行为时,教师应利用自己的职权,迅速加以制止。根据问题行为表现的不同类型和学生的个性差异,可灵活选择如目光注视、手势利用、身体接近、讲授暂停、直接批评等方式制止和控制问题行为。

② 个别谈话。要彻底矫正学生的问题行为,个别谈话非常重要。个别谈话既能了解问题行为的真实原因,又不影响体育课堂教学的正常进行,而且由于避免了公开批评的难堪,学生在心理上也易于接受。当然,在谈话的过程中,教师必须坚持谈话中的对等原则,注重心理沟通;应对问题学生表示极大的关心,对其谈话应表达出热情和兴趣;同时,教师还要注意解除学生心理负担,启发学生讲出真实信息并掌握好评论的分寸,多采用学生易于接受的劝告和建议的方式。

③ 行为矫正。行为矫正是一门较复杂的心理治疗技术,它是根据学习原理来处理问题行为,从而引起行为改变的一种客观、系统而有效的方法。这种方法在体育教育领域的主要用途是矫正学生的课堂问题行为,塑造学生良好的新行为。人的行为会因结果受到奖励或惩罚而持续、加强或减弱、停止。因此,通过行为矫正技术就能够消除学生的问题行为。其基本步骤是:首先,确定应奖励或惩罚的行为;其次,拟定行为矫正的具体目标;再次,选择恰当的强化物,合理安排强化时间和次数;又一次,排除不良诱因;最后,增进良好行为以逐渐取代问题行为。

④ 心理指导。问题行为的产生常常是由于学生自我发展受到阻碍和压抑,个人对自我缺乏正确的认知等心理原因所引起的。心理指导能够排除和转移阻碍个人发挥自我潜能的种种障碍,改善自我知觉、自我理解,实现自我接纳和认同,使个人形成良好的人际关系,产生积极的情感体验,从而避免问题行为的产生。因此,加强心理指导是矫正问题行为的有效方法。一般来说,体育教师实施

心理指导必须经过心理健康专家的专门指导和培训。在具体实施心理指导时，首先，应尊重学生的认知和情感体验，信任和鼓励学生改正问题行为；其次，要引导学生真实地表达情感，积极实施心理疏导。

3. 在体育课堂教学中对问题行为调控的策略

在体育教学活动中，教师对学生问题行为的调控起着重要作用。如果教师善于创设轻松愉快的体育教学情境，调节和谐友好的体育教学气氛，注意适应学生的个性差异，调动学生的积极思维，激发学生积极的情绪体验，体育教学活动就会正常、有效而持续地进行，学生就会很少发生问题行为。因此，教师必须加强体育课堂管理，充分重视对学生体育课堂问题行为的调控。

（1）重视问题行为的早期诊断：在体育教学过程中，学生的问题行为一旦发生，对其体能的增强、品德的塑造和体育课堂教学的正常进行都具有极大的危害性和破坏性。因此，教师必须对学生的问题行为进行及早的诊断和预测，把问题行为扼杀在萌芽状态之中，把问题行为的消极影响减少到最低限度。诊断和预测问题行为就是要正确判断学生在体育课堂教学中的行为反应，把消极、干扰体育教学活动的行为和正常积极的体育学习反应行为区别开来，具体分析问题行为的不同类型及其产生的原因，以便及时有效地进行调控。

（2）创建和谐的课堂气氛，建立定向化的课堂学习环境：由于问题行为多与学生的心理困扰有关，常常是由于情绪冲突和心理挫折所致，因此，在体育教学活动中要有效地调控学生的问题行为。一方面教师必须着力创建和谐的体育课堂气氛，形成信任、民主、主动的学习环境，以使学生心理体验自由、轻松；另一方面，还要重视建立定向化的体育课堂学习环境，也就是要建立一种有利于学生的体育学习指向体育学习活动的环境气氛。在这样的课堂环境中，学生一进入课堂，即为体育学习活动或体育学习内容所吸引，产生强烈的学习意向，获得成功而愉快的学习体验。这样，学生就会因高度的体育学习积极性而产生正当、积极的学习行为反应，不会或很少会发生问题行为。

（3）提供体育学习帮助，克服学习障碍：在体育教学过程中，具有问题行为的学生，总是存在诸多的体育学习问题，需要教师在体育教学过程中为其提供特殊的帮助。首先，要帮助学生设立适当的体育学习目标，即体育学习目标的高低要与其体育学习能力相符合。对能力强的学生可设立较高的学习目标；对能力较差的学生，如果设立过高的目标而难以达到，就会产生失败的体验，这种体验经常发生，就会诱发问题行为。因此，在体育教学中，教师要能为不同水平的学生提供适合其运动能力的学习内容，指导学生选择适合的学习方法，使所有学生都专注于体育学习活动。其次，要培养学生自我控制体育学习活动的能力。对体育学习活动的自我控制和调节反映了学习的主动性，表明其体育学习活动是在内在动机的基础上展开的。这样，学生就会把精力和时间集中于体育学习活动上。

四、教学重点与难点

（一）教学重点

（1）教学前分析学生体育态度和认知-运动能力的意义与方法。
（2）选择教学组织形式与方法的心理学依据。
（3）实施自主学习、合作学习和探究学习的教学步骤。
（4）体育课堂学生问题行为的控制。
（5）和谐的体育课堂心理气氛的创设。

（二）教学难点

（1）体育学习策略的有效教学方法。
（2）评价体育课堂学习的心理学方法。

五、教学指导建议

（一）教学建议

（1）运用提问法，引导学生明确问题，导入学习内容。例如，教师设问："在确定篮球单手肩上投篮教学目标时，有人认为是'教会学生单手肩上投篮'，也有人认为是'让学生基本掌握单手肩上投篮动作'。你觉得哪种目标陈述比较合理？为什么？"以此利用学生的探究学习心理，阐明体育教学目标明确化的陈述方式和要求。

（2）运用启发法，促进学生的思考，检查学生领会、掌握和运用知识的程度。例如，让学生分析影响体育课堂心理气氛的教师因素，然后回答"如果我是体育教师，应该怎样创设良好的体育课堂心理气氛"。

（3）运用讨论法，以某一具体内容引导学生开展讨论，给学生提供展示个性才能的空间。例如，在讲授体育合作学习时，采用指定和自愿报名的方式，组成3~4人为一组的两组进行正反辩论，辩题为："体育合作学习方法是否有助于提高人的交往能力"？其他学生作为后援在教师允许后可以补充发言。

（4）运用研究法，以发展探究思维为目标，激发学生的学习兴趣，通过实践活动，培养学生的独立思考能力和解决问题的能力。例如，给学生提出选题："体育教学的心理环境对学生心理状态的影响"。教师指导学生从 Lewin 的心理场论的角度收集、分析资料,撰写材料,以口头报告的方式向全班讲解。

(5) 运用练习法,指导学生学会评价体育课堂学习的心理学方法。在介绍评价体育课堂学习心理学方法的有关基本知识后,安排学生到体育课上,学习使用行为观察记录法和行为表现评定法,使其了解和掌握评价体育课堂学习的心理学基本方法。

(6) 在本章教学中,教师要根据教学内容选择体育教学案例,引导学生结合实际,在掌握体育教学心理理论知识和技术程序的基础上,获得体育教学心理的应用技能。

(二)教学活动案例设计

1. 活动主题

体育教学心理环境对学生心理状态的影响。

2. 教学目标

(1) 让学生了解体育教学心理环境的构成要素;

(2) 使学生理解良好的师生关系是优化体育教学心理环境的核心;

(3) 使学生掌握基本的体育教学心理研究方法。

3. 教学过程

(1) 在"第三节体育教学环境心理"教学前 3~4 周,采用个人研究与全班集体讨论相结合的形式,组织全班同学围绕"体育教学心理环境对学生心理状态的影响"的研究主题,各自收集资料或进行调查。

(2) 教师启发思路(例如,从 Lewin 的心理场论的角度出发)、补充知识(例如,教育心理学的相关理论)、介绍方法和线索(例如,从计算机网络检索文献),指导学生对收集到的资料、信息、数据等进行分析、整理、加工,提取有用的信息进行研究,引导学生质疑、探究和创新,得出结论。

(3) 学生将取得的结果加以归纳整理、总结提炼,形成书面材料。

(4) 在讲授第二节后,把学生分成若干个学习小组展开交流、讨论,分享初步的研究成果。各组推荐 1~2 名同学在全班做报告。

(5) 教师主持答辩,报告的同学回答其他同学提出的问题。在此期间,教师可适时地引导学生就"体育教学心理环境的构成要素"、"良好的师生关系是优化体育教学心理环境的核心"、"体育教师对自己的教学行为加以调整是优化体育教学心理环境过程中的关键"等问题展开集体讨论。由此推动学生在各自原有基础上深化研究,进而完成各自的研究论文。

4. 小结

本教学设计采用研究性学习的教学方式,它所关注的不是取得体育教学心理研究成果的多少以及学生学习水平的高低,而是体育教学心理学习内容的丰富性和研究方法的多样性,强调学生学会收集、分析、归纳、整理资料,学会处理反馈信息,更加注重研究过程。这对于培养学生的创新精神和实践能力,完善学生体育心理学的基本素养,有着十分重要的意义。

六、参考文献

[1] 孙绍荣.教育信息理论[M].上海:上海教育出版社,2000.

[2] 季浏主编.普通高中体育与健康课程标准(实验)解读[M].武汉:湖北教育出版社,2004.

[3] 周军著.教学策略[M].北京:教育科学出版社,2002.

[4] 颜军著.体育心理论稿[M].南京:河海大学出版社,2001.

[5] 颜军.体育课堂心理气氛评估的研究[J].体育与科学,1995,16(5).

[6] 颜军.中学生体育学习焦虑控制的实验研究[J].体育科学,1995,15(2).

[7] 颜军.论我国体育心理学的发展取向[J].体育科学,2001,21(3).

[8] (美)阿瑟·S.雷伯,李伯黍等,译.心理学词典[M].上海:上海译文出版社,1996.

[9] (美)戴·冯塔纳.王新超译,教师心理学(第3版)[M].北京:北京大学出版社,2000.

[10] D. R. Cruickshank,D. L. Bainer,K. K. Metcalf. The Act of Teaching (2nd). The McGraw-Hill companies Inc,2003.

[11] J. Brown. Teaching Thinking and Problem Solving. American Psychologist,1983,(23).

第二十章

体育教学中学生的个体差异

一、教学目标

通过本章教学,使学生能够:
(1) 了解体育能力的差异以及对待不同体育能力学生的教学策略。
(2) 理解智力的结构,及其与体育运动之间的关系。
(3) 理解非智力因素在体育活动中的个别差异。
(4) 了解个性(人格)的概念和内涵、个性的测量方法以及针对学生个别差异的教学策略。
(5) 了解影响体育差生学习的心理因素,以及如何提高其学习效果的方法。

二、教学内容框架(图 20-1)

三、知识拓展与深化

(一) 智力与体育运动之间的关系

"智力"一词家喻户晓,人人皆知。对智力的理解众说纷纭。然而,在体育运动中,智力意味着什么?它会影响运动表现吗?智力水平的差异是否影响运动技能的学习?通过体育运动能促进智力的发展吗?这些问题都是体育教师和教练员所关心的问题。

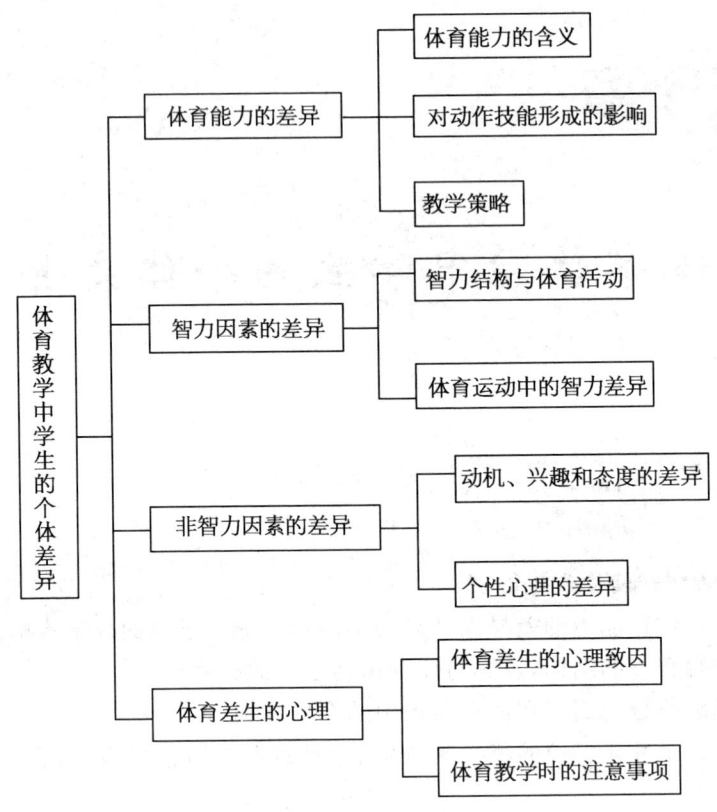

图 20-1　体育教学中学生的个体差异的教学内容框架图

1. 智力的结构及体育运动专项智力

(1) 智力的结构：中外心理学界的众多专家对智力的实质和结构进行了长期深入的探讨，在智力研究的进展中，不同的学派有不同的观点，至今尚未达成共识。有关智力的实质和结构的研究概括起来主要有以下几种(沈德立,2002)：

① Spearman(1927)的二因素说，认为智力由贯穿于所有智力活动中的普遍因素和体现某一特殊能力之中的特殊因素组成。

② Thurstone(1938)的群因素说，认为智力是由七种基本心理能力组成：计算能力、言语理解能力、词的流畅性、记忆能力、推理能力、空间知觉能力和知觉速度。Thurstone 提出的智力群因素论，对于后来的能力研究影响比较大。首先，该理论直接影响了当代心理学界对智力结构的研究；其次，该理论是以多因素分析方法为基础提出来的，这为后来智力本质的研究开辟了一条新的道路；最后，Thurstone 根据自己的理论编制了相应的能力测验，即著名的"基本心理能力测验"，该测验目前已被广泛应用。

③ Guilford(1959)的智力三维结构理论。认为智力是由多因素组成的，这

些因素是由内容、操作和产品三个维度组合的,这就是智力三维结构理论。1959年 Guilford 认为内容有图形、符号、语义和行为 4 类,操作有认知、记忆、发散思维、符合思维和评价 5 类,产品有单元、类别、关系、系统、转换和蕴涵 6 类,也就是说,智力是由 $4\times5\times6=120$ 种因素组成的。1977 年 Guilford 将内容中的图形改为视觉信息和听觉信息,这样,内容维度增为 5 类,智力则变为由 $5\times5\times6=150$ 种因素组成。1988 年他又将操作中的记忆改为短时记忆和长时记忆,即操作维度增加为 6 类,这样智力又变为由 $5\times6\times6=180$ 种因素组成。与传统的智力结构理论相比,Guilford 的智力结构理论能更好地说明创造性。在"操作"维度上包容的"发散思维"为全面地理解人类的智力作出了贡献;他还为测量发散思维编制了新的测验,这就为研究人类的创造性提供了工具。

④ J. P. Das 和 J. A. Naglieri(1990)提出的 PASS 模型智力理论。他们把信息加工理论、认知研究的新方法与智力研究的传统方法相结合,通过大量的实验研究,探讨了智力活动中的信息加工过程,并以苏联心理学家 Luria 的大脑三级功能学说为理论基础,提出了人类智能活动的三级认知功能系统的智力模型:计划—注意—同时性加工—继时性加工模型(Planning-Attention-Simultaneous-Successive Processing Model),即 PASS 模型。他们认为个体的智力活动有三个认知功能系统:注意—唤醒系统、编码—加工系统和计划系统。这三个认知功能系统相互联系,共同作用,又执行各自的功能。

⑤ R. J. Sternberg(1985)的智力的三元论。智力的三元论由三个亚理论组成:情境亚理论、经验亚理论和成分亚理论。其中智力的成分亚理论又可分为元成分、操作成分和知识获得成分。三元论对智力提出了一种解释,系统地探讨了内部心理过程如何与外部环境及文化因素相互作用,以产生有效的智力。

(2) 体育运动专项智力:最初的研究多采用标准化的智力测验,对不同水平的运动员以及运动员和普通人之间进行智力的差异比较,来探讨运动与智力的关系(周家骥,1985;孙平,1985;祝蓓里,1987;李少丹,1988;毛志雄、张力为,1992;张力为,1994;刘淑慧,1989)。但这种研究方法似乎并不妥当,研究结果也存在矛盾,也许是以传统智力理论为依据对运动员的专项智力进行研究本身的模式存在问题。

认知心理学的智力理论从信息加工的角度来探讨智力结构,把心理活动中进行信息加工过程的模式识别、注意、记忆、视觉、表象、言语、问题解决、决策等作为智力结构的内容,成为心理学发展的趋势和潮流。对运动智力的研究产生了极大的影响,强调运动情境特性下智力的现实性、目的性、适应性、选择性、塑造性等功能,为我们在运动情境下研究智力拓展了视野。

Allard(1980)运用信号检测理论研究了排球中的知觉技能。通过短暂呈现的排球情境幻灯片,要求运动员和普通人来回答是否有球出现在幻灯片上。有一半的幻灯片呈现的是真实的比赛情境,另一半呈现的是非比赛的情境(暂停、准备活动等),每张幻灯片呈现 16 毫秒。在所呈现的幻灯片中,有一半有球,另一半无球。因变量用条件概率 P(A)和声音反应时表示。结果表明,运动员回答的速度比普通人要快,但准确性与普通人无显著差异。

葛春林(1995)依据认知理论方向对我国优秀少年排球运动员智能特征进行研究,尝试在一定运动情境下对运动员特殊认知过程进行评价,研制了排球专项信息加工速度动态模拟计算机系统,把运动员的心理过程转化为具体分析的信息加工过程。研究结果发现,不同水平运动员的判断有显著差异。研究结果还证明速度因素是评价专项智力活动和认知功能的一项重要指标。进一步的研究也证实认知策略是影响专项智力的重要因素之一。

以认知理论为依据的研究由于紧密结合运动专项的特点,研究重点是对运动信息加工的过程变化,因而发现了一些运动员认知方面的智力特点,研究结果也具有一致性。

2. 智力的测量

目前,运动心理学常用的一般智力测验有《韦克斯勒成人智力量表》和《瑞文标准推理测验》(张力为,2003)。

《韦克斯勒成人智力量表》(Wechsler Adult Intelligence Scale,WAIS)由美国心理学家 D. Wechsler 编制。该测验为个别测验(即一对一地施测),内容包括言语和操作两类题目,构成两个分量表。言语分量表又分为常识、理解、算术、相似、记忆、词汇 6 个分测验,共 48 题;操作分量表又包括符号替换、图画完成、图系排列、方块设计、物形配置 5 个分测验,共 44 题。测验结果以离差智商表示,以 100 为平均数,15 为标准差。也可分别计算言语智商、操作智商和全量表智商,以分析比较被试不同方面的能力。

《瑞文标准推理测验》(Raven's Standard Progressive Matrices Test)由英国心理学家 J. C. Raven 编制,是一种非文字的图形补充测验,由 60 题组成,可个别或团体施测,要求被试从 6 个备选小图形中选择一个小图形,置于给出的一个整体图形中的空缺处,使整体图形变得合理和完整。测验结果以百分等级表示。

(二)态度与体育运动

1. 研究态度的意义

态度是人们普遍关心的一个问题。在日常生活中,态度对于我们的行为有着深刻的影响。我们对于他人行为的解释,往往或多或少与彼此所持的态度有关。正因为态度与行为之间有着如此密切的关系,所以对态度的研究便成为社会心理学中最重要的领域之一。Allport 提出"态度是社会心理学中最重要、最关键的概念";社会心理学家 Thomas 认为社会心理学就是"研究社会态度的学科";社会心理学家 Zrannecki 则更为干脆地说:社会心理学就是"研究态度的学科"。由此可见态度研究的重要性。人在社会生活中,不仅会对他人及各种事物产生认知活动,而且也会在认知的基础上对人和各种事物产生一定的态度,态度会影响人如何去对待事物,并左右着人如何去行动和取得何种社会效果。"端正学习态度"也是我们在教学过程中经常强调的问题,因为态度是影响学习最重要的非智力因素之一。积极的态度将有助于学习,而消极的态度则会阻碍学习。如何改变人的态度,一直被认为是教育工作者的工作中心、职责和义务。

2. 态度的形成及变化

人的社会态度不是生来就有的,而是在社会生活中不断形成的;它也不是一成不变的,而是在互动和交往过程中发展变化的。了解态度的形成和改变,一直是现代社会心理学研究的重心之一。在这方面,最主要的研究主流有三种:一种是学习理论的,它立足于行为主义的立场,认为态度形成和改变的过程也是一种学习的过程(周晓红,2001)。例如,20 世纪在 40—50 年代 Hovland 主持的耶鲁大学沟通计划中,研究者提出,当引导一个人做出新反应的诱因大于做出旧反应的诱因时,态度就会发生改变;第二种是功能理论的,它立足于精神分析的立场,认为态度的形成和改变有其深层的心理动力根源,而态度的功能在于满足个体特殊的心理需求;第三种是认知理论的,立足于传统的格式塔心理学立场,该理论认为态度的形成和改变取决于人的认知在整体上是否一致。

态度的变化,在现代社会生活中十分重要。态度是由认知因素、情感因素、和意图因素有机结合在一起,因而无论是态度的形成还是态度的改变,都不像一般学习那样简单。正因为它既重要又复杂,各国的社会心理学家都非常注重对它的探讨,做了大量的研究和实验,力求揭示态度形成和改变的一般规律。现在已有不少关于态度的理论,其中的刺激—反应理论和体育的关系较为密切,在此简要阐述。

刺激—反应理论把态度看成是在刺激—反应的模式中,即在社会刺激引起反应的作用下学习得来的。这种理论认为,适用于其他学习形式的原理,同样也决定态度的形成和变化。所以,刺激—反应理论在态度研究中又被称为学习理论。学习理论认为,态度的表现和运动是一种反应,态度就是在刺激的作用下逐渐形成和不断改变的。1953 年,Hovland、Janis 与 Kelly 依据刺激—反应的学习理论,提出了一个态度形成和改变的刺激-反应模式(图 20-2):

这个模式提出,态度的主体在有关的某种态度对象的刺激(即信息的传播)作用下,是否受此传播信息的影响形成或者改变态度,必须经过注意—了解—接受三个过程。就是说,形成和改变态度,第一步就是要吸引主体的注意,注意信息传播所带来的刺激。不但要让主体注意到信息的形式、信息的特点和信息传播的过程,更要让主体注意到信息所代表的含义和观点。第二步就是要经态度

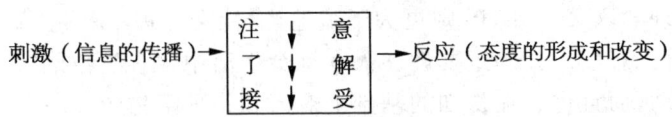

图 20-2 态度形成和改变的刺激-反应模式

的主体译码,了解信息的一切内在体现着的内容,这种了解必须是真实和全面的。第三步是让态度的主体接受信息所代表的观点,如果他接受信息内容所主张的观点,就可以导致他形成新的态度并改变原来的态度,或者更加坚定原来的态度。接受信息与否是决定态度改变的关键步骤,这需要我们掌握一整套科学的方法来引导我们的工作对象,引起他们对新态度的强烈向往,克服旧态度的干扰,促使态度正常运转。当几种有关的刺激经常同时同地出现时,联想就会发生作用了,就人的生理机制而言即建立起了暂时神经联系。这种暂时的神经联系逐渐固定化,形成新的定势,从而使人形成新态度,改变旧态度。

(三) 个性(人格)与体育运动

1. 个性(人格)的理论

人格理论的种类很多,各有侧重点,有的重在探讨人格的结构,有的重在研究影响人格形成的条件,有的重在揭示人格发展的过程。下面主要介绍其中几种:

(1) Freud.s(1933)的精神分析人格理论:人格结构说、人格发展说是 Freud.s 精神分析人格理论的中心理念,下面主要介绍其人格结构说。Freud.s 提出,人格是一个整体,人格结构由本我、自我和超我三部分组成。

本我(又称生物我)是人格中与生俱来的、原始的力量来源。构成本我的成分是人类的基本需求和本能冲动。本我是潜意识的、无所顾忌的、强大的,它只顾寻求需要的即刻满足,按"快乐原则"行事。

自我(又称现实我),是个体出生之后,在现实环境作用下由本我中分化发展而来的。本我的各种需求的满足,要受到现实的制约。自我的基本任务就是要在现实的可能和本我的非理性需要之间起调节作用。自我按"现实原则"操作。因此,自我是本我与外界关系的调节者,它决定是否允许满足本我的要求。

超我是人格结构中居于管制地位的最高部分,是由于个体在生活中接受社会文化道德规范的教养而逐渐形成的。超我中有两个重要部分:一为自我理想,是要求行为符合理想的标准;二为良心,是规定行为免于犯错的限制。如个体所作所为合于他的自我理想时,就会感到骄傲;如所作所为违反了自己的良心,就会感到愧疚。超我是人格中的道德、良知、理性部分,受"至善原则"支配。它一旦形成,人就按其价值观念和各自的理想独立行事。

自我介于本我与超我之间,对本我的冲动与超我的管制具有缓冲与调节的功能。这样,自我必须同时协调和满足本我、超我和现实三方面的要求。

本我、自我和超我的相互关系就构成了人格动力结构。这三个成分是不断相互影响的,一个结构成分的变化,必然导致其他成分的改变,三者处于动态平衡状态中,共同构成整体人格。一旦这种平衡关系难以维持或遭到破坏,个体就会产生焦虑或导致人格异常。

根据 Freud.s 的理论,个体潜意识的性本能和攻击本能是行为的主要决定因素。运动攻击行为就是这一理论的潜在例子,本书前面章节中的运动暴力现象就可以用本能理论来解释。

(2) R.B.Cattell(1965)的人格特质理论:美国心理学家 R.B.Cattell 认为人格特质是人格建筑的砖石。特质是人在不同时间和情境中都保持的行为形式和一致性。人格特质不仅是人格的结构单元,而且可以作为人格分析和人格测量的单元。

R.B.Cattell 的研究揭示了各种特质的类别,区分表面特质和根源特质的差异也许是 Cattell 所做的最卓著的贡献了。表面特质是能够直接从外部行为中观察到的特质,即经常发生的、可以直接观察到的行为表现;而根源特质则是隐藏在表面特质深处并制约着外部行为的特质,是个体行为的最终原因。表面特质是根源特质的表现,是直接与环境接触的特质,随环境的变化而呈现出多样性;根源特质却是相当稳定的,其数量也是有限的。每一个表面特质都是由一个或多个根源特质引起的,而一个根源特质也可以影响几个表面特质。R.B.Cattell 推断所有的个体都具有相同的根源特质,但所具有的程度不同,所以人与人之间就显出了人格结构的差异。经过多年的研究,R.B.Cattell 认为根源特质(人格因素)有 16 种(表 20-1):

表 20-1 R.B.Cattell 的 16 种根源特质

因素	特质名称	低分者特征	高分者特征
A	乐群性	缄默孤独	乐群外向
B	智慧性	迟钝、学识浅薄	聪慧、富有才识
C	稳定性	情绪激动	情绪稳定
E	好强性	谦逊顺从	好强固执
F	乐观性	严肃审慎	轻松兴奋
G	有恒性	权宜敷衍	有恒负责
H	敢为性	畏怯退缩	冒险敢为
I	敏感性	理智、着重实际	敏感、感情用事

续表

因素	特质名称	低分者特征	高分者特征
L	怀疑性	信赖随和	怀疑、刚愎
M	幻想性	现实、合乎成规	幻想、狂妄不羁
N	世故性	坦白直率、天真	精明能干、世故
O	忧虑性	安详沉着、有自信心	忧虑抑郁、烦恼多端
Q1	实验性	保守、服从传统	自由、批评、激进
Q2	独立性	依赖、附和	自立、当机立断
Q3	控制性	矛盾冲突、不明大体	知己知彼、自律严谨
Q4	紧张性	心平气和	紧张困扰

（引自 Cattell,1965）

上述 16 种因素是各自独立的，个人的人格特征就是由这 16 种人格因素在个人身上的组合不同所决定的。这就为人格测验提供了可能和理论依据。R. B. Cattell 根据他的研究编制了著名的"卡特尔 16 种人格因素测验"，已被用于各种群体进行比较研究，也被广泛用来预测职业和学业的成败。

（3）Rogers(1961)的人本主义理论：Rogers 的人本主义理论以个体的自我为中心理念，所以一般称之为自我论。Rogers 主张自我实现是人性的本质。实现的倾向是一种基本的动机性驱动力，不但是人，其实在一切有机体身上都表现出先天的、发展自己各种能力的倾向性。在这一过程中，有机体不但要维持自己，而且要不断地、积极主动地发展自己。

Rogers 认为，个体的自我观念是个体在生活环境中与人、事物交互作用时所得经验的综合。他认为别人对个体行为的评价如果与个体对自己的认知、感受不一致，就会给个体自我观念的形成带来困难。个体在形成自我观念时，渴求别人的好评，希望别人以积极的态度支持自己。当个体对自己的认知、感受得到别人无条件的积极支持时，他的自我观念就会越来越明确，很少发生自我冲突，进而获得健康成长。最好的情况是对成长中的个体尽量提供无条件的积极支持，使他能顺其本性在自然的情境中形成和谐的自我观念，从而奠定自我实现的人格基础。

Rogers 的人格自我理论对人性持一种积极的态度，强调尊重人的尊严和价值，无论是在普通教育领域还是在心理咨询的临床应用中，都产生了重要影响。

（4）Bandura(1973)的社会学习理论：Bandura 认为，人格可以通过社会学习方式获得，也可以通过社会学习而改变。社会学习理论区别于其他人格学习理论之处，在于它强调人的观察学习和自我调整。所谓观察学习是指人通过观察他人而习得复杂行为的过程。这种观点与强调必须从外部进行强化才能形成行为的典型行为主义观点有很大的区别。

观察学习是一个复杂的行为过程。并不是所有的观察者都能获得示范者的行为模式,这与示范者的性格特征和观察者的性格特征有关。Bandura 在提出他的社会学习的人格理论时,虽然也沿用了行为主义的强化概念,但他把强化区分为直接强化、替代强化和自我强化。替代强化是个体看到他人的行为获得成功或赞扬,会增加产生同类行为的倾向,反之亦然。个体一旦社会化了,就能自己设定标准并根据这种内在标准来评定和奖惩自己的行为,称为自我强化。

在运动技能学习中的模仿和强化行为就是社会学习理论在体育运动中的应用。

(5) 人格的五因素模型:经过漫长的探索,Norman(1963)等一批人格心理学家似乎逐渐达成了共识,认为人格维度有 5 个。1949 年至 1981 年的人格维度研究表明 John(1990),以下五大特质因素是这些研究的共同归宿:神经质(neuroticism)、外倾性(extraversion)、开放性(openness to experience)、随和性(agreeableness)和意识性(conscientiousness)。五因素模型的建立被认为是人格心理学发展的转折点。

2. 个性差异与体育运动

神经系统的基本特征是从事体育运动的先天基础。神经系统兴奋和抑制过程的强弱,影响着有机体能否长时间从事单调的活动。强型的个体既可以从事重竞技运动,又可以从事需要在短时间内消耗掉大量神经能量的单项活动(如体操、短跑等)。弱型的个体,其动作稳定性可能与神经过程的惰性(不灵活)相联系。神经过程的灵活性影响着有机体在迅速变化情况下顺利完成动作的程度(如球类项目在对抗的条件下,战术水平的发挥)。神经过程的平衡性影响着有机体能否掌握复杂的运动技能以及赛前的心理状态(如竞技体操、跳水等)。不同运动项目对不同的气质有不同的要求,如短跑与跨栏需要强、平衡而灵活的神经类型,中长跑与马拉松需要强而平衡的神经类型,而跳远、跳高等项目虽属活泼型和安静型,但其项目特点对心理素质的要求仍有所不同(表 20-2)。即使是同一项目,如球类项目的不同位置也有不同的心理素质要求,其神经类型也有所不同。

表 20-2 部分不同运动项目运动员神经类型的分布情况

	活泼型	安静型	兴奋型	抑制型
排球	32.7%	41.6%	25.7%	0
篮球	40%	40%	20%	0
足球	31%	25%	44%	0

续表

	活泼型	安静型	兴奋型	抑制型
短跑	12%	42%	48%	0
中长跑	4%	59%	33%	3%
长跑	13%	68%	13%	4%

(引自,周绍忠,1995)

专栏 20-1

黄平(2004)通过问卷调查对部分高校学生气质类型和专项体育选修课之间关系进行了研究,分析发现不同气质类型在专项体育选修课选择和学习效果等方面存在一定的差异,认为高校体育课应针对学生不同气质类型特点开展教学。

气质影响个体活动。当在问卷中问到"你最为愿意选择的专项体育选修课项目是什么"时,回答结果如图20-3所示。

从图20-3可以看出,高校男生在专项体育选修课选择上,根据选课人数,依次为足球、篮球、网球、乒乓球、武术等项目。

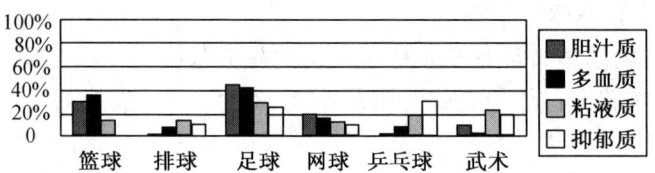

图20-3 男生不同气质类型选项情况

男生的不同气质类型在专项体育选修课的项目选择上存在着明显差异,胆汁质和多血质这种气质类型的学生在行为特征上具有外向性,他们所选择的课程都集中于足球、篮球等项目;粘液质和抑郁质两种气质类型的学生在行为特征上具有内向性,他们对课程的选择较为广泛,但在足球、篮球这两个项目选择上与胆汁质和多血质的学生存在明显差异究其原因是由于粘液质和抑郁质的学生谨慎、安静、不善交际,导致他们体育活动参与的主观性不强,即使进行体育活动也只参加活动量小的个人或两人项目。

为了研究学生不同气质类型对专项体育选修课学习的影响,在问卷中问到"你在专项体育选修课学习中的感受如何"时,回答结果如图20-4所示。

从回答结果可以看出,在学习专项体育选修课过程中,多血质的学习感到轻松的比例最高,为17%,其次是胆汁质,为16%;抑郁质的学生感到吃力的比例最高为29.1%,其次是粘液质,为20%。

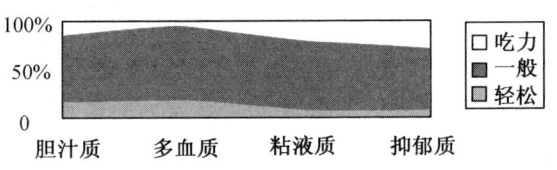

图 20-4　气质类型对运动技能学习效果的影响

气质类型无所谓好坏。只要给予适当的教育,任何气质类型的学生都适应教学的要求。但本文的对比研究显示不同气质类型学生在专项体育选修课中学习效果并不一样,说明在高校体育教学过程存在不足之处,即忽视了气质类型为粘液质和抑郁质学生的特点。在教学方法上"一刀切"造成这两种气质类型学习效果较差。应针对抑郁质学生神经过程弱的特点,在课中重视分段教学,让学生将大量的学习分为更小的部分来完成,可能会使这一气质类型的学生学习效果更佳。

（引自黄平,2004）

3. 个性(人格)的测量

(1) 气质的测量:气质表现在个体的心理活动和行为方式中,可以通过对人的行为特征的观察和了解来评定一个人的气质,但是不能凭对个体一时一事的行为特征的观察来确定个体的气质类型。由于气质的复杂性,有时个体的行为表现又会"掩盖"真实的气质特征。因此,对气质的测量应该综合运用观察、实验、测验、个案研究等方法,多方面收集资料,然后从中综合概括出一个人的气质。

① 观察法。采用观察法观察学生的日常行为表现,一般均是在被了解的对象处于正常行动时,从有目的有计划地观察他的行动、言辞、表情等方面所收集的材料中,分析、研究、理解对象的心理。观察法的优点虽在于保持被试对象心理的自然性,但是研究者往往处于被动地位,只能等待所要观察现象的自然出现,结果往往不尽理想,而且不易量化。此外,采用观察法来了解被试的外部表现,往往不易分清性格和气质的各自特征。

② 实验法。气质特征和神经过程的基本特征有关。因此,通过实验了解神经过程的基本特征(强度、灵活性、平衡性等)有助于了解人的气质特征和气质类型。

感受性、耐受性、速度与灵活性、可塑与稳定性、不随意反应性、内向与外向、情绪兴奋性、情绪和行为特征,被认为是构成气质类型的心理特性。通过实验测定这些心理特性可以了解人的气质特征和气质类型。《简明不列颠百科全书》中写道:"现代研究气质的方法是:在标准化的紧张情况下测量人的情绪反应,并对测量结果进行统计分析"(简明不列颠百科全书,1986)。

专栏 20-2

　　杨博民等人通过实验来测定个体高级神经活动的强度。他们用敲击和选择反应时来确定个体的高级神经活动的强度特征。被试为青少年运动员。在敲击实验中,被试用优势手持金属棒连续迅速地轮换敲击两块金属板。记录被试每分钟敲击金属板的次数,并比较在开始时和结束时敲击速度的变化。在选择反应时的实验中要求被试对不同刺激做出不同的反应,记录每次的反应时,并且比较实验过程中反应时的变化。完成作业的高效率作为测定高级神经活动强度的指标。该研究表明,在 55 位被试中,测定结果与教练员平时观察相符合的达到 75%,并且与运动成绩相关,强型的比弱型的成绩好。

(引自杨博民,1982)

　　③ 自陈量表(问卷)法。自陈量表根据各种气质类型的人的气质行为表现列出自陈测试题,让被试回答是否符合自己的实际情况,根据得分来判别气质类型,使用简单,评分客观,为一般了解人的气质类型提供了较为有效的简易工具,因此在教育、心理咨询、职业指导等方面具有一定的参考价值。是目前比较常用的测量方法。但是自陈量表往往只对人的外部表现做描述性判断,其行为样组的代表性尚待验证,同时也缺乏年龄和性别常模,只能对人的气质类型的评定起参考作用。

　　问卷举例1:斯特里劳气质调查表

　　波兰心理学家 Jan. Strelau 根据巴甫洛夫学派关于神经过程基本特性的理论编制了斯特里劳气质调查表(简称 STI)。他在该研究的初期,对每个神经过程的特性(兴奋过程的强度、抑制过程的强度、神经过程的灵活性)各选用了 50 个题目,全部问卷共 150 题,后来删除了十余个题目,剩下 134 题。其中 44 个兴奋强度的题目、44 个抑制强度的题目和 46 个神经过程灵活性的题目。被试根据自己的情况回答:"是"、"?"、"否",然后统计得分。该调查表在国际上广泛应用,已经译成中文、英文、俄文、德文、法文、西班牙文等。

　　题目举例:
　　① 讨论中,你能抑制无理的情绪性的争论吗?(抑制强度)
　　② 你能很容易恢复一项停止了几个星期或几个月的工作吗?(灵活性)
　　③ 睡一宿觉会消除你一天紧张活动造成的疲倦吗?(兴奋强度)
　　分别计算出你在每一部分的得分,并参考气质测评表,就可以了解你的各种特性的状态和气质类型。

　　问卷举例2:陈会昌的气质调查表:
　　我国学者陈会昌等人根据四种气质类型编制的《气质类型调查表》共 60 个

项目,每种基本气质类型各 15 题,按随机顺序排列。采用自陈法,要求被试按指导语的要求回答问题。

计分采取数字等级制:
很符合自己情况的　　　　　记 2 分;
较符合自己情况的　　　　　记 1 分;
介于符合与不符合之间的　　记 0 分;
较不符合自己情况的　　　　记 −1 分;
完全不符合自己情况的　　　记 −2 分。

该调查表比较简便易行,信度和效度均较高。

题目举例:
① 做事力求稳妥,不做无把握的事。(粘液质)
② 遇到可气的事就怒不可遏,想把心里话全说出来才痛快。(胆汁质)
③ 宁肯一个人干事,不愿很多人在一起。(抑郁质)
④ 到一个新环境很快就能适应。(多血质)

评分与解释:
① 如果某类气质得分明显高出其他三种(均高出 4 分以上),则可定为该类气质。如果该类气质得分超过 20 分,则为典型型;如果该类得分在 10~20 分,则为一般型。
② 两种气质类型得分接近,其差异低于 3 分,而且又明显高于其他两种(高出 4 分以上),则可定为这两种气质的混合型。
③ 三种气质得分均高于第四种,而且接近,则为三种气质的混合型,如多血—胆汁—粘液质混合型或粘液—多血—抑郁质混合型。
④ 如三栏分数皆不高且相近(<3 分),则为四种气质的混合型。

多数人的气质是一般型气质或两种气质的混合型,典型气质和数种气质的混合型的人较少。

凡是在 1、3、5…奇数题上答"2"或"1",或在 2、4、6…偶数题上答"−1"或"−2",每题各得 1 分,否则得半分。如果你是男性,得分在 0~10 之间则非常内向,11~25 之间比较内向,26~35 之间介于内外向之间,36~50 之间比较外向,51~60 之间非常外向;如果你是女性,得分在 0~10 之间非常内向,11~21 之间比较内向,22~31 之间介于内外向之间,32~45 比较外向,46~60 之间非常外向(引自叶奕乾,1993)。

(2) 性格的测量

对性格的测量常用的方法有问卷法、投射法等。

① 问卷法:明尼苏达多相个性调查表(MMPI)。

明尼苏达多相个性调查表是 20 世纪 30 年代由美国 Minnesota 大学心理

学家 Hathaway 和精神病学家 Mckinley 编制，最初版本于 1943 年出版，主要目的是根据精神病学的经验效标对个体进行诊断，第一个编制成的测验由 550 个项目组成，被试对每个项目回答"是"、"否"、"不肯定"，通过这些项目的回答，量表获得了精神病的诊断模式。最初它是一种测量人格病理倾向的测量工具，现在也广泛用于正常人的个性测量，是目前应用最为广泛的客观性个性测验之一。因为该问卷可以同时测量多种特质，因此称为"多相"个性问卷。

MMPI 有 10 个临床量表，每个量表都能够区分一种具体的临床群体和正常比较组。通过计算并将测量结果制成曲线，我们就可以看到变态与正态之间的差别，并确定各种人格障碍的问题性质。另外，MMPI 还有四个效度量表，用来测量被试可疑的反应模式，诸如不诚实、粗心、防御和逃避。测验者解释 MMPI 时，首先检查效度量表以确认测验是否有效，然后再看临床量表的分数，分数的模式组成了"MMPI 的分剖析图"，分析哪些量表得分最高，说明了哪些差异。

在 20 世纪 80 年代中期，MMPI 进行了一次主要的修订，这就是 MMPI - 2 (Butcher et al.，1989)（表 20 - 3），为了更好地适应时代的变化，MMPI 进行了语言和内容的更新，根据新的数据制定了常模，同时，MMPI 还新增加了 15 个内容量表。目前，MMPI - 2 全量表由 565 个句子组成，表述方式如下：

a 每重食物的味道都一样；
b 我的脑子有点问题；
c 我喜欢动物；
d 只要有可能，我总是避免去人多的地方；
e 我从没有放纵自己去做奇特的性体验；
f 有人想毒死我；
g 我经常做白日梦。

表 20 - 3   MMPI - 2 中 10 个临床量表及其基本症状

（1）疑病症（Hs）：患者对自己的身体健康过度担忧。

（2）抑郁症（D）：患者极度悲观，感觉自己没有价值，没有希望。

（3）癔病（Hy）：患者出现身体不适，但找不出任何生理原因。

（4）精神状态（Pd）：患者情感淡漠，无视社会规范和准则。

（5）男子气——女子气（Mf）：传统意义上的高"男性化"为攻击性强，高"女性化"为敏感性强。

（6）妄想症（Pa）：患者疑心极强，有被害妄想。

续表

(7) 精神衰弱(Pt):患者有无法摆脱的忧虑、恐怖症和强迫性行为。

(8) 精神分裂症(Sc):患者情绪失控,想法及行为古怪、不正常。

(9) 轻躁狂(Ma):患者情绪亢奋,处于狂躁心境中,行为异常,活动过量。

(10) 社会内向(Si):患者有严重的社会性退缩倾向,害羞,靠不住,不关心他人。

(引自陈少华,2004)

② 投射测验。投射测验法是在测验时向被试提供一些无确定含义的刺激,让被试在不知不觉中,毫无限制、自由地投射出自己内在的思想感情,然后确定其人格特征。投射测验种类很多,在此仅举出两种主要的方法。

主题统觉测验:主题统觉测验(简称 TAT)是一种使用最广泛的投射测验,由美国心理学家 H. A. Murray & C. Morgan 于 1938 年创制。它与看图说故事类似,全套有 30 张黑白图片。这些图片显示的人物和景物都暧昧不明,模棱两可,可作不同的解释。测验者通过对故事进行分析测出被试的人格特征。

罗夏墨迹测验:罗夏墨迹测验由瑞士精神病学家 H. Rorschach 于 1921 年创制。罗夏墨迹测验共有 10 张内容不同的墨迹图片。其中,五张是印成浓淡不同的黑色,两张印成红与黑色,三张用多种颜色印成。罗夏墨迹测验的卡片编有次序。测验时逐张问被试,根据回答结果做出综合解释。

运动心理学家尚未在评估运动员人格中广泛运用投射测验,这并不是说不该使用,但这种测验主要缺点是对被测者反应结果难以评定,计分也带有主观色彩,再加上题意暧昧,往往连测试者也无法确定其所代表的心理学意义。其次是缺乏效度和信度的研究。再次,是测试技术复杂,需要经过特殊训练的人才能施行。

(四) 体育差生的心理特征及其教学

1. 体育差生的概念与界定

差生与体育差生是全体与部分的关系,有共性、也有个性。体育独特的课程特点,决定了其课程内容和课程标准的复杂性。目前,对"体育差生"的提法有多种,解释各异,如:"体育行为差生"指在一定的群体中,学生的学习行为经常违背师生所认同的行为准则,或因种种原因对体育课抱有厌学态度的学生。"体育学习困难生"指在体育学习行为表现方面发生偏差的学生。"厌学体育生"指对于体育学习感到厌恶、厌倦的学生。"体育成绩差生"指体育学习成绩较差的学生。

根据公认的差生概念界定的五个维度可以把体育差生界定为:在体育学习

中,智力正常并且无感官障碍,身体发育正常,但由于心理行为、环境、教育等原因致使其在正常教育下学习综合效果低下,达不到国家规定的课程标准要求,需要采取针对性教育、教学的学生(张旸,2005)。

2. 体育差生的分类

分类的依据不同,分类的种类也不同。根据体育差生的形成原因,将体育差生分为两类:生理型体育差生和心理型体育差生。其中心理型体育差生又可以分为智力型差生和非智力型差生两类。

(1) 生理型体育差生:也叫做身体素质型差生。素质是指通过肌肉运动所反映出人体功能的基本能力,包括力量、速度、耐力、灵敏、柔韧、平衡等。受素质影响的差生称为素质型差生。这种类型的差生主要是因为平时缺乏体育锻炼,学习被动,体育基础差,使得生理功能水平,即人体各器官系统的功能,达不到一定要求,表现出素质内容中的各项能力水平低。而在体育达标测验中,所测项目基本反映了这些自身素质,显然达标成绩也差。而素质差,没有一定体育基础,又直接影响技术技能的掌握。同时这类学生多有自卑心理,练习中处于被动学习状态,造成整个体育综合成绩都差。

(2) 智力型体育差生:智力是人们在认知客观事物的过程中所形成的认知方面的稳定心理特点的综合。这种综合能力在体育中主要表现在观察能力、思维能力、注意能力、记忆能力等方面,使得学生在对智力要求较高的项目上,在接受知识、掌握知识技能以及战术意识等方面受到影响。在同样条件下,体育差生受智力影响,在掌握技术方面理解力差、动作不全面、不协调、不准确、容易忘记、动作重复次数多。

(3) 非智力型体育差生:除了生理因素与认知能力是造成学业不良的原因外,一些不直接参与认知过程的非智力因素,如动机、兴趣、求知欲、信念、意志坚持性、好胜心、性格等也是促进人的学习、工作积极性的动力系统,一旦某些因素没有得到很好培养,就直接影响到对知识、技术的掌握和成绩的提高。如学生对铅球练习缺乏兴趣,那么表现出的积极性、求知欲望就差,注意力不集中,以这样的情绪练下去,练习的质量、数量都难以达到要求,久而久之投掷铅球的技术水平及成绩都难以提高。所以非智力因素导致的差生多是某一两个项目差而影响到总体水平,这种偏项目现象在体育教学中较普遍存在。

3. 体育差生的课堂表现

在体育教学中学生的表情动作与当时的环境适应程度是相联系的。差生在体育课中的表现反映在其性格特征和行为特征两个方面。

(1) 性格特征:在性格特征上表现为情绪低落、积极性不高,缺乏必要的兴趣和热情;练习中畏缩不前,患得患失,缺乏勇敢和自信;焦躁不安,心绪烦乱,过度紧张,缺乏沉着和镇静;寡言少语,独来独往,缺乏群体意识和配合;怕苦、怕累,临阵脱逃,缺乏顽强的毅力等。

(2)行为特征:在具体的行为特征上表现在脸部表情,包括眼、眉、嘴、脸色的各种变化上。如愁眉苦脸时的忧虑;躲躲闪闪时的心虚;屏息敛气时的紧张和下唇紧咬时的苦痛等。表现在言语上,如说话时速度的快慢、音域的起伏等。表现在身体姿态上,如恐惧时手足无措、紧张时坐立不安,悔恨时顿足搥胸等。

4. 体育差生的教学策略

体育差生往往自信心不足,不愿与他人交流,以免受到歧视,总觉得技不如人,低人一等。要转变他们不良的体育学习情感,就要在平时的教学中采取有针对性的教学策略(张旸,2005)。

(1)触及学生的情绪和意志:对体育差生的教学策略中,应注重充分启动学生的情意系统,发挥学生情意因素的作用,尤其注意调动和激发学生的学习兴趣和学习动机。

① 激发学习兴趣。学习兴趣是学生进行体育学习的先导,在学习过程中具有非常重要的作用。要激发学生的兴趣,体育教师首先应表现出对体育教学的兴趣,以饱满的工作热情来激发学生的体育学习热情。

② 强化学习动机。学习动机是贯穿体育学习始终的动力系统,是影响体育学习策略的重要因素。体育教师在进行教学过程中应注意强化学习动机和自我效能,及时对学生进行学习情况的反馈。

③ 充分尊重差异。

(2)根据学生的特点有针对性地进行教学

① 不同技能水平、不同性别、不同智能水平的体育差生的学习策略是不同的,应根据不同的类别采取相应的教学策略。

② 学生原有的身体素质、技能水平会影响体育学习策略的效果,体育教师在制订教学计划时,应该对学生身体素质、技能水平进行评估,以便有针对性地进行不同的教学。

③ 减少梯度,循序渐进。要从实际出发,在教学中合理控制教学进度,本着由易到难,循序渐进,降低起点,减少坡度,避免过高要求的原则进行教学。

(3)鼓励学生积极参与:对体育差生教学策略的实质在于体育教师引导和帮助体育差生掌握和运用学习策略。因此,应充分发挥学生学习的主动性、积极性、创造性,让学生在真实的体育学习活动中,通过自己的努力与探索,逐步培养体育学习的能力,培养主动、自我调控的学习风格,真正掌握学习策略,提高体育学习成绩。

四、教学重点与难点

（一）教学重点

(1) 体育能力、智力、个性等与体育教学效果有关的概念、分类。
(2) 体育差生的心理致因，提高其体育成绩的方法。

（二）教学难点

(1) 个性的测量。
(2) 针对学生的个别差异采用不同的教学策略。

五、教学指导建议

（一）教学指导

(1) 通过提问引导学生明确教学的目标和内容，导入新课。例如，"学生在体育学习的过程中，相互之间的差异主要表现在哪些方面？"组织学生讨论，使他们了解体育学习中体育能力、智力和非智力因素、个性因素等是学生个别差异的主要表现。
(2) 介绍智力理论，引导学生了解智力因素与体育运动之间的关系。
(3) 详细介绍个性（人格）的理论发展，引导学生了解个性与运动表现之间的关系
(4) 组织学生广泛进行讨论，启发学生针对个别差异归纳适当的教学策略。
(5) 介绍智力及个性（气质、性格）的测量和研究方法，加强对学生科研能力的培养，指导有能力的学生进行有关的科学研究。
(6) 通过具体的案例介绍，向学生讲解体育差生的心理致因，以及怎样提高其体育学习成绩。

（二）学习指导

(1) 让学生针对讨论的结果，归纳出不同的教学策略。
(2) 布置课外作业。不同的个性特征如何来测量；根据教材并收集有关文献，进一步理解个性差异与体育学习之间的关系。

(三) 教学活动案例设计

如何针对学生的个性差异进行体育教学

教学目标：通过分析讨论案例，使学生了解个性的差异会对体育学习产生影响。

教学过程：

1. 导入

(1) 提供案例(不同个性特征的学生在日常行为以及体育学习过程中的表现)。

(2) 提出问题：不同个性的学生在体育学习的过程中有哪些表现，作为体育教师，该如何面对这些差异？

2. 展开

(1) 引导学生对不同的个性特征进行分析，明确其在体育学习中的表现。

(2) 指导学生建立心理档案。

专栏 20-3

心理档案举例：Freedman 建议的学生心理卡片

学生的个人卡片大约可以分为以下几部分。

1. 家庭情况：学生父母、兄弟姐妹及其他亲属、同住人的姓名，他们的出生年月、党派、学历、专业、工作地点和职务。家庭居住条件、经济状况及其他特点。

2. 体重发展及健康状况：身体发展特点、生理缺陷、健康状况。

3. 气质和性格特点。

4. 知觉、注意、记忆、思维、情绪等心理过程的发展及特点。

5. 认识能力、学习能力和技能的特点及发展情况。

6. 自我评价和向往水平。

7. 兴趣和爱好。

8. 行为表现的特点和性质。

9. 与同学的关系。

10. 学习态度、学习成绩。

11. 职业倾向性。

12. 学生个性的其他特点。

学生心理卡片除了上面列举的内容以外，教师还可以酌情予以补充。应该为第一项选择几个最能说明学生个性特点的指标。

(引自 Freedman,1993)

根据对学生的个性进行鉴定的结果,可以帮助教师建立完整的学生心理档案。心理档案较为系统、完整地提供了学生个性心理的成长变化过程和主要的个性特点。教师可据此了解每位学生心理发展的速度和进一步发展的可能性,从而较为科学地控制教学和教育进程,有选择地制定和设计最优的教学大纲和教育方案,真正做到因材施教。心理档案的建立,为学生的学习生活和将来的职业发展提供了可靠的依据和资料。

3. 启发学生根据个性心理的差异,提出不同的教学策略,并进行讨论分析。

六、参考文献

[1] 沈德立,杨治良.普通心理学.北京,高等教育出版社,2002.

[2] 孙平.体育院系足、篮、排球专业学生智力结构特点的研究.体育科学,1986(1).

[3] 周家骥.体育系学生的智力状况初析.心理学运动训练和体育教学中的应用专题论文集,1985.

[4] 祝蓓里,方兴初(1988).上海市健将级运动员的智力状况分析.心理学报,1988(3).

[5] 李少丹.我国男子高水平自行车和篮球运动员智力发展水平的现状及智力结构特点.北京体育大学硕士学位论文,1988.

[6] 刘淑慧,韩桂风.对体育专业学生智力水平的探讨.北京体育师范学院学报,1989(1).

[7] 张力为,陶志翔.中国乒乓球运动员智力发展水平的研究.体育科学,1994(6).

[8] Allard, F., Starkes, J. L., Perception in sport: Volleyball. Journal of Sport Psychology,1980,2.

[9] 张林.态度研究的新进展——双重态度模型.心理科学进展,2003(2).

[10] 章志光.社会心理学.北京,人民教育出版社,1998.

[11] 周晓虹.现代社会心理学.上海,上海人民出版社,2001.

[12] 全国八院校《社会心理学教程》编写组.社会心理学教程.兰州大学出版,1986.

[13] 周绍忠,岑汉康.体育心理学.广西,广西师范大学出版社,1995.

[14] 黄平,邓慧华.大学生气质类型与专项体育选修课的评析,江西科技师范学院学报,2004(6).

[15] 杨博民.一些个性特征的测定和它们与某些运动成绩的关系,体育科

学,1982(3).

[16] 叶奕乾.个性心理学.上海,华东师范大学出版社,1993.

[17] 张旸.高中体育差生的情感心理因素分析及对策研究.华东师范大学体育专业硕士学位论文,2005.

[18] 佛莱得曼,沃尔克夫.中小学及教师应用心理学.北京,人民教育出版社,1993.

[19] Freud,S. New introductory lectures on psychoanalysis. New York: Norton,1993.

[20] Cattell,R. B. The scientific analysis of personality. Baltimore:Penguin,1965.

[21] Rogers,C. R. On becoming a person:A therapist's view of psychotherapy,Boston:Houghton Mifflin,1961.

[22] Bandura,A. Aggression:A social learing analysis. Englewood Cliffs, NJ:Prentice-Hall,1973.

[23] Norman,W. T. Toward an adequate taxonomy of personality attributes:Replicated factor structure in peer nomination personality ratings. Journal of Abnoemal and Social Psychology,1963.

[24] John,O. P. The big-five factor taxonomy:Dimensions of personality in the natural language and questionnaires. In L. A. Pervin(Ed.),Handbook of personality:Theory and research. New York:Guilford Press,1990.

郑 重 声 明

高等教育出版社依法对本书享有专有出版权。任何未经许可的复制、销售行为均违反《中华人民共和国著作权法》，其行为人将承担相应的民事责任和行政责任，构成犯罪的，将被依法追究刑事责任。为了维护市场秩序，保护读者的合法权益，避免读者误用盗版书造成不良后果，我社将配合行政执法部门和司法机关对违法犯罪的单位和个人给予严厉打击。社会各界人士如发现上述侵权行为，希望及时举报，本社将奖励举报有功人员。

反盗版举报电话：(010) 58581897/58581896/58581879
传　　真：(010) 82086060
E - mail：dd@hep.com.cn
通信地址：北京市西城区德外大街 4 号
　　　　　高等教育出版社打击盗版办公室
邮　　编：100120

购书请拨打电话：(010)58581118